Jochen Niethammer
Franz Krapp
Handbuch der Säugetiere Europas

Handbuch der Säugetiere Europas

Herausgegeben von JOCHEN NIETHAMMER und FRANZ KRAPP

Band 1: Nagetiere I
Sciuridae, Castoridae, Gliridae, Muridae

Band 2/I: Nagetiere II
Cricetidae, Arvicolidae, Zapodidae, Spalacidae,
Hystricidae, Capromyidae

Band 2/II: Paarhufer
Suidae, Cervidae, Bovidae

Band 3/I: Insektenfresser, Primaten
Erinaceidae, Talpidae, Soricidae, Cercopithecidae

Band 3/II: Hasenartige
Leporidae

Band 4: Fledertiere
Rhinolophidae, Molossidae, Vespertilionidae

Band 5: Raubtiere
Canidae, Ursidae, Procyonidae, Mustelidae, Viverridae,
Herpestidae, Felidae

Band 6/I: Meeressäuger – Wale und Delphine
Ziphidae, Physeteridae, Delphinidae, Phocoenidae, Monodontidae,
Kogiidae, Balaenopteridae, Balaenidae

Band 6/II: Meeressäuger – Robben
Odobenidae, Phocidae

Ergänzungsband:
Threatended Mammals in Europe
von C. J. Smit und A. van Wijngaarden
Herausgegeben vom Europarat in Straßburg

Weitere Banduntertilungen sind aus sachlichen
oder umfangbedingten Gründen möglich

Handbuch der Säugetiere Europas

Herausgegeben von JOCHEN NIETHAMMER und FRANZ KRAPP

unter Mitarbeit von
MICHEL GENOUD, JAQUES HAUSSER, HERMANN HOLZ,
RAINER HUTTERER, ERNST-ADOLF JUCKWER, TIZIANO MADDALENA,
HARALD PIEPER, FRIEDERIKE SPITZENBERGER, DIETRICH STARCK,
SEPPO SULKAVA, PETER VLASÁK, PETER VOGEL

Band 3/1
Insektenfresser – Insectivora
Herrentiere – Primates

AULA-Verlag Wiesbaden

Prof. Dr. JOCHEN NIETHAMMER
Zoologisches Institut
der Universität Bonn
Poppelsdorfer Schloß
D-5300 Bonn 1

Dr. FRANZ KRAPP
Zoologisches Forschungsinstitut
und Museum Alexander Koenig
Adenauerallee 150—163
D-5300 Bonn 1

CIP-Titelaufnahme der Deutschen Bibliothek

Handbuch der Säugetiere Europas/
hrsg. von Jochen Niethammer u. Franz Krapp. – Wiesbaden: Aula-Verl.
Bd. 1, 2/1 u. Erg.-Bd. in d. Akadem. Verl.-Ges., Wiesbaden

NE: Niethammer, Jochen [Hrsg.]

Bd. 3.
1. Insektenfresser – Insectivora; Herrentiere – Primates /
unter Mitarb. von Michel Genoud ... – 1990

ISBN 3-89104-027-X
NE: Genoud, Michel [Mitverf.]

© 1990, AULA-Verlag GmbH, Wiesbaden
Verlag für Wissenschaft und Forschung
Das Werk ist einschließlich aller seiner Teile urheberrechtlich geschützt.
Jede Verwertung außerhalb der engen Grenzen des Urheberrechtsgesetzes
ist ohne Zustimmung des Verlags unzulässig und strafbar.
Dies gilt insbesondere für Vervielfältigungen auf fotomechanischem Wege
(Fotokopie, Mikrokopie), Übersetzungen, Mikroverfilmungen und die Einspeicherung
und Verarbeitung in elektronischen Systemen.

Satz: Maschinensetzerei Hans Janß, Pfungstadt
Druck und Verarbeitung: Druck- und Buchbinderei-Werkstätten
May + Co Nachf., Darmstadt

ISBN 3-89104-027-X

Vorwort

Der vorliegende Band behandelt zwei Säugetier-Ordnungen. Während der Bearbeitung festigte sich die Erkenntnis, daß die Gattungen *Talpa*, *Sorex* und *Crocidura* mehr Arten enthalten, als man bisher angenommen hatte. Damit kommen 26 Insectivorenarten und ein Primat in unserem Gebiet vor. Wir haben versucht, die gleiche Gliederung beizubehalten wie in den bisherigen Bänden. Dies bedeutet, daß die Autoren für jede Art einen umfangreichen Fragenkatalog zu beantworten hatten, in dem zahlreiche Positionen nur unvollständig oder gar nicht ausgefüllt werden konnten. Dadurch wurden vielfach Wissenslücken erkennbar, die zu künftigen Arbeiten anregen. Es ergaben sich aber auch oft Zusammenhänge zwischen bisher isolierten Befunden und Aussagen über verwandte Arten als Lohn dieser Mühe.

Dem Wunsche mancher Benutzer, aktuelle Fragen wie den gesetzlichen Schutz oder die Gefährdung der Arten zu behandeln, konnten wir aus Raumgründen nur selten nachkommen. Mit der Darstellung der Taxonomie, Verbreitung und Biologie glauben wir aber, die geeignete Grundlage für die Erörterung derartiger Themen zu liefern. Den Autoren dieses Bandes, von denen viele ihre Beiträge seit Jahren fertiggestellt hatten, danken wir für ihre Geduld und die Bereitwilligkeit, Änderungswünsche für eine einheitliche Darstellung zu akzeptieren. Viele Kollegen unterstützten uns durch kritische Hinweise und Sonderdrucke. Herr Dr. R. HUTTERER, Bonn, hat eine Reihe von Artenkapiteln über Spitzmäuse korrigiert und ergänzt. Prof. Dr. W. HERRE bearbeitete die Igel-Beiträge. Herr Dr. J. HORÁČEK gab Übersichten der pleistozänen *Talpa*- und *Sorex*-Arten. Viele Zeichnungen stammen von Frau STEFANIE LANKHORST, einige von Herrn PETER BOYE und Herrn Dr. FRANZ MÜLLER. Frau UTE GRUNDTNER und Frau MATHILDE HAU haben bei der Reinschrift und Ordnung der Beiträge sehr geholfen. Herr GERHARD STAHL und Frau Dr. IRMGARD MEISSL vom AULA-Verlag haben, wie schon bei früheren Bänden, die Vollendung des vorliegenden Teils ständig gefördert. Ihnen allen sagen wir auch an dieser Stelle unseren Dank.

Bonn, Dezember 1989   Prof. Dr. Jochen Niethammer, Dr. Franz Krapp

Inhalt

A. Einführung 9
   Zur Benutzung des Buches 9
   a) Literatur 9
   b) Verzeichnis der verwendeten Abkürzungen 11

B. Hauptteil 13

   3. Insectivora – Insektenfresser 13
      Erinaceidae – Igel 20
        Erinaceus 22
          Erinaceus europaeus – Braunbrustigel (HERMANN HOLZ und JOCHEN NIETHAMMER) 26
          Erinaceus concolor – Weißbrustigel (HERMANN HOLZ und JOCHEN NIETHAMMER) 50
          Atelerix algirus – Wanderigel (HERMANN HOLZ und JOCHEN NIETHAMMER) 65
      Talpidae – Maulwürfe 75
        Galemys pyrenaicus – Pyrenäen-Desman (ERNST-ADOLF JUCKWER) 79
        Talpa 93
          Talpa europaea – Europäischer Maulwurf (JOCHEN NIETHAMMER) 99
          Talpa romana – Römischer Maulwurf (JOCHEN NIETHAMMER) . 134
          Talpa stankovici – Balkan-Maulwurf (JOCHEN NIETHAMMER) . 141
          Talpa caeca – Blindmaulwurf (JOCHEN NIETHAMMER) 145
          Talpa occidentalis – Spanischer Maulwurf (JOCHEN NIETHAMMER) 157
      Soricidae – Spitzmäuse 162
        Sorex 175
          Sorex minutus – Zwergspitzmaus (RAINER HUTTERER) . . . 183
          Sorex minutissimus – Knirpsspitzmaus (SEPPO SULKAVA) . . . 207
          Sorex caecutiens – Maskenspitzmaus (SEPPO SULKAVA) . . . 215
          Sorex isodon – Taigaspitzmaus (SEPPO SULKAVA) 225
          Sorex araneus – Waldspitzmaus (JAQUES HAUSSER, RAINER HUTTERER und PETER VOGEL) 237
          Sorex coronatus – Schabrackenspitzmaus (JAQUES HAUSSER) . 279
          Sorex granarius – Iberische Waldspitzmaus (JAQUES HAUSSER) 287
          Sorex samniticus – Italienische Waldspitzmaus (JAQUES HAUSSER) 290
          Sorex alpinus – Alpenspitzmaus (FRIEDERIKE SPITZENBERGER) . 295
        Neomys (FRIEDERIKE SPITZENBERGER) 313
          Neomys anomalus – Sumpfspitzmaus (FRIEDERIKE SPITZENBERGER) 317
          Neomys fodiens – Wasserspitzmaus (FRIEDERIKE SPITZENBERGER) 334
          Suncus etruscus – Wimperspitzmaus (FRIEDERIKE SPITZENBERGER) 375

Crocidura 393
   Crocidura suaveolens – Gartenspitzmaus (Petr Vlasák und
                  Jochen Niethammer) 397
   Crocidura russula – Hausspitzmaus (Michel Genoud und
                  Rainer Hutterer) 429
   Crocidura zimmermanni – Kreta-Spitzmaus (Harald Pieper) 453
   Crocidura sicula – Sizilien-Spitzmaus (Tiziano Maddalena,
          Peter Vogel und Rainer Hutterer) 461
   Crocidura leucodon – Feldspitzmaus (Franz Krapp) 465

4. Primates – Herrentiere 485
   Cercopithecidae 487
      Macaca sylvanus – Magot (Dietrich Starck) 488

Allgemeines Literaturverzeichnis 509

Namenregister 516

Anschriften der Mitarbeiter 524

A. Einführung

1. Zur Benutzung des Buches

Anders als in den bisherigen Bänden behandelt der vorliegende Teil zwei verschiedene Säugetier-Ordnungen. Soweit nötig, werden wichtige Merkmale und Meßverfahren in den einführenden Kapiteln zu diesen Ordnungen behandelt. Wenn nicht anders angegeben, sind Längen in mm, Gewichte in g angegeben.

Im übrigen beschränken wir uns in dieser Einführung auf Hinweise auf wichtige Literatur und ein alphabetisches Verzeichnis der verwendeten Abkürzungen.

a) Literatur

Wie in den bisherigen Bänden finden sich Zitate entweder im Anschluß an das betreffende Kapitel oder, wenn sie in mehreren Abschnitten erwähnt werden, am Schluß des Bandes. Diese umfassenderen Werke sind beim Zitieren durch * hinter der Jahreszahl markiert.

Hier sei nur auf wenige, für den vorliegenden Band wichtige Neuerscheinungen hingewiesen.

Die Artenliste der Säugetiere der Erde von CORBET und HILL ist 1986* in zweiter revidierter Auflage erschienen.

Rasterkarten der Verbreitung kleiner Säugetiere, darunter aller Spitzmausarten in der DDR veröffentlichten ERFURT und STUBBE (1986*), für die Wirbeltiere der Provinz Alava und ihrer Nachbargebiete in N-Spanien ALVAREZ et al. (1985*), für die Kleinsäuger der Provinz Burgos GONZALES und ROMAN (1988*), für die Spitzmäuse Sloweniens KRYŠTUFEK (1983*) und den W der ČSSR HŮRKA (1988*).

Als neuer, etwas ausführlicherer Feldführer mit guten farbigen Habitus-Zeichnungen, der auch die Säugetiere der europäischen UdSSR einschließt, seien GÖRNER und HACKETHAL (1988*) erwähnt. Ausgezeichnete Farbfotos der häufigeren Arten enthält auch HOFMANN (1988*). Listen aller pleistozänen Säugetierfaunen aus Ungarn bringt JÁNOSSY (1986*), einen kurzen Abriß über die pleistozänen Säuger der DDR HEINRICH (1985*). HORÁČEK und LOŽEK (1988*) behandeln in ähnlicher Weise die ČSSR. Wichtige Beiträge zur Systematik und Morphologie europäischer Insektenfresser finden sich unter anderem bei REPENNING (1967*), GURE-

JEV (1969*) und DOLGOV (1985*). Die kanadischen Insectivoren hat ZYLL DE JONG (1983*) ausführlich bearbeitet. Den Stand der Kenntnis über die Chromosomenvariabilität der Ordnung vermitteln REUMER und MEYLAN (1986*). Über das Gebiß der Säugetiere, seine Evolution und die schwierige Terminologie informiert THENIUS (1989*).

b) Verzeichnis der verwendeten Abkürzungen

ad	adult, erwachsen
AG	Altersgruppe
Aob	Antorbitalbreite, Breite des Rostrums über den Innenrändern der Foramina incisiva *(Neomys)*
C	Caninus, Eckzahn
Cbl	Condylobasallänge
Cil	Condyloincisivlänge (Soricidae – S. 170)
Condh	Höhe des Condylus articularis (S. 170, Nr. 14)
Condl	Condylarlänge des Unterkiefers (Soricidae – S. 170)
Corh	Coronoidhöhe, Abstand Spitze des Processus coronoideus zum Unterrand des Unterkiefers (Soricidae – S. 170)
E, e	Ost(en), ost-, östlich
E	unter der Überschrift der Artenkapitel: englischer Name
F	französischer Name
Gew	Körpergewicht in g ohne Abzüge
Hf	Hinterfußlänge ohne Kralle
I	Incisivus, Schneidezahn
Iob	Interorbitalbreite, Schädelbreite zwischen den Augenhöhlen
juv	juvenil, jung
Kr	Kopfrumpflänge
L	Länge
M	Molar, Mahlzahn
m	mittlerer Fehler (Streuung) des Mittelwerts
Mand	Länge des Unterkiefers vom Vorderrand ohne Zahn bis zum Hinterrand des Processus angularis (S. 170)
Max	Maximum, größter Meßwert aus einer Serie
Maxh	Maxillarhöhe (*Erinaceus* – S. 24)
Maxl	Maxillarlänge (*Erinaceus* – S. 24)
M^2B	Abstand der Außenränder der M^2
Min	Minimum, kleinster Meßwert aus einer Serie
Mon	Monat, Fangmonat
N, n	Nord(en), nord-, nördlich
n	Anzahl der Individuen einer Stichprobe; in Verbindung mit Chromosomen: 2n Chromosomenzahl des diploiden Satzes

Nasb	Nasaliabreite
Nasl	Nasalialänge
NF	Nombre fondamental; Armzahl aller Chromosomen eines diploiden Satzes der ♀ einschließlich der X-Chromosomen
NMW	Naturhistorisches Museum Wien
Ohr	Ohrlänge
oZr	Länge der oberen Zahnreihe. Bei Igeln I^1–M^3, bei *Suncus etruscus* ebenso, bei den übrigen Soriciden (S. 170) U^1–M^3
P	Praemolar, Vorbackenzahn
Pall	Palatallänge, Gaumenlänge (Soricidae – S. 170)
Parl	Länge der Frontalnaht *(Erinaceus)*
Pgl	Postglenoidbreite, Abstand zwischen den Außenrändern der Processus postglenoidales (Soricidae – S. 170)
Pob	Postorbitalbreite, geringste Schädelbreite zwischen Postorbitalfortsätzen und Jochbogenansatz
Rb	Rostrumbreite über den C *(Galemys* – S. 82)
Rbr	Rostrumbreite über den M^1 *(Talpa)*
Rol	Rostrumlänge, Hinterrand der I^1-Alveole bis Vorderrand der P^4-Alveole (Soricidae – S. 170)
S, s	Süd(en), süd-, südlich
s	Standardabweichung einer Stichprobe
Schw	Schwanzlänge
sex	Geschlecht
Skb	Schädelkapselbreite
SkH^+, SkH	Schädelkapselhöhe mit bzw. ohne Bullae
Skl	Schädelkapsellänge (Soricidae – S. 170)
SMF	Senckenberg-Museum Frankfurt am Main
subad	ältere, nahezu erwachsene Jungtiere
uZr	Länge der unteren Zahnreihe, Meßweise je nach Gruppe unterschiedlich analog zu oZr
t	Wert zur Beurteilung der Signifikanz von Unterschieden zwischen Mittelwerten beim t-Test
Vf	Länge des Vorderfußes
Var	Variationsbreite: Min – Max einer Serie von Maßen
W, w	West(en), west-, westlich
X	Geschlechtschromosom
$\bar{x}$	arithmetisches Mittel
Y	für ♂ bezeichnendes Geschlechtschromosom
ZFMK	Zoologisches Forschungsinstitut und Museum Alexander Koenig, Bonn
Zyg	zygomatische Breite; bei Spitzmäusen Abstand der Außenränder der Maxillaria (S. 170)

B. Hauptteil

3. Ordnung Insectivora – Insektenfresser

Von F. Krapp und J. Niethammer

Maus- bis kaninchengroße, plazentale Säugetiere, die sich überwiegend von wirbellosen Tieren, vor allem von Insekten ernähren. Dem entspricht ein spitzhöckeriges Gebiß, wie es aber auch bei anderen Ordnungen, z. B. den Fledertieren, ausgebildet ist. Die Beute wird vor allem mit der spitzen, oft zu einem kurzen Rüssel verlängerten, tastempfindlichen Nase aufgestöbert. Der leicht verdaulichen Nahrung entspricht ein einfacher Darmtrakt ohne Blinddarm.

Die Insectivoren sind gewöhnlich Sohlengänger mit fünfstrahligen Händen und Füßen. Daumen und Großzehe sind nie opponierbar. Die Zehen enden stets mit spitzen Krallen. Ihre Augen sind meist klein, oft stark zurückgebildet. Großhirn glatt oder wenig gefurcht, Riechhirnanteil meist groß. Ihre Jungen werden stets in einem unreifen Nesthocker-Zustand geboren.

Insektenfresser sind nahezu weltweit verbreitet. Sie fehlen nur in der australischen Region, im mittleren und südlichen Südamerika und in der Antarktis.

Die Ordnung umfaßt Plazentalier mit ursprünglicher Merkmalsausprägung. Sie läßt sich zur Zeit nur schwer mit gemeinsamen abgeleiteten Merkmalen begründen, weshalb auch der Umfang der Ordnung umstritten ist. Die Mehrzahl der Autoren, u. a. auch Yates (1984*) rechnet die folgenden Familien zu ihnen: Igel (Erinaceidae), Maulwürfe (Talpidae), Spitzmäuse (Soricidae), Schlitzrüßler (Solenodontidae), Goldmulle (Chrysochloridae) und Tanreks (Tenrecidae). Zu den Tanreks zählen auch die Otterspitzmäuse, die oft auch als eigene Familie (Potamogalidae) angesehen werden. Yates rechnet 61 rezente Gattungen und 377 rezente Arten hierzu. Von ihnen kommen nur Igel, Maulwürfe und Spitzmäuse mit 7 Gattungen und 26 Arten in unserem Gebiet vor. Talpiden und Soriciden werden meist als Überfamilie Soricoidea zusammengefaßt, die eine Teilgruppe der Unterordnung Soricomorpha darstellen. Ihnen stehen die Erinaceomorpha gegenüber, die in Europa nur durch die Erinaceiden repräsentiert werden. Beide Linien dürften auf Lepticitiden zurückgehen, Insektenfresser, die von der Oberkreide bis ins Alttertiär gelebt haben

Insectivora – Insektenfresser

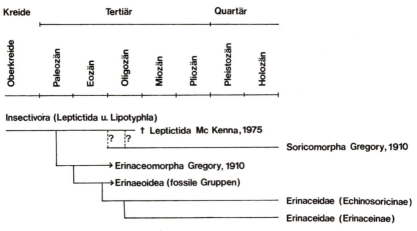

Abb. 1. Mutmaßliches Phylogenieschema für die europäischen Insectivora.

(Abb. 1). Neuerdings werden die Leptictiden mit anderen kreidezeitlichen und frühtertiären Säugetierfamilien zu einer eigenen Ordnung Proteutheria vereinigt (STORCH und LISTER 1985*). NOVACEK (1986) gibt den Insectivoren den Rang einer Überordnung mit zwei Ordnungen, den fossilen Leptictida und den auch die rezenten europäischen Gruppen enthaltenden Lipotyphla. Eine Sekundärgliederung in Talpidae und Soricidae wird auch durch parasitologische Befunde gestützt (MAS-COMA und VESMANIS 1982).

Tabelle 1. Zustand einiger Merkmale bei den europäischen Insektenfresser-Familien. Vermutlich abgeleiteter Zustand ist halbfett hervorgehoben.

Merkmal	Erinaceidae	Soricidae	Talpidae
Jochbogen vorhanden	+	–	+
Gehörkapsel mit Schädel verwachsen	–	–	+
verwachsene Schädelknochen	weniger	**sehr viele**	**viele**
2 Gelenkflächen am Gelenkfortsatz des Unterkiefers	–	+	–
Verlust der Milchzähne	nach der Geburt	**vor der Geburt**	nach der Geburt
Gebiß reduziert	–	+	–
obere M	**4 Spitzen**	W-Muster	W-Muster
I^1 zweispitzig	–	+	–
Os falciforme an der Hand	–	–	+
Eimersche Organe in der Schnauze	–	–	+

Im übrigen gibt es aber wenige Argumente aus der Merkmalsverteilung bei den rezenten Arten. Tab. 1 zeigt eine Übersicht über die Verteilung einiger Merkmale, die gewöhnlich aber nur jeweils einmal abgeleitet sind.

Besondere Merkmale

Gehörkapsel (Abb. 2): Die knöcherne Ohrregion unterscheidet sich zumindest bei den Angehörigen der drei Familien in Europa erheblich. In der Literatur wird meist gesagt, die Spitzmäuse hätten keine Gehörkapsel, die Maulwürfe besäßen eine und bei den Igeln sei sie unvollständig.

Die Gehörkapsel der Maulwürfe ist eine knöcherne, mit dem Felsenbein verwachsene Blase, die das Mittelohr und den Anfangsteil des äußeren

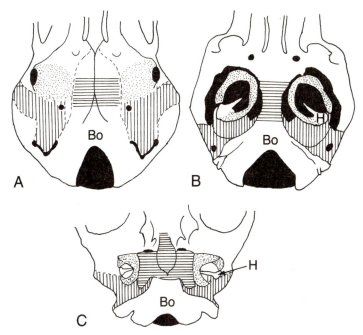

Abb. 2. Ventralansicht des Hirnschädels von **A** Talpidae (*Talpa europaea*), **B** Soricidae (*Crocidura russula*), **C** Erinaceidae (*Erinaceus europaeus*). Schematisiert zur Darstellung der Unterschiede im Bau der Gehörregion. Punktiert: Ectotympanicum; waagerecht schraffiert: Basisphenoid (z. T. unvollständig); senkrecht schraffiert: Petrosum. Bo = Basioccipitale; H = Hammer (Malleus). Bei *Talpa* sind die verschiedenen Elemente verwachsen und nur vage abgrenzbar. Der Hammer ist nicht sichtbar. Bei *Crocidura* ist das Ectotympanicum ein vom übrigen Schädel isolierter Ring. Bei *Erinaceus* bilden seitliche Flügel des Basisphenoids und das Ectotympanicum eine offene Gehörkapsel, die den Hammer gut erkennen läßt.

Gehörganges umschließt. Sie wird bei den Maulwürfen vom Trommelfell durchzogen. Knochengrenzen sind nicht erkennbar. Bei den Igeln bildet sie eine weit offene, knöcherne Kammer, die vom Trommelfell begrenzt wird und an der die Bestandteile zeitlebens nicht miteinander verwachsen. Hier wird die Gehörkapsel von einem blasigen Auswuchs des Basisphenoids, dem diesem breit angeschlossenen, weit offenen Tympanicum (Ectotympanicum) und Fortsätzen des Petrosums gebildet. Nach MacPhee (1981) setzt sich die Gehörkapsel bei *Talpa europaea* in der gleichen Weise zusammen. Jedoch sind beim adulten Schädel die Komponenten nicht mehr abgrenzbar, und das Ectotympanicum ist nach distal erweitert, so daß es einen Raum über dem Trommelfell begrenzt.

Bei den Spitzmäusen dagegen ist der Schädelboden über dem Ectotympanicum membranös begrenzt und nicht von den Knochen Squamosum und Perioticum wie bei Igeln und Maulwürfen. Ihr Ectotympanicum bildet einen fast geschlossenen Ring, der nur im kaudalen Teil über eine kurze Strecke an das Felsenbein grenzt. An Spitzmausschädeln geht daher das Tympanicum häufig verloren. Nicht selten fällt es auch bei Igelschädeln ab.

Zähne (Abb. 3, 4): Die Zähne der Insektenfresser sind niedrigkronig und bewurzelt (Abb. 3). Sie sind völlig von Schmelz überzogen, meist mit Spit-

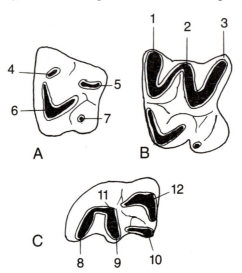

Abb. 3. Molaren von **A** *Erinaceus europaeus* (M^2), **B** (M^2) und **C** (M_2) *Sorex araneus*. M^2 von der linken, M_2 von der rechten Seite. Links ist vorn (mesial), oben ist außen (buccal). 1 Parastyl, 2 Mesostyl, 3 Metastyl, 4 Paraconus, 5 Metaconus, 6 Protoconus, 7 Hypoconus, 8 Paraconid, 9 Metaconid, 10 Entoconid, 11 Protoconid, 12 Hypoconid.

zen und scharfen Graten besetzt und nahezu lückenlos (ohne Diastema) aneinandergereiht. Die Zahnformel entspricht bei einigen Erinaceiden und Talpiden dem Grundtyp der Plazentalier $\frac{3143}{3143}$. Bei den Soriciden und den in Europa lebenden Erinaceiden ist sie demgegenüber reduziert. Das Gebiß ist in allen Fällen aus 4 mehrspitzigen Backenzähnen in jedem Kieferast und einer variablen Zahl meist einspitziger Zähne im Vordergebiß differenziert. Die Homologie der Vorderzähne ist noch nicht in allen Fällen geklärt. Dagegen sind die mehrspitzigen Backenzähne immer P4,

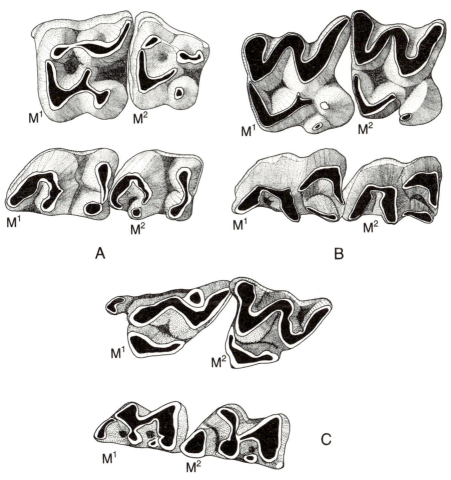

Abb. 4. M_1, M_2, M^1 und M^2 von **A** *Atelerix algirus,* **B** *Sorex araneus,* **C** *Talpa europaea.*

M1, M2 und M3. Die Spitzen der Backenzähne lassen sich für die drei Familien gut homologisieren. Ihre Bezeichnung ergibt sich aus Abb. 3.

Im **Oberkiefer** bilden die M von Maulwürfen und Spitzmäusen, soweit sie voll ausgebildet sind, ein nach außen offenes W, dessen Hauptspitzen innen vorn der Paraconus und innen hinten der Metaconus sind, wogegen die kleinen Außenspitzen von vorn nach hinten als Para-, Meso- und Metastyl bezeichnet werden: Dilambdodontes Gebiß. Ganz innen auf dem Zahn sitzt vorn der Protoconus und hinten der Hypoconus.

Im **Unterkiefer** bilden die Spitzen ein nach innen offenes W. Hier sitzt vorn außen das Proto-, hinten außen das Hypoconid. Die drei Spitzen der Lingualseite heißen von vorn nach hinten Para-, Meta- und Endoconid. Bei Occlusion gleitet jeweils das Hypoconid zwischen Para- und Metaconus der Oberseite, das Protoconid zwischen den Paraconus desselben und den Metaconus des davorstehenden Zahnes.

Bei den Igeln sind Meso- und Metastyl nicht erkennbar, die oberen Molaren wirken dadurch einfacher. Sie werden als abgeleitet dilambdodont bezeichnet. Die stumpferen Tuberkel stehen offenbar mit mehr omnivorer Ernährungsweise in Zusammenhang. An den P^4 der Spitzmäuse fehlen Paraconus und Mesostyl. Zu erkennen sind demnach außen von vorn nach hinten Parastyl, Metaconus, Metastyl, innen vorn der Protoconus und hinten der Hypoconus (REUMER 1984; ZYLL DE JONG 1983*).

Schlüssel zu den Familien

a) Nach äußeren Merkmalen:

1 Groß, Gew über 200 g. Rücken mit Stacheln . . . . . *Erinaceidae* S. 20
– Kleiner, Gew unter 150 g. Rücken weich behaart, ohne Stacheln . . 2
2 Klein, Gew unter 25 g. Ohrmuschel vorhanden . . . . . *Soricidae* S. 162
– Größer, Gew über 40 g. Ohrmuschel zu einem unbehaarten Ring um die Ohröffnung reduziert . . . . *Talpidae* S. 75

b) Nach dem Schädel:

1 Jochbogen fehlt. Cbl unter 25 mm. Keine Gehörkapsel; Trommelfell in ringförmigem, dem Schädel lose anliegenden Tympanicum aufgespannt (Abb. 2B). Processus articularis des Unterkiefers mit zwei Gelenkflächen . . . . *Soricidae* S. 162
– Jochbogen vorhanden. Cbl über 25 mm. Gehörkapsel vorhanden (Abb. 2A, C). Processus articularis des Unterkiefers mit nur einer Gelenkfläche 2
2 Jochbögen kräftig, weit ausladend. Zyg größer als Skb. Cbl über 50 mm; viele Schädelnähte (z. B. Praemaxillare – Maxillare) verwachsen erst spät und bleiben lange erkennbar . . . . . . *Erinaceidae* S. 20
– Jochbögen zart, nicht ausladend. Zyg kleiner als Skb. Cbl unter 40 mm. Die meisten Schädelnähte, z. B. Praemaxillar-Maxillar-Naht, verwachsen früh . . . . *Talpidae* S. 75

c) Nach den Zähnen:

1 Jeder Unterkiefer mit 11 Zähnen (Abb. 30 B, D) . . . . . *Talpidae* S. 75
– Unterkiefer mit höchstens 8 Zähnen 2
2 Unterkiefer mit 8 Zähnen. 1. oberer Zahn nur einspitzig (Abb. 20 C)
 . . . . *Erinaceidae* S. 20
– Unterkiefer nur mit 6 Zähnen. 1. oberer Zahn groß, hakenförmig, mit einer größeren, vorderen und einer kleineren, hinteren Spitze (z. B. Abb. 59) . . . . *Soricidae* S. 162

Literatur

MacPhee, R. D. E.: Auditory regions of primates and eutherian insectivores. Morphology, ontogeny, and character analysis. Contrib. Primatol. **18**, 1981, 1–282.
Mas-Coma, S.; Vesmanis, I. E.: Considerations on the classification of the suborder Soricomorpha (Mammalia: Insectivora) in the light of parasitological data. Abstracts third intern. theriol. congress Helsinki 1982, 154.
Novacek, M. J.: The skull of leptictid insectivorans and the higher-level classification of eutherian mammals. Bull. Amer. Mus. Nat. Hist. **183**, 1986, 1–112.
Storch, G.; Lister, A. M.: *Leptictidium nasutum,* ein Pseudorhyncocyonide aus dem Eozän der „Grube Messel" bei Darmstadt (Mammalia, Proteutheria). Senckenbergiana lethaea **66**, 1985, 1–37.
Reumer, J. W. F.: Ruscinian and early Pleistocene Soricidae (Insectivora, Mammalia) from Tegelen (The Netherlands) and Hungary. Scripta Geol. **73**, 1984, 1–173.

Familie **Erinaceidae** Bonaparte, 1838 – **Igel**

Diagnose. Augen größer als bei den Soricoidea. Schädel mit vollständigem Jochbogen. Molaren undeutlich dilambdodont: Die $M^{1,2}$ besitzen vier zunächst spitze Haupthöcker. Neben Para- und Metaconus, den buccalen Haupthöckern, sind labial Para- und Metastyl schwach oder nicht ausgebildet, jedoch fehlt immer ein Mesostyl, und ebenso fehlen die bei den Soricoidea von Para- und Metaconus zum Mesostyl verlaufenden Grate. Daher kein W-Muster (Abb. 4A). Erste Schneidezähne meist vergrößert, aber einspitzig.

Verbreitung. Autochthon Afrika und das südlichere Eurasien einschließlich der Inseln im SE bis zu den Philippinen, Borneo und Java. In Neuseeland eingebürgert.

Gliederung. Zwei Unterfamilien. Die Echinosoricinae (= Galericinae; Haarigel) sind mit 5 Gattungen und 6 Arten auf SE-Asien beschränkt, die Erinaceinae (Stacheligel) mit 4 Gattungen und 14 Arten über Afrika und das kontinentale Eurasien verbreitet (CORBET 1988). Die Stacheligel unterscheiden sich von den Haarigeln unter anderem durch den Besitz eines Stachelkleides auf der Dorsalseite und die Fähigkeit, sich mit Hilfe einer kräftigen Hautmuskulatur (Panniculus carnosus) abzukugeln. In Europa zwei Gattungen der Erinaceinae mit drei Arten: *Erinaceus europaeus, E. concolor* und *Atelerix algirus* (CORBET 1988). *Atelerix algirus* wurde bisher meist in eine eigene Gattung oder Untergattung *Aethechinus* gestellt oder (z. B. HONACKI et al. 1981*) als Angehöriger von *Erinaceus* angesehen. CORBET (1988) hat aber begründet, daß die Art zu der im übrigen äthiopischen Gattung *Atelerix* gehört.

Paläontologie. Als älteste erinaceomorphe Insektenfresser sind die Leptictiden bereits aus der Oberkreide bekannt. Erinaceidae werden seit dem Paleozän, eine Aufspaltung in Erinaceinae und Echinosoricinae seit dem Oligozän angenommen. Beide Unterfamilien waren im Tertiär auch in Nordamerika verbreitet, wo sie aber im Jungtertiär ausstarben. Echinosoricinen sind in Europa im Oligozän und Miozän bekannt (GROMOVA 1962*, THENIUS 1980*, YATES 1984*).

Besondere Merkmale. Die Stacheln sind verdickte, abgewandelte Haare. Ihre Festigkeit erhalten sie vor allem durch eine breite Rinde, von der aus verstärkende Septen in das lockere Mark ziehen (Abb. 24). Wie an den Haaren sitzen an allen Stacheln Talgdrüsen, die allerdings klein sind, und an den Stacheln der Körperseiten finden sich auch apokrine Schlauchdrüsen. An jedem Stachel setzt ein mächtiger glatter Aufrichtemuskel (Musculus arrector pili) an, der im Vergleich zu normalen Haaren zur Stachelzwiebel hin verschoben ist und dadurch einen längeren Hebelarm zum Aufrichten des Stachels erhält (HAFFNER und ZISWILER 1983).

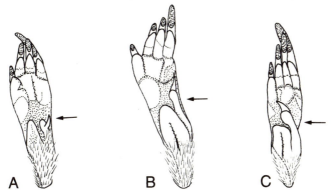

Abb. 5. Rechte Hinterfüße von der Sohle her betrachtet von **A** *Atelerix algirus* (Gran Canaria, ZFMK 81.1075), **B** *Erinaceus concolor* (Dubrovnik, Jugoslawien, ZFMK 66.347) und **C** *E. europaeus* (Fribourg, Schweiz, Coll. F. KRAPP). Man beachte die unterschiedliche relative Größe der 1. Zehe (Pfeile).

Schlüssel zu den Gattungen

a) Nach äußeren Merkmalen

1 Hallux (Großzehe) klein oder fehlend, nie bis zur Basis der 2. Zehe reichend (Abb. 5 A) . . . . *Atelerix* S. 65
– Hallux länger, seine Kralle reicht bis zur Basis der 2. Zehe (Abb. 5 B, C) . . . . *Erinaceus* S. 22

b) Nach dem Schädel

1 Ende des Palatinums mit breiter Knochenplatte (Abb. 7 A) . . *Atelerix* S. 65
– Ende des Palantinums höchstens mit schmaler Knochenplatte (Abb. 7 B) . . . . *Erinaceus* S. 22

c) Nach den Zähnen

1 I^3 meist zweiwurzelig. Spitzen der P_4 in Lateralansicht genähert (Abb. 9 A) . . . . *Atelerix* S. 65
– I^3 einwurzelig. Spitzen der P_4 in Lateralansicht voneinander entfernt (Abb. 9 B) . . . . *Erinaceus* S. 22

Literatur s. *E. concolor*

Gattung *Erinaceus* Linnaeus, 1758

Diagnose. Insektivore, zur Einrollung befähigte Säugetiere mit stachelbedeckter Dorsalseite. Die Stacheln sind drehrund, glatt, an den Enden verjüngt und etwa 2,5 cm lang. Ohren kurz, ziemlich breit gerundet. Tympanicum reicht nicht in die Fossa pterygoidea.

Zahnformel der rezenten Erinaceinae $\frac{3\ 1\ 3\ 3}{2\ 1\ 2\ 3}$. I und P werden in der Literatur unterschiedlich gezählt. Der Vergleich mit Echinosoricinen mit vollständigem Gebiß legt die Vermutung nahe, daß bei *Erinaceus* I_3, P^1, P_1 und P_2 ausgefallen sind. Daher zählen wir die Zähne wie folgt:

$$\frac{I^1\ I^2\ I^3\ C\quad P^2\ P^3\ P^4\quad M^1\ M^2\ M^3}{I_1\ I_2\ -\ C\quad -\ P_3\ P_4\quad M_1\ M_2\ M_3}$$

Nach KINDAHL (1967*) sind jedoch nach Untersuchungen über die Zahnentwicklung im Unterkiefer I_1, P_1 und P_3 ausgefallen, so daß die vorhandenen I und P hier mit I_2, I_3, P_2 und P_4 zu bezeichnen wären. Ihre Interpretation der Oberkieferzähne führt dagegen zu keiner abweichenden Numerierung. Schließlich bezeichnen viele Autoren die P mit 1 beginnend fortlaufend als P^1, P^2, P^3, P_1 und P_2. Nach KINDAHL (1967*) werden nur die I^1, I^2, P^3, P^4, I_1 und P_4 gewechselt.

Verbreitung. Europa, nach N bis etwas über 60°, in Asien nach E bis 80° und isoliertes Vorkommen (1 Art) in E-China, Korea und der Mandschurei.

Umfang der Gattung. CORBET (1988) führt 3 Arten auf, von denen 2 in Europa vorkommen. Die äthiopischen Stacheligel, die bisweilen zu *Erinaceus* gerechnet werden, stellt er in die Gattung *Atelerix*. Umgekehrt betrachten BOBRINSKIJ et al. (1965*) auch die beiden übrigen rezenten Erinaceinen-Gattungen *Paraechinus* und *Hemiechinus* als zu *Erinaceus* gehörig. CORBET (1988) nennt zusätzlich *E. amurensis* aus E-Asien, den HONACKI et al. (1982*) bei *E. europaeus* einbeziehen. Wir folgen CORBET (1988).

In Europa *Erinaceus europaeus* und *E. concolor* (= *E. roumanicus* Barrett Hamilton, 1900). *E. concolor* wurde lange als Unterart von *E. europaeus* gewertet, wird aber heute als selbständige Art anerkannt (HERTER 1934, 1938; KRATOCHVÍL 1975, CORBET und SOUTHERN 1977*, HOLZ 1978a, b u. a.).

Schlüssel zu den Arten

a) Nach äußeren Merkmalen

1 Brustmitte dunkelbraun bis grau (Abb. 6 oben) . . . . . *europaeus* S. 26
– Brustmitte weiß (Abb. 6 unten) . . . . *concolor* S. 50

b) Nach dem Schädel

1 Maxillarindex (s. Abb. 8) meist unter 1 . . . . *europaeus* S. 26
– Maxillarindex größer als 1 . . . . *concolor* S. 50

Literatur s. *E. concolor*

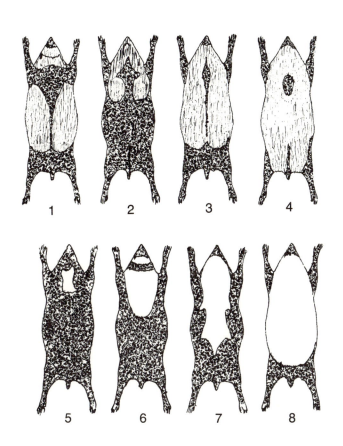

Abb. 6. Beispiele für die Färbung der Bauchseite von *Erinaceus europaeus* (1–4) und *E. concolor* (5–8). Aus HERTER (1936).

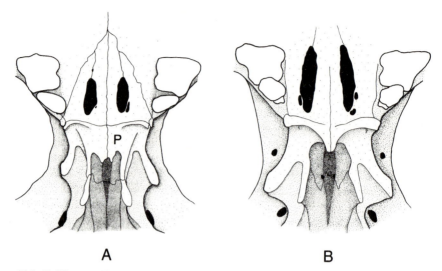

Abb. 7. Hinterer Rand des knöchernen Gaumens von **A** *Atelerix algirus*, **B** *Erinaceus europaeus*. Man beachte die breite Platte (P) hinter dem Querwulst bei *A. algirus*, die *E. europaeus* fehlt.

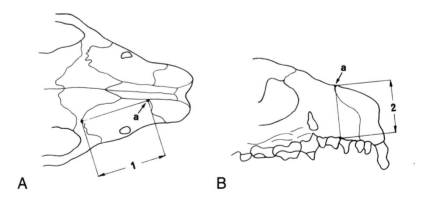

Abb. 8. Rostrum von *Erinaceus concolor* **A** von dorsal, **B** von lateral zur Bestimmung des Maxillarindex. Der Maxillarindex ist Länge des Maxillare (1) dividiert durch Höhe des Maxillare (2). Länge des Maxillare (1) = Abstand vom caudalsten Punkt des Maxillare bis zum Berührungspunkt a von Praemaxillare, Maxillare und Nasale. Höhe des Maxillare (2) = Abstand vorderer Alveolenrand von P^2 bis a.

Erinaceus

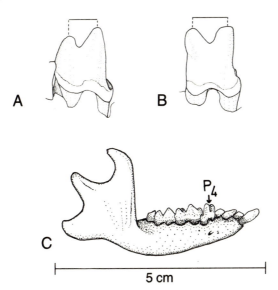

Abb. 9. P_4 von lateral **A** von *Atelerix algirus*, **B** von *Erinaceus europaeus*. Darunter rechte Mandibel von *A. algirus* mit P_4. Man beachte die unterschiedlichen Spitzenabstände.

Erinaceus europaeus Linnaeus, 1758 – **Braunbrustigel, Westigel**

E: West European hedgehog; F: Le hérisson d'Europe de l'Ouest

Von H. Holz und J. Niethammer

Diagnose. Brustmitte dunkelbraun bis grau (Abb. 6, 1–4). Kopfoberseite meist mit keilförmigem, dunklem Fleck (Abb. 10, 5–8). Zwischen Auge und Nase V-förmige, dunkle Zeichnung.
Maxillarindex (Länge zu Höhe des Maxillare, s. Abb. 8) meist unter 1.

Karyotyp: 2 n = 48, ein mittellanges Chromosom telozentrisch, zwei kleinste Autosomen punktförmig, übrige submeta- bis metazentrisch. X etwa so lang wie drittgrößtes Autosom, metazentrisch, Y zu den kleinsten Elementen gehörig, punktförmig (Zima und Král 1984*, hier weitere Literatur).

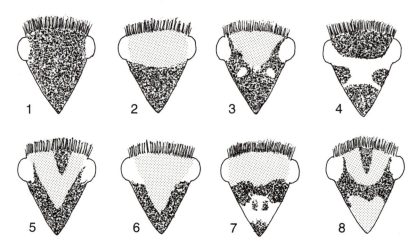

Abb. 10. Beispiele für die dorsale Kopfzeichnung von *Erinaceus concolor* (**1–4**) und *E. europaeus* (**5–8**). *E. europaeus* hat gewöhnlich im Gegensatz zu *E. concolor* ein dunkles V wie in **5** und **6**. Nach Herter (1936).

Zur Taxonomie. *Erinaceus europaeus* und *E. concolor* unterscheiden sich ziemlich konstant in Farbmerkmal, Schädelbau und Karyotyp. Sie leben weitgehend allopatrisch. Überschneidung in Polen, Österreich und Italien. Bastarde wurden in Gefangenschaft erzielt (HERTER 1935, 1936, 1938; W. und C. PODUSCHKA 1983) und für das Freiland nachgewiesen (HOLZ 1978a – Abb. 21). Allerdings sind mutmaßliche Hybriden im Überlappungsgebiet selten. Neben Tieren, die als F1 angesehen wurden, gab es auch solche, die Bastarde höheren Grades und Rückkreuzungstiere zu sein schienen. W. und C. PODUSCHKA (1983) gelang neben F1 auch F2 und Rückkreuzung zwischen F1 ♀ mit *E. concolor*-♂. Demnach scheint keine undurchlässige reproduktive Schranke zwischen beiden Arten zu bestehen, der Genfluß zwischen ihnen aber allenfalls gering zu sein. Aus diesem Grunde werden beide hier als getrennte Arten behandelt. Nach W. und C. PODUSCHKA (1983) dominieren bei Kreuzungen die *concolor*-Farbmerkmale nicht, wie HERTER (1938) angegeben hat.

Beschreibung. Plump und unbeholfen wirkend. In der ČSSR Kr 187–310 ($\bar{x} = 260$), Schw 18–44 ($\bar{x} = 27$), Gew 258–1375 ($\bar{x} = 741$; HRABĚ 1975). Beine kurz. Vorderbeine als Grab- und Kratzwerkzeuge kräftig, etwa ebenso lang wie die Hinterbeine. Hf im Mittel 45 bei alten Erwachsenen. Füße fünfzehig mit gut entwickelten Sohlenballen und kräftigen Krallen (Abb. 11). Folge der Zehen nach abnehmender Länge vorn 3-4-2-5-1, hinten 2-3-4-5-1.

Schnauze spitz auslaufend, rüsselartig beweglich. Rhinarium wenig gefeldert (Abb. 12; MOHR 1936). Maul unterständig, tief gespalten. Augen

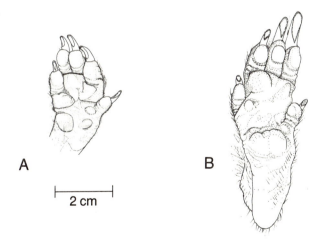

Abb. 11. Füße von *Erinaceus europaeus*, Sohlen. **A** vorn, **B** hinten.

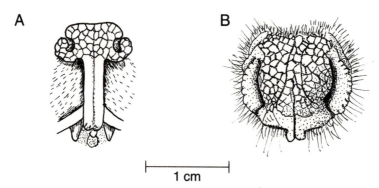

Abb. 12. Rhinarium von *Erinaceus europaeus*. **A** von ventral nach HILL (1948), **B** von vorn nach Exemplar in Alkohol, Meckenheim bei Bonn.

zwar für Insektenfresser groß, im Vergleich zu anderen Säugetieren aber klein. Ohren kurz, breit und gerundet. Stacheln beginnen in der Kopfmitte und stehen hier dicht beieinander oder lassen höchstens einen sehr schmalen Scheitel frei. Am längsten sind sie auf dem Vorderrücken (Angriffsfläche). Jeder Stachel ist helldunkel gebändert, gewöhnlich Spitze dunkel, dann hell-dunkel-hell-dunkel Basis. Breite und Farbintensität der Zonen variieren. Der allgemeine Farbeindruck ist braungelb bis grau. Die Dauerstacheln, etwa 8.400 ± 300, fallen im Gegensatz zu denen der beiden ersten Kleider nur selten aus. Ventralseite mit ziemlich steifen Deckhaaren und feineren Unterhaaren besetzt. Ihre Färbung ist überwiegend dunkelbraun, am Bauch heller. Auf dem Kopf eine dunkle Zeichnung, am Kinn ein weißer Fleck. Das Haar wird kontinuierlich, nicht periodisch ersetzt. Färbung und Zeichnung zeitlebens recht konservativ, nur Farbtönung ändert sich etwas.

Schädel (Abb. 13): Gedrungener, mit kürzerem Rostrum als bei Talpiden und Soriciden. Schwache, postorbitale Einschnürung. Jochbogen kräftig, aus langen Fortsätzen von Maxillare und Squamosum, die sich berühren, sowie einem kleinen Jugale gebildet. Die meisten Schädelnähte bleiben lange oder zeitlebens erkennbar. Interparietale auch bei Jungtieren nicht gegen Occipitale abgrenzbar. Nasalia schmal, enden gewöhnlich vor den dorsalen Ausläufern der Maxillaria. Hinterhaupt senkrecht. Kräftige Occipitalleiste und bei älteren Igeln auch Sagittalleiste zwischen den Parietalia nicht auf Frontalia übergehend.

Palatina mit größeren Lücken. Ihr Hinterrand wird von einer Querleiste begrenzt, median dahinter ein kleiner Dorn. Die weit offene Gehörkapsel wird von einem medianen Flügel des Basisphenoids und dem nicht ganz zu

Erinaceus europaeus – Braunbrustigel, Westigel

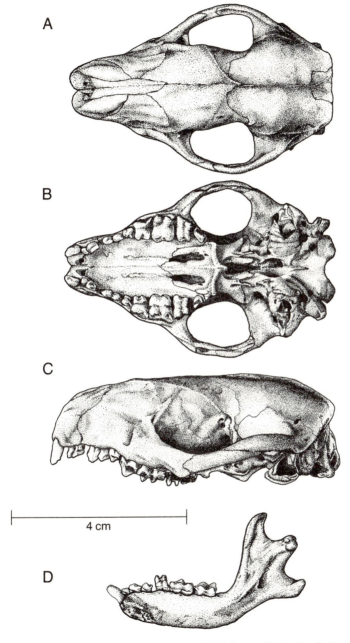

Abb. 13. Schädel von *Erinaceus europaeus,* bei Fribourg/Schweiz, Coll. F. Krapp (Nr. 66/68). **A** dorsal, **B** ventral, **C** lateral, **D** rechte Mandibel von lingual.

Tabelle 2. Schädelmaße von *Erinaceus europaeus*. Meßweise s. Abb. 14, soweit nicht allgemein üblich. Herkunft: K = Institut für Haustierkunde, Kiel; H = Humboldt-Museum Berlin; Z = Museum Stockholm.

Nr.	Herkunft	sex	Cbl	Zyg	Pob	Gau	Parl	Maxl	Maxh	Nasl	Nasb	oZr	uZr	LM^1	LM$_1$	Mand
H 40734	Arendsee/Altmark	♀	54,1	35,0	14,3	30,6	15,3	8,0	11,1	15,9	3,0	26,0	19,3	5,1	5,9	39,8
H 44279	bei Greifswald	♀	58,1	36,8	14,9	32,7	13,7	11,5	13,1	16,6	2,7	28,4	22,0	4,9	6,3	45,1
H 94009	Wampen bei Greifswald	♀	60,4	36,6	15,3	34,6	17,9	8,9	13,2	17,5	2,7	30,3	22,5	5,4	6,2	44,9
K 901	Wangeroog	♂	59,2	35,0	14,2	33,6	17,7	9,4	11,6	14,8	3,2	28,7	20,3	5,2	5,8	42,9
K 905	Wangeroog	♂	58,0	34,9	15,0	31,6	18,4	9,6	11,9	14,5	2,9	28,4	21,3	5,5	6,2	40,5
K 904	Wangeroog	♂	56,4	35,5	13,8	30,4	16,1	10,2	11,3	14,5	3,6	27,6	21,9	4,9	5,7	41,1
K 902	Wangeroog	♂	59,9	36,9	14,0	33,7	16,2	9,4	12,2	15,1	3,1	28,5	22,3	4,6	6,1	43,6
K 729	Kiel	♂	53,1	32,8	14,4	30,2	14,2	10,4	11,1	15,1	3,9	26,6	20,6	4,9	6,1	39,6
K 899	Mellum	♂	57,0	35,3	14,5	30,8	16,5	8,7	12,3	13,1	2,7	27,6	21,9	5,3	6,2	42,0
K 921	Eckernförde	♂	59,0	34,6	14,7	32,8	14,2	10,5	12,2	17,2	2,9	28,6	21,9	5,0	6,2	41,3
K 891	Schleswig	♂	53,7	33,8	14,6	30,7	14,5	8,0	10,8	13,7	3,4	27,5	20,9	5,3	6,1	46,1
K 906	Wangeroog	♀	56,3	33,9	14,3	31,9	16,7	9,9	12,1	15,2	3,3	27,5	20,4	5,0	6,1	40,0
K 908	Wangeroog	♀	55,0	33,1	14,8	31,4	17,2	9,3	10,8	14,7	3,2	27,7	20,3	5,1	6,4	39,6
K 900	Mellum	♀	57,2	35,1	14,0	31,6	16,8	12,3	11,9	15,0	3,1	28,6	20,7	5,5	6,1	42,0
K 903	Mellum	♀	53,9	33,0	14,2	29,0	17,4	7,6	11,0	13,3	2,9	27,3	19,7	5,2	5,9	40,1
Z 4701	Malmö/Schweden	♂	58,6	36,5	14,5	33,4	15,7	9,2	13,3	17,9	2,6	28,7	23,8	4,9	6,3	43,2
Z 4830	Malmö/Schweden	♂	59,2	37,3	14,0	33,5	14,6	11,6	13,0	18,0	1,8	29,0	23,8	4,8	6,0	44,1
Z 4828	Malmö/Schweden	♂	55,3	35,0	14,8	31,1	12,6	11,4	11,7	17,6	2,4	27,2	23,1	4,7	5,8	43,1
Z 4824	Malmö/Schweden	♀	57,6	35,7	14,0	33,4	15,3	10,9	12,3	16,4	2,5	27,4	22,8	4,8	5,7	43,9
Z 4990	Malmö/Schweden	♀	55,2	34,3	14,6	31,6	14,4	11,1	12,4	16,5	2,6	27,3	22,8	4,7	5,9	40,5

Tabelle 3a. Prozentuale Unterschiede in Schädelmaßen von *Erinaceus europaeus* und *E. concolor* bei gleicher Basilarlänge. Positive Werte bedeuten, daß in dem betreffenden Maß *E. concolor* größer ist, negative Werte, daß dies für *E. europaeus* gilt. Nach HOLZ (1978b). Maße und ihre Reihenfolge wie in Tab. 2.

Maß		% größer bei *E. concolor*
Condylobasallänge	Cbl	0,4
Zygomatische Breite	Zyg	− 1,3
Postorbitalbreite	Pob	2,2
mediane Gaumenlänge	Gau	− 3,0
Länge der Frontalnaht	Parl	17,2
Maxillarlänge	Maxl	49,9
Maxillarhöhe	Maxh	− 6,9
Nasalialänge	Nasl	− 4,6
Nasaliabreite	Nasb	39,9
Länge der oberen Zahnreihe	oZr	1,7
Länge der unteren Zahnreihe	uZr	1,0
Länge des M^1	LM^1	6,6
Länge des M_1	LM_1	5,4

Tabelle 3b. Schädelindices, die zur Trennung von *Erinaceus europaeus* und *E. concolor* dienen können. Maxillarindex (STEIN, 1929, HERTER 1938) s. Abb. 8.
Nasalindex (ROEDL 1966): Quotient aus kleinster Nasaliabreite zur Nasalialänge bis zu den Spitzen (also länger als Nasl in Abb. 13).
Parietalindex (ROEDL 1966): Quotient aus dem Abstand der Vorderenden der Parietalia und der Cbl.
Mandibelindex (WOLFF 1976): Quotient aus Abstand hinterer Alveolenrand M_3 und Einbuchtung zwischen Winkel- und Gelenkfortsatz (L_1) und Abstand hinterer Alveolenrand M_3 und Hinterrand des Processus angularis (L_2) in %.

Index	*E. europaeus*	*E. concolor*
Maxillarindex	meist unter 1	meist über 1
Nasalindex	meist über 7	meist unter 7
Parietalindex	meist über 14	meist unter 14
Mandibelindex	76–89	65–80

einem Ring geschlossenen Tympanicum gebildet (Abb. 2C). Letzteres ist mit der Schädelbasis nicht verwachsen und fehlt daher häufig an mazerierten Schädeln. Die Schädel der Ost- und Westigel unterscheiden sich in einigen Maßen (Tab. 2, 3a) deutlich, die auch Grundlage trennender Indices wurden (Tab. 3b). So hat *E. europaeus* eine kürzere Frontalnaht, ein kürzeres und höheres Maxillare (Abb. 8), ein schmaleres Nasale und einen geringeren Abstand der rostralen Enden der Parietalia.

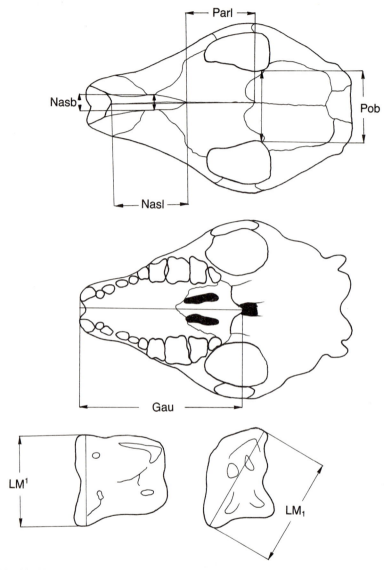

Abb. 14. Einige in diesem Buch wiedergegebene Meßstrecken am Schädel und an Zähnen von *Erinaceus europaeus* nach Holz (1978b). Gau = mediane Gaumenlänge; LM^1 = Außenlänge an M^1; LM_1 = diagonale Länge an M_1; Nasb = Breite der Nasalia; Nasl = Länge der Nasalia (hier also längs Mittelnaht); Parl = Parietalnaht-Länge (eigentlich Länge der Frontalnaht!); Pob = Postorbitalbreite. Nicht abgebildet sind die folgenden, bei Holz (1978b) bezeichneten Maße: Mand = Unterkieferlänge I; Maxl = Länge des Maxillare I; Maxh = Höhe des Maxillare I; oZr = gesamte Zahnreihe im Oberkiefer; uZr = gesamte Zahnreihe im Unterkiefer.

Am Unterkiefer ist nach WOLFF (1976) der Processus angularis kürzer und weniger abgesetzt; seine linguale Fläche ist konkav (nicht eben). Das Foramen mandibulae ist vom Unterrand weiter entfernt. Die Knochenleiste auf der Lingualseite zwischen Corpus und Ramus ist schwächer, der Condylus articularis mehr walzenförmig (Abb. 15).

Einzelmaße und Indices trennen die Arten jedoch nicht vollständig. Eine gute Unterscheidung ergaben dagegen divariate Diskriminanzanalysen (HOLZ 1978a: s. Abb. 21).

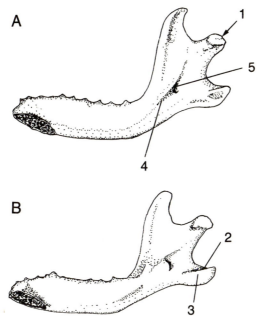

Abb. 15. Mandibeln lingual **A** von *Erinaceus europaeus* (Coll. F. KRAPP 66/68), **B** *E. concolor* (Coll. Museum A. Koenig, Bonn, 69.545). Die Pfeile weisen auf folgende Merkmale: 1 Condylus articularis, 2 längerer, schmalerer Processus angularis bei *E. concolor*, 3 linguale Facies des Processus angularis bei *E. concolor* meist plan, 4 Knochenleiste am Übergang Corpus – Ramus mandibulae, 5 Foramen mandibulae bei *E. europaeus* weiter vom Unterrand des Kiefers entfernt. Merkmale nach WOLFF (1976).

Zähne (Abb. 16). I^1 und I_1 größer als die folgenden I, I^1 durch eine mediane Lücke getrennt. I^2 kleiner als I^3, I_2 kleiner als C_1. Alle I sind einspitzig und einwurzelig, ebenso C_1. C^1 ist etwas größer als I^3 und hat 2 Wurzeln. P^2 und P_3 sind einspitzig und einwurzelig. P^3 ist zweispitzig und besitzt anscheinend Proto- und Paraconus. Entgegen BUTLER (1948) hat er

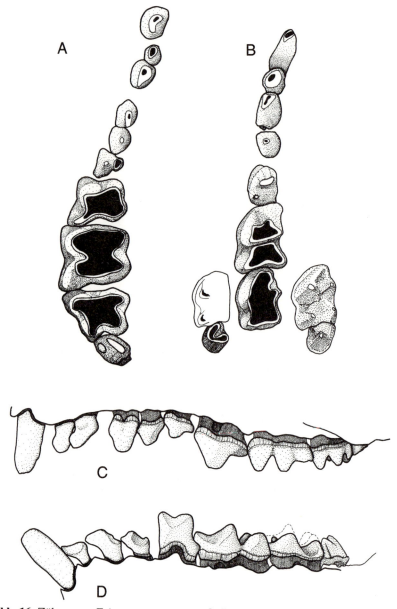

Abb. 16. Zähne von *Erinaceus europaeus,* Coll. F. KRAPP (Nr. 66/68). **A, B** occlusal, **C, D** lateral. **A** linker Oberkiefer, **B** rechter Unterkiefer, beide gespiegelt. **C** obere, **D** untere Zähne. Da M_3 beim vorliegenden Exemplar fehlt, wurden in **B** M_2 und M_3 nach einem stark abgekauten Gebiß (links; Coll. J. NIETHAMMER 3747) und nach einem wenig abgekauten (rechts; Coll. J. N. 4065) gezeichnet.

Erinaceus europaeus – Braunbrustigel, Westigel

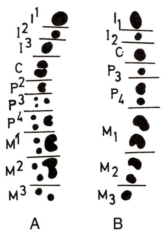

Abb. 17. Alveolen der rechten Schädelseite von *Erinaceus europaeus*. **A** Ober-, **B** Unterkiefer.

meist 3 Wurzeln. P^4 ähnelt M^1, hat aber keinen Metaconus. Wie M^1 und M^2 hat er 3 Wurzeln. M^1 zeigt das typische Muster mit 4 Haupthöckern (Para-, Meta-, Proto- und Hypoconus) sowie oft einem Metaconulus in der Mitte. Ein Cingulum ist vor allem buccal ausgebildet und bildet einen wenig deutlichen Para- und Metastyl. M^2 ist ähnlich, aber kürzer. M^3 ist demgegenüber reduziert, hat nur Para- und Protoconus und nur 2 Wurzeln. P_4 hat zwei Hauptspitzen, das Para- und Protoconid und ein undeutliches Metaconid. M_1 hat 5 Spitzen, von denen das rostrale Paraconid niedriger ist, wogegen Proto-, Meta-, Hypo- und Endoconid ähnliche Höhe haben. M_2 ist etwas kürzer, das Paraconid ist undeutlich, sonst ähnelt der Zahn M_1. M_3 ist verkürzt, nur Proto- und Metaconid und andeutungsweise das Hypoconid sind vorhanden. P_4, M_1 und M_2 haben je 2 Wurzeln, M_3 nur eine. Pd^4 ähnelt P^4, ist aber schmäler. Pd^3 ist einspitzig und einwurzelig. Pd_4 ähnelt P_4, hat auch zwei Wurzeln, ist aber schmäler und trägt nur 2 Spitzen. Kleine Lücken bestehen meist zwischen I^1 und I^2, I^3 und C^1 sowie P_3 und P_4. Alveolen s. Abb. 17. Milchgebiß $\frac{2\ 0\ 2}{1\ 0\ 1}$ (KINDAHL 1967*, BODENHAUSEN 1986).

Postcraniales Skelett: 7 Hals-, 14–16 Brust-, 6 Lenden-, 3–4 Kreuzbein- und 9–11 Schwanzwirbel (FLOWER 1885*). Rippen breit, Tibia und Fibula distal verwachsen.

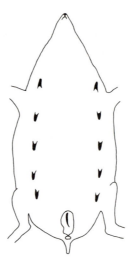

Abb. 18. Verteilung der Zitzen bei einem ♀ von *Erinaceus europaeus* aus Bonn.

Sonstige Merkmale: Ungefurchtes Großhirn. Bau des Neocortex s. REHKÄMPER (1980). Herz auch innerhalb der Insectivora primitiv (HEINE 1970a, b). Testes abdominal (PRASAD 1974). Akzessorische Geschlechtsdrüsen groß, können mehr als 10% des Gew erreichen (ALLANSON 1934). Penis weit vorn mündend, in Nabelnähe, Vagina nahe dem Anus. 5 Zitzenpaare, nahezu gleichmäßig von Analgegend bis zum Vorderrand des Armansatzes (FIRBAS und PODUSCHKA 1971; Abb. 18). Im Vergleich zu Soricidae ist das Maxilloturbinale stark aufgezweigt, ein Einschnitt zwischen Atrio- und Maxilloturbinale kaum erkennbar und die Zahl der Bowmanschen Drüsen besonders hoch (WÖHRMANN-REPENNING 1975*).

Die zum Teil widersprüchlichen Darstellungen über die am Einrollen beteiligte Muskulatur stellen BÖHME und SENGLAUB (1988) richtig. Den Rand der bestachelten Rumpfhaut umzieht der 2–3 cm breite, kräftige M. sphincter cuculli (= M. orbicularis), der beim abgekugelten Igel die Stachelhaut geschlossen hält. Ein dünnerer, an den mittleren Schwanzwirbeln beginnender M. caudodorsalis zieht unter dem Sphincter craniad in die von diesem umschlossene Rückenhaut, in die von den Seiten her auch dünne, ventrale Hautmuskeln (M. humero-abdominalis) einstrahlen. Die Kopfhaut zieht vor allem der M. fronto-dorsalis (= M. depressor cuculli frontalis) zusammen.

Verbreitung. W-Europa von Portugal, Irland und dem Mittelmeer bis Mittelskandinavien. Im E ganz Italien unter Einschluß von Sizilien, von

Erinaceus europaeus – Braunbrustigel, Westigel

Istrien bis zur Odermündung. In der n UdSSR in einem Streifen etwa zwischen 55 und 60° n nach E bis zum Ural. In Estland n von Dorpat (ERNITS 1988), hier mit *E. concolor* parapatrisch. In der DDR, Polen, ČSSR und Österreich mit *E. concolor*. Finnland hat die Art, offensichtlich unterstützt

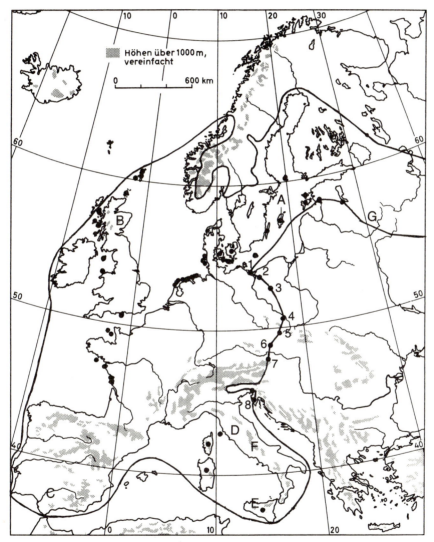

Abb. 19. Areal von *Erinaceus europaeus*. Vorkommen in Istrien (Punkt 8) unsicher.

durch Aussetzungen, erst seit Beginn des 20. Jahrhunderts besiedelt (KRÜGER 1969). Auch in Schweden hat sich der Igel in den vergangenen Jahrzehnten, unterstützt durch Verfrachtungen, erheblich nach N ausgebreitet und die finnische Grenze erreicht (KRISTOFFERSSON et al. 1966, 1977; KRISTIANSSON 1981). Auf der anderen Seite belegen Knochenfunde spätestens aus dem 14. Jahrhundert auf Öland, daß dort Igel bereits im Mittelalter heimisch waren (BOESSNECK 1979*).

Inselvorkommen: Im Mittelmeer auf Korsika, Sardinien, Sizilien und Elba (VESMANIS und HUTTERER 1980); auf den meisten französischen Atlantikinseln (FAYARD 1984*). Auf zahlreichen britischen Inselchen eingebürgert, so auf den Orkney- und Shetland-Inseln. Möglicherweise autochthon auf Skye, Soay, Coll, Mull, Luing, Bute, Man, Anglesey, Wight, Guernsey und Jersey (MORRIS 1977). Nach VAN LAAR (1981*) auf Wieringen, Texel, Langeoog, Nordstrand, Föhr, Sylt, Röm und Fanö vielleicht autochthon. Auf Vlieland, Terschelling, Ameland, Borkum, Juist, Norderney, Spiekeroog, Wangeroog ausgesetzt oder aus Gefangenschaft entkommen, auf Pellworm und Amrum passiv eingeschleppt. In der Ostsee wohl auf allen größeren Inseln nach N bis zu den Åland-Inseln (SIIVONEN 1976*). Dänische Inseln s. URSIN (1950*). In der Höhe selten über 800 m (KRATOCHVÍL 1966), in den Alpen bis 1500 m, vereinzelt bis 2000 m (BAUMANN 1949*), im Zentralmassiv bis 1500 m (SAINT GIRONS 1973*), in den Pyrenäen bis 2000 m hoch gefunden (SAINT GIRONS und FAYARD 1984*).

Randpunkte: Hier seien nur einige Punkte aus der von der Ostsee zum Mittelmeer verlaufenden Ostgrenze aufgeführt, die vor allem für Polen durch PUCEK (1983*), für die ČSSR durch KRATOCHVÍL (1966), für Niederösterreich durch BAUER (1976) und für Italien durch LAPINI und PERCO (1986) gut dokumentiert ist. Stand in Skandinavien nach KRISTIANSSON (1981).
Polen: 1 Swinemünde, 2 Gollnow, 3 Poznan (Posen), 4 Próskow (Proskau) (PUCEK und RACZYŃSKI 1983*); ČSSR: 5 Olomouce (Olmütz) (KRATOCHVÍL 1966*); Niederösterreich: 6 Wanzenau, 7 Mittersee bei Lunz (BAUER 1976); Jugoslawien: 8 Livade bei Motovun, Istrien (DULIĆ und VIDINIĆ 1964). Allerdings bezweifelt KRYŠTUFEK (1983) die Richtigkeit dieser Angabe. Die Grenze könnte hier n von Istrien verlaufen. Sichere Belege für *E. europaeus* aus Jugoslawien gibt es danach nicht.

Terrae typicae:
A *europaeus* Linnaeus, 1758: Wamlingbo, Gotland, Schweden.
B *occidentalis* Barrett-Hamilton, 1900: Haddington, Schottland.
C *hispanicus* Barrett-Hamilton, 1900: Sevilla, Spanien.
D *italicus* Barrett-Hamilton, 1900: Siena, Italien.

E *consolei* Barrett-Hamilton, 1900: Palermo, Sizilien.
F *meridionalis* Altobello, 1920: Abruzzen, Italien.
G *centralrossicus* Ognev, 1926: Sichevsk, Gouvernement Smolensk, UdSSR.

Merkmalsvariation. Sexualdimorphismus bisher nicht nachgewiesen (für Schädelmaße überprüft von Škoudlin 1978).

Alter: Kristoffersson (1971) hat bei finnischen Igeln das Alter nach Knochen-Zuwachszonen am Unterkiefer (Morris 1970) bestimmt. Deutliche Veränderungen der Maße Kr, Hf, oZr und uZr konnte er nach dem ersten Jahr nicht mehr feststellen. Die Unterschiede innerhalb der Jahrgänge waren groß im Vergleich zu Differenzen zwischen ihnen, so daß diese weniger auf unterschiedliches Alter als auf Zufälligkeiten wie günstige oder ungünstige Geburtsjahre zurückzuführen sind. Kopfzeichnung bleibt zeitlebens gleich. Vom 2. Lebensjahr an ändern sich die Schädelmaße nur noch wenig (Tab. 5).

Tabelle 4. Schädelmaße von *Erinaceus europaeus* aus der ČSSR in Abhängigkeit vom Alter, Mittelwerte in mm. Altersgruppen 1 = bis 6 Mon, 2 = 6–18 Mon, 3 = 18–30 Mon, 4 = über 30 Mon. Aus Hrabě (1976).

AG	n	Cbl	Zyg	Pob	Nasl	Nasb	oZr	Mand	Corh
1	23	46,2	28,1	13,7	16,0	3,0	24,8	33,3	15,1
2	43	55,2	33,0	14,3	18,1	2,9	27,8	38,9	18,8
3	29	56,7	34,3	14,3	18,4	3,2	28,1	40,0	19,2
4	30	58,3	35,8	14,5	19,4	3,2	28,8	41,9	20,3

Jahreszeiten: Auffällige jahreszyklische Veränderungen erfährt das Gew. Unmittelbar vor Eintreten des Winterschlafs kann es sich verdoppeln und nicht selten 1500 g erreichen (Finnland; Kristoffersson 1971).

Ökologische Unterschiede: Igel aus bergiger Umwelt sind größer als Flachlandtiere (Ruprecht 1972).

Individuelle Variation, Mutanten: Der Anteil weißer Stacheln im Kleid variiert sehr (Herter 1934, 1938). Der braune oder graue Fleck auf der Brust kann einheitlich oder in der Brustmitte verdunkelt sein (Abb. 6). Kopf zwischen Augen und Nase dunkelbraun bis schwarz, zuweilen heller Fleck über der Nase. Vordere Schnauze lichter, Augenumgebung verdunkelt (Herter 1934). Albinos, Weißlinge mit dunklen Augen und Schecken sind bekannt. Über Albinofunde s. Hutterer (1980) und Dittrich (1980).

Wie bei Säugetieren üblich, wird die Albinofärbung gegenüber Normalfarbe monogen und rezessiv vererbt (DITTRICH 1980, W. PODUSCHKA und C. PODUSCHKA 1983).

Zahnanomalien: RUPRECHT (1965) hat unter 202 Schädeln von *E. europaeus* und *E. concolor* 10mal mehr, 9mal weniger Zähne gefunden als den üblichen Satz und 2mal Zahnfusionen. Bei in Neuseeland eingebürgerten Igeln waren von 102 Exemplaren 26% einseitig oder beidseitig ohne I_2 und 19% ein- oder beidseitig ohne P^3 (NIETHAMMER 1969). Unter etwa 20 Schädeln aus Deutschland und der Schweiz (Coll. NIETHAMMER, KRAPP) fehlten 3mal beidseitig die M^3.

Geographische Variabilität und Unterarten: Italienische Igel sind eine Spur kleiner als solche aus dem übrigen Europa (MILLER 1912*), ebenso finnische (KRÜGER 1969; W. und C. PODUSCHKA 1983). Nach ZAJCEV (1982) sind auch Braunbrustigel von Kalinin und aus Estland klein. Igel aus Italien und Spanien etwas heller als solche aus Mitteleuropa (MILLER 1912*; TOSCHI und LANZA 1959*), doch kommen nach HERTER (1938) in Italien auch dunkle Exemplare vor. Bauchfarbe in Irland dunkler als in England (MORRIS in CORBET und SOUTHERN 1977*), auf der s Iberischen Halbinsel weiß. Englische Igel besitzen häufiger einen Kontakt zwischen Praemaxillare und Frontale, auf dem Kontinent sind beide Knochen öfter getrennt: Kontakt in England bei 69% (n = 16), auf dem Kontinent bei 27% (n = 44) (MORRIS in CORBET und SOUTHERN 1977*). Nach ALTOBELLO (1920) ist bei *meridionalis* vor allem Querstellung von Molaren kennzeich-

Tabelle 5. Schädelmaße (Cbl, Zyg) in mm in verschiedenen Populationen von *Erinaceus europaeus* aus: 1 HRABĚ 1976, 2 OGNEV (1928*), 3 KRÜGER (1969), 4 W. PODUSCHKA und C. PODUSCHKA (1983), 5 SAINT GIRONS (1969) und 6 NIETHAMMER (1956*). Für 3 statt Cbl totale Schädellänge.

Herkunft	Cbl			Zyg			Autor
	n	Min – Max	x̄	n	Min – Max	x̄	
Schweden	10	51,1–57,2	54,5	10	33,0–37,8	35,2	3
N-Finnland (Oulu)	10		52,7	8		31,6	4
S-Finnland	47		53,4	55		32,6	4
Finnland gesamt	43	49,8–56,5	53,3	43	28,5–36,3	32,9	3
UdSSR	12	51,1–58,5	55,6	12	32,6–35,8	34,2	2
ČSSR	102	49,4–62,2	56,7	102	29,8–38,3	34,2	1
Deutschland (Würzburg)	12		59,0	12		34,2	4
Frankreich: Festland	18	54,0–61,5	59,1	16	27,5–39,8	36,5	5
Korsika	4	50,7–59,0	54,9	2*	30,9–31,6	31,3	5
Iberische Halbinsel	7	55,2–60,0	56,8	4	34,2–36,2	35,2	6

* Die beiden kleinsten Exemplare.

nend. Nasalia bei deutschen Igeln breiter als bei nordeuropäischen (KRÜGER 1969).
Entgegen der Annahme von WETTSTEIN (1941) trennt sein Längenindex (Cbl:Zyg) Ost- und Westigel nicht. Vielleicht unterscheidet er aber englische und kontinentaleuropäische Westigel: Irland und England 1,62–1,69 ($\bar{x}$ = 1,65; n = 5); Festland Westeuropa 1,54–1,67 ($\bar{x}$ = 1,59; n = 13). Für eine Unterartgliederung sind die geographischen Unterschiede zu wenig gesichert. Am ehesten scheinen sich skandinavische und westrussische von mitteleuropäischen Igeln abgrenzen zu lassen. Der nächste verfügbare Name für Mitteleuropa ist *erinaceus* (BLUMENBACH, 1779).

Paläontologie. Die Gattung *Erinaceus* ist seit dem Mittelmiozän bekannt (THENIUS 1979*), bzw. in Europa seit dem Miozän belegt (GROMOVA 1962*). Nach KURTÉN (1968*) ist *Erinaceus* in Europa seit dem späteren Villafranchium durchweg, wenn auch spärlich, nachgewiesen. Aus dem Spätpliozän und Frühpleistozän wurde aus Polen und Ungarn ein kleiner Igel, *Erinaceus samsonowiczi* Sulimski, 1959, bekannt, der sich außerdem in Zahn- und Unterkiefermerkmalen von *Erinaceus europaeus* unterscheidet und von KRETZOI (1962) ohne Begründung in die Gattung *Hemiechinus* gestellt wurde (RZEBIK-KOWALSKA 1971). Andere Reste aus dem Villafranchium werden einer größeren Art, *E. praeglacialis* Brunner, und einer kleineren, *E. lechei* Kormos, zugeordnet. Auch mittelpleistozäne Igelreste bezeichnet JÁNOSSY (1969) wegen ihrer Größe als *E. praeglacialis*. Andere alt- und mittelpleistozäne Fossilien könnten ebenso zu *europaeus* wie zu *praeglacialis* gehören (MALEC 1973; VON KOENIGSWALD 1970). Zur Entstehungsgeschichte der Arten *europaeus* und *concolor* stellt man sich zwar vor, daß eine eiszeitliche Arealaufteilung der Anlaß war. Fossile Belege hierzu oder zur zeitlichen Eingrenzung dieser Differenzierung gibt es aber nicht.

In England sind Igel offensichtlich ursprünglich, wie mesolithische Funde von Thatcham und Star Carr (beide vor etwa 10000 Jahren) zeigen, wogegen diese Frage für Irland nicht geklärt ist (YALDEN 1982*). Archäologische Funde von Öland aus den Zeiten 0–400 und 1000 nach Christus (BOESSNECK et al. 1988, BOESSNECK und VON DEN DRIESCH 1979*) belegen, daß Igel dort autochthon sind.

Ökologie. Biotop: Igel sind wenig anspruchsvoll, wenn gute Schlupfmöglichkeiten gegeben sind. Gern an Laubwaldrändern mit dichtem Gebüsch, in Gehölzen, Hecken, Parks, Gärten auch innerhalb menschlicher Siedlungen. Gemieden werden Nadelwälder besonders auf sandigen Böden, Moorniederungen, sehr nasse Gelände und kurz begraste Koppeln. Weniger kälteempfindlich als *concolor*.

Nahrung: Ausführliche Angaben bei Yalden (1976) für England. 55 % der Nahrung sind hier Raupen, Käfer und Regenwürmer. In Schleswig-Holstein werden am liebsten Käfer, vor allem kleinere und mittelgroße Laufkäfer, genommen. Im Mai sind es Käferlarven, im Sommer auch Silphiden und ab August mit Maximum im November Mistkäfer (*Geotrupes*), im Oktober/November vor allem Käferlarven. An zweiter Stelle werden Dermapteren (ab Ende Juli *Forficula*) genommen, an dritter Diplopoden, meist Juliden. Dazu kommen vor allem im Juli bis August Regenwürmer, Früchte und Samen mit Maxima im Juni und September. Quantitativ überwiegen ganzjährig Käfer, dazu im Spätsommer Früchte und Lepidopterenlarven, im Herbst Früchte und Käferlarven. Schmetterlingsraupen können im August und September den alleinigen Mageninhalt bilden, im November 70 % Grashalme und Dikotylenblätter und 10 % Brombeeren (Grosshans 1978).

Alle Autoren betonen Überwiegen von Insektennahrung. Manche Populationen nehmen gerne Schnecken. In freilebenden Igeln wurden gelegentlich Frösche, aber nie Fische gefunden. Gelegentlich Hautreste, nie Knochen von Reptilien. Manchmal nestjunge Vögel oder junge Mäuse, wogegen Reste erwachsener Vögel und Mäuse selten sind. Keine Mäusefänger. Pflanzenteile dienen wohl auch zur Stillung des Flüssigkeitsbedarfs.

Igelkot ist walzenförmig (1 cm) mit längeren (mehrere cm) zugespitzten Enden. Kot und Urin (besonderer Geruch) werden nicht an festen Kotplätzen abgesetzt (Poduschka 1969).

Fortpflanzung: Geschlechtsreife im 2. Lebensjahr. Im Winter anöstrisch. Mit dem Erwachen aus dem Winterschlaf, in der ČSSR im April/Mai (Kratochvíl 1975), wachsen die Gonaden, bei den ♂ auch die akzessorischen Geschlechtsorgane (Diesselhorst 1907). In England ♂ von April bis Ende August zeugungsfähig, trächtige ♀ finden sich hier von Mai bis Oktober mit Häufungen von Mai bis Juli und im September. Die Ovulation ist spontan (Morris 1977). Herbstwürfe wohl nur nach Verlust der noch kleinen Jungen im Frühjahr (Morris 1987). In Dänemark (Walhovd 1984) und in der DDR (Neuschulz briefl.) nur ein Wurf jährlich, in Frankreich nach Saint Girons (1973*) 1–2. Nach der Kopulation Verschluß der Vagina durch einen Pfropf aus einem Sekret männlicher akzessorischer Geschlechtsdrüsen (Herter 1938, Stieve 1949). Trächtigkeit 31–35 Tage (Morris 1977), 34–39 Tage (Herter 1938) und um 35 Tage (W. und C. Poduschka 1983). Kein Postpartum-Östrus. Die Jungen werden in großen, eigens zu diesem Zweck errichteten Nestern in Kopfend- oder Steißlage in Beugehaltung geboren. Austreibungszeit bei 5 Jungen war 30 Minuten, eines Einzeltieres 10 Sekunden (Naaktgeboren und van den Driesche 1962). Wurfgröße 2–7, Mittel 4,6 (n = 42, B. Morris 1961), in Dänemark 2–9, Mittel 4,75 (n = 453 Würfe, Walhovd 1984).

Populationsdynamik: Geschlechterverhältnis bei der Geburt 1. Bei ad überwiegen nach Fängen und Unfallopfern die ♂, so in Schleswig-Holstein mit 2,3:1 (GROSSHANS 1978 – Tab. 6). Wie weit dies durch höhere Aktivität der ♂ verursacht wird, ist schwer abzuschätzen.

Embryonenverluste 3,3%, postnatale Sterblichkeit vor dem ersten Saugen 20%, Mortalität im ersten Jahr 60%, dann Überlebenschancen besser (MORRIS 1977). Nach WALHOVD (1984) nahm die mittlere Geschwisterzahl von als Nestlinge blind angetroffenen Igeln (4,9) bis zu älteren, in Gesellschaft Erwachsener angetroffenen Jungigeln auf 4,35 ab. Als Lebenszeit für Igel in freier Wildbahn werden 7 Jahre (Maximum 10) angegeben, doch sind 5–6 Überwinterungen bereits selten (KRISTOFFERSSON 1971, KRATOCHVÍL 1975).

Tabelle 6. *Erinaceus europaeus* als Verkehrsopfer bei Kiel in den Jahren 1975 und 1976 (nach GROSSHANS 1978) und am Neuenburger See in der Schweiz (nach BERTHOUD 1978), aufgegliedert nach Monat und Geschlecht.

Monat	1	2	3	4	5	6	7	8	9	10	11	12	Summe
					bei Kiel								
♂	-	-	1	2	10	17	21	17	9	4	6	-	87
♀	-	-	-	1	3	8	12	3	4	5	1	1	38
					am Neuenburger See								
♂ ad	-	-	2	2	12	7	12	8	3	3	1	-	50
♀ ad	-	-	-	4	6	2	2	1	2	2	1	-	20
juv	-	-	-	-	-	1	4	20	10	11	6	2	54

Dichte in Vorstädten größer als im Freiland. Zuverlässige Schätzungen fehlen in Europa, da der lokale Bestand kaum vollständig zu erfassen ist. In Neuseeland geschätzte Werte von etwa 2–5/ha (CAMPBELL 1973, BROKKIE 1975) dürften in Europa kaum erreicht werden. Dagegen ermittelten BOITANI und REGGIANI (1984) im Laufe von über einem Jahr in einem 160 ha großen Macchiengebiet in Italien 28 Igel, was etwa 0,2/ha entsprechen würde, wenn alle Tiere gleichzeitig vorhanden und vollständig erfaßt waren.

Feinde: Vor allem Junge und Kranke werden erbeutet durch Iltis, Marder, Luchs, Dachs, Fuchs, Hund, Habicht, Waldkauz und Uhu. So waren nach WICKL (1979) in N-Bayern 23,7% von 14 185 Beutetieren des Uhus Igel. In heutiger Zeit sehr viele Verkehrsopfer. GIESEKE (1984), der 10 sendermarkierte Igel bei Bonn verfolgte, verlor 3 durch Raubtiere, einen durch endoparasitische Würmer (*Capillaria aerophila, Capillaria spec.*,

Crenosoma striatum) und einen durch Lungenwurmbefall oder eine Mähmaschine. Spätgeborene Igel erreichen häufig das zum Überwintern notwendige Gewicht von etwa 450 g nicht mehr und gehen dann zugrunde (PODUSCHKA et al. 1979; NEUSCHULZ briefl.).

Jugendentwicklung. ŠTĚRBA (1977) gibt für das embryonale Wachstum die folgenden Längen an: 14 Tage 5 mm, 17 Tage 7,2 mm, 20 Tage 11,2 mm, 22 Tage 15 mm, 25 Tage 20 mm, 29 Tage 32–34 mm, 32 Tage 43 mm. Neugeborene sind blind und 45–50 ($\bar{x}$ = 55) mm lang, Gew 11–25 g. Stacheln sind äußerlich noch nicht erkennbar. Bereits in den ersten Stunden nach der Geburt brechen weiße Primärstacheln (1. Generation) durch (HERTER 1938, EISENTRAUT 1953, ŠTĚRBA 1976). Diese Stacheln wachsen innerhalb der ersten Lebensdekade heran und fallen mit 40–50 Tagen aus, zuerst auf dem Rücken, zuletzt am Schwanz (KRATOCHVÍL 1974). Die ersten Stacheln der nun verbleibenden 2. Stachelgeneration sind vom 5. Tag an auf dem Rücken durchgebrochen und haben mit 20 Tagen ihr Wachstum beendet. Auch sie fallen zwischen 40 und 50 Tagen aus. Die 3. Generation wird mit Pigmentierung der Haut nach dem 5. Tag angelegt und beendet ihr Wachstum mit etwa 30 Tagen. Sie fällt mit den Stacheln der 2. Generation. Ihnen folgt das Dauerkleid, das zwischen 20 und 30 Tagen angelegt wird und zuerst und am dichtesten auf dem Rücken erscheint. Das Juvenilkleid umfaßt 110 Stacheln von 9,8–10,8 mm Länge. Die 2. Generation hat bis 1000 9,6–11,9 mm lange Stacheln, die 3. über 3000 Stacheln von 14,4–15,4 mm Länge. Dauerkleid mit 8400 ± 300 Stacheln von 17,4–21,9 mm Länge.

Färbung: 1. Generation weiß, 2. Generation Spitzen weiß, Rest dunkel, 3. Generation total pigmentiert, doch Spitze und Mitte leicht aufgehellt, Basis dunkel. Dauerkleid mit variablen dunkel-hell-dunklen Binden (KRATOCHVÍL 1974, ŠTĚRBA 1976).

Das Gew ist nach 7 Tagen etwa doppelt so hoch wie bei der Geburt und nach etwa 1 Mon 200 g, nach 70 Tagen 600–800 g. Die Endgew werden im 2. Jahr erreicht. Zum Wachstum von Körpermaßen s. HRABĚ (1975), zu Schädelmaßen ŠKOUDLIN (1978).

Die Milchzähne werden vom 24. Tag an ersetzt, die M1 brechen in der 4. Woche durch. Die Reihenfolge in der Zahnentwicklung ist bisher nicht genau untersucht. Erst nach dem Erscheinen der M3 werden ungefähr gleichzeitig die I1 und P4 gewechselt (nach Schädeln in Coll. NIETHAMMER). Anders als bei Maulwürfen und Spitzmäusen bleiben die Milchzähne der Igel eine Zeitlang funktionstüchtig. Nach HRABĚ (1981) fanden sich bei allen Jungigeln in der ČSSR vor dem 1. Winter noch Milchzähne und bei 13% nach dem Überwintern in den Monaten Februar bis Mai. Schon bald nach der Geburt können die Jungen schrill piepen. Mit 14–18 Tagen öffnen sich die Augen (HERTER 1963). Mit 11 Tagen beginnen Jungigel, sich bei Gefahr einzurollen, und beherrschen die Fähigkeit mit 16 Tagen vollständig. Die Stacheln sträuben sich vom 8. Tag an (LINDEMANN 1951). Das Nest verlassen sie zeitweilig vom 22. Tag an. Säugezeit 4–6 Wochen.

Verhalten. Bewegungen: Igel können kriechen, traben, langsam pirschen und schnell laufen. Gelegentlich gehen sie seitwärts. Sie können auch klettern und gut schwimmen, machen davon aber selten Gebrauch. In fremdem Gelände bewegen sie sich langsam, Deckung suchend und orientieren sich schnüffelnd.
    Igel sind standorttreu und suchen ihre Nahrung in der Nähe ihrer Nester. Aktionsraum nach BERTHOUD (1978) 1,8–2,5 ha, nach KRISTIANSSON und ERLINGE (1977) 2,3–3,7 ha, nach BOITANI und REGGIANI (1984) in Italien aufgrund von Telemetriebeobachtungen von 14 Igeln über 24–248 Tage zwischen 5 und 103 ha. Im Wohngebiet werden Wechsel angelegt.
    In einer Heckenlandschaft auf der englischen Insel Wight legte ein ad ♂ nachts öfter mehr als 2 km und bis zu 3,1 km zurück. Ein ad ♀ wanderte nachts nur etwa 1 km weit, und ähnlich verhielt sich ein jüngeres ♂, wie MORRIS (1988) telemetrisch ermittelte.

Aktivität nachts. Hauptaktivitätszeiten 18–21 und 0–3 Uhr, Hauptruhezeit 5–18 Uhr. Wohl Zusammenhang mit unterschiedlicher Körpertemperatur (HERTER 1938).
    Die Aktivität im Jahreslauf hat BERTHOUD (1982) bei Yverdon im Kanton Waadt in der Schweiz durch Telemetrie und Direktbeobachtung untersucht. Insgesamt sind nur 13% der Zeit Aktivität, der Rest ist Ruhe. Auf den Winterschlaf von Mitte November bis Mitte März folgt eine etwa einmonatige Phase, in der die Igel aktiv sind und besonders weit umherstreifen. Von Ende April bis Ende August folgt die Fortpflanzungszeit, in der die Adulten ortstreu sind. Bis zum Winterschlaf folgt dann eine Zeit erhöhter Futteraufnahme und der Dispersion der Jungtiere.

Baue, Nester: Nester werden angelegt, besonders sorglich für Geburt und Winterschlaf. Sie werden an geschützten Stellen in Gestrüpp, an Baumwurzeln, in geeigneten Mulden, Nischen oder Höhlungen aus Laub, seltener Gras errichtet, das mit dem Maul zusammengetragen, im Unterschlupf angehäuft, durch drehende Körperbewegungen ausgehöhlt und mit Blättern ausgekleidet wird. Wetterfeste, haltbare Unterkünfte entstehen so, die 30–60 cm Durchmesser und etwa 20 cm dicke Wände haben. Benutzung nur 1–6 Monate. Manchmal Umbau, meist mehrfache Neubauten auch im Winter nach Unterbrechung des Winterschlafs. Selten können Nester auch 2 Kammern haben (MORRIS 1973).
    Jungtiere aus Spätwürfen bauen keine oder nicht ausreichende Nester, so daß sie den Winter nicht überstehen (WALHOVD 1975, 1978, 1979). Im Sommer oft nicht in Nest, sondern in schattigem Versteck ruhend.

Tabelle 7. Winterschlafdauer bei Igeln in verschiedenen Teilen Europas. Soweit möglich, sind die Monate angegeben, in denen mehr als 1 Jahr alte Igel noch oder erstmals wieder wach angetroffen wurden. Jungigel können länger wach bleiben, einzelne Erwachsene ausnahmsweise ebenfalls außerhalb der angegebenen Zeiten munter sein.

Gebiet	Winterschlafdauer	Autor
E. europaeus		
Skandinavien	10–5	Siivonen 1968*
Mitteleuropa	10/11–3/4	Herter 1952
S-England	10–4	Morris 1977
ČSSR	10–4	Kratochvíl 1975
Italien (Toskana)	12–3 (1–2)	Boitani und Reggiani 1984
E. concolor		
ČSSR	11–3	Kratochvíl 1975

Winterschlaf: Igel verbringen die kalte Jahreszeit im Winterschlaf. Beginn und Ende sind regional verschieden, die Dauer nimmt von N nach S ab (Tab. 7 – Björck et al. 1956, Eisentraut 1956, Herter 1956, Kayser 1961, Smith und Horwitz 1969, Heller und Hammel 1972, Walhovd 1979, Wünnenberg et al. 1978, 1980). Bereits mehrere Wochen vor Beginn treten eine Reihe physiologischer Veränderungen auf: insbesondere Zunahme der Fettvorräte. Rückbildung endokriner Drüsen wie Schilddrüse und Gonaden. Steuerung durch endogene Rhythmen und Photoperiode. Nach Abschluß dieser Vorbereitungsphase kann beim Absinken der Umgebungstemperatur Winterschlaf ausgelöst werden. Für die Körpertemperatur, die beim wachen Igel zwischen 35 und 36° liegt, werden im Winterschlaf neue Sollwerte eingestellt, die in Abhängigkeit von der Umgebungstemperatur zwischen +1° und +8° liegen. Ein Absinken der Kerntemperatur unter 0°C wird durch Wärmebildung verhindert. Stoffwechsel eines Igels im tiefen Winterschlaf nur noch 1–2% des Grundumsatzes des euthermen Tieres. Kreislauf und Atmung sind dem angepaßt: Atemfrequenz sinkt von 40–50 auf 1–2 Atemzüge/Minute, die Herzfrequenz von 200–300 auf etwa 5 Schläge/Minute. Wenn man den hohen Energieumsatz beim Wiedererwärmen mit berücksichtigt, beträgt der Energieumsatz im Winterschlaf von Beginn der Abkühlung bis zur Wiedererwärmung etwa 10% des Umsatzes eines nichtwinterschlafenden Igels; d. h. ein Tag in euthermem Zustand erfordert ebenso viel Energie wie 10 Tage Winterschlaf. Igel bleiben nicht ununterbrochen im Winterschlaf, sondern erwärmen sich nach 5–10 Tagen und kühlen einige Stunden später erneut ab. Die Ursachen für diese periodischen Unterbrechungen sind noch nicht bekannt. Die häufig geäußerte Hypothese, daß die Füllung der Harnblase der Anlaß sei, hat sich als falsch herausgestellt.

Beim Wiedererwärmen steigt die Körpertemperatur in wenigen Stunden um mehr als 30° an. Diese enorme Heizleistung geht von einem zwischen den Schulterblättern gelegenen Fettorgan aus, das früher als „Winterschlafdrüse" bezeichnet wurde. Das darin gespeicherte „braune Fett" kann bei Aktivierung über das sympathische Nervensystem schnell abgebaut werden und Wärme liefern. Über venöse Anastomosen wird das erwärmte Blut aus dieser Fettansammlung zunächst vorwiegend in lebenswichtige Organe wie Herz und ZNS abgeführt. Zuerst erwärmen sich also Brust und ZNS, und erst später folgt der Hinterkörper. Bei Körpertemperaturen zwischen 18 und 20° wird zusätzliche Wärme durch Zittern gebildet.

Der Winterschlaf setzt eine hohe Kältetoleranz lebenswichtiger Organe voraus. So funktionieren bei winterschlafenden Igeln Kreislauf und Atmung noch zwischen 0 und 5°, wogegen bei nichtwinterschlafenden Homoiothermen bereits Körpertemperaturen zwischen 10 und 20° Kammerflimmern und Lähmungen des Atemzentrums nach sich ziehen. Auch wichtige Sinnesorgane bleiben im Winterschlaf funktionsfähig. Thermo- und Mechanorezeptoren in der Haut können noch bei 0°C gereizt werden, und Geräusche können zum Erwachen führen.

Sinnesleistungen: Von besonderer Bedeutung ist der Geruch. Ständiges Schnüffeln. Starke feindliche Düfte werden etwa 9 m weit, kleine Beutetiere 1 m weit wahrgenommen (LINDEMANN 1951). Die Riechschwellen für Essig-, Propion-, Butter- und Valeriansäure ähneln nach BRETTING (1972) denen des Menschen und liegen deutlich unter denen der Laborratte, aber wesentlich über denen des Hundes.

Gehör scharf (HERTER 1938). Sehr empfindlich auf Zirpgeräusche. Hörgrenze 64–18000 Hz (LINDEMANN 1951), bis über 24 kHz (PODUSCHKA 1968).

Bedeutung des Auges geringer, schwer einzuschätzen. Nach REHKÄMPER (1980) zeigt die Area 3 des Neocortex (Sehgebiet) bei Igeln im Vergleich zu anderen Insektivoren eine progressive Entfaltung. Farbtüchtig, gutes Bewegungssehen. Dressur auch auf wenig auffällige optische Merkmale möglich (HERTER 1934, SCHÄFER 1980).

Geschmackssinn ausgeprägt (LINDEMANN 1951). Auch dem Jacobsonschen Organ kommt wohl besondere Bedeutung zu (PODUSCHKA und FIRBAS 1968). Die Schnauze enthält „Rezeptor-Triaden" aus freien Nervenendigungen und Merkelschen Tastzellen in der Epidermis und Lamellenkörperchen unter den Epidermisleisten (PÁČ und MALINOVSKÝ 1979).

Lerngeschwindigkeit und -kapazität sind bemerkenswert hoch. Gelerntes bleibt mehrere Wochen erhalten (SCHÄFER 1980).

Signale: Zum Lautinventar gehören leises Schnaufen, Fauchen, Knurren und Keckern bis lautes Schreien. Am häufigsten sind ein hartes, zirpendes, etwas pfeifendes ki oder kvi, das bei juv als Verlassenheits- oder Kontaktlaut gedeutet werden kann, sowie Keckern. Bereits 8 Tage alte Tiere kekkern. Alle Laute mit hohen Ultraschallanteilen (STEIN 1929, HERTER 1938, LINDEMANN 1951, PODUSCHKA 1976). Innerartliche Bedeutung dieser Laute ungeklärt. Noch blinde Junge erzeugen als Kontakt- und Hungerlaut leises Piepsen bis in den Ultraschallbereich (PODUSCHKA 1976).

Selbstbespeicheln bei Igeln ist eine auffällige Handlung, die u. a. STEIN (1929), EISENTRAUT (1953a), HERTER (1938, 1957), LINDEMANN (1951) und PODUSCHKA (1969, 1976) beschrieben haben. Nach Beknabbern bestimmter Gegenstände oder Einatmen gewisser Gerüche halten Igel den Kopf waagrecht, kauen und erzeugen im Maul schaumigen Speichel. Dabei arbeitet die Zunge und reinigt den Gaumen (Jacobsonsches Organ?). Der Schaumspeichel wird mit der Zunge an der Brust abgesetzt. Dies wiederholt sich mit zunehmendem Tempo (PODUSCHKA 1976, PODUSCHKA und FIRBAS 1968). Die Bedeutung ist ungeklärt: Überdecken des Eigengeruchs, Markierung, Zusammenhang mit Geschlechtsleben, Reinigung des Gaumens zur Freilegung des Jacobsonschen Organs?

Selbstbespeicheln zeigen Igel von der 3. Woche an, bisweilen schon im Alter von 7 Tagen.

Soziale Organisation: Igel leben ungesellig. Nur Mütter sind mit den Jungtieren in den ersten 6 Wochen zusammen, ♂ und ♀ in der Fortpflanzungszeit kurzfristig vereint. Es gibt Hinweise dafür, daß ♀ und ihre Jungen auch nach dem Entwöhnen noch längere Zeit beisammenbleiben.

Igel haben Reviere unterschiedlicher Größe abhängig vom Nahrungsangebot. Diese, auch die verschiedener ♂, überschneiden sich und werden nicht verteidigt. Für eine Markierung der Reviere gibt es bisher keine Anhaltspunkte. In gemeinsam benutzten Habitaten begegnen sich Igel öfter, ohne daß es zu Auseinandersetzungen kommt. So wurden an Futterstellen regelmäßig zwei bis acht Exemplare gleichzeitig beobachtet. In der Brunstzeit Boxen durch Kopfstöße bei starkem Schnaufen, Unterlaufen mit gesträubten Stirnstacheln, Hochheben und Beißen in ungeschützte Stellen (PODUSCHKA 1969). Imponieren durch Aufstellen der Stacheln. Unterlegene ♂ rollen sich ein oder fliehen.

Paarung ist mit intensivem Liebeswerben verbunden (DEGERBØL 1942/43, KIRK 1964). „Igelkarussell" auf einer Fläche von etwa 40 m^2 (PODUSCHKA 1977): Die Geschlechter treffen ein, meist nach intensivem Treiben der ♂, die ♂ treiben in gerader Richtung, beschnuppern das ♀, dies schnauft und wehrt durch Boxen ab, das ♂ beleckt es und bespeichelt sich (Selbststimulierung?), setzt Duftmarken, schachtet aus, bespeichelt sich weiter selbst.

Erinaceus europaeus – Braunbrustigel, Westigel

Schließlich Paarung mit Aufsteigen des ♂ auf den Rücken des ♀, das mit gestreckten Hinterbeinen flach auf dem Bauch liegt. Wird ein ♀ mit kleinen Jungen gestört, frißt es diese häufig. Sind die Jungen älter, trägt es diese nach einer Störung an einen neuen, sicheren Ort. Die ♂ beteiligen sich nicht an der Jungenaufzucht.

Selbstreinigen des Körpers durch schwerfälliges Kratzen mit dem Hinterbein. Gegenseitiges Putzen ist nicht bekannt.

Literatur s. *E. concolor*

Erinaceus concolor Martin, 1838 – **Weißbrustigel, Ostigel**

E: Eastern hedgehog; F: Le hérisson d'Europe de l'Est

Von H. Holz u. J. Niethammer

Diagnose. Brustmitte weiß. Kopfoberseite einheitlich dunkel oder mit hellem Fleck. Maxillarindex über 1 (s. Abb. 8). Palatinum ohne breite Endplatte hinter der caudalen Querleiste, nur mit Dorn.

Karyotyp: 2n = 48. Auch sonst sehr ähnlich *E. europaeus*. Jedoch ist das akrozentrische Autosom auffallend kleiner und steht an drittletzter Stelle in der Größe, bei *europaeus* hingegen etwa in der Mitte. Der Unterschied beruht auf Fehlen eines bei *europaeus* vorhandenen C-Heterochromatinblocks an diesem Autosom (Zusammenfassung Zima und Král 1984).

Beschreibung. Gleicht in vielen Merkmalen *E. europaeus*. *E. concolor* ist in der ČSSR etwas kleiner: Kr 171–280 ($\bar{x}$ = 238), Schw im Mittel 29,2, Hf im Mittel bei alten ad 39,8, Gew 240–1232 ($\bar{x}$ = 591; Hrabě 1975). Das Haar der Jungtiere ist schwarzbraun mit weißem Brustfleck. Färbung ändert sich zu gelblich oder grau- bis silberweiß, jedoch ohne strenge Beziehung zum Alter. Besonders auffällig wandelt sich die Gesichtsfärbung. Der Brustfleck wird größer. Färbung und Zeichnung sind insgesamt inkonstant. Im Dauerkleid weniger Stacheln als bei *europaeus*: 6 500 ± 150 (Kratochvíl 1974, Štěrba 1975).

Schädel (Abb. 20, Tab. 8): In der ČSSR kleiner als bei *E. europaeus*: Cbl 56,7–59,0, Zyg 33,0–35,0, oZr 27,9–29,5, uZr 21,4–23,0 (Škoudlin 1978). Praemaxillare weiter caudad reichend, darauf höherer Maxillarindex als bei *europaeus* beruhend (Abb. 8). Processus angularis am Unterkiefer deutlicher abgesetzt, lang und schmal, seine linguale Fläche meist konvex. Foramen mandibulae näher am Unterrand, sein Unterteil von einer hinten abgesetzten Knochenplatte überdeckt. Am Übergang vom Corpus zum Ramus mandibulae kräftige, wulstige Knochenleiste. Processus articularis mit tropfenförmiger Gelenkfläche, deren Spitze zur lingualen Seite weist (Wolff 1976; Abb. 15).

Erinaceus concolor – Weißbrustigel, Ostigel

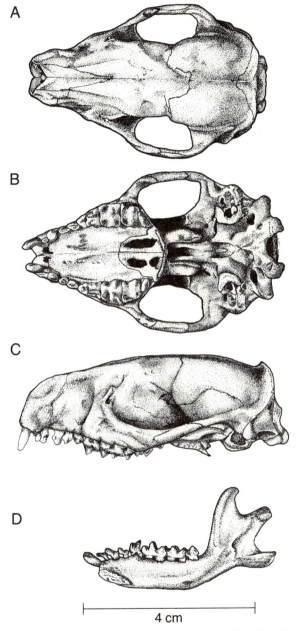

Abb. 20. Schädel von *Erinaceus concolor* von Dubrovnik, Jugoslawien, Coll. Museum A. Koenig, Bonn Nr. 69.545. **A** dorsal, **B** ventral, **C** lateral, **D** rechte Mandibel von lingual.

Tabelle 8. Schädelmaße von *Erinaceus concolor*. Meßweise s. Abb. 14, soweit nicht allgemein üblich. Herkunft: B = Sammlung Polnische Akademie der Wissenschaften, Białowieża; C = Sammlung Tschechische Akademie Brno; K = Museum A. Koenig, Bonn.

Nr.	Herkunft	sex	Cbl	Zyg	Pob	Gau	Parl	Maxl	Maxh	Nasl	Nasb	oZr	uZr	LM^1	LM$_1$	Mand
K Er291	Oels, Schlesien	♂	55,1	32,3	14,4	30,3	19,2	12,9	10,8	13,2	3,3	28,5	19,0	5,5	6,5	40,6
K Er196	Strehlitz, Schlesien	♀	56,9	32,3	14,0	30,8	18,6	13,4	11,0	14,0	3,1	28,2	20,4	5,3	6,2	41,8
B 22411	Białowieża, Polen	♂	55,5	34,3	15,0	31,0	19,4	15,4	11,4	14,9	3,4	28,2	19,7	5,1	6,3	42,1
B 9284	Białowieża, Polen	♂	56,5	35,0	15,5	30,8	19,4	13,2	11,5	16,5	3,6	28,5	20,3	5,0	6,3	41,9
B 44154	Białowieża, Polen	♂	56,1	33,5	14,8	31,3	22,7	13,4	11,8	14,5	3,9	28,7	20,3	5,2	6,2	41,8
B 6068	Białowieża, Polen	♂	52,0	31,0	14,3	29,0	14,1	13,6	10,4	14,8	3,5	26,6	19,3	5,0	6,1	38,7
B 91329	Białowieża, Polen	♂	58,0	35,2	15,3	31,0	19,3	14,2	12,0	16,3	4,1	28,0	20,8	5,1	6,1	42,4
B 91101	Białowieża, Polen	♂	58,0	34,3	14,5	31,2	21,0	14,6	11,4	15,1	3,6	29,3	20,3	5,5	6,6	43,7
B 91300	Białowieża, Polen	♀	55,8	31,9	13,8	30,9	18,0	14,8	11,2	15,4	2,8	28,5	20,8	5,1	6,2	40,9
B 91299	Białowieża, Polen	♀	55,7	34,6	13,9	29,5	18,6	14,5	11,0	14,6	3,4	27,4	20,8	5,3	6,4	42,5
B 91053	Białowieża, Polen	♀	55,2	33,7	14,3	29,8	18,3	14,9	11,0	15,7	3,5	27,3	20,8	5,5	6,3	41,8
B 41044	Cisna/Lesko, Polen	♂	56,8	34,5	14,1	31,2	18,1	13,2	10,7	15,2	3,9	28,6	20,1	5,5	6,2	42,2
B 40849	Cisna/Lesko, Polen	♂	58,8	35,6	14,8	32,7	17,4	14,8	12,0	16,5	3,2	29,6	21,1	5,5	6,6	44,6
B 38796	Iława, Polen	♀	55,5	32,4	14,2	30,4	17,7	15,7	10,6	16,1	3,2	27,4	20,8	5,0	6,3	42,0
B 91103	Schlesien	♀	53,7	32,8	13,8	29,7	16,7	12,2	10,6	13,5	2,6	26,7	18,9	5,3	6,2	40,3
C 157/27	Znojmo-Jamnice/ČSSR	♀	55,9	34,4	14,5	30,1	18,7	15,5	11,0	13,2	3,5	27,3	22,7	4,7	4,7	42,5
C 154/24	Znojmo-Jamnice/ČSSR	♂	56,3	32,5	15,1	31,9	17,2	14,3	10,8	15,0	3,4	28,6	23,7	5,0	4,8	42,0
C 149/19	Znojmo-Jamnice/ČSSR	♂	57,2	33,2	14,4	32,0	22,0	13,5	11,1	15,0	3,8	28,0	23,5	4,9	5,2	42,6
C 166/33	Znojmo-Jamnice/ČSSR	♀	55,0	32,8	14,7	31,3	16,1	13,8	12,3	15,4	3,9	27,2	23,0	5,1	5,0	40,8
C 158/28	Znojmo-Jamnice/ČSSR	♂	56,8	33,0	15,0	32,1	20,3	14,9	11,8	15,4	3,0	28,5	22,5	4,8	4,8	41,7

Erinaceus concolor – Weißbrustigel, Ostigel

Verbreitung. E-Europa und n Vorderasien von Polen, der ČSSR, Österreich und NE-Italien über die Balkan-Halbinsel, die Türkei und S-Rußland bis zur W-Seite des Kaspischen Meeres und n davon bis zum mittleren Ob. Im N bis Estland (ERNITS 1988). Nach S bis Israel, N-Irak und NW-Iran, nach N bis zur Ostsee.

Inselvorkommen: Jugoslawien: Krk, Pag, Ugljan, Brač, Hvar, Vis, Lastovo, Mljet, Lokrum (KRYŠTUFEK 1983); Griechenland: Korfu, Kephallinia, Euböa, Syros, Tinos, Kreta, Rhodos, Samos, Chios, Lesbos (GIAGIA und ONDRIAS 1980), Ios, Kos, Samothrake (VON WETTSTEIN 1941), Skyros, Seriphos, Kythnos (ONDRIAS 1965*), Kithira (NIETHAMMER 1969).

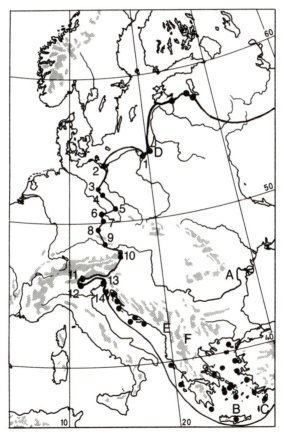

Abb. 21. Areal von *Erinaceus concolor*. Grenze im N und zwischen den Punkten 10 und 11 noch unsicher. In Jugoslawien ist Istrien vollständig von *E. concolor* besiedelt.

Randpunkte: Polen: 1 Frisches Haff, 2 Swinemünde (PUCEK 1984*); DDR: 3, 4 aus Karte bei ANGERMANN (1974*). Autochthones Vorkommen in der DDR nach ANSORGE (1986) aber fraglich; Polen 5 Rębiszów (PUCEK 1984*); ČSSR: 6–8 Randpunkte bei KRATOCHVÍL (1966); Österreich: 9 bei Linz an der Donau, 10 weitere Punkte aus Karte bei BAUER (1976); Italien: 11 Meran, 12 Trient, 13 bei Triest (LAPINI und PERCO 1986). In Jugoslawien nach NW anscheinend bis zur Landesgrenze, so bei Kranjska gora (KRYŠTUFFEK 1983).

Terrae typicae:
   concolor Martin, 1838: Trapezunt, Türkei
A roumanicus Barrett-Hamilton, 1900: Gageni, Prahova, Rumänien
   transcaucasicus Satunin, 1905: Ordubad am Araxes, Transkaukasien, UdSSR
B nesiotes Bate, 1906: Gonia, W-Kreta, Griechenland
C rhodius Festa, 1914: Koskino, Rhodos, Griechenland
D dissimilis Stein, 1930: Klein-Stürlack, Ostpreußen, UdSSR
E bolkayi V. Martino, 1930: Cetinje, Crna Gora, Montenegro, Jugoslawien
F drozdovskii V. et E. Martino, 1933: Kozani, Mazedonien, Jugoslawien

Merkmalsvariation. Die ♀ sind – statistisch nicht gesichert – eine Spur kleiner als die ♂ (Tab. 9).

Bei den Schädelmaßen ist ein Wachstum von Cbl und Mand bis über den 3. Winter hinaus erkennbar, wogegen Pob, Nasl und Nasb offenbar schon nach dem 1. Winter ungefähr ihre Endgröße erreicht haben (Tab. 10). Gegenüber *europaeus* fällt die stärkere Veränderung der Färbung und Zeichnung im Laufe des Lebens auf (KRATOCHVÍL 1974).

Tabelle 9. Sexualdimorphismus in einigen Körper- und Schädelmaßen bei *Erinaceus concolor* in Rumänien in mm. Adulte Tiere aus Oltenien. Aus SIMIONESCU (1977). Die Unterschiede zwischen den Geschlechtern sind in keinem Falle signifikant.

Maß	♂			♀		
	n	Min – Max	x̄	n	Min – Max	x̄
Kr	19	220–320	268	26	210–298	255
Schw	19	22 34	28	26	21– 36	27
Hf	20	37 48	42	26	37– 47	42
Ohr	20	20– 32	24,5	26	20– 30	25,7
Cbl	18	55,7–64,0	60,6	25	55,0–62,1	59,6
Zyg	18	34,1–39,6	36,5	25	32,5–38,3	35,9

Tabelle 10. Schädelmaße von *Erinaceus concolor* aus der ČSSR in Abhängigkeit vom Alter, Mittelwerte in mm. Altersgruppen 1 = bis 6 Mon, 2 = 6–18 Mon, 3 = 18–30 Mon, 4 = über 30 Mon. Aus Hrabě (1976b).

AG	n	Cbl	Zyg	Pob	Nasl	Nasb	oZr	Mand	Corh
1	28	47,4	28,4	13,9	15,1	3,8	24,9	33,7	15,2
2	65	54,4	32,1	14,5	17,0	3,7	27,3	38,2	17,8
3	52	55,5	32,7	14,5	16,9	3,7	27,6	39,1	18,4
4	29	56,1	33,7	14,6	17,4	3,8	27,8	39,8	18,8

Die Größe des weißen Brustflecks ist variabel. Die übrigen Haare der Bauchseite sind dunkel schokoladenbraun bis unbestimmt graubraun. Oft dunkler Ring in Kehlgegend, auch offen oder zu Flecken aufgelöst. Kopf diffus braun bis grau mit hellen Gebieten in Flecken oder Streifen, vor allem heller Fleck zwischen Auge und Ohr, ein heller Fleck vor jedem Auge und medianer Fleck vor dem Auge (Abb. 10).

Als Zahnanomalie sind überzählige Zähne hinter den M^3 entweder einseitig (1mal Türkei) oder beidseitig (1mal Ungarn) beschrieben worden, verbunden mit einer Veränderung der M^3 (Kock et al. 1972*).

Geographische Variation: Die Ostigel aus der Türkei (Felten et al. 1973*), aus Rumänien und Jugoslawien sind größer als die aus der ČSSR, Ostpreußen und Polen. In Rumänien sind die Igel aus den Karpaten etwas kleiner als solche aus der Ebene. Auf den Inseln fallen Kreta und Vis durch kleinwüchsige Populationen auf (Tab. 11). Auch in Rußland deutet sich eine geringe Größenzunahme von N nach S an (Zajcev 1982).

Tabelle 11. Condylobasallänge und zygomatische Breite (mm) in verschiedenen Populationen von *Erinaceus concolor* nach den folgenden Autoren: 1 Stein (1930), 2 Hrabě (1976b), 3 Simionescu (1979), 4 Ðulić und Tvrtković (1979) und 5 von Wettstein (1953).

Herkunft	n	Cbl Min–Max	x̄	n	Zyg Min–Max	x̄	Autor
Ostpreußen	5	53,8–59,6	57,5	4	32,3–36,8	35,1	1
ČSSR	29	50,5–60,7	56,1	29	30,9–36,9	33,7	2
Rumänien, Ebene	53	55,7–63,7	60,1	52	32,5–39,6	36,0	3
Rumänien, Karpaten	9	56,4–61,4	58,6	18	32,5–37,0	35,0	3
Jugoslawien, Festland	3	60,4–61,8	61,2	3	35,9–37,5	36,5	4
Jugoslawien, Insel Lokrum	3	62,1–63,9	63,1	3	38,4–39,6	39,0	4
Jugoslawien, Insel Viš	9	53,2–58,9	55,5	10	32,6–35,3	34,4	4
Kreta	8	54,1–57,3	55,8	8	32,4–34,8	33,2	5

Die Färbung der Bauchseite ist auf den Inseln Vis und Kreta fast völlig weiß (ĐULIĆ und TVRTKOVIĆ 1979, VON WETTSTEIN 1953). Tiere aus Rumänien und Bulgarien haben ein kleineres Hirnvolumen, aber einen längeren Hirnschädel als solche aus Jugoslawien, Polen und der DDR (HOLZ 1978a, b, KRATOCHVÍL 1980). Der Maxillarindex ist auf Kreta kleiner als auf dem europäischen Festland (1,08–1,28, $\bar{x}$ = 1,15, n = 14, VON WETTSTEIN 1953) und variiert in der Türkei außerordentlich (0,63–1,66, n = 17, FELTEN et al. 1973*). Ostigel aus Polen ließen sich von solchen aus Jugoslawien in einer Diskriminanzanalyse für Zahn- und Schädelmaße gut trennen (HOLZ 1978a). Karyogramme aus Polen, der ČSSR, Österreich, von der jugoslawischen Insel Vis, aus Bulgarien, der UdSSR, von Kreta, Rhodos und dem griechischen Festland stimmen weitgehend überein (Übersicht bei ZIMA und KRÁL 1984*). In Griechenland unterscheiden sich Igel von den der kleinasiatischen Küste vorgelagerten Inseln Lesbos, Samos, Chios und Rhodos in relativen Längen und Armverhältnissen einiger Chromosomen von solchen von Kreta und dem griechischen Festland, die untereinander völlig übereinstimmen (GIAGIA und ONDRIAS 1980).

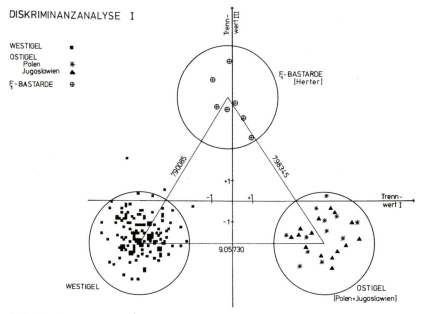

Abb. 22. Ergebnis einer Diskriminanzanalyse zur Unterscheidung von *Erinaceus europaeus* und *E. concolor* nach Schädelmaßen aus HOLZ (1978a). Ostigel, Westigel und ihre F_1-Bastarde bilden deutlich getrennte Punkteschwärme.

Unterartgliederung: Unstrittig ist, daß die Igel von Kreta, Rhodos und vom europäischen Festland mindestens drei verschiedene Unterarten repräsentieren. Unklar ist jedoch die weitere Unterteilung auf dem Festland und die Ausdehnung der Insel-Unterarten: So möchten GIAGIA und ONDRIAS (1980) die Igel der Kleinasien vorgelagerten Inseln mit *rhodius* zusammenfassen. Nicht abschließend geklärt ist die Frage, ob sich die Inseligel von denen des anatolischen Festlandes subspezifisch unterscheiden. Würden sie zusammengehören, müßten sie nach Auffassung von FELTEN et al. (1973*) *transcaucasicus* heißen, wenn, was auch nicht sicher ist, *transcaucasicus* von *concolor* abgrenzbar ist. ĐULIĆ und TVRTKOVIĆ (1979) nennen die Igel von Vis *transcaucasicus*, die von den Adriainseln Lokrum, Mljet, Brač und Hvar *bolkayi* wie auch die Igel des angrenzenden jugoslawischen Festlandes. Wie weit sich die Festland-Unterarten *roumanicus*, *dissimilis*, *bolkayi* und *drozdovskii* trennen lassen, sei dahingestellt. *E. c. danubicus* Matschie, 1901 von Prundu in Rumänien wurde schon von ELLERMAN und MORRISON-SCOTT (1951*) als Synonym von *roumanicus* angesehen und hier wegen der Nähe zur Typuslokalität von *roumanicus* auch nicht mehr erwähnt. Im folgenden Versuch einer Charakterisierung werden einige in der Literatur als kennzeichnend aufgeführte Merkmale zusammengestellt.

concolor: Cbl 51,6–59,3. Fell dunkelbraun, weißer Fleck in Brustmitte (OGNEV 1928*).
roumanicus: Typus-Exemplar mit mäßig abgenutzten Zähnen hat Cbl 58,2. Maxillarindex über 1, Brust oft mit großer, deutlich kontrastierender weißer Fläche (MILLER 1912*).
transcaucasicus: Groß, Cbl bis 63,5, heller als *concolor* (OGNEV 1928*).
nesiotes: kleiner als *roumanicus*, heller, Bauchseite ganz überwiegend weiß.
rhodius: etwas größer als *nesiotes* (Cbl 52,6 und 57,0), Bauch überwiegend weiß, Maxillarindex nur 0,89 und 0,99 (VON WETTSTEIN 1941), etwas abweichender Karyotyp (GIAGIA und ONDRIAS 1980).
dissimilis: ähnlich *roumanicus*, aber helle Stachelendbinde breiter und deutlicher abgesetzt (STEIN 1929).
bolkayi: größer als *roumanicus* (ĐULIĆ und TVRTKOVIĆ 1979).
drozdovskii: groß (Cbl 59–63), Oberseite auffallend hell, da nur eine subterminale, dunkle Stachelbinde vorhanden ist (VON WETTSTEIN 1941). Nach MARKOV (1957) haben in Bulgarien Igel der Unterarten *bolkayi* und *drozdovskii* Cbl von 55,5–65,0 mm. Die dunkleren *E. c. bolkayi* leben hier in Wäldern und im Gebirge, die helleren *drozdovskii* in der Ebene.

Ökologie. Habitat: Kein deutlicher Unterschied gegenüber *europaeus*. In der ČSSR kommt *concolor* eher in offenerem, trockenerem Gelände in tieferen Lagen vor als *europaeus* (KRATOCHVÍL 1975).

Nahrung: In 72 Kotproben aus den Monaten April bis Oktober in Brno, ČSSR, fanden OBRTEL und HOLIŠOVÁ (1981) vor allem Arthropodenreste. Besonders häufig waren Käfer, vor allem Carabiden und Curculioniden, Ameisen, Ohrwürmer (*Forficula auricularia*) und Schnurfüßer (*Julus terrestris*).

Fortpflanzung: In der ČSSR erwachen Ostigel etwa einen Monat früher aus dem Winterschlaf als Westigel und beginnen mit der Fortpflanzung entsprechend früher (KRATOCHVÍL 1975). VON WETTSTEIN (1953) erhielt auf Kreta saugende Junge Anfang Juni, und er erwähnt ein ♀ mit 3 Jungtieren. STEIN (1930) fand am 2. 6. ein trächtiges ♀ mit 8 Embryonen, ein weiteres warf am 19. 6. 5 Junge.

Populationsdynamik: Nach dem periostealen Knochenwachstum am Unterkiefer ergab sich für *concolor* wie *europaeus* in der ČSSR im Freiland ein Höchstalter von etwa 6 Jahren. Die mittlere Lebenserwartung dürfte bei *concolor* etwas geringer sein als bei *europaeus* (Tab. 12).

Tabelle 12. Altersgliederung von *Erinaceus europaeus* und *E. concolor* in der ČSSR in %. Altersbestimmung nach MORRIS (1970). Aus KRATOCHVÍL (1975).

Jahrgang (Zahl von Überwinterungen)	*E. europaeus* n = 143	*E. concolor* n = 215
0	18,2	15,3
1	32,2	38,6
2	24,5	30,7
3	16,8	10,7
4	5,6	3,7
5	1,4	0,5
6	1,4	0,5

Jugendentwicklung. Gew neugeboren 18, mit 2 Tagen 21, mit 12 Tagen 52 und 56, mit 26 Tagen 170 und 185 g (2 Jungtiere eines Wurfes in Gefangenschaft). Die Augen öffneten sich mit 14 Tagen. Die weißen, etwa 11,5 mm lang werdenden Jugendstacheln, fallen mit etwa 40 Tagen aus. Mit 2,5 Tagen durchbrechen die Spitzen der Stacheln des 2. Jugendkleides die Haut, mit 17 Tagen bestimmen bereits die Altersstacheln das Bild. Mit 24 Tagen wird erstmals feste Nahrung (ein Regenwurm) gefressen (STEIN 1930).

Milchzähne haben alle vor dem 1. Winter getöteten Jungtiere. Nach dem 1. Winter wurden sie vereinzelt noch bis Anfang Juni (4%) gefunden, dann also seltener als bei *europaeus* (HRABĚ 1981). Dies wie auch Unterschiede im Wachstum gegenüber *europaeus* in der ČSSR ist offenbar die Folge der früheren Geburtstermine bei *concolor* (KRATOCHVÍL 1975, 1980).

Verhalten. Die von PODUSCHKA (1968, 1969, 1977) beschriebenen und bei *E. europaeus* dargestellten Verhaltensweisen, vor allem Lautäußerungen, Sinne, Paarungsverhalten und den Nestbau betreffend beziehen sich überwiegend auf *E. concolor*. Im übrigen fehlt bisher ein ethologischer Vergleich der beiden Arten.

Literatur

ALLANSON, H.: Seasonal variation in the reproductive organs of the male hedgehog. Phil. Trans. Roy. Soc. London. (B) **223**, 1934, 277–303.
ANSORGE, H.: Der Status des Weißbrustigels, *Erinaceus concolor,* in der DDR. Säugetierk. Inf. **2**, 1987, 399–402.
BAUER, K.: Der Braunbrustigel *Erinaceus europaeus* in Niederösterreich. Ann. Naturhist. Mus. Wien **80**, 1976, 273–280.
BARRETT-HAMILTON, G. E. H.: Note on the common hedgehog (*Erinaceus europaeus* Linnaeus) and its subspecies or local variations. Ann. Mag. Nat. Hist. Sec. **5**, 1900, 360–368.
BERTHOUD, G.: Note preliminaire sur les deplacements du hérisson européen (*Erinaceus europaeus* L.). Terre Vie **32**, 1978, 74–82.
– L'activité du hérisson européen (*Erinaceus europaeus* L.). Rev. Ecol. (Terre Vie) **36**, 1982, 3–14.
BJÖRCK, G.; JOHANSSON, B.; VEGE, ST.: Some laboratory data on hedgehogs, hibernating and non-hibernating. Acta Physiol. Scand. **37**, 1956, 282–294.
BODENHAUSEN, H.-J.: Der Zahnwechsel bei Säugetieren unter besonderer Berücksichtigung des *Erinaceus europaeus* und der *Crocidura suaveolens*. Dissertation Bonn 1986.
BOESSNECK, J.; DRIESCH, A. VON DEN; GEIJVALL, N.-G.: The archaeology of Skedemosse. III. Die Knochenfunde von Säugetieren und Menschen. Stockholm 1968.
BÖHME, K.; SENGLAUB, K.: Zur Kontroverse über die dorsale Hautmuskulatur des Igels (*Erinaceus europaeus*). Säugetierk. Inf. **2**, 1988, 503–510.
BOITANI, L.; REGGIANI, G.: Movements and activity patterns of hedgehogs (*Erinaceus europaeus*) in mediterranean coastal habitats. Z. Säugetierk. **48**, 1984, 193–206.
BRETTING, H.: Die Bestimmung der Riechschwellen bei Igeln (*Erinaceus europaeus* L.) für einige Fettsäuren. Z. Säugetierk. **37**, 1972, 286–311.
BROCKIE, R. E.: Distribution and abundance of the hedgehog (*Erinaceus europaeus*) L. in New Zealand, 1869–1973. New Zealand J. Zool. **2**, 1975, 445–462.
BUTLER, P. M.: On the evolution of the skull and teeth in the Erinaceidae, with special reference to fossil material in the British Museum. Proc. Zool. Soc. London **118**, 1948, 446–500.
CAMPBELL, P. A.: The feeding behaviour of the hedgehog *Erinaceus europaeus* in pasture land in New Zealand. Proc. New Zealand Ecol. Soc. **20**, 1973, 35–40.

CORBET, G. B.: The family Erinaceidae: a synthesis of its taxonomy, phylogeny, ecology and zoogeography. Mammal Rev. **18**, 1988, 117–172.
DEGERBØL, M.: Pairing and pairing fights of the hedgehog (*Erinaceus europaeus* L.). Vidensk. Medd. Naturhist. Foren (Kjöbenhavn) **106**, 1942/43, 427–428.
DISSELHORST, R.: Die dritte prostatische Drüse von *Erinaceus europaeus*. Anat. Anz. **31**, 1907, 207–214.
DITTRICH, L.: Die Vererbung des Albinismus beim Westeuropäischen Igel, *Erinaceus europaeus* Linné, 1758. Säugetierk. Mitt. **28**, 1980, 281–286.
ĐULIĆ, B.; TVRTKOVIĆ, N.: On some mammals from the centraladriatic and southadriatic islands. Acta biol. (Zagreb) **43**, 1979, 15–35.
– VIDINIĆ, Z.: On the ecology and taxonomy of small mammals occuring in the woods of Istria (southwestern Yugoslavia). Krs Jugoslavije **4**, 1964, 113–170.
EISENTRAUT, M.: Vergleichende Beobachtungen über das Selbstbespucken bei Igeln. Z. Tierpsychol. **10**, 1953a, 50–55.
– Beobachtungen über Stachelwechsel bei Igeln. Jh. Ver. vaterl. Naturk. Württemberg **108**, 1953b, 62–65.
– Der Winterschlaf mit seinen ökologischen und physiologischen Begleiterscheinungen. Jena. 1956.
ERNITS, P.: Teine siililiik Eestis. Eesti Loodus **1988**, 1988, 788–789.
FIRBAS, W.; PODUSCHKA, W.: Beitrag zur Kenntnis der Zitzen des Igels, *Erinaceus europaeus* Linné, 1758. Säugetierk. Mitt. **19**, 1971, 39–44.
GIAGIA, E. B.; ONDRIAS, J. C.: Karyological analysis of eastern European hedgehog *Erinaceus concolor* (Mammalia, Insectivora) in Greece. Mammalia **44**, 1980, 59–71.
GIESECKE, G.: Untersuchungen zum Bestand wildlebender Igel (*Erinaceus europaeus* L.) und zur Entwicklung in Menschenhand überwinterter Igel nach ihrer Aussetzung ins Freiland. Diplomarbeit Bonn 1984.
GROSSHANS, W.: Die Ernährung des Igels *Erinaceus europaeus* L., 1758. Eine Analyse von Magen-Darminhalten schleswig-holsteinischer Igel. Staatsexamensarbeit Kiel 1978.
HAFFNER, M.; ZISWILER, V.: Histologische Untersuchungen am lateralen Integument des Igels *Erinaceus europaeus* (Mammalia, Insectivora). Rev. suisse Zool. **90**, 1983, 809–916.
HEINE, H.: Zur Morphologie des Insectivorenherzens (eine vergleichende topographische und vergleichend anatomische Studie). Morph. Jahrb. **115**, 1970a, 520–569.
– Die Coronargefäße der Insectivora. Mit einem Beitrag zum Lymphgefäßsystem des Säugetierherzens, untersucht an *Erinaceus europaeus* L. Z. Anat. Entwickl.-Gesch. **131**, 1970b, 193–211.
HELLER, C. H.; HAMMEL, H. T.: CNS-control of body temperature during hibernation. Comp. Biochem. Physiol. **41A**, 1972, 349–359.
HERTER, K.: Dressurversuche an Igeln II. Z. vergl. Physiol. **21**, 1934a, 450–462.
– Studien zur Verbreitung der europäischen Igel (Erinaceidae). Arch. Naturgesch. (N. F.) **3**, 1934b, 313–382.
– Igelbastarde (*Erinaceus roumanicus* ♂ x *E. europaeus* ♀). Sitzungsber. Ges. Naturforsch. Freunde Berlin, 1935, 118–121.
– Von den Igeln der Mark. Märkische Tierwelt **2**, 1936, 31–40.
– Die Biologie der europäischen Igel. Monogr. Wildsäugetiere 5. Leipzig. 1938.
– Winterschlaf. Handbuch der Zoologie **8**, 4, Berlin, 1956, 1–59.
– Das Verhalten der Insectivoren. Handbuch der Zoologie **8**, 10, Berlin, 1957.
– Igel. Die neue Brehmbücherei, Wittenberg 1952, 2. Aufl. 1963.
– SGONINA, K.: Dressurversuche an Igeln I. Z. vergl. Physiol. **18**, 1933, 481–515.

HOLZ, H.: Studien an europäischen Igeln. Z. zool. Syst. Evolut.-forsch.**16**, 1978a, 148–165.
- Zum Problem der Kennzeichnung der Schädel von West- und Ostigeln. Zool. Anz. **200**, 1978b, 402–416.
HRABĚ, V.: Variation in somatic characters of two species of *Erinaceus* (Insectivora, Mammalia) in relation to individual age. Zool. Listy **24**, 1975, 335–351.
- Variation in cranial measurements of *Erinaceus europaeus occidentalis* (Insectivora, Mammalia). Zool. Listy **25**, 1976a, 303–314.
- Variation in cranial measurements of *Erinaceus concolor roumanicus* (Insectivora, Mammalia). Zool. Listy **25**, 1976b, 315–326.
- Notes on the dentition of two *Erinaceus* spp. from Czechoslovakia (Insectivora, Mammalia). Folia Zool. **30**, 1981, 311–316.
HUTTERER, R.: Fund eines albinotischen Igels in Bad Breisig. Decheniana (Bonn) **133**, 1980, 84.
JÁNOSSY, D.: Letztinterglaziale Vertebraten-Fauna aus der Kalman-Lambrecht-Höhle (Bükk-Gebirge, Nordost-Ungarn) I. Acta Zool. Acad. Sci. Hung. **9**, 1963, 293–331.
KRISTOFFERSSON, N.; SOIVIO, A.; SUOMALAINEN, P.: The distribution of the hedgehog (*Erinaceus europaeus* L.) in Finland in 1964–1965. Ann. Acad. Sci. Fenn. **102**, 1966, 1–12.
- SOIVIO, A.; TERHIVUO, J.: The distribution of the hedgehog (*Erinaceus europaeus* L.) in Finland in 1975. Ann. Acad. Sci. Fenn. (A IV. Biol.) **209**, 1977, 1–6.
KRÜGER, P.: Zur Rassenfrage der nordeuropäischen Igel. Acta. Zool. Fenn. **124**, 1969, 3–13.
KRYŠTUFEK, B.: The distribution of hedgehogs (*Erinaceus* Linnaeus, 1758, Insectivora, Mammalia) in western Yugoslavia. Biosistematika **9**, 1983, 71–79.
LAPINI, L.; PERCO, F.: Primi dati su *Erinaceus concolor* Martin, 1838 nell' Italia nordorientale (Mammalia, Insectivora, Erinaceidae). Gortania **8**, 1986, 249–262.
LINDEMANN, W.: Zur Psychologie des Igels. Z. Tierpsychol. **8**, 1951, 224–251.
MALEC, F.: Insectivora. In: STORCH, G.; FRANZEN, J.; MALEC, F.: Die altpleistozäne Säugerfauna (Mammalia) von Hohensülzen bei Worms. Senckenbergiana lethaea **54**, 1973, 329–332.
MARKOV, G.: Die insektenfressenden Säugetiere Bulgariens. Sofia 1957.
MATHIAS, M. P.: Sur la biologie du hérisson. Bull. Soc. Zool. France **54**, 1929, 463.
MOHR, E.: Die äußere Nase bei Igel und Maulwurf. Zool. Anz. **113**, 1936, 93–95.
MORRIS, P. A.: A method for determining absolute age in the hedgehog. J. Zool., London **161**, 1970, 277–281.
- Winter nests of the hedgehog (*Erinaceus europaeus* L.) Oecologia **11**, 1973, 299–313.
- *Erinaceus europaeus*. In: CORBET, G. B.; SOUTHERN, H. N. (eds.): The handbook of British mammals. Oxford, London, Edinburgh, Melbourne 1977.
- A study of home range and movements in the hedgehog (*Erinaceus europaeus*). J. Zool., London **214**, 1988, 433–449.
KAYSER, CHR.: The physiology of natural hibernation. Oxford, London, New York, Paris. 1961.
KIRK, G.: Rivalenkampf und Begattung des Igels (*Erinaceus europaeus*). Säugetierk. Mitt. **12**, 1964, 91–92.
KOENIGSWALD, W. VON: Mittelpleistozäne Kleinsäugerfauna aus der Spaltenfüllung Petersbuch bei Eichstätt. Mitt. Bayer. Staatssamml. Paläont. hist. Geol. **10**, 1970, 407–432.
KRAMM, H.: Neue Untersuchungen zur Hautmuskulatur des Igels (*Erinaceus euro-*

paeus Linné, 1758) im Zusammenhang mit einem subkutanen Injektionsverfahren. Säugetierk. Mitt. **27**, 1979, 176–182.

KRATOCHVÍL, J.: Zur Frage der Verbreitung des Igels (*Erinaceus*) in der ČSSR. Zool. Listy **15**, 1966, 291–304.

– Das Stachelkleid des Ostigels (*Erinaceus concolor roumanicus*). Acta sci. nat. Acad. sci. Bohemoslovacae Brno. (N. S.) **8**, 1974, 1–52.

– Zur Kenntnis der Igel der Gattung *Erinaceus* in der ČSSR (Insectivora, Mammalia). Zool. Listy **24**, 1975, 297–312.

KRISTIANSSON, H.: Distribution of the European hedgehog (*Erinaceus europaeus* L.) in Sweden and Finland. Ann. Zool. Fenn. **18**, 1981, 115–119.

– ERLINGE, S.: Rörelser och aktivitets område hos igelkotten. Fauna flora **72**, 1977, 149–155.

KRISTOFFERSSON, R.: A note on the age distribution of hedgehogs in Finland. Ann. Zool. Fenn. **8**, 1971, 554–557.

NAAKTGEBOREN, C.; VAN DEN DRIESCHE, W.: Beiträge zur vergleichenden Geburtskunde I. Z. Säugetierk. **27**, 1962, 83–110.

NEUMEIER, M.: Zur Gewichtsentwicklung der Igel, *Erinaceus europaeus* Linné, 1758, während der Überwinterung in menschlicher Obhut. Säugetierk. Mitt. **27**, 1979, 182–193.

NIETHAMMER, J.: Die Igel Neuseelands. Zool. Anz. **183**, 1969, 151–155.

– Kleinsäuger von Kithira, Griechenland. Säugetierk. Mitt. **19**, 1971, 363–365.

OBRTEL, R.; HOLIŠOVÁ, V.: The diet of hedgehogs in an urban environment. Folia Zool. **30**, 1981, 193–201.

PODUSCHKA, W.: Über die Wahrnehmung von Ultraschall beim Igel *Erinaceus europaeus roumanicus*. Z. vergl. Physiol. **61**, 1968, 420–426.

– Ergänzungen zum Wissen über *Erinaceus e. roumanicus* und kritische Überlegungen zur bisherigen Literatur über europäische Igel. Z. Tierpsychol. **26**, 1969, 761–804.

– Die bisher bekannte Verständigung der Insectivoren. Ric. Biol. Selvaggina **7**, 1976, 595–648.

– Das Paarungsvorspiel des osteuropäischen Igels (*Erinaceus e. roumanicus*) und theoretische Überlegungen zum Problem männlicher Sexualpheromone. Zool. Anz. **199**, 1977, 187–208.

– FIRBAS, W.: Das Selbstbespeicheln des Igels, *Erinaceus europaeus* Linné, 1758, steht in Beziehung zur Funktion des Jacobsonschen Organes. Z. Säugetierk. **33**, 1968, 160–172.

– PODUSCHKA, C.: Klimaeinflüsse auf Fruchtbarkeit, Wachstum und Verbreitung des Igels in Mittel- und Nordeuropa. Sitzber. Österr. Akad. Wiss. (Math.-nat. K., Abt. I) **192**, 1983, 21–36.

– SAUPE, E.; SCHÜTZE, H.-R.: Das Igel Brevier. Richtlinien zur vorübergehenden Pflege des Igels. 4. Aufl. Ebikon-Luzern. 1979.

PRASAD, M. R. N.: Die männlichen Geschlechtsorgane (der Säugetiere). Handbuch Zoologie **8**, Berlin 1974, 1–150.

REHKÄMPER, G.: Vergleichende Architektonik des Neocortex der Insectivora (Eine morphologische Untersuchung auf der Grundlage lichtmikroskopischer Präparate). Diss. Kiel 1980.

ROBBINS, C. B.; SETZER, H. W.: Morphometrics and distinctness of the hedgehog genera (Insectivora: Erinaceidae). Proc. biol. Soc. Washington **98**, 1985, 112–120.

RÖDL, P.: Unterscheidungsmerkmale am Schädel bei *Erinaceus europaeus* Linné, 1758 und *Erinaceus roumanicus* Barrett-Hamilton 1900. Lynx (N. S.) **6**, 1966, 131–138.

Petru Bănărescu **Zoogeography of fresh waters**

Vol. 1:
General distribution and dispersal of freshwater animals
540 pages, 208 distribution maps,
ISBN 3-89104-481-X
(To appear in summer 1990)

Vol. 2:
Distribution and dispersal of freshwater animals in North-America and Eurasia
580 pages, 130 distribution maps,
ISBN 3-89104-482-8
(To appear in late 1990)

Vol. 3:
Distribution and dispersal of freshwater animals in Pacific areas and South America
350 pages, 48 distribution maps,
ISBN 3-890104-483-6
(To appear in early 1991)

Take advantage of the reduced advance order price — valid until the publication of the last volume - which summarizes to DM 480,— instead of DM 560,— for the set of all three volumes together.

AULA-Verlag
P.O. Box 13 66
D-6200 Wiesbaden

Order Form

☐ Please, note down my order for all 3 vols. of **Zoogeography of Fresh Waters** at the advantageous advance order price (approx. 15% reduction from retail price) of **DM 480,—**

☐ Please inform me in more detail on the 3 volume treatise **Zoogeography of Fresh Waters**

Please, send information about:
☐ The **Freshwater Fishes of Europe** (in 9 volumes)

_____
name
_____
address
_____
date   signature

HBS/Bd. 3

Postcard

To
AULA Verlag GmbH
Postfach 1366

D-6200 Wiesbaden / FRG

Coming soon:

Petru M. Bănărescu
Zoogeography of Fresh Waters
in 3 volumes

The science of zoogeography studies, describes and tries to explain the present day of distribution of animals. Its ultimate aim is to reconstruct the evolution and dispersal history of the various lineages and of faunas as a whole and make a synthesis of the history of the animal world.

This 3-volume treatise investigates the distribution and dispersal of fresh water animals, taking into account descriptive, comparative and analytic zoogeography. It tries to reveal why aquatic animals are found in specific regions, ecosystems and biotopes.

A broad spectrum of animals living in fresh water are covered.

Volume 1 gives an overview of the general problems of worldwide distribution and dispersal history of: freshwater fishes, higher Crustaceas, molluscs, lower invertebrates, lower Entomostraca, some groups of aquatic insects and mites.

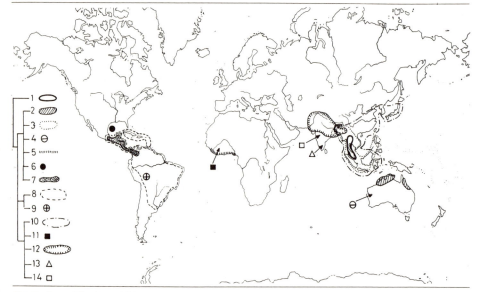

Distribution of Synbranchidae

Vols. 2 and 3 are arranged according to geographical regions. Each regional section deals with the following topics: composition of the fauna, considering the specific conditions in the area and interrelationships to the habitat; the specific regional distribution of the freshwater fauna in the globe, biogeographic relationships and history of the freshwater fauna within each region, including fossil findings.

The treatise is rounded up by general conclusions about the significance of the freshwater animals and the evolution of freshwater fauna, together with a comprehensive bibliography. The detailed index of scientific and common names will be of help to the user of the work. Numerous distribution maps complete the information given in the text.

RUPRECHT, A.: Anomalies of the teeth and asymmetry of the skull in *Erinaceus europaeus* Linnaeus, 1758. Acta theriol. **10,** 1965, 234–236.
- Correlation structure of skull dimensions in European hedgehogs. Acta theriol. **17,** 1972, 419–442.
- On the distribution of the representatives of the genus *Erinaceus* Linnaeus, 1758 in Poland. Przeglad Zool. **17,** 1973, 81–86.

RZEBIK-KOWALSKA, B.: The pliocene and pleistocene insectivores (Mammalia) of Poland. I. Erinaceidae and Desmaninae. Acta Zool. Cracoviensia **16,** 1971, 435–461.

SADLEIR, R. M. F. S.: The ecology of reproduction in wild and domestic mammals. London. 1969.

SCHÄFER, M. W.: Lernleistungen freilebender Braunbrustigel (*Erinaceus europaeus* L.). Manipulation, Labyrinth, Diskrimination. Z. Säugetierk. **45,** 1980, 257–268.

SIMIONESCU, V.: Contributi privind dimorfismul sexual și creșterea allometrică la *Erinaceus europaeus* L. (Ord. Insectivora). Anal. Științ. Univ. „Al I. Cuza" Iași (S. N, II Biol.) **23,** 1977, 85–88.
- Morphological and zoogeographical studies on the hedgehog (*Erinaceus europaeus* L.) in Romania. Anuarul. Muz. Științe Nat. Piatra Neamț (S. Bot.-Zool.) **4,** 1979, 297–310.

ŠKOUDLIN, J.: Variabilität der Schädelmaße unserer Igel (*Erinaceus europaeus* und *Erinaceus concolor*). Acta Univ. Carolinae-Biologica, 1978, 209–245.

SMITH, R. E.; HORWITZ, B.: Brown fat and thermogenesis. Physiol. Rev. **49,** 1969.

STEIN, G.: Zur Kenntnis von *Erinaceus roumanicus* Barrett-Hamilton, 1900. Z. Säugetierk. **4,** 1930, 240–250.

ŠTĚRBA, O.: Das Haarkleid des Ostigels, *Erinaceus concolor roumanicus* Barrett-Hamilton, 1900. Zool. Listy **24,** 1975, 125–135.
- Zur Entstehung der Stacheln bei der Gattung *Erinaceus*. Zool. Listy **25,** 1976, 33–38.
- Prenatal development of central european Insectivores. Folia zool. **26,** 1977, 27–44.
- ZELENY, O. J.; DVORAK, J.: Das Haarkleid des Westigels (*E. e. occidentalis*). Zool. Listy **25,** 1976, 335–341.

STIEVE, H.: Zur Fortpflanzungsbiologie des Igels. Verh. Dtsch. Zool. Ges. 1948 in Kiel. Leipzig. 1949.

VESMANIS, I. E.; HUTTERER, R.: Nachweise von *Erinaceus*, *Crocidura* und *Microtus* für die Insel Elba, Italien. Z. Säugetierk. **45,** 1980, 251–253.

WAHLSTRÖM, H.: Zur Frage, ob der Igel Mäuse fangen kann. Z. Säugetierk. **10,** 1935.

WALHOVD, H.: Winter activity of Danish hedgehogs in 1973/74, with information on the size of the animals observed and the locating of the recordings. Nat. Jütl. **18,** 1975, 53–61.
- The overwintering pattern of Danish hedgehogs in outdoor confinement during three successive winters. Nat. Jütl. **20,** 1978, 273–284.
- Partial arousals from hibernation in hedgehogs in outdoor hibernacula. Oecologia (Berlin) **40,** 1979, 141–153.
- The breeding habits of the European hedgehog (*Erinaceus europaeus* L.) in Denmark. Z. Säugetierk. **49,** 1984, 269–277.

WEBER, B.: Zur Überwinterung des Igels. Sitzber. Ges. Naturforsch. Freunde Berlin (N. F.) **4,** 1964, 138.

WERNER, R.; WÜNNENBERG, W.: Effect of the adrenocorticostatic agent, metopirone, on thermoregulatory heat production in the European hedgehog. Pflügers Arch. ges. Physiol. **385,** 1980, 25–28.

WETTSTEIN, O.: Die Säugetierwelt der Ägäis nebst einer Revision des Rassenkreises von *Erinaceus europaeus*. Ann. Nat.-hist. Museum Wien **52**, 1941, 245–278.
WICKL, K.-H.: Der Uhu in Bayern. Germanischer Vogelk. Ber. **6**, 1979, 1–47.
WOLFF, P.: Unterscheidungsmerkmale am Unterkiefer von *Erinaceus europaeus* L. und *Erinaceus concolor* Martin. Ann. Nat.-hist. Museum Wien **80**, 1976, 337–341.
WÜNNENBERG, W.; MERKER, G.: Control of non-shivering thermogenesis in a hibernator. In: GIRARDIER, L.; SEYDOUX, J. (eds.): Effectors of thermogenesis. Stuttgart. 1978.
– SPEULDA, E.: Thermosensitivity of preoptic neurones and hypothalamic integrative function in hibernators and non-hibernators. In: WANG, L.; HUDSON, J. W. (eds.): Strategies in Cold: Natural torpidity and thermogenesis. 1978.
YALDEN, O. W.: The food of the hedgehog in England. Acta theriol. **21**, 1976, 401–424.
ZAJCEV, M. V.: Geografičeskaja izmenčivost kraniologičeskich priznakov i nekotorye voprosy sistematikežej podroda *Erinaceus* (Mammalia, Erinaceinae). Trudy zool. Inst. Leningrad **115**, 1982, 92–117.

Atelerix algirus (Lereboullet, 1840[1]) – **Wanderigel**

E: Vagrant hedgehog; F: Le hérisson d'Algerie

Von H. Holz und J. Niethammer

Diagnose. Etwas kleiner, schlanker und in Europa meist heller als *E. europaeus* und *E. concolor*. Hallux (Großzehe) und zugehörige Sohlenschwiele klein. Kopfmitte mit mäßig breitem, stachelfreiem Scheitel. Hinter der caudalen Querleiste am Palatinum eine breite Endplatte (Abb. 3). Am Unterkiefer keine scharfe Knochenleiste rostroventral vom Foramen mandibulae (Malec und Storch 1972).

Karyotyp: $2n = 48$; ähnlich dem Karyotyp von *Erinaceus europaeus*, aber ohne sicher akrozentrische Autosomen und ohne die beiden Paare von Punktchromosomen, die *E. europaeus* und *E. concolor* besitzen (Marokko; Zusammenfassung bei Zima und Král 1984*).

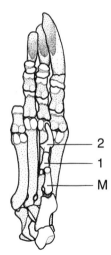

Abb. 23. Skelett des rechten Hinterfußes (von 5. Zehe fehlen die Phalangen 2 und 3) von *Atelerix algirus*, Agadir, Marokko, Coll. J. Niethammer Nr. 4901. M = Metatarsus 1, 1 und 2 sind die Phalangen des bei *A. algirus* sehr kleinen Hallux.

[1] Nach Saint Girons (1972) ist Lereboullet alleiniger Autor.

Beschreibung. In Europa Kr etwa 170–260, Schw 20–40, Hf 30–42, Ohr 28–38. Am schlankeren Körper erscheint Kopf vom Rumpf abgesetzt, auffällig beim sitzenden Tier in Seitenansicht (MOHR 1936). Ohren länger und breiter als bei den beiden anderen europäischen Igelarten, hoch angesetzt, stehen weit vom Kopf ab. Stacheln enden auf der Stirn fast geradlinig, in Kopfmitte breiterer, nackter Scheitel deutlich. Die Beine sind hoch und dünn, die Füße klein, die Krallen sind recht kurz und schwach. Die erste Zehe am Hinterfuß ist zwar stets vorhanden, aber viel kleiner als bei den *Erinaceus*-Arten (Abb. 5A, 23).

Nach KELLER (1983) lassen sich die Stachelquerschnitte von *Erinaceus europaeus* und *Atelerix algirus* unterscheiden: Bei *A. algirus* ist die Rinde wesentlich dünner, der Umriß ist dadurch nicht glatt wie bei *E. europaeus*, sondern gewellt, weil sich die Rinde jeweils zwischen den Septen einwölbt (Abb. 24).

Die Färbung von Stachel- und Haarkleid ist außerordentlich variabel. Die Stacheln sind gewöhnlich jedoch ähnlich gebändert wie bei *E. europaeus*. In wechselnden Anteilen können auch völlig weiße Stacheln vorkommen. Die Ohren und ein Haarbüschel dahinter, die Schnauze bis zu den Augen, der Hinterkörper und die Füße sind auf den Kanarischen Inseln gewöhnlich braun, ein Stirnband, die Wangen und in wechselndem Ausmaß die vordere Ventralseite hell gefärbt (HUTTERER 1983). Für die Bauchpigmentierung läßt sich nach KAHMANN und VESMANIS (1977) kein einheitliches Schema angeben. Sie kann weiß bis dunkelbraun sein.

S c h ä d e l (Abb. 25): Die an die Querleiste am Ende des Palatinums anschließende Knochenplatte, die höchstens undeutlich in einen Enddorn ausläuft, ist der wohl zuverlässigste Unterschied gegenüber *E. europaeus*.

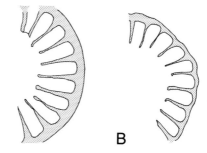

Abb. 24. Teil eines Stachelquerschnitts **A** von *Erinaceus europaeus*, **B** von *Atelerix algirus*. Man beachte die bei *europaeus* glatte, bei *algirus* gewellte Kontur. Aus KELLER (1983).

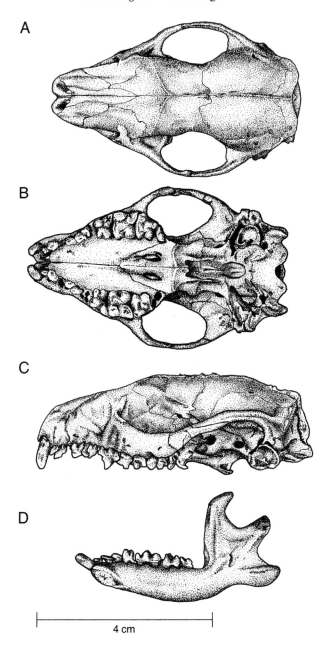

Abb. 25. Schädel von *Atelerix algirus*, Coll. F. KRAPP 36/79. **A** dorsal, **B** ventral, **C** lateral, **D** Mandibel von lingual.

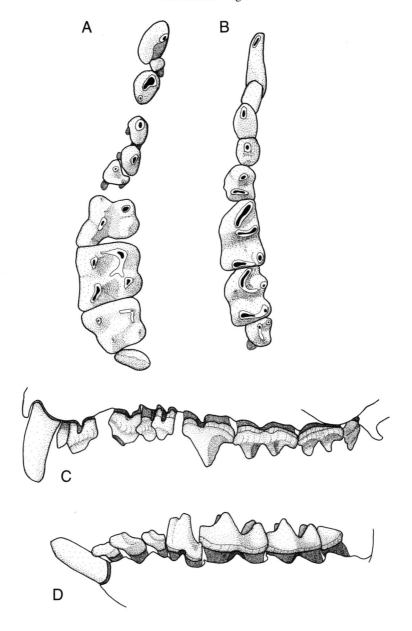

Abb. 26. Zähne von *Atelerix algirus*, Coll. F. KRAPP Nr. 36/79. **A, B** occlusal, **C, D** von buccal. **A** linke obere, **B** rechte untere Zähne gespiegelt; **C** obere, **D** untere Zahnreihe.

Atelerix algirus – Wanderigel

Zähne ähnlich denen von *E. europaeus*, I^3 und P^2 neigen aber zu Zweiwurzeligkeit (Coll. NIETHAMMER). P_4 nur zweispitzig, das Metaconid fehlt. Von labial betrachtet weichen die beiden Spitzen weniger auseinander als bei *E. europaeus*, weil die Vorderspitze weniger abgesetzt ist (CHALINE et al. 1974*). Im Vergleich zu *E. europaeus* wirkt das Gebiß wuchtiger und gedrängter. Die Lücken etwa zwischen I^1 und I^2 oder P_3 und P_4 sind weniger ausgeprägt.

Postcraniales Skelett: Wirbelzahlen bei einem Exemplar aus Marokko 7/15/6/4/10. 4 Sternebrae. Länge von Humerus 39, Ulna 46, Radius 35, Tibia + Fibula 45 mm. Länge Metatarsus I 3,5, Metatarsus II 11,5 mm (Coll. NIETHAMMER). Nach MALEC und STORCH (1972) messen Humeri von 10 *A. algirus* von Malta 36–40,5 mm, von 5 *E. europaeus* 43,6–46,8 mm. Für die Femora gelten folgende Spannen: *algirus* von Malta 31,4–40,9 mm, *europaeus* 41,4–48,4 mm. Sie geben außerdem qualitative Unterschiede an (Gestalt des Sulcus intertubercularis am Humerus, der Incisura acetabuli am Becken und Trochanter femoris), die aber weiterer Überprüfung bedürfen.

Verbreitung. Einige Orte an der S-Küste von Frankreich und Spanien, die w Mittelmeerinseln Djerba, Malta, Ibiza, Formentera (KAHMANN und VESMANIS 1977), Mallorca, Menorca und Cabrera (LANGE und ALCOVER

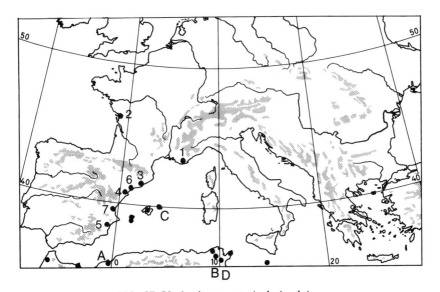

Abb. 27. Verbreitung von *Atelerix algirus*.

Erinaceidae – Igel

Tabelle 13. Maße von *Atelerix algirus* aus der Oase Tozeur in Tunesien in mm, Coll. I. VESMANIS. Diese Igel sind etwas größer als solche aus Spanien (s. Tab. 14). Abn = Abnutzungsgrad der Zähne. Aus VESMANIS (1979).

Nr.	sex	Abn	Kr	Schw	Hf	Ohr	Cbl	Zyg	Iob	Nasl	oZr	Mand	uZr
238	♀	nicht	200	30	32	27	54,3	32,7	13,6	17,1	28,0	41,2	26,0
239	♀	mittel	215	32	34	30	56,1	34,4	14,1	19,9	29,4	43,2	26,9
240	♀	mittel	190	28	35	25	50,2	40,0	14,4	16,8	26,8	39,8	25,6
241	♂	mittel	210	26	36	29	53,9	33,3	13,8	18,6	27,9	41,8	25,7
242	♂	mittel	210	26	37	28	56,6	34,2	14,5	17,0	28,8	43,4	26,3
243	♂	mittel	190	28	37	30	55,3	34,3	14,2	19,4	28,9	41,3	25,9
244	♀	stark	220	28	34	31	52,8	32,3	13,3	20,0	26,1	39,4	–
245	♂	mittel	215	27	34	29	56,6	32,4	14,3	21,3	28,7	41,0	24,7
246	♂	nicht	195	26	34	30	52,5	32,6	13,6	13,9	26,2	39,8	24,4
247	♂	mittel	210	27	35	30	53,3	32,6	14,0	18,3	27,0	42,1	26,0
x̄			205,5	27,8	34,8	28,9	54,2	33,0	14,0	18,2	27,8	41,3	25,7

1987). Außerhalb Europas in NW-Afrika von der Cyrenaika bis Marokko (CORBET 1988), nach KAHMANN und VESMANIS (1977) auch Rio de Oro und Mauretanien. Kanarische Inseln Lanzarote, Fuerteventura, Gran Canaria und Teneriffa (HUTTERER 1983).
Höhenverbreitung bis 900 m (Hoher Atlas in Marokko – SAINT GIRONS 1974).

Kartenpunkte: Frankreich[1] 1 Lecques, Var, 2 La Rochelle, Charente Maritime (SAINT GIRONS 1969, KELLER 1983); Spanien 3 Barcelona, 4 Tortosa, Provinz Tarragona (CORBET 1966*), 5 Elche, Alicante (MILLER 1912*), 6 Tarragona, 7 Valencia (MALEC und STORCH 1972), außerdem Zaragoza (LANGE und ALCOVER 1987).

Terrae typicae
A *algirus* (Lereboullet, 1842): Algerien. MILLER (1912*) gibt Oran an
B *fallax* (Dobson, 1882): Sfax, Tunesien
C *vagans* (Thomas, 1901): San Cristobal, Menorca
D *girbaensis* (Vesmanis, 1980): Insel Djerba, Tunesien

Merkmalsvariation. Sexualdimorphismus: Auf Formentera wiegen die ♂ im Durchschnitt mehr als die ♀: 13 ad ♂ 402–650 ($\bar{x}$ = 505) g, 16 ad ♀ 282–492 ($\bar{x}$ = 419) g. In anderen Körper- und Schädelmaßen ergaben sich dagegen nur geringe oder keine Unterschiede (KAHMANN und VESMANIS 1977).

---

[1] Das von verschiedenen Autoren mit Hinweis auf SAINT GIRONS (1969) zitierte Vorkommen bei Banyuls ist nicht gesichert.

Tabelle 14. Zwei Schädelmaße (Cbl, Zyg) in mm in verschiedenen Populationen von *Atelerix algirus* aus 1 MALEC und STORCH (1972), 2 KAHMANN und VESMANIS (1977), 3 VESMANIS (1980), 4 HUTTERER (1983), 5 VESMANIS (1979). Bei 4 statt Cbl Condyloincisivlänge. AG Djerba nach ŠKOUDLIN (1976).

Herkunft	n	Cbl Min–Max	$\bar{x}$	n	Zyg Min–Max	$\bar{x}$	Autor
Spanien, Festland	4	52,1–54,0	53,2	4	30,3–32,6	31,3	1
Formentera	29	50,0–55,2	52,8	29	29,5–34,2	31,3	2
Malta	5	53,6–55,2	54,4	5	32,4–33,4	32,9	1
Djerba, AG III–V	6	50,0–52,0	50,9	4	31,2–32,3	31,7	3
Tunesien, Festland	8	50,2–56,6	54,3	8	31,0–34,3	33,1	5
Oran, Algerien	5	54,3–58,4	56,4	5	32,6–36,1	34,1	2
Marokko, Algerien	7	55,9–60,6	57,9	7	32,5–35,5	34,2	4
Kanarische Inseln	8	56,2–58,5	57,3	8	33,8–35,8	35,3	4

Individuelle Variabilität: Beispiele für die unterschiedliche Verteilung heller und dunkler Färbung auf der Bauchseite bilden KAHMANN und VESMANIS (1977) ab. Auf den Kanarischen Inseln gibt es erhebliche Helligkeitsunterschiede. In den verschiedenen Aufhellungsstufen sind hier die Helligkeit des Stachelkleides und der behaarten Körperregionen deutlich korreliert (HUTTERER 1983). MALEC und STORCH (1972) unterschieden auf Malta einen hellen und einen dunklen Farbtyp.

Die Nasalia variieren außerordentlich in Größe und Gestalt (Abbildungen hierzu bei KAHMANN und VESMANIS 1977).

Nicht immer sind die P_4 zweispitzig. 8 von 31 Igeln von Formentera hatten dreispitzige P_4 (KAHMANN und VESMANIS 1977).

Von 28 Igeln aus N-Afrika hatte die eine Hälfte einwurzelige, die andere Hälfte zweiwurzelige I^3 (SAINT GIRONS 1969).

Geographische Variation: Gemessen an der Cbl sind die Wanderigel der Insel Djerba klein, die der Balearen und Iberischen Halbinsel etwas größer. In den Atlasländern scheinen die Wanderigel von E nach W größer zu werden (Tab. 14). Die Igel der Balearen sind heller gefärbt als alle vom afrikanischen Festland und von den Kanarischen Inseln. Ihre Bauchfärbung ist sehr variabel (LANGE und ALCOVER 1987). HUTTERER (1983) empfiehlt, drei Unterarten anzuerkennen:
A *algirus:* groß. N-afrikanisches Festland, Malta, Kanarische Inseln,
C *vagans:* klein. Balearen und
D *girbaensis:* klein. Insel Djerba und vielleicht auch angrenzendes tunesisches Festland. In letzterem Fall hätte *fallax* Dobson Priorität.

Paläontologie. In Marokko und Algerien seit dem oberen Pleistozän bekannt (CORBET 1988). Dagegen fehlen Fossilfunde vom südeuropäischen Festland und von Inseln, obwohl von Mallorca, Menorca und Malta umfangreiche, spätpleistozäne Kleinsäugerreste vorliegen (MALEC und STORCH 1972, ALCOVER 1982, REUMER 1980, REUMER und SANDERS 1984). Dies läßt vermuten, daß die Wanderigel in Europa und auf den meisten Inseln erst durch den Menschen eingeschleppt worden sind. Für die Kanarischen Inseln hat HUTTERER (1983) die Besiedlungsgeschichte rekonstruiert. Die dortigen Igel gehen auf ein Paar zurück, das 1892 von Cap Juby in Marokko nach Fuerteventura gebracht wurde und dessen Nachkommen offensichtlich zu den übrigen Inseln verfrachtet wurden. Eine genauere Datierung von Einbürgerungen in Europa ist allerdings nicht möglich. In Frankreich gilt *E. algirus* heute als verschwunden (SAINT GIRONS in FAYARD et al. 1984*).

Ökologie. Habitat: Ähnlich dem von *E. europaeus*. Wichtigste Lebensräume auf Formentera sind Wald- und Parkränder, Feldumrandungen,

Felder, *Juniperus*-Gebüsch und lichte *Pinus*-Wälder. Recht häufig in der Nähe menschlicher Siedlungen (KAHMANN und VESMANIS 1977). Auf den Balearen nicht oberhalb 600 m NN (LANGE und ALCOVER 1987).

Nahrung: Überwiegend Insekten, daneben auch kleine Reptilien (CABRERA 1932*). KAHMANN und VESMANIS (1977) heben die Bedeutung von Gehäuseschnecken auf Mallorca hervor.

Fortpflanzung: Trächtige ♀ fanden sich auf den Balearen von April bis Ende Oktober. Embryonenzahlen 1mal 1, 1mal 2, 4mal 3, 1mal 4 auf den Balearen (KAHMANN und VESMANIS 1977, LANGE und ALCOVER 1987).

Jugendentwicklung. Ein neugeborener Wanderigel von den Pityusen war blind, trug auf dem Rücken rein weiße, bis 6,5 mm lange Stacheln, wog 13 g und hatte folgende Maße: Kr 65, Schw 4, Hf 8, Ohr 3 mm. Er wurde als einziges Jungtier eines ♀ am 29. 8. geboren (VERICAD und BALCELLS 1965).

Verhalten. Wanderigel gehen hochbeiniger als West- und Ostigel. Beine werden mehr durchgedrückt. Das Laufen ist wegen der kleinen Krallen leiser. Wanderigel scharren und graben wenig. Neigung zum Klettern gering. Können schwimmen, sind aber wasserscheu. Nachtaktiv. Hauptaktivität in Gefangenschaft 20–4 Uhr (HERTER 1964).

HERTER (1964) beobachtete Selbstbespeicheln. Als Lautäußerungen hörte er nur Schnaufen und Puffen.

Vorzugstemperatur seines aus Agadir in Marokko stammenden Igels war mit 39,9° höher als von *E. europaeus* aus N-Deutschland, Neapel und von *E. concolor* von Kreta (33,3–35,8°).

Die Fähigkeit zum Winterschlaf, der bei einer Temperatur von unter 20° eintreten kann, haben EISENTRAUT (1960) und HERTER (1964) in Gefangenschaft festgestellt. Zwischen Januar und März zeigten 3 von 8 auf Cabrera in Freigehegen gehaltenen Wanderigeln Hypothermie. Im ausgeprägtesten Fall wurden bei einem Igel nur 5° Körpertemperatur gemessen, als die minimale Tagestemperatur auf 1° sank (LANGE und ALCOVER 1987).

Literatur

ALCOVER, J. A.: Note on the origin of the present mammalian fauna from the Balearic and Pityusic islands. Misc. Zool. **6,** 1982, 141–149.

CORBET, G. B.: The family Erinaceidae: a synthesis of its taxonomy, phylogeny, ecology and zoogeography. Mammal Rev. **18,** 1988, 117–172.

EISENTRAUT, M.: Wie verhalten sich verwandte Vertreter von heimischen Winterschläfern aus wärmeren Gebieten unter veränderten Temperaturbedingungen? Zool. Anz. **169**, 1960, 429–432.

HERTER, K.: Gefangenschaftsbeobachtungen an einem Algerischen Igel (*Aethechinus algirus* [Duvernoy u. Lereboullet]). Zool. Beitr. (Berlin N. F.) **10**, 1964, 189–225.

HUTTERER, R.: Über den Igel (*Erinaceus algirus*) der Kanarischen Inseln. Z. Säugetierk. **48**, 1983, 257–265.

KAHMANN, H.; VESMANIS, I.: Zur Kenntnis des Wanderigels (*Erinaceus algirus* Lereboullet, 1842) auf der Insel Formentera (Pityusen) und im nordafrikanischen Verbreitungsgebiet. Spixiana **1**, 1977, 105–136.

KELLER, A.: Note sur la structure fine des piquants et des poils de jarre chez *Erinaceus europaeus* L. et *Erinaceus algirus* Lereboullet (Insectivora: Erinaceidae). Rev. suisse Zool. **90**, 1983, 501–508.

LANGE, M.; ALCOVER, J. A.: Sobre la bionomía del Erizo moruno *Erinaceus algirus* (Lereboullet, 1842) en las Baleares. In: SANS-COMA, V.; MAS-COMA, S.; GOSALBEZ, J. (eds.): Mamiferos y Helmintos. Barcelona 1987, 33–43.

MALEC, F.; STORCH, G.: Der Wanderigel, *Erinaceus algirus* Duvernoy et Lereboullet, 1842, von Malta und seine Beziehungen zum nordafrikanischen Herkunftsgebiet. Säugetierk. Mitt. **20**, 1972, 146–151.

MOHR, E.: Osteuropäischer und Wanderigel in Gefangenschaft. Z. Säugetierk. **11**, 1936, 242–246.

REUMER, J. W. F.: Evolutie en biogeografie van de kleine zoogdieren van Mallorca (Spanje). Lutra **23**, 1980, 13–32.

– SANDERS, E. A. C.: Changes in the vertebrate fauna of Menorca in preshistoric and classical times. Z. Säugetierk. **49**, 1984, 321–325.

SAINT GIRONS, M.-C.: Données sur la morphologie et la répartition de *Erinaceus europaeus* et *Erinaceus algirus*. Mammalia **23**, 1969, 206–218.

– Rectification à propos des auteurs de la description de *Erinaceus algirus*. Mammalia **36**, 1972, 166–167.

– Rongeurs, lagomorphes et insectivores du massif du Toubkal (Haut-Atlas Marocain). Bull. Soc. Sci. Ph. Nat. Maroc **54**, 1974, 55–59.

VERICAD, J. R.; BALCELLS, R.: Fauna mastozoológica de las Pitiusas. Bol. R. Soc. Española Hist. Nat. (Biol.) **63**, 1965, 233–264.

VESMANIS, I. E.: Bemerkungen zur Verbreitung und Taxonomie von *Erinaceus a. algirus* Lereboullet 1842 und *Paraechinus aethiopicus deserti* (Loche 1858) in Tunesien. African small mammal Newsletter **1**, 1979, 1–14.

– Über den Wanderigel, *Erinaceus algirus* Lereboullet 1842, von Djerba (Tunesien) (Mammalia: Insectivora: Erinaceidae). Bonn. zool. Beitr. **31**, 1980, 207–215.

Familie **Talpidae** Gray, 1825 – **Maulwürfe**

Von J. Niethammer

Diagnose. Insektenfresser mit verlängerter Schnauze, weichem Fell, winzigen, bisweilen von Haut überdeckten Augen. Maus- bis rattengroß. Schädel konisch, mit zartem Jochbogen. Gehörkapsel vollständig (Tympanicum mit dem Schädel verwachsen). Kiefergelenk einfach mit nur einem Gelenkhöcker am Processus articularis des Unterkiefers und nur einer Gelenkfläche am Hirnschädel. Schneidezähne einspitzig, Kauflächen der Molaren mit W-förmigem Gratmuster (dilambdodonte Molaren).

Verbreitung. Im wesentlichen gemäßigte Zone der Holarktis, in E-Asien auch auf die orientalische Region übergreifend.

Umfang der Familie. Nach Anderson und Jones (1967*) mit 5 Unterfamilien, 15 Gattungen und etwa 22 Arten, nach Hutchison (1974*) nur 3 Unterfamilien, nach Honacki et al. (1982*) 15 Gattungen und 31 Arten.

Paläontologie. Hutchison (1974*) nimmt an, daß die Familie mindestens seit dem Eozän existiert, da mehrere Stammeslinien bereits im Oligozän existieren. Nach ihm dürften Talpinae und Desmaninae seit dem späten Eozän getrennt sein.

Die europäischen Gattungen. In Europa zwei Gattungen, *Talpa* und *Galemys*, die jeweils eine Unterfamilie, Talpinae und Desmaninae, repräsentieren. *Talpa* in Europa mit mindestens 5 Arten. Dagegen ist *Galemys* monotypisch.

Schlüssel zu den Gattungen.

a) Nach äußeren Merkmalen:

1 Hinterfüße größer als Vorderfüße, mit Schwimmhäuten (Abb. 28). Schw etwa so lang wie Kr. Rüssel vorn verbreitert (Abb. 29) . *Galemys* S. 79
– Vorderfüße größer, vor allem breiter als Hinterfüße, Grabschaufeln. Hinterfüße ohne Schwimmhäute (Abb. 28). Schw kürzer als ⅓ Kr. Rüssel vorn nicht verbreitert (Abb. 29) . . . . *Talpa* S. 93

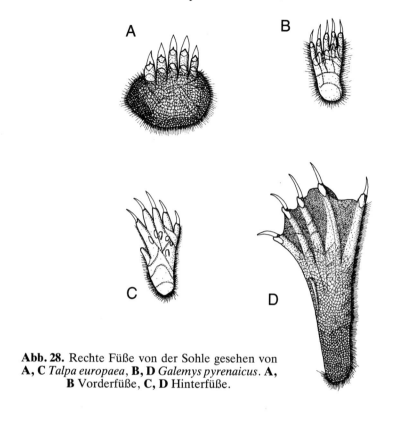

Abb. 28. Rechte Füße von der Sohle gesehen von **A, C** *Talpa europaea*, **B, D** *Galemys pyrenaicus*. **A, B** Vorderfüße, **C, D** Hinterfüße.

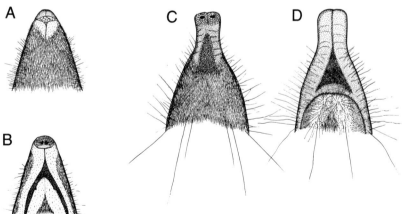

Abb. 29. Schnauzen von **A, B** *Talpa europaea*, **C, D** *Galemys pyrenaicus*. **A, C** von dorsal, **B, D** von ventral.

Talpidae – Maulwürfe 77

b) Nach dem Schädel (Abb. 33, 40):

1 Rostrum lang, seine Länge (vom Vorderrand der I zum Hinterrand des Palatinums) über ½ Cbl; Unterkiefer hoch, Coronoidhöhe über ½ Mand . . . . *Galemys* S. 79
– Rostrum kurz, seine Länge unter ½ Cbl; Unterkiefer niedrig, Coronoidhöhe unter ⅓ Mand . . . . *Talpa* S. 93

c) Nach den Zähnen (Abb. 30):

1 I^1 groß, größte Zähne im Oberschädel. M^{1+2} mit 4 Außenspitzen (Abb. 30 C) . . . . *Galemys* S. 79
– I^1 klein; längste Zähne im Oberschädel sind die C (4. Zähne von vorn). M^{1+2} außen nur mit 3 Spitzen, von denen die mittlere allerdings geteilt sein kann (Abb. 30 A) . . . . *Talpa* S. 93

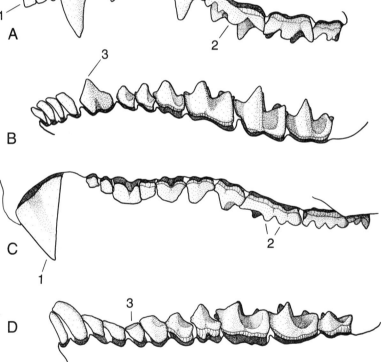

Abb. 30. Zähne der linken Schädelseite labial von **A, B** *Talpa europaea* **C, D** *Galemys pyrenaicus*. **A, C** obere, **B, D** untere Zähne. Die Pfeile weisen auf folgende Merkmale: 1 I^1 (groß bei *Galemys*), 2 Mittelspitze (Mesostyl) am M^1 (bei *Talpa* nicht, bei *Galemys* deutlich geteilt), 3 P_1 (bei *Talpa* eckzahnartig vergrößert, bei *Galemys* klein).

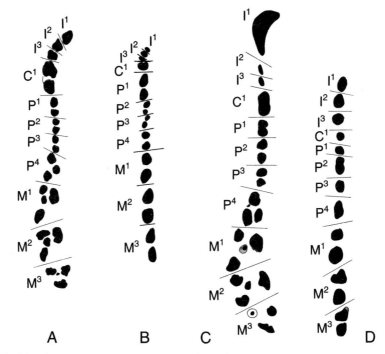

Abb. 31. Alveolen von *Talpa europaea* (**A, B**) und *Galemys pyrenaicus* (**C, D**). **A, C** rechte obere, **B, D** linke untere Alveolenreihen. Die zugehörigen Zähne sind angegeben.

Galemys pyrenaicus (Geoffroy, 1811) – **Pyrenäen-Desman**

E: Pyrenean desman; F: Le desman des Pyrénées

Von E.-A. JUCKWER

Diagnose. Von *Talpa* unter anderem durch mehr als körperlangen Schwanz, die relativ langen Hinterfüße, die die nicht besonders verbreiterten Vorderfüße in der Größe weit übertreffen (Abb. 28) und die sehr großen I^1 unterschieden. Im Vergleich zur einzigen anderen rezenten Art der Desmaninae, *Desmana moschata* in S-Rußland kleiner und mit nur distal, nicht in ganzer Länge, seitlich zusammengedrücktem Schwanz. Kr bis 135, Schw bis 156, Hf bis 38, Gew bis 80.

Karyotyp: $2n = 42$. 8 Autosomenpaare akrozentrisch, übrige zweiarmig. X groß, submetazentrisch, Y klein, punktförmig. NF = 68. Französische Pyrenäen (PEYRE 1957a).

Beschreibung. Der Pyrenäen-Desman wirkt gedrungen, da sein Hals sehr kurz ist und der dichte, wasserabweisende Pelz die Körperkonturen verdeckt. Ohrmuscheln fehlen. Die sehr kleinen Augen von nur etwa 1 mm Durchmesser sind im Fell verborgen. Unter Wasser wird ihre Umgebung freigelegt, und zwei helle Augenflecken werden sichtbar. Die Nase ist zu einem etwa 2 cm langen, sehr beweglichen Rüssel ausgezogen, dessen Ende schwach zweilappig, verbreitert und abgeflacht ist und auf seiner Oberseite die Nasenöffnungen trägt (Abb. 29). Die Rüsselhaut ist rosettenartig gefeldert. An den Seiten des Rüssels und am Kinn stehen bis etwa 2 cm lange Vibrissen. Der rattenartige, beschuppte Schwanz ist nur spärlich mit kurzen Borsten behaart. Er ist länger als Kr, proximal drehrund und zum Ende hin schwach lateral abgeflacht. Hier trägt er auch einen ventralen Borstenkiel. Die basal wirtelige Anordnung der Schuppen wird hier unregelmäßig. Die Schwanzwurzel ist an der Unterseite durch Moschusdrüsen verdickt. Die Vorderfüße und die sehr viel größeren Hinterfüße tragen an den Außenkanten Borstensäume. Die Zehen und Finger sind durch Schwimmhäute verbunden und tragen lange, spitze Krallen. Die Sohlen sind fein gefeldert, lassen aber keine Tuberkel erkennen. Hände und Füße sind, von den randständigen Borstenreihen abgesehen, nackt, ebenso die distalen Unterschenkel bis auf lange Haarbüschel an den

Abb. 32. Anordnung der Zitzen bei *Galemys pyrenaicus*, ♀, Sierra de Gredos, Spanien, 25. 7. 1969.

Fersen. Alle Zehen sind lang und kräftig, insbesondere die äußeren. Sie nehmen vorn und hinten in folgender Reihenfolge an Länge ab: 4 – 3 – 5 – 2 – 1.

Das Fell ist oberseits dunkelbraun, unterseits silbergrau mit allmählichem Übergang an den Flanken. Es besteht überwiegend aus feinen, nur etwa 10 μm dicken, gewellten Wollhaaren. Darüber legen sich die zu 0,1 mm lanzettförmig verbreiterten und abgeflachten Enden der Grannenhaare, die unter Wasser das Entweichen von Luft aus der Wollhaarschicht erschweren. Ihre abgeplatteten Enden sind marklos (DEBROT 1982*; PODUSCHKA und RICHARD 1985). Noch spärlicher sind die langen, gestreckten, an der Spitze spindelförmigen Leithaare. Leit- und Grannenhaare stehen einzeln, Wollhaare in Büscheln von 3–4. An den Haarwurzeln sitzen Talgdrüsen, und Schweißdrüsen sind ebenfalls gut entwickelt (SOKOLOV 1964). 4 Zitzenpaare (Abb. 32), von denen nach MILLER (1912*) je 1 pectoral und abdominal und 2 inguinal sitzen.

Schädel (Abb. 33, 34, Tab. 15): Ähnlich dem von *Talpa*, aber Schädelkapsel eckiger, kaum breiter als Breite über den hinteren Jochbogenansätzen. Interorbitalregion in der Mitte am engsten. Rostrum länger. Condylen von dorsal nicht sichtbar. Interparietale annähernd quadratisch, weiter nach vorn reichend als bei *Talpa*. Prämaxillare neben I^1 mit warzenartigem seitlichem Fortsatz, Meatus acusticus der Bullae groß, ventrad orientiert. Foramen incisivum relativ groß.

Unterrand der Mandibel fast gerade. Processus coronoideus viel höher als bei *Talpa*.

Zähne (Abb. 30, 35): Zahnformel $\frac{3143}{3143}$. Anders als bei *Talpa* sind die I^1 die bei weitem größten Zähne. In Seitenansicht bilden sie Dreiecke mit senkrechter Rückseite. Nach vorn begrenzen sie den Gaumen. I^2 und I^3

Galemys pyrenaicus – Pyrenäen-Desman

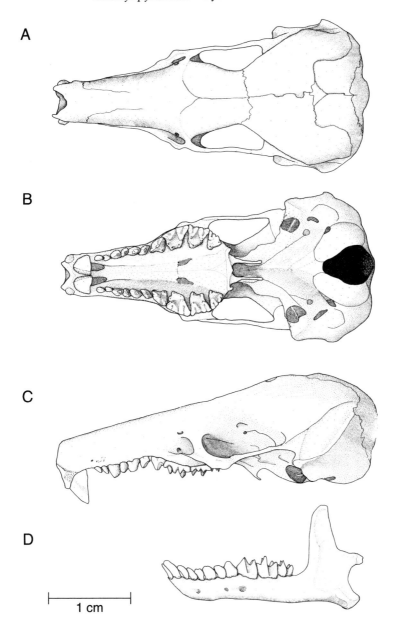

Abb. 33. Schädel von *Galemys pyrenaicus* ♂, Sierra de Cameros, Spanien, 23. 7. 1969, Coll. J. NIETHAMMER, Nr. 3771. **A** von dorsal, **B** von ventral, **C** von lateral, **D** linke Mandibel von buccal.

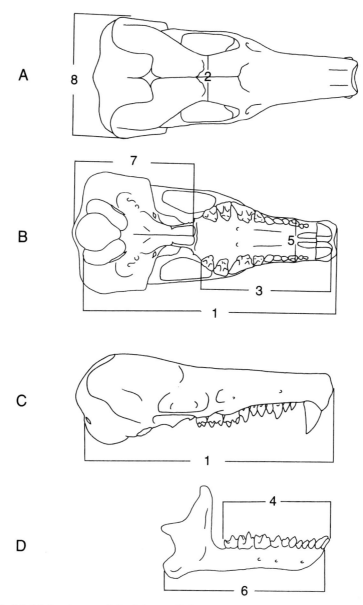

Abb. 34. Meßweise am Schädel von *Galemys pyrenaicus* **1** „Cbl", **2** Iob, **3** oZr, **4** uZr, **5** Rb, **6** Mand, **7** Skl, **8** Skb. Schädel **A** dorsal, **B** ventral, **C** lateral, **D** rechte Mandibel buccal.

Galemys pyrenaicus – Pyrenäen-Desman

Tabelle 15. Maße von *Galemys pyrenaicus* aus der Sierra de Cameros, Spanien, Coll. E.-A. Juckwer. Zur Meßweise der Schädelmaße s. Abb. 34.

Nr.	sex	Mon	Kr	Schw	Hf	Gew	Cbl	Iob	oZr I-M^3	uZr I-M$_3$	Rb	Mand	Skl	Skb
6	♂	6	107	118	34,0	51	34,1	6,5	16,8	14,9	4,3	21,6	16,8	15,5
7	♂	6	120	136	35,0	72	34,6	6,0	17,3	15,1	4,6	22,0	16,4	16,4
8	♀	6	106	131	33,0	71	35,1	6,3	17,3	15,2	4,7	22,0	17,6	16,2
11	♂	6	118	144	35,0	77	34,9	6,4	17,3	15,3	4,5	22,3	17,0	16,7
22	♀	10	110	132	34,0	72	35,1	6,0	17,0	15,2	4,7	22,3	16,8	16,5
29	♀	7	120	135	33,0	79	34,8	6,1	16,9	14,9	4,7	22,2	16,7	16,3
34	♀	7	115	130	32,5	76	34,1	6,2	16,9	15,0	4,5	21,6	17,1	16,3
35	♂	7	113	135	34,0	61	34,6	6,2	16,9	14,6	4,4	21,7	16,2	16,4
36	♀	7	108	132	34,0	67	35,3	6,5	17,2	15,0	4,6	22,7	17,9	17,8
39	♀	7	118	125	33,0	59	34,2	6,1	16,9	14,7	4,6	22,0	16,9	16,6
42	♂	8	118	133	34,0	79	35,5	6,0	17,3	14,9	4,5	22,2	17,5	16,9
45	♂	8	108	134	33,5	72	35,1	6,2	17,0	14,8	4,4	22,4	17,6	17,0
46	♀	8	116	129	34,0	76	34,6	6,5	17,2	15,0	4,4	22,0	17,3	16,9
48	♀	10	113	136	35,0	61	35,1	6,0	17,1	15,0	4,6	22,3	17,0	16,4
50	♂	10	110	145	35,0	63	35,3	6,0	17,2	15,2	4,7	21,8	17,3	16,4
52	♀	10	106	148	35,0	59	34,4	5,9	17,0	14,8	4,7	22,1	16,7	16,3
53	♀	10	118	130	33,0	56	34,2	6,2	16,8	14,7	4,7	22,2	17,1	16,8
56	♀	10	111	135	34,0	52	34,9	6,2	17,2	15,0	4,7	22,7	17,0	16,5
57	♂	10	117	137	35,5	62	35,8	6,3	17,3	15,2	4,6	22,7	17,1	16,8
60	♀	10	124	124	36,5	58	35,9	5,9	17,1	15,0	4,7	22,7	17,5	16,9

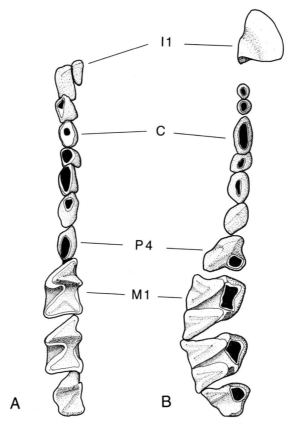

Abb. 35. Zähne von *Galemys pyrenaicus* von der Kaufläche. **A** untere linke, **B** obere rechte Reihe.

sind wie I^1 einwurzelig und einspitzig. Sie sind die kleinsten Zähne der oberen Reihe und durch eine Lücke von I^1 getrennt, in die die schräg gestellten I_1 und I_2 eingreifen.

Die C^1 sind im Vergleich zu *Talpa* reduziert, aber größer als die Nachbarzähne und zweiwurzelig. I_3, C_1 und P_1 sind die kleinsten Zähne im Unterkiefer. Sie, P_2 und P_3 sind einspitzig und einwurzelig. Im Oberkiefer ist dies P^1, wogegen die einspitzigen P^2 und P^3 je 2 Wurzeln haben. P^4 mit 3 Spitzen und 3 Wurzeln. An den oberen M ist die Aufteilung der Mesostylen in zwei getrennte Spitzen bezeichnend. Meta- und Protoconulus sind deutlicher als bei *Talpa*. M_{inf} ähnlich denen von *Talpa*.

Galemys pyrenaicus – Pyrenäen-Desman

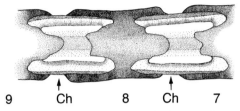

Abb. 36. Chevron-Knochen (Ch) unter den Schwanzwirbeln 7–9 von *Galemys pyrenaicus*, Coll. J. Niethammer 3941.

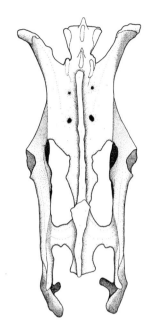

Abb. 37. Dorsalansicht des Beckens eines ♂ von *Galemys pyrenaicus*, Coll. J. Niethammer 3941.

Postcraniales Skelett: Wirbelzahlen 7/13/6/5(6)/27. Die Halswirbel sind abgeplattet, und der Hals ist dementsprechend kurz. Ventral sitzen an den Grenzen der Schwanzwirbel gewöhnlich H-förmige Hämapophysen (Chevron-Knochen) (Abb. 36).

Sternum mit schwach gekieltem Manubrium, das mit seitlichen Fortsätzen an das erste Rippenpaar grenzt, 3 Sternebrae und stark verknöchertem Processus xiphoideus. Claviculae länger und schlanker als bei *Talpa*. Scapula mit auffällig langem, gebogenem Acromion. Humerus (Abb. 39) im Gegensatz zu *Talpa* nicht verbreitert, aber wie beim Maulwurf an der Schulter mit Scapula und Clavicula je ein Gelenk bildend. Hände und Füße ohne Os falciforme. Becken mit langen, ventral verbundenen Pubis-Fortsätzen. Wie bei *Talpa* kann auch das Ischium mit dem Kreuzbein knöchern verbunden sein (Abb. 37). Femur kurz und kräftig, bei einem Exemplar 14, Tibia dagegen 29 mm lang. Füße mit kräftigen Fersenbeinen und langen Mittelfußknochen. Metatarsale IV 13 mm lang.

Verbreitung (Abb. 38). Nur in den Pyrenäen und der N-Hälfte der Iberischen Halbinsel. Auch in diesem Gebiet nicht kontinuierlich, sondern inselhaft. Größtes zusammenhängendes Vorkommen wohl in den französischen Pyrenäen. Dagegen auf der spanischen Seite bisher nur in Andorra, n Huesca und bei Burguete nachgewiesen und sicherlich wegen der stärker

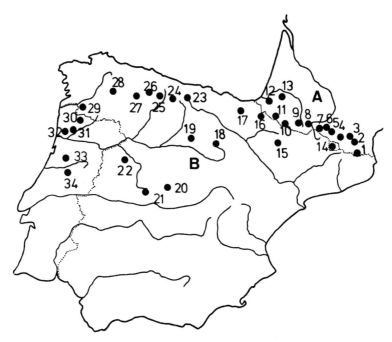

Abb. 38. Gesamtverbreitung von *Galemys pyrenaicus*. Einige sonstige Verbreitungspunkte, die das Gebiet aber nicht wesentlich erweitern, finden sich bei PALMEIRIM und HOFFMANN (1983).

wechselnden Wasserstände in den Bächen hier nur sporadisch. Die Verbreitungslücke zwischen den Pyrenäen und dem mittleren Kantabrischen Gebirge dürfte durch starke Industrialisierung und Gewässerverschmutzung am klimatisch günstigen Gebirgsabfall zur Biskaya erst in neuerer Zeit entstanden sein. Isoliert sind sicherlich auch die Populationen in Portugal und im Kastilischen Scheidegebirge.

Höhenverbreitung in den französischen Pyrenäen zwischen 400 und mindestens 2500 m. Die untere Grenze ist hier – offenbar infolge Aussterbens in Flußunterläufen, etwas angestiegen (RICHARD 1985b).

Fundpunkte: Frankreich: 1 Saint-Laurent-de-Cerdant, im Laurent (TRUTAT 1891); 2 Haute vallée de l'Agly, Boulzane und Nebenflüsse (PEYRE 1956), 3 Haute vallée de l'Aude, Aude und Nebenflüsse (PEYRE 1956), 4 Vallée de l'Ariège, Ariège (PUISSEGUR 1935), 5 Vallée du Vicdessos (Puissegur 1935), 6 Vallée du Salat, Salat und Nebenflüsse (Peyre 1956), 7 Vallée du Lez, Lez (Puissegur 1935), 8 Vallée de Haute-Garonne, Garonne und Pique (Puissegur 1935), 9 Vallée de l'Adour, Adour (Puissegur 1935), 10 Gabas, Gave d'Ossau (Richard und Viallard 1969), 11 Accous, Gave d'Aspe (Richard und Viallard 1969), 12 Peyrehorade, Gave de Pau (Richard und Viallard 1969), 13 Saint-Sever, Adour (Puissegur 1935); – Andorra: 14 Riu Valira d'Ordino (Juckwer unpubl.); – Spanien: 15 n Huesca (Cabrera 1914*); 16 Burguete, Rio Urobi (Niethammer 1970); 17 Lecaroz, Rio Baztan (Juckwer unpubl.); 18 Villoslada, Rio Major (Niethammer 1970); 19 Silos, Burgos (Miller 1912*); 20 Sierra de Guadarrama, Rio Balsain (Trutat 1891); 21 Sierra de Gredos (Niethammer 1970); 22 Rio Tormes (Trutat 1891); 23 Reinosa, Rio Hijar (Niethammer 1970); 24 Espinama (Niethammer 1970); 25 Riaño (Niethammer 1970); 26 Pajares, Léon (Miller 1912*); 27 Matarrosa del Sil, León (Garzon-Heydt et al. 1970*); 28 Sierra de Ancares, Lugo (Garzon-Heydt et al. 1971*); 29 Rio Mino (Puissegur 1935); – Portugal: 30 Provinz Braganza (Trutat 1891); 31 Cabeceiras de Basto, Nebenfluß des Rio Temega (Puissegur 1935); 32 Caldas de Vizela (Puissegur 1935); 33 Provinz Viseu (Trutat 1891); 34 Serra da Estrela (Engels 1972).

Terrae typicae:

A *pyrenaicus* (Geoffroy, 1811): Adour bei Tarbes, Hautes-Pyrénées, Frankreich
B *rufulus* (Graells, 1897): Rio Balsain, oberhalb Ventos de los Mosquitos, Sierra de Guadarrama, Spanien

Merkmalsvariation. Äußerlich ist die Unterscheidung der Geschlechter schwierig, da Clitoris und Penis ähnlich sind. Am Becken sind bei ad ♂ die Schambeine durch einen langen, dünnen, verknöcherten Bogen verbunden, bei ad ♀ nur durch ein Band (Peyre 1957b). In der Größe besteht kein signifikanter Unterschied zwischen ♂ und ♀ (Tab. 16).

Bei Jungtieren sind die Schambeine noch knorpelig verbunden (Peyre 1957b). Die Vagina ist bei den ♀ bis zum Eintritt der Geschlechtsreife

Tabelle 16. Gew und Cbl von *Galemys pyrenaicus*-♂ und -♀ aus der Sierra de Cameros, Spanien, aus Tab. 15 und Niethammer (1970).

	n	Gew (g) Min – Max	$\bar{x}$	n	Cbl (mm) Min – Max	$\bar{x}$
♂	11	51–79	65	10	34,1–35,9	35,1
♀	12	52–79	66	12	34,0–35,3	34,6

durch ein Hymen verschlossen. Das Fell der Jungtiere ist zunächst dunkler als das der Erwachsenen. Da auch Erwachsene nach dem Haarwechsel im frischen Haar dunkler wirken, besteht dann der Farbunterschied nicht mehr. Die kleinen, einspitzigen Zähne nutzen sich am schnellsten mit zunehmendem Alter ab. Daher hat RICHARD (1976) die Summe der Höhen von C–P^3 und I_3–P_3 in Verbindung mit der zunehmenden Freilegung der Wurzeln zur Altersschätzung benutzt.

Geographische Variation und Unterarten: Nach MILLER (1912*) und CABRERA (1914*) ist *rufulus* aus der Sierra de Guadarrama größer und heller gefärbt als *pyrenaicus* aus den französischen Pyrenäen. NIETHAMMER (1970) kann die Farbunterschiede nicht bestätigen, findet aber ebenfalls einen Größenunterschied zwischen Desmanen aus den Pyrenäen und anderen Vorkommen (Tab. 17). Nach RICHARD und VIALLARD (1969) wiegen Desmane aus den Pyrenäen im Mittel 50 g, wogegen außerhalb der Pyrenäen die mittleren Gew bei 70 g liegen.

Tabelle 17. Gew und Cbl von *Galemys pyrenaicus* verschiedener Herkunft, aus Tab. 15 und NIETHAMMER (1970) zusammengestellt.
*Meßweise der Cbl in der Sierra de Cameros wie in Abb. 34 angegeben, sonst wie üblich bis zum vorderen Alveolenrand der I^1, also kürzer.

Herkunft	Gew (g)			Cbl (mm)		
	n	Min – Max	x̄	n	Min – Max	x̄
Burguete, spanische Pyrenäen	2	52–56	54	6	32,4–33,2	32,8*
Sierra de Cameros	23	51–79	65	22	34,0–35,9	34,8
Sierra de Gredos	8	61–79	68	8	32,8–34,0	33,6*
Kantabrien	6	72–80	75	5	33,3–34,3	33,6*

Paläontologie. Nach der Vorstellung von HUTCHISON (1974*) haben sich Talpinae und Desmaninae bereits im Eozän getrennt. Über die oligozäne Gattung *Mygatalpa* und die miozäne *Mygalea* führte die Evolution zum gemeinsamen Vorfahr von *Desmana* und *Galemys* im oberen Miozän. Allerdings fehlen einwandfrei identifizierte fossile *Galemys*-Belege. Dagegen sind etwa 8 fossile *Desmana*-Arten beschrieben (ENGESSER 1980*). Von ihnen sind am häufigsten Einzelzähne, seltener Mandibeln oder Humeri bekannt.

Für Europa sind zu nennen: *Desmana nehringi* Kormos, 1913. Mittleres Pliozän bis Frühpleistozän, Ungarn, Deutschland, Polen. Groß, z. B. LM^1 3,8–4,2, LM_1 2,8–3,3. 2 Foramina mentalia. *Desmana kormosi* Schreuder, 1940. Oberpliozän bis Frühpleistozän. Ungarn, Deutschland, Polen. Kleiner als *nehringi*, z. B. LM^1 3,0–3,5, LM_1 2,5–3,0. 4 Foramina mentalia. Ein kleinerer unbenannter Desman (LM_1 2,9) wurde aus dem Günz-Glazial in Polen beschrieben (RZEBIK-KOWALSKA 1971*). Günzzeitlich ist auch *Desmana thermalis* Kormos, 1930. Günz, Ungarn bis S-England. Etwas kleiner als *D. moschata* (JÁNOSSY 1969*). 2 Foramina mentalia.

Als *D. moschata*, also der rezent in S-Rußland lebenden Art zugehörig, werden Funde seit dem Mindel-Glazial in Ungarn, Deutschland und S-England angesehen, die in Deutschland bis ins Postglazial reichen (SCHREUDER 1940, KURTÉN 1968*).

Ökologie. Habitat: Ränder von Fließgewässern in Höhen zwischen 65 m (St. Sever) und 1800 m (Sierra de Gredos). Hauptsächlich Forellenregion der Gebirgsbäche. Klare, nie austrocknende, schnellfließende, sauerstoffreiche Bäche, die reichlich Larven von Wasserinsekten enthalten. Bewachsene Ufer, die dem Desman Unterschlupf gewähren, sind wichtig. Als Lebensräume werden weiter beschrieben: überschwemmte Wiesen, schmale, seichte Bäche (TRUTAT 1891), Mühlgräben (PEYRE 1956), bis zu 15 m breite Flüsse (PUISSEGUR 1935), Beginn eines unterirdischen Flußabschnitts (DEBRU 1967).

Nahrung: Vor allem Gammariden und Larven von Trichopteren, Plecopteren, Ephemeriden und Gyriniden, wie Magenanalysen gezeigt haben (PUISSEGUR 1935, PEYRE 1956, NIETHAMMER 1970, RICHARD 1985a). Darüber hinaus gehören Fische, vor allem Forellen, zur natürlichen Nahrung von *Galemys* (JUCKWER 1977). Der tägliche Futterbedarf in Gefangenschaft betrug bei Angebot von neugeborenen Mäusen nur ⅓ des Gew (NIETHAMMER 1970). Die Beutetiere werden wahrscheinlich mit dem Ohr oder dem Tastsinn wahrgenommen, sicherlich nicht optisch (RICHARD 1981). Eine Beteiligung des Jacobsonschen Organs beim Auffinden von Beute hält RICHARD (1985a) für möglich.

Fortpflanzung: Spermiogenese November bis Mai, gravide ♀ Februar bis Juni. Embryonenzahl 1–5, am häufigsten 4 (PEYRE 1956). Bei 53 ♀ war die mittlere Embryonenzahl 3,6. Der Fang von gleichzeitig trächtigen und laktierenden ♀ spricht für mehr als einen Wurf pro Jahr. Nach der Verteilung der graviden ♀ sind maximal 3 Würfe jährlich vorstellbar. Diesjährige Jungtiere wurden frühestens im März gefangen (PEYRE 1961, nach PALMEIRIM und HOFFMANN 1983).

Populationsdynamik: Geschlechterverhältnis wahrscheinlich ausgeglichen. Von 56 in der Sierra de Cameros gefangenen Exemplaren waren 44,6 % ♀. Höchstalter etwa 4 Jahre. Ein markierter Desman wurde mindestens 2,5 Jahre alt, und nach der Abnutzung der Zähne lassen sich zur

Fortpflanzungszeit 4 Jahrgänge unterscheiden (RICHARD 1976). Die 87 von RICHARD untersuchten Exemplare verteilen sich wie folgt: im Jahr der Geburt 29, im 2. Kalenderjahr 37, im 3. Jahr 17, im 4. Jahr 4.

Jugendentwicklung. Bisher völlig unbekannt.

Verhalten. Aktivität: Pyrenäen-Desmane sind im Sommer und Winter aktiv. Sie sind nur ganz selten am Tage beobachtet oder gefangen worden. In Gefangenschaft wurden Aktivitätsschübe registriert, die durch im Mittel 6½ Stunden lange Ruhezeiten getrennt waren. Über 10 Tage summiert ergab sich ein dreigliedriges Muster: Das Hauptmaximum lag nach Sonnenuntergang, ein zweites vor Sonnenaufgang und ein drittes am Vormittag. Wasser suchte der Desman in 72% der Fälle in der Dunkelphase auf. Dagegen fand STONE (1985) bei mit Sendern ausgestatteten freilebenden Desmanen in den französischen Pyrenäen eine Hauptaktivitätszeit zwischen 22 und 6 Uhr und eine weitere zwischen 15 und 18 Uhr.

Aktionsraum: In der Sierra de Cameros war der für ein später gefangenes ♀ verfügbare Abschnitt des 4 m breiten Baches durch natürliche Hindernisse (Felsen, Wasserfälle) auf 180 m begrenzt. Nach den Fängen zu urteilen hatten ♂ und ♀ in der Sierra de Cameros gemeinsame Reviere, in denen sie auch die Jungen duldeten. Ein markiertes und wieder ausgesetztes ♂, dessen ♀ in Gefangenschaft gestorben war, wurde 14 Tage später 1,5 km bachaufwärts gefangen. Nach STONE (1985) besetzen in den französischen Pyrenäen Desmane paarweise gemeinsam jeweils einen Bachabschnitt. Die mittlere Länge des Aktionsraums ist bei den ♂ mit rund 400 m größer als bei den ♀ (300 m).

In Gefangenschaft waren Desmane nicht sehr aggressiv. Gewöhnlich verteidigten sie nur ihr Schlafnest heftig. Zu Beschädigungskämpfen kam es auch, wenn adulte Tiere aus verschiedenen Revieren auf engem Raum zusammen gehalten wurden.

Signale: Nur wenige Lautäußerungen wurden registriert: ein stark geräuschhafter, im Durchschnitt 1,5 sec langer Abwehrschrei, bei Erregung eine kurze Folge von etwa 3 Lauten/sec von 0,04–0,1 sec langen Lauten im Frequenzbereich von 1500–3000 Hz. Die Bedeutung eines an Spitzmäuse erinnernden Zwitscherns ist nicht geklärt. Es wurde bisher nur bei isoliert gehaltenen Einzeltieren wahrgenommen.

Das Sekret der Unterschwanzdrüse dient zur Reviermarkierung. Die Schwanzwurzel, die bei der Defäkation nicht mit Exkrementen in Berührung kommt, wird beim Markieren niedergedrückt und über den aus dem Wasser ragenden Kotstein geschleift.

B a u e : Es ist nicht geklärt, ob die weitverzweigten Gangsysteme an den
Ufern von Desman-Bächen von Desmanen angelegt, von ihnen nur mitbenutzt
werden oder für sie ohne Bedeutung sind. In Gefangenschaft gruben
Desmane mehrere Meter lange Gänge, die sie an verschiedenen Stellen zu
Nesthöhlen erweiterten. Nestmaterial, hauptsächlich trockenes Laub, trugen
sie durch einen unter Wasser mündenden Gang ein. Der Ausgang
wurde bei sinkendem Wasserstand von innen verschlossen. Das Schlafnest
wurde von Zeit zu Zeit gewechselt.

Literatur

ARGAUD, R.: Signification anatomique de la trompe du desman des Pyrénées.
Mammalia **8,** 1944, 1–6.
BARABASCH-NIKIFOROW, I. I.: Die Desmane, Neue Brehm-Bücherei **474.** Wittenberg 1975.
– BUISSERET, O.; LEROY, Y.; RICHARD, P. B.: L'équipement sensoriel de la trompe
du desman des Pyrénées (*Galemys pyrenaicus,* Insectivora, Talpidae). Mammalia **37,** 1973, 17–24.
BAUCHOT, R.; STEPHAN, H.: Étude des modifications encéphaliques observées chez
les insectivores adaptés à la recherche de nourriture en milieu aquatique. Mammalia **32,** 1968, 228–227.
BUISSERET, C.; BAUCHOT, R.; ALLIZARD, F.: L'équipement sensoriel de la trompe
du desman des Pyrénées, *Galemys pyrenaicus,* insectivores Talpidae. Étude en
microscopie électronique. J. Microsc. Biol. Cell. **25,** 1976, 259–264.
DUBOST, G.: Die Umwandlung von Hinterfußkrallen zu Putzorganen bei Säugetieren. Z. Säugetierk. **35,** 1970, 56–60.
ENGELS, H.: Kleinsäuger aus Portugal. Bonn. zool. Beitr. **23,** 1972, 79–86.
JUCKWER, E.-A.: *Galemys pyrenaicus* (Talpidae) – Beuteerwerb im Wasser. Publ.
wiss. Film Sekt. Bio. (Ser. 10) **45/E 2060,** 1977, 1–13.
NIETHAMMER, G.: Beobachtungen am Pyrenäen-Desman, *Galemys pyrenaica.*
Bonn. zool. Beitr. **21,** 1970, 157–182.
PALMEIRIM, J. M.; HOFFMANN, R. S.: *Galemys pyrenaicus.* Mammalian Species **207,**
1983, 1–5.
PEYRE, A.: Sécrétion épididymaire et persistence de spermatozoides vivants dans
les voies efférentes mâles du desman des Pyrénées (*Galemys pyrenaicus* G.) au
cours du cycle sexuel. C. R. Seances Soc. Biol. Paris **148,** 1954, 1873–1875.
– Intersexualité du tractus génital femelle du desman des Pyrénées (*Galemys pyrenaicus* G.). Bull. Soc. zool. France **40,** 1955, 132–138.
– Écologie et biogéographie du desman (*Galemys pyrenaicus* G.) dans les Pyrénées françaises. Mammalia **20,** 1950, 405–418.
– La formule chromosomique du desman des Pyrénées, *Galemys pyrenaicus* G.
Bull. Soc. zool. France **82,** 1957a, 434–437.
– Dimorphisme sexuel de la ceinture pelvienne d'un mammifère insectivore, *Galemys pyrenaicus* G. C. R. Hebd. Sceances Acad. Sci. **244,** 1957b, 118–120.
PUISSEGUR, C.: Recherches sur le desman des Pyrénées. Bull. Soc. Hist. Nat. Toulouse **67,** 1935, 163–227.
RICHARD, P. B.: Le desman des Pyrénées. Mode de vie. Univers sensoriel. Mammalia **37,** 1973, 1–16.

- Détermination de l'âge et de la longévité chez le desman des Pyrénées (*Galemys pyrenaicus*). Terre Vie **30**, 1976, 181-192.
- The sensorial world of the Pyrenean desman, *Galemys pyrenaicus*. Acta Zool. Fennica **173**, 1985a, 255-258.
- Preadaptation of a Talpidae, the desman of the Pyrenees *Galemys pyrenaicus*, G. 1811, to semi-aquatic life. Z. Angew. Zool. **72**, 1985b, 11-23.
- Micheau, C.: Le carrefour trachéen dans l'adaptation du desman des Pyrénées (*Galemys pyrenaicus*) à la vie dulcaquicole. Mammalia **39**, 1975, 467-477.
- Valette Viallard, A.: Le desman des Pyrénées (*Galemys pyrenaicus*): premières notes sur sa biologie. Terre Vie **23**, 1969, 225-245.

Schreuder, A.: A revision of the fossil watermoles (Desmaninae). Arch. Néerl. Zool. **4**, 1940, 201-333.

Sokolov, Y. E.: Besonderheiten der Struktur der Behaarung von amphibischen Säugetieren. Pervoe vsesojuzn. sovešč. po mlekopitajuščim. Moskau 1964.

Stone, D. R.: Home range movements of the Pyrenean desman (*Galemys pyrenaicus*) (Insectivora: Talpidae). Z. Angew. Zool. **72**, 1985, 25-36.

Trutat, E.: Essai sur l'histoire naturelle du desman des Pyrénées. Deladoure – Privat, Toulouse 1891.

Gattung *Talpa* Linnaeus, 1758

Diagnose. Körper stark an handwühlende Lebensweise angepaßt. Gegenüber den Desmaninae durch verbreiterte Vorderextremitäten, Fehlen von Schwimmhäuten, kurzen, weniger als ⅓ der Kr langen Schwanz, vorn nicht verbreiterte Schnauze, kurzes Rostrum und niedrigen Processus coronoideus am Unterkiefer ausgezeichnet. Die Zahnformel $\frac{3\;1\;4\;3}{3\;1\;4\;3}$ ist zwar die gleiche wie bei *Galemys*, unterscheidet *Talpa* aber von anderen Gattungen der Talpidae. Im Gegensatz zu *Galemys* und anderen Gattungen sind nicht Incisiven, sondern im Oberschädel die C, im Unterkiefer die P_1 im Vordergebiß vergrößert. In Anpassung an das Graben sind vor allem Schultergür-

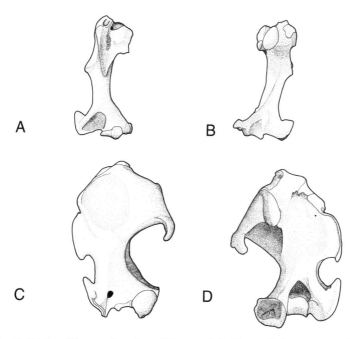

Abb. 39. Linker Oberarmknochen (Humerus) **A, B** von *Galemys pyrenaicus*, **C, D** von *Talpa europaea*, Coll. J. NIETHAMMER. **A, C** von lateral, **B, D** von medial.

tel und Vorderextremitäten abgewandelt. So ist der Oberarmknochen verbreitert und überaus stabil (Abb. 39). Die Hände sind an den Innenseiten durch sichelförmige Sesambeine verstärkt, die sich abgeschwächt auch an den Hinterfüßen finden (Abb. 53).

Verbreitung. Nur Paläarktis, hier von England und Portugal im W bis Sibirien, Thailand und Vietnam im E, wenn die Gattung wie hier angegeben begrenzt wird.

Abgrenzung der Gattung. CAPOLONGO und SPITZENBERGER (in HONACKI et al. 1982*) schränken die Gattung *Talpa* stärker ein, als das noch CORBET (1978*) tut: Sie vereinigen die Arten *latouchei* (China), *wogura* und *robusta* (e Asien und Japan) in der Gattung *Mogera*, stellen *moschata* (China) in die Gattung *Scaptochirus* und *leucura* (S-Asien) in die Gattung *Parascaptor*. Bei *Talpa* verbleiben die 10 Arten *altaica, caucasica, caeca, europaea, grandis, klossi, longirostris, micrura, mizura, parvidens, romana* und *streeti*. Wir schließen auch *mizura* aus, die nach ABE (1967*) zwar die Zahnformel von *Talpa* besitzt, aber im Bau von Glans penis, Rhinarium, Gehörknöchelchen und Becken an *Mogera* anschließt. *T. minima* Deparma, 1960 aus dem Kaukasus unterscheidet sich in der Gestalt von 2 Autosomenpaaren, dem Fehlen des kleinsten Autosomenpaares und im Y-Chromosom. Sie läßt sich eher im Karyotyp *T. caucasica* anschließen (KRATOCHVÍL und KRÁL 1972). Daher wird *T. minima* hier als eigene Art gewertet. FILIPPUCCI et al. (1987) haben schließlich gezeigt, daß die früher zu *T. caeca* gestellten iberischen Maulwürfe eine gesonderte Art, *T. occidentalis*, darstellen und daß die ehedem als *T. romana* betrachteten Populationen der Balkanhalbinsel ebenfalls eine eigene Spezies, *T. stankovici*, bilden. *Talpa* läßt sich von den Gattungen *Mogera, Parascaptor* und *Scaptochirus* nach deren Zahnformeln unterscheiden:

$Mogera \ \frac{3143}{2143}, Parascaptor \ \frac{3133}{3143}, Scaptochirus \ \frac{3133}{3133}$.

Bei *Mogera* ist der I_3, bei *Parascaptor* der P^2 und bei *Scaptochirus* sind P^2 und P_2 ausgefallen. Allerdings ist der diagnostische Wert der Zahnformeln wegen der beträchtlichen innerartlichen Variabilität gemindert (STEIN 1960, ZIEGLER 1971). Zumindest bei *Mogera* kommen jedoch weitere Merkmale hinzu wie die kaudale Knochenbrücke zwischen Ischium und Sacrum (mogeroides Becken, GRULICH 1971).

Paläontologie. Nach HUTCHISON (1974*) kann *Talpa minuta* Blainville, 1840 als ursprünglichste und älteste Art der Gattung *Talpa* oder auch der Talpini (unter Einschluß von *Mogera* und *Scaptochirus*) gelten. Die Art, deren Zugehörigkeit zu *Talpa* teilweise angezweifelt wird, ist aus dem Helvetium, Sansan im Miozän nach einem etwa 9,4 mm langen Humerus beschrieben worden. Seither ist *Talpa* in Europa nahezu durchgehend bis heute fossil belegt.

Die europäischen Arten. Von den 12 aufgezählten Arten leben 5 in unserem Gebiet: *Talpa caeca, T. europaea, T. occidentalis, T. romana* und *T. stankovici*. Zur Artunterscheidung dienen vor allem der Karyotyp, die Augenlider, die Körpergröße (Cbl), die relative Breite des Rostrums, die Größe der Molaren und die Gestalt des Beckens.

Der Karyotyp ist in Europa ziemlich einheitlich: *T. caeca* hat 36, die übrigen Arten haben 34 Chromosomen. Bei letzteren bestehen kleine Unterschiede im Anteil telo- bzw. metazentrischer Autosomen.

Das Auge ist bei *T. europaea* offen, bei den übrigen Arten unter der Haut verborgen. Die Verläßlichkeit dieses Merkmals wurde in älteren Arbeiten bestritten (STEIN 1960), neuerdings aber von PETROV (1974) vor allem für *T. stankovici* erneut als zuverlässig hervorgehoben.

In der Körpergröße unterscheiden sich *T. caeca* und *T. occidentalis* von den drei übrigen Arten durch geringere Maße. Allerdings gibt es Überschneidungen zwischen diesen beiden Gruppen, die dazu geführt haben, daß kleinwüchsige *T. europaea* aus N-Jugoslawien, aus den Karpaten und den österreichischen Alpen für *T. caeca* gehalten wurden.

Das Rostrum ist bei *T. romana* und *T. stankovici* deutlich breiter als bei den drei übrigen Arten (Abstand der Außenränder der M^2). Aber auch hier gibt es Überschneidungen.

Die Molaren sind bei *europaea* im Verhältnis kleiner als bei den übrigen Arten (Abb. 40). Das läßt sich ebenso für die Länge und Breite einzelner Zähne wie für die Länge der gesamten Molarenreihe zeigen.

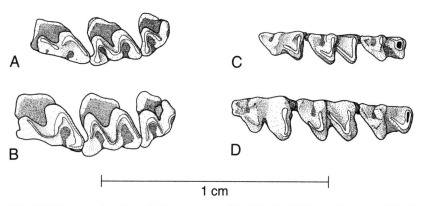

Abb. 40. Molaren **A, C** von *Talpa europaea* (Coll. J. N. 6193, ♀, Rheinland), **B, D** von *T. romana* (Coll. J. N. 1434, ♂, Monte Gargano, Italien). **A, B** Oberkiefer-, **C, D** Unterkieferzähne.

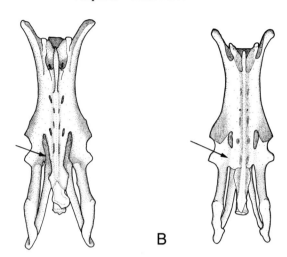

Abb. 41. Becken von dorsal **A** von *Talpa stankovici* (Coll. J. NIETHAMMER Nr. 5911, Korfu), **B** von *T. europaea* (Coll. J. N. Nr. 2972 ♂, Steiermark). Pfeil weist auf Unterschied zwischen caecoidem (**A**) und europaeoidem (**B**) Becken. In **B** sind Ischium und Sacrum verwachsen, in **A** nicht.

T. caeca und *T. romana* haben überwiegend caecoide, die drei anderen Arten vorwiegend europaeoide Becken (Abb. 41). Die meisten dieser Merkmale sind noch nicht in allen Teilen der Verbreitungsgebiete oder bei allen Arten ausreichend geprüft. Außerdem überschneiden sie sich in ihrer Ausprägung zwischen verschiedenen Arten. Daher kann die Artengliederung noch nicht als abschließend geklärt gelten.

Abb. 42 zeigt ein Dendrogramm nach proteinelektrophoretischen Daten, die Abb. 43 mutmaßliche Beziehungen zwischen einigen fossilen und rezenten Arten.

Schlüssel zu den Arten

Die folgenden Bestimmungsschlüssel führen nur teilweise zum Ziel. Sie können nur als grobe Orientierungshilfe dienen. Hilfreich ist außerdem die Kenntnis der Verbreitung. Meist kommt an einem Ort nur eine einzige Art vor.

a) Nach äußeren Merkmalen

1 Augen frei. Gew erwachsener ♂ über 45, erwachsener ♀ über 40 g
 . . . . *T. europaea* S. 99
– Augen unter der Haut verborgen 2
2 Klein, Gew der ♂ unter 65, der ♀ unter 55 g 3
– Größer, Gew erwachsener ♂ über 60, erwachsener ♀ über 55 g . . 4

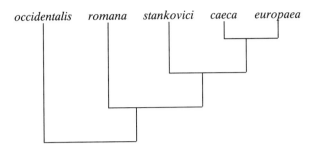

Abb. 42. Dendrogramm für die europäischen *Talpa*-Arten, ermittelt über eine UPGMA-Cluster-Analyse aus Nei-Distanzen, berechnet für die Allele von 38 Enzym-Loci (nach FILIPPUCCI et al. 1987).

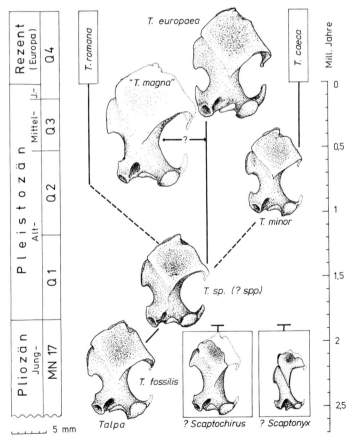

Abb. 43. Stammbaumschema für fossile und rezente Maulwürfe (*Talpa*) von I. HoRÁČEK (Original). Abgebildet sind die Humeri, die fossil am häufigsten überliefert sind. MN (Mammalian niveaus) und Q nach MEIN (1975).

3 Iberische Halbinsel . . . . *T. occidentalis* S. 157
- S-Alpen, Italien, Balkan-Halbinsel . . . . *T. caeca* S. 145
4 Italien . . . . *T. romana* S. 134
- Balkan-Halbinsel . . . . *T. stankovici* S. 141

b) Nach dem Schädel

1 Klein. Cbl der ♂ unter 33, der ♀ unter 32 . . . *T. caeca, occidentalis* S. 145
   S. 157
- Größer. Cbl der ♂ über 31, der ♀ über 30 2
2 Rostrum breit, Rbr meist über 28% der Cbl . *T. romana, T. stankovici* S. 134
   S. 141
- Rostrum schmäler, meist unter 28% der Cbl . . . . . *T. europaea* S. 99

c) Nach den Zähnen

1 Länge M^1–M^3 über 6,5 mm und über 19% der Cbl . . . .
. . . . *T. romana, T. stankovici* S. 134
   S. 141
- Länge M^1–M^3 unter 6,5 mm oder unter 19% der Cbl 2
2 M^1–M^3 unter 19% der Cbl . . . . *T. europaea* S. 000
- M^1–M^3 unter 6,5 mm und über 18% der Cbl . *T. caeca, T. occidentalis* S. 000

Literatur

FILIPPUCCI, M. G.; NASCETTI, G.; CAPANNA, E.; BULLINI, L.: Allozyme variation and systematics of European moles of the genus *Talpa* (Mammalia, Insectivora). J. Mammal. **68,** 1987, 487–499.
GRULICH, I.: Zum Bau des Beckens (pelvis), eines systematisch-taxonomischen Merkmales bei der Unterfamilie Talpinae. Zool. Listy **20,** 1971, 15–28.
KRATOCHVÍL, J.; KRÁL, B.: Karyotypes and phylogenetic relationships of certain species of the genus *Talpa* (Talpidae, Insectivora). Zool. Listy **21,** 1972, 199–208.
PETROV, B.: Einige Fragen der Taxonomie und die Verbreitung der Vertreter der Gattung *Talpa* (Insectivora, Mammalia) in Jugoslawien. Sympos. theriol. II Brno 1971, Praha 1974, 117–124.
STEIN, G. H. W.: Schädelallometrien und Systematik bei altweltlichen Maulwürfen (*Talpa*). Mitt. Zool. Mus. Berlin **36,** 1960, 1–48.
ZIEGLER, A. C.: Dental homologies and possible relationships of recent Talpidae. J. Mammal. **52,** 1971, 50–68.

Talpa europaea Linnaeus, 1758 – Maulwurf

E: Mole; F: La taupe (commune)

JOCHEN NIETHAMMER

Diagnose. Im Gegensatz zu *Talpa romana* und *T. caeca* Augen frei, nicht von Haut überwachsen. Größer als *T. caeca*, Cbl nur im Hochgebirge unter 32 und auch hier kaum je unter 30. Rostrum schmäler als bei *T. romana*, meist unter 28% der Cbl. Molaren relativ kleiner als bei den beiden anderen Arten, so Länge M^1–M^3 gewöhnlich unter 19% der Cbl.

Chromosomen: $2n = 34$. Nur das sehr kleine Y-Chromosom ist akrozentrisch. Alle Autosomen sind meta- oder submetazentrisch, und das X-Chromosom ist ebenfalls metazentrisch. Demnach NF = 68. Untersucht für Jugoslawien (TODOROVIĆ et al. 1972*), die ČSSR, die UdSSR bei Moskau, die Bundesrepublik Deutschland bei Bonn und Nyon in der Schweiz (KRATOCHVÍL und KRÁL 1972; ZIMA 1983).

Zur Taxonomie. *Talpa romana* wurde zeitweise, so von STEIN (1963a) als Unterart von *T. europaea* betrachtet. Die Kombination mehrerer Merkmale – Augentyp, Beckenform und Rostrum – spricht aber für ihre Eigenständigkeit. Ebenso wurden *T. altaica* und *T. caucasica* bisweilen zu *europaea* gerechnet, mit der sie in der Größe und relativen Breite des Rostrums übereinstimmen. Sie unterscheiden sich aber im Karyotyp. *T. altaica* hat wie *europaea* zwar auch 34 Chromosomen, doch sind 2 Autosomenpaare abweichend gestaltet. Außerdem ist das Becken meist caecoid, und die Zähne sind viel zierlicher. Dagegen hat *T. caucasica* 38 Chromosomen, von denen 5 Autosomenpaare telozentrisch sind. Außerdem ist ihr Y-Chromosom mittelgroß und metazentrisch (KRATOCHVÍL und KRÁL 1972).

Beschreibung. Maße in Mitteleuropa unterhalb 300 m in Frankreich Kr 113–158, Schw 19–45, Hf 15–23, Gew 47–102 (n = 86–169; SAINT GIRONS 1973*); in England Kr 113–159, Schw 25–40, Gew 72–128 (Suffolk, n = 99; GODFREY und CROWCROFT 1960). Im Gebirge erheblich kleiner, lokal in der Ebene auch etwas größer werdend. Körper walzenförmig mit schwarzem, samtigem Fell, kurzem Schwanz und breiten, schaufelförmigen Vorderfüßen. Die Hände sind im Umriß rundlich, die kurzen Finger

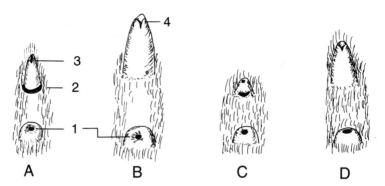

Abb. 44. Genitalregion bei *Talpa europaea*. Ventralansicht. **A** ♀ ad, Mai, Rheinland, **B** ♂ ad, Mai, Rheinland, **C** ♀ juv, Ende August, Dänemark, **D** ♂ juv, Ende August, Dänemark. 1 Analöffnung auf Analpapille, 2 Vaginalöffnung an der hinteren Basis der Clitoris, 3 Öffnung der Urethra an Spitze der Clitoris, 4 Urogenitalöffnung an der Spitze des Penis.

tragen kräftige, stumpfe Krallen (Abb. 28). Die Handflächen sind seitwärts gerichtet. Die Arme sind so kurz, daß die Hände am Rumpf zu entspringen scheinen. Schwanz an der Basis eingeschnürt. Fell auf dem Rücken schwarz, auf dem Bauch dunkelgrau, hier bisweilen von Drüsensekreten bräunlich verfärbt. Nur Hände, Hinterfußsohlen und Nase unbehaart, ihre Haut weißlich. Das Fell besteht fast ausschließlich aus Wollhaaren, die 5–7 Knickstellen (dünne, markfreie Abschnitte) und apikal ein mehrreihiges Mark besitzen. Dagegen bei Soriciden nur 2–5 Knicke und Mark apikal einreihig (KELLER 1970*). Vibrissen kurz, höchstens etwa 1 cm lang, und auf die Schnauze beschränkt. Äußere Ohrmuscheln fehlen. Gehörgang im Durchmesser etwa 2 mm. Auge knapp 1 mm im Durchmesser und meist erst auffindbar, wenn man die Haare darüber auseinanderlegt. In einem Fall 15 mm vom Ohr und 23 mm von der Nasenspitze entfernt gelegen. Der Bau der Augen ist ziemlich normal, doch sind die Linsen zwar durchsichtig, aber zellig. Jeder Sehnerv enthält nur etwa 200 Fasern (QUILLIAM 1966). Auch die Sehzentren im Gehirn sind reduziert. Helldunkelsehen ist möglich (LUND und LUND 1966) und durch Dressur nachgewiesen (JOHANNESSON-GROSS 1984). Die Nase endet mit einer nackten Rüsselscheibe, in deren Mitte die Nasenöffnungen liegen. Die Haut ist hier in regelmäßig sechseckige Felder von ca. 0,08 mm Durchmesser aufgegliedert. Sie enthält als spezialisierte Tastkörperchen die Eimerschen Organe. Hände und Füße mit je 5 Strahlen, von denen auch der 1. verhältnismäßig lang und kräftig ist. Zur Verbreiterung der Hand trägt das innengelegene, sichelförmige Sesambein (Sichelbein, Os falciforme) bei sowie ein randlicher Borstensaum. Am Fuß ragt das Ende des Sichelbeins vor

Talpa europaea – Maulwurf

Tabelle 18. Maße von *Talpa europaea* aus dem Rheinland. N = Coll. J. Niethammer, K = Coll. Museum A. Koenig, Bonn. AG: Kalenderjahr; O = Jahr der Geburt.

Nr.	Herkunft	sex	Mon	Kr	Schw	Hf	Gew	Cbl	Rbr	Skb	Pall	C–M^3	M^1–M^3	Mand	P$_1$–M$_3$	M$_1$–M$_3$	AG
N 1963	Brünen bei Wesel/Niederrhein	♂	7	146	34	–	101	34,2	8,9	16,8	14,9	12,9	6,1	23,0	11,5	6,7	1
N 1964	Brünen bei Wesel/Niederrhein	♀	7	137	28	19	95	36,1	9,0	17,4	15,4	13,5	6,1	22,4	11,3	6,1	1
N 1965	Brünen bei Wesel/Niederrhein	♂	8	136	27	19	89	36,1	8,7	17,0	15,2	13,3	6,5	23,8	11,9	6,9	0
N 1966	Brünen bei Wesel/Niederrhein	♂	8	144	34	20	108	34,1	8,7	16,7	14,6	12,8	6,0	23,8	12,0	6,7	1
N 1967	Brünen bei Wesel/Niederrhein	♂	8	100	27	18	37	32,6	8,2	15,7	13,8	11,7	5,8	21,3	11,1	6,3	0
N 1968	Brünen bei Wesel/Niederrhein	♀	8	117	32	18	36	32,1	8,0	15,3	13,6	12,0	5,8	21,5	10,9	6,5	0
N 1969	Brünen bei Wesel/Niederrhein	?	8	146	28	20	105	35,7	8,9	16,8	13,6	13,5	6,3	23,4	12,1	6,7	1
N 1970	Brünen bei Wesel/Niederrhein	♂	8	138	28	19	91	34,8	8,3	16,4	15,2	12,6	6,1	22,4	11,7	6,7	1
N 1971	Brünen bei Wesel/Niederrhein	♂	8	140	27	18,5	75	33,4	8,6	16,4	14,1	12,9	6,1	22,5	11,4	6,7	0
N 1972	Brünen bei Wesel/Niederrhein	♀	8	136	28	18	95	34,0	8,7	16,9	14,3	12,9	6,2	22,2	11,4	6,8	1
N 1973	Brünen bei Wesel/Niederrhein	♂	8	147	33	20	96	–	8,9	–	15,2	13,4	6,3	23,8	11,9	6,7	0
N 1974	Brünen bei Wesel/Niederrhein	♂	8	136	29	19	69	35,0	8,6	16,3	14,6	12,9	6,1	21,9	11,5	6,7	0
N 2127	Brünen bei Wesel/Niederrhein	♂	8	146	31	20	95	35,1	8,8	16,2	14,1	13,0	6,1	22,8	11,6	6,8	0
N 1155	Bonn	♂	6	123	25	18,5	45	33,0	8,0	15,2	13,6	12,7	6,1	–	10,9	6,6	0
N 4299	Bonn	♂	11	143	44	20	90	36,7	9,2	17,2	14,9	13,1	6,4	23,4	11,9	6,9	0
K 56.1	Ersdorf bei Bonn	♂	7	133	42	18,5	79	34,2	8,8	16,5	14,0	12,7	6,1	21,8	11,4	6,2	2
K 67.128	Niederholtdorf bei Bonn	♂	8	124	30	21	54	34,2	8,3	15,8	15,0	12,5	5,7	21,8	11,1	6,3	2
K 79.13	Impekoven bei Bonn	♂	12	142	31	21	90	36,3	9,4	17,0	15,0	13,6	6,7	21,3	12,1	7,1	0
K 79.457	Villiprott bei Bonn	♂	8	145	23	21	73	34,4	8,6	16,9	14,0	12,6	5,9	22,4	11,0	6,3	1
K 70.320	Waldbröl	♂	4	145	30	18	80	33,6	8,4	16,6	13,5	11,8	5,8	21,3	10,4	6,2	1
K 72.19	Aubachtal/Westerwald	♀	12	136	32	18	63	33,5	8,3	16,1	14,1	12,4	6,0	21,5	10,9	6,4	2
K 72.24	Oberbieber/Westerwald	♂	1	129	36	18	62	34,4	8,9	16,2	14,1	12,6	5,8	22,1	11,0	6,4	2

und wirkt wie ein krallenloses Zehenrudiment. Sohlentuberkel sind am Fuß nur undeutlich, an der Hand überhaupt nicht zu erkennen. Zitzen 1 – 2 – 1 = 4 Paare (Anordnung wie bei *Galemys*, Abb. 32; Mohr 1933, Murariu 1976). Die Unterscheidung der Geschlechter ist äußerlich bisweilen schwierig, da die von der Harnröhre durchzogene Clitoris mit dem Penis verwechselt werden kann (Abb. 44). Die hinter der Clitoris gelegene Vaginalöffnung bildet sich bei den ♀ erst kurz vor der Fortpflanzungsperiode im Alter von etwa 10 Monaten. Der Abstand Penis – Anus ist gewöhnlich größer als 5 mm, der Abstand Clitoris – Anus kleiner als 4 mm. Anders als bei *Mogera* ist die Glans penis schlank und gestreckt und mit feinen, rückwärts gerichteten, abstehenden Hornschuppen besetzt.

Schädel (Abb. 45): Der sonst knorpelige Rüssel ist zum Teil median zum Os praenasale verknöchert, das aber bei der normalen Schädelpräparation verloren geht. Am Schädel fällt die schlanke, konische Gestalt auf. Die meisten Schädelknochen verwachsen früh miteinander, und nur die Parietalia bleiben auch bei älteren Tieren getrennt. So ist nur bei Jungtieren zu erkennen, daß die Nasalia kurz und schmal sind. Der Schädel ähnelt insgesamt dem einer großen Spitzmaus mit dem Unterschied, daß ein wenn auch dünner Jochbogen vorhanden ist. Außerdem ist das Os tympanicum im Gegensatz zu den Spitzmäusen fest mit der Schädelwand verwachsen und an einer sich nur wenig abhebenden Gehörkapsel beteiligt. Das Foramen infraorbitale ist von einem nur schmalen Steg überbrückt, dessen Lage bezüglich der Molaren bisweilen als Merkmal gegenüber anderen *Talpa*-Arten angeführt wird. Im Vergleich zu *Galemys* sind Schnauze und Interorbitalgebiet breiter, ist die Hirnkapsel hinten stärker abgerundet und der Kronenfortsatz der Mandibel niedriger. Im Vergleich zu *Mogera wogura* ist der zahntragende Teil des Praemaxillare vorgezogen, die Ohröffnung liegt weiter vorn. Gegenüber *Talpa romana* ist das Rostrum schmäler. Die Fossa pterygoidea ist weniger entwickelt als bei *Galemys*, das Foramen lacrimale deutlicher, das Foramen incisivum kleiner.

Zähne (Abb. 41, 46): Die Schneidezähne sind oben und unten klein, einwurzelig und spatelförmig. I^1 ist deutlich größer als I^2, doch im Durchschnitt nicht so sehr wie bei *caeca*. Der obere Eckzahn ist der längste aller Zähne, spitz mit einer scharfen Schneide an seinem Hinterrand und einer Rinne an der vorderen Medianseite. Er ist zweiwurzelig wie auch gewöhnlich P^1–P^3, die im übrigen klein und einspitzig sind. P^2 ist meist etwas kleiner als P^1 und P^3. P^4 ist wesentlich größer, besitzt 3 Wurzeln und tendiert zur Bildung einer zusätzlichen, kleinen Spitze an seinem Hinterrand. Das dilambdodonte Grat- und Höckermuster zeigt am vollständigsten M^2 (Termini s. Abb. 3). Am M^1 ist der Parastyl, am M^3 der Metastyl zurückgebildet. An M^1 und M^2 kann hinter dem Protoconus ein Metaconulus auftre-

Talpa europaea – Maulwurf

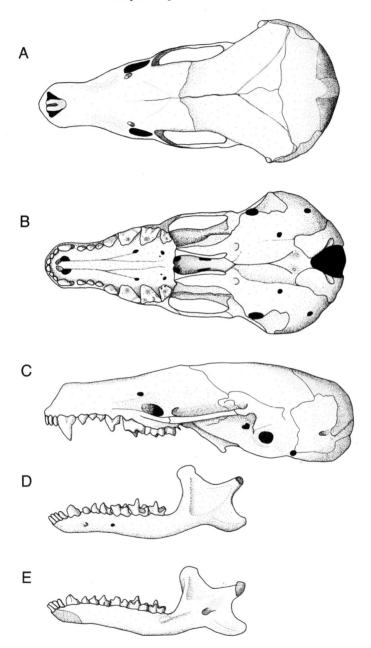

Abb. 45. Schädel von *Talpa europaea*. **A** dorsal, **B** ventral, **C** lateral, **D** linke Mandibel lateral, **E** rechte Mandibel medial.

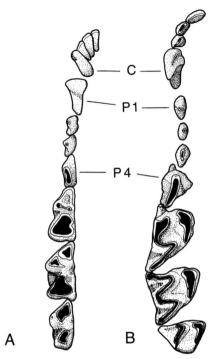

Abb. 46. **A** linke untere, **B** rechte obere Zahnreihe in Ansicht von der Kaufläche von *Talpa europaea*.

ten. An unabgenutzten Zähnen sind die Mesostylen häufig geteilt. Die oberen Molaren haben meist 3 Hauptwurzeln und 1 Nebenwurzel. Der untere Eckzahn ähnelt in Form und Größe den Schneidezähnen, ist klein, unauffällig und hat nur 1 Wurzel. Alle folgenden Zähne sind dagegen zweiwurzelig. P_1 ist so groß wie P_4 und hat im Unterkiefer die Funktion des Eckzahns übernommen, wenn er auch viel kleiner ist als der obere C. P_1–P_3 sind einspitzig, P_4 hat hinter der Hauptspitze (Protoconid) eine kleine Nebenspitze (Metaconid) und vorn gelegentlich eine sehr kleine Spitze (Parastylid). M_1 und M_2 ähneln einander sehr und besitzen hinten innen meist ein Entostylid. M_3 ist caudal leicht reduziert.

Postcraniales Skelett: Veränderungen durch Grabanpassungen vor allem an Vorderextremität und Schultergürtel. Die Schulterblätter sind lang, schmal und nach vorn ventral gerichtet. Die Schlüsselbeine sind sehr kurz und breit. Dadurch gerät das Schultergelenk neben das Vorderende des Brustbeins. Dessen Vorderteil, das Manubrium, trägt einen breiten Kiel für den Ursprung der beim Graben beteiligten Brustmuskeln, daran schließen 3 weitere Abschnitte (Sternebrae) an. Der Humerus (Abb. 39) ist sehr breit und kräftig. Er ist seitwärts gerichtet und steht nicht nur mit der Scapula, sondern auch mit der Clavicula in gelenkiger Verbindung. Anders als beim Menschen kann der Unterarm nicht im Ellenbogengelenk gedreht werden. Wird er gestreckt, trifft die Hand mit der Schmalseite den Boden. Die Schaufelbewegungen gehen vor allem auf Drehungen des Armes im Schultergelenk zurück, wobei besonders der Musculus teres major und der M. pectoralis posticus, die den Oberarm rückwärts drehen, eine Rolle spielen. Die Hand kann gegen den Unterarm zwar um etwa 90° zurückgebogen, aber nicht angewinkelt werden. Im Gegensatz zu *Sorex* sind die drei proximalen Handwurzelknochen Scaphoid, Lunatum und Centrale nicht verwachsen. Das sehr große Sesambein an der Daumenseite der Hand (Os falciforme) wurde schon erwähnt. Mittelhand und Fingerglieder sind kurz und kräftig.

Die Hinterfüße wirken normal, können aber im Hüftgelenk um 90° abgespreizt werden. Dadurch können die Hinterbeine den Körper in den Gängen verankern (REED 1951, YALDEN 1966). Das Becken ist dadurch verfestigt, daß das Ilium fast in ganzer Länge mit den beiden ersten Sacralwirbeln verwachsen ist und daß überdies das Ischium mit dem 3. Sacralwirbel verschmolzen ist, letzteres im Gegensatz zu den meisten *T. caeca* und *T. romana* (europaeoides Becken, s. Abb. 41). Der Beckenkanal ist sehr eng, Enddarm und Urogenitaltrakt verlaufen außerhalb ventral. Dies wird zumindest beim nordamerikanischen *Parascalops* erst nach der Geburt erreicht. Zunächst sind die Schambeine durch eine knorpelige Symphyse verbunden, die erst nach der Geburt abgebaut wird. Erst danach können Darm und Urogenitaltrakt ventrad verlagert werden (EADIE 1945). REUBER (1980) fand bei etwa 30 Skeletten aus Istrien, den österreichischen Alpen, Spanien und dem Rheinland 7 Hals-, 13 Brust-, 6 Lenden-, 5 Sacral- und 11–13 (im Mittel 11,7) Schwanzwirbel.

Sonstiges: Paarige, laterale Analdrüsen und eine unpaare Drüse dorsal vom Rectum bilden die einzigen auch makroskopisch gut abgrenzbaren Hautdrüsen (CORBET und SOUTHERN 1977*). Eine in beiden Geschlechtern in Erscheinung tretende, unpaare Rückendrüse, die offenbar aus vergrößerten Talg- und wenigen Schlauchdrüsen zusammengesetzt ist, beschreibt VON LEHMANN (1969). Auf die Verteilung sonstiger kleiner Hautdrüsen geht MURARIU (1971, 1974, 1975, 1976) ein. Nach ihm (1976) sind die Hinterfußsohlen mit ekkrinen Schweißdrüsen besetzt.

Die Anordnung der Riechmuscheln entspricht der der Spitzmäuse, doch sind die Riechzellen weniger dicht gelagert. Dies deutet auf eine etwas geringere Leistungsfähigkeit der Nase, mit der auch eine leichte Reduktion der Riechzentren im Gehirn in Einklang steht (WÖHRMANN-REPENNING 1975).

Im Ohr hat die Schnecke nur 1¾ Windungen (QUILLIAM 1966). Im Gegensatz zur Hausspitzmaus fehlt beim Maulwurf der Schnecke eine Lamina secundaria nahezu. Im Mittelohr ist anders als bei den Spitzmäusen der Hammer nicht mit der Wand (Tympanicum) verwachsen, der entsprechende Fortsatz (Goniale) ist verkürzt. Der Amboß ist besonders groß (FLEISCHER 1972). STROGANOV (1945) beschreibt erhebliche Formunterschiede zwischen den Gehörknöchelchen von *Talpa* und *Mogera*. So ist die Steigbügelplatte bei *Talpa* eben, bei *Mogera* stark gewölbt.

Das Mittelohr ist nur zur Übertragung tiefer Töne geeignet, und Ultraschallhören ließ sich trotz mancher Bemühung nicht nachweisen (FLEISCHER 1972).

Verbreitung. Gemäßigtes Europa und W-Asien von England und Spanien im W bis zum Ob und Irtysch bei etwa 75° E (BOBRINSKIJ et al. 1965*), in Rußland nach N bis zum Polarkreis, in Europa nach N bis S-Schweden und S-Finnland, nach S bis zum Schwarzen Meer und dem N von Griechenland, Italien und Spanien bis etwa 40° N. In Mittelasien schließt e *T. altaica* an, im Kaukasus tritt *T. caucasica* an die Stelle von *T. europaea* und im s Jugoslawien, in Griechenland und dem s Italien ersetzen *Talpa stancovici* und *T. romana* unseren Maulwurf. Gemeinsame Vorkommen von diesen vier Arten und *T. europaea* sind nicht sicher bekannt.

Höhenverbreitung: Von Meeresniveau bis 2400 m in den Alpen (Gschnitztal in Nordtirol; WETTSTEIN 1925*), bis mindestens 2000 m in den Pyrenäen (VERICAD 1970*) und 1750 m in den Karpaten (Hohe Tatra, GRULICH 1969a).

Inselvorkommen: In der Ostsee auf Öland (SIIVONEN 1976*), auf Fünen, Seeland, Bjørnø, Taasinge, Turø und Langeland (URSIN 1950*), auf Rügen (SCHNURRE und MÄRZ 1970*), Usedom und Wollin (HEROLD 1934, B. WEBER briefl. 1983). Nach MOHR (1931*) auf den Nordseeinseln Pellworm und Nordstrand, auf Sylt nach dem Bau des Hindenburgdammes eingewandert, auf Helgoland seit 250 Jahren ausgerottet. In England auf den Inseln Skye, Anglesey, Wight, Alderney und Jersey, auf Mull angeblich mit Ballast zu Beginn des 19. Jahrhunderts eingeschleppt (CORBET und SOUTHERN 1977*).

Randpunkte und Grenzen: Finnland und Schweden nach SIIVONEN (1976*) und CURRY-LINDAHL (1982*), Großbritannien nach CORBET und SOUTHERN (1977*). Spanien: 1 Valencia, 2 Barracas, Castellon, 3 Pajares, Léon (MILLER 1912*), 4 Gama (HEIM DE BALSAC und DE BEAUFORT 1969*), 5 Castrillo de la Reina, Burgos (MILLER 1912*), 6 Sierra de Cameros s Logroño (NIETHAMMER unpubl.), 7 Segovia (NIETHAMMER 1956*), 8 bei Jaca

Talpa europaea – Maulwurf

(VERICAD 1970*), 9 Lérida (MILLER 1912*), 10 Randpunkte ohne Benennung (CLARAMUNT et al. 1975*). Die Belege 1–3, 5 und 7 sind über 70 Jahre alt. Italien: 11 Albenga (NIETHAMMER unpubl.), 12 bei Turin, 13 Lodi, 14 Florenz, 15 Siena (CAPOLONGO und PANASCI 1978), 16 Perugia (NIETHAMMER unpubl.), 17 Kartenpunkt nicht identifiziert, 18 Fano (CAPOLONGO und PANASCI 1978). Jugoslawien: Grenze nach PETROV (1971, 1974 und 1979*),

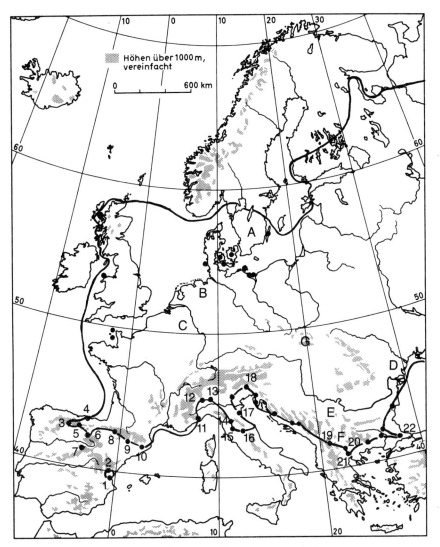

Abb. 47. Verbreitung von *Talpa europaea* in Europa.

ausdrücklich bezeichnet nur 19 Mavrovo, 20 Gevgelija. Griechenland: 21 Langadia bei Saloniki (STEIN 1963b). Nach den Maßen für Cbl 36,0 und 36,1 sowie den Rbr 9,3 und 9,4 eindeutig *europaea*, einzige Belege für das Land; Bulgarien: Grenze nach MARKOV (1957), übernommen aus OSBORN (1964). Türkei: 22 Çorlu (OSBORN 1964).

Terrae typicae:

A *europaea* Linnaeus, 1758: Engelholm, Kristianstad, S-Schweden
B *frisius* Müller, 1776: Ostfriesland, Deutschland
C *cinerea* Gmelin, 1788: Eifel, Deutschland
D *brauneri* Satunin, 1908: Posten Čegulsk, Distrikt Belizk, Moldau-Republik, UdSSR
   uralensis Ognev, 1925: Distrikt Perm, UdSSR
E *pancici* Martino, 1930: Kraljevo, Serbien, Jugoslawien
F *velessiensis* Petrov, 1941: Pepeliste bei Krivolak, 40 km se Veles, Jugoslawien
G *kratochvili* Grulich, 1969: E-Rand des Osobita-Gebirges, w Hohe Tatra, ČSSR

Merkmalsvariation. Sexualdimorphismus: Die ♂ sind in allen Maßen deutlich größer als die ♀ (Tab. 19).

Tabelle 19. Sexualdimorphismus bei *Talpa europaea*. Verglichen werden adulte Tiere der Population Vranovice, ČSSR, 178 m NN (nach GRULICH 1969a). Bezogen wird die Differenz zwischen ♂ und ♀ auf die ♂-Werte (= 100%).

	♂				♀			Diff.
	n	Min	Max	x̄	n	Min	Max	x̄	(%)
Gew	78	70	119	99,8	54	64	109	85,1	14,7
Kr	78	127	152	138,5	54	123	142	131,4	5,1
Schw	78	35	51	43,2	54	28	45	27,9	12,3
Hf	78	18,5	22	20,3	54	16,5	20	18,8	7,4
Cbl	76	34,8	37,6	35,9	53	33,1	36,2	34,3	4,5
Iob	77	7,8	9,0	8,3	55	7,6	8,8	8,1	2,4
Rbr	68	8,6	9,6	9,0	44	8,3	9,2	8,7	3,3

Polyodontie der unteren Prämolaren war bei den ♂ etwa 2–3mal so häufig wie bei den ♀: Niederlande ♂ 12,1%, ♀ 5,2% (VAN HEURN und HUSSON 1960). Brandenburg ♂ 1,6%, ♀ 0,75%, n = 8803 (STEIN 1963a). Möglicherweise ist dies eine Folge des Größenunterschiedes von ♂ und ♀. Polyodontie ist nämlich bei größeren Maulwürfen häufiger als bei kleinen (STEIN 1963a). Geschlechtsunterschiede am Becken sind nicht bekannt.

Alter: In den beiden ersten Lebensmonaten sind die Sohlen pigmentiert. Danach verschwindet die Färbung mit unterschiedlichem Tempo. Junge Maulwürfe haben dicht, ältere schütter behaarte Schwänze. Weniger als ein Jahr alte Maulwürfe können von älteren an den nicht abgenutzten Zähnen, die noch kaum freiliegendes Dentin zeigen, unterschieden werden (GRULICH 1967a). Weniger als 10 Monate alte ♀ haben im Gegensatz zu den älteren einen dünnen, unentwickelten Uterus (STEIN 1950a). Auch die Hoden junger und älterer ♂ haben unterschiedliche Durchmesser (Tab. 20). Nach LLUCH I MARGARIT (1986) liegen die Hodendurchmesser sexuell aktiver ♂ bei über 9 mm.

Tabelle 20. Hodendurchmesser in mm von Maulwürfen verschiedener Altersklassen von Černovír, ČSSR. Aus GRULICH (1967a).

Alter	Monat	n	Min	Max	$\bar{x}$
weniger als 1 Jahr	Juni	169	3	11	5,8
1 Jahr und älter	April	17	13	18	14,7
1 Jahr und älter	Juni	298	7	14	9,5
1 Jahr und älter	September	16	7	11	9,1

Eine Abbildung von Zähnen in verschiedenen Jahrgängen und Summen von Molarenspitzenlängen enthält GRULICH (1967a). Wegen der jahreszeitlich begrenzten Fortpflanzungszeit dürfte die Abgrenzung von weniger als 1 Jahr alten von älteren Maulwürfen nach der Zahnabnutzung und dem Zustand der Gonaden gelingen. Höchst unsichere Merkmale sind dagegen die Ausbildung einer Sagittalcrista, die in beiden Geschlechtern auftreten kann (STEIN 1950a) oder die abnutzungsbedingte Formänderung am oberen Eckzahn (GRULICH 1967a).

In der ČSSR erreichen bereits im Juni des 1. Lebensjahres Iob und Zyg Konstanz, im Juli Hf und bei den ♀ Rbr und Schw, im August und September in beiden Geschlechtern die Cbl, bei den ♂ auch Gew, Schw und Rbr ihre Endgrößen. Die Gew der ♀ kommen erst mit 1 Jahr auf ihren Endstand. Der Schädel ist bei Jungtieren etwas höher als bei Einjährigen und wird im ersten Jahr um etwa 4–5% niedriger (GRULICH 1967b).

Ökologische Variabilität: Vor allem STEIN (1950b, 1951, 1959) zeigte, daß sich die Größe der Maulwürfe in Korrelation zu unterschiedlichen Bedingungen kleinräumig erheblich verändern kann. Er deutete diese Unterschiede als rasche Anpassung der Größe an das lokale Nahrungsangebot infolge von rascher Selektion der geeigneten Größenklasse. So fand er in Brandenburg in verschiedenen Biotopen unterschiedliche Schädellängen (Tab. 21).

Tabelle 21. Mittelwerte der Cbl (in mm) von Maulwürfen, die mindestens 1 Jahr alt waren, in verschiedenen Lebensräumen. Aus STEIN (1959).

Biotop	♂ n	♂ x̄	♀ n	♀ x̄
Kiefernkulturen	131	35,0	76	33,5
Trockenmischwälder	68	35,4	56	33,5
Moorwiesenstreifen	210	35,7	118	33,7
Ackerflächen	62	36,1	38	34,0
feuchte Laubwälder, Wiesen, Gärten	605	36,2	307	34,2
beste Biotope	297	36,6	195	34,5

In einem zeitlichen Vergleich (Tab. 22) interpretierte er die Größenabnahme mit der bevorzugten Elimination großer Tiere nach einem dazwischen liegenden, extrem strengen Winter.

Tabelle 22. Mittelwerte und Maxima der Cbl von Maulwürfen aus Fürstenwalde und Frankfurt an der Oder vor und nach dem strengen Winter 1946/47. Aus STEIN (1951).

Fangzeit	♂ n	♂ x̄	Max	♀ n	♀ x̄	Max
1938–41	143	36,5	38,2	95	34,7	36,0
1949–50	234	36,1	37,3	84	34,1	35,4

Oft nimmt die Größe über kurze Entfernungen auch mit zunehmender Höhe über dem Meer erheblich ab. Dafür sind die Tab. 23 und 24 zwei Beispiele.

Tabelle 23. Mittelwerte der Cbl (in mm) von *Talpa europaea* aus Gebieten unterschiedlicher Höhe über dem Meer. Aus STEIN (1950b).

Ort	m NN	♂ n	♂ x̄	♀ n	♀ x̄
Mark Brandenburg	40	143	36,3	95	34,5
Patschkau, Schlesien	250	100	36,0	54	34,1
Sudeten, 8 km von Patschkau	600	6	32,2–34	19	33,2

Talpa europaea – Maulwurf

Tabelle 24. Größenzunahme (Cbl in mm) bei *Talpa europaea* in den Niederen Tauern in Österreich auf einer Strecke von etwa 15 km und einer Höhenabnahme von 900 m. Geschlechter und Altersgruppen wurden zusammengefaßt. Aus NIETHAMMER (1962).

Ort	m Meereshöhe (NN)	n	$\bar{x}$
Tuchmaralm	1500	5	30,9
Kleinalm	1100	28	31,4
Kleinsölk	900	4	32,4
Brandstätter	800	7	32,4
Stein an der Enns	670	8	33,6

Demgegenüber bestreitet GRULICH (1969a) eine derartige Plastizität. Er verglich Maulwürfe in der ČSSR aus den Karpaten, vom Karpatenfuß und aus dem Vorland. Hier waren die Tiere vom Karpatenfuß und aus dem Hochgebirge ähnlicher als die vom Karpatenfuß und aus dem entfernteren Vorland. Daraus folgerte er, daß weniger aktuelle ökologische Unterschiede als genealogische Beziehungen die Größenunterschiede zwischen Maulwurfspopulationen bestimmen.

Farbmutanten: Weiße, gelbe, graue, braune und zwei- oder mehrfarbig gescheckte Maulwürfe sind beschrieben worden. Zweifellos sind diese Mutanten regional unterschiedlich häufig (Tab. 25).

Tabelle 25. Farbmutanten von *Talpa europaea* und ihre Häufigkeit (Zahl von Einzelstücken). Nach HUSSON und VAN HEURN (1959) für die Niederlande, HAUCHECORNE (1923) für Deutschland, BALLI (1940, s. STEIN 1950a) bei Modena in N-Italien und SKOCZEN (1961) für Polen. In den Niederlanden wurden 12 Mutanten beschrieben, die hier weiter zusammengefaßt sind. Möglicherweise sind die Mutanten nicht immer vergleichbar (+ vorhanden, − fehlend).

Farbmutante	Niederlande	Deutschland	N-Italien	Polen
weiß	−	häufiger	14	−
silberfarben	1	−	−	13
grau	5	+	6	6
gelb	35	am häufigsten	−	7
braun	21	+	2	18
gefleckt	19	+	1	7
Summe	81		23	51
n Felle			36 000	50 000
% Farbmutanten			0,06	0,1

112 Talpidae – Maulwürfe

Tabelle 26. Rostrumbreite und Condylobasallänge in verschiedenen Populationen europäischer Maulwürfe (*Talpa*). Bedeutung der Cbl-Klassen: 32 ist 31,1–32,0, 33 ist 32,1–33,0 etc. Geschlechter zusammengefaßt.

Art	Gebiet	Autor		Cbl-Klassen						
				32	33	34	35	36	37	38
europaea	Brandenburg	Stein 1960	n	3	75	375	492	676	639	141
			Rbr x̄	8,3	8,7	8,8	9,0	9,2	9,3	9,5
europaea	W- und SW-Europa	Stein 1960	n	23	70	93	76	48	26	16
			Rbr x̄	7,9	8,1	8,4	8,7	8,8	8,9	9,2
romana	Italien	Capolongo und Panasci 1976, 1978	n	4	7	9	19	30	18	6
			Rbr x̄	9,2	9,5	9,6	10,1	10,2	10,4	10,5
stankovici	Griechenland	unpubliziert	n	7	4	2	1			
			Rbr x̄	9,3	9,5	9,6	10,1			

Tabelle 27. Rostrumbreite in % der Cbl in Abhängigkeit von der Cbl in den Populationen von *Talpa* der Tab. 26.

Art	Gebiet	Cbl-Klassen						
		32	33	34	35	36	37	38
europaea	Brandenburg	26,3	26,7	26,2	26,1	25,9	25,4	25,3
europaea	W- und SW-Europa	25,0	24,9	25,0	25,2	24,8	24,4	24,5
romana	Italien	29,2	29,2	28,6	29,2	28,7	28,5	28,0
stankovici	Griechenland	29,4	29,4	29,4	29,6			

Talpa europaea – Maulwurf

Tabelle 28. Condylobasallängen und Rostrumbreiten von *Talpa europaea* in verschiedenen Teilen seines Areals. Mittelwerte.

Gebiet	Autor	Cbl n	Cbl x̄	Rbr n	Rbr x̄	Rbr %
N-Spanien: Ramales de la Victoria, ♂	unpubl.	11	35,4	11	8,7	24,7
N-Spanien: e Reinosa, ♂	unpubl.	7	36,8	7	9,0	24,5
Schweiz	STEIN (1960)	67	32,8	59	8,0	24,4
Österreich: Dachstein, 1000 m, ♂	unpubl.	10	33,6	10	8,3	24,7
Niederlande	STEIN (1960)	98	35,5	99	8,9	25,1
Deutschland: Rheinland	unpubl.	28	34,3	28	8,5	24,7
Deutschland: Oldenburg	unpubl.	11	34,9	11	8,8	25,2
ČSR: Vranovice, 178 m, ♂	GRULICH (1969 a)	76	35,9	68	9,0	25,1
ČSR: Orowa-Tal, 450–600 m, ♂	GRULICH (1969 a)	54	33,8	60	8,3	24,6
ČSR: Hohe Tatra, 900–1750 m, ♂	GRULICH (1969 a)	61	33,7	63	8,3	24,6
Deutschland: Schleswig-Holstein	unpubl.	7	34,9	7	8,8	25,2
Jugoslawien: Istrien	STEIN (1963 b) und unpubl.	7	34,8	7	8,8	25,3
Türkei: Thrazien	OSBORN (1964)	3	34,8	3	9,4	27,0
Italien: Lombardei, Venetien	CAPOLONGO und PANASCI (1978)	55	34,3	61	8,8	25,7
Italien: Emilia Romagna	CAPOLONGO und PANASCI (1978)	41	35,5	44	9,2	25,9
Italien: Ligurien, Piemont	CAPOLONGO und PANASCI (1978)	83	35,2	93	9,4	26,7
Italien: Toskana	CAPOLONGO und PANASCI (1978)	28	34,5	38	9,1	26,4

Die Häufigkeit von etwa 0,1 ist recht gering. Dazu paßt jedoch, daß STEIN (1958) unter 3309 Maulwürfen auch nur 2 Farbmutanten, otterbraune Tiere von der Färbung der *Mogera*-Arten, erbeutete. Als Schecken wurden fein und grob weiß gefleckte Tiere, solche mit nur einem Fleck an verschiedenen Körperstellen oder auch solche mit andersfarbenem Grund oder abweichender Fleckfärbung gefunden (HAUCHECORNE 1923).

Geographische Variation: Untersucht sind in erster Linie die geographische Variabilität der Größe (Cbl), der relativen Rbr und von Abweichungen in der Zahnzahl.

Im Vergleich zu den kleinräumigen Unterschieden variiert die Größe geographisch recht wenig. In den Ebenen der gemäßigten Zone erreichen die Maulwürfe Maximalgrößen zwischen 37,8 und 38,5 mm in großen Serien: S-England, Niederlande, Brandenburg, bei Poznan in Polen, bei Moskau und Swerdlowsk in der UdSSR (STEIN 1963b). Aber auch in Spanien (eigenes Material mit größter Cbl 38,2), in Italien (CAPOLONGO 1978) und in N-Bulgarien (MARKOV 1957) sind Cbl bis über 37 mm bekannt. Im ganzen sind aber die südlicheren Populationen und auch die vom n Arealrand (Schweden, Bezirk Leningrad) kleiner. Außerdem ist ein geringes Ostwest-Gefälle zu beobachten: Mittelwerte (δ + $\circ$) für die Niederlande 35,6 (n = 169), Brandenburg 35,2 (n = 3212) und die UdSSR 34,8 (n = 675; STEIN 1963b). Vergleichsweise klein sind die Populationen der Gebirge, belegt für die Sudeten (STEIN 1950b), die Alpen (z. B. STEIN 1960, NIETHAMMER 1962), das Erzgebirge (STEIN 1963b), die Karpaten (GRULICH 1969a) und die Gebirge in S-Bulgarien (MARKOV 1957). Hier besitzen im Durchschnitt kleinwüchsige Maulwurfspopulationen große, zusammenhängende Areale. Dagegen fand LLUCH I MARGARIT (1986) in den spanischen Pyrenäen nur eine schwache Größenabnahme zwischen 200 und 2000 m. Die Breite des Rostrums (Rbr) ändert sich schwach negativ allometrisch, nimmt also im Verhältnis zur Schädellänge mit zunehmender Größe etwas ab (Tab. 26). Unter gleichgroßen Maulwürfen haben solche in einer Zone von Schweden über E-Europa südwärts bis zur e Balkanhalbinsel und – davon isoliert – N-Italien ein breiteres, Maulwürfe aus W-Europa und Rußland ein schmäleres Rostrum (STEIN 1963b).

Zahnanomalien betreffen beim Maulwurf vor allem die Zahl der kleinen Prämolaren, die in Über- (Polyodontie) oder Unterzahl (Oligodontie) auftreten können. Oft sind sie auch asymmetrisch ausgebildet. So fanden sich bei 464 Maulwürfen in den Niederlanden bei 11 Exemplaren beidseitig im Unterkiefer ein überzähliger Prämolar, in 15 Fällen nur links, in 11 nur rechts (VAN HEURN und HUSSON 1960). Oligodontie nimmt in Europa von W nach E zu, Polyodontie ab (Tab. 29). Außerdem ist Polyodontie bei großen, Oligodontie bei kleinen Maulwürfen häufiger (STEIN 1963a).

Tabelle 29. Häufigkeit der Fälle von Zahnanomalien bezüglich der Zahl kleiner Prämolaren im Ober- und Unterkiefer bei *Talpa europaea* in %. Nach STEIN (1963a).

Gebiet	n	Polyodontie			Oligodontie		
		oben	unten	gesamt	oben	unten	gesamt
Rußland	1350	0,1	0	0,1	0,14	2,6	2,74
Polen (Krakau)	650	0	0,2	0,2	0	0	0
Mitteleuropa	3700	0,1	1,5	1,6	0,41	0,22	0,63
Westeuropa	1931	0	5,0	5,0	0,24	0,36	0,60
England	978	0,3	1,7	2,0	0	0,20	0,20
Zoo Augsburg	35	0	37,1	37,1	0	0	0

Unterarten: STEIN (1963b) möchte nur die schmal- und breitschnauzigen Maulwürfe als zwei verschiedene Unterarten anerkennen. Daraus würde sich eine sehr einfache Gliederung ergeben:

A *europaea*: Rbr über 25,5% der Cbl als Populationsmittel. Schweden, DDR, Polen, Rumänien, Bulgarien, Ungarn, europäische Türkei, Teile Jugoslawiens und Italien.
B *cinerea*: Rbr unter 25,5% der Cbl im Populationsmittel. W und e des unter A skizzierten Gebietes. Übergänge vermutlich in Schleswig-Holstein und Istrien.

STEIN (1963b) betrachtet *frisius, brauneri, pancici* und *velessiensis* als Synonyme von *europaea, uralensis* als Synonym von *cinerea*. Die Maße aus Schleswig-Holstein und Oldenburg lassen jedoch daran zweifeln, daß ostfriesische *europaea* zur Nominatform zu rechnen sind. Wenn das aber nicht so ist, hat *frisius* gegenüber *cinerea* Priorität. Nach OGNEV (1928*) ist *brauneri* kaum von *europaea* zu unterscheiden. PETROV (1971) möchte *pancici* für die kleinen Gebirgsmaulwürfe in Jugoslawien von den Rhodopen bis zu den Alpen beibehalten. Außerdem ähneln die Maulwürfe des Wardar-Tales sehr *T. stankovici* und könnten daher als eigene Unterart, *T. e. velessiensis*, beibehalten werden. GRULICH (1969a) hat die Tatra-Maulwürfe aufgrund ihrer geringen Größe neu benannt, jedoch keine Unterschiede gegenüber *pancici* angegeben.

Paläontologie. Postcraniale Knochen, vor allem der Humerus, sind bei den Maulwürfen gewöhnlich häufiger überliefert als Schädel und Zähne. Die pleistozänen *Talpa*-Arten werden im wesentlichen nach der Größe eingeordnet. Maulwürfe, die hier zu *T. europaea* passen, sind seit dem Spätpliozän (Astian) bis heute durchgehend bekannt. Vom Astian bis zum Mindel-Glazial werden sie als *T. fossilis* Petényi (= *T. praeglacialis* Kor-

Tabelle 30. Humerusmaße fossiler und rezenter Maulwürfe in mm. HuL = Humeruslänge, Epiph = Ephysenbreite, Diaph = Diaphysenbreite. Meßweise nach VON KOENIGSWALD. Oben fossil, unten rezent.

Art	Herkunft	Autor	n	HuL	Epiph	Diaph
fossilis	Schernfeld	DEHM 1962	5	13,4–15,4		
europaea	Petersbuch	VON KOENIGSWALD 1970	15–90	14,2–16,7	7,4–9,4	3,3–4,4
episcopalis	Hundsheim	KORMOS 1937		18,2–19,0		
magna	Kleine Scheuer	VON KOENIGSWALD 1977				
magna	Michelberg	BOECKER et al. 1972	58	16,0–19,1	8,4–10,8	3,9–5,3
europaea	Kleinalm/Niedere Tauern	unpubl.	15	13,1–14,5	6,7–7,8	3,3–3,9
europaea	Ramsau/Dachstein	unpubl.	18	13,6–15,9	7,1–8,6	3,4–4,2
europaea	Rheinland	unpubl.	14	14,5–16,6	7,8–9,2	3,8–4,6
europaea	Spanien	unpubl.	16	15,2–18,2	8,1–9,9	4,3–4,7
stankovici	Griechenland	unpubl.	3	15,3–15,7	8,6–8,7	4,0–4,3
romana	Italien	unpubl.	1	16,1	9,0	4,6

mos) bezeichnet, danach als *T. europaea* (KURTÉN 1968*). Der Name wird jedoch nur als stratigraphische Artbezeichnung verwendet. Strukturelle Unterschiede zwischen *fossilis* und *europaea* sind nicht bekannt (VON KOENIGSWALD 1970). Neben *T. europaea* kam bis zum Ende des Mittelpleistozäns häufig ein kleiner Maulwurf, *T. gracilis*, vor. Mittelpleistozäne Funde oberhalb der Größe rezenter *T. europaea* werden einer weiteren Art, *T. episcopalis*, zugeordnet. Würmeiszeitliche Maulwürfe, die größer als *T. europaea* sind, wurden meist als Unterart von *T. europaea* angesehen. STORCH (1974) neigt jedoch eher zu der Auffassung, daß es sich hierbei um eine andere Art gehandelt haben könnte. Beziehungen zur älteren *T. episcopalis* oder auch zur rezenten *T. altaica* aus Mittel- und E-Asien, deren Cbl bis 41 mm reicht (BOBRINSKIJ et al. 1965*) wären hier zu erwägen. *T. altaica* kommt auch wegen seiner weiten Verbreitung nach N (70°) als Besiedler spätpleistozäner Kältesteppen in Frage. Allerdings ist es fraglich, ob die fossilen Maulwürfe immer richtig gegliedert wurden. So ist es nach der Kenntnis der rezenten Maulwürfe unwahrscheinlich, daß zwei ähnlich große *Talpa*-Arten, z. B. *T. europaea* und *T. magna*, nebeneinander existierten, und die von VON WETTSTEIN und MÜHLHOFER (1938) aus der Höhle von Merkenstein in Niederösterreich bearbeiteten Maulwürfe mit Humeruslängen von 16,2, 17 und 19 mm liegen noch im Variationsbereich für *T. magna* vom Michelberg bei Ochtendung (Tab. 30) und bezeugen nicht ein übergangsloses Nebeneinander beider Arten (STORCH 1974). Auch die von HELLER (1958) aus dem Altpleistozän von Erpfingen bearbeiteten Humeri ließen sich auf nur 2 Arten verteilen. Zur Orientierung über die Variabilität von Humerusmaßen der rezenten und fossilen größeren europäischen Maulwürfe s. Tab. 30.

Ökologie. Habitat: Kulturland (Wiesen, Äcker, Gärten), Laub- und selbst Nadelwald. Das Vorkommen wird weniger von der Vegetation über dem Boden als von der Bodenstruktur, der Bodentiefe, der Feuchtigkeit und dem Nahrungsangebot bestimmt. So sind sandige, steinige und zu trockene Böden schlecht geeignet. Dagegen vertragen Maulwürfe Nässe recht gut und finden sich auch auf sumpfigem Gelände. Nach Überschwemmungen besiedeln sie den trockenfallenden Boden überraschend schnell wieder, wenn höhergelegene Refugien (Dämme, kleine Hügel) zur Verfügung standen (JOHANNESSON-GROSS 1985). Neu entstandene Polder wurden in den Niederlanden mit einer Ausbreitungsgeschwindigkeit von 2–3 km pro Jahr besetzt (HAECK 1969). Der Maulwurf ist nach MELLANBY (1974) eines der ökologisch am wenigsten festgelegten Säugetiere.

Nahrung: An erster Stelle stehen Regenwürmer, die meist über die Hälfte der Mageninhalte ausmachen, an zweiter Insektenlarven, vor allem solche von Käfern, Schmetterlingen und Dipteren. Imagines von Insekten,

Tabelle 31. Mageninhalte (Volumenprozente) von Maulwürfen aus verschiedenen Biotopen und Monaten in der DDR. Die Insektengruppen beziehen sich ausschließlich auf Larven. Insektenimagines sind unter „Sonstige" enthalten. Aus OPPERMANN (1968).

	April	Mai	Juni	Juli	August	Oktober	Dezember	Januar
Wiese								
n Mägen		13	2	13		22		
Lumbricidae		52	70	81		84		
Lepidoptera		3	4	–		–		
Coleoptera		17	6	10		8		
Diptera		17	10	4		6		
Sonstige		10	10	5		2		
Laubwald								
n Mägen	7				5	5	13	
Lumbricidae	72				93	83	51	
Lepidoptera	–				–	–	–	
Coleoptera	12				4	6	22	
Diptera	10				1	8	24	
Sonstige	6				2	2	3	
Kiefernwald								
n Mägen		10	3	13	19	3		2
Lumbricidae		43	37	37	19	9		50
Lepidoptera		3	35	3	–	–		–
Coleoptera		38	12	43	73	83		30
Diptera		8	9	12	2	1		7
Sonstige		8	7	5	3	2		8

Talpa europaea – Maulwurf

Abb. 48. Fressen eines Regenwurms (Zeichnung F. MÜLLER).

weitere Arthropoden, Schnecken und Mäuse spielen nur eine geringe Rolle. In einem Größenbereich von Ameisen bis zu Mäusen dürften die Maulwürfe alle Tiere nehmen, die in ihre Gänge fallen oder die sie ausgraben. Der Jahresgang im Nahrungsspektrum spiegelt ebenso die zeitliche Änderung im Nahrungsangebot wider wie die Unterschiede zwischen verschiedenen Biotopen räumliche Differenzen (Tab. 31). An Pflanzen werden nur Pilze absichtlich gefressen. Pflanzenfasern, Bodenpartikel und Haare, die im Magen feste Ballen und harte Klumpen bilden können, gelangen wohl zufällig dorthin (SACHTLEBEN 1925, HAUCHECORNE 1927, SCHAERFFENBERG 1940, SKOCZEŃ 1966c, OPPERMANN 1968). Unter den Insektenlarven bilden die häufigeren bodenlebenden Gruppen den Hauptanteil, so bei den Käfern Drahtwürmer (Elateriden), Engerlinge (Scarabaeiden), Larven von Laufkäfern (Carabiden) und Bockkäfern (Cerambyciden). Vor allem SCHAERFFENBERG (1940) fand in Gebieten mit zahlreichen Maikäferlarven im Boden auch häufig Engerlinge in Maulwurfsmägen. Unter den Zweiflüglern sind Larven von Tipuliden, Bibioniden, Rhagioniden und Empediden am häufigsten gefunden worden, unter den Schmetterlingsraupen besonders solche von Eulen (Noctuiden).

Den täglichen Bedarf hat FUNMILAYO (1977) bei 4 zwischen 77 und 108 g wiegenden Maulwürfen, die in ungeheizten Außenkäfigen in Polen gehalten wurden, zu 73 bis 89 % des Körpergewichts bestimmt, bei den leichteren ♀ (77 und 81 g) zu 83 und 89 %, bei den schwereren ♂ (95 und 108 g) zu je 74 %. Diese Anteile wurden als Mittel von 8 Wochen nach zweiwöchiger Eingewöhnung bei ausschließlicher Regenwurmfütterung ermittelt, wobei der Darminhalt der größeren Würmer zuvor entfernt und nicht mitgewogen worden war. Nach OPPERMANN (1968) wiegt der Mageninhalt der Maulwürfe im Durchschnitt etwa 5 % des Körpergewichts.

Bevor sie größere Regenwürmer fressen, drücken Maulwürfe den Darminhalt mit der Pfote heraus, wie es häufig berichtet wurde und ich es auch selbst bei einem gefangenen Tier regelmäßig sah (Abb. 48).

Im Winter können Maulwürfe Vorräte von Regenwürmern anlegen. Dazu zerbeißen sie ihre Kopfsegmente, seltener auch andere Körperabschnitte. Dann werden die Würmer in Nestnähe in einer eigenen Kammer untergebracht oder in die Wand gedrückt. 12 solcher Vorratssammlungen wogen zwischen 37 und 1551 g und enthielten 42 bis 790 Würmer. Die Speicher werden im Herbst eingerichtet und im Laufe des Winters verbraucht. Offenbar werden kleine Würmer zuerst gefressen, wie aus der Änderung der artlichen Zusammensetzung geschlossen werden kann. Die Würmer halten sich frisch und regenerieren, soweit sie den Winter überstehen, allmählich die verletzten Körperteile. Im Frühjahr können sie bei steigenden Temperaturen und erhöhter Aktivität ihr Gefängnis verlassen. Die Tiefenverteilung der Speicher spricht dafür, daß die Vorräte bei Kälte an tiefer gelegene Stellen umgelagert werden (SKOCZEŃ 1961). LÖHRL (1956) fand in einem Speicher bei Lindau im April neben 34 Regenwürmern 37 große Engerlinge mit zerbissenen Köpfen. Nach EVANS (1948) werden bevorzugt große Regenwürmer gespeichert.

Fortpflanzung: Geschlechtsreife im Alter von etwa 10 Monaten, also gegen Winterende. Tragzeit unbekannt. STEIN (1950a) fand als Differenz zwischen frühestem Fund eines graviden ♀ und erster Beobachtung von Nestlingen in Deutschland, allerdings für verschiedene Jahre, 18 Tage. Er rechnete danach mit einer Tragzeit von 3–4 Wochen. Wenn man berücksichtigt, daß Embryonen im ersten Viertel der Trächtigkeit makroskopisch nicht erkennbar sind, erscheint eine Tragzeitschätzung von 4 Wochen auch angesichts der Tragzeiten und Geburtszustände anderer Insektenfresser begründet.

Tabelle 32. Fortpflanzungsperiode (Funddaten gravider ♀) von *Talpa europaea* in verschiedenen Ländern.

Land	Autor	Fortpflanzungsperiode
S-England: Suffolk	GODFREY 1956	Februar – Juni
N-England: Cheshire	GODFREY 1956	1 Monat später als S-England
Oldenburg	FRANK unpubl.	März – Mai, 2× Juli, 2× August
Dänemark	LODAL und GRUE 1985	Mai – Juni
DDR: Brandenburg	STEIN 1950a	3. April – 20. Juni
Norditalien	BALLI (STEIN 1950a)	10. Februar – 3. April
N-Spanien: Pyrenäen	VERICAD 1970*	Februar – Mai
NE-Spanien	LLUCH I MARGARIT 1986	Januar – April

Wurfgröße: 1–7, Mittelwerte regional verschieden zwischen 2,5 und 5 (Tab. 32).

In der Regel nur 1 Wurf jährlich mit einer auf das Frühjahr begrenzten Fortpflanzungsperiode, die in wärmeren Teilen Europas früher beginnt als

Talpa europaea – Maulwurf 121

Tabelle 33. Wurfgrößen von *Talpa europaea* in verschiedenen Gebieten. E = Embryonen, N = Nestlinge.

Gebiet	Autor	E/N	n	1	2	3	4	5	6	7	$\bar{x}$
England	(1)	N	60	–	4	20	31	4	1	–	3,6
England	(2)	E	68								3,8
Oldenburg	(3)	E	11	1	6	2	1	–	–	–	2,5
DDR	(4)	E	57	–	–	8	24	16	8	1	4,5
Norditalien	(5)	E	68	–	2	4	14	30	17	1	4,9
Spanische Pyrenäen	(6)	E	10	–	3	4	3	–	–	–	3,0
NE-Spanien	(7)	E	17	–	2	11	4	–	–	–	3,1

(1) ADAMS, aus STEIN (1950a) (2) GODFREY (1956) (3) FRANK unpubl. (4) STEIN (1950a) und OPPERMANN (1968) (5) BALLI, aus STEIN (1950a) (6) VERICAD (1970*) (7) LLUCH I MARGARIT (1986)

in kühleren (Tab. 32). Vereinzelt wurden auch spätere Würfe im Juli bis Oktober beobachtet (z. B. BECKER 1959, NIETHAMMER 1963, SAINT GIRONS 1973*). GODFREY (1956) fand im Mai und Juni in England 4 gravide ♀, bei denen sie wegen der gleichzeitig großen Zitzen eine zweite Trächtigkeit annahm.

Populationsdynamik: Geschlechterverhältnis in Polen nahezu ausgeglichen (52,2 % ♂ unter 958 Exemplaren). Es zeigte auch keine nennenswerte Variation in unterschiedlichen Altersklassen (SKOCZEŃ 1966a). Zwar waren von 204 aus Bussardmägen entnommenen jungen Maulwürfen 75,5 % ♂, doch mag das auf höherer oberirdischer Aktivität der jungen ♂ beruhen.

Tabelle 34. Altersgliederung von Maulwurfpopulationen vor allem nach der Molarenabnutzung, in %. Summen wegen Abrundung nicht notwendig 100.

Gebiet	Autor	1.	2.	3.	4.	5.	6.	7.	n
DDR: Brandenburg ganzes Jahr	STEIN 1950a	70	26	4	–	–	–	–	438
Polen, ganzes Jahr	SKOCZEŃ 1966a	46	27	14	10	4	–	–	958
Polen, aus Bussardmägen	SKOCZEŃ 1962	86	7	4	3	0,3	–	–	302
ČSSR	GRULICH 1967	59	21	11	5	3,4	0,4	–	1286
Dänemark (nach Zement)	LODAL und GRUE 1985	60	20	10	5	3,3	2,1	0,2	426

Als Höchstalter rechnet STEIN (1950a) mit 3, SKOCZEŃ (1966a) mit etwas über 4 und GRULICH (1967b) mit etwas über 5 Jahren. LODAL und GRUE (1985) kamen nach Berechnung nach den Zementschichten der Zähne auf über 6 Jahre. Intrauterine Verluste wurden für England mit 6% (LARKIN) und 25% (MORRIS) angegeben (CORBET und SOUTHERN 1977*). Weniger als 1 Jahre alte Maulwürfe scheinen gegenüber Feinden weit anfälliger als ältere, wie die Altersverteilungen von Maulwürfen in Polen aus Bussardmägen und Fallenfängen zeigt (Tab. 34). Bei einem jährlichen Zuwachs von ungefähr 4 Jungen/♀ sollte man ungefähr ⅔ erstjährige und ⅓ ältere Maulwürfe erwarten, eine Relation, der die Angaben von STEIN (1950a – Tab. 34) nahekommen. Aus der Fortpflanzungsrate folgt auch, daß man vom Spätwinter zum Frühsommer allenfalls mit einem Populationsanstieg um den Faktor 3 rechnen kann.

Als **Dichte** schätzt MELLANBY (1966) in ursprünglichem Laubwald in England etwa 3–6/ha, nach CORBET und SOUTHERN (1977*) ist sie auf Wiesen 8–16/ha.

Unter den **Feinden** dürfte der Mäusebussard (*Buteo buteo*) an erster Stelle stehen. In einigen Beutetierlisten aus Mitteleuropa bilden Maulwürfe 3 bis 14% der Nahrung, in Polen waren unter 367 Tieren einmal sogar 50,7% Maulwürfe (GLUTZ VON BLOTZHEIM et al. 1971*). Auch Weißstörche fressen nicht selten Maulwürfe. So enthielten 10 von 134 Mägen aus Ostpreußen und 16 von 60 Gewöllen aus der Uckermark Maulwurfreste (G. NIETHAMMER 1966*). Bei den Eulen führt der Waldkauz (*Strix aluco*) mit 2,2% (661 Maulwürfe unter knapp 39000 Wirbeltieren). Dagegen sind die Anteile bei der Waldohreule (0,06% bei etwa 51000 Beutetieren) und Schleiereule (0,05% bei über 100000 Beutetieren) sehr gering (UTTENDÖRFER 1939*). 7 von etwa 200 Mageninhalten dänischer Dachse (*Meles meles*) enthielten Maulwürfe (ANDERSEN 1955). Sonst werden Maulwürfe von Säugetieren kaum gefressen, gelegentlich, so vor allem von Hunden, Katzen und Füchsen, totgebissen und liegengelassen.

Jugendentwicklung. Die vorgeburtliche Entwicklung schildert ŠTĚRBA (1977). Danach durchbrechen die Tasthaare bereits eine Woche vor der Geburt die Haut. Neugeborene wiegen etwa 6,5 g und haben eine Scheitel-Steiß-Länge von 33–38, im Mittel 36 mm. Nach GODFREY (s. MELLANBY 1971) sind neugeborene Maulwürfe nackt und rosafarben, wiegen 3,5 g und messen 35 mm Kr. 1 Tage alte Maulwürfe wogen nach ADAMS (s. MOHR 1933) 4,7 g und waren 42 und 44 mm lang. MOHR (1933) nennt folgende Gewichte: 2 Tage 9,4 g, 7 Tage 19 g, 14 Tage 38 g, 21 Tage 40 g, 35 Tage 42 g. Weitere Merkmale s. Tab. 35.

Grobe Hinweise auf die weitere Entwicklung einiger Maße sind Tab. 36 zu entnehmen.

Talpa europaea – Maulwurf

Tabelle 35. Merkmale junger Maulwürfe verschiedenen Alters, die zu bestimmten Zeiten nach dem Auffinden Nestern im Freiland entnommen worden waren. Nach ADAMS aus MOHR (1933). Maße in mm.

Alter Tage	Kr	Schw	Hf	Merkmale
1	42	8	5	Färbung rot
2	47	9	5,5	rot
5	62	10	8	blaßrot
7	70; 71	12; 15	9	
8	76	15	10	blaßrot
9	80	15	11	auf dem Rücken hellgrau
11	88; 91	16; 17	12; 13	Rücken grau, Bauch blaßrot
12	95	16	14	
14	105	17	16	überall bleigrau, Haare eben sichtbar
17	114	23	16	Fell bleigrau, samtartig überall, Ohren offen
21	117	25	17	Fell fast normal schwarz, aber kurzhaarig, Augen beginnen sich zu öffnen
22	118	27	16,5	Fell von normaler Länge und Farbe. Augen fast offen

Tabelle 36. Maße junger Maulwürfe aus der ČSSR, Mittelwerte, aus Diagrammen abgelesen, in mm bzw. g. Aus GRULICH (1967b).

Alter (Tage)	sex	n	Kr	Schw	Hf	Gew	Cbl
30– 60	♂	103	137	41	19,4	81	35,4
61– 75	♂	64	139	41	19,7	85	35,6
76–167	♂	42	141	42	19,9	96	36,2
168–370	♂	87	139	43	19,9	95	36,0
30– 60	♀	180	130	37	18,1	67	33,8
61– 75	♀	52	131	37	18,3	71	34,0
76–167	♀	46	134	36	18,3	73	34,2
168–370	♀	87	129	38	18,4	77	34,1

Mit dem Erscheinen des Fells beginnen auch die Zähne das Zahnfleisch zu durchbrechen. MOHR (1933) fand hier folgende Reihe:

1. $\dfrac{I^1 \quad C \quad P^4 \quad M^{1,2}}{I_{1-3} \quad P_1 \quad M_{1,2}}$
2. $\dfrac{I^1 \quad C \quad P^4 \quad M^{1,2}}{I_{1-3} \quad C \quad P_1 \quad P_{3,4} \quad M_{1-3}}$

3. $\dfrac{I^1 \quad C \quad P^1 \quad P^4 \quad M^{1,2}}{I_{1-3} \quad C \quad P_{1-4} \quad M_{1-3}}$

Neben den Molaren sind auch die P_1^1 persistierende Milchzähne (KIN-DAHL 1967). Die übrigen Milchzähne sind mit Ausnahme von Pd_4^4 klein, stiftförmig und einwurzelig. Wie bei *Scapanus* (ZIEGLER 1972) durchbrechen sie zwar vielleicht noch gerade zu Ende der Nestlingszeit das Zahnfleisch, dürften aber für die Ernährung bedeutungslos sein. So fand ich bei zwei mit der Hand gefangenen Jungmaulwürfen (Nr. N 1967 und N 1968 in Tab. 18) Reste der Cd_1^1 und Pd_4^4. Nach ŠTĚRBA (1989) findet sich bei der Geburt unter dem Zahnfleisch ein vollständiges Milchgebiß mit $\frac{3\,1\,4}{3\,1\,4}$ Zähnen, das in der Nestlingszeit nicht mehr durchbricht und vom 7. Tag nach der Geburt an resorbiert wird. Nur der Pd_1 wird nicht gewechselt und bleibt im Dauergebiß erhalten.

Haarwechsel: Nach STEIN (1954) und SKOCZEŃ (1966b) wechseln Jungmaulwürfe im Alter von wenigen Monaten im Sommer ihr Jugendkleid und gliedern sich danach in die Haarwechseltermine adulter Maulwürfe ein, die in Mitteleuropa im Frühjahr, Sommer und Herbst stattfinden. Im Frühjahr mausern adulte ♀ etwa 1 Monat vor den ♂, im Sommer nur wenig früher und im Herbst ohne zeitlichen Unterschied. Bei Jungtieren scheint nach SKOCZEŃ (1966b) im Sommer kein Unterschied zwischen den Geschlechtern zu bestehen. Je nach der Länge des Winters werden diese drei Haarwechselperioden mehr oder weniger zusammengedrängt. So vollzieht sich der Frühjahrshaarwechsel der ♀ in Jugoslawien bereits im Februar und März, in Polen im März und April und in Weißrußland im Mai und Juni (SKOCZEŃ 1966b). Maulwürfe im Tatra-Gebiet mauserten im Frühjahr 10 Tage später als in Polen im Tiefland. Nach STEIN (1954) verläuft der Haarwechsel unabhängig von Alter, Geschlecht und Jahreszeit immer in der gleichen Weise: Beginn auf dem Rücken über der Schwanzwurzel, von hier auf dem Rücken nach vorn zum Kopf, dann über die Flanken zum Bauch. Dagegen besteht nach SKOCZEŃ (1966b) eine größere Variabilität, und im Frühjahr und Sommer scheint der Haarwechsel bei den ♀ im Gegensatz zu STEINS Angaben vom Bauch zum Rücken zu verlaufen.

Verhalten. Aktivität: Täglich wechseln drei aktive Perioden mit drei Ruhezeiten. Bei ständiger Kontrolle eines radioaktiv markierten Tieres im Freiland vom 15.–22. Januar je ein Schub am Vormittag, am späten Nachmittag und um Mitternacht. Dabei wurden insgesamt 43,5 Stunden Aktivität gegen 100,5 Stunden Ruhe gemessen. Bei Helligkeit war die aktive Zeit 35,7% der Gesamtzeit, bei Dunkelheit 27,5% (BUSCHINGER und WITTE 1976). Zu ähnlichen Ergebnissen kamen schon GODFREY und CROWCROFT (1960) sowie MEESE und CHEESEMAN (1969) für das Freiland, wobei allerdings verschiedene Tiere zu unterschiedlichen Zeiten aktiv waren.

Zumindest in Gefangenschaft unter sommerlichen Lichtbedingungen erwies sich dieser Trigeminus bei einem Maulwurf als mit dem Naturtag synchronisiert (WITTE 1981). Das Bewegungsbedürfnis führt während der Brunstzeit zu 3–20 km täglicher Laufradaktivität, ist dagegen sonst im Durchschnitt in Gefangenschaft nur 2,5 km (WITTE 1981). In der aktiven Zeit gräbt der Maulwurf oder durchläuft seine Gänge. Während der Fortpflanzungszeit sind die ♂ wesentlich aktiver als die ♀. Dies ergibt bei Fängen oft einen scheinbaren ♂-Überschuß (z. B. STEIN 1950). Auch sind die Aktionsräume der ♂ dann sehr viel größer als die der ♀ (Tab. 37).

Tabelle 37. Größte Durchmesser der Aktionsräume von Maulwürfen in m. Nach LAKIN aus GODFREY und CROWCROFT (1960).

	11–12		Monate 1–2		3–4	
	n	x̄	n	x̄	n	x̄
♂	12	47	6	100	5	239
♀	9	30	4	25	11	35

Bewegungsweisen: Normales Laufen auf ebenem Boden wegen der seitwärts gerichteten Hände unbeholfen wirkend. Maulwürfe schwimmen freiwillig (z. B. NIETHAMMER 1963) und gut (MELLANBY 1971). Die Grabtätigkeit (Abb. 49) hat besonders SKOCZEŃ (1958) beschrieben. Entgegen älteren Angaben wird dabei nie die Schnauze benutzt. Einziges Grabwerkzeug sind die Hände. Diese können vor und neben der Schnauze Erde von den Gangwänden abkratzen und abbrechen, wobei sie meist einzeln betätigt werden, während die andere Hand und die Hinterfüße den Körper in der Röhre verankern. Nach 2–3 Schaufelbewegungen wechselt die Grabhand. In sehr lockerem Boden können auch beide Hände gleichzeitig arbeiten. Dicht unter der Erdoberfläche wird die Erde einfach emporgedrückt, so daß sich die entstehenden Gänge als kleine Wälle abzeichnen. Haufen werden bei tieferem Graben aufgeworfen. Dazu wird die gelockerte Erde, nachdem sich der Maulwurf umgedreht hat, wie von einem Bulldozer mit einer Hand herausgeschoben. Beim Umdrehen in der Röhre vollführt der Maulwurf meist eine Art Salto.

Sozialverhalten: Spätestens im Alter von etwa 1 Monat dürften Jungmaulwürfe selbständig werden. Dies ist offenbar eine Phase, in der sie sich auch häufig über der Oberfläche aufhalten, wie aus unmittelbarer Beobachtung, aber auch aus der Häufung junger Maulwürfe in Bussardbeute

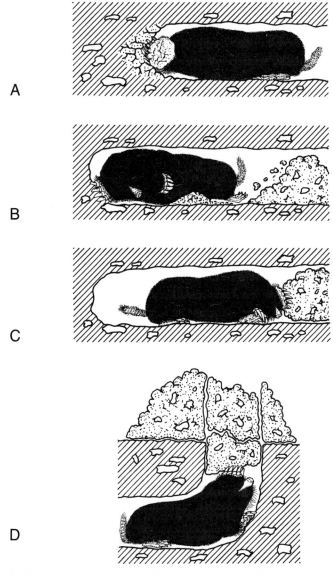

Abb. 49. Phasen des Grabens von *Talpa europaea*. **A** Abkratzen von Erde vor und neben der Schnauze. **B** Die Erde wird durch Vorder- und Hinterhand nach hinten geworfen. **C** Der Maulwurf hat sich umgedreht und schiebt die Erde mit der einen Hand voran, während er sich mit der anderen Hand im Boden festkrallt. **D** Mit einer Hand wird die Erde am Gangende nach oben geschoben (Zeichnung F. MÜLLER).

(Tab. 34) hervorgeht. In dieser Zeit breiten sie sich aus und suchen eigene Reviere (HAECK 1969). Soweit radioaktiv markierte Maulwürfe kontrolliert wurden, waren ihre Aktionsräume getrennt (z. B. MEESE und CHEESEMAN 1969, GODFREY und CROWCROFT 1960). Kämpfe wurden nicht selten beobachtet (z. B. MELLANBY 1971). In Gefangenschaft kamen bei Begegnungen zwischen Maulwürfen gleichen und verschiedenen Geschlechts außerhalb der Fortpflanzungsperiode Kämpfe vor. Im Freiland dürften sie allerdings wenig Bedeutung haben, denn Bißverletzungen, die auf Kämpfe schließen lassen, sind bei Maulwürfen bisher nicht gefunden worden (CHRZANOWSKI 1967). Im Widerspruch zum Bisherigen steht die Beobachtung, wonach an derselben Stelle kurz nacheinander bisweilen mehrere Maulwürfe gefangen wurden (z. B. MELLANBY 1971, STEIN 1950a). Möglicherweise nutzen mehrere Tiere zwar bestimmte Gänge gemeinsam, aber zu verschiedenen Zeiten. Nur in der Paarungszeit überlagern sich Aktionsräume dadurch, daß die ♂ dann auch in die Wohngebiete der ♀ eindringen (HAECK 1969).

Baue: Im Vergleich zur Schermaus (*Arvicola terrestris*), die ähnliche Baue anlegt (Bd. 2/I, S. 244), sind die aufgeworfenen Haufen rund, nicht länglich, die Gänge eher quer-, nicht hochoval. Die Ausgänge zu den Haufen ziehen senkrecht, nicht schräg nach oben und die Wühlhaufen sind regelmäßiger in Linien angeordnet (MEYLAN 1965). Bei Bodenverdichtung, z. B. an Wegrändern, findet man öfter Luftschächte.

Nach KLEIN (1972) ist die Nestkammer annähernd kugelig und nur ein wenig niedriger als breit. Das Nest ist ein kompakter, im Durchmesser 15–20 cm großer Ball aus Pflanzenmaterialien (Gras, Stroh, Blätter von Weiden und Birken wurden festgestellt). Die Peripherie ist am stärksten vermodert, zum Zentrum hin wird das Material zunehmend frischer. In der Mitte finden sich oft grüne, noch kaum verwelkte Pflanzenteile. Offenbar werden dem Nest ständig von innen her neue Materialien zugefügt. Bei hohem Grundwasserstand wird das Nest nahe der Oberfläche angelegt und 50–60 cm hoch mit Erde überhäuft. Die Nestkammer ist von sich windenden, horizontalen Gängen umgeben, diese sind mit den Gängen des Jagdreviers verbunden. Auf Wiesen ziehen die Jagdgänge meist 5–8 cm unter der Oberfläche dahin, liegen also unmittelbar unter dem Wurzelfilz. Der tiefste Gang verlief 68 cm tief im Boden.

Die Ausdehnung des Reviers hängt von der Nahrungsdichte ab. Bei hohem Futterangebot ist sie gering und umfaßt nur 3–4 a, bei spärlich verteiltem Futter bis 30 a. MEESE und CHEESEMAN (1969) fanden für zwei im Februar radioaktiv markierte und 3 Wochen lang kontrollierte ♀: Nr. 1 war täglich etwa 13 Stunden lang außerhalb des Nestes und benutzte Gänge von insgesamt 228,5 m Länge auf einer Fläche von 395 m^2. Nr. 2 war täglich 14 Stunden aktiv und lief dabei 146 m Gänge auf einer Fläche von 282 m² ab. Nr. 1 hatte ein Nest 10 cm unter der Erdoberfläche von 23 cm Durchmesser aus Eichenblättern und Gras. Das Nest von Nr. 2 lag in einer 30 cm hohen, im Durchmesser 107 cm messenden „Burg" 8 cm über dem Boden und war ebenfalls aus Gras und Eichenlaub zusammengesetzt. Im Territorium Nr. 1 wurde mit einer Formolaustreibungsmethode eine auf die Masse bezogen 20% geringere Regenwurmdichte gefunden als im Territorium Nr. 2.

Die Grabaktivität ist im Winter höher als im Sommer, weil die Gänge im Winter in tiefere Bodenschichten verlegt und erweitert werden müssen, um ausreichend Nahrung zu beschaffen (z. B. MELLANBY 1966). Wegen der wechselnden Grabintensität kann aus der Zahl der Maulwurfshaufen nicht auf die Maulwurfsdichte geschlossen werden. Bei geringer Häufigkeit lassen sich auf Wiesen noch Territorien abgrenzen und zählen. Bei höherer Dichte ist das nicht mehr möglich, weil dann die Gangsysteme verschiedener Tiere ineinander übergehen. MEAD-BRIGGS und WOODS (1973) entwickelten daher aus dem Anteil der nach dem Öffnen wieder verschlossenen Maulwurfsgänge einen Index zur Bestandsschätzung.

Ein Problem für den Maulwurf ist sicherlich der erhöhte CO_2-Gehalt der Luft im Boden, der in Tiefen zwischen 15 und 45 cm in Grasland bei etwa 1,5% in anderen Lebensräumen bei 0,3% liegt und damit etwa 10–50mal so hoch ist wie über dem Boden. Anpassungen sind große Lungen (21,5% des Gew bei *Talpa* gegenüber 10,6% bei *Desmana* und 9,5% bei *Sorex araneus*) und höherer Hämoglobingehalt. Die Durchlüftung des Baues haben OLSZEWSKI und SKOCZEŃ (1965) gemessen und eine enge Korrelation zwischen der Windgeschwindigkeit über dem Boden und in den Gängen gefunden. Außerdem war die Durchlüftung stark von der Lage der Gänge abhängig. So war die Luft in den Nestkammern stets ruhig, dagegen in den Ringtunneln um die Nestkammern meßbar bewegt.

Die Temperatur in den Gängen ist ausgeglichen und bleibt im Jahreslauf meist innerhalb von $-2°$ bis $+20°C$. Da die Bodenluft meist mit Wasserdampf gesättigt ist, kommt Verdunstungskühlung bei zu hohen Temperaturen für den Maulwurf nicht in Frage. Statt dessen können Maulwürfe bei Überhitzung (wenig oberhalb 20°) die Wärmebildung in den Eingeweiden drosseln. Bei 29° Umgebungstemperatur ist der Ruheumsatz minimal und steigert sich je 5° Temperaturabnahme um den Betrag des Grundumsatzes. Die Bewegungsschübe werden bei sinkenden Temperaturen länger, die Bewegungen intensiver. Bei Temperaturen unter 16–18° baut der Maulwurf ein Schlafnest, das im Winter tiefer im Boden liegt als im Sommer. Mit abnehmender Temperatur rollt sich der schlafende Maulwurf enger ein. Das Nest spart 50–60% der Energie, die der Maulwurf beim Schlafen ohne Nest aufwenden müßte. Dagegen hat das Fell im Sommer und Winter etwa gleichen Isolationswert, der auch durch eine geänderte Haarstellung nicht variiert werden kann (KLEIN 1972). Schermäuse (*Arvicola terrestris*) können Maulwurfsgänge mitbenutzen. So fanden sich in 9 von 46 ausgegrabenen Maulwurfsbauen bei Nyon in der Schweiz auch Schermäuse. Bei experimentellem Einführen von einem Schermauspaar in einen bewohnten Maulwurfsbau konnte durch radioaktive Markierung der Insassen gezeigt werden, daß sich Schermäuse und Maulwurf in verschiedenen Teilen des Systems aufhielten, der Aktivitätsrhythmus der Schermäuse unverändert blieb, der des Maulwurfs hingegen beträchtlich gestört war. Dies war vor allem wohl dadurch verursacht, daß der Maulwurf durch die Wühlmäuse auf einen Teil seiner ursprünglichen Gänge beschränkt war und dies durch erhöhte Grabtätigkeit auszugleichen suchte (FRITSCHY und MEYLAN 1980).

Die Wirkung der Grabtätigkeit wird unterschiedlich beurteilt. Nach SKOCZEŃ et al. (1976) fördern Maulwurfsgänge das Austrocknen des Bodens nach einem Regen. Die auf Maulwürfe rückführbare Abtragung des Bodens im Gebirge hat JONCA (1972) mit 1–3 t Erde/ha Wiese jährlich geschätzt. GRULICH (1980) weist darauf hin, daß sich auf Wiesen auf Maulwurfshügeln unerwünschte Pflanzen ansiedeln, die der Bodenerosion weniger Widerstand entgegensetzen und nicht zum Heu beitragen. Als positiv werden oft Durchlüftung und Lockerung des Bodens gewertet.

Literatur

ANDERSEN, J.: The food of the Danish badger (*Meles meles danicus* Degerbøl). Danish Rev. Game Biol. **3**, 1955, 1–75.
BECKER, K.: Über einen Spätwurf bei *Talpa europaea* (L.). Z. Säugetierk. **24**, 1959, 93–95.
BOECKER, M.; LEHMANN, E. VON; REMY, H.: Über eine Wirbeltierfauna aus den jüngsten würmzeitlichen Ablagerungen am Michelberg bei Ochtendung/Neuwieder Becken. Dechemiana **124**, 1972, 119–134.
BUSCHINGER, A.; WITTE, G. R.: Untersuchungen zur Periodik der lokomotorischen Aktivität des europäischen Maulwurfs (*Talpa europaea* L.) unter natürlichen Bedingungen. Bonn. zool. Beitr. **27**, 1976, 7–20.
CAPOLONGO, D.; PANASCI, R.: Le talpe dell' Italia centro-meridionale. Rendic. Acc. Sci. Fis. Mat. Soc. Naz. Sci. Lett. Arti Napoli (4) **42**, 1976, 104–138.
– Ricerche sulle popolazioni di talpe dell' Italia settentrionale e nuovi dati sulle restanti popolazioni Italiane. Ann. Ist. Mus. Zool. Univ. Napoli **22**, 1978, 17–59.
CHRZANOWSKI, Z.: Gefangenschaftsbeobachtungen zum Sozialverhalten des Maulwurfs, *Talpa europaea* (Linné, 1758) und seinen Reaktionen gegenüber einigen Mäusen. Säugetierk. Mitt. **15**, 1967, 163–165.
DEHM, R.: Altpleistocäne Säuger von Schernfeld bei Eichstätt in Bayern. Mitt. Bayer. Staatssamml. Paläont. hist. Geol. **2**, 1962, 17–61.
EADIE, W. R.: The pelvic girdle of *Parascalops*. J. Mammal. **26**, 1945, 94–95.
EVANS, A. C.: The identity of earth worms stored by moles. Proc. zool. Soc. London **118**, 1948, 356–359.

FLEISCHER, G.: Studien am Skelett des Gehörorgans der Säugetiere, einschließlich des Menschen. Säugetierk. Mitt. **21**, 1973, 131–239.
FRITSCHY, J. M.; MEYLAN, A.: Occupation d'un même terrier par *Talpa europaea* L. et *Arvicola terrestris scherman* (Shaw) (Mammalia). Rev. suisse Zool. **87**, 1980, 895–906.
FUNMILAYO, O.: Daily food consumption of captive moles. Acta theriol. **22**, 1977, 389–392.
GODFREY, G. K.: Reproduction of *Talpa europaea* in Suffolk. J. Mammal. **37**, 1956, 438–440.
– CROWCROFT, P.: The life of the mole. London 1960.
GRULICH, I.: Zur Methodik der Altersbestimmung des Maulwurfs, *Talpa europaea* L., in der Periode seiner selbständigen Lebensweise. Zool. listy **16**, 1967a, 41–59.
– Die Variabilität der taxonomischen Merkmale des Maulwurfs (*Talpa europaea* L., Insectivora) im Zusammenhang mit Alter und Geschlecht. Zool. listy **16**, 1967b, 125–144.
– Kritische Populationsanalyse von *Talpa europaea* L. aus den West-Karpaten (Mammalia). Acta Sci. Nat. Brno **3** (4), 1969a, 1–54.
– Zu den allometrischen Beziehungen einiger systematisch-taxonomischer Merkmale der Vertreter der Gattung *Talpa* (Mammalia, Insectivora). Zool. listy **18**, 1969b, 163–184.
– Zum Bau des Beckens (pelvis), eines systematisch-taxonomischen Merkmales bei der Unterfamilie Talpinae. Zool. listy **20**, 1971, 15–28.
– Mammals and earth works in culturocoenoses. Quaestiones Geobiol. **24/25**, 1980, 1–203.
HAECK, J.: Colonization of the mole (*Talpa europaea* L.) in the Ijsselmeerpolders. Netherlands J. Zool. **19**, 1969, 145–248.
HAUCHECORNE, F.: Färbung und Haarkleid des Maulwurfs. Pallasia **1**, 1923, 67–72.
– Ökologisch-biologische Studien über die wirtschaftliche Bedeutung des Maulwurfs (*Talpa europaea*). Z. Morph. Ökol. Tiere **9**, 1927, 439–571.
HELLER, F.: Eine neue altquartäre Wirbeltierfauna von Erpfingen (Schwäbische Alb). Neues Jb. Geol. Paläont., Abh. **167**, 1958, 1–102.
HEROLD, W.: Zur Säugetierfauna der Inseln Usedom und Wollin. Dohrniana **13**, 1934, 176–196.
HEURN, W. C. VAN; HUSSON, A. M.: Extra praemolaren in de onderkaak van de mol, *Talpa europaea* Linnaeus. Lutra **2**, 1960, 5–8.
HUSSON, A. M.; HEURN, W. C. VAN: Kleurverscheidenheden van de mol, *Talpa europaea* L., in Nederland waargenomen. Zool. Bijdragen **4**, 1959, 1–16.
JOHANNESSON-GROSS, K.: Verhaltensbiologische Untersuchungen zum Thema Lernen am Maulwurf (*Talpa europaea* L., Insectivora, Talpidae) mit Ausblick auf die zoodidaktische Bedeutung dieses Tieres. Diss. Kassel 1984.
– Der Maulwurf (*Talpa europaea* L.) als Bewohner von Flußauen: Können Maulwurfspopulationen durch Hochwasser vernichtet werden? Naturschutz Nordhessen (Kassel) **8**, 1985, 39–49.
JOŃCA, E.: Winter denudation of molehills in mountainous areas. Acta theriol. **17**, 1972, 407–417.
KINDAHL, M. E.: Some comparative aspects of the reduction of the premolars in the Insectivora. J. dent. Res. **46**, 1967, 805–808.
KLEIN, M.: Untersuchungen zur Ökologie und zur verhaltens- und stoffwechselphysiologischen Anpassung von *Talpa europaea* (Linné 1758) an das Mikroklima seines Baues. Z. Säugetierk. **37**, 1972, 16–37.
KOENIGSWALD, W. VON: Mittelpleistozäne Kleinsäugerfauna aus der Spaltenfüllung

Petersbuch bei Eichstätt. Mitt. Bayer. Staatssamml. Paläont. hist. Geol. **10**, 1970, 407–432.
- Die Säugetierfauna aus der Burghöhle Dietfurt. Kölner Jb. Vor-Frühgesch. **15**, 1980, 123–142.

KORMOS, Th.: Revision der Kleinsäuger von Hundsheim in Niederösterreich. Földtani Közlöny **67**, 1937, 23–37.

KRATOCHVÍL, J.; KRÁL, B.: Karyotypes and phylogenetic relationships of certain species of the genus *Talpa* (Talpidae, Insectivora). Zool. listy **21**, 1972, 199–208.

LEHMANN, E. VON: Die Rückendrüse des Europäischen Maulwurfs (*Talpa europaea*). Z. Säugetierk. **34**, 1969, 358–361.

LLUCH I MARGARIT, S.: Estudi morfomètric i biològie de *Talpa europaea* Linnaeus, 1758, al nordest de la península Ibèrica. Examensarbeit Universität Barcelona 1986.

LODAL, J.; GRUE, H.: Age determination and age distribution in populations of moles (*Talpa europaea*) in Denmark. Acta Zool. Fennica **173**, 1985, 279–281.

LÖHRL, H.: Zur Nahrung des Maulwurfs, *Talpa europaea frisius* Müller, 1776. Säugetierk. Mitt. **4**, 1956, 30.

LUND, R. D.; LUND, J. S.: The central visual pathways and their functional significance in the mole (*Talpa europaea*). J. Zool., London **149**, 1966, 95–101.

MARKOV, G.: Insektenfressende Säugetiere Bulgariens. Sofia 1957.

MEAD-BRIGGS, A. R.; WOODS, J. A.: An index of activity to assess the reduction in mole numbers caused by control measures. J. appl. Ecol. **10**, 1973, 837–845.

MEESE, G. B.; CHEESEMAN, C. L.: Radio-active tracking of the mole (*Talpa europaea*) over a 24-hour period. J. Zool., London **158**, 1969, 197–203.

MELLANBY, K.: Mole activity in woodlands, fens, and other habitats. J. Zool., London **149**, 1966, 35–41.
- The mole. London, 1. Aufl. 1971, Neudruck 1974.

MEYLAN, A.: Les terriers de trois espèces de petits mammifères. Agriculture Romande (A) **4** (6), 1965, 48.

MOHR, E.: Die postembryonale Entwicklung von *Talpa europaea* L. Vidensk. Medd. Dansk naturh. Foren. **94**, 1933, 249–272.

MURARIU, D.: Contributions à la connaissance du système glandulaire tégumentaire chez *Sorex araneus* L. et *Talpa europaea* L. (Mammalia, Ord. Insectivora). Trav. Mus. Hist. Nat. „Grigore Antipa" **11**, 1971, 429–435.
- L'étude anatomo-histologique des glandes mammaires chez les insectivores (Mammalia) de Roumanie. Trav. Mus. Hist. Nat. „Grigore Antipa" **14**, 1974, 431–438.
- Etude anatomo-histologique des glandes de la région anale et circumanale chez *Erinaceus europaeus* et *Talpa europaea* (Insectivora). Trav. Mus. Hist. Nat. „Grigore Antipa" **16**, 1975, 303–310.
- Les glandes tégumentaires de certains insectivores (Mammalia, Insectivora) de Roumanie. Anatomie, histologie et histochimie. Trav. Mus. Hist. Nat. „Grigore Antipa" **17**, 1976, 387–413.

NIETHAMMER, G.: Zur Größenvariation alpiner Maulwürfe. Bonn. zool. Beitr. **13**, 1962, 249–255.

NIETHAMMER, J.: Notizen über den Maulwurf (*Talpa europaea*). Säugetierk. Mitt. **11**, 1963, 79–80.

OLSZEWSKI, J.; SKOCZEŃ, S.: The airing of burrows of the mole, *Talpa europaea* Linnaeus, 1758. Acta theriol. **10**, 1965, 181–193.

OPPERMANN, J.: Die Nahrung des Maulwurfs (*Talpa europaea* L. 1758) in unterschiedlichen Lebensräumen. Pedobiologia **8**, 1968, 59–74.

OSBORN, D. J.: Notes on the moles of Turkey. J. Mammal. **45**, 1964, 127–129.

PETROV, B. M.: Taxonomy and distribution of moles (Genus *Talpa,* Mammalia) in Macedonia. Acta Mus. Mac. Sci. Nat. (Skopje) **12,** 1971, 117–136.
– Einige Fragen der Taxonomie und die Verbreitung der Gattung *Talpa* (Insectivora, Mammalia) in Jugoslawien. Sympos. theriol. II Brno 1971, Praha 1974, 117–124.
QUILLIAM, T. A.: The mole's sensory apparatus. J. Zool., London **149,** 1966, 76–88.
REED, C. A.: Locomotion and appendicular anatomy in three soricoid insectivores. Amer. Midland Naturalist **45,** 1951, 513–671.
REUBER, A.: Untersuchungen am Skelett des Maulwurfs (*Talpa europaea*). Staatsexamensarbeit Bonn 1980.
SACHTLEBEN, H.: Untersuchungen über die Nahrung des Maulwurfs. Arb. Biol. Reichsanst. Land-, Forstwirtsch. **14,** 1925, 76–96.
SCHAERFFENBERG, B.: Die Nahrung des Maulwurfs (*Talpa europaea* L.). Z. angew. Entom. **27,** 1940, 1–70.
SKOCZEŃ, S.: Tunnel digging by the mole (*Talpa europaea* Linné). Acta theriol. **2,** 1958, 235–249.
– On food storage of the mole, *Talpa europaea* Linnaeus 1758. Acta theriol. **5,** 1961a, 23–43.
– Colour mutations in the mole, *Talpa europaea* Linnaeus 1758. Acta theriol. **5,** 1961b, 290–293.
– Age structure of skulls of the mole, *Talpa europaea* Linnaeus 1758 from the food of the buzzard (*Buteo buteo* L.). Acta theriol. **6,** 1962, 1–9.
– Age determination, age structure and sex ratio in mole, *Talpa europaea* Linnaeus, 1758 populations. Acta theriol. **11,** 1966a, 523–536.
– Seasonal changes of the pelage in the mole, *Talpa europaea* Linnaeus, 1758. Acta theriol. **11,** 1966b, 537–549.
– Stomach contents of the mole, *Talpa europaea* Linnaeus, 1758 from southern Poland. Acta theriol. **11,** 1966c, 551–557.
– NAGAWIECKA, H.; BOROŃ, K.; GAŁKA, A.: The influence of mole tunnels on soil moisture. Acta theriol. **21,** 1976, 543–548.
STEIN, G. H. W.: Zur Biologie des Maulwurfs, *Talpa europaea* L. Bonn. zool. Beitr. **1,** 1950a, 97–116.
– Größenvariabilität und Rassenbildung bei *Talpa europaea* L. Zool. Jb. (Syst.) **79,** 1950b, 321–448.
– Populationsanalytische Untersuchungen am europäischen Maulwurf II. Über zeitliche Größenschwankungen. Zool. Jb. (Syst.) **79,** 1951, 449–638.
– Materialien zum Haarwechsel deutscher Insectivoren. Mitt. Zool. Mus. Berlin **30,** 1954, 12–34.
– Eine neue Farbmutante des Maulwurfs (*Talpa europaea* L.). Z. Säugetierk. **23,** 1958, 198–199.
– Ökotypen beim Maulwurf, *Talpa europaea* L. (Mammalia). Mitt. Zool. Mus. Berlin **35,** 1959, 3–43.
– Schädelallometrien und Systematik bei altweltlichen Maulwürfen (Talpinae). Mitt. Zool. Mus. Berlin **36,** 1960, 1–48.
– Anomalien der Zahnzahl und ihre geographische Variabilität bei Insectivoren: I. Maulwurf, *Talpa europaea* L. Mitt. Zool. Mus. Berlin **39,** 1963a, 223–240.
– Unterartengliederung und nacheiszeitliche Ausbreitung des Maulwurfs, *Talpa europaea* L. Mitt. Zool. Mus. Berlin **39,** 1963b, 379–402.
ŠTĚRBA, O.: Prenatal development of central European Insectivores. Folia Zool. **26,** 1977, 27–44.
– Developmental anatomy of the mole, *Talpa europaea* X. Development of the dentition. Folia Zool. **38,** 1989, 59–67.

STORCH, G.: Zur Pleistozän-Holozän-Grenze in der Kleinsäugerfauna Süddeutschlands. Z. Säugetierk. **39**, 1974, 89-97.
STROGANOV, S. U.: Morphological characters of the auditory ossicles of recent Talpidae. J. Mammal. **26**, 1945, 412-420.
TODOROVIĆ, M.; SOLDATOVIĆ, B.; DUNDERSKI, Z.: Karyotype characteristics of the population of the genus *Talpa* from Macedonia and Montenegro. Arh. Biol. Nauka, Beograd **24**, 1972, 131-139.
WETTSTEIN, O, VON; MÜHLHOFER, F.: Die Fauna der Höhle von Merkenstein in N.-Ö. Arch. Naturgesch. (N. F.) **7**, 1938, 514-558.
WITTE, G. R.: Erfahrungen mit der Käfighaltung von Maulwürfen. (*Talpa europaea* L.). Zool. Garten (N. F.) **51**, 1981, 193-215.
WÖHRMANN-REPENNING, A.: Zur vergleichenden makro- und mikroskopischen Anatomie der Nasenhöhle europäischer Insektivoren. Gegenbaurs morph. Jahrb., Leipzig **121**, 1975, 698-756.
YALDEN, D. W.: The anatomy of mole locomotion. J. Zool., London **149**, 1966, 55-64.
ZIEGLER, A. C.: Milk dentition in the broad-footed mole, *Scapanus latimanus*. J. Mammal. **53**, 1972, 354-355.
ZIMA, J.: The karyotype of *Talpa europaea kratochvili* (Talpidae, Insectivora). Folia Zool. (Brno) **32**, 1983, 131-136.

Talpa romana Thomas, 1902 – Römischer Maulwurf

E: Roman mole; F: La taupe d'Italie

Von Jochen Niethammer

Diagnose. Gestalt und Größe wie *Talpa europaea*, aber Augen von Haut überwachsen. Rostrum breiter, Rbr meist über 27,5% der Cbl. Zähne relativ größer, so die Länge M^1–M^3 bei *T. europaea* aus dem Rheinland 5,7–6,5, bei *T. romana* 6,7–7,3, jeweils bei Cbl zwischen 33 und 37 mm. Becken häufig caecoid ohne Knochenbrücke zwischen Ischium und Sacrum.

Chromosomen: Wie *europaea* (16 topotypische Exemplare bei Ostia untersucht, Capanna 1981).

Zur Taxonomie. Durch Fillipucci et al. (1987*) ist gut begründet, daß die Art auf das mittlere und südliche Italien beschränkt ist und daß die bisher zu *romana* gerechneten Maulwürfe der Balkan-Halbinsel einer gesonderten Art, *T. stankovici*, angehören. *T. europaea* und *T. romana* leben in Italien offenbar parapatrisch. Nebeneinander, sogar vor demselben Bau gefangen wurden sie bei Assisi (Fillipucci et al. 1987*). Unklar ist, ob nicht auch in S-Frankreich eine kleine, isolierte Population von *T. romana* existiert.

Beschreibung. Einziger äußerlicher Unterschied gegenüber *T. europaea* ist das Fehlen einer Augenöffnung in der Haut. Dies habe ich für drei Exemplare vom Monte Gargano überprüft, und Capolongo (briefl.) hat es 1983 bestätigt. Größe und Proportionen ähneln denen von *T. europaea*. Als Zitzenzahl fand ich bei einem ♀ vom Monte Gargano 1-2-1 Paare, wobei das pectorale Paar allerdings nicht so weit vorn lag wie bei *europaea*.

Schädel: Breiter und gedrungener als bei *europaea* (Abb. 50). Als wichtigster Unterschied gilt die größere Breite des Rostrums in Höhe der M^2 (Tab. 38; Rbr), die offenbar mit breiteren Molaren korreliert ist. Etwas breiter ist im Durchschnitt auch der Hirnschädel (Skb). Am Unterkiefer wirkt der Processus coronoideus schlanker.

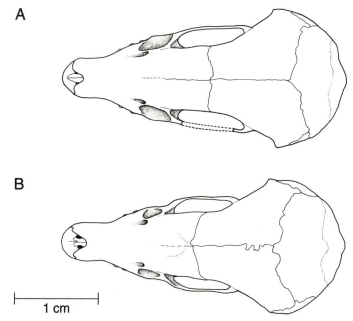

Abb. 50. Schädel dorsal von **A** *Talpa romana* (Coll. J. N. 1434, ♂ Monte Gargano) und **B** *T. europaea* (Coll. J. N. 6193, ♀ Rheinland).

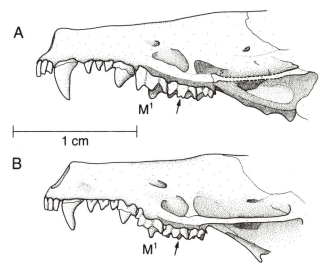

Abb. 51. Rostrum lateral von links bei **A** *Talpa romana,* **B** *T. europaea,* gleiche Schädel wie in Abb. 50. Man beachte die bei *T. romana* größeren Zähne, insbesondere Molaren, und den gespaltenen Mesostyl an M^2 (Pfeile).

136   Talpidae – Maulwürfe

Tabelle 38. Maße von *Talpa romana*. K = Coll. Museum A. Koenig, Bonn. AG: Kalenderjahr; 0 = Jahr der Geburt.

Nr.	Herkunft	sex	Mon	Kr	Schw	Hf	Gew	Cbl	Rbr	Skb	Pall	C–M³	M¹–M³	Mand	P₁–M₃	M₁–M₃	AG
K 60.346	Camighatello, Calabrien	♂	8	142	24	19	80	35,1	9,7	16,6	15,3	13,6	6,7	23,7	12,0	7,5	0
K 63.542	Gampari d'Aspromonte	♂	8	121	38	18	70	34,4	9,4	17,0	15,7	13,9	6,7	22,4	12,3	7,4	1
K 72.199	Campolongo, Calabrien	♂	8	140	22	18	85	34,2	10,3	16,6	15,2	13,9	7,1	22,9	12,0	7,8	1
K 72.200	Novaco, Calabrien	♂	8	140	41	20	97	36,6	9,9	18,0	16,4	14,5	7,2	24,6	12,9	8,0	0
K 72.202	Campolongo, Calabrien	♂	8	145	30	19	83	35,7	10,2	17,8	16,1	14,4	7,1	24,6	12,6	8,1	0
K 77.675	Tiriolo, Calabrien	♂		129	30	18	72	33,3	9,4	16,4	14,6	13,1	6,8	22,0	11,8	7,4	1
K 66.291	Gargano, 0–50 m	♂	6–7	111	26	18	62	32,5	9,7	16,5	14,4	13,2	6,8	22,2	11,8	7,4	2
K 66.292	Gargano, 800–900 m	♂	5	116	32	17	82	35,2	10,5	17,2	15,5	14,3	7,3	24,1	12,9	7,9	1
K 66.293	Gargano, 100–200 m	♂	5	133	34	17	67	33,8	9,8	16,6	15,2	13,7	6,8	23,2	11,8	7,6	1
K 66.295	Gargano, 300–400 m	♂	5	131	27	17	62	32,9	9,7	16,5	14,5	13,3	6,7	22,0	12,1	7,6	1
K 66.297	Gargano-Foggia	♂	6	132	33	17,5	86	33,4	10,3	–	14,7	13,4	6,7	23,1	12,0	7,5	1
K 66.298	Gargano, 800 m	♂	7	140	36	18	83	34,6	9,8	17,3	15,5	14,1	7,0	23,8	12,6	8,2	1
K 66.300	Gargano, 800–900 m	♂	6	131	30	18	70	34,8	9,9	17,2	15,5	13,8	7,2	23,6	12,4	8,1	0
K 66.302	Gargano, 800–900 m	♂	5	129	26	17	74	34,3	9,7	16,6	14,8	13,7	7,0	23,8	12,4	7,8	0

Talpa romana – Römischer Maulwurf

Tabelle 39. Häufigkeit von Oligodontie-Varianten im Oberkiefer von *Talpa romana*. Aus CAPOLONGO und PANASCI (1978).

Zahl fehlender Praemolaren	0+0	1+0	1+1	2+0	2+1	2+2
Zahl betroffener Tiere	148	27	48	2	7	1

Zähne: Molaren erheblich größer (länger, breiter und höher) als bei *T. europaea*. Der linguale Teil (Protoconus) wirkt in Aufsicht massiver. Ferner besteht eine Tendenz zu deutlicher geteilten Mesostylen (Abb. 51). Vor allem die unteren Praemolaren stehen gedrängter und sind schräger angeordnet. Im Verhältnis sind die Gesamtzahnreihen (C-M_3^3) wie auch der Molarenanteil (M_1^1-M_3^3) bei *romana* länger. Die oberen Praemolaren tendieren zur Reduktion. Vor allem P^2 fehlt nicht selten beidseitig (Tab. 39). Soweit vorhanden, besitzen aber auch diese Zähne meist 2 Wurzeln.

Postcraniales Skelett: Das Becken eines ♂ vom Monte Gargano ist auf der einen Seite europaeoid, auf der anderen caecoid ausgebildet. Das Tier hat 13 Schwanzwirbel. Humerusmaße s. Tab. 30.

Verbreitung. Apenninenhalbinsel nach N bis etwa 43° 30' N. Vielleicht S-Frankreich (bei St. Tropez, Agay und Valescure, Var, SAINT GIRONS 1973*). Einziges Inselvorkommen Sizilien, wo 1879 zwei Exemplare bei Modica gefangen worden sind (CAPOLONGO und PANASCI 1976, 1978). Eine Bestätigung dieses Vorkommens aus neuerer Zeit fehlt.

Randpunkte: Italien: 1 Modica, Sizilien (CAPOLONGO und PANASCI 1976), 2 Tarquinia, Latium, 3 Assisi (FILIPPUCCI et al. 1987*), 4 Macerata (CAPOLONGO 1978); Frankreich: 5 St. Tropez, Agay (SAINT GIRONS 1973*).

Terrae typicae:

A *romana* Thomas, 1902: Ostia bei Rom, Italien
B *montana* Cabrera, 1925: Abruzzen, Italien (Nomen novum für *T. romana major* Altobello, 1920, präokkupiert durch *T. europaea major* Bechstein, ? 1800).
C *aenigmatica* Capolongo et Panasci, 1976: Modica, Sizilien
D *adamoi* Capolongo et Panasci, 1976: Favazzina, Reggio Calabria
E *brachycrania* Capolongo et Panasci, 1976: Gallicchio, Potenza, Italien
F *wittei* Capolongo, 1986: Monte Gargano, Italien

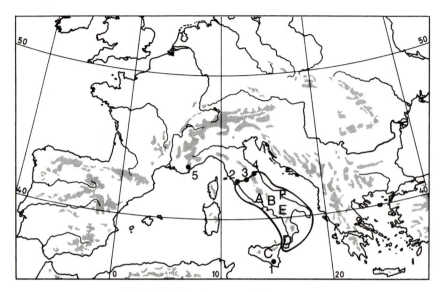

Abb. 52. Verbreitung von *Talpa romana*.

Merkmalsvariation. Sexualdimorphismus ähnlich dem von *T. europaea*. Bei Rom Cbl bei 9 ♀ 34,0–36,2 ($\bar{x}$ = 35,5), bei 14 ♂ 35,0–37,7 ($\bar{x}$ = 36,5) nach Angaben aus CAPANNA (1981).

Geographische Variation: Auffällig ist die Neigung zur Reduktion der P im Oberkiefer. Hier können bis zu 4 der 6 kleinen Praemolaren fehlen (Tab. 39).

Dagegen fehlte im Unterkiefer nur bei 2 der untersuchten 233 Maulwürfe ein P. Polyodontie wurde ebenfalls nur selten beobachtet. 2mal war ein P einseitig im Oberkiefer überzählig. Der Oligodontie-Anteil variierte regional zwischen 14% (Abruzzen, n = 36) über 37% (Monte Gargano, n = 19) bis 51% (Terra di Lavoro, n = 96).

Geographische Größenunterschiede sind aus Tab. 40 abzulesen. Die *T. romana* aus den Abruzzen sind danach am größten, die aus Apulien und Kalabrien am kleinsten.

Die relative Rbr variiert im Mittel der Populationen zwischen 27,6 und 29,2%. Die in ihrer Zugehörigkeit zu *romana* fraglichen Tiere aus S-Frankreich liegen hier an der unteren Grenze (Tab. 40).

Unterarten: Bei der Unterscheidung der Unterarten stützt sich CAPOLONGO (1986) vor allem auf die Größe (Cbl), die relative Breite des Rostrums und den Oligodontie-Anteil in den betreffenden Populationen.

Talpa romana – Römischer Maulwurf

Tabelle 40. Größe (Cbl) und Rostrumbreite (Rbr) von *Talpa romana* – ♂ in verschiedenen Populationen. Zugrunde liegen Maße aus CAPOLONGO und PANASCI (1976, 1978), eigene Daten für Italien und je Angaben über ein Exemplar aus SAINT GIRONS (1973*), STEIN (1960) und eigenem Material für S-Frankreich.

Population	Unterart	n	Cbl Min–Max	x̄	n	Rbr Min–Max	x̄	% Rbr der Cbl
Rom; Terra di Lavoro	*romana*	11	34,2 – 37,0	35,2	11	9,9 – 11,0	10,4	29,2
Abruzzen	*montana*	7	36,5 – 38,1	37,1	8	10,0 – 10,7	10,4	28,0
Kalabrien	*adamoi*	4	32,3 – 34,0	33,4	4	9,3 – 9,8	9,5	28,5
Lukanien	*brachycrania*	9	35,4 – 37,0	36,0	8	9,9 – 10,6	10,2	28,4
Sizilien	*aenigmatica*	2	36,7 – 38,1	37,4	2	10,2 – 10,4	10,3	27,6
Monte Gargano	*wittei*	12	32,6 – 35,8	34,2	14	9,7 – 10,6	10,0	29,4
S-Frankreich	?	3	34,3 – 35,6	34,8	3	9,3 – 9,9	9,6	27,6

Allerdings reichen die bisher bekannten Serien für eine Begründung bei weitem nicht aus. Die mutmaßlichen Unterart-Merkmale können den Tab. 39 und 40 entnommen werden. Für *brachycrania* wird außerdem hervorgehoben, daß die Schädelhöhe nur 29% der Cbl beträgt, bei den übrigen Formen dagegen 30–31%.

Paläontologie. Fossile Reste von *Talpa romana* und *T. europaea* lassen sich in der Regel nicht sicher trennen. Ein pleistozäner Maulwurf von Sardinien, *Talpa tyrrhenica* Bate, 1945, ist nach KURTÉN (1968*) möglicherweise auf *T. romana* zu beziehen.

Ökologie. Habitat: Unterschiede gegenüber *T. europaea* sind nicht bekannt. Höhenverbreitung in S-Italien mindestens zwischen 50 und 1050 m (BEAUCOURNU et al. 1981, Fundorte in Tab. 38).

Nahrung: In den Mägen von 3 Exemplaren aus etwa 800 m Höhe am Monte Gargano fand ich im März etwa 70–90% der Masse Lumbricidenstückchen und deren Eikokons, außerdem Insektenlarven, in einem Fall zahlreiche kleine Käferlarven.

Fortpflanzung: WITTE (1964) führt ein bei Monte S. Angelo, Monte Gargano, im April gesammeltes ♀ mit 2 Embryonen auf. CAPOLONGO (briefl. 1983) nennt je einmal 2 und 3 Embryonen.

Verhalten. Über das Verhalten von *T. romana* ist bisher wenig bekannt. Es wurde beobachtet, daß er ähnlich gräbt und Haufen aufwirft wie *T. europaea*, aber genauere Untersuchungen sind nicht gemacht.

Literatur

BEAUCOURNU, J. C.; VALLE, M.; LAUNAY, H.: Siphonaptères d' Italie meridionale; description de cinq nouveaux taxa. Riv. Parassitol. **42**, 1981, 483–505.
CAPANNA, E.: Caryotype et morphologie crânienne de *Talpa romana* Thomas de terra typica. Mammalia **45**, 1981, 71–82.
CAPOLONGO, D.: Weitere Untersuchungen über die Gattung *Talpa* (Mammalia: Insectivora) in Italien und den angrenzenden Ländern. Bonn. zool. Beitr. **37**, 1986, 249–256.
– PANASCI, R.: Le talpe dell' Italia centro-meridionale. Rendic. acc. Sci. Fis. Mat. Soc. Naz. Sci. Lett. Arti Napoli (4) **42**, 1976, 104–138.
– Ricerche sulle popolazioni di talpe dell' Italia settentrionale e nuovi dati sulle restanti popolazioni italiane. Ann. Ist. Mus. Zool. Univ. Napoli **22**, 1978, 17–59.
GRULICH, I.: Zum Bau des Beckens (pelvis), eines systematisch-taxonomischen Merkmales bei der Unterfamilie Talpinae. Zool. Listy **20**, 1971, 15–18.
STEIN, G. H. W.: Schädelallometrien und Systematik bei altweltlichen Maulwürfen (Talpinae). Mitt. Zool. Mus. Berlin **36**, 1960, 1–48.
WITTE, G.: Zur Systematik der Insektenfresser des Monte-Gargano-Gebietes (Italien). Bonn. zool. Beitr. **15**, 1964, 1–35.

Talpa stankovici V. et E. Martino, 1931 – **Balkan-Maulwurf**

Von JOCHEN NIETHAMMER

Diagnose. Sehr ähnlich *T. romana*, aber etwas kleiner.

Chromosomen: 2n = 34 wie *T. romana*. Abweichend von *romana* ist jedoch eines der kürzeren Autosomenpaare telo- statt subtelozentrisch (8 Exemplare untersucht von Jakupica, Šar Planina und vom Tetovo-Tal in Jugoslawien; TODOROVIĆ et al. 1972).

Zur Taxonomie. Bisher wurde *stankovici* als Unterart von *T. romana* aufgefaßt, doch ist die Eigenständigkeit als Art durch die gelelektrophoretischen Enzymvergleiche durch FILIPPUCCI et al. (1987*) gut gesichert. Die Unterscheidung von *T. europaea* ist morphologisch vor allem nach den Augen und der relativen Breite des Rostrums möglich (PETROV 1974). Schwer zu bewerten ist in diesem Zusammenhang der Befund von TODOROVIĆ (1972), der 4 Maulwürfe von der Šar Planina zytotaxonomisch als *stankovici* bestimmte, obwohl zwei von ihnen offene Augen und schmale Schnauzen wie *T. europaea* hatten.

Beschreibung. Bei 350 *T. stankovici*, die PETROV (briefl. 1983) in Jugoslawien untersuchte, waren die Augen stets unter der Haut verborgen. Gew bei 24 ♂ in Mazedonien 61–93 ($\bar{x}$ = 74) g, bei 10 ♀ 56–69 ($\bar{x}$ = 63) g (PETROV 1971). Kr, Schw und Hf wie bei kleineren *T. europaea*.

Schädel: Rostrum im Vergleich zu *T. europaea* ähnlich verbreitert wie bei *T. romana*. In Jugoslawien beträgt der Unterschied der durchschnittlichen Rostralbreite zwischen *stankovici* und *europaea* bei gleicher Cbl im Durchschnitt etwa 1 mm (PETROV 1971).

Zähne: Molaren ähnlich gegenüber *europaea* vergrößert wie bei *T. romana*. So beträgt die Länge C-M^3 in % der Cbl in Mazedonien bei *T. europaea* 36,8–38,6%, bei *T. stankovici* 38,5–43,4% (n = 30 + 34; PETROV 1971). Im Gegensatz zu *T. romana* scheint Oligodontie bei *T. stankovici* selten zu sein. So fand ich unter 16 Schädeln aus Griechenland kein Beispiel hierfür.

Tabelle 41. Maße von *Talpa stankovici*. K = Coll. Museum A. Koenig, Bonn, N = Coll. J. Niethammer. Meßweise wie bei *Talpa europaea*. AG: Kalenderjahr; 0 = Jahr der Geburt.

Nr.	Herkunft	sex	Mon	Kr	Schw	Hf	Gew	Cbl	Rbr	Skb	Pall	C–M³	M¹–M³	Mand	P₁–M₃	M₁–M₃	AG
K 60.680	Olymp, 1900 m	♂	8	128	33	16	63	31,6	9,3	16,7	14,2	12,9	6,4	21,6	11,4	7,0	1
K 77.31	Olymp, 2300 m	?	6	115	30	20	52	31,9	9,2	16,2	14,2	13,1	6,4	22,0	11,8	7,0	0
K 77.32	Pentalofon, N-Pindus, 1500 m	♂	5	123	30	18	60	32,1	9,6	16,2	14,4	13,2	6,9	21,1	11,9	7,4	0
N 1760	Korfu	♂	3	135	33	19	90	33,9	9,9	–	15,1	13,6	6,7	23,3	11,9	7,2	2
N 1761	Korfu	♀	3	135	28	18	64	32,2	9,5	16,4	14,4	13,4	6,6	21,6	11,5	7,0	1
N 1762	Korfu	♂	3	141	25	18	86	33,4	9,8	16,8	14,8	13,5	6,9	22,8	12,0	7,5	1
N 1763	Korfu	♀	3	130	25	18	56	33,0	9,6	16,5	14,5	13,4	7,0	21,9	12,0	7,6	0
N 1764	Korfu	♀	3	115	30	17	57	31,7	9,5	15,6	14,7	11,7	6,8	21,2	11,6	7,6	1
N 1765	Korfu	♀	3	115	25	17	57	31,8	9,2	15,2	14,5	12,7	6,6	21,4	11,4	7,4	0

Talpa stankovici – Balkan-Maulwurf

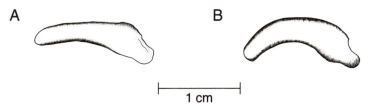

Abb. 53. Sesambein der Hand von **A** *Talpa stankovici* (Korfu, Griechenland), Coll. J. NIETHAMMER 2972; **B** *Talpa europaea* (Steiermark, Österreich), Coll. J. NIETHAMMER 5911.

Postcraniales Skelett: Ischium im Gegensatz zu *T. europaea* häufig nicht mit dem Sacrum verwachsen (caecoid), so bei 9 von 10 Tieren von Bitola in Jugoslawien (GRULICH 1971) und 3 aus Griechenland (2 Korfu, 1 Joannina, eigenes Material, Abb. 40 A). Dagegen fand PETROV (1971) unter 34 *T. stankovici* aus Mazedonien häufiger auch europaeoide Ausprägung.

Auf Korfu zweimal 12 Schwanzwirbel. Humerusmaße s. Tab. 30. Das Os falciforme der Hand ist bei *stankovici* weniger gebogen als bei *europaea* (Abb. 53).

Verbreitung. Balkan-Halbinsel: Mazedonien in Jugoslawien und N-Griechenland, vermutlich auch Albanien. Einziges Inselvorkommen Korfu (NIETHAMMER 1962*). Höhenverbreitung von Meeresniveau bis 2300 m am Olymp (s. Nr. K 77.31 in Tab. 41).

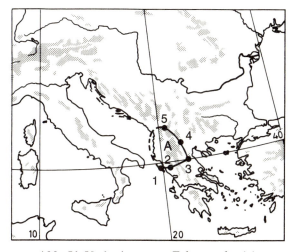

Abb. 54. Verbreitung von *Talpa stankovici*.

Randpunkte: Griechenland 1 Korfu (NIETHAMMER 1962), 2 Joannina (NIETHAMMER 1974*), 3 Olymp (s. Tab. 41), Jugoslawien 4 Pletven, 5 Šar-Gebirge (PETROV 1971).

Terra typica:

A *stankovici* Martino, 1931: Pelister, Mazedonien, Jugoslawien, 1000 m.

Merkmalsvariation. Der Sexualdimorphismus dürfte dem anderer *Talpa*-Arten ähneln (Cbl ♂ 32,3–34,7 $\bar{x}$ = 33,5, n = 34; ♀ 31,9–33,4, $\bar{x}$ = 32,8, n = 10 für Mazedonien nach PETROV 1971. Gew s. S. 141).

Eine geographische Variabilität deutet sich in dem kleinen Verbreitungsgebiet vielleicht für die Cbl an, die bei 4 ♂ von Korfu mit 31,5–33,9 ($\bar{x}$ = 32,8) geringfügig kleiner ist als in Mazedonien.

Ökologie. Habitat: Nach TODOROVIĆ (1970) und PETROV (1971) tendiert *T. stankovici* in Mazedonien dazu, etwas trockenere und damit ungünstigere Habitate zu besetzen als *T. europaea*. Ein Vorposten von *T. stankovici* hat sich hier im N bei Popova Šapka in 1750 m Höhe im Šar-Gebirge sympatrisch mit *T. europaea* erhalten, wogegen die tiefen Lagen im gesamten Wardar-Tal ausschließlich *T. stankovici* vorbehalten sind und *T. stankovici* den W davon, hier auch in Lagen bis herab zu knapp unter 600 m NN, unter Ausschluß von *T. europaea* besiedelt.

Fortpflanzung: Fast nichts bekannt. Ein nur 30 g schweres ♀ von Korfu (700 m NN, 8. April) schätze ich nach dem Gebiß auf höchstens 2 Monate alt. Es müßte demnach im Februar oder Anfang März geboren sein.

Literatur

GRULICH, I.: Zum Bau des Beckens (pelvis), eines systematisch-taxonomischen Merkmales bei der Unterfamilie Talpinae. Zool. listy **20,** 1971, 15–28.
NIETHAMMER, J.: Zur Verbreitung und Taxonomie griechischer Säugetiere. Bonn. zool. Beitr. **25,** 1974, 28–55.
PETROV, B. M.: Taxonomy and distribution of moles (genus *Talpa*, Mammalia) in Macedonia. Acta Mus. Mac. Sci. Nat. (Skopje) **12,** 1971, 117–136.
– Einige Fragen zur Taxonomie und die Verbreitung der Gattung *Talpa* (Insectivora, Mammalia) in Jugoslawien. Sympos. theriol. II Brno 1971, Praha 1974, 117–124.
TODOROVIĆ, M.: Variability of the mole (*Talpa*) in Macedonia. Arh. Biol. Nauka, Beograd **19,** 1970, 89–99.
– SOLDATOVIĆ, B.; DUNDERSKI, Z.: Karyotype characteristics of the population of the genus *Talpa* from Macedonia and Montenegro. Arh. Biol. Nauka, Beograd **24,** 1972, 131–139.

Talpa caeca Savi, 1822 – Blindmaulwurf

E: Blind mole; F: La taupe aveugle

Von Jochen Niethammer

Diagnose. Klein, Kr meist unter 125, Gew unter 65, Cbl unter 33. Augen von Haut überwachsen. Becken meist caecoid (Sacrum nicht mit Ischium verwachsen).

Karyotyp: $2n = 36$. Im Tessin unterscheidet sich der Karyotyp von dem von *T. europaea* nur durch ein zusätzliches, kleinstes, akrozentrisches Autosomenpaar (Meylan 1966). Hier also NF = 70. In Jugoslawien gleicht der Karyotyp dem von *T. caeca* im Tessin mit der Ausnahme, daß ein mittelgroßes Autosomenpaar telo-, nicht subtelozentrisch ist. Hier ist die NF also nur 68. Dies gilt ebenso für „Zwergmaulwürfe" bei Gacko in der Herzegowina wie als *T. caeca* bestimmte Exemplare vom Lovcen und von Jakupica in Montenegro und Mazedonien (Todorović und Soldatović 1969; Todorović et al. 1972).

Zur Taxonomie. Noch Honacki et al. (1982*) fassen wie die meisten Autoren vor ihnen die kleinwüchsigen sw-paläarktischen Maulwürfe von Portugal bis zum Kaukasus als *T. caeca* zusammen. Inzwischen ist durch Filippucci et al. (1987*) die Eigenständigkeit der kleinen iberischen Art (*T. occidentalis*) gelelektrophoretisch nachgewiesen. *T. minima* Deparma, 1959 aus dem Kaukasus schließt im Karyotyp eng an die im gleichen Gebiet lebende, großwüchsige *T. caucasica* an und gehört sicherlich nicht zu *T. caeca* (Kratochvíl und Král 1972). *T. caeca levantis* Thomas, 1906 von der Kleinasiatischen Schwarzmeerküste und *T. orientalis talyschensis* Vereščagin, 1945 aus Aserbeidschan entsprechen zwar in den Maßen *T. caeca*. Ihr Karyotyp ist bisher nicht bekannt. *T. orientalis* Ognev, 1926 von der kaukasischen Schwarzmeerküste kann als Synonym von *levantis* betrachtet werden (Felten et al. 1973*, Grulich 1972). Die Bewertung dieser Formen muß offen bleiben. Hier werden sie nicht mehr zu *T. caeca* gerechnet. Die Frage, ob die kleinen Balkan-Maulwürfe zu *T. caeca* gehören, wird nur durch gelelektrophoretische Untersuchungen zu entscheiden sein. Hier werden diese Populationen vorerst noch zu *T. caeca* gerechnet.

Tabelle 42. Einige Maße (mm, g) von *Talpa caeca* aus dem Tessin, überwiegend im Oktober gefangen. Als subad werden diesjährige, als ad mindestens vorjährige Tiere bezeichnet. Aus GRULICH (1970a).

Maß	Alter	♂ Min – Max	♂ x̄	s	n	♀ Min – Max	♀ x̄	s	n
Kr	ad	112 – 123	117	3,7	29	106 – 119	112	4,0	22
	subad	107 – 124	117	4,5	35	103 – 124	112	4,5	32
Schw	ad	27 – 39	34,5	2,7	29	27 – 37	32,0	2,5	22
	subad	28 – 43	36,9	2,7	35	26 – 40	31,3	3,6	32
Hf	ad	16 – 18	16,8	0,49	33	15,5 – 16,5	15,9	0,39	22
	subad	15 – 18	16,6	0,60	35	15,5 – 17,0	16,1	0,39	34
Gew	ad	45 – 66	60	4,6	34	38 – 56	47	4,1	22
	subad	40 – 67	58	5,0	35	39 – 60	48	3,8	34
Cbl	ad	30,4 – 32,9	31,9	0,48	30	29,8 – 31,6	31,2	0,64	22
	subad	30,7 – 32,5	31,8	0,55	34	229,7 – 31,7	30,8	0,52	30

Tabelle 43. Maße von *Talpa caeca* aus Italien. K Coll. Museum A. Koenig, Bonn, N Coll. J. Niethammer. Meßweise wie bei *T. europaea*. AG: Kalenderjahr; 0 = Jahr der Geburt.

Nr.	Herkunft	sex	Mon	Kr	Schw	Hf	Gew	Cbl	Rbr	Skb	Pall	C–M³	M¹–M³	Mand	P₁–M₃	M₁–M₃	AG
N 1444	Abetone, 1600 m	♀	6	101	22	15	44	30,0	7,9	–	13,3	11,8	5,6	19,6	10,5	5,8	3
N 1445	Abetone, 1200 m	♂	6	117	27	17	42	30,2	8,1	15,1	12,9	12,0	6,0	19,8	10,8	6,5	0–1
N 1446	Abetone, 1200 m	♂	6	115	28	16	47	30,4	8,1	15,1	13,4	12,0	5,9	20,0	10,7	6,3	2
K 80.924	Abetone, 800 m	♀	4	114	25	16	40	29,6	8,0	–	13,2	11,8	5,9	19,5	10,6	6,3	0–1
K 80.925	Abetone, 800 m	♂	4	123	25	17	49	31,7	8,3	–	13,8	12,2	5,8	20,3	11,1	6,6	0–1
K 80.926	Abetone, 800 m	♀	4	116	27	16	46	30,5	8,1	15,2	13,7	12,2	5,8	20,4	11,1	6,5	1
K 80.928	Abetone, 800 m	♂	4	114	29	17	55	31,6	8,4	15,7	14,0	12,4	6,2	20,1	11,1	6,5	1
N 1670	Osiglia	♂	9	110	27	16	42	30,0	8,0	14,9	13,0	11,9	6,0	19,4	10,5	6,3	1
N 1671	Osiglia	♂	9	107	24	16	44	30,3	7,7	14,9	13,5	12,0	6,0	20,2	10,9	6,7	1
N 1907	Monesi, 1280 m	♂	5	107	26	16	42	29,9	8,0	14,6	13,3	12,0	5,9	20,1	10,7	6,4	0
N 1908	Monesi, 1280 m	♂	5	115	22	16	45	30,8	8,3	15,4	13,7	12,3	6,0	20,9	11,0	6,6	1

Beschreibung. Proportionen denen von *T. europaea* ähnlich. Höchstmaße im Tessin Kr 124, Schw 43, Hf 18, Gew 67. Rhinarium schlanker als bei *europaea*. Länge × Breite bei ♂ im Tessin im Mittel 5,9 × 5,4, bei ♀ 5,5 × 5,2 (formolfixiert; ventral gemessen, Länge von Lippe zu Vorderrand und größte Breite). Rückenfell stärker glänzend als bei *europaea*, Bauchhaar stumpfer grauschwarz. Borsten an Lippen und Rüssel meist überwiegend weiß (nicht im Tessin). Penis dem von *T. europaea* ähnlich (GRULICH 1970a).

Schädel: Abgesehen von der geringeren Größe, die sich mit der kleiner *T. europaea* überschneidet, gibt es kaum Besonderheiten. Die Knochenbrücke über dem Canalis infraorbitalis liegt weiter vorn als bei *europaea*, ihr Hinterrand endet bei seitlicher Betrachtung vor dem Hinterende des Maxillare. Processus coronoideus der Mandibel schlanker als bei *europaea*. Zahlreiche Schädelmaße finden sich bei GRULICH (1970a, 1971b, c, 1977).

Zähne: Die I^1 sind meist im Verhältnis größer als bei *T. europaea*, doch schwinden die Größenunterschiede zwischen den I mit zunehmender Abrasion. Die Länge der I^1 beträgt im Tessin 42–55% der Länge aller drei Incisiven (GRULICH 1970a). Die Mesostylen der oberen Molaren sind bei subad immer zweispitzig. Bei älteren Tieren kann diese Zweispitzigkeit durch Abnutzung verloren gehen.

Postcraniales Skelett: Becken in der Regel caecoid, d. h. in über 80% der Fälle findet sich eine Lücke zwischen Ischium und Sacrum. Humerusmaße s. Tab. 45, die anderer postcranialer Knochen in Tab. 44.

Tabelle 44. Maße einiger postcranialer Skelettelemente bei *Talpa caeca* im Tessin. Aus GRULICH (1970a).

Maß	ad ♂				ad ♀			
	Min – Max		x̄	n	Min – Max		x̄	n
Scapulalänge	21,0	22,9	22,2	27	20,1	21,7	21,0	18
Claviculalänge	3,5	4,1	3,9	29	3,2	3,9	3,6	18
Sternumlänge	14,1	15,4	14,9	27	13,4	14,5	14,0	19
Ulnalänge	18,1	18,9	18,5	20	17,0	17,7	17,4	12
Radiuslänge	11,5	13,5	12,1	20	11,5	11,9	11,3	11
Beckenlänge	21,9	24,5	22,9	24	21,2	23,0	22,0	17
Femurlänge	13,6	15,0	14,5	29	13,1	14,4	13,6	19
Tibialänge	17,6	19,0	18,2	12	16,3	17,5	16,9	12

Talpa caeca – Blindmaulwurf

Tabelle 45. Länge und Diaphysenbreite der Humeri von *Talpa caeca* verschiedener Größe und Herkunft aus GRULICH (1970a, 1971c, 1977).

Population	sex	Cbl $\bar{x}$	Humeruslänge			Diaphysenbreite			
			Min	Max	$\bar{x}$	Min	Max	$\bar{x}$	n
Tessin	♂ ad	31,9	13,5	14,6	13,8	3,3	3,8	3,4	29
Tessin	♀ ad	31,2	12,8	13,7	13,3	3,2	3,5	3,3	19
Apennin, Alpe di S. Benedetti	♂	29,2	11,4	12,8	12,2	2,9	3,5	3,2	10
Apennin, Alpe di S. Benedetti	♀	28,8	11,4	12,0	11,8	3,0	3,2	3,1	7
Pelister, Jugoslawien	♂	28,7	11,9	12,6	12,3	3,0	3,4	3,2	18
Pelister, Jugoslawien	♀	28,0	11,5	12,5	11,9	2,8	3,4	3,1	12

Verbreitung. S-Alpen: Seealpen in Frankreich, Tessin in der Schweiz und italienische Alpen nach E bis Monte Baldo; Apenninen nach S bis Monte Pollino. Balkan-Halbinsel von S-Jugoslawien bis N-Griechenland (Olymp). Türkei: Thrazien. Kleinasien?

Höhenverbreitung in den S-Alpen zwischen 200 und 1800 m (GRULICH 1970b), in Jugoslawien zwischen 5 und 2100 m (PETROV 1974).

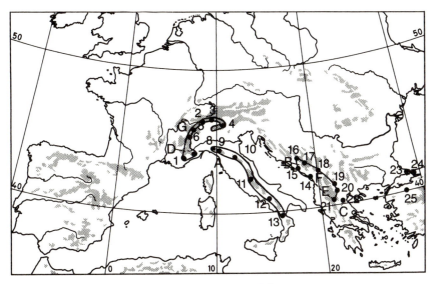

Abb. 55. Verbreitung von *Talpa caeca*.

Randpunkte: Frankreich 1 Cime de Calmette bei Peira Calva, Seealpen (GRULICH 1971b); Schweiz 2 n Locarno (GRULICH 1970b), 3 Soglio, Bergell (VON LEHMANN 1965); Italien 4 Monte Baldo und Castel San Giorgio, Monti Lessini, 5 Val Gressoney, Aosta, 6 Balme, Torino (CAPOLONGO und PANASCI 1978), 7 Osiglia, Ligurien (N 1670 in Tab. 2), 8 Apuanischer Apennin, 9 Abetone-Paß, 10 Pratovecchio e Florenz, 11 Gran Sasso, Abruzzen, 12 Kartenpunkt ohne Namensnennung, 13 Monte Pollino (CAPOLONGO und PANASCI 1976, 1978); Jugoslawien 14 Ulcinj, 15 Vrbanje (Orjen), 16 Rujiste (Prenj-Velez), 17 Durmitor, 18 Kuciste (Rugovo), 19 Prilep, 20 Dve Usi (Flora, Kozuf), 21 Pelister (PETROV 1974); Griechenland 22 Olymp (CHAWORTH-MUSTERS 1932); Türkei 23 bei Istanbul, 24 Ömerli, 5 Ulu Dağ (OSBORN 1964). Die Zugehörigkeit der türkischen Tiere zu *T. caeca* ist noch nicht abschließend geklärt und stützt sich vorerst nur auf übereinstimmende Größe (Cbl 29,3–32,4; n = 19). VIERHAUS (briefl. 1984) fand kleine, caecoide Becken in Steinkauzgewöllen aus der europäischen Türkei.

Terrae typicae:

A *caeca* Savi, 1822: bei Pisa, Italien
B *hercegovinensis* Bolkay, 1925: Stolac, Herzegowina, Jugoslawien
C *olympica* Chaworth-Musters, 1932: Osthang des Olymp, 800 m, Griechenland
D *dobyi* Grulich, 1971: Peira Cava, Alpes Maritimes, 1600–1700 m, Frankreich
E *beaucournui* Grulich, 1971: Pelister-Gebirge, Mazedonien, Jugoslawien
F *steini* Grulich, 1971: Lovcen-Gebirge bei Cetinje, 1300 m, Montenegro, Jugoslawien
G *augustana* Capolongo et Panasci, 1978: Gressoney, Aosta, Italien.

Merkmalsvariation. Sexualdimorphismus vorhanden, aber offenbar geringer als bei *T. europaea* (Tab. 42–45).

Ökologische Variation: Eine mit der Höhe des Habitats korrelierte Änderung der Körpergröße ist im Gegensatz zu *T. europaea* bei *T. caeca* nicht erkennbar. Die lokal besonders kleinen Blindmaulwürfe auf der Balkanhalbinsel (*hercegovinensis*) können als in Gegenwart einer größeren *Talpa*-Art (*T. europaea*) zur Kleinwüchsigkeit selektierte Ökotypen interpretiert werden (NIETHAMMER 1969).

Individuelle Variation: CAPOLONGO und PANASCI (1978) fanden bei 100 italienischen *T. caeca* nur einen Fall von Oligodontie (einseitig fehlten 2 obere P).

Talpa caeca – Blindmaulwurf

Tabelle 46. Mittelwerte der Schädelmaße Cbl, Rbr und Länge M^1–M^3 sowie Rbr und LM^1–M^3 in % der Cbl in verschiedenen Populationen von *Talpa caeca*. Tessin, Passo Muraglione, Peira Cava und Pelister aus GRULICH (1970a, 1971b, 1971c und 1977), übrige Orte nach eigenen Messungen. Abgesehen vom Olymp nur ♂.

Population	n	Cbl	Rbr	%	LM^1–M^3	%
Italien: Tessin	64–67	31,9	8,0	25,1		
Italien: Abetone-Paß	6–8	30,7	8,2	26,6	5,97	19,4
Italien: Passo Muraglione	10	29,2	7,6	26,1		
Frankreich: Peira Cava	6	29,4	7,6	25,8		
Jugoslawien: Pelister	17–18	28,7	7,5	26,2		
Jugoslawien: Lovcen	9	29,9	8,1	27,1	6,23	20,8
Griechenland: Olymp, ♂ + ♀	4	28,4	7,5	26,5		

Geographische Variation und Unterarten: Größenunterschiede in Humerus- und Schädelmaßen (Tab. 45, 46) scheinen geringfügig zwischen den Vorkommen auf der Apenninen- und Balkanhalbinsel zu bestehen. Möglicherweise ist der Anteil typisch caecoider Becken auf der Balkanhalbinsel etwas geringer als in den S-Alpen (Tab. 47).

Der im Tessin (Typ A) und auf der Balkan-Halbinsel abweichende (Typ B) Karyotyp wurde schon beschrieben. Tab. 48 faßt einige für die Unterartgliederung bedeutsame Merkmale nochmals zusammen. Danach unterscheiden sich die Balkan-Maulwürfe von denen Italiens durch den abweichenden Karyotyp B, geringere Schädellängen, ein relativ breiteres Rostrum und möglicherweise relativ längere Backenzahnreihen. In beiden Gebieten lassen sich vielleicht nochmals je zwei Gruppen nach der Größe trennen.

Tabelle 47. Beckenformen verschiedener Maulwurfsarten und -populationen. *T. occidentalis* und 3 *T. stankovici* nach eigenem Material, sonst nach GRULICH (1971a). Caecoide und europaeoide Ausbildung s. Abb. 40. Intermediär: Knochenbrücke zwischen Ischium und Sacrum nur einseitig, oder Ischium und Sacrum berühren sich, ohne verwachsen zu sein („Furche" bei GRULICH).

Art	Gebiet	n	Anteile Beckenform in %		
			caecoid	intermediär	europaeoid
europaea	verschieden	624	0,2	1	99
stankovici	Balkan-Halbinsel	12	92	8	0
caeca	Balkan-Halbinsel	33	51	49	0
caeca	Tessin, Seealpen	107	85	10	5
occidentalis	Iberische Halbinsel	55	4	9	87

Tabelle 48. Die wichtigsten Kennzeichen der Unterarten von *Talpa caeca*. Die Daten sind aus Tab. 46 entnommen, beziehen sich also überwiegend auf ♂.

Unterart	Gebiet	Karyotyp[1]	Cbl	Rbr %	M^1–M^3 %
caeca	Apennin (Abetone)	?	30,7	26,6	19,4
augustana	S-Alpen	A	31,9	25,1	?
hercegovinensis	Herzegowina	B	28,7	26,2	?
steini	Montenegro	B	29,9	27,1	20,8

[1] Typ A: NF = 68, B: NF = 70

Die beschriebenen Unterarten sind wie folgt zu kommentieren:

A *caeca:* Maulwürfe von der Auffahrt zum Abetone-Paß im N-Apennin können als annähernd topotypisch angesehen werden. Verglichen mit anderen Populationen in den Alpen und Italien sind sie mittelgroß (Tab. 46). CAPOLONGO und PANASCI (1978) rechnen hierzu alle italienischen Maulwürfe mit Ausnahme der der Alpen. S-alpine Maulwürfe aus Osiglia und Monesi (Tab. 43) lassen sich hier anschließen. Maulwürfe vom Passo di Muraglione 30 km w von Florenz sind mit einer mittleren Cbl der ♂ von 29,2 wesentlich kleiner (GRULICH 1977).

B *hercegovinensis:* Der Beschreibung liegt nur eine bei Stolac in der Herzegowina gefundene Mumie mit einer Rbr von 11,75 mm zugrunde (STEIN 1960). TODOROVIĆ (1965) hat bei 20 Exemplaren von Gacko, etwas e der Typuslokalität, Cbl von 27,5–29,7 mm gefunden. Neben der geringen Größe und einem überwiegend caecoiden Becken ist der Karyotyp B kennzeichnend. Die von TODOROVIĆ gemessene Rbr ist wegen abweichender Meßweise mit unseren Werten nicht vergleichbar.

C *olympica:* CHAWORTH-MUSTERS (1932) gibt folgende Maße (4 ♂, 4 ♀) an: Kr 103–110, Gesamtschädellänge 29–30 mm. Vermutlich Synonym von *hercegovinensis*.

D *dobyi:* Kleiner als *caeca*. Der Abstand ist allerdings nicht so groß, wie GRULICH (1971b) annahm, der Blindmaulwürfe aus dem Tessin als typische *caeca* ansah und *dobyi* mit diesen verglich. Cbl bei 6 ♂ 28,2–30,0, im Mittel 29,4. Synonym von *caeca*?

E *steini:* Größer als *hercegovinensis* (s. Population Lovcen in Tab. 46). Nach PETROV (1974) sind die *T. caeca* aus Montenegro insgesamt größer als typische *hercegovinensis*.

Tabelle 49. Humerusmaße kleiner rezenter und fossiler Maulwürfe. Bei den rezenten Maßen handelt es sich um jeweils groß- und kleinwüchsige *T. occidentalis* aus Spanien. Meßweise nach von KOENIGSWALD (1970). Humerusmaße rezenter *T. caeca* s. Tab. 45.

Art	Autor	n	Cbl	Humeruslänge Min–Max	x̄	Diaphysenbr. Min–Max	x̄	Epiphysenbr. Min–Max	x̄
				rezent					
occidentalis	unpubl.	7	31,6	13,6 14,6	13,9	3,6 4,1	3,81	7,3 7,8	7,6
occidentalis	unpubl.	15	29,4	12,1 13,7	12,7	3,0 3,6	3,27	6,5 7,2	6,8
				fossil					
minor	von KOENIGSWALD (1970)	19–46		10,7 11,7	11,1	2,7 3,3	2,96	5,4 6,5	5,96
minor	HELLER (1958)	26		11,9 13,1	12,5				
minor	KORMOS (aus HELLER 1958)			10,0 11,5					
minor	STORCH et al. (1973)	4–5				3,3 3,5	3,36	6,6 6,9	6,8
minuta	HUTCHISON (1974*)	2			ca. 9,4				

F *beaucournui:* Kleiner als *steini.* Der von GRULICH (1971c) angegebene Unterschied in der Rbr gegenüber *hercegovinensis* existiert vermutlich nicht, da die zum Vergleich von TODOROVIĆ (1975) übernommenen Rbr von *hercegovinensis* abweichend definiert sind. Danach wohl Synonym von *hercegovinensis.*

G *augustana:* Vor allem größer als *caeca.* Cbl 29,7–33,4 (74 ♂ + ♀ aus Aostatal, Piemont und Tessin). Weitere Maße und Schädelindices s. CAPOLONGO und PANASCI (1978). Alpenvorkommen von *caeca* mit Ausnahme des SW.

Paläontologie. Nach KURTÉN (1969) gibt es von *T. caeca* spätpleistozäne Funde aus Italien. Er glaubt, die Art könne von der nur fossil bekannten *Talpa minor* Freudenberg (= *T. gracilis* Kormos) abzuleiten sein, die vom Spätpliozän (Astian) bis zum Mittelpleistozän (Mindel-Riss-Interglazial = Holstein) an zahlreichen Fundstellen nachgewiesen wurde, oft neben der größeren *T. fossilis.* Tab. 49 und Tab. 45 geben Humerusmaße kleiner rezenter und fossiler Maulwürfe wieder, Tab. 30 zum Vergleich die rezenter *T. europaea.*

Trotz mancher Unsicherheiten sind einige Folgerungen möglich:

1. Bis zum Riß-Glazial gab es auch in Europa n der Alpen kleine, in der Größe *T. caeca* ähnliche Maulwürfe.
2. Die kleinen alt- und mittelpleistozänen Maulwürfe (*T. minor*), waren höchstens so groß wie kleine rezente *T. caeca.*

Weitergehende Interpretationen von *T. minor,* für die es viele Möglichkeiten gibt, lassen sich zur Zeit nicht begründen. So dürfte *T. minima* aus dem Kaukasus zwar der Größe nach besser zu *T. minor* passen als *T. caeca,* doch ist es wegen seiner Karyotyp-Beziehungen zu *T. caucasica* unwahrscheinlich, daß diese Art ehemals in Mitteleuropa vorkam. Ebenso kann bei dem fossilen Material nicht zwischen *T. caeca* und *T. occidentalis* unterschieden werden.

Ökologie. Habitat: Nach GRULICH (1970b) besiedelt *T. caeca* vor allem tiefgründige, lehmige und sandig-lehmige Böden, die weder naß sein noch zu stark austrocknen dürfen. Im Tessin sind daher nordexponierte Hänge in lichtem Laubwald recht günstig. Ackerland meidet *T. caeca* eher als *T. europaea.* Trotz der submediterranen Verbreitung ist *T. caeca* nicht besonders wärmeliebend, kommt sie doch noch an Standorten mit mehr als jährlich dreimonatiger Schneedecke vor. Trockene Böden, etwa Garrigue, kann auch *T. caeca* nicht besiedeln. So fehlen Maulwürfe in weiten Bereichen der Mittelmeerländer gänzlich. Einen wichtigen Einfluß scheint *T.*

europaea auszuüben. Gewöhnlich schließen sich beide Arten zumindest kleinräumig aus. Großräumig fehlt *T. europaea* in Gebieten mit *T. caeca* im Tessin (GRULICH 1970b) und in Montenegro (PETROV 1974). Kleinräumig ist das *caeca*-Vorkommen am Cime de Calmette in den französischen Seealpen vom nächsten *europaea*-Vorkommen durch einen Trockenlandstreifen isoliert (GRULICH 1970b). TODOROVIĆ (1965) hat die separierten Vorkommen von *T. caeca* und *T. europaea* bei Gacko in der Herzegowina kartiert. In Montenegro, wo *T. caeca* als einzige Art vorkommt, erreicht sie Meeresniveau. Meist sind aber erreichbare tiefe Lagen zu trocken oder von einer der größeren Arten besetzt. *T. caeca* bleibt dann gewöhnlich auf höhere Lagen begrenzt wie im Apennin, in den Seealpen und in Mazedonien. Umgekehrt sammelte G. NIETHAMMER bei 1280 m NN bei Monesi, Provinz Imperia, italienische Alpen *T. caeca* (Nr. N 1907 und 1908 der Tab. 43), W. und U. THIEDE hingegen fingen im gleichen Gebiet bei 1800 m *T. europaea* (Augen nicht überwachsen, Cbl 33,9, ♂). GRULICH (1970b) fand in Jugoslawien verschiedentlich *T. stankovici* und *T. caeca* nebeneinander, einmal sogar beide im gleichen Gangsystem. Die derzeitige Verteilung der Maulwürfe läßt vermuten, daß *T. caeca* durch die größeren Arten von nahrungsreichen Böden verdrängt wird und auf nahrungsärmeren Standorten überlebt hat, die für *T. europaea* und *T. stankovici* nicht mehr in Frage kommen.

Verhalten. Baue: Gangdurchmesser meist 4–4,5 cm. Wie bei *T. europaea* verlaufen die Gänge meist entweder knapp unter der Oberfläche, die sie dann aufwölben, oder in 10–20 cm Tiefe, wobei häufig Erdhügel ausgeworfen werden. In lockerem Laubwaldboden können die Gänge auch tiefer, häufig unter 25 cm, liegen und sind dann nur selten an der Oberfläche durch Erdhaufen markiert. Schließlich gibt es bis 35 cm tiefe Fernverbindungen zwischen verschiedenen Bauen. In derartigen Gängen fingen sich innerhalb von 6 Tagen 3–6 Tiere verschiedenen Alters und Geschlechts. Die Haufen sind wesentlich kleiner als bei *T. europaea*. Sie wogen 1–3,5 kg, im Mittel 1,9 kg (GRULICH 1970b; Tessin).

Literatur

CAPOLONGO, D.; PANASCI, R.: Le talpe dell' Italia centro-meridionale. Rendic. Acc. Science Fis. Mat. Soc. Naz. Scienze Lett. Arti Napoli (4) **42,** 1976, 104–138.
– Ricerche sulle popolazioni di talpe dell' Italia settentrionale. Ann. Ist. Mus. Zool. Univ. Napoli **22,** 1978, 17–59.
CHAWORTH-MUSTERS, A.: A contribution to our knowledge of the mammals of Macedonia and Thessaly. Ann. Mag. Nat. Hist. (10) **9,** 1932, 166–171.
GRULICH, I.: Zur Variabilität bei *Talpa caeca* Savi im Kanton Tessin, Schweiz (Insectivora, Familie Talpidae). Acta Sci. Nat. Brno (N. S.) **4** (10), 1979a, 1–48.

- Die Standortansprüche von *Talpa caeca* Savi (Talpidae, Insectivora). Zool. listy **19,** 1970b, 199–219.
- Zum Bau des Beckens (pelvis), eines systematisch-taxonomischen Merkmales, bei der Unterfamilie Talpinae. Zool. listy **20,** 1971a, 15–28.
- *Talpa caeca dobyi* susp. nova in den Alpes maritimes, Frankreich (Talpinae, Insectivora). Zool. listy **20,** 1971b, 111–129.
- Zur Variabilität von *Talpa caeca* Savi. Acta Sci. Nat. Brno (N. S.) **5** (9), 1971c, 1–47.
- Ein Beitrag zur Kenntnis der ostmediterranen kleinwüchsigen, blinden Maulwurfsformen (Talpinae). Zool. listy **21,** 1972, 3–21.
- Zur Kenntnis der blinden Maulwürfe der mediterranen Subregion. I. Die blinden Zwergmaulwürfe aus Italien und Frankreich. Folia Zool. **26,** 1977, 305–318.

HELLER, F.: Eine neue altquartäre Wirbeltierfauna von Erpfingen (Schwäbische Alb). Neues Jb. Geol. Paläont., Abh. **167,** 1958, 1–102.

KOENIGSWALD, W. VON: Mittelpleistozäne Kleinsäugerfauna aus der Spaltenfüllung Petersbuch bei Eichstätt. Mitt. Bayer. Staatssamml. Paläont. hist. Geol. **10,** 1970, 407–432.

KRATOCHVÍL, J.; KRÁL, B.: Karyotypes and phylogenetic relationships of certain species of the genus *Talpa* (Talpidae, Insectivora). Zool. listy **21,** 1972, 199–208.

LEHMANN, E. VON: Eine zoologische Exkursion ins Bergell. Jber. Naturf. Ges. Graubünden 1963/64 und 1964/65 **91,** 1965, 1–10.

MEYLAN, A.: Données nouvelles sur les chromosomes des Insectivores européens (Mamm.). Rev. suisse Zool. **73,** 1966, 548–558.

OSBORN, D. M.: Notes of the moles of Turkey. J. Mammal. **45,** 1964, 127–129.

PETROV, B. M.: Taxonomy and distribution of moles (genus *Talpa,* Mammalia) in Macedonia. Acta Mus. Mac. Sci. Nat. (Skopje) **12,** 1971, 117–136.
- Einige Fragen der Taxonomie und die Verbreitung der Gattung *Talpa* (Insectivora, Mammalia) in Jugoslawien. Sympos. theriol. II Brno 1971, Praha 1974, 117–124.

STEIN, G. H. W.: Schädelallometrien und Systematik bei altweltlichen Maulwürfen (Talpinae). Mitt. Zool. Mus. Berlin **36,** 1960, 1–48.

STORCH, G.; FRANZEN, J. L.; MALEC, F.: Die altpleistozäne Säugerfauna (Mammalia) von Hohensülzen bei Worms. Senckenbergiana lethaea **54,** 1973, 311–343.

TODOROVIĆ, M.: Boundaries of two populations of the species *Talpa europaea* L. and *Talpa mizura herzegovinensis* Bolkay in Hercegovina. Arh. Biol. Nauka, Beograd **17,** 1965, 121–122.
- SOLDATOVIĆ, B.: The karyotype of the subspecies *Talpa mizura hercegovinensis.* Arh. Biol. Nauka, Beograd **21,** 1969, 91–92.
- DUNDERSKI, Z.: Karyotype characteristics of the population of the genus *Talpa* from Macedonia and Montenegro. Arh. Biol. Nauka, Beograd **24,** 1972, 131–139.

Talpa occidentalis Cabrera, 1907 – Spanischer Maulwurf

Von Jochen Niethammer

Diagnose. Klein, Größe ähnlich *T. caeca*. Augen von Haut überwachsen. Becken überwiegend europaeoid (Tab. 47). Iberische Halbinsel,

Karyotyp: 2n = 34, NF = 68 (Reumer und Meylan 1986*).

Zur Taxonomie. *T. occidentalis* wurde bisher meist als Unterart von *T. caeca* aufgefaßt. Nach den gelelektrophoretischen Befunden von Filippucci et al. (1987*) ist es jedoch eine eigenständige, unter den europäischen Maulwürfen genetisch am stärksten abweichende Art.

Beschreibung. Maße ähnlich denen von *T. caeca* (Tab. 50). Auch sonst sind zuverlässige äußerliche Unterschiede nicht bekannt.

Schädel: Das Rostrum über den Eckzähnen ist bei *T. occidentalis* etwas breiter. Auch die Knochenbrücke über dem Canalis infraorbitalis ist breiter als bei *T. caeca*, und das Foramen infraorbitale sitzt eher über der Mitte von M^2, bei *T. caeca* eher über der Grenze zwischen M^2 und M^3 (Miller 1912*). Wie weit die Rbr relativ breiter ist (Capolongo und Caputo 1987) bedarf der Überprüfung.

Zähne: Die kleinen P sind stärker zusammengedrängt, was im Unterkiefer zu mehr Überschneidung und schrägerer Orientierung führt als bei *T. caeca*.

Postcraniales Skelett: Becken überwiegend europaeoid (Tab. 47). Schwanzwirbel 4 × 12 und 3 × 13. Maße postcranialer Knochen ähnlich denen von *T. caeca* (Niethammer 1964*; Humeri Tab. 49).

Verbreitung. Iberische Halbinsel mit Ausnahme des NE und der Pyrenäen. Hier von Meeresniveau (z. B. Cintra, Caldas da Rainha in Portugal) bis mindestens 2300 m in der Sierra Nevada (Niethammer 1956*, 1970*).

Randpunkte: Spanien 1 Sierra de los Ancares, Lugo (Garzon-Heydt et al. 1971*), 2 bei Bilbao (Alvarez et al. 1985*) und Ramales de la Victoria,

Talpidae – Maulwürfe

Tabelle 50. Maße von *Talpa occidentalis* aus Spanien, Coll. J. Niethammer. Meßweise wie bei *T. europaea*. AG: Kalenderjahr; 0 = Jahr der Geburt.

Nr.	Herkunft	sex	Mon	Kr	Schw	Hf	Gew	Cbl	Rbr	Skb	Pall	C-M³	M¹-M³	Mand	P₁-M₃	M₁-M₃	AG
466	Guadarrama, 1400 m	♂	5	115	35	17,5	61	31,9	9,0	15,6	13,8	12,4	6,4	21,0	11,1	6,8	0
3014	Guadarrama, 1200 m	♀	4	120	27	17	49	31,2	8,6	15,5	13,8	12,2	6,1	20,8	11,0	6,6	0
3015	Guadarrama, 1200 m	♂	4	125	16	16	62	30,8	8,5	15,7	13,5	12,2	5,9	20,4	11,0	6,3	1
3016	Guadarrama, 1200 mm	♀	4	117	23	15	43	30,8	8,7	14,8	13,2	11,8	6,2	20,2	11,7	6,8	0-1
3017	Guadarrama, 1200 m	♂	4	120	25	17	63	32,0	9,0	16,1	14,0	12,5	6,1	21,1	11,3	7,0	0-1
3018	Guadarrama, 1200 m	♂	4	125	28	17	60	32,1	9,1	16,2	14,4	12,5	6,0	21,7	10,9	6,3	2
3019	Guadarrama, 1200 m	♀	4	120	25	16	52	31,0	8,9	15,3	13,3	12,4	6,3	20,7	11,0	6,9	1
4103	Guadarrama, 1300 m	♀	3	118	20	16	57	31,2	8,6	15,4	–	12,6	6,2	20,4	11,0	6,4	1
3764	Gredos, 1400 m	♂	7	135	25	16,5	58	31,5	8,8	–	13,8	12,2	6,0	20,6	10,6	6,3	2
3765	Gredos, 1400 m	♂	7	120	22	16	49	29,8	8,6	15,0	12,7	11,4	5,9	19,4	10,4	6,4	0-1
3766	Gredos, 1400 m	♂	7	124	28	17	55	31,4	8,8	15,5	13,6	12,1	5,8	20,7	10,7	6,5	1
3767	Gredos, 1400 m	♂	7	130	22	16	62	32,2	9,1	–	13,9	12,5	6,3	21,4	10,9	6,6	1-2
2892	Ramales de la Victoria, 900 m	♂	8	106	19	14	36	28,6	7,5	13,7	12,3	11,2	5,5	18,7	10,2	6,1	1
2893	Ramales de la Victoria, 900 m	♀	8	108	24	14	35	28,2	7,3	13,8	12,1	11,1	5,2	18,5	9,8	5,9	1
3600	w Reinosa	♀	8	102	20	15	35	28,6	7,8	13,9	12,3	11,2	5,6	18,9	9,9	6,2	1
3601	w Reinosa	♀	8	102	25	15	39	29,7	7,8	14,1	13,0	11,6	5,6	19,3	10,5	6,3	1
3602	w Reinosa	♀	8	115	21	14	38	29,0	7,8	14,2	12,7	11,3	5,4	19,6	10,3	5,7	2
3603	w Reinosa	♂	8	120	25	15,5	44	30,4	7,9	14,4	13,0	11,9	5,7	19,9	10,8	6,3	1
3617	w Reinosa	♀	8	107	18	14,5	34	28,5	7,9	14,5	12,0	11,1	5,5	18,6	9,8	6,0	1
3630	w Reinosa	♂	8	123	22	15	46	30,6	8,3	14,7	12,8	11,8	5,7	20,0	10,4	6,1	1-2

Talpa occidentalis – Spanischer Maulwurf

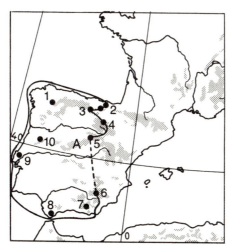

Abb. 56. Verbreitung von *Talpa occidentalis*.

Santander, 3 e Reinosa, Santander (NIETHAMMER 1969), 4 Sierra Cebollera, Logroño-Soria (GARZON-HEYDT et al. 1971*), 5 Puerto de Somosierra, Sierra de Guadarrama, 6 Sierra de Cazorla, 7 Sierra Nevada (NIETHAMMER 1956*, 1969), 8 El Jautor bei Algeciras, 500 m (VON LEHMANN 1969); Portugal 9 Caldas da Rainha, 10 Covilha, Serra da Estrela (NIETHAMMER 1970*).

Terra typica:
A *occidentalis* Cabrera, 1907: La Granja, Segovia, Spanien.

Merkmalsvariation. Die Cbl für die Sierra de Guadarrama (Tab. 50) lassen einen nur geringfügigen Sexualdimorphismus vermuten. Analog zu *T. caeca hercegovinensis* in Jugoslawien gibt es dort, wo *T. occidentalis* neben *T. europaea* vorkommt, besonders kleinwüchsige Populationen Spanischer Maulwürfe. Dies läßt sich als ökologische Variation unter dem Einfluß eines Konkurrenten interpretieren. Von solchen Gebieten (Ramales de la Victoria und Reinosa in Kantabrien) bis zu reinen *occidentalis*-Vorkommen etwa im Kastilischen Scheidegebirge und im w Kantabrien nimmt die Cbl um rund 3 mm (10 %) von 29 bis etwa 32 mm bei den ♂ zu.

Individuelle Variation: Einen Schecken (weißer Ring um Bauchmitte) erwähnt NIETHAMMER (1956*). Unter 61 Schädeln fehlte zweimal einseitig ein oberer, kleiner Prämolar.

Geographische Variation und Unterarten: Die als ökologisch bedingt gedeuteten Größenunterschiede in Spanien (Tab. 51) sind erheblich,

Tabelle 51. Mittelwerte der Schädelmaße Cbl, Rbr und Länge M^1–M^3 sowie Rbr und Länge M^1–M^3 in % der Cbl in verschiedenen Populationen von *Talpa caeca*. Nur ♂, Messungen nach Material im Museum A. Koenig und in eigener Sammlung.

Population	n	Cbl	Rbr	%	LM^{1-3}	%
Kastilisches Scheidegebirge	8	31,5	8,9	28,2	6,05	19,2
Ramales de la Victoria	2	28,7	7,6	26,4	5,25	18,3
e Reinosa	6	30,4	8,1	26,3	5,68	18,7
w Reinosa, Picos de Europa	7	31,9	8,4	26,3	6,00	18,8
Prov. Salamanca und Bejar	6	30,4	8,4	27,3	6,00	19,7
Sierra Nevada	3	30,6	8,4	27,5	6,07	19,8

sollten aber nicht Anlaß zur Gliederung in mehrere Unterarten sein. Der Typusfundort von *T. occidentalis* liegt im Kastilischen Scheidegebirge. Die dortige Population ist relativ groß und hat ein breites Rostrum (Tab. 51). Nach bisheriger Auffassung ist *T. occidentalis* monotypisch.

Ökologie. Habitat: Ähnlich dem für *T. caeca* beschriebenen. In den feuchteren Teilen der Iberischen Halbinsel vor allem auf Wiesen und Matten weit verbreitet, nach S zunehmend auf Gebirgslagen beschränkt. Im N wurde auf Weideland w Reinosa *T. occidentalis* neben *T. europaea* gefunden, an einer Stelle bei nur 30 m Abstand (NIETHAMMER 1969).

Nahrung: Bei 8 im August 1968 bei Reinosa auf Wiesen gefangenen *T. occidentalis* fand ich in den Mägen 5mal Regenwürmer, 1mal einen Regenwurmkokon, 1mal eine große Wegschnecke (*Arion*), 1mal einige Käfer, 3mal Käferlarven (davon einmal Drahtwürmer, einmal ein Engerling), 1mal eine Ameise und 1mal eine Tipulidenlarve. Wesentliche Unterschiede gegenüber *T. europaea* lassen sich daraus nicht erkennen.

Fortpflanzung: Bei Potes und Espinama, Picos de Europa, N-Spanien am 27. 3., 1. und 4. 5. je ein ♀ mit 3 Embryonen, am Puerto de Somosierra in der Sierra de Guadarrama am 30. 3. ein ♀ mit 2 Embryonen. Dagegen war von 11 Anfang August in N-Spanien gefangenen ♀ kein einziges gravid. Die wenigen Daten deuten darauf hin, daß in N-Spanien die Fortpflanzung auf das Frühjahr beschränkt und die Wurfgröße geringer ist als bei *T. europaea*.

Feinde: In Gewöllen der Schleiereule in N-Spanien 13 (0,6% aller Säugetiere), in Portugal 10 (ebenfalls 0,6%; NIETHAMMER 1964*, 1970*). Hier also deutlich häufiger als sonst die größere *T. europaea*.

Literatur

Capolongo, D.; Caputo, V.: Alcuni dati sulla morfometria di *Talpa occidentalis* (Cabrera, 1907). Atti Soc. ital. nat. Mus. civ. Stor. nat. Milano **128,** 1987, 153–156.

Lehmann, E. von: Zur Säugetierfauna Südandalusiens. Sber. naturf. Freunde, Berlin (N. F.) **9,** 1969, 15–32.

Niethammer, J.: Zur Taxonomie europäischer Zwergmaulwürfe (*Talpa „mizura"*). Bonn. zool. Beitr. **20,** 1969, 360–372.

Familie **Soricidae** Gray, 1821 – **Spitzmäuse**

Diagnose. Klein, in Europa etwa 2–20, in Afrika bis 100 g. Habitus mausartig, doch Nase ein kurzer, spitzer Rüssel, der die Schneidezähne um etwa Mundspaltenlänge überragt (Abb. 57). Fell dicht und weich, ohne deutlichen Haarstrich. Daumen nicht verkürzt, Füße stets fünfzehig und nicht besonders verbreitert (Abb. 58). In Europa Schw halbkörper- bis körperlang. Augen relativ kleiner als bei Erinaceiden, größer als bei Talpiden. Jugale und Jochbogen fehlen ebenso wie eine geschlossene Gehörkapsel. Das ringförmige Tympanicum, in dem das Trommelfell gehalten wird, liegt dem Hirnschädel von unten lose, nur durch Bindegewebe fixiert

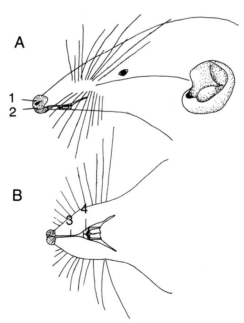

Abb. 57. Kopf von *Sorex araneus* **A** lateral, **B** ventral. Rhinarium punktiert, Ohr unter Weglassung der Haare eingezeichnet. 1 internariale Region, 2 Ala nasi, 3 Philtrum, 4 I^1. Als „Rüssel" kann der Abschnitt vor dem Vorderrand des I^1 bezeichnet werden.

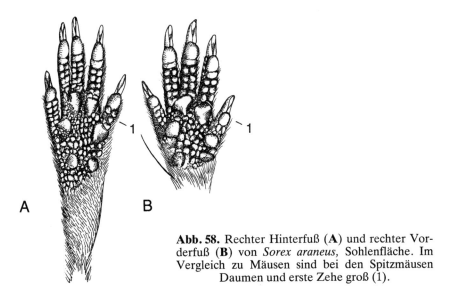

Abb. 58. Rechter Hinterfuß (**A**) und rechter Vorderfuß (**B**) von *Sorex araneus*, Sohlenfläche. Im Vergleich zu Mäusen sind bei den Spitzmäusen Daumen und erste Zehe groß (1).

und nicht knöchern verbunden, an. Der Unterkiefer hat über zwei getrennte Gelenkflächen am Gelenkfortsatz mit dem Oberschädel Kontakt. I^1 groß, hakenförmig, zweispitzig; I_1 in Richtung des Mandibelastes gestreckt (Abb. 59; Bezeichnung der Zähne, s. S. 169).

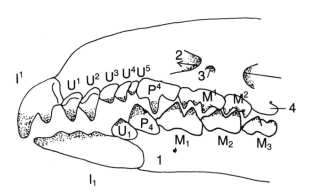

Abb. 59. Zahnreihen von *Sorex coronatus* lateral so dargestellt, daß das Ineinandergreifen der Zahnspitzen mit den Lücken der Gegenseite erkennbar ist. Der Pfeil gibt den Canalis infraorbitalis an. 1 Foramen mentale, 2 Foramen infraorbitale, 3 Foramen lacrimale, 4 Jugalfortsatz des Maxillare. Bezeichnung der Zähne wie im Text erläutert. M^3 verdeckt.

Verbreitung. Holarktis, Äthiopis und Orientalis, bis in den N der Neotropis. Fehlen auch auf den Inseln im Nordmeer.

Paläontologie. Die ältesten sicheren Spitzmausreste stammen aus dem Alt-Oligozän Nordamerikas (*Domnina*) und Europas (*Quercysorex, Dinosorex*). Sie gehören der im Pliozän ausgestorbenen Unterfamilie Heterosoricinae an (THENIUS 1969*, ENGESSER 1975, 1979). Auch die ältesten Soricinen stammen aus dem Oligozän, die frühesten Crocidurinen aus dem Miozän (THENIUS 1980*). Die Ableitung von einem gemeinsamen Vorfahr mit den Talpiden wahrscheinlich im Eozän ist noch nicht geklärt. Die Fossilnachweise – in Nordamerika, Europa und Asien seit dem frühen Oligozän, in Afrika nur mit Crocidurinen seit dem Miozän – gehen über das rezente Areal der Familie nicht hinaus. Südamerika erreichten die Spitzmäuse offenbar erst im Pleistozän. JAMMOT (1983) fand die folgenden evolutiven Tendenzen:

Zunehmende Trennung der beiden Gelenkflächen am Gelenkfortsatz des Unterkiefers; Änderung der Gestalt des P_4; Verschwinden des roten Pigments aus dem Zahnschmelz. In den ersten beiden Merkmalen sind die Soricinae, im letzten die Crocidurinae fortschrittlicher.

Umfang und Gliederung. Die Zahl der rezenten Arten schwankt in den neueren Sammelwerken zwischen 254 und 292, die der Gattungen zwischen 20 und 24 (ANDERSON und JONES 1984*, REPENNING 1967). Davon beherbergt Europa 4 Gattungen und 17 Arten.

Rezent werden überwiegend nur zwei Unterfamilien anerkannt, die Rotzahnspitzmäuse (Soricinae) und die Weißzahnspitzmäuse (Crocidurinae). Die rote Farbe der Zahnspitzen der Soricinae geht auf Eiseneinlagerungen in die äußere Schmelzschicht zurück (DÖTSCH und VON KOENIGSWALD 1978). Nicht nur alle Weißzahnspitzmäuse, sondern auch einige Soricinae (*Nectogale, Chimarrogale*) haben völlig weiße Zähne. Jedoch sind beide Unterfamilien durch zahlreiche weitere Unterschiede charakterisiert wie das H-Profil der Haare bei den Soricinen (Abb. 60; VOGEL und KÖP-

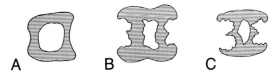

Abb. 60. Querschnitte durch Endabschnitte von Grannenhaaren von **A** *Crocidura russula*, **B** *Sorex araneus*, **C** *Neomys fodiens*. Die Rinde ist dunkel getönt, das von ihr umgebene Mark weiß gelassen. Man beachte das H-förmige Profil bei den Soricinae (**B, C**). Nach VOGEL und KÖPCHEN (1978*), umgezeichnet.

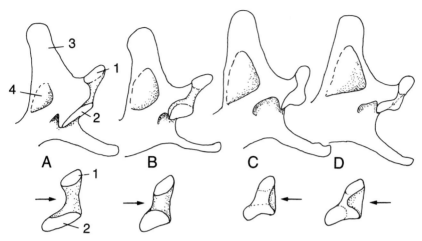

Abb. 61. Corpus mandibulae von lingual, darunter Aufsicht auf den Gelenkfortsatz von caudal von **A** *Neomys fodiens,* **B** *Sorex coronatus,* **C** *Crocidura russula,* **D** *Suncus etruscus,* Maßstab unterschiedlich. 1 obere, 2 untere Facette (Gelenkfläche) am Gelenkfortsatz. 3 Proc. coronoideus, 4 Fossa temporalis. Die Pfeile deuten auf die bei den Soricinae linguale, bei den Crocidurinae labiale Einbuchtung am Gelenkfortsatz.

CHEN 1978), Unterschiede im Proc. articularis des Unterkiefers (Abb. 61), der Kaumuskulatur (DÖTSCH 1982, 1983), des Geburtszustandes (VOGEL 1972), den intensiveren Stoffwechsel bei den Soricinen oder die Fähigkeit zu Lethargie bei Nahrungsmangel und Kälte bei den Crocidurinen (VOGEL 1980) und in der Lebensdauer (HUTTERER 1977). Auch die Verbreitung ist unterschiedlich: In Amerika gibt es nur Soricinae, in Afrika und Südasien allein Crocidurinae. Nur in Europa und im gemäßigten Asien leben Arten

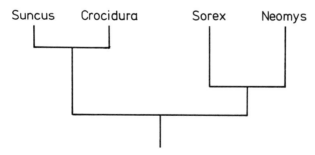

Abb. 62. Dendrogramm für die vier europäischen Soriciden-Gattungen, wie es sich unabhängig mit morphologischen und elektrophoretischen Unterschieden (GEORGE 1986) begründen läßt.

beider Unterfamilien nebeneinander. In Europa gehören *Sorex* und *Neomys* zu den Soricinae, *Crocidura* und *Suncus* zu den Crocidurinae. *Suncus* und *Crocidura* sind recht ähnlich, *Sorex* und *Neomys* unterscheiden sich morphologisch deutlicher. Die abgestufte morphologische Ähnlichkeit der Gattungen entspricht recht gut einem Dendrogramm (Abb. 62), das die aus elektrophoretischen Proteineigenschaften geschätzten genetischen Abstände (GEORGE 1986) wiedergibt.

Besondere Merkmale. Die Ohrmuscheln haben unterschiedliche Größe, aber ähnlichen Bau. Sie besitzen innen zwei große Falten, die meist weniger auffällig auch bei vielen anderen Säugern vorkommen, die höher gelegene Hauptfalte (Plica principalis) und den tiefer gelegenen Antitragus (Abb. 63 – BURDA 1980). Sie öffnen sich bei den Wasserspitzmäusen schräg nach vorn-oben, bei den übrigen europäischen Arten nach vorn (HUTTERER 1985).

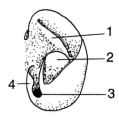

Abb. 63. Linke Ohrmuschel von *Sorex araneus* ohne Behaarung, lateral. 1 Plica principalis, 2 Antitragus, 3 äußerer Gehörgang, 4 Tragus.

Namengebend für die Spitzmäuse ist der kurze Rüssel, eine Verlängerung der Oberlippe, die in paarigen, unbehaarten Bezirken (Rhinarium) am Ende seitlich die Nasenöffnungen trägt. Eine unbehaarte Furche (Philtrum) verbindet das Rhinarium ventral mit der Mundhöhle (Abb. 57). Er ähnelt dem Rüssel der Igel und ist für den Eindruck einer spitzen Schnauze im Gegensatz zu den Nagern verantwortlich.

Hände und Füße: Alle Finger und Zehen tragen Krallen. Im Gegensatz zu den Nagern sind die Daumen nicht besonders verkürzt (Abb. 58). Die Hände werden nicht zum Greifen benutzt. Sohlenballen vorn und hinten gewöhnlich dem Grundmuster der Säugetiere (6 Tuberkel) entsprechend, jedoch hat *Sorex alpinus* deren vorn nur 5.

Hautdrüsen: Besonders charakteristisch sind die paarigen Flankendrüsen, die vermutlich für den strengen Geruch der Spitzmäuse verantwortlich sind. Sie kommen bei allen Arten vor, sind bei den ad ♂ besonders kräftig ausgeprägt und können in der Lage variieren. So sind sie bei *Neomys* im Vergleich zu den anderen Arten mehr nach oben und vorn verschoben (NIETHAMMER 1962). Sie sind aus Talg- und Schlauchdrüsen zusam-

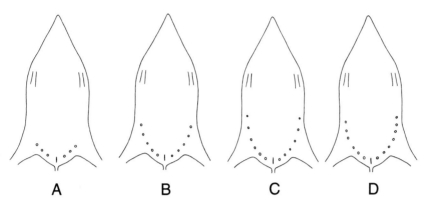

Abb. 64. Schema der Zitzenverteilung **A** bei *Sorex, Crocidura* und *Suncus*, **B–D** bei *Neomys*: **B** mit 5 Paaren, **C** mit 6 Paaren, **D** mit rechts 6 und links 7 Zitzen. Weitere Varianten kommen bei *Neomys* vor.

mengesetzt. In der Fortpflanzungszeit vergrößern sich bei den ♂ vor allem die Talgdrüsen und bilden dann die Masse des Organs, wobei dann die sonst vorherrschenden Schlauchdrüsen an den Rand gedrängt sind (SCHAFFER 1940*).

Die Zahl (3 Paare) der Zitzen und ihre inguinale Lage ist in den Gattungen *Sorex, Crocidura* und *Suncus* konstant. Bei *Neomys* sind meist 5 oder 6 Paare vorhanden, die sich nach vorn bis zu den Rippen ausdehnen (Abb. 64).

Am Schädel sind folgende Strukturen in der Taxonomie von besonderer Bedeutung:

1. Kiefergelenk: Die bei anderen Säugetieren einheitliche Gelenkfläche am Gelenkkopf des Unterkiefers ist bei den Spitzmäusen in 2 Flächen unterteilt, die sich in zwei getrennten Gelenkgruben am Oberschädel bewegen. Bei den Soricinen sind diese Flächen am Unterkiefer völlig getrennt, bei den Crocidurinen ist die Trennung am Knochen nicht deutlich erkennbar. Bei den Soricinen sind die Condyli von lingual, bei den Crocidurinen von labial eingebuchtet (Abb. 61).

Die Begrenzung der unteren Gelenkfläche am Oberschädel (am Processus glenoidalis) ist bei *Neomys* halbkreisförmig und schließt das Foramen ovale ein. Bei den übrigen Gattungen ist sie hantelförmig eingeschnürt (Abb. 65).

2. Jochbogen: Vom Jochbogen der übrigen Säugetiere sind nur Jugalfortsätze des Maxillare übriggeblieben. Der Proc. zygomaticus maxillaris ist Ansatzstelle des Musculus masseter. Er ist bei den Crocidurinen kurz

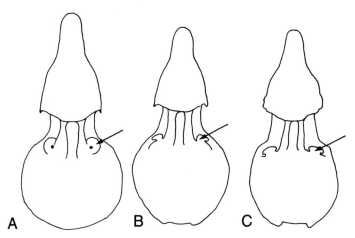

Abb. 65. Schädelumriß von ventral von **A** *Neomys fodiens*, **B** *Sorex coronatus*, **C** *Crocidura russula* mit Hinweis auf den bei *Neomys* abweichend ausgebildeten Processus postglenoidalis.

und breit, bei den Soricinen länger und dünner (Abb. 66). Dies hängt offensichtlich mit der kräftigeren Ausbildung des M. masseter bei den Crocidurinen zusammen (DÖTSCH 1982).

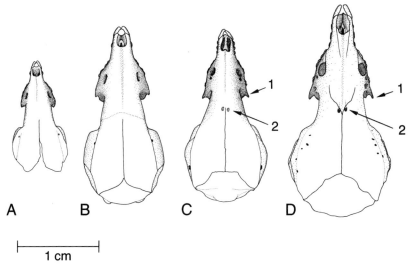

Abb. 66. Schädel in Aufsicht von **A** *Suncus etruscus* (aus Gewölle von Kithira), **B** *Crocidura russula*, Bonn, **C** *Sorex coronatus*, Eifel, **D** *Neomys fodiens*, S-Frankreich. 1 weist auf den bei den Soricinae stärker ausgezogenen Processus zygomaticus maxillaris, 2 auf die nur bei den Soricinae vorhandenen Foramina vascularia.

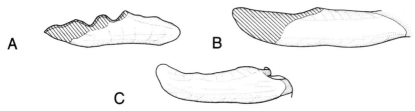

Abb. 67. Großer, unterer Schneidezahn (I_1) von **A** *Sorex coronatus*, **B** *Neomys fodiens* und **C** *Crocidura russula* ohne Wurzel. Man beachte, daß an der Dorsalkante in **A** 3, in **B** 1 und in **C** 0 Höcker erkennbar sind.

3. Processus coronoideus am Unterkiefer: Der Kronenfortsatz ist bei den Spitzmäusen hoch und an der Basis breit. An seiner Innenseite setzen in einer großen Grube, der Fossa temporalis, große Teile des bei den Spitzmäusen als Kaumuskel besonders wichtigen M. temporalis an (Abb. 61).

Zähne: Der große, waagerechte I_1 und der ebenfalls besonders kräftige, zweispitzige I^1 sind für die Spitzmäuse charakteristisch. I_1 hat bei *Sorex* 3, bei *Neomys* 1 und bei den Crocidurinen 0 Höcker (Abb. 67). Bei *Sorex* scheinen die I_1-Höcker zwischen die ersten oberen spitzen I^1-U^2 eingepaßt zu sein (Abb. 59).

Auf diese großen, ersten Zähne, die wir hier als I^1 und I_1 bezeichnen, folgen oben 2–5 und unten 1–2 einspitzige Zähne, die wir, weil ihre Deutung umstritten ist, hier neutral als Einspitzige (= Unicuspide) bezeichnen und mit U abkürzen wollen. Wir zählen sie von vorn nach hinten. *Sorex* hat U^{1-5}, *Neomys* und *Suncus* haben U^{1-4}, *Crocidura* U^{1-3}, alle europäischen Gattungen nur U_1. In jedem Kieferast folgt schließlich ein mehrspitziger, als P^4 bzw. P_4 gedeuteter Zahn, dem sich jeweils 3 Molaren, M^{1-3} und M_{1-3} anschließen, die das auch bei Maulwürfen und Fledermäusen wiederkehrende W-Muster aufweisen.

Die Bezeichnung der Zähne der Spitzmäuse ist wegen der frühen Resorption der Milchzahnanlagen und der frühen Verschmelzung von Praemaxillare und Maxillare unklar. KINDAHL (1960) deutet die Zähne von *Sorex* entsprechend der Formel $\frac{3\ 1\ 3\ 3}{2\ 0\ 1\ 3}$. Nach ihr sind im Oberschädel P^1, im Unterkiefer I_3, C und P_{1-3} ausgefallen. Die Milchzahnformel gibt sie mit $\frac{2\ 1\ 3}{2\ 1\ 1}$ an. Abweichend ist die Ansicht von ÄRNBÄCK-CHRISTIE-LINDE (1912).

Funktionell gliedert sich das Gebiß in einen greifenden Vorderteil (I + U) und einen Kauteil (P4–M3). Die M1 und M2 zeigen das vollständige

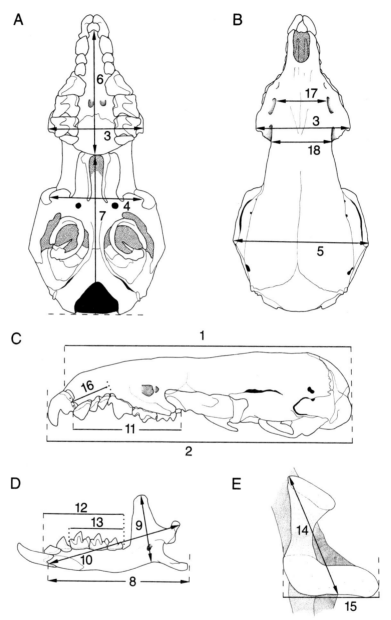

Abb. 68. Einige Meßstrecken am Schädel der Hausspitzmaus (*Crocidura russula*: **A** dorsal, **B** ventral, **C** lateral, **D** Mandibel von lingual) und am Condylus articularis des Unterkiefers von *Neomys fodiens* (**E**). Erklärung der Abkürzungen S. 10–11 u. 171. 1 Cbl, 2 Cil, 3 Zyg, 4 Pgl, 5 Skb, 6 Pall, 7 Skl, 8 Mand, 9 Corh, 10 Condl, 11 oZr, 12 uZr, 13 M_1–M_3, 14 Höhe des Processus articularis, 15 Breite des Proc. articularis, 16 Rol, 17 Aob, 18 Iob.

Höckermuster, an den P4 und M3 ist dies in folgender Weise reduziert: P^4 fehlen Paraconus und Mesostyl, an M^3 sind nur Para-, Metaconus und Mesostyl erkennbar. An P_4 lassen sich bestenfalls Hypo- und Protoconid ausmachen.

Maße (Abb. 68).

a) **Oberschädel**: Als Maß für die Länge des Rostrums kann die **Palatallänge** (Pall) dienen: Vorderrand des Prämaxillare bis Hinterrand des Palatinums ventral. Sie kann mit der **Schädelkapsellänge** (Skl) verglichen werden (Hinterrand des Palatinums – Condyli occipitales) oder auch mit der **Maxillarbreite** (bisweilen auch als Zyg bezeichnet): Abstand der Außenränder der Proc. zygomatici der Maxillaria. Sie bildet ein Maß für die größte Breite des Rostrums, das der Postglenoidbreite (Abstand der Außenränder der Proc. postglenoidales Pgl) gegenübergestellt werden kann, aber auch der **Schädelkapselbreite**, deren Messung bei den Spitzmäusen einfach ist, weil unterschiedlich entwickelte äußere Gehörgänge oder seitliche Schädelleisten das Ergebnis nicht fragwürdig machen. Als **Schädelkapselhöhe** (SkH) ohne Bullae sollte der Abstand des Basisphenoids zum Scheitel (etwa Treffpunkt der Parietalnaht und der Lambda-Naht) gemessen werden.

b) **Unterkiefer**: Ein wichtiges Maß auch zur Bestimmung isolierter Mandibeln ist die **Coronoidhöhe** (Corh), der kürzeste Abstand vom Unterrand des Corpus mandibulae zum Scheitel des Coronoidfortsatzes. Als Maß für die Mandibellänge kann entweder die **Condylarlänge** verwendet werden, die wie die Mand in Band 1, S. 29, definiert ist. Die **Unterkieferlänge** (Mand) ist hier der Abstand zwischen Vorderrand der I_1-Alveole bis zum Hinterende des Proc. angularis, an der Innenseite der Mandibel (VESMANIS 1976). Die Meßweise von Höhe und Breite des Gelenkkopfes zeigt Abb. 68 E.

c) **Zähne**: Hier ist die **Länge der oberen U** und die der **Reihe der mehrspitzigen Backenzähne** (P^4–M^3) im Vergleich aufschlußreich. Sie sollte immer an den basalen Cingula gemessen werden. Weitere Maße an Zähnen und Gebiß s. VESMANIS (1976).

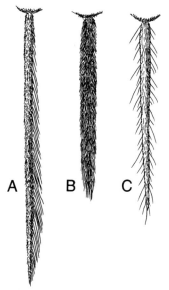

Abb. 69. Schwänze von **A** *Neomys fodiens*, **B** *Sorex araneus*, **C** *Crocidura russula*. Nach STROGANOV (1957*). Man beachte den Borstenkiel bei *Neomys* und die langen „Wimperhaare" bei *Crocidura*.

Schlüssel zu den Gattungen

a) Nach äußeren Merkmalen:
1 Schwanz mit verlängerten einzelnen, weißlichen Haaren (Abb. 69 C – gelegentlich schwer oder nicht zu erkennen). Zähne völlig weiß . . 2
– Schwanz ohne verlängerte, einzelstehende Haare (Abb. 69 A, B). Zahnspitzen rot* 3
2 Winzig, Gew unter 3 g, Hf unter 8 mm . . . . . . *Suncus etruscus* S. 375
– Größer, Gew über 5 g, Hf über 10 mm . . . . *Crocidura* S. 393
3 Hinterfüße seitlich mit weißem Borstensaum . . . . . . *Neomys* S. 313
– Hinterfüße ohne Borstensaum . . . . *Sorex* S. 175

b) Nach dem Schädel:
1 Gelenkflächen am Unterkiefer getrennt (Abb. 61 A, B). Kontur des hinteren Rostrums in Ventralansicht trapezförmig (Abb. 65 A, B). Mit Foramina vascularia im Frontale (Abb. 66 C, D). Dorsalprofil des Schädels vom Rostrum zum Hirnschädel ansteigend (Abb. 76 C) 3
– Gelenkflächen am Unterkiefer nicht getrennt (Abb. 61 C, D). Kontur des hinteren Rostrums in Ventralansicht ein Kreissegment (Abb. 65 C). Foramina vascularia fehlen im Frontale (Abb. 66 A, B). Dorsalprofil des Schädels gerade, nicht zum Hirnschädel ansteigend (Abb. 68 C) . 2
2 Cbl unter 14 mm . . . . *Suncus etruscus* S. 375
– Cbl über 15 mm . . . . *Crocidura* S. 393
3 Processus glenoidalis am Oberschädel halbkreisförmig, ein Foramen einschließend (Abb. 65 A). Rostrum steil über I^1 ansteigend (Abb. 109 C). Nasalia-Vorderrand ein konkaver Bogen (Abb. 66 D) . . . *Neomys* S. 313
– Processus glenoidalis am Oberschädel an der Basis abgeschnürt, kein Foramen einschließend (Abb. 65). Rostrum sanft über I^1 ansteigend (Abb. 75 C). Nasalia bilden vorn in der Mitte eine Spitze (Abb. 66 C) . . . . *Sorex* S. 175

c) Nach den Zähnen:
1 Zahnspitzen weiß. I_1 ohne Höcker (Abb. 67 C). Oben 3–4 U. P_4 einspitzig 2
– Zahnspitzen rot*. I_1 mit 1 oder 3 Höckern (Abb. 67 A, B). Oben 4–5 U. P_4 zweispitzig 3
2 Oben 4 U . . . . *Suncus etruscus* S. 375
– Oben nur 3 U . . . . *Crocidura* S. 393
3 Oben 4 U. I_1 mit nur 1 flachen Höcker (Abb. 67 B) . . . . *Neomys* S. 313
– Oben 5 U. I_1 mit 3 Höckern (Abb. 67 A) . . . . *Sorex* S. 175

* An stark abgekauten Gebissen nicht erkennbar.

Literatur

ÄRNBÄCK-CHRISTIE-LINDE, A.: On the development of the teeth of the Soricidae: an ontogenetical inquiry. Ann. Mag. Nat. Hist. (8) **9**, 1912, 601–624.

BÜHLER, P.: Zur Gattungs- und Artbestimmung von *Neomys*-Schädeln – Gleichzeitig eine Einführung in die Methodik der optimalen Trennung zweier systematischer Einheiten mit Hilfe mehrerer Merkmale. Z. Säugetierk. **29**, 1964, 65–93.

BURDA, H.: Morphologie des äußeren Ohres der einheimischen Arten der Familie Soricidae (Insectivora). Věst. Čs. Společ. zool. **44**, 1980, 1–15.

DÖTSCH, CH.: Der Kauapparat der Soricidae (Mammalia, Insectivora). Funktionsmorphologische Untersuchungen zur Kaufunktion bei Spitzmäusen der Gattungen *Sorex* Linnaeus, *Neomys* Kaup und *Crocidura* Wagler. Zool. Jb. Anat. **108**, 1982, 412–484.

– Morphologische Untersuchungen am Kauapparat der Spitzmäuse *Suncus murinus* (L.), *Soriculus nigrescens* (Gray) und *Soriculus caudatus* (Horsfield) (Soricidae). Säugetierk. Mitt. **31**, 1983a, 27–46.

– Das Kiefergelenk der Soricidae (Mammalia, Insectivora). Z. Säugetierk. **48**, 1983b, 65–77.

– VON KOENIGSWALD, W.: Zur Rotfärbung von Soricidenzähnen. Z. Säugetierk. **43**, 1978, 65–70.

ENGESSER, B.: Revision der europäischen Heterosoricinae (Insectivora, Mammalia). Eclogae geol. Helv. **68**, 1975, 649–671.

– Relationships of some insectivores and rodents from the Miocene of North America and Europe. Bull. Carnegie Mus. nat. Hist. **14**, 1979, 1–68.

GEORGE, S. B.: Evolution and historical biogeography of soricine shrews. Syst. Zool. **35**, 1986, 153–162.

HUTTERER, R.: Haltung und Lebensdauer von Spitzmäusen der Gattung *Sorex* (Mammalia, Insectivora). Z. angew. Zool. **64**, 1977, 353–367.

– Anatomical adaptations of shrews. Mammal Rev. **15**, 1985, 43–55.

JAMMOT, D.: Évolution des Soricidae. Insectivora, Mammalia. Symbioses **15**, 1983, 253–272.

KINDAHL, M.: Some aspects of the tooth development in Soricidae. Acta. Odontol. Scandin. (Stockholm) **17**, 1960, 203–237.

– Some comparative aspects of the reduction of the premolars in the Insectivora. J. dent. Res. **46**, 1967, 805–808.

NIETHAMMER, G.: Die (bisher unbekannte) Schwanzdrüse der Hausspitzmaus, *Crocidura russula* (Hermann, 1780). Z. Säugetierk. **27**, 1962, 228–234.

REPENNING, CH.: Subfamilies and genera of the Soricidae. U. S. geol. Surv. prof. Pap. **565,** 1967, 1–69.

SCHAFFER, J.: Die Hautdrüsenorgane der Säugetiere. Berlin und Wien 1940.

STEPHAN, H.; BARON, G.; FONS, R.: Brains of Soricidae II. Volume comparison of brain components. Z. zool. Syst. Evolut.-forsch. **22,** 1984, 328–342.

VESMANIS, I.: Vorschläge zur einheitlichen morphometrischen Erfassung der Gattung *Crocidura* (Insectivora, Soricidae) als Ausgangsbasis für biogeographische Fragestellungen. Abh. Arbeitsgem. tier.-pflanzengeogr. Heimatforschg. Saarbrücken **6,** 1976, 71–78.

VOGEL, P.: Vergleichende Untersuchung zum Ontogenesemodus einheimischer Soriciden (*Crocidura russula*, *Sorex araneus* und *Neomys fodiens*). Rev. suisse Zool. **79,** 1972, 1201–1332.

– Metabolic level and biological strategies in shrews. In: SCHMIDT-NIELSEN, K.; BULIS, L.; TAYLOR, C. R. (eds.): Comparative physiology: Primitive mammals. Cambridge 1980, 170–180.

– Verteilung des roten Zahnschmelzes im Gebiß der Soricidae (Mammalia, Insectivora). Rev. suisse Zool. **86,** 1979, 335–338.

– BESANÇON, F.: A propos de la position systématique des genres *Nectogale* et *Chimarrogale* (Mammalia, Insectivora). Rev. suisse Zool. **86,** 1979, 335–338.

– KÖPCHEN, B.: Besondere Haarstrukturen der Soricidae (Mammalia, Insectivora) und ihre taxonomische Bedeutung. Zoomorphologie **89,** 1978, 47–56.

Gattung *Sorex* Linnaeus, 1758

Diagnose. Rotzähnige Spitzmäuse mit 5 U^{sup} und 3 Höckern auf dem I_1. Schwanz ohne verlängerte, einzelstehende Haare. 3 Zitzenpaare.

Verbreitung. Gemäßigte und kalte Gebiete der Holarktis. Südlichste Vorkommen in Gebirgen Guatemalas, Südrand des Himalaja, Kaukasus und Schwarzmeerküste in Kleinasien und Gebirge in Griechenland, Italien und auf der Iberischen Halbinsel. Im N bis zur Küste der Kontinente.

Umfang und Gliederung der Gattung. Die Gattung *Sorex* umfaßt zahlreiche Arten, deren Status zum Teil noch nicht genügend geklärt ist. Daher gehen die Angaben über die Artenzahl in der Literatur auch erheblich auseinander: Etwa 45 (DIERSING 1980), 58 (CORBET und HILL 1986*), 64 (HONACKI et al. 1982*) Arten werden aufgeführt. Die Gattung ist ziemlich klar gegen andere abgegrenzt. Eine kleine Erweiterung bedeutet nur die Einbeziehung von *Microsorex* (DIERSING 1980).

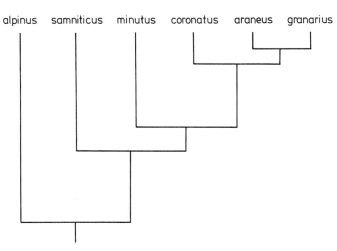

Abb. 70. Dendrogramm für 6 europäische Arten der Gattung *Sorex* aufgrund von Elektrophorese-Daten für 22 Loci nach CATZEFLIS et al. (1982).

DIERSING gliedert die Gattung nach den oberen, rostralen Zähnen in 3 Untergattungen:
Sorex mit 25 Arten, überwiegend Eurasien, einige Nordamerika,
Otisorex mit 20 Arten, überwiegend Nordamerika, 2 Arten auch in Sibirien,
Microsorex mit 1 Art, *Sorex hoyi,* in Nordamerika.

Danach würden alle europäischen Arten zur Untergattung *Sorex* gehören. Unter ihnen fällt *Sorex alpinus* nach Gebiß, Schädelbau, äußeren Merkmalen, Chromosomenzahl und Elektrophoresedaten am stärksten heraus. Eine eigene Untergattung für *S. alpinus* wird daher diskutiert (HUTTERER 1982): *Homalurus* Schulze, 1890. Zu ihr könnte auch der ostasiatische *S. mirabilis* gehören.

Von den verbleibenden 8 europäischen Arten sind *S. araneus, S. granarius* und *S. coronatus* morphologisch, biochemisch und im Karyotyp sehr ähnlich und können als eine engere *araneus*-Gruppe zusammengefaßt werden. *Sorex caecutiens* und *S. isodon*[1] sind im Karyotyp schwer unterscheidbar und vielleicht enger verwandt.

S. minutus und *S. samniticus* sind biochemisch deutlich von der engeren *araneus*-Gruppe abgesetzt (Abb. 70). Insgesamt ergibt sich nach heutigem Kenntnisstand das in Abb. 71 skizzierte Beziehungsschema.

---

[1] *Sorex isodon* wurde von CORBET (1978*) und DOLGOV (1985*) konspezifisch mit *Sorex sinalis* behandelt. Nach HOFFMANN (1987) handelt es sich jedoch um zwei verschiedene Arten, von denen *S. sinalis* nur in Asien vorkommt.

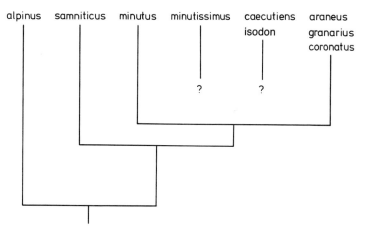

Abb. 71. Zusammenfassendes Stammbaumschema für die europäischen *Sorex*-Arten, das neben den Daten von Abb. 70 auch Morphologie und Chromosomen berücksichtigt.

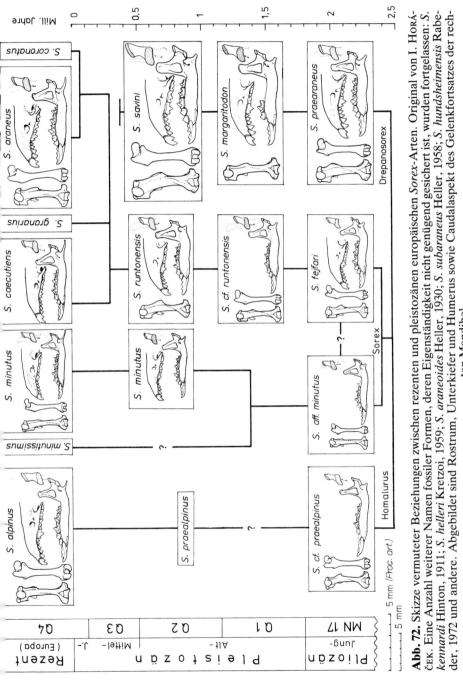

Abb. 72. Skizze vermuteter Beziehungen zwischen rezenten und pleistozänen europäischen *Sorex*-Arten. Original von I. HORÁČEK. Eine Anzahl weiterer Namen fossiler Formen, deren Eigenständigkeit nicht genügend gesichert ist, wurden fortgelassen: *S. kennardi* Hinton, 1911; *S. helleri* Kretzoi, 1959; *S. araneoides* Heller, 1930; *S. subaraneus* Heller, 1958; *S. hundsheimensis* Rabeder, 1972 und andere. Abgebildet sind Rostrum, Unterkiefer und Humerus sowie Caudalaspekt des Gelenkfortsatzes der rechten Mandibel.

Paläontologie. Fossil wird die Gattung *Sorex* seit dem ausgehenden Miozän für Europa mit *S. gracilidens* Viret und Zapfe, 1951 aus der ČSSR angegeben (GUREJEV 1971*). Die fragmentarischen Reste – gewöhnlich nur Bruchstücke von Unterkiefern – belegen ein Vorkommen der Gattung im Plio- und Pleistozän in Nordamerika und Europa. Funde außerhalb des heutigen Verbreitungsgebiets sind nicht bekannt. Mögliche Beziehungen zwischen fossilen und rezenten Arten in Europa im Pleistozän sind Abb. 72 zu entnehmen. Danach sind drei rezente, zu den Arten *S. alpinus*, *S. minutus* und dem *S. araneus*-Komplex führende Linien zu unterscheiden neben einer weiteren, im Pleistozän erloschenen (Untergattung *Drepanosorex*). Angesichts der Schwierigkeit, die rezenten Arten morphologisch zu trennen, kann Abb. 72 nur als grobe Annäherung an die Wirklichkeit betrachtet werden.

Schlüssel zu den Arten
Von J. HAUSSER

Die morphologischen Unterschiede zwischen den Arten der Gattung *Sorex* sind oft gering im Vergleich zur innerartlichen geographischen Variabilität (HAUSSER 1984). Dies gilt besonders für die drei Arten der *araneus*-Gruppe (*araneus, coronatus, granarius*), bei denen die Herkunft der Tiere berücksichtigt werden muß und oft nur Komplexmerkmale wie die für den Unterkiefer von HAUSSER und JAMMOT (1974) mit Hilfe einer Diskriminanzanalyse entwickelten zum Ziel führen, wobei oft noch geographische Verschiebungen in Rechnung zu stellen sind (LOCH 1977). Daher wurden auch biochemische Bestimmungsmethoden vorgeschlagen, so von MYS und VAN ROMPEY (1983) und HAUSSER und ZUBER (1983).
   Eine einfache Unterscheidung der meisten europäischen Arten erlaubt jedoch der Karyotyp. Nur *Sorex caecutiens* und *S. isodon* lassen sich danach schwer trennen (FREDGA 1978). Glücklicherweise sind diese beiden Arten morphologisch leicht auseinanderzuhalten. 3 Arten der *Sorex araneus*-Gruppe mit je 3 männlichen Geschlechtschromosomen (s. S. 238 und Schlüssel auf S. 181/182).
   Die hier angegebenen Bestimmungsschlüssel verwenden 1. äußere Merkmale und Herkunft, 2. Schädel und Zähne (vergleiche dazu Abb. 73) und 3. den Karyotyp. Dieser führt am zuverlässigsten zu einem Ergebnis und benötigt nur die mit den klassischen Präparations- und Färbemethoden erkennbaren Merkmale (Chromosomenzahl, Längenverhältnis, Lage der Centromeren). *Sorex isodon marchicus* Passarge ist hier noch nicht berücksichtigt, weil sein Karyotyp bisher unbekannt ist. Bei adulten ♂ kann die Penisform (Abb. 74) zur richtigen Bestimmung beitragen.

a) Nach äußeren Merkmalen:

1 Hf > 13 mm; Körper einheitlich dunkel 2
– Hf < 13 mm oder Bauch deutlich heller als der Rücken, wobei die Flanken farblich intermediär sind 3
2 Schw ungefähr = Kr; Färbung schieferschwarz, Füße weißlich. Gebirge im mittleren Europa . . . . *S. alpinus* S. 295
– Schw deutlich < Kr; Färbung einfarbig dunkelbraun, Füße gelblich. NE-Europa, Mittelschweden . . . . *S. isodon* S. 225

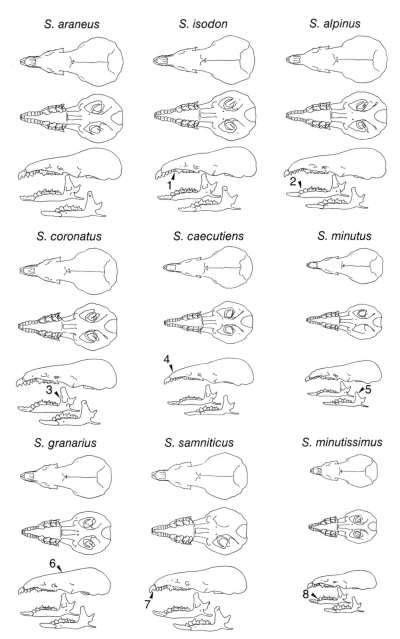

Abb. 73. Die Schädel der 9 europäischen *Sorex*-Arten. Die Pfeile verweisen auf charakteristische Merkmale: 1 U^{sup} kontinuierlich kleiner werdend; 2 U_1 zweispitzig; 3, 5 Coronoidfortsatz nach vorn gebogen; 4 kontinuierlich sich verschmälerndes Profil; 6 dorsales Schädelprofil gerade; 7 Winkel zwischen I^1-Spitzen stumpf; 8 U_1 deutlich verkleinert.

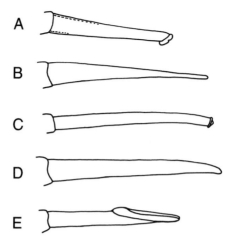

Abb. 74. Glans penis n-europäischer *Sorex*-Arten (nach STROGANOV 1957* und DOLGOV und LUKJANOVA 1966). **A** *Sorex caecutiens,* **B** *S. araneus,* **C** *S. minutus,* **D** *S. isodon,* **E** *S. minutissimus.*

3 Schwanz relativ lang (70% der Kr), dick, undeutlich zweifarbig. Tier klein, maximal 6 g . . . . *S. minutus*   S. 183
- Schwanz verhältnismäßig kürzer, dünner 4
4 Schwanz deutlich zweifarbig, unterseits weißlich, sein Endpinsel bei juv lang und dicht und dunkelbraun wie die Oberseite. Ziemlich klein, meist < 6 g. Rüssel kurz. NE-Europa . . . . *S. caecutiens*   S. 215
- Schwanz undeutlich zweifarbig oder einfarbig, bei juv sein Endpinsel nur mäßig ausgebildet 5
5 Hf < 9 mm, Schwanz kurz. Tier klein, maximal 4 g. NE-Europa . . . . *S. minutissimus*   S. 207
- Hf > 9 mm. Größer, Gew > 5 g. 6
6 Schw ungefähr 50% der Kr. Italien . . . . *S. samniticus*   S. 290
- Schw meist länger als 50% der Kr *S. araneus, S. coronatus, S. granarius*   S. 237

Die drei Arten der *araneus*-Gruppe sind schwer nach äußeren Merkmalen zu unterscheiden. In der Überschneidungszone von *S. araneus* und *S. coronatus* ist *coronatus* im Durchschnitt kleiner und kurzschwänziger. In Deutschland ist die Schabracke bei *coronatus* deutlich, fehlt aber bei *araneus*. Anderswo, z. B. in Skandinavien und im Schweizer Jura, hat aber auch *S. araneus* eine Schabracke. Auf der Iberischen Halbinsel ist *S. granarius* im Durchschnitt kleiner als *S. coronatus* und hat einen kürzeren Schwanz.

b) Nach dem Schädel und den Zähnen[1]:

1 U_1 zweispitzig . . . . *S. alpinus* S. 295
- U_1 einspitzig. 2
2 Zwischen den beiden Spitzen des I^1 ein stumpfer Winkel (Abb. 73)
 . . . . *S. samniticus* S. 290
- Zwischen den beiden Spitzen des I^1 ein spitzer Winkel 3
3 Die U^{sup} werden von vorn nach hinten kontinuierlich kleiner . . . .
 . . . . *S. isodon* S. 225
- U^5 abrupt verkleinert gegenüber U^4 4
4 Cbl > 17,5 mm (in Spanien > 17 mm). 5
- Cbl < 17 mm. 7
5 SkH^+ gewöhnlich < 4,2 mm. Dorsales Schädelprofil ganz gerade. Spanien . . . . *S. granarius* S. 287
- SkH^+ > 4,2 mm. Dorsales Schädelprofil konkav 6
6 Fossa temporalis an der Innenseite des Unterkiefers abgerundet, ihr oberer Rand verstreichend, daher „offen". Kronenfortsatz leicht nach vorn geneigt. . . . . *S. coronatus*[2] S. 279
- Fossa temporalis im Umriß dreieckig, ihr Oberrand deutlich winkelig, die Fossa daher auch dorsal „geschlossen". Kronenfortsatz gerade oder nach hinten gebogen . . . . *S. araneus*[2] S. 237
7 Cbl < 14,2 mm, I_2 deutlich verkleinert . . . . . . *S. minutissimus* S. 207
- Cbl > 14,2 mm 8
8 Cbl meist > 16 mm. Coronoidfortsatz gerade. Profil des Rostrums bis zu I^1 kontinuierlich schmäler werdend . . . . *S. caecutiens* S. 215
- Cbl meist < 16 mm. Coronoidfortsatz fast immer nach vorn abgebogen. Rostrum im Profil unter der Nasenöffnung deutlich abgesenkt *S. minutus* S. 183

c) Nach den Chromosomen:

1 Mehr als 50 Chromosomen 2
- Weniger als 50 Chromosomen 3
2 Ohne metazentrische Chromosomen; 1 Paar Punktchromosomen; 2n = 52. . . . . *S. samniticus* S. 290
- Metazentrische Chromosomen vorhanden. 2n = 56 (54–58) *S. alpinus* S. 295
3 42 Chromosomen 4
- Weniger als 42 Chromosomen 6
4 5 große und ein kleines Chromosomenpaar nicht akrozentrisch *S. minutus* S. 183
- 9 große und ein kleines Chromosomenpaar nicht akrozentrisch . . . 5
5 Unter den großen, nicht akrozentrischen Chromosomen nur ein Paar, dessen kurzer Arm kürzer als ⅓ des langen Arms ist . . . *S. isodon* S. 225
- Unter den großen, nicht akrozentrischen Chromosomen 2–3 Paare, deren kurzer Arm kürzer als ⅓ des langen Arms ist . . . *S. caecutiens* S. 215
6 2n = 38. Kein Autosom akrozentrisch, nur die Geschlechtschromosomen sind akrozentrisch . . . . *S. minutissimus* S. 207
- 2n < 38. ♂ mit 3 Geschlechtschromosomen (Trivalenten in der Meiose), X metazentrisch, Y_1 klein, akrozentrisch, Y_2 groß, subtelozentrisch (*araneus*-Gruppe) 7

---
[1] Zahnmerkmale und einen daran orientierten Bestimmungsschlüssel für die *Sorex*-Arten unseres Gebietes s. auch DANNELID (1989).
[2] Eine sichere Bestimmung ist nur mit Hilfe weiterer Merkmale möglich (s. Artbeschreibungen).

7 Autosomen bis auf ein kleines, polymorphes Element akrozentrisch.
   $2n_a < 34$, $NF_a = 34-36$ . . . . *S. granarius* S. 287
 - Mindestens 3 Autosomenpaare nicht akrozentrisch. $2n_a < 32$ . . . 8
8 Kein Autosom akrozentrisch. Akrozentrisch ist einzig Y_1. $2n_a = 20$, NF_a
   $= 40$ . . . . *S. coronatus* S. 279
 - Wenn alle Autosomen nicht akrozentrisch sind, $2n_a = 18$. $2n_a$ variabel
   18–30; da NF_a stets 36, variiert der Anteil akrozentrischer Autosomen
   entsprechend der Chromosomenzahl . . . . *S. araneus* S. 237

Literatur

CATZEFLIS, F.; GRAF, J.-D.; HAUSSER, J.; VOGEL, P.: Comparaison biochimique des musaraignes du genre *Sorex* en Europe occidentale (Soricidae, Mammalia). Z. zool. Syst. Evolut.-forsch. **20**, 1982, 223–233.

DANNELID, E.: Medial tines on the upper incisors and other dental features used as identification characters in European shrews of the genus *Sorex* (Mammalia, Soricidae). Z. Säugetierk. **54**, 1989, 205–214.

DIERSING, E.: Systematics and evolution of the pygmy shrews (subgenus *Microsorex*) of North America. J. Mammal. **61**, 1980, 76–101.

FREDGA, K.: Taiganäbbmusen *Sorex isodon* funnen i Sverige. Fauna flora **73**, 1978, 79–88.

HAUSSER, J.: Genetic drift and selection: their respective weights in the morphological and genetic differentiation of four species of shrews in Southern Europe (Insectivora, Soricidae). Z. zool. Syst. Evolut.-forsch. **22**, 1984, 302–320.

– JAMMOT, D.: Étude biométrique des mâchoires chez les *Sorex* du groupe *araneus* en Europe continentale (Mammalia, Insectivora). Mammalia **38**, 1974, 324–343.

– ZUBER, N.: Détermination spécifique d'individus vivants des deux espèces jumelles *Sorex araneus* et *S. coronatus,* par deux techniques biochimiques (Insectivora, Soricidae). Rev. suisse Zool. **90**, 1983, 857–862.

HOFFMANN, R. S.: A review of the systematics and distribution of Chinese red-toothed shrews (Mammalia: Soricinae). Acta theriol. Sinica **7**, 1987, 100–139.

HUTTERER, R.: Biologische und morphologische Beobachtungen an Alpenspitzmäusen *(Sorex alpinus).* Bonn. zool. Beitr. **33**, 1982, 2–18.

LOCH, R.: A biometrical study of karyotypes A and B of *Sorex araneus* L., 1758 in the Netherlands (Mammalia, Insectivora). Lutra **19**, 1977, 21–36.

MYS, B.; ROMPEY, J. VAN: De mogelijke identificatie van *Sorex araneus* en *Sorex coronatus* aan de hand van „isoelectric focusing". Lutra **26**, 1983, 134–136.

PASSARGE, H.: *Sorex isodon marchicus* ssp. nova in Mitteleuropa. Z. Säugetierk. **49**, 1984, 278–284.

Sorex minutus Linnaeus, 1766 – Zwergspitzmaus

E: Pygmy shrew, lesser shrew; F: La musaraigne pygmée

Von R. HUTTERER

Diagnose. Kleinster mitteleuropäischer *Sorex*. Von dem in NE-Europa vorkommenden *Sorex minutissimus* durch größere Körpermaße (Kr *minutus*: 42–68,5 mm, *minutissimus*: 33–53 mm) und relativ längeren Schwanz (Schw *minutus*: 70% Kr, *minutissimus*: 60% Kr) unterschieden. Hinterfuß relativ lang (Hf *minutus*: 9,5–12,1 mm, *minutissimus*: 7,5–8,8 mm). Variationsbreite weiterer Maße in Europa: Gew 2,1–6,0 g, Schw 32–47,5 mm.

Karyotyp: $2n = 42$, $NF = 56$; 3 Autosomenpaare metazentrisch, 2 Paare submetazentrisch, 1 Paar subtelozentrisch, die restlichen Chromosomen einschließlich der Geschlechtschromosomen akrozentrisch (MEYLAN 1965, ORLOV und ALENIN 1968, FEDYK und IVANITSKAYA 1972, FEDYK und MICHALAK 1982, PETROV et al. 1985). Davon abweichend fand KOZLOVSKY (1973) bei einer kaukasischen Zwergspitzmaus einen Karyotyp von $2n = 38-40$, $NF = 58$.

Beschreibung. Körper klein und zierlich, Hinterfuß lang, Schwanz lang und verhältnismäßig dick. Kopf lang, nach vorn spitz zulaufend (bei *minutissimus* stumpfer, vgl. MERKOVA und DOLGOV 1972). Ohrmuschel kurz (im Mittel 5,83 mm, $n = 20$, Burda 1980) und bei jungen Tieren weitgehend mit Haaren bedeckt, mit zunehmendem Alter kahler werdend. Augen klein, Augenspalt 0,8 mm ($n = 15$ Tiere aus Niederösterreich), normalerweise dicht von Haaren umgeben; sehr alte Tiere können einen kahlen Augenring ausbilden (HUTTERER 1976a). Die maximale Länge der Vibrissae mystaciales beträgt bei niederösterreichischen Tieren 15,4 mm ($n = 13$). Äußere Nase mit charakteristischer Kontur der seitlichen Nasenblätter (HUTTERER 1982).

Körperhaare dicht und kurz, bei polnischen Zwergspitzmäusen im Durchschnitt 3,7 mm im Frühjahr und 5,0 mm im Winter lang (BOROWSKI 1973). Haare durchweg von dunkelgrauer Grundfärbung, oberseits mit braunen, unterseits mit hellgrauen Spitzen. Rückenfärbung meist dunkelbraun, Seitenfärbung geringfügig heller, die Unterseite deutlich dagegen abgesetzt. Farbbeschreibung einer polnischen Population anhand der Farb-

Tabelle 52. Körperfärbung in einer polnischen Population (n = 77) von *Sorex minutus* (nach BOROWSKI 1973, verändert). Angaben in Prozent.

Farbe nach Ridgway	Rücken	Seite	Bauch
Clove Brown	22		
Chaetura Black	77	10	
Bister	1	81	
Saccardos Umber		9	
Grayish Olive			77
Buffy Brown			14
Citrine Drab			6
Olive Buff			3

tafeln von RIDGWAY siehe Tab. 52. Schwanz bei Jungtieren dicht behaart, zweifarbig. Hände und Füße fein behaart, heller als Schwanzoberseite. 6 Zitzen. Penisform einfach (Abb. 74), vgl. YUDIN (1971*). Spermienköpfchen stumpf abgerundet und mit zentralem Geißelansatz, wie für die Gattung typisch (VON LEHMANN und SCHAEFER 1974).

Schädel: Aufgrund seiner Kleinheit nur von *Sorex caecutiens* und *S. minutissimus* schwer zu unterscheiden. Zu einem besseren Vergleich der sehr ähnlichen Schädel dieser drei Arten sind die Zeichnungen davon in den Abbildungen 75, 76 und 77 nacheinander abgebildet. *S. minutissimus* hat einen noch kleineren Schädel mit kürzerem Rostrum; die Außenränder des Rostrums sind bei *minutissimus* mehrfach eingebuchtet, bei *minutus* verlaufen sie mehr oder weniger glatt (Abb. 75). Der Hirnschädel ist bei *minutus* von mittlerer Größe, in Aufsicht oval, in Seitenansicht wenig aufgewölbt (bei *caecutiens* groß, rund und stark aufgewölbt). Der Steg zwischen dem Foramen infraorbitale und der Augenhöhle ist bei *minutus* schmaler als bei *caecutiens*. Mandibel schwach und zerbrechlich, ihr Koronoidfortsatz weniger massiv als bei *caecutiens*. Processus angularis länger als bei *minutissimus*, aber kürzer als bei *caecutiens*. Abstand zwischen beiden Gelenkflächen am Condylus sehr groß (CHALINE et al. 1974*); Lage des Foramen mentale unter dem Hinterrand des 3. Unterkieferzahnes, bei *minutissimus* deutlich weiter hinten (SKARÉN und JÄDERHOLM 1985).

Zähne: Erster oberer Incisivus klein und in zwei etwa gleichgroße Hälften geteilt (REUMER 1984*). Die darauf folgenden 3 einspitzigen Zähne etwa gleich lang, ihre Spitzen liegen ungefähr auf einer Linie (SLIM 1976). Der 4. einspitzige Zahn ist um die Hälfte kürzer, der 5. noch winziger, so daß er manchmal in seitlicher Betrachtung kaum zu sehen ist. Die Größenverhältnisse der einspitzigen Zähne zueinander variieren jedoch erheblich, weshalb darauf kein allzu großer Wert gelegt werden sollte. (Bei *S. caecu-*

Sorex minutus – Zwergspitzmaus

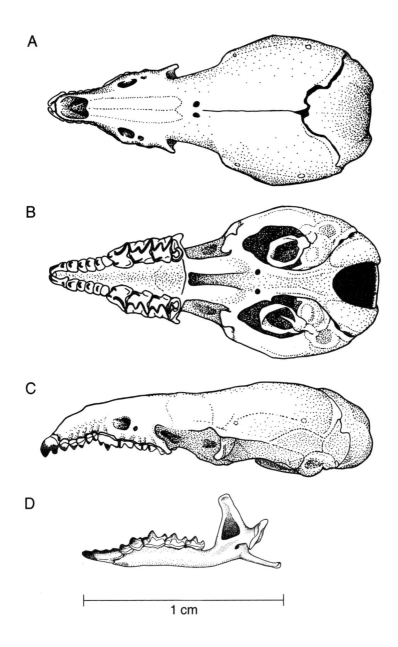

Abb. 75. Schädel von *Sorex minutus* (ZFMK 55.240, Rheinland): **A** dorsal, **B** ventral, **C** lateral, **D** Unterkiefer von lingual.

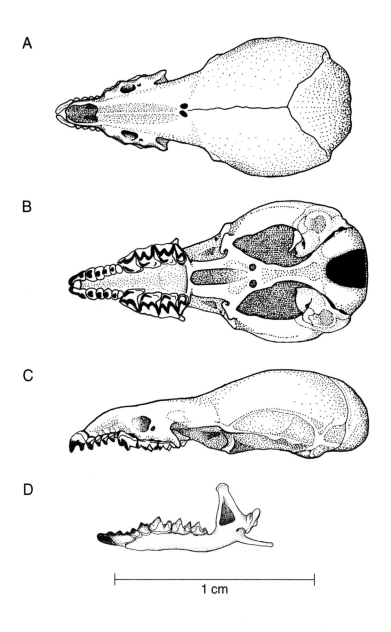

Abb. 76. Schädel von *Sorex minutissimus* (SMF 49.383, W-Sibirien): **A** dorsal, **B** ventral, **C** lateral, **D** Unterkiefer von lingual.

Sorex minutus – Zwergspitzmaus

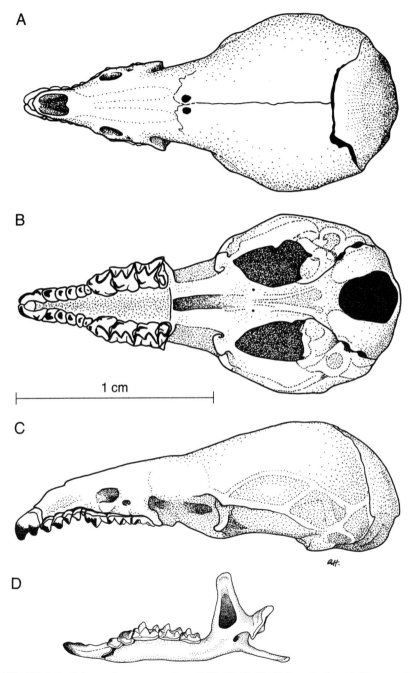

Abb. 77. Schädel von *Sorex caecutiens* (ZFMK 53.30, Polen: **A** dorsal, **B** ventral, **C** lateral, **D** Unterkiefer von lingual.

tiens liegen die Spitzen der ersten 4 einspitzigen Zähne etwa auf einer Linie, der 5. ist deutlich kürzer; außerdem hat *caecutiens* einen deutlich größeren I^1). Prämolaren und Molaren zeigen außer ihrer geringen Größe keine Besonderheiten. Fehlen einzelner Zähne im Oberkiefer bekannt (HUTTERER 1977a), aber selten. Über den Eisengehalt des roten Zahnpigmentes vgl. LUNT und NOBLE (1975). Unterkieferzähne ähnlich wie bei *araneus* oder *caecutiens*, nur kleiner. I_1 mit 3 deutlichen Höckern; der Schneidezahn ist länger und schlanker als bei *minutissimus* (siehe dort).

Postcraniales Skelett: 7 Hals-, 13 Brust-, 6 Lenden-, 5 Kreuz- und 13 Schwanzwirbel (eigene Zählung). Zur Morphologie der Beckenknochen siehe BECKER (1955) und DOLGOV (1961).

Verbreitung (Abb. 78). *Sorex minutus* kommt in der Paläarktis vor, von der Iberischen Halbinsel im Westen bis zum Baikalsee im Osten (DOLGOV 1967). Das Hauptareal umfaßt die tiefen Lagen des Nordens und der Mittelgebirge; im Süden besiedelt die Art nur noch Hochlagen von Gebirgen, wodurch das Areal hier in kleine, isolierte Populationen zerrissen wird (HUTTERER 1979). Das gilt auch für Europa. Im N erreicht die Zwergspitzmaus die Nordspitze Skandinaviens. Mit Ausnahme weniger norwegischer Inseln kommt sie dort überall vor (SIIVONEN und LAITILA 1972). Die Verbreitungsgrenze folgt den Küstenlinien von Dänemark, der Bundesrepublik Deutschland, der Niederlande, Belgiens und Frankreichs (SPITZ und SAINT GIRONS 1969*). Von den Friesischen Inseln sind Terschelling, Ameland, Borkum, Norderney, Wangerooge, Föhr, Amrum und Sylt besiedelt (DEPPE 1980, HUTTERER 1981, VAN WIJNGAARDEN et al. 1971*). Über die Verbreitung auf den dänischen Inseln fehlen zusammenfassende Berichte; belegt sind Vorkommen auf Bornholm (LARSEN 1973) und Röm (eigene Daten). Großbritannien und Irland gehören mit Ausnahme der Shetland-Inseln und eines Teils der Hebriden ebenso zum Areal (CORBET 1971*, NÍ-'LAMHNA 1979*). Die Faröer-Inseln und Island sind nicht besiedelt. Der Verlauf des Südrandes ist erst in den letzten Jahren genauer erforscht worden und ist sicher noch ungenügend bekannt. Der westlichste Fundort an der iberischen Nordküste ist Reinante-Ribadeo, der überhaupt westlichste Fundort der Art ist das sw davon im Landesinnern gelegene Santiago (HEIM DE BALSAC und DE BEAUFORT 1969*). Von dort verläuft die Grenze über N-Portugal (MADUREIRA und MAGALHÃES 1980*) zur Sierra de Gredos (GARZON-HEYDT et al. 1971) und Sierra de Guadarrama (REY 1971). Ob eine Verbindung mit den n Vorkommen besteht, ist fraglich, da die bisher bekannten Funde aus dem Kastilischen Scheidegebirge aus Hochlagen über 1300 m stammen. In der spanischen Nordprovinz Katalonien liegen zahlreiche Fundorte (GOSÀLBEZ et al. 1982), ebenso in den spanischen und

Sorex minutus – Zwergspitzmaus

französischen Pyrenäen (FONS et al. 1980, VERICAD 1970*). Nördlich der Pyrenäen bis zum Rhonedelta kaum Funde. Beidseitig der Rhone fanden SAINT GIRONS und VESCO (1974*) die Art aber häufig in Eulengewöllen, ebenso FAYARD und EROME (1977*) im Zentralmassiv westlich von Lyon. Weitere Funde im westlichen Zentralmassiv bei Cantal (CANTUEL 1950)

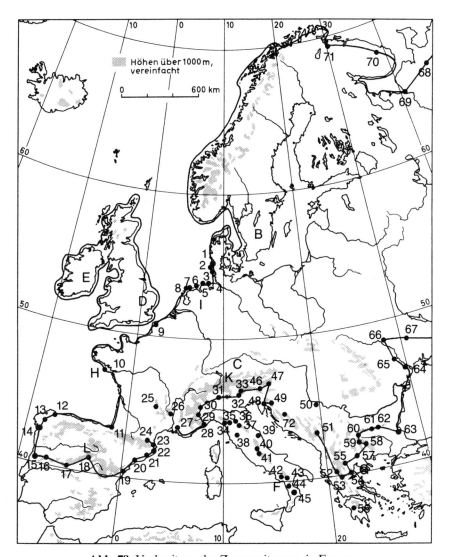

Abb. 78. Verbreitung der Zwergspitzmaus in Europa.

und Besse-en-Chandesse (SAINT GIRONS 1961) sowie ein Nachweis in den französischen Alpen bei Vercors (BROSSET und HEIM DE BALSAC 1967*). Nach POITEVIN in FAYARD et al. (1984*) fast ganz Frankreich. Über die Verbreitung in der romanischen Schweiz s. MEYLAN (1964), in Liechtenstein s. VON LEHMANN (1963*). Offenbar endet das zusammenhängende Verbreitungsgebiet am Südrand des Alpenbogens. Auf der Apennin-Halbinsel gibt es nur isolierte Populationen in der Toscana (MILLER 1912*, CONTOLI 1976, CONTOLI et al. 1975, SANTINI und FARINA 1978), in den Abruzzen (CONTOLI 1975, FRIGO, in litt.), im Kampanischen Apennin (MILLER 1912*, PASA 1959) und in Kalabrien (VON LEHMANN 1973, ALOISE et al. 1985). In Jugoslawien kommt die Art in fast ganz Slowenien vor (KRYŠTUFEK 1983*), auch für Serbien und den Dinarischen Karst wird sie genannt (ĐULIĆ 1971, ĐULIĆ und TORTIĆ 1960*, ĐULIĆ und VIDINIĆ 1964*). PETROV (1967) erwähnt Fänge im Gebirge Fruška Gora/Vojvodina, HUTTERER (1977a) ein Einzelstück aus dem Tara-Gebirge/Herzegowina. Die Situation in Mitteljugoslawien und Albanien ist ungeklärt. In Bulgarien und Griechenland nur Funde aus Gebirgen. Sie verteilen sich auf Mazedonien: Edessa, Kato Vermion (VOHRALIK und SOFIANIDOU 1987*); Epirus: Konitsa (ONDRIAS 1965*); Thessalien: Olymp (CHAWORTH-MUSTERS 1932), Pertuli, Katara (WOLF, unpubl.); Peloponnes: Zacharo (KAHMANN 1964). In Bulgarien lebt *S. minutus* in den Gebirgen Witoscha und Rila, im Massiv der Rhodopen zwischen 1500 und 1800 m und im Balkangebirge (MARKOV 1957*, 1962, 1974, ATANASSOV und PESCHEV 1963*). Aus Rumänien liegen genaue Angaben nur aus dem Tal der Moldau vor (SIMIONESCU 1968); während die Art nach VASILIU (1961*) häufig von der Ebene bis ins Gebirge vorkommt, soll sie nach SCHNAPP (1963*) überall, aber selten vorkommen.

Der westlichste Fundort in der Türkei (Gok Dag, vil. Izmit; KRAPP im Druck) liegt außerhalb des Kartenausschnittes. Zur Verbreitung in den nördlichen Gebirgen Anatoliens s. SPITZENBERGER (1968, 1973).

Randpunkte: Dänemark: 1 Röm (Material im ZFMK); Bundesrepublik Deutschland: 2 Sylt, 3 Amrum, Föhr (DEPPE 1980), 4 Wangerooge, 5 Norderney, 6 Borkum (HUTTERER 1981); Niederlande: 7 Ameland, 8 Terschelling (VAN LAAR 1981); Frankreich: 9 Cap-Gris-Nez (YALDEN et al. 1973*), 10 Belle-Ile (HEIM DE BALSAC 1940), 24 Prades (FONS et al. 1980), 25 Cantal (CANTUEL 1950), 26 Loire, 27 Vaucluse (SAINT GIRONS und VESCO 1974*); Spanien: 11 Fuente De (REY 1971), 12 Reinante-Ribadeo, 13 Santiago (HEIM DE BALSAC und BEAUFORT 1969*), 17 Sierra de Gredos (GARZON-HEYDT et al. 1971), 18 Sierra de Gredos (REY 1971), 19–23 Katalonien (GOSÀLBEZ et al. 1982); Italien: 28 Monesi (Coll. BAUER, Wien), 29 Leiní, 30 Bollengo (FRIGO, in litt.), 31 Varenna (TOSCHI 1959*), 32 Dintorni di Giazza (FRIGO 1978), 33 Cadore (TOSCHI 1959*), 34 Equi Terme

(SANTINI und FARINA 1978), 35 Abetone (PEUS 1964), 36 Bazano (CONTOLI et al. 1975), 37 Vallombrosa (MILLER 1912*), 38 Quarciglione (CONTOLI und SAMMURI 1978), 39 zw. Assisi u. Ascoli Picena (CONTOLI 1975), 40 Passo di Godi, Scanno (FRIGO, in litt.), 41 Tagliacozzo (CONTOLI 1975), 42 Monti Picentini (PASA 1959), 43 Monte Sirino (MILLER 1912*), 44 Monte Carámolo (VON LEHMANN 1973), 45 La Sila Grande (ALOISE et al. 1985); Österreich: 46 Villach (Material im SMF), 47 Neuhof, Graz (Material im NMW); Jugoslawien: 48 Učka (ĐULIĆ und VIDINIĆ 1964*), 49 Gorski Kotor (ĐULIĆ 1971), 50 Fruška Gora (PETROV 1967), 51 Tara-Gebirge (HUTTERER 1977a); Griechenland: 52 Konitsa (ONDRIAS 1965*), 53 Katara-Pass (Material im ZFMK), 54 Olymp (CHAWORTH-MUSTERS 1932), 55 Edessa (ONDRIAS 1965*), 56 Zacharo (KAHMANN 1964); Bulgarien: 57 Petric (MARKOV 1962), 58 Rhodopen (ATANASSOV und PESCHEV 1963*), 59 Rila-Gebirge, 60 Witoscha-Gebirge (MARKOV 1957*), 61 Troyan (JOTOVA 1972), 62 Lewski (MARKOV 1974), 63 Ropotamo (VOHRALIK 1985*); Rumänien: 64–65 nach SIMIONESCU 1968; Sowjetunion: 66–71 nach DOLGOV 1967. Nachtrag Jugoslawien: 72 Plitvice (Coll. J. NIETHAMMER, Bonn).

Terrae typicae:

   minutus Linnaeus, 1766: Barnaul, Sibirien, Sowjetunion (außerhalb der Karte)
B *canaliculatus* Ljung, 1806: Jönköping, Schweden
C *pumilio* Wagler, 1832: Bayern, Bundesrepublik Deutschland
D *rusticus* Jenys, 1838: nahe Cambridge, Großbritannien
E *hibernicus* Jenys, 1838: Dublin, Irland
F *lucanius* Miller, 1909: Monte Sirino, Italien
G *gymnurus* Chaworth-Musters, 1932: Osthang des Olymp, Griechenland
H *insulaebellae* Heim de Balsac, 1940: Belle-Ile, Frankreich
I *exiguus* van den Brink, 1952: Applescha, Friesland, Niederlande
K *becki* von Lehmann, 1963: Silum, Liechtenstein
L *carpetanus* Rey, 1971: Sierra de Guadarrama, Spanien.

Paläontologie. *Sorex minutus* ist bis in das mittlere Pliozän (MN 15) von zahlreichen europäischen Fundstellen belegt (REUMER 1984). Dabei ist eine geringe Größenzunahme der Art seit dem Ruscinium zu verzeichnen (RABEDER 1972, REUMER 1984). Andere Autoren wie JÁNOSSY (1964) und MALEC (1978) betonen dagegen die geringe Größenvariabilität der Zwergspitzmaus seit dem Pleistozän. Wegen zeitgleichen Auftretens weiterer kleiner Arten sind solche Aussagen als vorläufig zu betrachten. Eine umfassende Revision der fossilen *Sorex* Europas steht noch aus.

Merkmalsvariation. Geschlechtsdimorphismus: Die äußerliche Bestimmung der Geschlechter ist erst im Adultstadium möglich. Bei den Männchen treten die Hoden hervor, gelegentlich sind verlängerte „Penishaare" vorhanden. Die Zitzen der Weibchen sind in der Regel erst bei Laktation sichtbar. Für metrische Geschlechtsunterschiede liegen bisher keine Anhaltspunkte vor.

Alter: Im Freiland lassen sich Jugend- und Adultstadien mühelos an der Körperform, Behaarung und dem Kopfprofil (Abb. 79) erkennen. Die Jugendstadien haben ein kurzes, dunkel glänzendes Fell, einen dicht behaarten Schwanz und einen schlanken Kopf. Die Adulten haben nach der Herbstmauser ein lockereres Fell, ein eckiges Kopfprofil und einen zunehmend abgestoßenen Schwanz. Der im Labor verfolgbare Lebenszyklus der Zwergspitzmaus läßt sich in fünf Phasen gliedern, zwei Jugendphasen, zwei Adultphasen und eine Senilphase (HUTTERER 1976b).

Zahnabnutzung: Die Zähne der im Sommer geborenen Jungtiere unterliegen einer stetigen Abschleifung und sind bis zum darauf folgenden Frühsommer um ca. 30% ihrer Länge erniedrigt (GRAINGER und FAIRLEY 1978).

Winterdepression: Körpergewicht, Organgewichte, Schädelmaße und viele andere Merkmale unterliegen einer ausgeprägten saisonalen Veränderung, die als Dehnelsches Phänomen in die Literatur eingegangen ist (MEZHZHERIN 1964). Besonders auffällig und gut dokumentiert (u. a. KUBIK 1951, CABON 1956 für polnische, GRAINGER und FAIRLEY 1978 für irische Zwergspitzmäuse) ist die sogenannte Schädeldepression. Der Hirnschädel ist bei jungen Zwergspitzmäusen stark aufgewölbt und flacht zum Winter hin ab bis zu einem Minimalwert im Januar; mit zunehmendem Frühjahr

Abb. 79. Kopfprofil (von ventral) einer juvenilen (links) und einer voll adulten Zwergspitzmaus (rechts). Aus HUTTERER 1976b.

Sorex minutus – Zwergspitzmaus

Tabelle 53. Einzelmaße von *Sorex minutus* aus Potsdam-Rehbrücke, Deutsche Demokratische Republik (Loc 1), Ersdorf, Rheinland, Bundesrepublik Deutschland (Loc 2), Cantal, Zentralmassiv, Frankreich (Loc 3) und vom Katara-Paß, Griechenland (Loc 4). Material im Museum Alexander Koenig, Bonn (Loc 1,2,4) und im Muséum National d'Histoire Naturelle, Paris (Loc 3).

Nr.	Loc	sex	Mon	Gew	Kr	Schw	Hf	Cil	Cbl	Skb	SkH	Zyg	Iob	Pgl	oZr	Mand	Corh	uZr
53.5	1	♂ ad	12	2,9	46	38	10	15,1	14,4	7,4	3,8	4,1	3,0	4,2	6,1	7,3	3,1	5,7
53.7	1	♂ ad	12	3,2	46	39	10	15,8	15,2	7,2	3,7	4,1	3,2	4,4	6,4	7,6	3,2	6,0
53.6	1	♀ ad	12	2,6	49	37	10	15,5	15,0	7,3	3,7	4,1	3,2	4,4	6,3	7,3	3,1	6,0
53.8	1	♀ ad	12	3	44	40	10,5	16,1	15,5	7,5	3,9	4,1	3,2	4,4	6,3	7,4	3,2	6,1
53.9	1	♀ ad	12	3,2	52	37	10	15,9	15,3	7,3	4,0	4,1	3,2	4,4	6,4	7,7	3,1	6,0
55.240	2	♂ ad	2	3	58,5	39,5	10	15,7	15,1	7,1	3,6	4,2	3,1	4,4	6,4	7,5	3,2	6,0
55.241	2	♂ ad	4	5,2	62,5	37,5	11	16,4	15,8	7,5	4,5	4,2	3,1	4,4	6,6	7,6	3,3	6,2
55.244	2	♂ juv	8	3,5	52	37	10,5	15,7	14,9	7,2	4,5	4,1	3,3	4,5	6,4	7,3	3,3	5,9
55.239	2	♀ juv	9	3,5	57	39	10	15,7	15,0	7,2	4,6	4,1	3,2	4,3	6,3	7,5	3,1	5,8
55.242	2	♀ ad	4	5,2	59,5	42	11	15,6	15,1	7,3	4,5	4,3	3,4	4,5	6,6	7,2	3,2	6,1
44.223	3	♂ ad	7	5	58	41	–	16,5	16,0	7,6	4,6	4,1	2,8	4,4	6,7	7,9	3,2	6,3
49.136	3	♂ juv	8	3	54	45	–	16,1	15,8	7,3	5,0	4,1	2,7	4,3	6,3	7,8	3,2	6,2
56.1220	3	♀ ad	9	3,5	57	46	–	16,2	15,8	7,5	4,4	4,2	2,8	4,2	6,5	7,9	3,2	6,3
56.1221	3	♀ ad	10	3,2	58	42	–	16,1	15,7	7,7	4,8	4,1	2,7	4,3	6,4	7,7	2,8	6,2
61.556	3	♀ ad	9	3,2	55	44	–	16,1	15,9	7,7	4,9	4,2	2,9	4,5	6,4	7,8	3,2	6,3
77.5	4	♂ ad	9	4,5	52,5	43	11,5	17,6	17,1	8,2	5,1	4,8	3,2	4,8	7,3	8,2	4,1	6,8
77.8	4	♂ ad	9	3,5	53	44,5	11,5	17,0	16,5	7,9	4,8	4,7	3,5	4,7	7,1	8,2	3,5	6,6
77.12	4	♂ juv	10	3,5	55	41,5	11	17,2	16,7	8,1	5,1	4,7	2,9	4,7	7,3	8,2	4,0	6,9
77.7	4	♀ ad	9	3,6	47	42,5	11	16,8	16,5	7,8	4,7	4,6	3,2	4,9	7,1	8,2	3,7	6,5
77.13	4	♀ ad	10	4	47	41	11	17,0	16,5	7,6	4,7	4,7	3,5	4,6	7,1	8,1	3,6	6,7

steigt die Hirnschädelhöhe dann wieder an. Den damit verbundenen Knochenab- und -aufbau hat PUCEK (1970) untersucht.

Färbung: Variabel nach Alter und Saison. Nach der vollständigen Behaarung (ca. am 14. Postembryonaltag) haben die Jungtiere ein kurzes und dichtes, samtartig glänzendes Haarkleid, das sich mit zunehmendem Alter aufhellt und lockert. Nach der Herbstmauser ist das Fell wieder dunkelbraun bis schwärzlich und glänzend. Nach der Frühjahrsmauser folgt ein helleres, weniger dichtes Haarkleid (HUTTERER 1976c). Im Freiland findet der Haarwechsel im Herbst (Diesjährige mausern in das Winterkleid) und im Frühjahr (Wechsel in das Sommerkleid) statt (BOROWSKI 1973, PERNETTA 1976a, GRAINGER und FAIRLEY 1978). Der Zeitpunkt der Mauser wird offenbar von klimatischen und geographischen Gegebenheiten bestimmt; ELLENBROEK (1980) stellte fest, daß die Herbstmauser in Irland früher als in den Niederlanden und dort früher als in Polen stattfindet.

Farbanomalien: Farbabweichungen sind selten; beobachtet wurden eine flavistische, eine partiell albinotische und eine mehrfarbig gescheckte Zwergspitzmaus (VAN BREE et al. 1963*, PUCEK 1964, KOFOD 1970). Auch Albinos kommen vor (HUTTERER unpubl.). Zahnanomalien sind äußerst selten; die Reduktion eines einspitzigen Zahnpaares im Oberkiefer wurde bei nur 2 von 443 Schädeln vorgefunden (HUTTERER 1977a).

Geographische Variation: Die Zwergspitzmaus variiert erheblich innerhalb ihres riesigen Areals. Die von DOLGOV (1972) für das russische Teilareal belegte klinale Variation der Schädellänge kann auch im europäischen Teilareal verfolgt werden (HUTTERER 1979, GOSÀLBEZ et al. 1982), vgl. Tab. 53. Die kleinsten Zwergspitzmäuse Europas leben in Finnland; von dort aus nimmt die Schädelgröße nach S und W zu und erreicht ihre höchsten Werte in den südlichen Populationen Spaniens, Italiens und Griechenlands. In gleicher Richtung verändert sich die Fellfarbe von tief dunkelbraun in Nordeuropa hin zu hellbraun in Südeuropa. Ob die Gesamtvariation als klinal angesehen werden muß oder ob deutliche Merkmalssprünge zwischen einigen Populationen bestehen, bleibt noch zu untersuchen.

Unterarten: Eine klare Gliederung in Unterarten ist bisher nicht erkennbar. Innerhalb des geschlossenen Areals sind klinale Merkmalsgradienten vorhanden. Unklar ist die Position der isolierten Gebirgspopulationen z. B. in Frankreich (Zentralmassiv), Spanien, Italien und Griechenland. Auch die Stellung der Inselform *insulaebellae* ist derzeit nicht zu klären, da das Typusmaterial verschollen ist (HEIM DE BALSAC, in litt.). Die hier vorgenommene Formengliederung ist deshalb als vorläufig anzusehen.

1. *minutus:*	kleinste (Cbl um 15,0 mm) und dunkelste Form, von Sibirien bis Nord- und Mitteleuropa. Schließt *canaliculatus, pumilio, exiguus* und wahrscheinlich auch *insulaebellae* ein; die britischen (*rusticus*) und irischen (*hibernicus*) Zwergspitzmäuse sind eventuell als Inselformen abzutrennen.
2. *becki:*	größer, vor allem durch Langschwänzigkeit gekennzeichnet (CLAUDE 1968). Alpen.
3. *lucanius:*	Schädel größer (Cbl bis 16,1 mm), Fell sehr hell; nur in den Gebirgen Kalabriens. Die Zugehörigkeit der nord- und mittelitalienischen Funde ist ungeklärt.
4. *gymnurus:*	größte und hellste europäische Zwergspitzmaus, Cbl bis 17,1 mm; Griechenland.
5. *carpetanus:*	ebenfalls große und hell gefärbte Form Spaniens; unklar ist, ob die aus der Sierra de Guadarrama beschriebene Form dieselbe ist wie die übrigen Zwergspitzmäuse Spaniens und Portugals (s. Diskussion bei GOSÀLBEZ et al. 1982).

Ökologie. Habitat: Abhängig von Breitengrad und Meereshöhe. In Küstennähe kommt die Zwergspitzmaus in Dünen und sogar im Wattbereich vor (CROIN MICHIELSEN 1966, WIJS 1963). Dichte Wiesen, Schilfgebiete und Moore sind im Inland bevorzugte Habitate. Nach YALDEN (1981) erreicht die Zwergspitzmaus in England ihre höchsten Dichten in Mooren, in denen die Waldspitzmaus infolge fehlender Regenwurmnahrung fehlt. Auch VON LEHMANN (1966) deutet die relativ längeren Zehen der Zwergspitzmaus als Anpassung an ein Leben in Mooren. Allerdings werden auch Laub- und Mischwälder von der Zwergspitzmaus bewohnt. Erforderlich ist in allen Lebensräumen ein dichter Unterwuchs, der ein relativ kühles und feuchtes Bodenklima garantiert (HUTTERER 1977b). An den Meeresküsten wird mangelnde Bodenbedeckung teilweise durch das feuchte Meeresklima kompensiert. In Südeuropa sind der Zwergspitzmaus zusagende Lebensräume offenbar nur noch in Gebirgen vorhanden; eine kleine, von WOLF gesammelte Serie aus Griechenland stammt aus 1700 m.

Nahrung: Überwiegend Käfer, Spinnen, Weberknechte und Insektenlarven (Tab. 54). Bemerkenswert ist das weitgehende Fehlen von Gruppen wie Regenwürmern und Schnecken, die einen wesentlichen Nahrungsbestandteil der Waldspitzmaus darstellen. YALDEN (1981) folgert aus diesem Befund, daß die Zwergspitzmaus an ein Leben in kalkarmen Mooren angepaßt ist; tatsächlich erreicht *S. minutus* in Mooren höhere Dichten als *S. araneus*. Auch der Anteil der Pflanzennahrung ist bei *S. minutus* gering. Das engere Nahrungsspektrum der Zwergspitzmaus läßt sich auch bei Ge-

Tabelle 54. Die wichtigsten Nahrungskomponenten von *Sorex minutus* und *S. araneus* nach Untersuchungen in Europa. Die Bedeutung der einzelnen Beutekategorien wurde grob nach der prozentualen Auftrittshäufigkeit in Magen- oder Kotballenanalysen gekennzeichnet: $1 > 5\%$, $2 > 10\%$, $3 > 30\%$, $4 > 50\%$. Man beachte das weitgehende Fehlen von Oligochaeten und Gastropoden bei *S. minutus*.

Beutekategorie	Sorex minutus						Sorex araneus						
	a	b	c	d	e	f	a	b	c	d	f	g	h
Oligochaeta							1	4	4	3	4	3	4
Gastropoda						2	3	1	2	4		2	3
Opilionida	2	4	4	4	3	2	1	4	1	3	2	2	4
Araneida	2	4	4	4	2	4	1	4	4	3	2	2	4
Acari		2			3	3	2				3	2	3
Isopoda					4	4	2				3	2	1
Chilopoda	2						2	1			2	2	
Heteroptera			2		3	2					2		2
Coleoptera	2	4	4	4	4	4	2	4	4	4	2	3	4
Diptera		2	4	4	3	3			1	4	4	3	2	4
Hymenoptera			2	2				2				1	2
Pflanzen			3	2	4			4	4			4	4

(a) Bauerova 1984, Tschechoslowakei, Fichtenmonokultur
(b) Pernetta 1976b, Großbritannien, Grasland
(c) Butterfield et al. 1981, Großbritannien, Grasland
(d) Butterfield et al. 1981, Großbritannien, Moor
(e) Grainger und Fairley 1978, Irland, verschiedene Habitate
(f) Churchfield 1984, Großbritannien, Wasserkresse-Kulturen
(g) Rudge 1968, Großbritannien, Kulturland
(h) Kischnick 1984, Skandinavien, verschiedene Fundorte

fangenschaftshaltung beobachten und macht die Art zu einem heiklen Pflegling (Hutterer 1977b). Örtliche und zeitliche Überangebote können zu temporärer Monophagie führen. So fand Ružić (1971) während einer sommerlichen Feldmausplage, daß sich Zwergspitzmäuse hauptsächlich von jungen Feldmäusen ernährten. Wichmann (1954) beobachtete eine Zwergspitzmaus über einen Zeitraum von 10 Tagen, die sich am Rande eines Befallsherdes des Buchdruckers aufhielt. Auch in Bienenstöcke dringen Zwergspitzmäuse gelegentlich ein und fressen Larven und Imagines (Schneider 1944).

Fortpflanzung. Tragzeit: Unbekannt. Die Weibchen tragen normalerweise 5–6 Embryonen (Tab. 55); deren Anzahl ist im Frühjahr am größten und nimmt bei den folgenden Trächtigkeiten ab (Croin Michielsen 1966). Die effektive Wurfgröße ist geringer; bei 5 Gefangenschaftswürfen lag die Jungenzahl zwischen 2 und 5, im Mittel war sie 3,8 (Hutterer 1976c).

Sorex minutus – Zwergspitzmaus

Tabelle 55. Anzahl der Embryonen bei *Sorex minutus*.

Region	x̄	Min – Max	n	Autoren
N-England	5,0		14	BUTTERFIELD et al. 1981
S-England	6,2	2–8	47	BRAMBELL und HALL 1936
E-Polen	5,4		36	BOROWSKI und DEHNEL 1952
E-Polen	6,0	4–9	8	PUCEK 1960
Niederlande	4,5	1–8	38	CROIN MICHIELSEN 1966
W-Schweiz	7		1	MEYLAN 1964
Spanien	6,0	5–7	2	REY 1971

Geschlechtsreife: Kann schon im ersten Lebenssommer eintreten (STEIN 1961). Im Urwald von Białowieża waren von 617 juvenilen Zwergspitzmäusen beiderlei Geschlechts bereits 15 (= 2,4%) Weibchen geschlechtsreif (PUCEK 1960).

Fortpflanzungszeit: In Mitteleuropa von April bis Oktober. In S-Spanien beginnt die Fortpflanzung schon Ende März (REY 1971), in den kühlen Hochmooren N-Englands dagegen erst Mitte Mai (BUTTERFIELD et al. 1981). Bis 3 Würfe pro Jahr (CROIN MICHIELSEN 1966).

Populationsdynamik. Das Geschlechterverhältnis ist regional uneinheitlich (Tab. 56). Während die meisten Autoren ein leichtes Überwiegen des Männchenanteils feststellten, fanden GRAINGER und FAIRLEY (1978) bei irischen Zwergspitzmäusen einen Weibchenanteil von 55%. CROIN MICHIELSEN (1966) weist allerdings auf die erhebliche Fehlerquote bei der Geschlechtsbestimmung von vor allem jungen Zwergspitzmäusen hin, was die Aussagekraft dieser Relationen mindert. Der saisonale Auf- und Abbau der Population ist ähnlich wie bei der Waldspitzmaus (CROIN MICHIELSEN 1966). In einer niederländischen Population ermittelte die Autorin höchste Dichten von 10/ha im August, und geringste mittlere Dichten von

Tabelle 56. Geschlechterverhältnis bei *Sorex minutus*.

Region	Anteil ♀ an der Gesamtpopulation in %	n	Autoren
Irland	55,1	448	GRAINGER und FAIRLEY 1978
England	43,5	276	BRAMBELL und HALL 1936
Niederlande	48,4	1524	CROIN MICHIELSEN 1966
Schweiz	47,5	40	MEYLAN 1964

4–5/ha im März. Ähnliche Werte fand Pernetta (1977) in einer britischen Population; die mittleren Dichten für die 4 Jahresquartale betrugen 4.0, 6.7, 9.9 und 4.5/ha. Sehr geringe Dichten von 0.2–0.4/ha fand Zejda (1981) in einer tschechischen Fichtenmonokultur. Ellenbroek (1980) gibt Werte von 10–40/ha für die Niederlande und für Irland an, die mit der Rußpapiermethode[1] ermittelt wurden.

Lebensdauer: Croin Michielsen (1966) bestimmte das maximale Lebensalter der Zwergspitzmaus im Freiland als etwa 16 Monate; Pernetta (1977) kam mit ähnlichen Methoden auf ungefähr 13 Monate. 50% der Nachkommen leben nur bis zu 7, nach Pernetta sogar nur bis zu 2 Monaten. Bei guter Gefangenschaftshaltung kann eine Lebensdauer bis zu 18,5 Monaten erreicht werden (Hutterer 1977b).

Feinde: Wie die Waldspitzmaus ist auch die Zwergspitzmaus ein regelmäßiges Beutetier der Schleiereule und anderer Eulen und von Greifvögeln (Uttendörfer 1952*). Auch andere Vögel (Würger, Fasan) und kleine bis mittelgroße Carnivora fressen sie.

Konkurrenz mit *S. araneus*: Die Frage, ob die Zwergspitzmaus in Konkurrenz mit der Waldspitzmaus lebt oder nicht, ist Gegenstand zahlreicher Untersuchungen (Crowcroft 1957, Croin Michielsen 1966, Hutterer 1976b, Ellenbroek 1980). Dabei haben sowohl Freiland- als auch Laborstudien ergeben, daß beide Arten sich in unterschiedlichen Strata aufhalten; während die Waldspitzmaus überwiegend in Bodengängen lebt, hält sich die Zwergspitzmaus mehr am und über dem Erdboden auf. Entsprechendes gilt für die Anlage der Nester. Diese Nischenaufteilung ist im Winter besonders deutlich ausgeprägt, was schon der Fangstatistik entnommen werden kann (Tab. 57). Auf Unterschiede im Nahrungsspektrum wurde bereits hingewiesen (Tab. 54). Zahlreiche Unterschiede bestehen auch im Verhalten und in den Lautäußerungen; so lassen sich die drei häufigsten bei aggressiven Kontakten geäußerten Laute im sonagraphischen Zeit-Frequenz-Diagramm mühelos der einen oder der anderen Art zuordnen (Hutterer 1976). Beide Arten sind demnach in unterschiedliche Nischen eingepaßt; Ellenbroek (1980) verneint daher eine Konkurrenz. Von diesem Autor vorgenommene Freilanduntersuchungen an zwei Zwergspitzmauspopulationen in den Niederlanden (*S. minutus* sympatrisch mit *S. araneus*) und in Irland (nur *S. minutus*) ergaben keine wesentlichen Unterschiede in der Populationsdichte, Territoriengröße oder der Oberflächenaktivität. Malmquist (1985) dagegen begründet eine Konkur-

---

[1] Zahl von Fährten auf ausgelegtem, berußtem Papier.

renz mit dem Befund, daß allopatrische Populationen von *S. minutus* signifikant größer sind (Irland, Gotland) als mit *S. araneus* sympatrische (Schweden). Weitere Experimente von ELLENBROEK (in Vorber.) im Labor und Freiland stützen aber seine Hypothese einer genetisch fixierten Nischendifferenzierung beider Arten, die eine aktive Konkurrenz weitgehend überflüssig macht. In seinen Versuchen fand er keine kurzfristigen Änderungen biologischer Parameter bei einer Art nach vollständigem Wegfang der anderen Art in einer eingezäunten Population. Langfristige Auswirkungen auf das Verhalten und die Körpergröße bei Abwesenheit einer Art schließen ELLENBROEKS Experimente aber nicht aus; solche Effekte könnten die Befunde von MALMQUIST (1985) erklären.

Jugendentwicklung. Neonate Zwergspitzmäuse wiegen 0,25 g (CROWCROFT 1957) und sind ca. 16 mm lang. Das Geburtsstadium ähnelt dem der Waldspitzmaus und charakterisiert die Art als extremen Nesthocker. Die Jungen können noch nicht auf dem Bauch liegen und strampeln in Seiten- oder Rückenlage im Paßgang, später auch im Kreuzgang. Beginnende Behaarung wurde am 10. Postembryonaltag, Augenöffnung am 18. PT beobachtet. Die Jungen haben in diesem Stadium ein samtartig schimmerndes, schwarzbraunes Fell, das sich in den folgenden Wochen in das typische Jugendkleid aufhellt. Am 88. PT wurde der Beginn der Herbstmauser regi-

Tabelle 57. Mehrjährige Sommer- und Winterfänge von Wald- und Zwergspitzmäusen auf zwei Probeflächen in Polen (BOROWSKI und DEHNEL 1952) und den Niederlanden (CROIN MICHIELSEN 1966). Aus CROIN MICHIELSEN, verändert.

Untersuchungs-gebiet, Untersuchungs-dauer	*Sorex araneus*			*Sorex minutus*		
	Anzahl der Fänge im		Winterfänge als % der Sommerfänge	Anzahl der Fänge im		Winterfänge als % der Sommerfänge
	Sommer	Winter		Sommer	Winter	
Meijendel, Niederlande 1955–1961	1930	102	**5,3**	1482	315	**21,5**
Białowieża, Polen 1947–1950	3655	141	**3,9**	827	159	**19,2**

Sommer = Juni – Oktober, Winter = November – März.

striert. Die Entwöhnung beginnt etwa nach dem 21. PT, die Nestgeschwister bleiben aber noch verträglich und suchen gegenseitig Körperkontakt. Nach etwa 2 Monaten zerstreuen sie sich (HUTTERER 1976c).

Verhalten. Bewegungsweisen: Zwergspitzmäuse springen und klettern gut, wobei der Schwanz als Stütz- und Balanceorgan eingesetzt wird; Graben und Schwimmen sind weniger gut ausgeprägt als bei der Waldspitzmaus (HUTTERER 1976b). Junge Tiere sind deutlich agiler und springfreudiger als alte; dementsprechend ist der Stoffwechsel bei jungen Zwergspitzmäusen erhöht (GEBCZYŃSKI 1971).

Aktivität: Freilandfänge deuten auf eine überwiegend nächtliche Aktivität mit einem Maximum zwischen 12–24 Uhr und einem anderen zwischen 3–6 Uhr (JÁNSKY und HANÁK 1960). Laborversuche von CROWCROFT (1957) ergaben dagegen ein Überwiegen der Tagesaktivität bei *S. minutus*. Registrierungen in Außenkäfigen durch BUCHALCZYK (1972) zeigten, daß das Aktivitätsmuster von der Jahreszeit und auch vom Alter der Tiere abhängig ist. Im Frühjahr und im Winter registrierte auch BUCHALCZYK eine Zunahme der Tagesaktivität bei *S. minutus*. Diese Befunde werden durch Freilandfänge in England gestützt (PERNETTA 1977).

Aktionsraum: Zwergspitzmäuse sind die meiste Zeit des Jahres territorial. Die Größe ihrer Territorien schwankt erheblich, so in einem niederländischen Dünengebiet von 530 m^2 im Juli bis zu 1860 m^2 im März (CROIN MICHIELSEN 1966). ELLENBROEK (1980) fand ähnliche Werte (ca. 200–600 m^2, Juli–Dezember) in Irland, und PERNETTA (1977) bestimmte die Territoriengröße in britischem Grasland mit 172 m^2 (November–Dezember) bzw. 143 m^2 (Januar–März). Die Grenzen der Territorien sind nicht immer fest, brünstige Männchen wandern z. B. herum. Jungtiere sind nach der Entwöhnung so lange mobil, bis sie ein eigenes Territorium gefunden haben. Die in dieser Altersgruppe erhöhte Mortalität mag auf diese risikoreiche Wanderphase zurückzuführen sein (CROIN MICHIELSEN 1966).

Nester: DANIEL und MRCIAK (1963) fanden zwei Winternester in einem morschen Baumstumpf und unter einem Holzscheit. Die Nester waren voluminös (500 bzw. 3000 cm^3) und bestanden aus verschiedenen Laubblättern und Moos. Über ein Brutnest berichtet MILLAIS (1904*); er fand es in Binsen als kleinen, aus trockenem Gras verwobenen Ball, der an seiner Oberseite mit einigen Binsenstengeln verflochten war; das Nest enthielt 5 noch blinde Junge. In Gefangenschauft bauen Zwergspitzmäuse kugelförmige Schlaf- und Brutnester aus trockenem Pflanzenmaterial, deren innere Wohnkammer 3,5 × 3,0 cm mißt (n = 10). Von 240 Nestern wurden 72,1 % über dem Erdboden angelegt (HUTTERER 1976b).

Signale: Zwergspitzmäuse „markieren" ihre Umgebung regelmäßig mit Urin und Kotbällchen. Analdrüsen (ORTMANN 1960) kommen als Duftstoffquelle in Betracht. Die bei adulten Männchen vorhandenen verlängerten „Penishaare" (HUTTERER 1976b) begünstigen wahrscheinlich das Anlegen einer Urinspur. Seitendrüsen sind vorhanden, nach Verhaltensuntersuchungen kommt ihnen jedoch keine vorherrschende Bedeutung für die Kommunikation zu. Im sozialen Umgang beschnüffeln sich die Tiere an zahlreichen Körperstellen, wobei die Rüsselspitze, die Analregion und der Schwanzbereich die größte Bedeutung haben (HUTTERER 1976b).

Lautäußerungen: HUTTERER (1976a, b, c) registrierte 22 verschiedene Lautäußerungen; die wichtigsten davon sind: 1. Zähnerattern (Aggression), 2. Klicks (Exploration), 3. Wisperlaute (Erregung, Signal an die Jungen im Nest), 4. Triller (Erregung), 5. Schnatterlaute (brutpflegende Weibchen), 6. Pfeiflaute (nur in den ersten Lebenstagen), 7. Pieplaute (Unterlegenheit), 8. Schreie, ton- und geräuschhaft (Erregung, Aggression), 9. Schnarrlaute (Aggression), 10. Kreischlaute (höchste Erregung, Schmerz). Die am häufigsten geäußerten Laute im inter- und intraspezifischen Umgang sind die Schrei- und Schnarrlaute. Ultraschall-Laute konnten bei explorierenden Zwergspitzmäusen bis 71 kHz registriert werden, sie spielen vermutlich aber keine große Rolle in der Biologie der Tiere.

Sozialverhalten: Das Weibchen zieht die Jungen allein auf. Mit einem nur während der Aufzuchtphase auftretenden „Signalwispern" verständigt es sich mit den Nestjungen. Verlassen sie das Nest zu früh, so führt das Weibchen sie zurück; dies kann als Vorstufe zur „Karawanenbildung" (s. S. 443) aufgefaßt werden. Nestgeschwister sind bis zum Alter von 2 Monaten verträglich und suchen sogar in fremder Umgebung Körperkontakt. Danach zerstreuen sie sich. Adulte Zwergspitzmäuse sind territorial und normalerweise unverträglich. Im ganzen sind sie aber deutlich weniger aggressiv als Waldspitzmäuse (HUTTERER 1976b, c). Wie es den Zwergspitzmäusen dabei gelingt, ihre im Vergleich zu Waldspitzmäusen doppelt so großen Territorien (CROIN MICHIELSEN 1966) abzugrenzen, ist bisher ungeklärt.

Literatur

ALOISE, G.; CAGNIN, M.; CONTOLI, L.: Presence de *Sorex minutus* (L., 1766) (Insectivora, Soricinae) sur le massif de La Sila Grande (Calabre, Italie). Mammalia **49**, 1985, 297–299.
BAUEROVA, Z.: The food eaten by *Sorex araneus* and *Sorex minutus* in a spruce monoculture. Folia Zool. **33**, 1984, 125–132.
BECKER, K.: Über Art- und Geschlechtsunterschiede am Becken einheimischer Spitzmäuse (Soricidae). Z. Säugetierk. **20**, 1955, 78–88.
BOROWSKI, S.: Variations in coat and colour in representatives of the genera *Sorex* L. and *Neomys* Kaup. Acta theriol. **18**, 1973, 247–279.
– DEHNEL, A.: Angaben zur Biologie der Soricidae. Ann. Univ. M. Curie-Skłodowska (C) **7**, 1952, 305–448.
BRAMBELL, F. W. R.; HALL, K.: Reproduction of the lesser shrew (*Sorex minutus* Linnaeus). Proc. zool. Soc. London **1936**, 957–969.
BUCHALCZYK, A.: Seasonal variations in the activity of shrews. Acta theriol. **17**, 1972, 221–243.
CABON, K.: Untersuchungen über die saisonale Veränderlichkeit des Gehirnes bei der kleinen Spitzmaus (*Sorex minutus minutus* L.). Ann. Univ. M. Curie-Skłodowska (C) **10**, 1956, 93–115.
CANTUEL, P.: Contribution a l'étude du genre *Sorex* Linné 1758. Mammalia **14**, 1950, 14–19.
CHAWORTH-MUSTERS, J.: A contribution to our knowledge of the mammals of Macedonia and Thessaly. Ann. Mag. nat. Hist. (10) **9**, 1932, 166–171.
CHURCHFIELD, S.: Dietary separation in three species of shrew inhabiting watercress beds. J. Zool., London **204**, 1984, 211–228.
CLAUDE, C.: Das Auftreten langschwänziger alpiner Formen bei der Rötelmaus *Clethrionomys glareolus* (Schreber, 1780), der Waldspitzmaus *Sorex araneus* Linné, 1758 und der Zwergspitzmaus *Sorex minutus* Linné, 1766. Vierteljahresschrift naturf. Ges. Zürich **113**, 1968, 29–40.
CONTOLI, L.: Micro-mammals and environment in central Italy: data from *Tyto alba* (Scop.) pellets. Boll. Zool. **42**, 1975, 223–229.
– Sul ruolo di uno strigiforme, il barbagianni (*Tyto alba* Scop.), quale predator di mammiferi in Italia centrale. Atti I Convegno Siciliano Ecologia, 1976, 45–60.
– SAMMURI, G.: Predation on small mammals by tawny owl and comparison with barn owl in the Farma valley (central Italy). Boll. Zool. **45**, 1978, 323–335.
– TIZI, L.; VIGNA TAGLIANTI, A.: Micromammiferi dell' Appennino Marchigiano da boli di rapaci. Atti del V Simp. Nazionale sulla Conserv. della Natura, Bari, **2**, 1975, 85–96.
CROIN MICHIELSEN, N.: Intraspecific and interspecific competition in the shrews *Sorex araneus* L. and *S. minutus* L. Arch. Néerl. Zool. **17**, 1966, 73–174.
CROWCROFT, P.: The life of the shrew. Reinhardt, London, 1957.
DANIEL, M.; MRCIAK, M.: Winternester der Zwergspitzmaus, *Sorex minutus* Linné, 1766. Säugetierk. Mitt. **11**, 1963, 12–16.
DEPPE, H.-J.: Zur Ernährung der Waldohreule (*Asio otus*) auf den nordfriesischen Inseln Föhr und Amrum. Anz. Orn. Ges. Bayern **5**, 1979, 128–133.
DOLGOV, V. A.: Variation in some bones of postcranial skeleton of the shrews (Mammalia, Insectivora). Acta theriol. **5**, 1961, 203–227. (Russ.)
– Distribution and number of Palaearctic shrews (Insectivora, Soricidae). Zool. Ž. (Moskva) **46**, 1967, 1701–1712. (Russ.)

- Craniometry and regularities in geographical changes of craniometric data in Palaearctic shrews (Mammalia, *Sorex*). Sbornik Trud. Zool. Mus. **13**, 1972, 150–186.
ĐULIĆ, B.: Mammals of the Dinaric karst and their ecological properties. Simp. o zaštiti prirode u našem kršu, Zagreb, 1971, 213–237.
ELLENBROEK, F. J. M.: Interspecific competition in the shrews *Sorex araneus* and *Sorex minutus* (Soricidae, Insectivora): a population study of the Irish pygmy shrew. J. Zool., London **192**, 1980, 119–136.
FEDYK, S.; IVANITSKAYA, E. Y.: Chromosomes of Siberian shrews. Acta theriol. **17**, 1972, 475–492.
- MICHALAK, I.: Banding patterns on chromosomes of the lesser shrew. Acta theriol. **27**, 1982, 61–70.
FONS, R.; LIBOIS, R.; SAINT GIRONS, M.-C..: Les micromammifères dans le département des Pyrénées-orientales. Vie Milieu **30**, 1980, 285–299.
FRIGO, G.: I piccoli mammiferi forestali dell' alta valle d'Illasi. pp. 53–56 in: La Lessinia – ieri oggi domani. Quaderno culturale 1978, Vago (Verona).
GARZON-HEYDT, J.; CASTROVIEJO, S.; CASTROVIEJO, J.: Notas preliminares sobre la distribucion de algunos micromamiferos en el norte de España. Säugetierk. Mitt. **19**, 1971, 217–222.
GOSÁLBEZ, J.; LOPÉZ-FUSTER, M. J.; FONS, R.; SANS-COMA, V.: Sobre la musaraña enana, *Sorex minutus* Linnaeus, 1766 (Insectivora, Soricinae) en el nordeste de la Peninsula iberica. Misc. Zool. **6**, 1982, 109–134.
GRAINGER, J. P.; FAIRLEY, J. S.: Studies on the biology of the pygmy shrew *Sorex minutus* in the west of Ireland. J. Zool., London **186**, 1978, 109–141.
GEBCZYŃSKI, M..: The rate of metabolism in the lesser shrew. Acta theriol. **16**, 1971, 329–339.
HEIM DE BALSAC, H..: Faune mammalienne des îles atlantiques. Compt. Rend. Hebdom. Séances Acad. Sci. Paris **211**, 1940, 212–214.
HUTTERER, R..: Über Augendrüsensekretion und andere Phänomene bei senilen Zwergspitzmäusen, *Sorex minutus* Linné, 1766. Säugetierk. Mitt. **24**, 1976a, 295–303.
- Deskriptive und vergleichende Verhaltensstudien an der Zwergspitzmaus, *Sorex minutus* L., und der Waldspitzmaus, *Sorex araneus* L. (Soricidae – Insectivora – Mammalia). Dissertation Wien 1976b, 318 S.
- Beobachtungen zur Geburt und Jugendentwicklung der Zwergspitzmaus, *Sorex minutus* L. (Soricidae – Insectivora). Z. Säugetierk. **41**, 1976c, 1–22.
- Zahnreduktion bei der Zwergspitzmaus, *Sorex minutus* Linné, 1766. Säugetierk. Mitt. **25**, 1977a, 158–160.
- Haltung und Lebensdauer von Spitzmäusen der Gattung *Sorex* (Mammalia, Insectivora). Z. angew. Zool. **64**, 1977b, 353–367.
- Verbreitung und Systematik von *Sorex minutus* Linnaeus, 1766 (Insectivora; Soricinae) im Nepal-Himalaya und angrenzenden Gebieten. Z. Säugetierk. **44**, 1979, 65–80.
- Neue Funde von Spitzmäusen und anderen Kleinsäugern auf Borkum, Norderney, Spiekeroog und Wangerooge. Drosera **81**, 1981, 33–36.
- Biologische und morphologische Beobachtungen an Alpenspitzmäusen (*Sorex alpinus*). Bonn. zool. Beitr. **33**, 1982, 3–18.
JÁNOSSY, D.: Evolutionsvorgänge bei pleistozänen Kleinsäugern. Z. Säugetierk. **29**, 1964, 285–289.
JÁNSKY, L.; HANÁK, V.: Studien über Kleinsäugerpopulationen in Südböhmen II. Die Aktivität der Spitzmäuse unter natürlichen Bedingungen. Säugetierk. Mitt. **8**, 1960, 55–63.

JOTOVA, T. P.: Insectivora and Rodentia in Troyan Balkan range. Godishnik. Sof. Univ. Biol. Fak. **64**, 1972, 119–134. (Bulg.)

KAHMANN, H.: Contribution à l'étude des mammifères du Péloponèse. Mammalia 28, 1964, 109–136.

KISCHNICK, P.: Die Nahrung der Waldspitzmaus *Sorex araneus* (Linné, 1758). Diplomarbeit Bonn 1984, 100 pp.

KOFOD, R. M.: Dvaergspidsmus med en afvigende farvet pels. Flora og Fauna **76**, 1970, 158.

KOZLOVSKY, A. I.: Results of karyological study of allopatric forms in *Sorex minutus*. Zool. Ž. (Moskva) **52**, 1973, 390–398. (Russ.)

KUBIK, J.: Analysis of the Pulawy population of *Sorex a. araneus* L. and *S. m. minutus* L. Ann. Univ. M. Curie-Skłodowska (C) **5**, 1951, 335–372.

VAN LAAR, V.: The Wadden Sea as a zoogeographical barrier to the dispersal of terrestrial mammals. pp. 231–266 in: WOLFF, J. E. (ed.): Report 10. Terrestrial and freshwater fauna of the Wadden Sea area. Leiden 1981.

LARSEN, A.: Bornholm durch Fernrohr und Lupe. Bornholms Tidendes Forlag 1973.

LEHMANN, E. VON: Anpassung und „Lokalkolorit" bei den Soriciden zweier linksrheinischer Moore. Säugetierk. Mitt. **14**, 1966, 127–133.

– Die Säugetiere der Hochlagen des Monte Carámolo (Lucanischer Apennin, Nordkalabrien). Ric. Biol. Selvaggina Suppl. **5**, 1973, 47–70.

– SCHAEFER, H. E.: Über die Morphologie und den taxonomischen Wert von Kleinsäugerspermien. Bonn. zool. Beitr. **25**, 1974, 23–27.

LUNT, D. A.; NOBLE, H.W.: Nature of pigment in teeth of pigmy shrew, *Sorex minutus*. J. dent. Res. **54**, 1975, 1087.

MALEC, F.: Kleinsäugerfauna. In: BRUNNACKER, K. (ed.): Geowissenschaftliche Untersuchungen in Gönnersdorf **4**, 1978, 105–227. Steiner, Wiesbaden.

MALMQUIST, M. G.: Character displacement and biogeography of the pygmy shrew in northern Europe. Ecology **66**, 1985, 372–377.

MARKOV, G.: Ökologisch-faunistische Untersuchungen der Insectivora und Rodentia in den Gebieten von Petric und Delcev (Südwestbulgarien). Izv. zool. Inst. Mus. Sofia **11**, 1962, 5–30.

– Insektenfressende Säugetiere und Nagetiere in dem mittleren und dem östlichen Balkangebirge. Izv. zool. Inst. Mus. Sofia **41**, 1974, 11–32.

MERKOVA, M. A.; DOLGOV, V. A.: Species specificity in external features of shrews (Mammalia, *Sorex*). Sbornik Trud. Zool. Muz. **13**, 1972, 145–149. (Russ.)

MEYLAN, A.: La musaraigne pygmée, *Sorex minutus* L., en Suisse romande (Mammalia–Insectivora). Bull. Soc. Vaud. Sci. Nat. **68**, 1964, 483–492.

– La formule chromosomique de *Sorex minutus* L. (Mammalia–Insectivora). Experientia **21**, 1965, 268.

MEZHZHERIN, V. A.: Dehnel's phenomenon and its possible explanation. Acta theriol. **8**, 1964, 95–114.

ORLOV, V. N.; ALENIN, V. P.: Karyotypes of some species of shrews on the genus *Sorex* (Insectivora, Soricidae). Zool. Ž. (Moskva) **57**, 1968, 1071–1074.

ORTMANN, R.: Die Analregion der Säugetiere. In: KÜKENTHALS Handbuch der Zoologie **8**, Lief. 26, Beitr. 3 (7), 1960, 1–68.

PASA, A.: Alcuni caratteri delle mammalofaune dei Monti Picentini. Mem. Mus. Stor. nat. Verona **7**, 1959, 235–245.

PERNETTA, J. C.: A note on the moult of common shrew, *Sorex araneus* and pigmy shrew, *S. minutus* with observations on the patch moults of white-toothed shrew, *Crocidura suaveolens*. J. Zool., London **179**, 1976a, 216–219.

– Diets of the shrews *Sorex araneus* L. and *Sorex minutus* L. in Wytham grassland. J. Anim. Ecol. **45**, 1976b, 899–912.

- Population ecology of British shrews in grassland. Acta theriol. **22**, 1977, 279–296.
PETROV, B. M.: Incidence of Soricidae in a deciduous community on Fruska Gora in the period 1965–1968. Archiv Biol. Nauka **19**, 1967, 137–138.
- ŽIVKOVIĆ, S.; RIMSA, D.; VUJOŠEVIĆ, M.; KRYŠTUFEK, B.: Taxonomic status of *Sorex minutes* (sic!) Linnaeus, 1766 (Insectivora, Mammalia) from the southern part of Balkan Peninsula based on karyological analyses. Biosistematika **9**, 1985, 155–183.
PEUS, F.: Flöhe aus dem Mittelmeergebiet VI. Jugoslawien. VII. Griechenland: Pindus-Gebirge. Bonn. zool. Beitr. **15**, 1964, 256–265.
PUCEK, M.: Cases of white spotting in shrews. Acta theriol. **9**, 1964, 367–368.
PUCEK, Z.: Sexual maturation and variability of the reproductive system in young shrews (*Sorex* L.) in the first calendar year of life. Acta theriol. **3**, 1960, 269–296.
- Seasonal and age changes in shrews as an adaptive process. Symp. zool. Soc. London **26**, 1970, 189–207.
RABEDER, G.: Die Insektivoren und Chiropteren (Mammalia) aus dem Altpleistozän von Hundsheim (Niederösterreich). Ann. naturhistor. Mus. Wien **76**, 1972, 373–474.
RAMALHINHO, M. G.: On the geographical distribution of *Sorex minutus* Linnaeus, 1766 in Portugal. Arqu. Mus. Bocage (Ser. A) **3**, 1986, 155–168.
REUMER, J. W. F.: Ruscinian and early Pleistocene Soricidae (Insectivora, Mammalia) from Tegelen (The Netherlands) and Hungary. Scripta Geol. **73**, 1984, 1–173.
REY, J. M.: Contribución al conocimiento de la musaraña enana, *Sorex minutus*, en la Península Ibérica (Mammalia, Insectivora). Bol. R. Soc. Esp. Hist. Nat. (Biol.) **69**, 1971, 153–160.
RUDGE, M. R.: The food of the common shrew *Sorex araneus* L. (Insectivora: Soricidae) in Britain. J. Anim. Ecol. **37**, 1968, 565–581.
RUŽIĆ, A.: Spitzmäuse (Soricidae) als Räuber der Feldmaus *Microtus arvalis* (Pallas, 1779). Säugetierk. Mitt. **19**, 1971, 366–370.
SAINT GIRONS, M. C.: Notes faunistiques sur les mammifères de la région de Besse-en-Chandesse (Puy-de-Dôme). Rev. Sci. nat. Auvergne **27**, 1961, 2–14.
SANTINI, L.; FARINA, A.: Roditori e insettivori predati da *Tyto alba* nella Toscana settentrionale. Avocetta N. S. **1**, 1978, 49–60.
SCHNEIDER, G.: Die Alpenspitzmaus (*Sorex alpinus alpinus* Schinz), ein gefährlicher Räuber in Bienenstöcken. Schweiz. Bienenzeitung **67**, 1944, 246–247.
SIIVONEN, L.; LAITILA, K.: Vaivaispäästäinen. pp. 176–180 in: L. SIIVONEN (ed.): Suomen nisäkkäät. Keuruu 1972.
SIMIONESCU, V.: Nouvelles données sur la systematique et la variabilité de certains caractères de *Sorex araneus* L. et *Sorex minutus* L. de la Moldavie. Analele stiint. Univ. Al. I. Cuza, N. S. **13**, 1968, 255–266.
SKARÉN, U.; JÄDERHOLM, K.: Skull structure of sympatric shrews (*Sorex* and *Neomys fodiens*) in central Finland. Memoranda Soc. Fauna Flora Fennica **61**, 1985, 61–69.
SLIM, P. A.: Een verschil tussen *Sorex araneus* L. en *Sorex minutus* L. Lutra **18**, 1976, 60.
SPITZENBERGER, F.: Zur Verbreitung und Systematik türkischer Soricinae (Insectivora, Mamm.). Ann. naturhistor. Mus. Wien **12**, 1968, 273–289.
STEIN, G.: Beziehungen zwischen Bestandsdichte und Vermehrung bei der Waldspitzmaus, *Sorex araneus*, und weiteren Rotzahnspitzmäusen. Z. Säugetierk. **26**, 1961, 13–28.

Wichmann, H.: Kleinsäuger als Feinde des Buchdruckers, *Ips typographus* (Linné 1758), Coleoptera. Säugetierk. Mitt. **2,** 1954, 60–66.

Wijs, A. de: Een dwergspitsmuis in het Naardermeer. Lutra **5,** 1963, 13–14.

Yalden, D. W.: The occurrence of the pigmy shrew *Sorex minutus* on moorland, and the implications for its presence in Ireland. J. Zool., London **195,** 1981, 147–156.

Zejda, J.: The small mammals community of a spruce monoculture. Acta Sc. Nat. Brno **15** (4), 1981, 1–31.

Sorex minutissimus Zimmermann, 1780 – Knirpsspitzmaus

E: Least shrew, Lesser pygmy shrew; F: La musaraigne naine

Von S. Sulkava

Diagnose. Winzig, kleinste *Sorex*-Art und nicht größer als *Suncus etruscus* (s. S. 375). Gew meist unter 2,5 und maximal 4 g. Schwanz dünn und kurz, höchstens 31 mm lang. Hf höchstens 8,8, Cbl höchstens 14,1 mm. Dagegen *Sorex minutus* Schw mindestens 33, Hf 9,0 und Cbl 14,4. Die oberen U sind schmal, kegelförmig und werden meist von vorn nach hinten kleiner; jedoch kann U^3 auch ebenso groß sein wie U^2 oder größer (Stroganov 1957*, Siivonen 1977*). Das Foramen mentale liegt unter der Vorderspitze von M_1 (Protoconid), dagegen bei *S. minutus* unter dem Hinterrand von P_4 (Abb. 82 – Siivonen 1977*).

Karyotyp: 2n = 38, NF = 74, X-Chromosom groß, Y klein, beide akrozentrisch; nach einem ♂ aus Finnland (Halkka et al. 1970). Dagegen nach Orlov und Kozlovskii (1971) bei 3 ♂ aus Sibirien 2n = 42.

Beschreibung. Nach Tab. 58 Kr 33–48, Schw 24–27, Hf 8,0–8,5, Gew 1,5–2,5. Schnauze relativ kurz (Stroganov 1957*). Schw nach Ivanter (1957*) im Mittel nur 54,3% der Kr. Schwanz deutlich dünner als bei *S. minutus*. Rücken im Winter schokoladebraun, im Sommer gewöhnlich dunkel graubraun, nach den Seiten hellbraun oder braungrau. Bauch hellgrau oder hell graubraun, meist mit gelblichem Anflug. Die Farbgrenze an den Flanken ist schärfer als bei anderen *Sorex*-Arten. Schwanz oberseits schokoladebraun, unterseits hellgrau und nicht so kontrastreich wie bei *S. caecutiens*; bei juv struppig, bei ad anliegend behaart. Die lange Endquaste ist dunkelbraun. Füße hellgrau mit braunen Fersen (Ognev 1928*, Skarén und Kaikusalo 1966*, Bergström 1967, Pedersen 1968, Siivonen 1972*, 1977* und nach neuem Material im Zoologischen Museum der Universität Oulu).

Nach Stroganov (1957*) sind auch Anordnung und Form der Sohlenschwielen kennzeichnend.

Glans penis verjüngt sich im Gegensatz zu *S. minutus* distal und ist nur 4–6 mm lang (*minutus* 8–11 mm; Abb. 74).

Schädel (Abb. 76, S. 186): Rostrum vor allem im Bereich der Backenzähne relativ breiter als bei *S. minutus,* Zyg im Mittel sogar etwas größer. Auch Iob absolut gleich breit und damit relativ breiter als bei *minutus,* da die Cbl kürzer ist. Nach STROGANOV (1957*) beträgt die Iob bei *minutissimus* 21–23%, bei *minutus* 18–20% der Cbl. Die Postglenoidbreite ist in Finnland bei beiden Arten mit 4,1–4,4 mm gleich (16 *minutissimus,* 20 *minutus*). Der vordere Teil des Rostrums mit den einspitzigen Zähnen ist stark verkürzt. Hirnkapsel relativ gleich breit wie bei *minutus:* 48,1–48,3% der Cbl (Mittelwerte aus IVANTER 1976). In Sibirien ist die Hirnkapsel sogar relativ schmäler (43–46%) als bei *minutus* (47–50%; STROGANOV 1957*). Die Hirnkapsel ist mit 25–27% der Cbl relativ flacher als bei *minutus* (47–50%; STROGANOV 1957*). Das Corpus mandibulae ist relativ stärker als bei *minutus,* die Coronoidhöhe ebenso groß.

Zähne: Im Vergleich zu *minutus* ist die Reihe der vorderen Zähne kürzer, die Backenzahnreihe hingegen länger: U^{1-5} 1,7–1,8 (Tab. 58), dagegen bei 20 *minutus* 2,2–2,5. Hintere Spitze des I^1 größer als bei *minutus* (BERGSTRÖM 1967). Die oberen U stehen gedrängt. U^1 ist immer am größten. U^2 kann größer, gleich oder kleiner als U^3 sein (OGNEV 1928*, IVANTER 1976, STROGANOV 1957*, SIIVONEN 1977*). U^4 ist kleiner als U^3, U^5 kleiner als U^4. I_1 ist schräg nach oben gerichtet und viel kürzer als bei *S. minutus.* U_1 ist relativ klein (BERGSTRÖM 1967).

Verbreitung. Ein sibirisches Faunenelement, das in der n Paläarktis von der Pazifik- bis zur Atlantikküste verbreitet ist. Überwiegend zwischen 50 und 70° N, in E-Asien nach S bis 40°. Auch in Sachalin und auf Hokkaido.

In Sibirien ist die Knirpsspitzmaus von der Waldsteppe bis zur Waldtundra zu finden (DOLGOV 1967), in Mittelrußland in Nadel- und Mischwaldzone, in Europa ist sie auf die mittlere Nadelwaldzone beschränkt. In Europa wurde die Art erst spät entdeckt: Erstnachweis in Finnland 1950 (SIIVONEN 1956*), in Norwegen 1967 (PEDERSEN 1968) und in Schweden 1967 (BERGSTRÖM 1967). Das Verbreitungsgebiet ist hier offenbar erst lückenhaft bekannt.

Randpunkte: UdSSR 1 aus DOLGOV (1967), 2 aus BOBRINSKIJ et al. (1965*), 3 aus DOLGOV (1967, 1985*), 4 aus BOBRINSKIJ et al. (1965*), 5 Boksitogorsk (NOVIKOV 1970*), 6 Suojärvi (BOBRINSKIJ et al. 1965*); Finnland: 7 Lammi, 8 Vanaja (SIIVONEN 1972*), 9 Ilmajoki (S. und P. SULKAVA 1967), 10 Uusikaarlepyy (GRANQVIST mdl.), 11 Kiiminki (Zoologisches Museum Oulu); Schweden: 12 Piteå (BERGSTRÖM 1967), 13 Umeå (ERKINARO 1972); Norwegen: 14 Trysil (ÖSTBYE et al. 1974), 15 Vassfaret (WIGER et al. 1972), 16 Sjödalen (ÖSTBYE et al. 1974); 17 Rindal (PEDERSEN 1968), 18 Selbu (ÖSTBYE et al. 1974); Schweden: 19 Messaure (ERKINARO 1972);

Sorex minutissimus – Knirpsspitzmaus

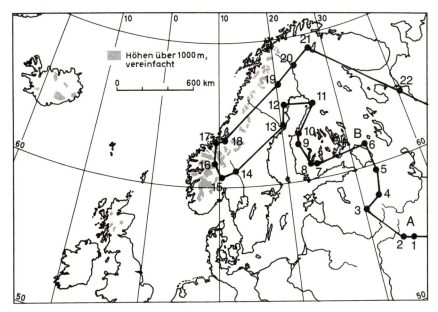

Abb. 80. Verbreitung von *Sorex minutissimus* in Europa.

Finnland: 20 Pallastunturi (HENTTONEN 1982), 21 Inari (SIIVONEN 1973); UdSSR: 22 BOBRINSKIJ et al. (1965*).

Terrae typicae:

minutissimus Zimmermann, 1780: Jenissej, Sibirien, UdSSR
A *neglectus* Ognev, 1921: Mozhaisk bei Moskau, UdSSR
B *karelicus* Stroganov, 1949: bei Suojärvi, Karelien, UdSSR

Merkmalsvariation. Jahreszeiten und Alter: juv im Winter wiegen 1,2–2,2 g, ad im 2. Sommer 2,0–2,5 (maximal 4) g. In Finnland (Zoologisches Museum Oulu): juv im 1. Sommer im Mittel 2,1 g (n = 16), im Winter 2,1 g (n = 10), im 2. Sommer 2,8 g (n = 7). Rücken im Winter schokoladebraun, im Sommer meist dunkel graubraun. Farbgrenze zwischen Rücken und Bauch im Winter deutlicher als im Sommer. Haare auch relativ kurz im Vergleich zu anderen *Sorex*-Arten, auf dem Rücken im Winter 2,5–3 mm (n = 5 Tiere), im Sommer 1–1,5 mm lang (n = 2 Tiere; KAIKUSALO 1967). Für Exemplare aus dem Zoologischen Museum Oulu ergaben sich folgende Haarlängen auf dem Vorderrücken als Mittelwerte der drei Haartypen: Winter 2,9–3,3 mm (n = 8), Sommer (juv und ad) 2,1–2,7 mm (n = 7). Nach STROGANOV (1957*) ist das Winterfell dichter als das Sommerfell. Einen kleinen Dichteunterschied gab es auch im Material von

Oulu: im Mittel auf dem Vorderrücken im Winter 194/mm² (n = 8), im Sommer 178/mm² (n = 7).

Geographische Variation: In Sibirien im NE relativ hell, im Waldgebiet im N schokoladebraun und in der Waldsteppe wieder ziemlich hell mit gelblichem Ton (STROGANOV 1957*).

Unterarten: CORBET (1978*) erkennt 8 Unterarten an, von denen 7 aus der UdSSR beschrieben sind und eine *(hawkeri)* von Hondo in Japan. Alle zugehörigen Typus-Fundorte liegen im asiatischen Teil des Areals. Die europäischen Populationen rechnet CORBET (1978*) zur Nominatform, in deren Synonymie er auch auf Europa bezügliche Namen stellt. Sie werden hier aufgeführt, weil eine weitergehende Aufgliederung von *S. minutissimus* in Unterarten nicht auszuschließen ist.

minutissimus: relativ hell und groß, Hf 7,8–9,0, oZr 5,6–6,1, Cbl 13,0–14,0, Ocb 6,0–7,0 (JUDIN 1964).

A *neglectus:* Schädel so groß wie bei der Nominatform, Hf mit 8,0–9,3 mm etwas länger (OGNEV 1928*). Neben CORBET (1978*) rechnen auch JUDIN (1964) und BOBRINSKIJ et al. (1965*) diese Form zur Nominat-Unterart.

B *karelicus:* Anlaß zur Beschreibung war die im Vergleich zur Nominat-Unterart dunklere Färbung. STROGANOV (1957*) stellt sie zur Unterart *minutissimus,* und auch IVANTER (1976) ordnete sie dort ein, weil die Tiere der ihm vorliegenden, größeren Serie aus Karelien relativ hell und groß waren wie *minutissimus*.

Paläontologie. Altpleistozäne Reste aus Niederösterreich nehmen eine Mittelstellung zwischen *minutus* und *minutissimus* ein (RABEDER 1972). Die Mandibel eines sehr kleinen *Sorex* beschrieb HEIM DE BALSAC (1940) aus dem Pleistozän N-Frankreichs als neue Art *Sorex minutissimus,* die KRETZOI (1959) in *S. perminutus* umbenannte. Es handelte sich offensichtlich um den ersten Fossilfund des rezent schon längst bekannten *S. minutissimus*. Seither wurden weitere Funde zeitlich und räumlich gestreut aus dem europäischen Pleistozän bekannt, so aus Deutschland (VON KOENIGSWALD 1973, MALEC 1978), Polen und England (RZEBIK 1968). Bei den beiden Mandibeln, die VON KOENIGSWALD (1973) aus Württemberg beschreibt und die wahrscheinlich aus dem Cromerium oder Elster-Glazial stammen, sind die geringe Größe, die Lage des Foramen mentale und der nach vorn gebogene Kronenfortsatz kennzeichnend. Die Art kam in Mitteleuropa bis ins Holozän vor (Bayern: BRUNNER 1972; Tschechoslowakei: SCHAEFER 1975).

Tabelle 58. Maße von *Sorex minutissimus* aus Finnland und Schweden (Nr. 6271–6273 Zool. Museum der Universität Helsinki; übrige Zool. Museum der Universität Oulu). Abkürzungen s. S. 10–11.

Nr.	sex	AG	Mon	Kr	Schw	Hf	Gew	Cbl	Skb	SkH	Pgl	Zyg	Iob	P^4-M^3	U^{1-5}	oZr	uZr	Corh
9916	♀	juv	9	46	27	8,5	2,4	13,6	6,5	3,9	4,1	4,1	2,6	3,5	1,7	5,8	5,4	3,0
9915	♀	juv	8	40	25	8,3	1,9	13,4	6,6	3,8	4,2	4,1	2,7	3,5	1,7	5,9	5,5	3,0
9917	♂	juv	9	45	26	8,0	2,0	13,1	6,1	4,0	4,1	3,9	2,4	3,5	1,7	5,8	5,5	2,9
9920	♂	juv	9	39	24	8,2	1,5	13,4	6,5	3,6	4,1	3,9	2,5	3,5	1,7	5,8	5,5	2,9
10494	♂	juv	9	–	–	–	–	13,1	6,6	3,6	4,1	4,0	2,7	3,5	1,7	5,8	5,4	3,0
13408	♀	juv	9	48	27	8,1	2,1	13,4	6,6	3,6	4,3	4,2	2,8	3,5	1,7	5,8	5,3	3,2
10493	♀	juv	7–9	–	–	–	–	13,2	6,7	3,7	4,2	4,1	2,7	3,6	1,7	5,9	5,5	3,0
6271	–	juv	10	39	23	8,2	1,8	13,6	6,4	3,1	4,3	4,1	2,6	3,7	1,7	6,0	5,6	3,2
6272	–	juv	11	37	25	–	1,4	13,2	6,4	3,0	4,1	4,1	2,6	3,5	1,7	5,8	5,5	3,1
6273	–	juv	10	33	25	8,3	2,1	13,4	6,5	3,1	4,3	4,2	2,7	3,6	1,7	5,9	5,6	3,2
13352	♀	juv	12	48	24	8,4	1,9	13,3	6,6	3,4	4,4	4,2	2,9	3,5	1,7	5,8	5,5	3,2
9835	♂	juv	1	48	25	8,3	1,9	13,3	6,3	3,3	4,3	4,1	2,5	3,5	1,7	5,7	5,3	3,0
7881	–	juv	10–4	–	23	8,1	–	13,1	6,3	3,0	4,0	3,7	2,7	3,5	1,7	5,7	5,4	–
9918	♂	–	10–5	–	25	8,4	2,2	13,3	6,3	3,5	4,2	4,0	2,7	3,5	1,8	5,9	5,6	2,9
9919	–	–	–	–	25	8,3	–	13,6	6,5	3,4	4,4	4,2	2,7	3,5	1,7	5,8	5,5	3,2
9921	♂	ad	6	47	25	8,4	2,5	13,5	6,5	3,7	4,1	3,9	2,7	3,4	1,7	5,6	5,3	2,8

Ökologie. Habitat: Recht unterschiedlich. In W-Sibirien in Nadelwäldern der Gebirge und Ebenen, auch in Laubwäldern und auf Talwiesen (BOBRINSKIJ et al. 1965*). In E-Karelien stammen die meisten Fänge aus Mischwäldern und moosigen Kiefern- und Fichtenbeständen (IVANTER 1975*). In Finnland wurde die Art in Nadelwäldern mit dicken Moospolstern, in Bruchwäldern und an Bachrändern, aber auch in dürren Kiefernwäldern und auf Kahlschlägen angetroffen (KAIKUSALO 1967, SIIVONEN 1972*, 1977*). Typische Lebensräume scheinen auch die Ränder von zwergstrauchbewachsenen Mooren und nach neuen Fängen bei Oulu (LINDGREN unpubl.) auch offene Moore mit bemoosten Bülten zu sein. Auch in Norwegen hat man die Art in nassen Mooren, aber auch in Birken- und Nadelwäldern und auf grasbewachsenen Fjellabhängen bis 800 m Höhe gefangen (WIGER et al. 1972, ÖSTBYE et al. 1974). Schwedische Exemplare stammen aus frischen oder versumpften Nadelwäldern (BERGSTRÖM 1967, ERKINARO 1972). Gelegentlich auch in Häusern. So wurden die ersten Exemplare in Finnland und Norwegen tot in Gebäuden gefunden (SIIVONEN 1956*, PEDERSEN 1968).

Nahrung: Nur aus Gefangenschaft bekannt. Finnische Knirpsspitzmäuse nahmen nach KAIKUSALO (1967) und SKARÉN (1978) gern Larven von Käfern und Hautflüglern, Ameisenpuppen, Fliegen, Schmetterlinge, Spinnen und kleine Käfer. Von Waldameisen verzehrten sie zuerst die Köpfe, von aufgeschnittenen Wühlmausrümpfen Leber, Lungen und Nieren. Dagegen verschmähten sie, auch wenn sie hungrig waren, Regenwürmer oder Schnecken. Auch Weichkäfer (*Cantharis*) und Marienkäfer (*Coccinella*) lehnten sie ab, offenbar wegen ihrer schützenden Sekrete. Einige Male fraß eine Spitzmaus auch ihren Kot (SKARÉN 1978). In der Sowjetunion nahm ein Tier verschiedene Insekten, daneben Schnecken, aber ebenfalls keine Regenwürmer (BERGSTRÖM 1967).

Angaben über den täglichen Nahrungskonsum schwanken zwischen dem Zwei- und Fünffachen des Körpergewichts der Spitzmäuse. Schon nach einer Stunde hat der größte Teil der Nahrung den Darmtrakt passiert (SKARÉN 1978).

Fortpflanzung: Mindestens 2 Würfe in einem Sommer. Trächtige ♀ fand man im Mai und Juni (4 und 5 Embryonen). Nach SIIVONEN (1977*) beträgt die Wurfgröße 3–6. Jungtiere treten in der Sowjetunion vom 10. Juni an auf (BOBRINSKIJ et al. 1965*).

Dichte: Nach Fängen in Dosenfallen ist die Art in Skandinavien und E-Karelien mit weniger als 2% aller *Sorex*-Individuen selten (Tab. 61). Auch JUDIN (1971) erbeutete unter 729 *Sorex* in NW-Sibirien nur 3 Knirpsspitzmäuse.

Feinde: 6 wurden in W-Finnland in Gewöllen eines Raubwürgerpaares (*Lanius excubitor*) im Frühling 1971 nachgewiesen (HUHTALA et al. 1977). Nach MIKKOLA (1972) ist die Art in Gewöllen von 5 Eulenarten in Finnland an insgesamt 10 Orten gefunden worden.

Verhalten. Aktivität: Knirpsspitzmäuse klettern geschickt auf Zweigen und schwimmen im Käfig gern. Drei im Herbst in Finnland einige Tage lang in Gefangenschaft beobachtete Tiere waren zu allen Tageszeiten aktiv, wenn auch weniger zwischen 9 und 10, 14 und 15 sowie 20 und 22 Uhr. Die Ruhezeiten zwischen den Aktivitätsschüben betrugen 10–50 Min. Bei einem zwölfstündigen Vergleich zwischen *S. minutissimus*, *S. caecutiens* und *S. araneus* war *minutissimus* am häufigsten und längsten unterwegs (123 gegenüber 56 und 53 Min.). Zum Fressen benötigte die Knirpsspitzmaus täglich im Durchschnitt 2 Stunden. In Rußland fraß ein Tier im Mittel alle 10 Min., und das längste Intervall zwischen zwei Mahlzeiten betrug hier 55 Min. Bei ihm wurden in 24 Stunden über 70 Schlafperioden beobachtet (BOBRINSKIJ et al. 1965*, SIIVONEN 1972*).

Signale: Lautäußerungen und Hörfähigkeit scheinen überwiegend im Ultraschallbereich zu liegen. Versuchstiere reagierten nur auf sehr hohe Pfeiftöne, und während sie zu rufen schienen, waren entweder keine oder nur sehr hohe, zarte Pfeiftöne zu hören. Bei Begegnungen im Käfig zirpten 2 ♂ heftig, bis der zuvor alleinige Käfiginhaber den Opponenten verjagte.

Sonstiges: Beim Fressen wehrte ein ♂ den Artgenossen durch Tritte mit dem Hinterfuß ab. Regelrechte Raufereien wurden nie beobachtet.

Im Käfig hortet die Knirpsspitzmaus überschüssige Nahrung. Meist immobilisiert sie ihre Beute durch Biß nur, tötet sie aber nicht (SKARÉN 1978).

Literatur

BERGSTRÖM, U.: Mindre dvärgnäbbmusen (*Sorex minutissimus*) ny art för Sverige. Fauna Flora **62**, 1967, 279–287.

BRUNNER, G.: Das Abri „Wasserstein" bei Betzenstein (Ofr.). Geol. Bl. NOBayern **3**, 1953, 94–105.

DOLGOV, V.: Distribution and number of Palaearctic shrews (Insectivora, Soricidae). Zool. Ž. (Moskva) **46**, 1967, 1701–1712. (Russisch mit englischer Zusammenfassung.)

– LUKJANOVA, I.: On the structure of genitalia of Palaearctic *Sorex* sp. (Insectivora) as a systematic character. Zool. Ž. (Moskva) **45**, 1966, 1852–1861. (Russisch mit englischer Zusammenfassung.)

ERKINARO, E.: Två nya fynd av mindre dvärgnäbbmus (*Sorex minutissimus*) i Sverige. Fauna Flora **67**, 1972, 143–144.

HALKKA, O.; SKAREN, U.; HALKKA, L.: The karyotypes of *Sorex isodon* Turov and *S. minutissimus* Zimm. Ann. Acad. Sci. Fenn. (A IV) **161**, 1970, 1-5.

HEIM DE BALSAC, H.: Un soricidé nouveau du Pléistocène; considérations paléobiogéographiques. C. R. Acad. Sci. Paris **211**, 1940, 808-810.

HENTTONEN, H.: Kääpiöpäästäinen, *Sorex minutissimus* Pallaksella. Luonnon Tutkija **86**, 1982, 131.

HUHTALA, K.; ITÄMIES, J.; MIKKOLA, H.: Beitrag zur Brutbiologie und Ernährung des Raubwürgers (*Lanius excubitor*) in Österbotten, Finnland. Beitr. Vogelk. **23**, 1977, 129-146.

IVANTER, T.: Über die artdiagnostische und innerartliche Taxonomie der Spitzmäuse Kareliens. In IVANTER, E. (ed.): Ecology of birds and mammals in the north-west of USSR, S. 59-68. Petrozavodsk 1976. (Russisch).

JUDIN, B.: The geographical distribution and interspecific taxonomy of *Sorex minutissimus* Zimmermann, 1780, in West Siberia. Acta theriol. **8**, 1964, 167-179.

- Die Struktur der Genitalien in der Klassifikation der Spitzmäuse. Izvest. Sibirsk. Otd. AN SSSR, Ser. Biol.-Med. Nauk **12**, (3), 1965, 61-75. (Russisch).
- Spitzmausfauna (Mammalia: Soricidae) von Nordwestsibirien. In KONTRIMAVITSUS, V. (ed.): Biologische Probleme im Norden. S. 48-53. Magadan 1971. (Russisch).

KAIKUSALO, A.: Beobachtungen an gekäfigten Knirpsspitzmäusen, *Sorex minutissimus* Zimmermann, 1780. Z. Säugetierk. **32**, 1967, 301-306.

KOENIGSWALD, W. VON: Husarenhof 4, eine alt- bis mittelpleistozäne Kleinsäugerfauna aus Württemberg mit *Petauria*. N. Jb. Geol. Paläontol. Abh. **143**, 1973, 23-38.

KRETZOI, M.: New names for soricid and arvicolid homonyms. Vertebr. hung. **1**, 1959, 247-248.

MALEC, F.: Kleinsäugerfauna, 105-227. In: K. BRUNNACKER, (ed.): Geowissenschaftliche Untersuchungen in Gönnersdorf, **4**, 1978, 1-258. F. Steiner, Wiesbaden.

MIKKOLA, H.: Über die Verbreitung der Knirpsspitzmaus in Finnland. Luonnon Tutkija **76**, 1972, 145-147. (Finnisch).

ÖSTBYE, E.; MYSTERUD, I.; DUNKER, H.; HALVORSEN, G.: Liten dvergspissmus, *Sorex minutissimus* Zimm., påvist i Trysil, Hedmark. Fauna **27**, 1974, 225-228.

PEDERSEN, J.: Liten dvergspissmus, *Sorex minutissimus,* ny art for Norge. Fauna **21**, 1968, 123-125.

RABEDER, G.: Die Insectivoren und Chiropteren (Mammalia) aus dem Altpleistozän von Hundsheim (Niederösterreich). Ann. Naturhistor. Mus. Wien **76**, 1972, 375-474.

RZEBIK, B.: *Crocidura* Wagler and other Insectivora (Mammalia) from the Quaternary deposits of Tornetown Cave in England. Acta Zool. Cracoviensia **13**, 1968, 251-263.

SCHAEFER, H.: Die Spitzmäuse der Hohen Tatra seit 30 000 Jahren (Mandibular-Studie). Zool. Anz. **195**, 1975, 89-111.

SIIVONEN, L.: *Sorex minutissimus* in Fennoskandien. Luonnon Tutkija **77**, 1973, 21. (Finnisch).

SKARÉN, U.: Feeding behavior, coprophagy and passage of foodstuffs in a captive least shrew. Acta theriol. **23**, 1978, 131-140.

SULKAVA, S.; SULKAVA, P.: On the small mammal fauna of southern Ostrobothnia. Aquilo, (Zool.) **5**, 1967, 18-29.

WIGER, R.; BREKKE, O.; SELBOE, R.: Funn av liten dvergspissmus i Sör-Norge. Fauna **25**, 1972, 229-233.

Sorex caecutiens Laxmann, 1788 – Maskenspitzmaus

E: Masked shrew; F: La musaraigne masquée

Von S. Sulkava

Diagnose. Etwas größer als *Sorex minutus,* kleiner als *S. araneus.* Schwanz mit scharfer Farbgrenze zwischen brauner Oberseite und weißlicher Unterseite durchgehend bis zum Endbüschel; relativ dick wirkend, aber nicht ganz so dick wie bei *S. minutus.* Füße weißlich.
Cbl 15,7–17,7 (*S. minutus* in Nordeuropa höchstens 16,0), oZr 6,8–8,6 (*minutus* höchstens 7,3), Coronoidhöhe 3,2–4,3. Foramen mentale im Unterkiefer unter der höchsten Spitze des größten (4.) Zahnes (bei *minutus* davor). Postglenoidalbreite 4,5–4,9 (Buchalczyk und Raczyński 1961, Ivanter 1976, Dolgov 1985).

Karyotyp: $2n = 42$; X-Chromosom groß, telozentrisch, Y-Chromosom klein, submetazentrisch. Mindestens 10 Autosomenpaare sind meta- oder submetazentrisch, bei einigen weiteren kleinen Autosomen ist die Zentromerenlage unklar, die übrigen sind akrozentrisch. 2 ♂, 2 ♀ aus Schweden untersucht (Skarén und Halkka 1966, Fredga 1968, Hsu und Benirschke 1971*).

Beschreibung. Die Schnauze ist relativ kürzer als bei *araneus* und *minutus,* die Ohren ragen weiter aus dem Fell hervor (Siivonen 1954, 1977*). Die Flankendrüsen der ♂ nach dem ersten Winter riechen stechend und andersartig als die von *araneus* und *minutus* (Dehnel 1949, Skarén und Kaikusalo 1966*). Mit 58–73% der Kr ist der Schwanz relativ kürzer als bei *minutus* (63–93%), aber länger als bei *araneus* (45–77%). Hf 10,5–12,0.
Rücken meist dunkel- bis schwarzbraun, oft mit rostbraunen Anteilen. Rücken der Jungtiere im Sommer etwas heller. Bauchfärbung variabel von silberweiß bis bräunlichgrau. Die Farbgrenze gegen den Bauch ist besonders im Winter recht scharf und liegt höher als bei den anderen *Sorex*-Arten (Ognev 1928*, Pedersen 1968, Siivonen 1972*, Borowski 1973). Nur Adulte haben eine hellbraune Zwischenzone an den Flanken zwischen dem dunklen Rücken und dem hellen Bauch. Dagegen sind bei *araneus* auch Jungtiere dreifarbig. Schwanz oberseits dunkelbraun, unterseits hellgrau oder gelblichweiß bei Jungtieren, hell gelblichbraun bei Adulten. Die

Tabelle 59. Maße von *Sorex caecutiens* aus Finnland (Zool. Museum der Universität Oulu). Abkürzungen s. S. 10–11.

AG	Mon	Kr	Schw	Hf	Gew	Cbl	Skb	SkH	Pgl	Zyg	Iob	P^4–M^3	U^{1-5}	oZr	uZr	Corh
juv	7	54	35	11,2	4,0	16,3	8,3	5,7	4,6	4,4	3,2	4,0	2,6	7,3	6,7	3,6
juv	7	54	36	11,2	3,8	16,2	8,1	5,3	4,5	4,2	3,1	3,9	2,4	7,3	6,7	3,6
juv	7	54	40	11,5	3,5	16,6	8,2	5,5	4,6	4,3	3,1	4,0	2,6	7,4	6,9	3,7
juv	7	54	–	11,0	3,0	26,4	8,0	5,5	4,6	4,2	3,0	3,9	2,5	7,2	6,8	3,6
juv	7	52	36	11,2	3,5	16,6	8,3	5,4	4,6	4,2	3,1	4,1	2,7	7,5	6,9	3,6
juv	8	58	40	11,1	4,2	16,7	8,2	5,3	4,6	4,3	3,1	4,0	2,7	7,6	7,1	3,6
juv	8	58	38	11,8	4,1	17,0	8,6	5,5	4,7	4,3	3,1	4,1	2,7	7,7	7,1	3,8
juv	8	59	37	11,0	4,8	17,1	8,6	5,6	4,7	4,4	3,1	4,1	2,7	7,6	7,1	3,5
juv	8	60	38	11,0	4,3	16,6	8,2	5,5	4,6	4,4	2,9	4,1	2,7	7,5	7,0	3,6
juv	8	58	35	11,0	4,5	16,6	8,3	5,3	4,6	4,4	3,1	4,0	2,5	7,4	6,8	3,6
juv	11	61	37	11,8	4,1	17,1	8,2	5,0	4,8	4,5	3,2	4,1	2,7	7,6	7,1	3,7
juv	10	60	37	11,2	3,7	17,0	8,1	5,2	4,5	4,2	3,0	4,1	2,5	7,7	7,2	3,6
juv	1	58	–	11,5	4,0	17,0	8,1	4,7	4,7	4,4	3,1	4,1	2,7	7,5	7,0	3,7
juv	1	59	42	11,7	4,4	17,3	8,4	4,9	4,8	4,6	3,2	4,1	2,7	7,6	6,8	3,7
juv	3	55	35	11,5	3,4	16,6	8,0	4,9	4,7	4,3	3,1	4,1	2,6	7,4	6,8	3,8
ad	6	54	37	10,1	6,0	16,5	8,2	5,1	4,7	–	2,9	4,0	2,6	7,2	6,9	3,6
ad	6	58	34	11,3	5,4	16,3	7,9	4,6	4,5	4,1	3,1	4,0	2,5	7,1	6,5	3,5
ad	6	54	34	10,9	5,2	16,1	7,9	4,9	4,5	4,2	3,1	4,0	2,5	7,1	6,6	3,6
ad	6	59	33	10,5	6,0	16,8	8,3	5,2	4,7	4,3	3,1	3,9	2,6	7,1	6,7	3,8
ad	7	64	36	11,1	6,0	16,5	8,3	5,1	4,7	4,2	3,1	4,0	2,5	7,2	6,7	3,6
ad	7	65	42	11,3	7,0	16,8	8,1	5,2	4,8	4,5	3,4	4,0	2,5	7,2	6,7	3,7
ad	7	62	36	11,5	6,0	16,6	8,2	5,1	4,7	4,4	3,1	3,9	2,5	7,0	6,2	3,7
ad	7	63	36	11,3	6,5	16,4	8,3	5,1	4,7	4,3	3,1	4,0	2,5	7,0	6,1	3,7
ad	8	68	36	10,7	6,3	16,5	8,2	5,3	4,6	4,4	3,1	4,1	2,5	7,2	6,7	3,7
ad	8	69	38	10,6	7,7	16,4	8,2	–	4,6	4,4	3,1	4,0	2,4	7,1	6,5	3,6

Sorex caecutiens – Maskenspitzmaus

Farbgrenze ist bis ins Spitzenbüschel hinein scharf. Von den braunen Fersen abgesehen sind die Füße weiß (OGNEV 1928*, SKARÉN und KAIKUSALO 1966*, SIIVONEN 1977*). Schwanzhaare glatt anliegend und nicht abstehend wie bei *minutus*. Spitzenbüschel bei Jungtieren 7–8, bei Adulten 4–6 mm lang. Die Flankendrüsen der ♂ sind mit dichtem, kurzem Haar bedeckt. Längste Vibrissen 14–17 mm lang (20 Exemplare aus Finnland). Glans penis (Abb. 74) kürzer als bei *S. minutus* und weniger spitz als bei *S. araneus*.

Schädel (Abb. 77, S. 187): In der Größe zwischen *araneus* und *minutus*, in der Gestalt mehr *minutus* ähnelnd (OGNEV 1928*). Gegenüber *araneus* sind der Nasalteil und der Gaumen relativ schmäler, die Iob kleiner. Die Foramina infraorbitalia liegen enger beieinander. Condyli occipitales weniger entwickelt. Gegenüber *minutus* ist der Schädel breiter: Iob größer, Foramina infraorbitalia liegen weiter auseinander, Palatinum und Schädelkapsel sind relativ breiter (IVANTER 1976). Postglenoidalbreite in Polen diagnostisch: bei *araneus* 5,0–5,7, *caecutiens* 4,5–4,9 und *minutus* 3,8–4,4 mm (BUCHALCZYK und RACZYŃSKI 1961). Am Unterkiefer ist der Processus angularis ähnlich dünn und gestreckt wie bei *minutus*. Coronoidhöhe intermediär: *araneus* 4,3–5,0, *caecutiens* 3,5–3,9, *minutus* 2,8–3,2 (BUCHALCZYK und RACZYŃSKI 1961), jedoch sich nach IVANTER (1976) mit der von *araneus* und *minutus* überschneidend.

Zähne: Das Größenverhältnis der einspitzigen Zähne im Oberkiefer ähnelt dem bei *araneus* und variiert auch geographisch. U^3 nie relativ so groß wie bei *S. minutus*. Gewöhnlich nehmen die oberen U in Europa von vorn nach hinten in der Größe ab. U^5 ist relativ größer als bei *araneus* und hat oft eine dunkle Spitze (DEHNEL 1949, SIIVONEN 1977*).

Verbreitung (Abb. 81). Die Maskenspitzmaus gehört zu den sibirischen Faunenelementen (SIIVONEN 1977*). Sie ist über fast die ganze paläarktische Nadelwaldzone verbreitet, kommt aber auch in der südlicheren Laub- und Mischwaldzone, in den nordfennoskandischen Birkenwäldern und in der Tundra vor (OGNEV 1928*, SIIVONEN 1972*). Im NW erreicht *S. caecutiens* N-Schweden und das nördlichste Norwegen, im SW die Nationalparks von Bialowies und Pulawy in Polen. Die Art wurde in Europa erst spät entdeckt, hier jedoch zweifellos nur übersehen: Schweden 1941 (ältestes Museumsexemplar aber aus dem Jahr 1853), Polen 1946, Finnland 1953 (Museumsexemplar von 1944), Norwegen 1963 (Museumsbeleg von 1904) (SIIVONEN 1972*, MELANDER 1941, DEHNEL 1949, PEDERSEN 1968).
Angebliche Belege aus den Niederlanden, aus Spanien und von der Balkanhalbinsel (ELLERMAN und MORRISON-SCOTT 1951*, VAN DEN BRINK 1972*) beziehen sich auf die Arten *S. araneus, minutus* und *granarius*.

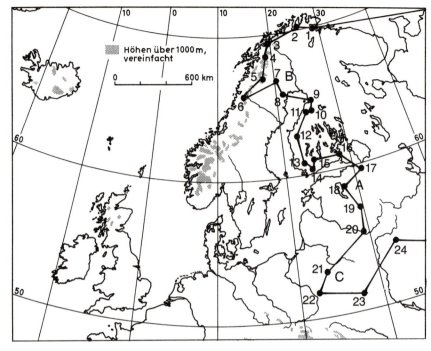

Abb. 81. Verbreitung von *Sorex caecutiens* in Europa.

Randpunkte: Norwegen: 1 Sör-Varanger, 2 Börselv, 3 Balsfjord (PEDERSEN 1968); Schweden: 4 Abisko (FREDGA 1968), 5 Kvikkjokk (NOTINI und HAGLUND 1953*), 6 Unkervatnet (FRENGEN in litt.), 7 Messaure, 8 Boden (NOTINI und HAGLUND 1953*); Finnland: 9 Oulu, 10 Haapavesi (Zoologisches Museum Oulu), 11 Alavieska (HUHTALA mdl.), 12 Ilmajoki (SULKAVA und SULKAVA 1967), 13 Ypäjä, 14 Espoo (KAIKUSALO mdl.), 15 Lammi, 16 Lappeenranta (SIIVONEN 1956*); UdSSR: 17 Tosnensk (NOVIKOV 1970*), 18 Kharlamova Gora (OGNEV 1928*), 19 und 20 nach Karte (DOLGOV 1967); Polen: 21 Białowieża (DEHNEL 1949), 22 Pulawy (SERAFINSKI 1955); UdSSR: 23–24 Kartenpunkte (DOLGOV 1967, 1985).

Terrae typicae:

caecutiens Laxmann, 1788: Umgebung von Irkutsk, Baikalsee-Gebiet, UdSSR
A *pleskei* Ognev, 1921: Kharlamova Gora, Gdov, Provinz Leningrad
B *lapponicus* Melander, 1942: Vittjärv, N-Schweden
C *karpinskii* Dehnel, 1949: Nationalpark von Białowieża, Polen

Sorex caecutiens – Maskenspitzmaus

Merkmalsvariation. Alter: Jungtiere sind relativ langschwänziger als adulte Maskenspitzmäuse nach dem Winter. Schw in % der Kr bei Jungtieren 63–73%, bei Tieren im 2. Sommer 58–62% (SIIVONEN 1954, SKARÉN und KAIKUSALO 1966*).
Bei der Färbung ist der Einfluß von Alter und Jahreszeiten nicht zu trennen. Wie bei *S. araneus* lassen sich ein Sommerfell der Jungtiere, ein Winter-, ein Frühlings- und ein Sommerfell der Adulten unterscheiden. Frühlingsfelle sind allerdings wenig bekannt (einmal in Polen, BOROWSKI 1973, einige Male bei Oulu). Die Haarlängen zwischen den Schultern in den verschiedenen Kleidern ergeben sich aus Tab. 60.

Tabelle 60. Haarlängen in mm zwischen den Schultern in den verschiedenen Kleidern von *Sorex caecutiens* in Polen (BOROWSKI 1973) und Finnland (Zoologisches Institut der Universität Oulu, unpubl.).

| Kleid | Polen | | Finnland | | | |
| | | | Leithaare | | Wollhaare | |
	$\bar{x}$	s	$\bar{x}$	s	$\bar{x}$	s
Jungtiere, 1. Sommer	3,4	0,31	3,7	0,47	3,3	0,31
Winter	6,3	0,54	6,0	0,78	5,4	0,31
Adulte, Frühling	5,0		5,7	0,16	4,9	0,13
Adulte, 2. Sommer	3,3	0,35	3,5	0,78	3,0	0,47

Haarwechsel erfolgt in Polen vom Jugend- ins Winterkleid im September und Oktober, ausnahmsweise noch im November, vom Winter- ins Frühlingskleid im April und Mai (BOROWSKI 1973). In Finnland vollzieht sich die Herbstmauser im September, ausnahmsweise schon im August oder erst im Oktober (SKARÉN und KAIKUSALO 1966*). Im Frühjahr wurden haarwechselnde Exemplare oft noch im Juni, in Einzelfällen sogar Anfang Juli beobachtet.
Die jahreszeitliche und altersbedingte Größenvariation ist relativ noch größer als bei *S. araneus* (DEHNEL 1949). In Finnland betragen die Durchschnittsgewichte der Jungtiere im Juli und August $3,9 \pm 0,42$ g (n = 31), im Winter $3,7 \pm 0,32$ g (n = 21) und im Juli und August des 2. Lebenssommers $6,3 \pm 0,86$ g (n = 36 nach Material im Zoologischen Museum der Universität Oulu).
Die jahreszeitlichen Änderungen in Größe und Fellfärbung haben zu Verwechselungen mit *S. araneus* und *S. minutus* und zu besonderen Artbeschreibungen geführt, die erst SIIVONEN (1954 und 1969) berichtet hat: *S. lapponicus* Melander, 1941 und *S. centralis* Thomas, 1911.
Die winterliche Verringerung der Schädelhöhe hat schon DEHNEL (1949) auch bei dieser Art festgestellt und IVANTER (1978) genauer be-

schrieben: Mittlere Höhe der Schädelkapsel bei Jungtieren im Sommer in Ostkarelien 5,3 mm, im folgenden Winter 4,5 mm und bei Adulten im Sommer 4,8 mm. Diese Schädeldepression ist bei den ♀ stärker ausgeprägt als bei den ♂.

Unabhängig von den Jahreszeiten kommen in NE-Europa ungewöhnlich helle, gelbe oder gelblichbraune Farbvarianten häufig vor (*S. c. buxtoni;* OGNEV 1928*). Für Polen hat BOROWSKI (1973) fünf Farbvarianten beschrieben, und eine helle, olivbraune Variante ist hier häufiger als bei *S. araneus* oder *S. minutus.*

Das Größenverhältnis der einspitzigen Zähne im Oberkiefer scheint geographisch zu variieren. So ist nach OGNEV (1928*) in der Sowjetunion die Regel: 1 = 2 > 3 = 4 > 5. Nr. 5 ist nur ungefähr halb so hoch wie Nr. 4. Nr. 1 ist oft größer und besonders am Cingulum länger als 2 (STROGANOV 1957*). In Ostkarelien besteht in 74,2% die typische Konstellation, in 22,6% ist Nr. 1 größer als 2, und die Nr. 2–4 sind nahezu gleich hoch. Nur in 3,2% der Fälle bilden diese Zähne hier eine kontinuierliche Reihe abnehmender Größe (IVANTER 1978). Die Regel ist dies aber in Finnland und Polen (DEHNEL 1949, SIIVONEN 1977*).

Unterarten: CORBET (1978*) führt alle für Europa beschriebenen Unterarten als Synonyme der Nominatform auf. Ohne ihre Berechtigung überprüfen zu können, seien hier die für Europa verfügbaren Unterartnamen zusammengestellt.

caecutiens: Kr 50–69 ($\bar{x}$ = 61), Schw 34–42 ($\bar{x}$ = 39), Hf 10,8–12,2 ($\bar{x}$ = 11,5). Verhältnismäßig groß und blaß gefärbt. Baikal-Gebiet, Altai, Tarbagatai, Saur, Sajan, rechtes Ufer des Jenissei nach N bis zur Unteren Tunguska (STROGANOV 1957*).

A *pleskei:* Dunkler als *caecutiens.* Kr 50–69 ($\bar{x}$ = 57), Schw 35–42 ($\bar{x}$ = 37), Hf 10,5–12 ($\bar{x}$ = 11,3). Wald- und Waldsteppengürtel der europäischen UdSSR und W-Sibiriens nach E bis Jenissei. Schwach differenziert und in den Merkmalen klinal in die der benachbarten Formen übergehend (STROGANOV 1957*).

B *lapponicus:* Der Name wurde in Unkenntnis von *S. caecutiens* vergeben, ist aber verfügbar, falls sich ein genügender Unterschied zwischen schwedischen Serien und solchen von Leningrad ergeben sollte.

C *karpinskii:* Schw mit durchschnittlich 76,7% der Kr länger als bei anderen Unterarten, Rücken schwarzbraun. Die nur 200 km vom Typusfundort entfernten Maskenspitzmäuse von Pulawy hat SERAFINSKI (1955) zu *pleskei* gestellt.

Sorex caecutiens – Maskenspitzmaus 221

Ökologie. Habitat: Bevorzugt werden in Europa unter anderem Nadel- und Mischwälder mit vorherrschender Fichte und dicken Moos- und Streuschichten, moosreiche Bruchwälder, besonders mit Weißmoosen an Bächen, Moorränder und feuchte Seeuferwälder (Skarén und Kaikusalo 1966*, Siivonen 1972*, Ivanter 1975*). Seltener in reinen Fichten- und Kiefernwäldern. In der Sowjetunion meidet die Maskenspitzmaus oft Moore (Novikov 1970*, Ivanter 1972). In N-Finnland werden jedoch buschbestandene Moore bevorzugt (Kalela et al. 1971). In Białowieża in Polen in den feuchten Teilen der Laubwälder (Borowski und Dehnel 1952). In den nördlichsten Teilen Europas in Fjellbirkenwäldern und offenen Mooren (Skarén und Kaikusalo 1966*, Siivonen 1972*), in N-Norwegen in frischem Kiefern-Birkenwald (Clough 1967, Pedersen 1968). In der Tundra der Sowjetunion an Bächen und Moorrändern mit reicher Strauchvegetation (Ognev 1928*).

Kulturland wie Äcker und von Gräben durchzogene Wälder meidet die Maskenspitzmaus gewöhnlich, kann jedoch gelegentlich im Winter in einsame Gebäude einwandern (Ognev 1928*, Kalela et al. 1971, Siivonen 1972*).

Nahrung: In Sibirien besonders Käfer (Elateridae, Carabidae, Scolytidae), Wanzen, Heuschrecken, Zweiflügler und Ameisen, daneben in geringer Menge Regenwürmer, Hundertfüßer und Spinnen (nach Judin, Siivonen 1972*). Auch in Ostkarelien sind Käfer und Zweiflügler am häufigsten, seltener Regenwürmer, Spinnen, Weichtiere und Ameisen sowie pflanzliche Materialien Bestandteile der Nahrung. Im Vergleich zu *Sorex araneus* werden mehr kleinere und weichere Tiere, aber viel weniger Regenwürmer gefressen. Die Nahrung ist im Sommer besonders vielseitig, im Herbst herrschen kleine Käfer und Larven vor, im Winter werden oft auch Samen genommen. Unterschiede zwischen verschiedenen Biotopen waren gering. In Fichtenwäldern wurden mehr Carabiden, in Kiefernwäldern mehr Hundertfüßer aufgenommen (Ivanter et al. 1973).

Die Maskenspitzmaus frißt auch an anderen Säugetieren und selbst in Fallen gefangenen Artgenossen (Ognev 1928*, Siivonen 1972*). Tote Wühlmäuse und Spitzmäuse wurden auch in Gefangenschaft genommen (Skarén und Kaikusalo 1966*), und Säugetierreste wurden in Magenanalysen festgestellt (Ivanter et al. 1973).

Fortpflanzung: Die ♀ werden gewöhnlich erst im 2. Lebenssommer fortpflanzungsfähig. Eine Ausnahme hiervon ist aus Finnland gar nicht, in Polen nur einmal bekannt: Unter 179 Jungtieren aus den Monaten Juni bis Oktober fand sich ein säugendes ♀ am 16. August (Pucek 1960).

In Finnland wurden trächtige oder säugende ♀ von Ende Mai bis Anfang August gefangen. Die meisten Jungtiere der ersten Würfe erscheinen

hier Ende Juni, so daß mit mindestens 2 Würfen pro Jahr zu rechnen ist. Auch bei Leningrad hat man ein trächtiges ♀ noch am 27. Juli gefangen (NOVIKOV 1970*). In Polen sind die ♂ im 2. Jahr etwa vom 1. April bis 20. September fortpflanzungsfähig (BOROWSKI und DEHNEL 1952).
Die Wurfgröße beträgt 7–8 (2–11) Junge (STROGANOV 1957*).

Dichte und Dichteschwankungen: Überall in Europa seltener als *S. araneus*, auch wenn man schlechtere Fangergebnisse wegen der geringeren Größe der Maskenspitzmaus berücksichtigt. So bildeten Maskenspitzmäuse in Ostkarelien in Grubenfallen 8,9%, in Schlagfallen nur 1,9% der gefangenen Soriciden (IVANTER 1975*). In der europäischen Sowjetunion beträgt der Anteil der Maskenspitzmäuse an den Soriciden 2–15%, in NW-Sibirien 2,7–3,1%. Dagegen ist die Art in E-Sibirien mit 40–60% die häufigste Spitzmaus und fängt sich im Ural mit 20–40% (JUDIN 1971, IVANTER 1975*). In Finnland wird die Art nach NE häufiger. Im östlichen Mittelfinnland ist sie oft schon zahlreicher als *S. minutus*, und in N-Lappland kann sie sogar *S. araneus* überflügeln (SKARÉN und KAIKUSALO 1966*, SIIVONEN 1972*). Auch in N-Schweden ist die Art in hochgelegenen Nadelwäldern häufiger als *S. minutus* (NOTINI und HAGLUND 1953*).

Häufigkeitsschwankungen zwischen verschiedenen Jahren sind ausgeprägt und zum Teil unabhängig von denen anderer Soriciden-Arten (BOROWSKI und DEHNEL 1952, STROGANOV 1957*, SIIVONEN 1972*). In E-Karelien, wo die Dichteschwankungen am besten untersucht sind, können die Häufigkeiten verschiedener Jahre um den Faktor 10 differieren. Maxima hat es in unregelmäßigen Abständen zwischen 3 und 7 Jahren gegeben. Als Ursachen werden die variierenden Überwinterungsverhältnisse und zwischenartliche Konkurrenz angenommen (IVANTER 1975*).

Tabelle 61. Häufigkeit der *Sorex*-Arten in der Nahrung des Rauhfußkauzes *(Aegolius funereus)* in S- und Mittelfinnland in % aller Spitzmäuse der Gattung *Sorex*. Darunter Anteil von *Sorex* an der Gesamtbeute in % und Anzahl nachgewiesener *Sorex*. H = Häme, S = Südostbottnien, M = Mittelostbottnien. Aus P. und S. SULKAVA (1971).

Art	H	S	M
Sorex caecutiens	4,2	5,4	1,8
S. minutissimus	–	0,3	–
S. minutus	3,6	2,5	2,4
S. araneus	92,2	91,8	95,8
% *Sorex* in der Nahrung	27,6	21,5	28,7
Anzahl *Sorex*	320	848	349

Feinde: Raubtiere, unter anderem Marder (SIIVONEN 1972*), vor allem aber Eulen, besonders der Rauhfußkauz (*Aegolius funereus*). In Tab. 61 ist die Häufigkeit der *Sorex*-Arten in der Nahrung des Rauhfußkauzes in Finnland zusammengestellt. *Sorex araneus* ist hier häufiger, *S. minutus* seltener, als es dem Zahlenverhältnis in Fallenfängen aus dem gleichen Gebiet entspricht.

Verhalten. Spezifische Beobachtungen liegen kaum vor. Nach SIIVONEN (1977) ist die Art in der Dämmerung aktiv, kann aber auch bei Tage beobachtet werden. Wie andere *Sorex*-Arten zwitschern auch Maskenspitzmäuse beim Umherlaufen in Gefangenschaft fortwährend leise und lassen bei Begegnungen mit einer anderen Spitzmaus kräftigere Zirplaute hören (SKARÉN und KAIKUSALO 1966*). Die bei den adulten ♂ ausgeprägten Flankendrüsen wurden schon erwähnt. Am gleichen Gang wurden innerhalb einiger Tage mehrere erwachsene ♂ gefangen, was vielleicht darauf schließen läßt, daß der starke Geruch nicht abweisend wirkt.

Literatur

BOROWSKI, S.: Variations in coat and colour in representatives of the genera *Sorex* L. and *Neomys* Kaup. Acta theriol. **18**, 1973, 247–279.
– DEHNEL, A.: Angaben zur Biologie der Soricidae. Ann. Univ. Mariae Curie-Skłodowska, (C) **7**, 1952, 305–448.
BUCHALCZYK, T.; RACZYŃSKI, J.: Taxonomischer Wert einiger Schädelmessungen inländischer Vertreter der Gattung *Sorex* Linnaeus 1758 und *Neomys* Kaup. 1829. Acta theriol. **5**, 1961, 115–124.
CLOUGH, G.: Small mammals of Pasvikdal, Finnmark, Norway. Nytt. Mag. Zool. **15**, 1967, 68–80.
DEHNEL, A.: Studies on the genus *Sorex*. Ann. Univ. Mariae Curie-Skłodowska, (C) **4**, 1949, 26–97.
DOLGOV, V. A.: Distribution and number of palaearctic shrews (Insectivora, Soricidae). Zool. Ž. (Moskva) **46**, 1967, 1701–1712. (Russisch mit englischer Zusammenfassung.)
– Die Spitzmäuse der Alten Welt. Moskva 1985. (Russisch).
FREDGA, K.: Chromosomes of the masked shrew (*Sorex caecutiens* Laxm.). Hereditas **60**, 1968, 269–271.
IVANTER, T.: Die Spitzmäuse (Soricidae) Kareliens. Petrozavodsk 1972. (Russisch).
– Über die artdiagnostische und innerartliche Taxonomie der Spitzmäuse Kareliens. In IVANTER, E. (ed.): Ecology of birds and mammals in the north-west of USSR. Petrozavodsk 1976. (Russisch).
– Material zur Morphologie der Maskenspitzmaus von Karelien. In IVANTER, E. (ed.): Fauna und Ökologie der Vögel und Säugetiere in der Taiga der nordwestlichen Sowjetunion. Petrozavodsk 1978. (Russisch).
IVANTER, E.; IVANTER, T.; LOBKOVA, M.: Die Nahrung der Spitzmäuse (*Sorex* L.) Kareliens. Trudy gosudarstv. zapovednika „Kivac" **2**, 1973, 148–163. (Russisch).

Judin, B.: Spitzmausfauna (Mammalia: Soricidae) von Nordwestsibirien. In Kontrimavitsus, V. (ed.): Biologische Probleme im Norden, S. 48–53. Magadan 1971. (Russisch).

Kalela, O.; Koponen, T.; Yli-Pietilä, M.: Übersicht über das Vorkommen von Kleinsäugern auf verschiedenen Wald- und Moortypen in Nordfinnland. Ann. Acad. Scient. Fenn., Ser. A, IV Biologica **185**, 1971, 1–13.

Melander, Y.: *Sorex lapponicus,* eine im nördlichsten Schweden gefundene neue Spitzmausart. Kungl. Fysiogr. Sällsk. Lund Förh. **11**, 1941, 133–143.

Pedersen, M.: Lappspissmus, *Sorex caecutiens,* i Norge. Fauna **21**, 1968, 116–122.

Pucek, Z.: Sexual maturation and variability of the reproductive system in young shrews (*Sorex* L.) in the first calendar year of life. Acta theriol. **3**, 1960, 269–296.

Serafinski, W.: Morphological and ecological investigations on Polish species of the genus *Sorex* L. (Insectivora, Soricidae). Acta theriol. **1**, 1955, 27–86.

Siivonen, L.: Über die Größenvariationen der Säugetiere und die *Sorex macropygmaeus* Mill. – Frage in Fennoskandien. Ann. Acad. Scient. Fenn. (Z) IV, **21**, 1954, 1–24.

Skarén, U.; Halkka, O.: The karyotype of *Sorex caecutiens* Laxmann. Hereditas **54**, 1966, 376–378.

Sulkava, S.; Sulkava, P.: On the small-mammal fauna of southern Ostrobothnia. Aquilo, Ser. Zool. **5**, 1967, 18–29.

Sulkava, P.; Sulkava, S.: Die nistzeitliche Nahrung des Rauhfußkauzes *Aegolius funereus* in Finnland 1958–67. Ornis Fennica **48**, 1971, 117–123.

Sorex isodon Turov, 1924 – Taigaspitzmaus

E: Dusky shrew; F: La musaraigne foncée

Von S. Sulkava

Diagnose. Etwas größer und gedrungener als *S. araneus*. Färbung einheitlich dunkel, Rücken schwarzbraun, Bauch gräulichbraun oder braungrau, dadurch ein wenig an *S. alpinus* erinnernd, aber nicht so dunkel und mit viel kürzerem Schwanz. Hf relativ lang, in Finnland 13,1–15,1 (meist 13,2–14,2), dagegen dort *araneus* 11,2–13,2 (Siivonen 1965, Skarén 1979). Für die UdSSR werden 12,5–14,2 (Dolgov 1963) und 12,0–15,3 mm (Ivanter 1976) angegeben. Cbl 18,6–20,6, oZr 8,0–9,4. Die U im Oberkiefer werden von vorn nach hinten meist kontinuierlich kleiner. U^5 ist relativ groß und hat immer eine braune Spitze (Dolgov 1963, Siivonen 1977*, Ivanter 1976, Skarén 1979). Foramen mentale meist unter Hinterrand von P_4 oder wenig dahinter, dagegen bei *S. araneus* meist unter der großen Spitze von M_1 oder weiter hinten (Abb. 82). Abstand zwischen Hinterrand von I_1 zum Hinterrand von M_3 wenigstens 0,3, meist 0,5 mm länger als Länge von I_1 (bei *araneus* höchstens 0,2 mm länger; Siivonen 1974; Skarén 1979).

Karyotyp: 2n = 42; X-Chromosom lang, telozentrisch, Y-Chromosom nur so lang wie das kürzeste submetazentrische Autosom (Halkka et al.

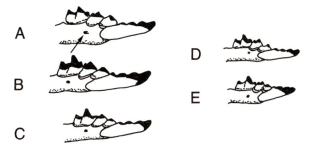

Abb. 82. Vorderenden der Mandibeln mit I_1-M_1 buccal von **A** *Sorex isodon*, **B** *S. araneus*, **C** *S. caecutiens*, **D** *S. minutus*, **E** *S. minutissimus*. Man beachte die unterschiedliche Lage des Foramen mentale (Pfeil in **A**). Nach Siivonen (1965).

1970, KOZLOVSKII und ORLOV 1971, FREDGA 1978). Sehr ähnlich dem Karyotyp von *S. caecutiens* mit Unterschieden nur in der Centromerenlage zweier Autosomenpaare (FREDGA 1978).

Zur Taxonomie. CORBET (1978*) und DOLGOV (1985*) nennen unsere Art *S. sinalis* Thomas, 1912, weil sie beide Taxa für konspezifisch halten. HOFFMANN (1987) findet jedoch in China deutliche Unterschiede und begründet überzeugend ihre artliche Trennung. Die Verwendung des Namens *Sorex isodon* stößt nach CORBET (1978*) dennoch auf folgende Schwierigkeiten: Den Namen hat TUROV (1924) in der Kombination *S. araneus tomensis isodon* als infrasubspezifische Bezeichnung eingeführt. Nach den Nomenklaturregeln ist er also aus dieser Arbeit nicht verfügbar, wohl aber als *S. isodon* Stroganov, 1936 (Waldai-Gebiet) oder *S. isodon* Turov 1936 (Baikalsee-Gebiet). Priorität hätte dann aber *S. gravesi* Goodwin, 1933, ein Name, der sich vermutlich auf die gleiche Art bezieht. HOFFMANN (1987) schlägt vor, den eingeführten Namen *S. isodon* Turov, 1924 als verfügbar zu erklären und damit zu konservieren.

Einen wesentlichen Beitrag zur Klärung der Artzugehörigkeit von skandinavischen Taigaspitzmäusen hat SIIVONEN (1965) geleistet. Unsere Art wurde in der Vergangenheit unter folgenden Namen geführt:

S. araneus (OGNEV 1928*, ELLERMAN und MORRISON-SCOTT 1951*, STROGANOV 1957*, GROMOV et al. 1963*, BOBRINSKIJ et al. 1965*).

S. centralis (DOLGOV 1964, PUCKOVSKII 1969*, BOBRINSKIJ et al. 1971*, HOFFMANN 1971, FEDYK und IVANITSKAYA 1972).

S. unguiculatus (SKARÉN 1964, HALKKA und SKARÉN 1964).

PASSARGE (1984) hat von Eberswalde in der DDR einen *Sorex isodon marchicus* beschrieben. Zwar scheint es sich hierbei tatsächlich um eine von *S. araneus* verschiedene Art zu handeln, doch sprechen die publizierten Merkmale mit Ausnahme der Fellfarbe nicht für die Zugehörigkeit zu *S. isodon*.

Beschreibung. Gedrungener als *araneus*. So ist das Gew im Verhältnis zur Kr in g/mm × 100: juv *isodon* im Mittel 11,5–12,1, juv *araneus* 10,6–10,7, ad *isodon* 16,1, ad *araneus* 14,2 (SIIVONEN 1965). Die Vorderfüße sind relativ breit. Die Ohren ragen deutlicher aus dem Fell als bei *araneus* (NILSSON 1971, FREDGA 1978). Der Rücken ist im Sommer dunkel-, im Winter schwarzbraun; die Flanken sind kaum heller. Ihre Färbung geht allmählich in die im Winter graubraune, im Sommer gräulichbraune Bauchfärbung über. Diese wird durch die grauen Haarbasen bestimmt (OGNEV 1928*, STROGANOV 1957*, SIIVONEN 1977*). Der Schwanz ist zweifarbig, oben dunkelbraun, unterseits bei Jungtieren in ganzer Länge hell gelblichgrau. In

Sorex isodon – Taigaspitzmaus

Tabelle 62. Körper- und Schädelmaße von *Sorex isodon* aus Finnland (Zool. Museum der Universität Oulu). Abkürzungen s. S. 10–11.

Nr.	sex	AG	Mon	Kr	Schw	Hf	Gew	Cbl	Skb	SkH	Pgl	Zyg	Iob	P^4–M^3	U^{1-5}	oZr	uZr	Corh
1116	–	juv	7	59	49	13,9	7,7	19,3	9,7	6,6	5,2	5,1	3,7	4,8	3,1	8,7	8,2	4,5
1117	–	juv	7	61	43	13,1	7,3	–	–	–	5,1	5,0	3,5	4,6	3,2	8,5	8,1	4,5
3372	♀	juv	8	74	50	14,6	9,6	19,7	9,8	6,4	5,3	5,5	3,9	4,6	3,2	8,9	8,1	4,7
11544	♂	juv	9	67	51	14,0	11,3	20,3	10,2	6,5	5,5	5,5	3,9	4,9	3,3	9,1	8,4	4,9
11558	♀	juv	9	67	52	14,0	9,6	20,3	10,2	6,4	5,5	5,5	3,9	4,9	3,3	9,2	8,3	4,9
11560	♂	juv	9	64	50	14,3	9,8	19,5	10,1	6,4	5,5	5,6	3,9	4,8	3,2	8,8	8,1	4,8
12555	♂	juv	9	72	50	13,3	10,7	19,5	10,1	6,2	5,6	5,6	3,9	4,7	3,3	8,9	8,2	5,0
P12P1	♀	juv	9	77	50	14,6	10,4	20,3	10,2	6,5	5,8	5,8	4,0	4,9	3,3	9,2	8,5	5,0
1781	♀	juv	12	69	47	14,3	7,0	19,0	9,2	5,6	5,1	5,3	3,7	4,8	3,2	8,8	8,2	4,6
1785	♂	juv	12	70	48	13,8	6,8	19,0	9,8	5,7	5,3	5,5	3,7	4,8	3,2	8,9	8,2	4,7
13486	♂	juv	12	74	49	14,1	7,5	19,7	9,7	5,8	5,3	5,5	3,8	4,9	3,2	8,9	8,2	4,8
2708	♀	juv	1	73	51	14,2	8,8	19,6	10,0	6,0	5,5	5,6	4,0	4,8	3,2	8,9	8,1	4,7
3729	♂	juv	1	67	46	14,3	6,7	–	9,7	6,0	5,5	5,6	3,9	4,6	3,2	8,7	8,0	4,7
13485	♂	ad	5	83	45	13,6	13,6	20,0	9,7	6,2	5,3	5,5	3,9	4,7	3,2	8,6	8,1	4,8
11552	♂	ad	6	77	48	13,5	13,7	19,5	9,9	6,3	5,4	5,6	4,1	4,9	3,1	8,8	8,2	4,9
745	♂	ad	7	71	44	14,2	13,2	–	–	–	–	5,4	3,8	4,8	3,1	8,5	7,8	4,7
7757	♂	ad	4	73	44	14,1	10,2	–	–	–	–	5,5	3,8	4,7	3,3	8,9	8,1	4,8
11540	♂	ad	5	80	44	13,2	14,5	19,9	10,0	6,3	5,4	5,5	3,9	4,9	3,3	8,9	8,3	4,8
11554	♂	ad	5	80	46	13,7	13,4	19,8	9,9	6,2	5,4	5,5	3,9	4,8	3,2	9,0	8,1	4,9

anderen Kleidern wird die Unterseite zum Schwanzende hin dunkler, und der Kontrast zwischen Ober- und Unterseite verschwindet hier allmählich (OGNEV 1928*, SIIVONEN 1974*). Die Füße sind außen dunkelbraun, innen hell gelblichbraun. Glans penis s. Abb. 74. Die Flankendrüsen riechen schon bei juv anders als bei *S. araneus* (SKARÉN und KAIKUSALO 1966*, FREDGA 1978).

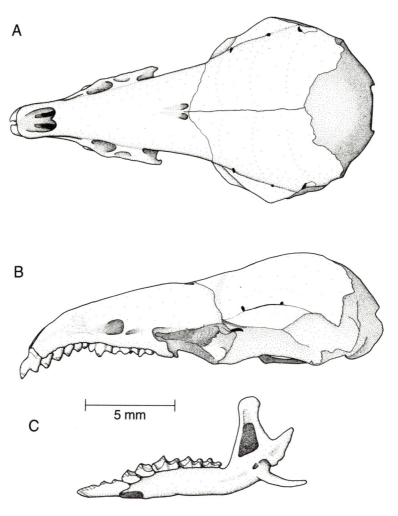

Abb. 83. Schädel von *Sorex isodon,* Finnland, Zoologisches Institut der Universität Oulu Nr. 11540. **A** dorsal, **B** lateral, **C** Mandibel von lingual. Zeichnung S. LANKHORST.

Sorex isodon – Taigaspitzmaus

Der Schwanz ist relativ länger als bei *S. araneus*: Schw nach SIIVONEN (1965) bei juv 70,8% und bei ad 62,5%, nach DOLGOV (1985) im Mittel 65,2% der Kr. Entsprechende Werte für *S. araneus* nach SIIVONEN (1965): juv 63,9%, ad 56,1%.

Schädel (Abb. 83): Im Durchschnitt etwas größer als bei *araneus*. Rostrum höher und breiter, Iob größer. Die Hirnkapsel ist breiter, massiver und eckiger (STROGANOV 1936, DOLGOV 1963). Auch die Coronoidhöhe ist im Mittel größer (in Finnland *isodon* 4,2–5,1 mm, *araneus* 4,1–4,6 mm). Processus angularis relativ dick (STROGANOV 1936). Foramen mentale weiter vorn gelegen als bei *araneus* (s. Diagnose).

Zähne: Weniger intensiv gefärbt als bei *araneus*. Die oberen U werden von vorn nach hinten kleiner. U^1 hat eine deutlich breitere Basis als die übrigen U. U^5 ist fast so hoch wie U^4 und hat eine braune Spitze (STROGANOV 1936, SIIVONEN 1965, JUDIN 1969). U_1 hat eine rudimentäre 2. hintere Spitze, die bei *araneus* fehlt (SIIVONEN 1965). Der Hinterrand von U_1 liegt über dem Hinterrand von I_1, bei *araneus* dagegen davor (NILSSON 1971; Abb. 82).

Verbreitung (Abb. 84). Von der Pazifikküste und der Insel Sachalin im E bis S-Norwegen im W. In Skandinavien offenbar sporadisch verbreitet und erst spät entdeckt: Finnland seit 1949 (SIIVONEN 1965), Schweden seit 1977 (FREDGA 1978), Norwegen seit 1968 (NILSSON 1971).

Randpunkte: UdSSR: 1–4 nach DOLGOV (1967); Finnland: 5 Värtsilä (SKARÉN und KAIKUSALO 1966), 6 Heinävesi (SIIVONEN 1965), 7 Luhanka (SKARÉN und KAIKUSALO 1966), 8 Jyväskylä (TORMÄLÄ und RAATIKAINEN 1976), 9 Haapavesi, 10 Puolanka, 11 Oulanka-Nationalpark, 12 Rovaniemi, 13 Pisa-Naturpark (Zoologisches Museum Oulu, unpubl.), 14 Aavasaksa (NILSSON 1971); Schweden: 15 Bispgården, 16 Hällsjö (FREDGA 1978); Norwegen: 17 Långflon, 18 Jordet (NILSSON 1971); UdSSR: 19, 20 (DOLGOV 1967).

Terrae typicae:

isodon Turov, 1924: Sosovska-Fluß, Bargusinische Taiga, Baikal-Gebiet, Sibirien
gravesi Goodwin, 1933: Fluß Monoma, 80 Meilen e Troitskov, E-Sibirien, UdSSR
princeps Skalon und Rajevski, 1940: Em-Engana-Becken, Kondo-Sovinski-Reservat, W-Sibirien

Soricidae – Spitzmäuse

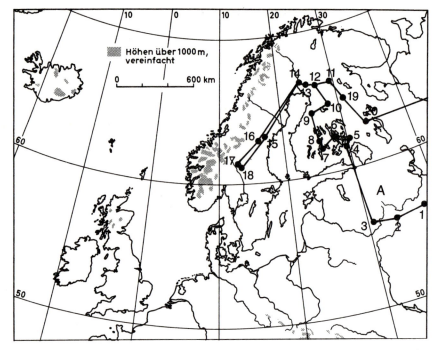

Abb. 84. Verbreitung von *Sorex isodon* in Europa.

A *ruthenus* Stroganov, 1936: nahe Seliger-See, Gebiet von Kalinin, Waldai-Höhen, UdSSR

Merkmalsvariation. Jahreszeiten: Die Färbung variiert mit Alter und Jahreszeit nur wenig. Das Winterfell ist nur wenig dunkler als das Sommerkleid (Skarén 1979). Adulte im 2. Sommer können durch einen größeren Anteil weißer Haare heller grau aussehen (Siivonen 1977*). Wie bei *S. araneus* und *S. caecutiens* lassen sich vier Haarkleider unterscheiden, die in Haarlänge und Abschnittszahl der geknickten Haare differieren (Tab. 63).

Jungtiere wechseln ihr Haarkleid im September und Oktober, selten noch im November. Vorjährige Spitzmäuse, die bis zum 15. Oktober gefangen wurden, trugen noch das Sommerkleid (Skarén 1979). Auch in Ostkarelien ist nach Ivanter (1975*) der Herbsthaarwechsel Ende Oktober abgeschlossen.

Im Frühjahr verläuft der Haarwechsel bei ♂ und ♀ unterschiedlich. In Finnland wurde ein erster Haarwechsel zwischen 22. März und 15. April bei den ♂ beobachtet, ein weiterer 2–3 Monate später vom 30. 5.–2. 7. Dagegen beginnen die ♀ am 3. Mai deutlich später, schließen am 30. Mai

Sorex isodon – Taigaspitzmaus 231

Tabelle 63. Mittlere Haarlängen und Zahl der Haar-Abschnitte in verschiedenen Haarkleidern von *Sorex isodon* aus Finnland auf dem Mittelrücken. Nach SKARÉN (1979).

Haarkleid	n	Haarlänge (mm)	Zahl Haar-Abschnitte
1. Sommer	34	4,0–4,5	3–4
Winter	30	9,0	7 (–8)
Frühjahr	34	6,5–7,0	5–6
2. Sommer	38	3,2–4,0	3 (–4)

ab und behalten ihr dann erworbenes Sommerfell (SKARÉN 1979). In der Terminologie von SKARÉN (1979) ergibt sich also das folgende Schema:

♂: Winterfell – 1. Frühjahrshaarwechsel – Frühjahrskleid – 2. Frühjahrshaarwechsel – Sommerkleid

♀: Winterfell – 1. Frühjahrshaarwechsel – Sommerkleid.

Einige ♂ absolvierten den 1. Haarwechsel nur unvollständig, einige folgten sogar dem ♀-Schema.
Die ♀ von *S. isodon* wechseln ihr Haarkleid im Frühjahr etwa zwei Wochen später als die ♀ von *S. araneus* im gleichen Gebiet. Der erste Frühjahrshaarwechsel verläuft vom Bauch zum Rücken, der zweite in umgekehrter Richtung vom Rücken zum Bauch.
Die jahreszeitlichen Größenschwankungen verlaufen ähnlich wie bei *S. araneus*, doch werden die Jungen im Herbst relativ schwerer (Abb. 85). Da ihr Gew im Winter aber ähnlich weit absinkt wie bei *araneus*, ist hier die winterliche Gewichtsabnahme noch auffälliger (SIIVONEN 1969, 1972*). Auch die Abflachung des Hirnschädels ist vergleichbar. Bezogen auf Jung-

Tabelle 64. Einige Schädelmaße von *Sorex isodon* aus verschiedenen Gebieten Europas in mm.

	Finnland (SKARÉN 1979)		Ostkarelien (IVANTER 1976)		Mittelrußland (DOLGOV 1985)	
	Min–Max	x̄	Min–Max	x̄	Min–Max	x̄
Cbl	18,6–20,6	19,8	18,8–20,1	19,5	18,7–20,1	19,5
Corh	4,2– 5,1	4,7	4,2– 4,8	4,6	–	–
oZr	8,0– 9,4	8,9	8,4– 9,1	8,8	8,2– 9,3	8,6

Soricidae – Spitzmäuse

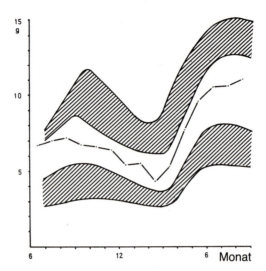

Abb. 85. Veränderung des Körpergewichts (Ordinate, g) im Jahreslauf (Abszisse, Monate) bei *Sorex isodon* (obere schraffierte Fläche) und *S. caecutiens* (untere schraffierte Fläche). Diese Flächen geben die tatsächlichen Streubereiche der Gew dieser Arten wieder. Die gebrochene Linie zwischen den Flächen ist die Mittelwertkurve der Gew für *S. araneus*. Nach Siivonen (1969).

tiere aus dem 1. Sommer ist der Hirnschädel im Winter um 12%, bei ad im 2. Sommer um 4% niedriger (Skarén 1979).

Geographische Variation: Kaum bekannt. Schw in Finnland länger, Schädel teilweise größer als in Sibirien (Skarén 1979). Tab. 64 läßt kaum regionale Unterschiede in den angegebenen Schädelmaßen erkennen.

Unterarten: Falls die europäischen *S. isodon* homogen sind und sich von den asiatischen Unterarten unterscheiden lassen, müssen sie *S. i. ruthenus* Stroganov, 1936 oder *S. i. gravesi* Goodwin, 1933 heißen. Eine fundierte Prüfung dieser Frage steht aber noch aus. Die in Frage kommenden asiatischen Formen lassen sich allenfalls oberflächlich kennzeichnen:
isodon: Cbl 19,8–20,7, Iob 3,9–4,1. Rücken dunkel braungrau (Stroganov 1936).
gravesi: Maße liegen nicht vor. Nach Stroganov (1957*) Synonym von *isodon,* also von diesem nicht wesentlich abweichend.
princeps: anscheinend etwas größer als *ruthenus* (Skalon und Rajevskii 1940).
ruthenus: Rücken dunkler als bei *isodon* (schwarzbraun gegen dunkel braungrau). Schädel kürzer, Rostrum breiter. Cbl 19,0–19,8, Iob 4,0–4,3 (Stroganov 1936).

Ökologie. Habitat: In Finnland vor allem in frischem, altem Fichtenwald mit reicher Gras- und Krautschicht an einem Bach- oder Moorrand gefunden (SIIVONEN 1965, 1972*). Vor allem in ursprünglichen Waldtypen: Bruchwälder, Fichtenwälder mit dicker Moosschicht am Boden, offene, hainartige Mischwälder (SKARÉN 1964, SKARÉN und KAIKUSALO 1966*). In gras- und krautreichen Bruchwäldern E-Finnlands ist *isodon* sogar häufiger als *S. araneus* und wird dort auch auf zwergstrauchbewachsenen Mooren gefangen (KALELA et al. 1971). Gelegentlich in abgelegenen Siedlungen sogar in Kulturland unter dichter Vegetation, an Wald-Ackergrenzen und sogar an Komposthaufen (SIIVONEN 1965, FREDGA 1978). Auch in der Sowjetunion meist in üppigen Misch- und Laubwäldern und auf verwachsenen Waldwiesen (IVANTER 1975*). Dagegen meidet die Art offene Moore und trockene Wälder. Die westlichsten Funde in Norwegen stammen aus Fichten- und Fichten-Birken-Wald eines Flußtals mit dicker Moosschicht am Boden und auf Steinen. Im Unterwuchs dominierten *Vaccinium vitis-idaea* und *V. myrtillus* (NILSSON 1971).

Nahrung: 10 Mägen aus Ostkarelien enthielten 7mal Käfer, 4mal Schmetterlinge, 6mal Regenwürmer, 1mal Spinne, 1mal Hundertfüßer und 1mal Pflanzenreste (IVANTER et al. 1973*). In Schweden wurde ein Tier gefangen, als es gerade einen Regenwurm fraß. Es wurde in Gefangenschaft hauptsächlich mit Regenwürmern ernährt, die es abwechselnd mit der rechten und linken Kieferhälfte kaute (FREDGA 1978). Die von SKARÉN und KAIKUSALO (1966*) gehaltenen Tiere fraßen verschiedene Insekten, Spinnen, Hundertfüßer, Frösche und Wühlmauskörper. Trotz einiger Bemühung gelang es ihnen nicht, einen großen Laufkäfer (*Carabus*) zu töten, doch fraßen sie ihn, als er ihnen tot vorgelegt wurde. Bei reichlichem Angebot von Hymenopterenlarven versteckte die Taigaspitzmaus diese einzeln an verschiedenen Stellen im Käfig.

Fortpflanzung: In Finnland von Juni bis August 2–3 Würfe. Im Mai und Juni im Mittel 7,6 ± 0,38 (1–10) Embryonen, im Juli und August 6,4 ± 0,26 (3–8) Embryonen (SKARÉN 1979). In Ostkarelien beginnt und endet die Fortpflanzungszeit von *S. isodon* später als bei den anderen dort lebenden Spitzmausarten. Erster Wurf hier Mitte Juni (IVANTER 1975*). Auch in Finnland 2–3 Wochen später als bei *S. araneus* (SKARÉN 1979).
  Obgleich die Jungtiere bereits im 1. Sommer recht groß werden, werden sie gewöhnlich erst im folgenden Jahr fortpflanzungsfähig. Von 114 Jung-♀ in Finnland aus den Monaten Juni bis September war nur eines trächtig, und unter den erstjährigen ♂ war keines geschlechtsreif (SKARÉN 1979).

Populationsdynamik: Der Anteil Adulter ist mit 22% der Population im Spätherbst noch recht hoch (IVANTER 1975*). In Europa ist die Art mit

Tabelle 65. Anteile der *Sorex*-Arten in % aller *Sorex*-Individuen (n) in einigen Gebieten N-Europas nach Fallenfängen.
1 Białowieża, Polen (PUCEK 1960), 2 Norwegen (PEDERSEN 1968), 3 Südostbottnien, Finnland (S. und P. SULKAVA 1967), 4 Finnland (Bälge im Zoologischen Institut der Universität Oulu), 5 Schlagfallen und 6 Dosenfallen in E-Finnland (SKARÉN 1972), 7 Biologische Station Oulanka, NE-Finnland (unpubl.), 8 Schlagfallen, 9 Dosenfallen in E-Karelien, UdSSR (IVANTER 1975*).

	1	2	3	4	5	6	7	8	9
Sorex araneus	80,8	94,4	82,4	87,5	72,6	51,2	69,6	85,9	69,1
S. isodon	–	–	–	1,0	13,0	18,2	0,7	0,8	0,8
S. caecutiens	4,3	0,3	1,7	2,9	12,6	18,6	21,2	4,9	11,6
S. minutus	14,9	5,3	15,8	8,5	1,8	10,1	7,8	4,9	18,0
S. minutissimus	–	–	–	0,1	–	1,9	0,7	0,1	0,5
n	5076	1446	524	3622	452	155	295	3100	2800

nur etwa 1% aller gefangenen *Sorex*-Individuen (s. Tab. 65) selten. In NW-Sibirien unter 729 Spitzmäusen nur 1mal (JUDIN 1971). In Finnland am häufigsten im E. Hier fing SKARÉN (1964, 1972) in den besten Bruchwaldgebieten in Kuhmo 1957–1959 aber auch nur 3 Exemplare (3% aller *Sorex*), später jedoch 59 (= 13%), was auf beträchtliche Bestandsschwankungen deutet.

Verhalten. Ein von FREDGA (1978) gehaltenes Tier lief im Gegensatz zu *S. araneus* im Käfig breitbeinig umher und sprang nicht an den Wänden empor. Nach SKARÉN und KAIKUSALO (1966*) streiten auch Jungtiere im Käfig unaufhörlich und zwitschern dabei ein wenig anders als *S. araneus*. Beim Fressen von Ameisen riefen ihre Taigaspitzmäuse kurz und scharf zi-zi-zi oder zi-zi-zii. Derartige Laute haben sie bei anderen Spitzmäusen nicht gehört. Gewöhnlich fraßen die *S. isodon* im Käfig an Versteckplätzen.

Literatur

DOLGOV, V.: On the variability of *Sorex* (Mammalia, Soricidae) on the flood plain of the Oka river. Bjull. Mock. O-va Isp. Prirody, Otd. Biol. **68** (4), 1963, 135–140. (Russisch).
– *Sorex centralis* Thomas, 1911 (Mammalia, Soricidae) in the fauna of USSR. Zool. Ž. (Moskva) **43**, 1964, 898–903. (Russisch mit englischer Zusammenfassung.)
– Distribution and number of Palaearctic shrews (Insectivora, Soricidae). Zool. Ž. (Moskva) **46**, 1967, 1701–1712. (Russisch mit englischer Zusammenfassung).
– LUKJANOVA, I.: On the structure of genitalia of Palaearctic *Sorex* sp. (Insectivora) as a systematic character. Zool. Ž. (Moskva) **45**, 1966, 1852–1861. (Russisch mit englischer Zusammenfassung).

FEDYK, S.; IVANITSKAYA, E.: Chromosomes of Siberian shrews. Acta theriol. **17**, 1972, 475-492.
FREDGA, K.: Taiganäbbmusen *Sorex isodon* funnen i Sverige. Fauna Flora **73**, 1978, 79-88.
HALKKA, O.; SKARÉN, U.: Evolution chromosomique chez genre *Sorex*: nouvelle information. Experientia **20**, 1964, 314-315.
- SKARÉN, U.; HALKKA, L.: The karyotypes of *Sorex isodon* Turov and *S. minutissimus* Zimm. Ann. Acad. Sci. Fenn. (A IV) **161**, 1970, 1-5.
HOFFMANN, R.: Relationships of certain holarctic shrews, genus *Sorex*. Z. Säugetierk. **36**, 1971, 193-200.
HOFFMANN, R. S.: A review of the systematics and distribution of Chinese redtoothed shrews (Mammalia, Soricidae). Acta theriol. Sinica **7**, 1987, 100-139.
IVANTER, T.: Die Spitzmäuse (Soricidae) Kareliens. Petrozavodsk 1972. (Russisch).
- Über die artdiagnostische und innerartliche Taxonomie der Spitzmäuse Kareliens. In IVANTER, E. (ed.): Ecology of birds and mammals in the north-west of USSR. Petrozavodsk 1976. (Russisch).
IVANTER, E.; IVANTER, T.; LOBKOVA, M.: Die Nahrung der Spitzmäuse (*Sorex* L.) Kareliens. Trudy gosudarstv. zapovednika „Kivac". Vyp. **2**, 1973, 148-163. (Russisch).
JUDIN, B.: Die Struktur der Genitalien in der Klassifikation der Spitzmäuse. Izvest. Sibirsk. Otd. AN SSR, Ser. Biol.-Med. Nauk **12** (3), 1965, 61-75. (Russisch).
- Komplexe der Insektenfresser im Gebiet von Novosibirsk. In „Prirodnoe raionirovanie Novosibirskoi oblasti", S. 131-143. Novosibirsk 1969. (Russisch).
- Spitzmausfauna (Mammalia: Soricidae) von Nordwestsibirien. In KONTRIMAVITSUS, V. (ed.): Biologische Probleme im Norden, S. 48-53. Magadan 1971. (Russisch).
KALELA, O.; KOPONEN, T.; YLI-PIETILÄ, M.: Übersicht über das Vorkommen von Kleinsäugern auf verschiedenen Wald- und Moortypen in Nordfinnland. Ann. Acad. Sci. Fenn. (A. IV. Biol.) **185**, 1971, 1-13.
KOZLOVSKII, A.; ORLOV, V.: Caryological evidence for species independence of *Sorex isodon* Turov (Soricidae, Insectivora). Zool. Ž. (Moskva) **50**, 1971, 1056-1062. (Russisch mit englischer Zusammenfassung).
NILSSON, A.: *Sorex isodon* Turov, en för Skandinavien ny näbbmusart. Fauna Flora **66**, 1971, 253-258.
OKHOTINA, M.: Die Spitzmäuse (Insectivora, Soricidae) der Insel Sachalin. Zool. Ž. (Moskva) **56**, 1977, 243-249. (Russisch mit englischer Zusammenfassung).
PASSARGE, H.: *Sorex isodon marchicus* ssp. nova in Mitteleuropa. Z. Säugetierk. **49**, 1984, 278-284.
PEDERSEN, J.: Lappspissmus, *Sorex caecutiens*, i Norge. Fauna **21**, 1968, 116-122.
PUCEK, Z.: Sexual maturation and variability of the reproductive system in young shrews (*Sorex* L.) in the first calendar year of life. Acta theriol. **3**, 1960, 269-296.
PUČKOVSKII, S.: Migrations and structure of shrews' population in the taiga of the Onega peninsula. Zool. Ž. (Moskva) **48**, 1969, 1544-1551. (Russisch mit englischer Zusammenfassung).
SIIVONEN, L.: The problem of the short-term fluctuations in numbers of tetraonids in Europe. Papers Game Res. **19**, 1957, 1-44.
- *Sorex isodon* Turov (1924) and *S. unguiculatus* Dobson (1890) as independent shrew species. Aquilo, Ser. Zool. **4**, 1965, 1-34.
- *Sorex isodon* Turov is not synonymous with *S. centralis* Thomas. Aquilo, Ser. Zool. **7**, 1969, 42-49.

SKALON, V.; RAJEVSKII, V.: Neue Formen der Säugetiere aus dem Naturschutzgebiet Kondo-Sosvinsko. Nauchna-Metod. zapiski. Gl. upr. zapov. VII. M., 1940, 193–200. (Russisch).

SKARÉN, U.: Variation in two shrews, *Sorex unguiculatus* Dobson and *S. a. araneus* L. Ann. Zool. Fenn. **1,** 1964, 94–124.

– Fluctuations in small mammal populations in mossy forests of Kuhmo, eastern Finland, during eleven years. Ann. Zool. Fenn. **9,** 1972, 147–151.

– Variation, breeding and moulting in *Sorex isodon* Turov in Finland. Acta Zool. Fennica **159,** 1979, 1–30.

STROGANOV, S.: Die Säugetierfauna des Hochlandes von Valdai. Zool. Ž. (Moskva) **15,** 1936, 132–141.

SULKAVA, S.; SULKAVA, P.: On the small-mammal fauna of southern Ostrobothnia. Aquilo, Ser. Zool. **5,** 1967, 18–29.

TUROV, S.: Material zur Säugetierfauna des Barguzin-Gebietes (Baikal NE). Sbornik Trudov Gos. zool. museja (pri MGU) III, 1936, 25–40. (Russisch mit französischer Zusammenfassung).

TÖRMÄLÄ, T.; RAATIKAINEN, M.: Primary production and seasonal dynamics of the flora and fauna of the field stratum in a reserved field in Middle Finland. J. Scientific Agricult. Soc. Finland **48,** 1976, 363–385.

Sorex araneus Linnaeus, 1758 – Waldspitzmaus

E: Common shrew; F: La musaraigne carrelet

Von J. Hausser, R. Hutterer und P. Vogel

Diagnose. Gemeinsam mit den beiden anderen europäischen Arten der *araneus*-Gruppe (*S. granarius, S. coronatus*) von den übrigen europäischen *Sorex*-Arten durch die folgenden Merkmale unterschieden: Schw 60; Glans penis spitz und ungelappt endend (Abb. 74). Tuberkel des I^1 schließen einen spitzen Winkel ein. U_1 mit nur einem Höcker. Postglenoidbreite über 5 mm; Corh über 3,8 mm.

Im Vergleich zu *S. coronatus* und *S. granarius* ist der Condylus articularis am Unterkiefer eher klein, bei labialer Sicht etwas angehoben. Kronenfortsatz gerade oder leicht nach hinten geneigt. Fossa temporalis dreieckig.

Sorex araneus pyrenaicus ist größer als *S. granarius* (Cbl über 18,5 mm; Corh über 4,4 mm). Im kontinentalen Westeuropa können *S. araneus* und *S. coronatus* mit 95% Zuverlässigkeit mit folgender Trennformel für 4 Unterkiefermaße (Abb. 86) unterschieden werden: $3,72a - 9,19b - 3,27c + 3,86d - C$ (C = 8,1598; Hausser und Jammot 1974). Ist die Summe positiv, handelt es sich wahrscheinlich um *S. araneus*, im anderen Fall um *S. coronatus*. Da beide Arten erheblich geographisch variieren (Loch 1977, E. und B. van der Straeten 1978, Hausser 1985, Mys et al. 1985), ändert sich auch die Trennformel regional. Zum Glück variieren beide Arten gleichsinnig, was nur eine Korrektur von C notwendig macht: In Belgien gilt C = 7,1843 (Mys et al. 1985), für die Niederlande haben wir C = 7,4358 ermittelt. Die rechnerische Bestimmung sollte anhand der hier und für *S. coronatus* beschriebenen qualitativen Unterkiefermerkmale überprüft werden.

Als biochemisches Merkmal nennen Catzeflis et al. (1982) die bei Stärkegel-Elektrophorese unterschiedliche Isocitrat-Dehydrogenase 2. Mys und van Rompey (1983) fanden mit der „isoelektrischen Punkt-Fokussierung" bei Blutproteinen deutlich größere Unterschiede zwischen Populationen der verschiedenen Arten als zwischen Populationen derselben Art. Hausser und Zuber (1983) unterscheiden lebende Exemplare von *S. araneus* und *S. coronatus* durch Albumin-Unterschiede bei Elektrophorese von Seren auf Polyacrylamidgel.

Tabelle 66. Körpermaße von *Sorex araneus*. Population großer Individuen, Bretolet, Walliser Alpen, Schweiz. Coll. Service de Zoologie des Vertébrés, Station fédérale de Recherches agronomiques, Nyon.

Nr.	sex	Mon	Gew	Kr	Schw	Hf
VS 40	♂ juv	10	7,5	72	54	13,5
VS 41	♀ juv	10	6,5	72	55	13,5
VS 42	♂ juv	10	7	71	54	13,5
VS 135	♀ juv	10	6,3	65	48	12,8
B 6	♂ juv	7	7	59	56	15
B 8	♀ ad	7	14*	78	48	13,5
VS 161	♂ ad	7	–	72	48	13
B 16	♂ juv	7	7	59	52	13,5
B 17	♂ juv	7	7	59	52	13
B 21	♂ juv	7	6	68	55	13,5
B 25	♀ juv	10	7,5	64	49	14
B 26	♀ juv	10	7,5	63	49	13,5
B 29	♀ juv	10	8	63	50	13,5
B 30	♀ juv	10	7	66	48	13
B 31	♀ juv	10	8	69	49	13,5
B 32	♀ ad	10	9	72	55	12,5
B 42	♀ ad	5	9	77	48	13
B 43	♀ ad	5	9	73	47	13
B 44	♂ ad	5	9	66	46	12
B 45'	♀ ad	7	11*	70	46	13,2
B 47'	♂ ad	7	11,5	72	48	13,5
B 48	♀ juv	7	7,5	62	47	13
B 49	♀ juv	8	7,5	67	49	13,5
B 51	♂ ad	8	10,5	73	49	–

* trächtig.

Karyotyp: $2n^* = 20-32$, $NF = 40$. Die unterschiedlichen Chromosomenzahlen sind Folge eines innerartlichen Robertsonschen Polymorphismus bei konstanter NF und unterschiedlichem Anteil akrozentrischer Autosomen. Stets aber sind ein großes Paar metazentrisch, 1 großes Paar submetazentrisch und ein kleines Paar metazentrisch. X-Chromosomen größte Elemente, metazentrisch; 2 Y-Chromosomen: Y_1 klein, akrozentrisch, Y_2 groß, subtelozentrisch (SHARMAN 1956; FORD et al. 1957).

Zur Taxonomie: Alle Arten der Gattung *Sorex*, die wie *S. araneus* einen Komplex von 3 Geschlechtschromosomen bei den ♂ besitzen (X, Y_1, Y_2), werden in der *araneus*-Gruppe zusammengefaßt. Der Komplex ist durch die Translokation eines Autosoms auf das ursprüngliche X-Chromosom entstanden (MATTHEY 1969).

---

* bei ♀. ♂ haben 1 Geschlechtschromosom mehr.

Sorex araneus – Waldspitzmaus

Die *araneus*-Gruppe ist durch ganz Eurasien bis Quebec in Nordamerika verbreitet. Außer den europäischen Arten gehören zu ihr *S. caucasicus, S. daphaenodon, S. asper, S. tundrensis* und *S. arcticus* (REUMER und MEYLAN 1986). Die drei europäischen Arten dieser Gruppe dürften sich erst seit kurzer Zeit, vielleicht im Würm-Glazial herausgebildet haben (HAUSSER 1985). Genetisch (CATZEFLIS 1985) wie morphologisch und ökologisch (HAUSSER 1985) sind sie erst wenig differenziert.

Beschreibung. Eine mittelgroße Spitzmaus (Kr 60–87,5; ZALESKY 1948. Hf 11–14).

Färbung: Meist dreifarbig. Rücken schwärzlich- bis haselnußbraun, Flanken etwas heller, Bauch weißlichgrau. Die Tiere Nordeuropas haben eine klar begrenzte Schabracke. Ihre braunen Flanken hellen sich ventral auf und gehen schließlich in die Bauchfärbung über. Im S sind die Farbzonen weniger scharf begrenzt, die Schabracke kann sogar völlig verschwinden.

Das Fell ist fein und samtartig. Nach BIEBER und EICK (1974, n = 12, Umgebung von Bonn) sind die langen und geraden Leithaare selten (mittlere Länge 7,4 mm im Winter, 4,9 mm im Sommer). Die Grannenhaare sind geknickt und dadurch segmentiert. Im Winter haben sie 5 Segmente bei 7,3 mm Gesamtlänge, im Sommer 4 Abschnitte bei 4,4 mm Länge. Das Endsegment ist stets verbreitert. Sonst gleich gestaltete Grannenwollhaare haben ein Segment mehr. Wollhaare mit 6 Segmenten und 6,6 mm Länge im Winter, mit 5 Segmenten und 3,9 mm Länge im Sommer haben kein verbreitertes Ende. Die Flankenhaare sind kürzer. Das Jugendfell ist etwas kurzhaariger als das Sommerfell der Adulttiere. SKARÉN (1973a) erwähnt für Finnland im Winter 6–8 Segmente und 8 mm Haarlänge ohne Unterscheidung von Haartypen. Das Endsegment der Grannenhaare zeigt beiderseits eine Längsrinne, in der schräge Lamellen verlaufen, die zu einem zentralen Kamm verschmelzen. Der Querschnitt ist H-förmig. Die Lamellen sind weniger eng angeordnet als bei *Neomys fodiens* (VOGEL und KOEPCHEN 1978, HUTTERER und HÜRTER 1980).

Schwanz: 30–57 mm lang (ZALESKY 1948), regelmäßig behaart. Schwanzringe nur schwer erkennbar. Die Haare des Schwanzes und der Pfoten werden nicht erneuert (BOROWSKI 1964), der Schwanz alter Tiere kann daher völlig kahl sein. Oberseite etwas dunkler als die Unterseite, aber nie so deutlich wie bei *S. caecutiens* (SIIVONEN 1967). Schwanzringzahl nach CLAUDE (1968) auf der Göscheneralp, Uri, Schweiz im Mittel über 120, in der Ebene nach unseren Zählungen 95–128 ($\bar{x}$ = 112, n = 5, Schweizer Mittelland).

Fuß: Zehen kürzer als bei *S. minutus* (VON LEHMANN 1966).

Schädel: Rostrum weniger massiv als bei *S. coronatus* und *S. granarius*. Stirnabsatz ausgeprägt. Der Unterkiefer (Abb. 86 und 87) ist im Vergleich zu *granarius* und *coronatus* schlank, sein Kronenfortsatz gerade oder leicht nach hinten gebogen. Der Gelenkfortsatz ist gerade und manchmal leicht nach hinten geneigt. Von hinten gesehen ist die Brücke zwischen den beiden Gelenkflächen kurz, die untere Gelenkfacette relativ groß, die ganze Fläche gedrungen (Abb. 94, PIEPER 1978). Nach HANDWERK (1987) ist im Rheinland der Quotient aus Höhe und Breite (Abb. 95) bei *S. araneus* 1,1–1,45, bei *S. coronatus* 1,43–1,82. Das Foramen mandibulae ist oft verdoppelt und erreicht die Fossa temporalis interna. Der untere Rand der Fossa temporalis interna ist gewöhnlich gradlinig nach vorn geneigt und bildet mit der vorderen Begrenzung einen markanten Winkel.

Die ganze Fossa temporalis erscheint dreieckig begrenzt. Das Foramen mentale liegt unter der vorderen Hälfte des M_1 (Protoconid).

Zähne: U^5 ist oft stark reduziert (Abb. 87). Die I_1 liegen in der horizontalen Verlängerung des Unterkiefers im Gegensatz zu *S. coronatus*, bei dem sie etwas ansteigen (HAUSSER und JAMMOT 1974). Den Unterschied hat LOCH (1977) für die Niederlande bestätigt.

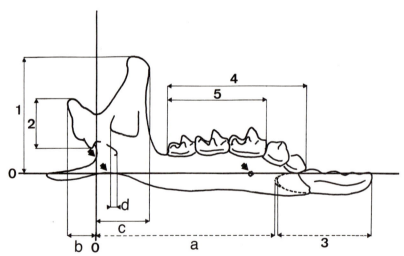

Abb. 86. Meßstrecken am linken Unterkiefer (Lingualansicht) von *Sorex araneus*. Achsen (O): Die Horizontalachse verbindet das Foramen mentale (auf Buccalseite gelegen!) mit dem höchsten Punkt der Einbuchtung unter der Basis des Processus angularis. Die Vertikalachse ist Tangente der Einbuchtung zwischen Proc. angularis und Proc. articularis. Pfeile bezeichnen die Fixpunkte. Die Kleinbuchstaben a–d geben die Meßstrecken zur Ermittlung des Trennwerts gegenüber *S. coronatus* an. Gestrichelt angegebene Maße sind auf der Buccalseite abzugreifen. 1 Corh; 2 Condh; 3 Länge des I_1; 4 U_1–M_3; 5 M_1–M_3.

Sorex araneus – Waldspitzmaus

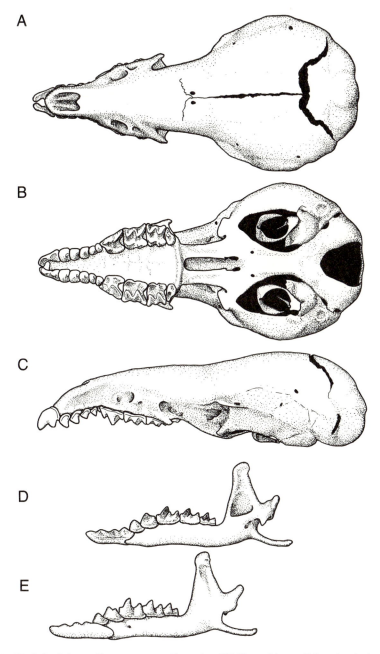

Abb. 87. Schädel von *Sorex araneus*, Bretolet, Walliser Alpen, Schweiz. **A** dorsal, **B** ventral, **C** lateral, **D** rechte Mandibel von lingual, **E** linke Mandibel von buccal.

Tabelle 67. Schädelmaße von *Sorex araneus*, gleiche Tiere wie in Tab. 66 a–d sind die für die Berechnung der Trennwerte gegenüber *S. coronatus* benötigten Maße am Unterkiefer (s. Abb. 86). Die Trennwerte wurden mit C = 8,1598 berechnet.

Nr.	Cbl	Skb	SkH+	Pgl	oZr	Corh	Condh	I_1	U_1–M_3	M_1–M_3	a	b	c	d	Trennwert
VS 40	19,8	9,7	5,68	5,65	9,1	4,72	1,80	4,27	5,62	3,88	7,09	0,98	2,28	0,37	+3,54
VS 41	20,0	10,0	5,85	5,75	8,1	4,65	1,90	4,05	5,70	3,97	7,21	1,08	2,10	0,34	+3,54
VS 42	19,8	9,6	5,76	5,35	8,9	4,62	1,88	3,95	5,47	3,83	7,00	1,17	2,22	0,21	+1,03
VS 135	19,2	9,4	5,40	5,57	8,6	4,61	1,83	3,86	5,34	3,73	6,73	1,33	1,71	0,39	+0,90
B 6	19,9	10,0	6,16	5,58	10,0	4,72	1,90	4,12	5,60	3,85	7,05	1,26	1,78	0,50	+2,95
B 8	19,6	9,5	5,32	5,37	8,6	4,58	1,81	3,37	5,58	3,81	7,10	0,98	1,98	0,25	+4,09
VS 161	19,7	10,0	5,79	5,46	8,3	4,72	1,85	–	5,45	3,79	6,98	1,05	2,31	0,07	+1,22
B 16	19,9	9,9	6,45	5,30	8,7	4,58	1,75	4,05	5,48	3,75	6,97	1,11	2,09	0,28	+2,16
B 17	19,6	10,0	6,24	5,49	8,7	4,78	1,99	–	5,44	3,79	6,85	1,26	1,72	0,37	+1,89
B 21	–	9,6	5,68	–	8,8	4,68	1,87	3,93	5,46	3,72	6,90	1,30	1,85	0,33	+1,13
B 25	19,4	9,5	5,54	5,47	8,6	4,63	1,77	3,94	5,49	3,74	7,00	1,06	2,37	0,10	+1,12
B 26	19,9	9,6	5,75	5,36	8,9	4,61	1,82	4,02	5,57	3,75	7,15	1,46	1,52	0,41	+1,99
B 29	20,0	9,9	5,92	5,66	9,0	4,74	1,95	4,07	5,47	3,80	7,16	1,25	2,09	0,22	+1,36
B 30	19,7	9,5	5,80	5,46	8,9	4,65	1,83	4,10	5,50	3,85	6,94	1,17	2,14	0,21	+1,06
B 31	19,8	9,7	5,72	5,66	9,1	4,55	1,79	4,04	5,46	3,83	6,89	1,30	1,98	0,50	+1,32
B 32	19,6	9,8	5,75	5,37	–	4,64	1,84	3,47	5,50	3,75	7,16	1,15	1,94	0,20	+2,69
B 42	19,7	9,9	5,59	5,82	8,6	4,80	1,94	3,75	5,51	3,87	7,08	1,26	1,99	0,30	+1,60
B 43	19,4	9,6	5,49	5,60	8,4	4,60	1,81	3,93	5,42	3,79	6,73	1,12	2,05	0,31	+1,41
B 44	19,3	9,6	5,61	5,67	8,4	4,72	1,84	3,62	5,40	3,80	6,85	1,19	2,07	0,19	+0,69
B 45'	19,7	9,8	5,10	5,62	8,5	4,72	1,94	3,48	5,48	3,79	7,09	1,27	1,79	0,18	+1,74
B 47'	19,7	10,0	5,48	5,63	8,3	4,81	1,81	–	5,56	3,86	7,06	1,13	1,97	0,15	+2,21
B 48	19,7	9,4	6,03	5,60	–	4,56	1,87	3,92	5,54	3,82	7,08	1,09	2,03	0,37	+3,30
B 49	19,4	9,3	5,87	5,41	8,9	4,56	1,88	3,99	5,50	3,81	7,08	1,21	1,97	0,46	+2,75
B 51	19,8	9,9	5,80	5,48	8,5	4,68	1,72	3,56	5,64	4,00	7,15	1,08	2,14	0,09	+2,22

Sorex araneus – Waldspitzmaus

Tabelle 68. Schädelmaße von *Sorex araneus*, Population kleiner Tiere, Niederlande. Coll. Zoölogisch Museum Amsterdam. Der Trennwert wurde für C = 7,4358 berechnet. Mandibelmaße, siehe Abb. 86.

Nr.	sex	Mon	Ort	Cbl	a	b	c	d	Trennwert
5218	♀	9	Naarden	19,0	6,82	1,20	1,49	0,41	+3,58
5219	♀	9	Naarden	19,8	6,84	1,19	1,80	0,43	+2,85
17572	♂	1	Weerendaal	19,3	6,85	1,23	1,68	0,24	+2,17
16783	♀	12	Putten	18,9	6,54	1,04	2,01	0,40	+2,31
16877	♀	6	Z. Flevoland	18,9	6,58	1,06	1,76	0,46	+3,32
17791	♂	9	Wissenkerke	19,4	6,90	1,16	1,89	0,22	+2,24
15825	♂	7	Vlagtwedde	18,9	6,57	1,26	1,64	0,36	+1,45
15566	♀	7	Leek	19,1	6,53	1,22	1,71	0,21	+0,86
8073		5	Edam	18,0	6,51	1,04	1,81	0,21	+2,15
8074		5	Edam	19,2	6,75	1,18	1,78	0,22	+1,86

Postcraniales Skelett: 7 Hals-, 14 Brust-, 7 Lenden-, 5 Sacral-, 14–16 Schwanzwirbel (5 Tiere aus dem Schweizer Mittelland). CLAUDE (1968) findet auf der Göscheneralp bei 21 Tieren 16–18 Schwanzwirbel.

Verbreitung (Abb. 88). Westliche und zentrale Paläarktis, im E bis zum Baikalsee (JUDIN 1971*). Fehlt in S-Europa mit Ausnahme von Gebirgen, ebenso im größeren Teil des Verbreitungsgebietes von *S. coronatus*. Fehlt auch in Irland, auf der Insel Man, den Äußeren Hebriden, den Orkney-Inseln und Shetland-Inseln (CORBET 1977). Von den Friesischen Inseln besiedelt sie nur Terschelling, Borkum (HUTTERER 1981) und Baltrum. Für Ameland, von wo Gewöllfunde vorliegen, nicht bestätigt (VAN WIJNGAARDEN et al. 1971*).

Isoliert sind die Gebirgspopulationen in den Pyrenäen und im Zentralmassiv (HAUSSER 1978), wahrscheinlich auch jene aus Mittel- und S-Italien. In Spanien, wo die Art bisher nicht von *S. coronatus* unterschieden wurde, konnten wir *S. araneus* bisher nur für Seo de Urgel (NIETHAMMER 1956) und die Orte in Oberkatalonien bestätigen, die CLARAMUNT et al. (1975) ohne Fundortnennung kartiert haben. Die Art bewohnt auf der Balkanhalbinsel vorwiegend Gebirge. In Griechenland nur Lailias-Vrontas-Gebirge, Provinz Serrae (VOHRALIK und SOFIANIDOU 1987*; auf Abb. 88 nicht markiert). Fehlt auch fast völlig in der Dobrudscha und in der Baragan (HAMAR et al. 1963). SCHNAPP (1968) berichtet von einem Unterkiefer aus Gewölle der Waldohreule bei Comorova.

Randpunkte: Deutschland: 1 Baltrum (VAN LAAR 1974); Niederlande: 2 Terschelling (ZALESKY 1948), 3 Oestkapelle, Walcheren (Rijksmuseum Leiden); Belgien: 4 Zandhoven, Antwerpen, 5 Sainte Cécile, Provinz Luxemburg (E. und B. VAN DER STRAETEN 1978); Spanien: 6 Seo de Urgel, Lérida (NIETHAMMER 1956), 7 Hte. Navare (CLARAMUNT et al. 1975); Italien: 8 Frugarolo, Alexandria (ZALESKY 1948), 9 Passo del Ceretto, Toskana, 10 Gran Sasso, Abruzzen, 11 Pescasseroli, Abruzzen, 12 Camigliatello Silano, Kalabrien, 13 Val Chiobbia (ZALESKY 1948), 14 Pellaud, Gran Paradiso, Aosta, 15 Gimillan, Aosta (ZFMK); Schweiz: 16 Mendrisiotto, Tessin, 17 Mte. Altissimo di Nago, Trentino (MALEC und STORCH 1968), 18 Campofontana, Verona (ZFMK); Jugoslawien: 19 Triglav, Slowenien (ZALESKY 1948), 20 Jasenak, Gr. Kapela, Kroatien (ZALESKY 1948), 21 Bosanki Petrovac, Bosnien (ZALESKY 1948), 22 Planina Dinara (4 Orte – ĐULIĆ und VIDINIĆ 1967), 23 Pelister-Gebirge, Mazedonien (FELTEN und STORCH 1965); Bulgarien: 24 Petric, Blagoevgrad, 25 Pirin, Blagoevgrad (MARKOV 1962), 26 Djaferitsa, Smolyan (MARKOV 1957), 27 Cab. „V. Levski", Stara Planina, 28 Senokos (MARKOV 1957); Rumänien: 29 Braila (MURARIU 1974), 30 Ciatal, Dobrudscha (THOMAS 1931, zit. in HAMAR et al. 1963).

Terrae typicae:
A *araneus* Linnaeus, 1758: Uppsala, Schweden
B *tetragonurus* Hermann, 1780: Umgebung von Straßburg, Frankreich
C *antinorii* Bonaparte, 1832: ohne exakte Lokalität. VON LEHMANN (1962, 1969, 1973) stellt Tiere des Alpensüdrands und der Apenninen in diese Unterart.

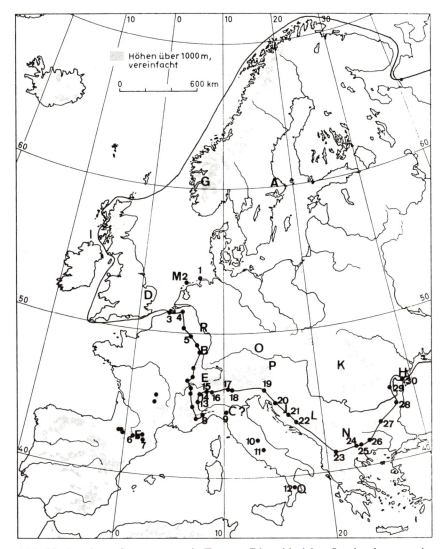

Abb. 88. Areal von *Sorex araneus* in Europa. Die zahlreichen Inselvorkommen in der Ostsee und um Großbritannien sind nicht eingezeichnet.

D *castaneus* Jenyns, 1838: Burwell Fen, Cambridgeshire, England
E *alticola* Miller, 1901: Meiringen, Bern, Schweiz (wieder anerkannt durch BAUER 1960)
F *pyrenaicus* Miller, 1909: L'Hospitalet, Ariège, Frankreich
G *bergensis* Miller, 1909: Graven, Hardanger, Norwegen
H *peucinius* Thomas, 1913: Ciatal, Dobrudscha, Rumänien
I *grantii* Barrett-Hamilton und Hinton, 1913: Islay, Hebriden, Schottland
J *eleonorae* Wettstein, 1927: Ruja, Véliki/Om, Krasno, Jugoslawien
K *csikii* Gyula, 1928: Mateszalka, Szatmar, Ungarn
L *bolkayi* Martino, 1930: Igman, Sarajevo, Bosnien-Herzegowina
M *pulcher* Zalesky, 1937: Terschelling, Niederlande
N *petrovi* Martino, 1939: Asan Cesma, Kocuh Planina, Mazedonien
O *bohemicus* Stepanek, 1944: Lnar, Tschechoslowakei
P *wettsteini* Bauer, 1960: Neusiedl am See, Österreich
Q *silanus* von Lehmann, 1961: Camigliatello da Sila, Kalabrien, Italien
R *huelleri* von Lehmann, 1966: Elmpter Schwalmbruch, Kreis Erkelenz, Aachen, Deutschland.

Merkmalsvariation. Geschlechtsdimorphismus: Nur schwach ausgebildet. Die Flankendrüsen sind bei geschlechtsreifen ♂ wesentlich größer und auffälliger als bei ♀ und Jungtieren (SPITZENBERGER 1966). Schon bei ♀ im ersten Sommer sind die Zitzen oft äußerlich durch einen dunklen Fleck markiert, die graueren Basen der Bauchhaare werden hier sichtbar (CROIN MICHIELSEN 1966). HEGGEBERGET (1974) hat mit dem Merkmal bei 37 von 52 das Geschlecht richtig, bei 2 Tieren falsch bestimmt und bei 13 sich nicht entscheiden können. SEARLE (1985) konnte danach das Geschlecht bei 258 von 266 Jungtieren richtig bestimmen. Er erwähnt auch, daß die ♀ durchdringender rufen (CROWCROFT 1957), danach aber nur zwei Drittel der Tiere richtig angesprochen würden.

Nach BUCHALCZYK (1961) ist das Gewicht der Speicheldrüsen der ♀ während der Fortpflanzungsperiode wesentlich höher als das der ♂. Bei adulten ♂ ist das Becken durch ein bedeutenderes Tuber ischiadicum und eine Verdickung des Pubis von dem der ♀ und Jungtiere unterscheidbar (Abb. 89, Tab. 69). Die Scapula zeigt ebenfalls Unterschiede zwischen ♂ und ♀ (Tab. 69; DOLGOV 1961; BROWN und TWIGG 1970).

Alter und Jahreszeiten sind bei der Waldspitzmaus dadurch gekoppelt, daß sich die Tiere erst im Frühjahr des zweiten Kalenderjahrs fortpflanzen und spätestens im Herbst des gleichen Jahres sterben. Dementsprechend lassen sich nach Größe und Haarkleid drei Hauptstadien unterscheiden: 1. Relativ leichte Jungtiere im 1. Kalenderjahr bis zum Herbst. 2. Leichte Tiere im Winterkleid. 3. Adulte Tiere im 2. Kalenderjahr nach

Sorex araneus – Waldspitzmaus

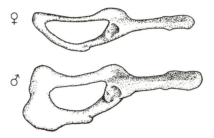

Abb. 89. Linke Beckenschaufel von *Sorex araneus* von lateral.; oben ♀, unten ♂.

Tabelle 69. Unterschiede in Maßen und Gewichten von Becken und Scapula bei *Sorex araneus* mit Alter und Geschlecht. Nach DOLGOV(1961 – gekürzt; Distrikt Riazan, UdSSR). Mittelwerte, in ( ) Spannweite.

	subad		ad ♂		♀	
Länge Ilium (mm)	5,5	(4,7–6,0)	6,26	(5,8–6,7)	6,19	(5,7–6,6)
Breite Becken (mm)	2,9	(2,7–3,2)	3,93	(3,6–4,2)	3,74	(3,5–4,0)
Gewicht Becken (mg)	13,6	(10,4–18,4)	32,9	(29,1–37,0)	24,1	(21,4–26,7)
n	46		29		9	
Breite Scapula (mm)	1,28	(1,0–1,6)	2,35	(2,0–3,0)	1,71	(1,5–2,1)
Gewicht Scapula (mg)	2,36	(1,8–3,0)	5,17	(4,3–6,1)	3,96	(3,4–4,7)
n	46		28		10	

dem Frühjahrshaarwechsel im Sommerkleid. Die Färbung der drei Kleider ist meist unterschiedlich: Jugendkleid auf dem Rücken oft hell graubraun, Rückenfarbe wenig von Flanken und Bauch unterschieden. Im Winter ist der Rücken dunkler und kontrastiert scharf mit der weißlichen Bauchseite. Sommerkleider im 2. Kalenderjahr sind durch oft ebenfalls schwärzlichen Rücken, aber braunere Flanken und graueren Bauch gekennzeichnet. Die Änderungen in der Fellstruktur wurden schon bei der Beschreibung behandelt.

Der Herbsthaarwechsel beginnt in der DDR im letzten Septemberdrittel und ist meist im letzten Oktoberdrittel, spätestens Anfang November abgeschlossen. Er breitet sich auf dem Rücken von der Kruppe her kopfwärts aus, greift dann auf die Flanken und Unterseite über und ist zuerst auf dem Hinterrücken beendet (STEIN 1954). In England beginnt er im Oktober in der Nierengegend und wandert über die Flanken nach vorn (CROWCROFT 1955a). Der Frühjahrshaarwechsel beginnt in der DDR Ende März und endet Anfang Mai, wobei er bei den ♂ früher einsetzt als bei den ♀. Er beginnt auf dem Bauch und endet auf dem Rücken. Im Juli und August läuft hier eine weitere Mauser, die Zwischenmauser, ab (STEIN 1955). Nach BOROWSKI (1968) und SKARÉN (1973) folgen in Polen und Finnland zwei Frühjahrshaarwechsel aufeinander. Der Haarwechsel I verläuft wie schon von STEIN (1955) beschrieben vom Bauch dorsad, Haarwechsel II umgekehrt vom Rücken zum Bauch. Die ♀ erleben in Finnland nur einen Haarwechsel im April, nur die ♂ deren zwei: I Ende März bis Anfang April führt zu einem Frühjahrskleid, II in der zweiten Maihälfte zu einem Sommerkleid. HYVAERINEN et al. (1971) zeigten, daß sich die Haarfollikel beim Haarwechsel bis 11fach verlängern und die Haut auf das Achtfache verdickt. Im Herbst können bei senilen Tieren nochmals Haare in begrenzten Fellbezirken gewechselt werden: Senexmauser (STEIN 1955).

Nach BOROWSKI (1958) bleibt die Zahl der Haarfollikel in der Haut zu allen Jahreszeiten gleich, ihre Dichte ändert sich aber und nimmt mit der wachstumsbedingten Hautvergrößerung im Frühjahr ab. Im Laboratorium konnte der Haarwechsel bei im Winter gefangenen Tieren, die im Kurztag weitergehalten wurden, verzögert werden, desgleichen bei Sommertieren, die im Langtag verblieben, der Herbsthaarwechsel (BOROWSKI 1964).

Das Gew steigt in Deutschland im ersten Sommer auf knapp 8 g an, sinkt im Winter auf etwa 6,5 g und erreicht im kommenden Frühjahr etwa 11 g (NIETHAMMER 1956b für ein Gemisch aus *S. araneus* und *S. coronatus* im Rheinland dargestellt). Ähnliche, aber stärker akzentuierte Gewichtskurven für reine *S. araneus*-Populationen ergaben sich für Finnland (SIIVONEN 1954) und Polen (BOROWSKY und DEHNEL 1952). Die Veränderungen im Winter betreffen zahlreiche Organe in unterschiedlichem Ausmaß (Abb. 90; PUCEK 1970). Am auffälligsten ist hierbei die bereits von DEHNEL (1949) beschriebene Abflachung des Schädels im Winter. Dabei werden die Deckknochen vor allem an der Sutura sagittalis und S. lambdoidea außen resorbiert und innen aufgebaut. Die Zwischenwirbelscheiben werden verändert, das Gewicht von Hirn, Leber, Milz, Nieren und braunem Fett zwischen den Schultern nimmt ab, wogegen Herz und Magen unverändert bleiben. Die Hypophyse ist im Winter praktisch inaktiv. Die im Frühjahr zu beobachtende Zunahme der PAS-positiven Zellen wurde im Zusammenhang mit der sexuellen Reifung, die der acidophilen Zellen mit dem erneuten Wachstum gesehen. Die Nebennierenrinde schrumpft im Winter und wächst im Frühjahr wieder erheblich. Die bis in den Dezember anhaltende Abnahme der Funktion der Nebenschilddrüsen dürfte mit der Knochenresorption zusammenhängen. Auch die Schilddrüse ändert sich jahreszyklisch. Unterschiede in der enzymatischen Aktivität besonders der alkalischen Phosphatase in Nieren und Leber (HYVAERINEN 1969a) und im braunen Fettgewebe wurden ebenfalls beobachtet. Während die alkalische Phosphatase im Winter in den übrigen Organen abnimmt, steigt ihre Konzentration im braunen Fett dann an (PASANEN 1969), was auf den zunehmenden Verbrauch gespeicherter Lipide zurückzuführen ist.

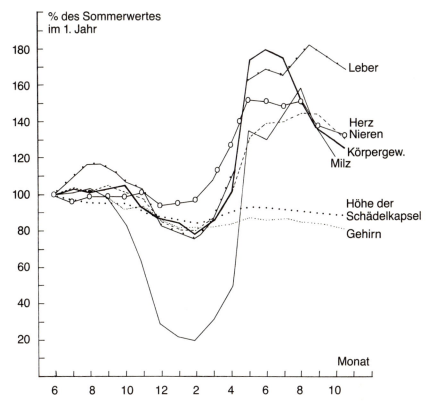

Abb. 90. Veränderung des Körpergewichts, des Gewichts von Herz, Nieren, Leber und Gehirn und der Schädelkapselhöhe im Verlauf des Lebens von *Sorex araneus* und in Abhängigkeit von der Jahreszeit. Dabei ist das Durchschnittsmaß von diesjährigen Tieren im Juni = 100 % gesetzt. Nach Pucek (1970), verändert.

Die erhöhte Funktion des braunen Fetts äußert sich auch in einer veränderten Verteilung und Struktur der Mitochondrien sowie einer Vergrößerung des das Gewebe durchziehenden Kapillarnetzes (Przełęcka 1981). Hier ist auch eine Zunahme der Erythrozyten und eine Abnahme der Leukozyten zu erwähnen, die offensichtlich mit dem für die höhere Wärmeproduktion notwendigen stärkeren Gasaustausch in Zusammenhang steht (Wołk 1981).

Auch die physiologischen Veränderungen im Winter nehmen von S nach N und von W nach E stark zu. So ist die Aktivität der Schilddrüse in Polen nur eingeschränkt, in Finnland aber praktisch unterbunden (Hyvaerinen 1969b). Umgekehrt ist in Finnland im Winter mehr braunes Fettgewebe vorhanden (Pasanen 1969, 1971).

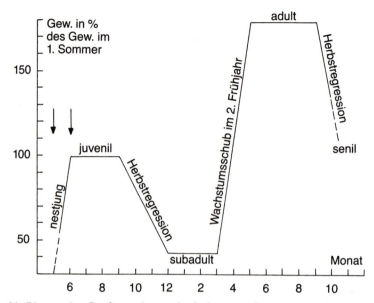

Abb. 91. Phasen der Größenänderung im Leben von *Sorex araneus* in Abhängigkeit von der Jahreszeit. Die Kurve entspricht qualitativ ungefähr der Gewichtskurve in Abb. 90. Die Terminologie der verschiedenen Entwicklungsstadien ist in der Literatur nicht einheitlich (z. B. werden oft die hier als juvenil bezeichneten Tiere bereits subadult genannt). Aus PUCEK (1970), verändert.

Farbmutanten: Total- und Teilalbinos wurden wiederholt festgestellt (Literatur bei PUCEK 1964). Über isabellfarbene Individuen berichten VON LEHMANN und SCHAEFER (1973).

Geographische Variation: Tab. 70 zeigt, daß die Waldspitzmäuse von S nach N und von W nach E etwas kleiner werden, wie das schon ZALESKY (1948) festgestellt hat. Bei dem Vergleich wählten wir deshalb die Cbl, weil sie im Gegensatz zu den meisten übrigen Maßen von Alter und Jahreszeit nahezu unabhängig ist. Dagegen ist die Schw bei juv bei gleicher Streuung etwas länger als bei ad. Der Schwanz ist im S länger als im N, im Alpengebiet im Gebirge länger als im Tiefland (CLAUDE 1968), nimmt aber innerhalb Finnlands von S nach N zu (SKARÉN 1964). Nach HŮRKA (1987) nehmen Hf und Cbl in der ČSSR von W nach E und von der Ebene ins Gebirge klinal leicht zu, doch rechtfertigen die Unterschiede keine Aufteilung in verschiedene Unterarten.

Bei den Zähnen wurde besonders die Variabilität der oberen U untersucht. U^5 fehlt auf dem Kontinent ein- oder beidseitig bei etwa 1–2% der Individuen (REINWALD 1961; SKARÉN 1964; SCHMIDT 1967). CORBET (1977)

Tabelle 70. Geographische Variation der Cbl und der Schw (Mittel; Extremwerte in der Klammer) bei *Sorex araneus*.

	Cbl		n	Schw		n	Autor
Pyrenäen: Superbolquère	19,6	(19,2–20)	7	46,3	(44–51)	7	Niethammer 1956a
Italien: Gran Sasso, Abruzzen	18,9	(18,7–19,3)	6	45,3	(42–50)	6	–
Bulgarien	19	(18 –20)	67	47,1	(34–50)	77	Markov 1957
Alpen: Bretolet, Schweiz	19,6	(19,2–20)	20	49,9	(46–55)	20	–
Alpen: Inntal, Österreich	19,3		30	47,7		35	Olert 1973
Niederösterreich: Neusiedl am See	19,3	(18,6–19,9)	143	43,3	(34–49)	143	Bauer 1960*
Polen	18,9	(17,8–20,2)	243	38,5	(30–44)	254	Serafinski 1951
Deutschland: Nähe Berlin	18,6	(17,4–19,4)	611				Schubarth 1958
Niederlande	18,9	(17,6–19,8)	54				–
Niederlande: Terschelling	19,2	(19,1–19,4)	4	42	(37–50,7)	11	Zalesky 1948
England	18,7	(17,8–19,3)	10	35	(33–38)	10	Zalesky 1948
Finnland	18,7	(17,8–19,4)	230	42,9	(38–50)	132	Skarén 1964

fand diese Variante bei 1,1% auf der britischen Hauptinsel (n = 465), bei 5% auf der Insel Skomer (n = 126) und bei 52% auf Islay (n = 23). Die U^{sup} bilden entweder eine Reihe abnehmender Größe oder eine Sukzession 1 = 2 > 3 = 4 > 5. Diese letztere Variante findet sich in 4% in Schweden auf dem Kontinent, in 50% auf Öland (REINWALD 1961), zu 16% in Finnland (SKARÉN 1964), zu 20% in Polen und 40% am Neusiedlersee (BAUER 1960*). Die rote Schmelzfärbung, die nach DOETSCH und VON KOENIGSWALD (1978) durch Eiseneinlagerung hervorgerufen wird, variiert ebenfalls in Ausdehnung und Intensität. Die geographischen Beziehungen sind noch unklar. Anscheinend haben Tiere der atlantischen Region in Nordeuropa weniger stark pigmentierte Zähne, aber in den Niederlanden und in Norwegen finden sich Ausnahmen (ZALESKY 1948), und Exemplare mit hellen, ja sogar pigmentfreien Zähnen sind überall zu finden.

Fellfärbung: Nach ZALESKY (1948) sind die Tiere der n Hälfte Europas durch eine Schabracke gekennzeichnet, die im S fehlt. Eine Mischzone existiert im N der Alpen. Verschiedentlich gibt es Ausnahmen von dieser Regel. So wurden Tiere mit Schabracke auch s der Alpen gefunden (Trentino: MALEC und STORCH 1968; Kalabrien: VON LEHMANN 1961; Pelister: FELTEN und STORCH 1965). Lokale Verdunkelung ist mit höherer Feuchtigkeit, stärkere Farbsättigung mit höherer Temperatur korreliert (SCHRÖPFER 1972a; Ergebnisse beziehen sich allerdings auf ein Gemisch aus *S. araneus* und *S. coronatus*). Populationen mit dunklem Fell wurden von Neusiedl am See (BAUER 1960*), vom Elmpter Bruch bei Aachen (VON LEHMANN 1966) und aus Finnland (SKARÉN 1973b) beschrieben.

Die Häufigkeit weißer Flecken auf den Ohren beträgt in England 58% (CROWCROFT 1955a), in Polen in Białowieża nur etwa 0,3% (3 von 1090 Exemplaren; PUCEK 1964).

Chromosomen: Wie schon erwähnt, ist *S. araneus* durch einen bedeutenden Robertson'schen Chromosomenpolymorphismus gekennzeichnet. Die Anzahl akrozentrischer Autosomenpaare kann von 0–12 variieren. Seit seiner Entdeckung durch SHARMAN (1956) wurde er intensiv untersucht. Letzte Übersichten stammen von ZIMA und KRÁL (1984a, b) und SEARLE (1984a).

Innerhalb einzelner Populationen ist der Polymorphismus geringer. Oft sind sie monomorph oder nur in 2 oder selten 4 akrozentrischen Paaren polymorph. Die variabelste Population mit einem 8 akrozentrische Chromosomenpaare betreffenden Polymorphismus haben HALKKA et al. (1974) für Finnland beschrieben.

Die Populationen in S-Schweden (MEYLAN 1965, FREDGA 1973, FREDGA und NAWRIN 1977), Schottland und SE-England (FORD und HAMERTON 1970, HAMERTON 1971, SEARLE 1984a) haben die geringste Chromosomen-

Sorex araneus – Waldspitzmaus

Tabelle 71. Chromosomen-Polymorphismus bei *Sorex araneus*. Für jeden Ort wird nur der Karyotyp mit der kleinsten NF$_a$ behandelt. Die Autosomenarme werden in der Nomenklatur von HALLKA et al. (1974) mit Kleinbuchstaben bezeichnet, soweit sie am Polymorphismus beteiligt sind. Entspricht ein Arm einem akrozentrischen Autosom, ist das durch denselben Buchstaben in der entsprechenden Spalte vermerkt. Sind zwei Arme zu einem metazentrischen Chromosom verbunden, wird dies durch die betreffende Buchstabenkombination in der Spalte des längeren Arms angegeben. Die Nummern beziehen sich auf die Ortsangaben in Abb. 92. Die Orte 1–2 zeigen den ursprünglichen Karyotyp, von dem sich die übrigen Chromosomenrassen ableiten lassen. Bei der Kennzeichnung dieser Rassen sind wir vor allem VOLOBOUEV (1983) und SEARLE (1984) gefolgt.

Nr.	Population	g	h	i	j	k	l	m	n	o	p	q	r	Quelle
1	Ulm, BRD	mg	ih		lj	k			n	o	p	q	r	OLERT und SCHMIDT 1978
2	Öland, Schweden	mg	ih		lj	k			n	o	p	q	r	FREDGA und NAWRIN 1977
3	Skane, Schweden	mg	ih		lj	ok			qn		rp			FREDGA und NAWRIN 1977
4	Jämtland, Schweden	mg	ih		lj	pk			m	o	p	q		FREDGA und NAWRIN 1977
5	N-ČSSR	mg	ih		lj	ok			m		p	q		ZIMA und KRÁL 1985
6	S-ČSSR	mg	ih		lj	k			n	o	p	q		ZIMA und KRÁL 1985
7	Oxford, England	mg	ih		lj	qk			on		rp		r	SEARLE 1984
8	Hermitage, England	mg	ih		lj	ok			n		p	q		SEARLE 1984
9	Aberdeen, Schottland	mg	ih		lj	ok			pm			rq	r	SEARLE 1984
10	Waadt, Schweiz	mg	ih		lj	rk			on		p	q		HAUSSER et al. in Vorbereitung
11	Druzno, Polen	g	ih	ki	lj	ok	m		n		p	q	r	WOJCIK und FEDYK 1984
12	E-Polen	rg	nh	pi	lj		pm		n	o		q	r	WOJCIK und FEDYK 1984
13	NE-Skandinavien	mg	nh	ki	lj	qk				ro				FREDGA und NAWRIN 1977
14	Novosibirsk, UdSSR	og	nh		lj		pm					rq		KRÁL et al. 1981
15	Tomsk, UdSSR	kg	ih		lj		nm			po		rq		KRÁL et al. 1981
16	Ermatovo, UdSSR	kg	oh	qi	lj		nm				rp	q		KRÁL et al. 1981
17	Wallis, Schweiz	ig	jh			nk	ol	m			p	q	r	HAUSSER et al., in Vorbereitung

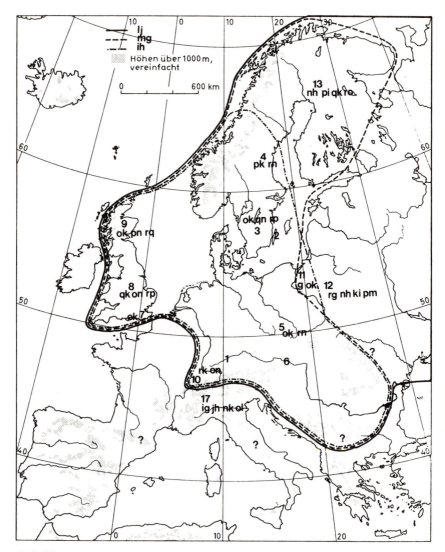

Abb. 92. Der Karyotyp-Polymorphismus bei *Sorex araneus*. Die Zahlen entsprechen den Nummern für die untersuchten Populationen in Tab. 71. Die Buchstabenpaare geben die Zusammensetzung bestimmter metazentrischer Chromosomen wieder, wobei jeder Buchstabe einem bestimmten Chromosomenarm entspricht. Die drei Verbreitungsgrenzen umschließen die ungefähren Areale der metazentrischen Autosomen mg, ih und lj. Das Chromosom lj ist nach E bis Sibirien verbreitet.

zahl 2n = 20, da bei ihnen alle sonst akrozentrischen Autosomen paarweise zu metazentrischen Chromosomen fusioniert sind. Das andere Extrem bilden die Waldspitzmäuse der W-Alpen (Mont-Blanc-Massiv) und des französischen Zentralmassivs, die bis zu 30 ausschließlich akrozentrische Chromosomen haben dürften, auch wenn ein solcher Fall hier bisher noch nicht gefunden wurde. Die untersuchten Individuen hatten zumindest ein metazentrisches Autosom in heterozygotem Zustand (MEYLAN 1964, 1965, MEYLAN und HAUSSER 1973). Erstmals ORLOV und KOZLOVSKI (1969) haben gezeigt, daß in verschiedenen Populationen unterschiedliche Arme zu metazentrischen Elementen kombiniert sein können. Danach kann man auf einen Karyotyp mit ausschließlich akrozentrischen Elementen als ursprünglichsten Typ schließen (MEYLAN und HAUSSER 1973), die durch Fusionen in unterschiedlicher Armkombination zu unterschiedlichen „Chromosomenrassen" geführt haben. Ihre Verteilung in Europa geht aus Tab. 71 und Abb. 92 hervor. Wahrscheinlich ist die Fertilität der Hybriden zwischen solchen Rassen herabgesetzt (s. u. a. VOLOBOUEV 1983), und die Wirksamkeit der Isolation der Rassen nimmt mit der Zahl unterschiedlich kombinierter Chromosomenarme zu (HAUSSER et al. 1985).

Trotzdem gibt es solche Hybriden (FRYKMAN und BENGTSON 1984, SEARLE 1984a, b), und sie sind sogar in Gefangenschaft gezüchtet worden (SEARLE 1984c). Das Ausmaß des Genflusses in Kontaktzonen solcher Chromosomenrassen ist unklar. FRYKMAN und BENGTSON (1984) z. B. finden über Rassengrenzen hinweglaufende Klinen in der Häufigkeit von Allelen der Mannose-Phosphat-Isomerase (MPI). SEARLE (1984b) hingegen stellt Allelfrequenzunterschiede zwischen den Rassen „Aberdeen" und „Oxford" für drei Phosphoglucomutasen (PGM-1, -2 und -3) und für MPI fest, ohne aber wirklich diagnostische Allele gefunden zu haben. Die große Ähnlichkeit der Rassen „Oxford" und „Hermitage" und die Existenz von Hybriden läßt einen Genfluß zwischen beiden vermuten, obwohl in der Hybridzone die Variation der Allelfrequenzen keine erkennbare Beziehung zu den Karyotyphäufigkeiten hat.

CATZEFLIS (1984) findet erhebliche genetische Unterschiede innerhalb von *S. araneus* im Vergleich zu anderen Spitzmausarten mit konstantem Karyotyp und deutet diese Vielfalt als Folge der reproduktiven Isolation der Chromosomenrassen. Er zeigt, daß der geographische Abstand allein die genetischen Unterschiede nicht erklären kann. Sicherlich bestehen also in Europa in unterschiedlichem Ausmaß gegeneinander isolierte Chromosomenrassen der Waldspitzmaus. Das Muster und Ausmaß der daraus resultierenden genetischen Unterschiede ist bisher allerdings nur in Umrissen erkennbar.

Unterarten: Nach ZALESKY (1948) sollen sich die von *S. araneus* beschriebenen Unterarten in zwei Hauptgruppen aufteilen, die „*araneus*-

Gruppe" im N, charakterisiert durch eine Schabracke, und die „*tetragonurus*-Gruppe" im S, wobei die Grenze ungefähr mit der n Verbreitungsgrenze der Weinrebe übereinstimmt. Obwohl ZALESKY (1948) noch *S. coronatus* als zu *S. araneus* gehörig betrachtet hatte, entspricht diese Gliederung grob der geschilderten geographischen Verteilung der Schabrackenzeichnung auch bei *S. araneus* im heute anerkannten Umfang. Allerdings wurden auch Ausnahmen erwähnt, die diese Primärgliederung fragwürdig erscheinen lassen. Hinzu kommt, daß sie in der geographischen Karyotyp-Verteilung keine Entsprechung findet.

Es ist zu beachten, daß mit Ausnahme von *S. a. bergensis*, die von einem Isolat der letzten Eiszeit hergeleitet wird (SIIVONEN 1967) die Unterarten der „*araneus*-Gruppe" (sensu ZALESKY) in Europa allesamt Inselformen sind. CORBET (1977) bestreitet die Validität von *S. a. castaneus* aus England, da er im Vergleich zu Tieren vom Kontinent keine genügend markanten Unterschiede findet. Die ziemlich hohe Zahl von Unterarten, die auf dem Kontinent aus der „*tetragonurus*-Gruppe" und ihrem Mischgebiet zur *araneus*-Gruppe beschrieben wurde, könnte auf die in diesen gebirgigen Gebieten häufigere Isolation und die stärker wechselnden ökologischen Bedingungen zurückgeführt werden.

Eine befriedigende Unterartgliederung muß neben der tatsächlichen geographischen Variation morphologischer Merkmale auch die Karyotyp-Verteilung und biochemische Kriterien berücksichtigen.

Paläontologie. *S. araneus* wird auf den alt- bis frühmittelpleistozänen *S. runtonensis* zurückgeführt (Abb. 72), der deutlich größer war als *S. araneus* (JÁNOSSY 1964). Spätestens seit dem Holsteinium (Mindel-Riß-Interglazial) werden Spitzmäuse dieser Linie als *S. araneus* bezeichnet (KURTÉN 1968*). JAMMOT (Diss. Dijon, unpubl.) schreibt die Funde aus dem Riß der Art *S. subaraneus* Heller, 1958, zu, aus der in der Folge die rezenten Arten der *araneus*-Gruppe hervorgegangen seien. JÁNOSSY (1964) glaubt, daß im Karpatenbecken im Pleistozän eine einheitliche Entwicklungslinie von *S. runtonensis* über *S.* cf. *subaraneus* bis *S. araneus* existiert habe, wobei die Größe fortlaufend abgenommen habe. Nach JAMMOT zeigen Reste von La Fage im mittleren Pleistozän bereits Züge von *S. coronatus,* wogegen jene von Hundsheim Unterkiefermerkmale von *S. araneus* aufweisen. Darüber hinaus läßt sich vorläufig dem Fossilbericht wenig über die Artenaufspaltung innerhalb der *araneus*-Gruppe entnehmen.

Waldspitzmäuse sind in Europa von Ungarn bis Frankreich im Spätpleistozän häufig und zahlreich gefunden worden. Dagegen gibt es außerhalb ihres heutigen Areals keine Fossilbelege.

Eine leichte Größenzunahme innerhalb *S. araneus* seit dem jüngeren Mittelpleistozän ergaben Messungen von JÁNOSSY (1964) für das Karpatenbecken, seit dem Spätpleistozän und Holozän für Pisede im Kreis Malchin in Mecklenburg Untersuchungen von HEINRICH (1983*).

Ökologie. Habitat: Vor allem feuchte und kühle Lebensräume, die dichte Vegetation aufweisen. Hier leben die Tiere unter der Erde und in oberirdischen Laufgängen im Laub und Gras, die zum Teil selbst gefertigt, zum Teil auch von anderen Kleinsäugern übernommen werden. Wo die Erde zu fest ist, werden nur Grastunnel benutzt (YUDIN 1962). Im ganzen ist *S. araneus* mehr unterirdisch als *S. minutus* (ELLENBROEK 1980). Zwar kommt die Waldspitzmaus auch in Sümpfen vor (ROPE 1873), scheint aber in Mooren und allgemein dort, wo Regenwürmer fehlen, seltener zu sein und dann durch *S. minutus* ersetzt zu werden (BUTTERFIELD et al. 1981). Sie ist ökologisch sehr plastisch, verträgt aber schlecht Trockenheit und Hitze.

Ihre Höhenverbreitung erstreckt sich vom Meeresniveau bis über die Baumgrenze in den Hochgebirgen: Tatra bis 2200 m (HANÁK 1967), Alpen 2450 m (Nationalpark Gran Paradiso, leg. F. KRAPP, ZFMK) und 2480 m (Graubünden, Schweiz – HAUSSER 1976).

In N-Europa kann die Waldspitzmaus auch in offenen Lebensräumen häufig sein, z. B. an der niederländischen Küste in Dünen (CROIN MICHIELSEN 1966) oder in spärlich bewachsenen Koogen, in Dünen und sogar am Sandstrand der Nordseeküste in Schleswig-Holstein (HEYDEMANN 1960). Die fehlende Bodenfeuchtigkeit wird hier durch die Meeresnähe kompensiert. In Mitteleuropa ist eine Vorliebe für Sümpfe, Bach-, Fluß- und Seeufer erkennbar. Hohe Dichten wurden auch auf Wiesen festgestellt (YALDEN 1974). Weitere typische Lebensräume sind Laubwälder, Waldränder, Windbrüche und Schonungen, krautige Bestände, Ried und Ödland (BAUER 1960*, SPITZENBERGER 1964, STEIN 1961).

In Südeuropa kommt die Waldspitzmaus nur noch in Wassernähe oder in Gebirgen vor. So ist sie in Ungarn in dem klimatisch von den Alpen beeinflußten W häufiger als in der e trockenen Tiefebene (SCHMIDT 1976). In Österreich ist sie von den feuchten Niederungen des Alpenvorlandes (Donauauen – SPITZENBERGER und STEINER 1967; Neusiedlersee – BAUER 1960*) bis in die zentralen Alpen verbreitet. An der w Verbreitungsgrenze bewohnt *S. araneus* neben Höhenlagen über 1000 m nur ausgesprochene Sumpfgebiete und überläßt die tiefergelegenen und trockeneren Lebensräume ihrer Zwillingsart *S. coronatus* (HAUSSER 1978). In Spanien (CLARAMUNT et al. 1979), Italien (Kalabrien, VON LEHMANN 1961, 1973, GRAF et al. 1979) und Bulgarien (MARKOV 1957*) findet die Waldspitzmaus nur im Gebirge ihr zusagende Bedingungen.

Nahrung (Tab. 54, S. 196): Vorwiegend Arthropoden, Lumbriciden, Gastropoden und Pflanzenteile. Die Waldspitzmaus ist kein Nahrungsspezialist und richtet sich weitgehend nach dem Angebot (TUPIKOVA 1949, STROGANOV 1957*, PERNETTA 1976a). Unterschiede zwischen verschiedenen Arten, wie sie BAUEROVA (1984) und CHURCHFIELD (1984) mit einem Vorherrschen von Lumbriciden bei *S. araneus* und von Oberflächenbeute bei *S. minutus* beschreiben, spiegeln vermutlich eher das unterschiedliche Jagdmilieu als eine Bevorzugung unterschiedlicher Beute wider. *S. araneus* lebt nach ELLENBROEK (1980) mehr unterirdisch als *S. minutus* und kann bis 12 cm tief vergrabene Beute finden (CHURCHFIELD 1980b).

Die Nahrung zeigt jahreszeitliche Gemeinsamkeiten und regionale Unterschiede. 197 Mägen aus Nordböhmen enthielten zu 70,4 % Wirbellose, besonders Würmer, Insekten und Mollusken, 9,6 % Wirbeltierfleisch und 20 % Sämereien. Der Anteil von Samen war im Herbst und Winter (September bis April) am größten (PELIKÁN 1955). 225 Mägen aus Niederösterreich ergaben als Hauptnahrung Arthropoden, Gastropoden, pflanzliche Substanz und Lumbriciden. Der Insektenanteil war im Frühjahr am größten und nahm im Sommer zugunsten der Gastropoden ab (SPITZENBERGER 1964). Dieser Befund deckt sich mit Ergebnissen aus Polen (KISIELEWSKA 1963). Der Anteil von Lumbriciden und Pflanzenteilen war in Niederösterreich das ganze Jahr über annähernd gleich. In Westsibirien traten dagegen kaum Pflanzenteile auf (STROGANOV 1957*). Im Winter werden nach SPITZENBERGER (1964) und MEZHZHERIN (1958) bevorzugt Myriapoden gefressen. In England überwiegen Lumbriciden und Coleopteren, je nach Jahreszeit können auch Dipterenlarven eine bedeutende Rolle spielen (RUDGE 1968: n = 444; PERNETTA 1976a: n = 125). CHURCHFIELD (1982a) suchte eine Korrelation zwischen Nahrungsangebot und Häufigkeit der Art aufgenommener Nahrung nachzuweisen, was ihr aber nur für die Käfer gelang. Waldspitzmäuse können in großen Mengen forstwirtschaftlich schädliche Insekten vertilgen wie Blattwespenkokons (*Diprion* sp. – MILHAHN 1955, KULICKE 1963) und Buchdrucker (*Ips typographus* – WICHMANN 1954). Blattwespenkokons werden in charakteristischer Weise an der Spitze aufgebissen (KULICKE 1963). An Wirbeltiernahrung wurden nestjunge Feldmäuse (RUŽIĆ 1971), Eidechsen (MEZHZHERIN 1958) und im Winter Mäusekadaver (SCHLÜTER 1980) festgestellt. In Gefangenschaft werden auch kleine Frösche, Fische und tote Nagetiere gefressen (WILCKE 1938; ROZMUS 1961; SERGEEV 1973a). Blut wird gierig geleckt (WETZEL 1960).

Unter den Schnecken werden nur die großen *Arion*-Arten nicht angegangen. Kleine Gehäuseschnecken werden mitsamt Gehäuse gefressen, bei größeren wird das Gehäuse zuvor aufgebrochen (WILCKE 1938, ROZMUS 1961, HUTTERER 1976).

Die Aufnahme von Samen und grünen Pflanzenteilen wurde mehrfach unmittelbar beobachtet (FOLITAREK 1940, HEROLD 1956, SCHREITMÜLLER 1939) und im Freiland auch durch die radioaktive Markierung von Kiefersamen bei 4 von 6 Waldspitzmäusen nachgewiesen (MYLLYMÄKI und PAASI-KALLIO 1972). In Gefangenschaft nahmen die Tiere unter anderem Weizenkörner (CROWCROFT 1957), Baumsamen (DEHNEL 1961), Früchte und Pilze (HUTTERER 1976).

Nahrungsvorräte: Eintragen von Vorräten wurde im Freiland nicht beobachtet, doch kann als Hinweis darauf der Fund von Insektenresten in einem Nest gelten (DANIEL et al. 1970). BUCKNER (1969a) fand in Tunneln, die offenbar Waldspitzmäuse angelegt hatten, Reste Kleiner Frostspanner (*Operophtera brumata*) aufgehäuft. In Gefangenschaft legen besonders brutpflegende ♀ Vorräte von Regen- oder Mehlwürmern an (LÖHRL 1955, CROWCROFT 1957). DEHNEL (1961) beobachtete, daß häufiger Baumsamen im Herbst und Winter gespeichert werden.

Nahrungsverbrauch: Abhängig von Nahrungsart, Temperatur und Jahreszeit. Jungtiere fressen 51–62 %, ad 45–77 % ihres Körpergewichts pro Tag (WOŁK 1969). Der Energiebedarf wurde zu 7,5–14,4 kj/g. Tag von verschiedenen Autoren geschätzt (HAWKINS und JEWELL 1962, WOŁK 1969, HUTTERER 1976). Andere Studien (z. B. HANSKI 1984) in einem Stoffwechselkäfig ergaben geringere Werte, hier nur 4,4 kj/g.Tag im Mittel. Unterschiede der Schätzung könnten zum Teil auf dem mit der Nahrungsart unterschiedlichen Nutzungsgrad beruhen (ausgedrückt im Verhältnis von Kohlenstoffgehalt der aufgenommenen Nahrung abzüglich C-Gehalt von Kot und Harn zum C-Gehalt der Nahrung). Er ist bei Käfern (0,47) deutlich geringer als bei Fischen (0,90) oder Puppen (0,80). Bei einer Ernährung ausschließlich mit 5 mm langen Staphyliniden (CHURCHFIELD 1982a) müßte eine Spitzmaus täglich über 1800 Beuteobjekte verschlucken, was 2,5 Stunden beanspruchen würde ohne die zum Aufsuchen und Ergreifen der Beute benötigte Zeit (HANSKI 1984). Da der Darmtrakt etwa 5 % des Tagesbedarfs faßt (PERNETTA 1976b), muß sein Inhalt theoretisch alle 72 Minuten ausgetauscht werden.

Obwohl die tiefen Wintertemperaturen zu einer starken Erhöhung des Futterkonsums führen müßten, liegt dieser nur 10 % über den Sommerwerten, da die Reduktion des Körpergewichts um bis zu 40 % den absoluten Nahrungsbedarf vermindert (MEZHZHERIN 1964). Bezogen auf das Körpergewicht sollte bei Gewichtsabnahme der Stoffwechsel eigentlich ansteigen. Entgegen dieser Erwartung erreicht er nach GEBCZYŃSKI (1965) unter sonst konstanten Bedingungen im Winter aber Tiefstwerte, was auf spezielle physiologische Anpassungen hinweist.

Nach NAGEL (1985) liegt die thermische Neutralzone der Waldspitzmaus bei 20° und damit niedriger als bei den europäischen *Crocidura*-Arten und der Wasserspitzmaus. Der Basalstoffwechsel ist mehr als doppelt so hoch wie bei jenen Arten. Die Stoffwechselintensität der Waldspitzmaus steigert sich bei Absenken der Außentemperatur auf 5°C bei *S. araneus* auf das 1,5fache, bei *Neomys* auf das Doppelte, bei *Crocidura* und *Suncus etruscus* auf das rund Vier- bis Fünffache.

Enddarmlecken: Bisweilen stülpen Waldspitzmäuse den Enddarm vor und lecken von ihm ein weißliches Sekret ab ("refection" – CROWCROFT 1952). LOXTON et al. (1975) beobachteten dies Verhalten vor allem in Zeiten geringer Aktivität und Nahrungsaufnahme. GERAETS (1978) vermutet eine verdauungsfördernde Funktion des Sekretes.

Fortpflanzung: Waldspitzmäuse werden gewöhnlich erst im Frühjahr ihres zweiten Kalenderjahres geschlechtsreif. Ausnahmen wurden verschiedentlich gefunden: 1 ♀ unter 487 ♀ aller Altersklassen (BRAMBELL 1935); 18 ♀ unter 1258 ♀ im ersten Sommer, im günstigsten Sommer waren 2 % geschlechtsreif (PUCEK 1960); 10–20 % der ♀ im ersten Sommer am Neusiedlersee (BAUER 1960*); bis 35 % nach STEIN (1961), der nachweist, daß Höchstanteile bei geringster Dichte in den günstigsten Biotopen gefunden werden. Dagegen fand SPITZENBERGER (1964) in den Donauauen unter 300 juv ♀ kein einziges, das wirklich fortpflanzungsfähig war. Wesentlich seltener werden juv ♂ im ersten Jahr geschlechtsreif: BAUER (1960*) fand am Neusiedlersee 2 Exemplare am 4. und 8. November, STEIN (1961) ebenfalls 2 Ende Juni und Mitte Juli, KOWALSKA-DYRCZ (1967) 1 am 3. August. Reife Jungtiere sind oft leicht (6–9 g). Daraus folgert PUCEK (1960), daß Wachstumssprung im Frühjahr und Erreichen der Geschlechtsreife zwar synchron, aber unabhängig verlaufen. In Gefangenschaft werden nach DEHNEL (1952) die juv regelmäßig im Geburtsjahr geschlechtsreif, bei VLASÁK (1973) schon ein ♀ im Alter von 2 Monaten. Im Freiland reift das Gros erst im Februar und März, wobei die ♂ etwa 3 Wochen vor den ♀ beginnen. Die erste Frühjahrsträchtigkeit erfolgt örtlich ziemlich synchron, ist abhängig von geographischer Breite und Lokalklima, wird aber wenig von meteorologischen Schwankungen beeinflußt. Früheste trächtige ♀ mit sichtbaren Embryonen melden MEYLAN (1964) aus der Schweiz (2 am 21. 3., 1 am 30. 3., alle am 13. 4. trächtig) und SPITZENBERGER (1964) aus den Donauauen bei Wien (1 ♀ am 29. 3.). Paarung hier demnach in der 2. März–1. Aprilhälfte. In Polen erfolgt die Paarung erst am 20. April–5. Mai (TARKOWSKY 1957), in England Ende April (BRAMBELL 1935: erste Trächtigkeit 9. 4. mit Tubeneiern, erste Embryonen 18. 4. und 29. 4.), in Finnland Anfang Mai (SKARÉN 1973: früheste Trächtigkeit 30. 4., in der ersten Maihälfte erst 5 % ♀ mit sichtbaren Embryonen).

Tragzeit 20 Tage (DEHNEL 1952; CROWCROFT 1957; VOGEL 1972b). Nach Postpartum-Begattung bei gleichzeitiger Laktation dehnte verzögerte Im-

Sorex araneus – Waldspitzmaus

Tabelle 72. Wurfgröße (Embryonenzahlen) bei *Sorex araneus*.

Herkunft	Var	x̄	n	Autor
England	2–10	6,9	50	Barrett-Hamilton 1911*
England	5–10	6,9	22	Middleton 1931
England	1– 9	6,5	51	Brambell 1935
Polen	1– 9	5,2	105	Borowski und Dehnel 1952
Polen	2–11	6,0	72	Tarkowski 1957
W-Böhmen, ČSSR	1– 9	5,7	39	Hůrka 1986
Neusiedlersee, Österr.	3– 9	5,8	14	Bauer 1960
Deutschland	2– 8	6,9	82	Stein 1961**
Donauauen, Österr.	?	7,1	34	Spitzenberger 1964
Finnland	4–11	7,9	59	Skarén 1973

* zitiert aus Brambell 1935   ** unter Ausschluß diesjähriger ♀.

plantation die Tragzeit in einem einwandfrei überprüften Fall auf 27 Tage aus (Vogel 1972b). Dies ist auch deshalb notwendig, weil die Jungen fast 4 Wochen lang von der Mutter betreut werden müssen.

Dementsprechend werden die ersten Jungen in Österreich in der letzten Aprildekade, in Polen und England im Mai und Anfang Juni geboren. Selbständige Jungtiere wurden in Österreich frühestens am 21. Mai (Spitzenberger 1964) und 1. Juni (Bauer 1960*), in Polen Ende Mai und Anfang Juni (Pucek 1960; Kisielewska 1963), in England am 21. Juni (Brambell 1935) und in Finnland am 6. Juni (Skarén 1973) gefangen.

Die Fortpflanzung ist in den ersten drei Monaten nach dem Einsetzen besonders intensiv: In Polen und England sind im Mai und Juni alle adulten Tiere beteiligt (Tarkowski 1957; Brambell 1935). Der Anteil sich fortpflanzender ad ♀ nimmt dann sukzessive ab. Bereits im Juni waren in Österreich nur noch 75% aktiv (Spitzenberger 1964). Aber noch im Oktober waren in England 3 von 6 ad ♀ trächtig. Die letzte Laktation datiert vom November (Brambell 1935). Tarkowski (1957) fand das letzte trächtige ♀ in Polen am 3. 10. Winterwürfe wurden bisher nicht bekannt.

Die Embryonenzahl trächtiger ♀ ist in der Regel 4–8 (Tab. 72). Nach Skarén (1973) ist der erste Wurf kleiner (im Mittel 7,7 bei n = 47 gegenüber 8,3 bei n = 12). Alle anderen Autoren fanden eine Abnahme der Wurfgröße im Laufe des Sommers (Middleton 1931, Brambell 1935, Borowski und Dehnel 1952). Dieser Rückgang beruht nach Tarkowski (1957) auf einer Abnahme der Zahl ovulierter Eier wie einer Zunahme der Fetalsterblichkeit. Letztere hängt von der Qualität des Milieus ab und ist im Querceto-Carpinetum viel geringer als im Piceeto-Pinetum.

Wurfzahl nach Brambell (1935) mindestens 2–3, nach Tarkowski (1957) maximal 5. Kisielewska (1963) schloß aus dem Auftreten parasitenfreier juv in schlechten Jahren auf 2, in optimalen auf bis zu 6 Würfe. In einer von SHILLITO (1963a) untersuchten, markierten Population hatten wahrscheinlich 4 ♀ 1, 7 ♀ 2 und 1 ♀ 3 Würfe. Im Mitteleuropa werden die meisten ♀ unmittelbar nach dem 1. Wurf wieder begattet. So waren nach BRAMBELL (1935) vom 20. 5.–31. 6. 90% der ♀ trächtig. Dagegen waren in Finnland nur 16 von 40 ♀ nach der Erstwurfzeit postpartum gravid (SKARÉN 1973). Später werden die ♀ offenbar überwiegend erst nach dem Laktationsanöstrus erneut begattet. Nach BRAMBELL (1935) ist die Ovulation induziert, was mit neuen Befunden bei anderen Spitzmausarten übereinstimmt (DRYDEN 1969, HELLWING 1973). Allein TARKOWSKI (1957) fand als Hinweis auf eine spontane Ovulation ein ungefurchtes Tubenei und keine Spermien im Genitaltrakt.

Populationsdynamik: Geschlechterverhältnis: Unter 9241 in Białowieża gefangenen Waldspitzmäusen waren 51,9% ♂ (PUCEK 1959). Bei den juv dieser und anderer Populationen war das Geschlechterverhältnis 1:1 (RÖBEN 1969). Auch Daten bei KUBIK (1951), CROIN MICHIELSEN (1966) und anderen sprechen für ein insgesamt ausgewogenes Verhältnis. Im Frühjahr fangen sich mehr ♂, im Herbst mehr ♀ (DEHNEL 1949), was vielleicht Folge einer unterschiedlichen Aktivität von ♂ und ♀ ist.

Altersstruktur: Zu Beginn der Fortpflanzungszeit besteht die Population ausschließlich aus adulten, im Vorjahr geborenen Tieren ("old adult" nach DEHNEL). Vom späten Frühjahr an werden die ersten, im gleichen Jahr geborenen Jungtiere selbständig ("young adult" nach DEHNEL). Der Anteil der Jungtiere nimmt nun ständig zu und überschreitet im Oktober 90%. Die letzten Exemplare aus dem Vorjahr sterben senil bis zum Jahresende (CROWCROFT 1956). Ganz selten lebten Einzeltiere noch bis zum Februar ihres dritten Kalenderjahres (BOROWSKI 1963). Nach der Herbstmauser können die Jungtiere als subadult bezeichnet werden (SHILLITO 1963a; SPITZENBERGER 1964).

Die Populationsdichte kann zwischen etwa 1 und 50 Tieren/ha variieren (Tab. 73). Sie ändert sich mit Biotop, Jahr und Jahreszeit (MEZHZHERIN 1960; BUTTERFIELD et al. 1981). Bei hohen Dichten wandern die Waldspitzmäuse auch in ungünstige Biotope ab (STEIN 1955). Hinweise für zyklische Bestandsschwankungen liegen aus Mitteleuropa nicht vor (STEIN 1961). Dagegen weist HEIKURA (1984) für Finnland einen Vierjahreszyklus nach.

Lebensdauer: ADAMS (1912) hat die Lebenserwartung der Waldspitzmaus auf maximal 16 Monate geschätzt, und CROIN MICHIELSEN (1966) hat dies durch umfangreichen Markierungsfang bestätigt. Mit derselben Methode kamen SHILLITO (1960, in LINN 1965) und CHURCHFIELD (1980a) bei britischen Populationen auf wenig über 13 Monate, PERNETTA (1977) auf höchstens 11 Monate. Das älteste Tier in Gefangenschaft wurde 23,5 Monate alt (HUTTERER 1977). Vielleicht verursacht die ungewöhnlich hohe Stoffwechsel-Intensität dies frühe Altern (VOGEL 1972b, 1976).

Feinde: Die Waldspitzmaus gehört zu den wichtigsten Beutetieren der Schleiereule. Ihr Anteil kann 90% des Gesamtfanges übersteigen und liegt oft zwischen 20 und 30% der Beutetierzahl. In geringerer Häufigkeit auch bei Wald-, Rauhfuß- und Steinkauz (UTTENDÖRFER 1952*). An Carnivoren sind Wiesel, Haus- und Wildkatze zu nennen (SLÁDEK 1970), auch wenn diese vielleicht wegen des unangenehmen Geruchs der Spitzmäuse Nager vorziehen. Als Straßenopfer nennt sie HODSON (1966). Die Todesursache von Waldspitzmäusen, die man relativ oft in der Natur findet, ist unklar. Vielleicht wurden sie zum Teil von Carnivoren getötet und dann liegengelassen.

Nach BÄUMLER (1973) kann der Parasitenbefall die Populationsentwicklung maßgebend beeinflussen. Über Flöhe, Läuse und Milben informieren neben anderen STAMMER (1956), CORBET et al. (1968) und MAHNERT (1972), über Nematoden BUCKNER (1969b) und ERKINARO und HEIKURA (1977), über Helminthen allgemein SOLTYS (1952), PROKOPIC (1958) und VAUCHER (1971).

Jugendentwicklung. Nach verschiedenen Kriterien, z. B. dem Ossifikationsgrad, weisen neugeborene Waldspitzmäuse unter den Eutherien die geringste Geburtsreife auf. Es sind extreme Nesthocker (VOGEL 1972a; ŠTĚRBA 1976). Das Geburtsgewicht beträgt nur 0,34–0,43 ($\bar{x}$ = 0,39) g (VLASÁK 1973). Lösung transitorischer Verschlüsse (VOGEL 1972b und unpubl.): Die Lippen, die am 1. Tag zu ¾ verwachsen sind, sind am 11. Tag völlig getrennt (10.–12. Tag, n = 10). Die Zehen sind am 16. Tag (15.–19.; n = 14) getrennt, der Gehörgang ist am 17. Tag (16.–19.; n = 10) offen, die Augen sind beidseitig am 21. Tag (20.–22.; n = 14) geöffnet. Angaben von CROWCROFT (1957) und VLASÁK (1973) stimmen damit überein.

Die Neonaten sind unbehaart und sogar ohne Vibrissen (dasselbe sagt FORSYTH 1976 über *S. cinereus*). Ihre kreppartige Haut, in der Bewegungsfalten fehlen, ist blutrot gefärbt. Gefäße, Magen und Leber schimmern hindurch (VOGEL 1972a). Die ersten Vibrissen erscheinen schon nach wenigen Stunden, spätestens aber am 2. Tag. Die Haut wird bald rosarot und zeigt vom 4. Tag an auf dem Rücken einen leichten Grauton, der täglich an Intensität zunimmt. Die ersten Rückenhaare sprießen am 7. Tag, das Fell ist aber erst am 13. Tag dicht, von homogen mattbrauner Farbe. Die I_1^1 brechen am 22.–23. Tag durch, die vorderen M am 23.–24., die U am 24.–26. Tag.

Verhaltensentwicklung (nach ZIPPELIUS 1958, VOGEL 1972a, VLASÁK 1973): Neonate können die Hinterbeine noch nicht gebrauchen und die

Vorderbeine nur rudernd bewegen. Ihre Lage können sie nur durch Winden des ganzen Rumpfes verändern. Erst mit 8 Tagen können sie unter Mithilfe der Hinterbeine umherkrabbeln, erst mit 11 Tagen hochbeinig laufen und sich in Spalten bohren. Ab 13 Tagen sind Putzbewegungen der Hinterpfoten zu beobachten. Fluchtreaktion mit 16 Tagen, gleichzeitig erste Abwehrschreie. Ab 18. Tag bewegen sie sich wie Erwachsene und verlassen am 20. Tag erstmals selbständig das Nest. Erstes Fressen und Entwöhnung sind mit dem Zahndurchbruch korreliert. Erste Beikost wird ab 20.–25. Tag aufgenommen (DEHNEL 1952, CROWCROFT 1957, ZIPPELIUS 1958, VOGEL 1972a, VLASÁK 1973). Kurz darauf endet die Säugezeit. Nach denselben Autoren werden die Jungen bis mindestens zum 30. Tag im Familienverband geduldet, sofern kein zweiter Wurf folgt. Ernsthafte Aggressionen wurden erst nach 31–35 Tagen beobachtet. Einzig DEHNEL (1952) berichtet über Auseinandersetzungen bereits mit 23 Tagen. Dabei kann es sich nach unseren Erfahrungen aber höchstens um Streitigkeiten am Futternapf handeln.

Verhalten. Bewegungsweisen: Außerhalb der Gänge huschen die Tiere mit flinken, hastigen Bewegungen, die oft von lautem, im Freiland gut hörbarem Wispern begleitet werden. Auf deckungslosen Flächen rennen und hüpfen sie, was auf Schlick oder Schnee charakteristische Spuren hinterläßt (Foto in BANG und DAHLSTRÖM 1973*). Waldspitzmäuse schwimmen recht gut mit alternierenden Hinterfußstößen und horizontalen Schwanzschlägen (HUTTERER 1976). In einem See freigelassene Tiere schwammen über 50 m weit bis zum Ufer (SERGEEV 1973b). Klettern weit schlechter als Zwergspitzmäuse, graben aber gut (CROWCROFT 1957).

Aktivität: Die zeitliche Verteilung von Fallenfängen ergibt eine zweiphasige Aktivität mit Schwerpunkt in der Nacht (JANSKY und HANÁK 1960). Die nächtliche Lebensweise ist im Sommer am deutlichsten. Vom Herbst bis zum Frühjahr fällt ein großer Teil der Aktivität in die Tagesstunden. Beobachtungen an 4 radioaktiv markierten Tieren im Freiland (KARULIN et al. 1974) bestätigen diese Befunde. Dabei zeigte sich außerdem, daß Waldspitzmäuse in 24 h 9–15 Aktivitätsperioden von 3 bis 263 Minuten ($\bar{x} = 85$) Dauer haben und die Pausen dazwischen 18–97 ($\bar{x} = 51$) Minuten betragen. Auch die im Laboratorium gewonnenen Aktogramme von CROWCROFT (1954) zeigen deutlich die gleichförmige Verteilung kurzer Aktivitätsschübe über den ganzen Tag. Bei Haltung unter 12 Licht- und 12 Dunkelstunden fielen 58 % der Aktivität in die »Nacht« (SIEGMUND und KAPISCHKE 1983). Zur Abhängigkeit der Aktivitätsmuster von Alter und Jahreszeit s. GEBCZYŃSKI (1965, 1966) und BUCHALCZYK (1972). Anhaltender Regen erhöht die Oberflächenaktivität der Tiere. Offenbar wird sie durch die gleichzeitig verringerte Aktivität der Futterinsekten ausgelöst (BOROWSKI und DEHNEL 1952, MYSTKOWSKA und SIDOROWICZ 1961). Im

Tabelle 73. Dichte und Territoriengröße von *Sorex araneus* und *S. coronatus* in verschiedenen Lebensräumen.

Untersuchungsort	Biotop	Monat	Dichte (Tiere/ha)	Mittlere Territoriengröße (m^2)	Mittlerer Territoriendurchmesser (m)	Autor
Sorex araneus						
Woodchester Park GB	Wiesen	VII/VIII	42		30 (subad) 38 (♂ ad)	(1)
Wytham GB	Wiesen	IX–XII/VII	6–12			(2)
The Hague NL	Dünen	VII–III	18	370–630	25,5	(3)
Exeter GB	Laubwald	Jahresmittel Frühjahr	26		37 (juv) 28,4 (subad) 39,6 (♀ ad)	(4)
Voná ČSSR	Laubwald	XI	17,5	532	26	(5)
Whytham GB	Eichenwald	IV/XI	0,7–2,8	2800	60	(6)
Sorex coronatus						
Cap Gris Nez F	Wiesen	VII/VIII	77		11,4	(7)

(1) YALDEN 1974 (2) PERNETTA 1977 (3) CROIN MICHIELSEN 1966
(4) SHILLITO 1963b (5) NOSEK et al. 1972 (6) BUCKNER 1969b (7) YALDEN 1974

Sommer ist die Aktivität höher, die Ruheperioden im Nest sind im Winter länger (CHURCHFIELD 1982b). HANSKI (1985) hat gezeigt, daß im Laboratorium plötzlicher Futtermangel die Aktivität erhöht. Gleiche Wirkung hat ein Konkurrent (BARNARD und BROWN 1985).

Aktionsraum: Wiederfangstudien von SHILLITO (1963b) und CROIN MICHIELSEN (1966) haben eindrucksvoll gezeigt, daß die juv nach der sommerlichen Dispersionsphase den Winter über streng territorial leben (Abb. 93). Nach Erreichen der Geschlechtsreife erweitern die ♀ ihre Territorien etwas. Die ♂ wandern dagegen weit umher. Die von ihnen belaufene Fläche darf dann aber nicht mehr als Territorium bezeichnet werden. Die Größe der Territorien wechselt auch mit Biotop und Besiedlungsdichte (s. Tab. 73).

Nach HEIKURA (1984) bilden die Waldspitzmäuse Gruppen aus 3–15 Tieren mit aneinandergrenzenden Territorien. Zwischen derartigen Kolonien gibt es auch isolierte Einzeltiere.

Innerhalb ihrer Aktionsräume legen die Tiere im Zickzackkurs weite Strecken zurück. Markierte Waldspitzmäuse durchliefen in einer Aktivitätsperiode bis zu 830 m. Die in 24 h durchlaufene Wegstrecke betrug 1,1–2,5 km (KARULIN et al. 1974).

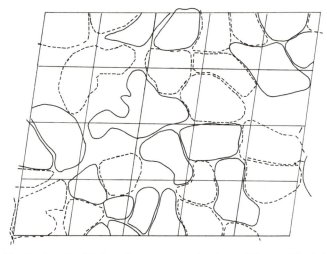

Abb. 93. Territorien diesjähriger *Sorex araneus* in einem Dünengebiet bei Wassenaar in den Niederlanden im Oktober 1956, ermittelt durch Markierungsfang. Gestrichelt sind ♀-, durchgezogen umgrenzt ♂-Wohngebiete. Kantenlängen der Teilflächen 30 m. Aus CROIN MICHIELSEN 1966, umgezeichnet.

Signale: Bei geschlechtsreifen ♂ und ♀ sind in der Seitenregion ovale Drüsenfelder etwa in der Mitte zwischen dem Ansatz der Extremitäten ausgebildet, die im Winter als dunkle Bezirke im heller gefärbten Umgebungshaar gut zu erkennen sind. Die Drüsenfelder sind bei den ♂ größer und auffälliger als bei den ♀. Sie werden bei den ♂ im Frühjahr durchgemausert. Die ♂ sind dann an einem deutlichen Mauserring und einem Damm aus steifen Haaren in der Mitte der Drüsenregion zu erkennen (SPITZENBERGER 1966).

Die Bezirke enthalten Schweiß- und Talgdrüsen. Letztere sind bei brünstigen ♂ stark vergrößert (VON HESSLING 1854, JOHNSEN 1914, STAMM 1914, SCHAFFER 1940*, MURARIU 1973). Hautdrüsen sind über den ganzen Körper einschließlich der Fußsohlen verteilt (MURARIU 1970, 1975). Die Funktion der Drüsen ist ungeklärt, Territoriumsmarkierung ist wahrscheinlich (CROWCROFT 1957, CROIN MICHIELSEN 1966).

Lautäußerungen (HUTTERER 1976): Mindestens 15 verschiedene Laute sind vorhanden. Beim Herumlaufen und bei der Nahrungssuche wispern und trillern die Tiere. In aggressiver Stimmung werden laute und hohe (bis 77 kHz) Schreie und grollende Schnarrlaute ausgestoßen. Ratterlaute entstehen durch Aneinanderschlagen der Zähne. ♀, die von ♂ bedrängt werden, geben zuweilen leise, hohe Pieplaute von sich. Nestjunge schreien bei Unwohlsein leise „zi-zi" (VLASÁK 1973). Echoortung, die KAHMANN und

OSTERMANN (1951) allgemein bei Spitzmäusen vermuteten, ist bei ihnen bisher nicht nachgewiesen. In unbekannter Umgebung geben Waldspitzmäuse kurze Signale und rhythmische Signalfolgen bei 20–60 kHz ab (HUTTERER 1976). In der Kommunikation spielt Ultraschall keine wesentliche Rolle. Jedenfalls konnte SALES (1972) bei einem Begegnungsversuch zwischen zwei Waldspitzmäusen keine Ultraschallaute entdecken.

Sinne: Die Ausdehnung des Riechepithels läßt auf annähernd gleiche Riechleistung bei Wald-, Hausspitzmaus und Igel schließen (WÖHRMANN-REPENNING 1975*). Nach elektronenoptischer Untersuchung von GRÜN und SCHWAMMBERGER (1980) ist die Netzhaut des nahe verwandten *S. coronatus* voll funktionsfähig. Sie enthält neben Stäbchen wenige „stäbchenartige Zapfenzellen".

Sozialverhalten: Waldspitzmäuse leben in der Regel streng solitär und territorial (CROIN MICHIELSEN 1966). Zur Fortpflanzungszeit können jedoch Paare oder Gruppen aus einem ♀ und mehreren ♂ beobachtet werden (CROWCROFT 1957). Die ♂ sind während der Paarungszeit sehr aggressiv und zerbeißen bei Auseinandersetzungen oft den Schwanz des Gegners (LÖHRL 1938, CROWCORFT 1955b, 1957, BUNN 1966). Über Massenansammlungen von Waldspitzmäusen berichten BARRETT-HAMILTON und HINTON (1910/12*) sowie GOETHE (1955*).

Nester und Baue: DANIEL et al. (1970) fanden 41 Nester in Wäldern der tschechoslowakischen Tatra. Alle waren in einem Hohlraum auf oder im Erdboden angelegt und meist im Wurzelsystem eines Baumstumpfes gelegen. Sommernester lagen auch in morschen Baumstämmen über dem Erdboden. Baumaterial waren Moos, Gras und Laub. Nach BARRETT-HAMILTON (1910) wurden Nester in Bienenstöcken und eines in einer kleinen Fichte gefunden. Im Schilfgürtel des Neusiedlersees benutzten Waldspitzmäuse gelegentlich alte Vogelnester als Unterlage (BAUER 1960*). SOUTHERN (1964*) fand eine Waldspitzmaus in einer Baumhöhle. WOLF (1954) beobachtete im Winter Waldspitzmäuse in Zwergmausnestern.

PELIKÁN (1960) grub das Gangsystem eines ♀ aus. Es bestand aus einem komplizierten Netzwerk von 13 m Tunnellänge auf 3,5 m^2. Es hatte 14 Eingänge und mehrere blind endende Röhren. Zwei Nestkammern, eine im Zentrum, die andere an der Peripherie, waren vorhanden.

Im Winter leben die Tiere mehr in unterirdischen Gängen (CROIN MICHIELSEN 1966). Wo möglich, suchen sie geschützte Orte auf wie dicht bewachsene Stellen oder Komposthaufen (HUTTERER unpubl.). Bei Kaltwettereinbrüchen werden sie auch in Scheunen und Häusern gefunden (PORKERT und VLASÁK 1968, VLASÁK und PORKERT 1973). Im Gegensatz zu *Crocidura*-Arten ist die Waldspitzmaus aber keineswegs auf solche Refugien angewiesen (GENOUD und HAUSSER 1979). Auch unter dem Schnee legt sie Gangsysteme an (ACKERFORS 1964).

Literatur

ACKERFORS, H. G. E.: Vinteraktiva näbmoss under snön. Zoologisk Revy (Stockholm) **26,** 1964, 16–22.
ADAMS, L. E.: The duration of life of the common and the lesser shrew, with some notes on their habits. Mem. Proc. Manchr. Lit. Phil. Soc. **56,** (VII), 1912, 1–10.
BARNARD, C. J.; BROWN, C. A. J.: Prey size selection and competition in the common shrew (*Sorex araneus* L.) Behav. Ecol. Sociobiol. **8,** 1981, 239–243.
– Time and energy budgets and competition in the common shrew (*Sorex araneus* L.). Behav. Ecol. Sociobiol. **13,** 1985, 13–18.
BARRETT-HAMILTON, G. E. H.; HINTON, M. A. C.: A history of British mammals. London, 1912–21.
BAUEROVA, Z.: The food eaten by *Sorex araneus* and *Sorex minutus* in a spruce monoculture. Folia Zool. **33,** 1984, 125–132.
BIEBER, H.; EICK, G.: Die Haarkleider der Waldspitzmaus *Sorex araneus*. Z. Säugetierk. **39,** 1974, 257–269.
BOROWSKI, S.: Variations in density of coat during the life cycle of *Sorex araneus araneus*. L. Acta theriol. **2,** 1958, 286–289.
– Old-age moult in the common shrew *Sorex araneus* Linnaeus, 1758. Acta theriol. **7,** 1963, 374–375.
– Moult of shrews (*Sorex* L.) under laboratory conditions. Acta theriol. **8,** 1964, 125–135.
– On the moult of the common shrew. Acta theriol. **13,** 1968, 483–498.
– Variations in coat and colour in representatives of the genera *Sorex* L. and *Neomys* Kaup. Acta theriol. **18,** 1973, 247–279.
– DEHNEL, A.: Angaben zur Biologie der Soricidae. Ann. Univ. M. Curie-Skłodowska (C) **7,** 1952, 305–448.
BOVEY, R.: Les chromosomes des Chiroptères et des Insectivores. Rev. suisse Zool. **56,** 1949, 371–460.
BRAMBELL, F. W. R.: Reproduction in the common shrew (*Sorex araneus* L.). Phil. Trans. Royal Soc. London **225 B,** 1935, 1–62.
BROWN, J. C.; TWIGG, G. T.: Sexual dimorphism in the pelvis of the common shrew. Mamm. Rev. **1,** 1970, 78–79.
BRÜNNER, H.: Untersuchungen zur Verbreitung, Ökologie und Karyologie der Waldspitzmaus (*Sorex araneus* Linné, 1758) und der Schabrackenspitzmaus (*Sorex coronatus* Millet, 1828) im Freiburger Raum mit Bemerkungen zu einigen anderen Spitzmausarten. Diplomarbeit Freiburg im Breisgau 1988.
BUCHALCZYK, A.: Variation in weight of the internal organs of *Sorex araneus* Linnaeus, 1758. I. Salivary glands. Acta theriol. **5,** 1961, 229–252.
– Seasonal variations in the activity of shrews. Acta theriol. **17,** 1972, 221–242.
BUCKNER, C. H.: The common shrew (*Sorex araneus* L.) as a predator of the winter moth (*Operophtera brumata* [L]) near Oxford, England. Canadian Entomol. **101,** 1969a, 370–375.
– Some aspects of the population ecology of the common shrew, *Sorex araneus*, near Oxford, England, J. Mammal. **50,** 1969b, 326–332.
BUNN, D. S.: Fighting and moult in shrews. J. Zool., London, **148,** 1966, 580–582.
BUTTERFIELD, J.; COULSON, J.; WANLESS, S.: Studies on the distribution, breeding biology and relative abundance of the pigmy shrew and the common shrew

(*Sorex minutus* and *Sorex araneus*) in upland areas of Northern England. J. Zool., London **195**, 1981, 169–180.
CATZEFLIS, F.: Systématique biochimique, taxonomie et phylogénie des musaraignes d'Europe (Soricidae, Mammalia). Thèse Université Lausanne. 1985.
– GRAF, J.-D.; HAUSSER, J.; VOGEL, P.: Comparaison biochimique des musaraignes du genre *Sorex* en Europe occidentale (Soricidae, Mammalia). Z. zool. Syst. Evolut.-forsch. **20**, 1982, 223–233.
CHURCHFIELD, S.: Population dynamics and the seasonal fluctuations in number of the common shrew in Britain. Acta theriol., **25**, 1980a, 415–424.
– Subterranean foraging and burrowing activity of the common shrew. Acta theriol. **25**, 1980b, 451–459.
– Food availability and the diet of the common shrew, *Sorex araneus*, in Britain. J. Animal Ecology **51**, 1982a, 15–28.
– The influence of temperature on the activity and food consumption of the common shrew. Acta theriol. **27**, 1982b, 295–304.
– Dietary separation in three species of shrews inhabiting water-cress beds. J. Zool., London **204**, 1984, 211–228.
CLARAMUNT, T.; GOSÀLBEZ, J.; SANS-COMA, V.: Notes sobre la biogeografia dels micromammifers a Catalunya. Bul. Inst. Cat. Hist. Nat. (Zool.) **39**, 1975, 27–40.
CLAUDE, C.: Das Auftreten langschwänziger alpiner Formen bei der Rötelmaus *Clethrionomys glareolus* (Schreber, 1780), der Waldspitzmaus *Sorex araneus* Linné, 1758 und der Zwergspitzmaus *Sorex minutus* Linné, 1766. Vierteljahrschrift naturforsch. Ges. Zürich **113**, 1968, 29–40.
CORBET, G. B.: Common shrew, *Sorex araneus*. In: CORBET, G. B.; SOUTHERN, H. N. (eds.): The handbook of British mammals. London 1977.
– CAMERON, E. A. D.; GREENWOOD, J. J. D.: Small mammals and their ectoparasites from the Scottish Islands of Handa (Sutherland), Muck, Pabay, Scalpay and Soay (Inner Hebrides). J. Linn. Soc. (Zool.) **47**, 1968, 301–307.
CROIN MICHIELSEN, N.: Intraspecific and interspecific competition in the shrews *Sorex araneus* L. and *Sorex minutus* L., Arch. Néerl. Zool. **17**, 1966, 73–174.
CROWCROFT, P.: Refection in the common shrew. Nature **170**, 1952, 627.
– The daily cycle of activity in British shrews. Proc. Zool. Soc., London **123**, 1954, 715–729.
– Remarks on the pelage of the common shrew (*Sorex araneus* L.) Proc. Zool. Soc. London **125**, 1955a, 309–315.
– Notes on the behaviour of shrews. Behaviour **8**, 1955b, 63–80.
– The life of the shrew. London 1957.
DANIEL, M.; MRCIAK, M.; ROSICKY, B.: Location and composition of nests built by some central European insectivores and rodents in forest biotopes, Acta F. R. N. Univ. Comen. Zoologia **16**, 1971, 1–36.
DEHNEL, A.: Studies on the genus *Sorex* L. Ann. Univ. Mariae Curie-Skłodowska (C) **4**, 1949, 17–102.
– The biology of breeding of common shrew *Sorex araneus* L. Ann. Univ. M. Curie-Skłodowska (C) **6**, 1952, 359–376.
– Aufspeicherung von Nahrungsvorräten durch *Sorex araneus* Linnaeus 1758. Acta theriol. **4**, 1961, 265–268.
DOETSCH, C.; KOENIGSWALD, W. VON: Zur Rotfärbung von Soricidenzähnen. Z. Säugetierk. **43**, 1978, 65–70.
DOLGOV, V. A.: Variation in some bones of postcranial skeleton of the shrews (Mammalia, Insectivora). Acta theriol. **5**, 1961, 203–227. (Russisch, engl. Zusammenf.)

Dryden, G. L.: Reproduction in *Suncus murinus*. J. Reprod. Fert., Suppl. **6,** 1969, 377-396.
Đulić, B.; Vidinić, Z.: A contribution to the study of mammalian fauna on the Dinara and Sator mountains (southwestern Yugoslavia). Yugosl. Akad. Znanosti Vinjetnosti, Zagreb. 1967.
Ellenbroek, F. J. M.: Interspecific competition in the shrews *Sorex araneus* and *Sorex minutus* (Soricidae, Insectivora): a population study of the Irish pygmy shrew. J. Zool., London **192,** 1980, 119-136.
Erfurt, J.: Nachweis der Schabrackenspitzmaus (*Sorex coronatus* Millet, 1828) für die DDR. Säugetierk. Inf. (Jena) **10,** 1986, 337-339.
Erkinaro, E.; Heikura, K.: Dependence of *Porrocaecum* sp. (Nematoda) occurrences on the sex and age of the host (Soricidae) in northern Finland. Aquilo (Zool.) **17,** 1977, 37-41.
Felten, H.; Storch, G.: Insektenfresser und Nagetiere aus N-Griechenland und Jugoslawien (Mammalia: Insectivora und Rodentia). Senckenbergiana biol. **46,** 1965, 341-367.
Folitarek, S. S.: A contribution to the biology of the common shrew. Zool. Ž. (Moskva) **19,** 1940, 324-325 (russ.).
Ford, C. E.; Hamerton, J. L.: Chromosome polymorphism in the common shrew *Sorex araneus*. Symp. zool. Soc. London **26,** 1970, 223-236.
– Sharman, G. B.: Chromosome polymorphism in the common shrew. Nature **180,** 1957, 392-393.
Forsyth, D. J.: A field study of growth and development of nestling masked shrews (*Sorex cinereus*). J. Mammal. **57,** 1976, 708-721.
Fredga, K.: A new chromosome race of the common shrew (*Sorex araneus*) in Sweden. Hereditas **73,** 1973, 153-157.
– Nawrin, J.: Karyotype variability in *Sorex araneus* L. (Insectivora, Mammalia). Chromosomes today **6,** 1977, 153-161.
Frykman, I.; Bengtson, B. O.: Genetic differentiation in *Sorex* III: Electrophoresis analysis of a hybrid zone between two karyotypic races in *Sorex araneus*. Hereditas **100,** 1984, 259-270.
Gebczyński, M.: Seasonal and age changes in the metabolism and activity of *Sorex araneus* Linnaeus 1758. Acta theriol. **10,** 1965, 303-331.
– Altersvariabilität des Metabolismus und der Aktivität bei *Sorex araneus* L. Lynx **6,** 1966, 41-44.
Genoud, M.: Distribution écologique de *Crocidura russula* et d'autres Soricidae (Insectivora, Mammalia) en Suisse romande. Bull. Soc. Vaud. Sci. Nat. **76,** 1982, 117-132.
– Activity of *Sorex coronatus* (Insectivora, Soricidae) in the field. Z. Säugetierk. **49,** 1984, 74-78.
– Hausser, J.: Écologie d'une population de *Crocidura russula* en milieu rural montagnard (Insectivora, Soricidae). Rev. Écol. (Terre Vie) **33,** 1979, 539-554.
Geraets, A.: Wiederkauen und Enddarmlecken bei Spitzmäusen (Insectivora). Säugetierk. Mitt. **26,** 1978, 127-131.
Godfrey, G. K.: The ecological distribution of shrews (*Crocidura suaveolens* and *Sorex araneus fretalis*) in Jersey. J. Zool., London **185,** 1978, 266-270.
Graf, J.-D.; Hausser, J.; Farina, A.; Vogel, P.: Confirmation du statut spécifique de *Sorex samniticus* Altobello, 1926 (Mammalia, Insectivora). Bonn. zool. Beitr. **30,** 1979, 14-21.
Grün, G.; Schwammberger, K.-H.: Ultrastructure of the retina in the shrew (Insectivora: Soricidae). Z. Säugetierk. **45,** 1980, 207-216.
Halkka, L.; Halkka, O.; Skarén, U.; Soederlund, V.: Chromosome banding

pattern in a polymorphic population of *Sorex araneus* from Northeastern Finland. Hereditas **76**, 1974, 305–314.
HAMAR, M.; HELLWING, S.; SCHNAPP, B.: Beitrag zur Kenntnis von *Sorex araneus tetragonurus* Herm. in der Rumänischen Volksrepublik. Trav. Mus. Hist. nat. G. Antipa **2**, 1963, 351–382.
HAMERTON, J. L.: Human cytogenetics, vol. 1: general cytogenetics. New York and London 1971.
HANÁK, V.: Verzeichnis der Säugetiere der Tschechoslowakei. Säugetierk. Mitt. **15**, 1967, 193–221.
HANDWERK, J.: Neue Daten zur Morphologie, Verbreitung und Ökologie der Spitzmäuse *Sorex araneus* und *S. coronatus* im Rheinland. Bonn. zool. Beitr. **38**, 1987, 273–297.
HANSKI, I.: Food consumption, assimilation and metabolic rate in six species of shrew (*Sorex* and *Neomys*). Ann. Zool. Fennici **21**, 1984, 157–165.
– What does a shrew do in an energy crisis? In: SIBLY, R. M.; SMITH, R. H. (Eds.): Behavioural ecology, ecological consequence of adaptive behaviour. London 1985, 247–252.
HAUSSER, J.: Contribution à l'étude des musaraignes du genre *Sorex* (cytotaxonomie, morphologie, répartition). Thèse Univ. Genève No. 1732, 1976.
– Répartition en Suisse et en France de *Sorex araneus* L., 1758 et de *Sorex coronatus* Millet, 1828 (Mammalia, Insectivora). Mammalia **42**, 1978, 329–341.
– Genetic drift and selection: their respective weights in the morphological and genetic differentiation of four species of shrews in Southern Europe (Insectivora, Soricidae). Z. zool. Syst. Evolut.-forsch. **22**, 1985, 302–320.
– CATZEFLIS, F.; MEYLAN, A.; VOGEL, P.: Speciation in the *Sorex araneus* complex (Mammalia: Insectivora). Acta Zool. Fennica **170**, 1985, 125–130.
– DANNELID, E.; CATZEFLIS, F.: Distribution of two karyotypic races of *Sorex araneus* (Insectivora, Soricidae) in Switzerland and the postglacial recolonization of the Valais: First results. Z. zool. Syst. Evolut.-forsch. **24**, 1986, 307–314.
– GRAF, J.-D..; MEYLAN, A.: Données nouvelles sur les *Sorex* d'Espagne et des Pyrénées (Mammalia, Insectivora). Bull. soc. Vaud. Sci. nat. **72**, 1975, 241–252.
– JAMMOT, D.: Etude biométrique des mâchoires chez les *Sorex* du groupe *araneus* en Europe continentale (Mammalia, Insectivora). Mammalia **38**, 1974, 324–343.
– ZUBER, N.: Détermination spécifique d'individus vivants des deux espèces jumelles *Sorex coronatus* et *S. araneus* par deux techniques biochimiques (Insectivora, Soricidae). Rev. suisse Zool. **90**, 1983, 857–862.
HAWKINS, A. E.; JEWELL, P. A.: Food consumption and energy requirements of captive British shrews and the mole. Proc. Zool. Soc. London **138**, 1962, 137–155.
HEGGENBERGET, T. M.: Kjonnsbestemmelse av ikke-kjonnsmodne vanlige spissmus pa grunnlag av speneflekker. Fauna (Oslo) **27**, 1974, 222–224.
HEIKURA, K.: The population dynamics and the influence of winter on the common shrew (*Sorex araneus* L.). Special public. Carnegie Mus. Nat. Hist. **10**, 1984, 343–361.
HEIM DE BALSAC, H.; BEAUFORT, F. DE: Contribution à l'étude des micromammifères du Nord-Ouest de l'Espagne. Mammalia **33**, 1969, 324–343.
HEINRICH, W.-D.: Untersuchungen an Skelettresten von Insectivoren (Insectivora, Mammalia) aus dem fossilen Tierbautensystem von Pisede bei Malchin 2: Paläoökologische und faunengeschichtliche Auswertung des Fundgutes. Wiss. Z. Humboldt-Univ. Berlin, Math.-Nat. R. **32**, 1983, 699–706.
HELLWING, S.: Husbandry and breeding of white-toothed shrews (Crocidurinae) in research zoo of the Tel Aviv University. Int. Zoo Yb. **13**, 1973, 127–134.

HEROLD, W.: Zur Nahrung der Sorciden. Säugetierk. Mitt. **4,** 1956, 127.
HESSLING, T. VON: Über die Seitendrüsen der Spitzmäuse. Z. wiss. Zool. **5,** 1854, 29-39.
HEYDEMANN, B.: Zur Ökologie von *Sorex araneus* L. und *Sorex minutus* L.. Z. Säugetierk. **25,** 1960, 24-29.
HODSON, N. L.: A survey of road mortality in mammals (and including data for the grass snake and common frog). J. Zool., London **148,** 1966, 576-579.
HŮRKA, L.: Verbreitung, Fortpflanzung und biometrische Analyse der Population *Sorex araneus* (Insectivora: Soricidae) aus dem Gebiet des westlichen Teiles der Tschechoslowakei. Folia Mus. Rer. Natur. Bohem. Occid., Plzeň, Zoologica **23,** 1986, 3-41
- Rassenangehörigkeit des *Sorex araneus* in der Tschechoslowakei. Folia Mus. Rer. Natur. Bohem. Occid., Plzeň, Zoologica **25,** 1987, 1-34.
HUTTERER, R.: Deskriptive und vergleichende Verhaltensstudien an der Zwergspitzmaus, *Sorex minutus* L., und der Waldspitzmaus, *Sorex araneus* L. Diss. Zool. Inst. Wien 1976 (unpubl.).
- Haltung und Lebensdauer von Spitzmäusen der Gattung *Sorex* (Mammalia, Insectivora). Z. angew. Zool. **64,** 1977, 353-367.
- Neue Funde von Spitzmäusen und anderen Kleinsäugern auf Borkum, Norderney, Spiekeroog und Wangerooge. Drosera **1981,** 33-36.
- Biologische und morphologische Beobachtungen an Alpenspitzmäusen (*Sorex alpinus*). Bonn. zool. Beitr. **33,** 1982, 3-18.
- HÜRTER, T.: Adaptive Haarstrukturen bei Wasserspitzmäusen (Insectivora, Soricidae). Z. Säugetierk. **46,** 1981, 1-11.
- VIERHAUS, H.: Schabrackenspitzmaus - *Sorex coronatus* Millet, 1828. In: SCHRÖPFER, R.; FELDMANN R.; VIERHAUS, H. (eds.): Die Säugetiere Westfalens. Münster 1984.
HYVAERINEN, H.: Seasonal changes in the activity of the tyroid gland and the wintering problem of the common shrew (*Sorex araneus* L.). Aquilo, ser. Zool. **8,** 1969a, 30-35.
- Seasonal variation and distribution of alkaline phosphatase and glucose-6-phosphatase activity in the liver of the common shrew (*Sorex araneus* L.) and of the bank vole (*Clethrionomys glareolus* Schr.). Aquilo, ser. Zool. **9,** 1969b, 44-49.
- PELTTARI, A.; SAURE, L.: Seasonal changes in the histology and alkaline phosphatase distribution of the skin of the common shrew and of the bank vole as a function of hair cycle. Aquilo, ser. Zool. **12,** 1971, 43-52.
JÁNOSSY, D.: Evolutionsvorgänge bei pleistozänen Kleinsäugern. Z. Säugetierk. **29,** 1964, 285-289.
JANSKY, L.; HÁNAK,V.: Studien über Kleinsäugerpopulationen in Südböhmen. II. Die Aktivität der Spitzmäuse unter natürlichen Bedingungen. Säugetierk. Mitt. **8,** 1960, 55-63.
JOHNSEN, S.: Über die Seitendrüsen der Soriciden. Anat. Anz. **46,** 1914, 139-141.
KAHMANN, H.; OSTERMANN, K.: Wahrnehmen und Hervorbringen hoher Töne bei kleinen Säugetieren. Experientia **7,** 1951, 268.
KAPISCHKE, H.-J.: Erstes Auftreten und frühe Geschlechtsreife juveniler Waldspitzmäuse, *Sorex araneus* L. Milu, **4,** 1976, 115.
KARULIN, B. E.; KHLYAP, L. A.; NIKITINA, N. A.; KOVALEVSKY, Y. V.; TESLENKO, E. B.; ALBOV, S. A.: Activity and use of refuges in the common shrew (from observations on animals labelled with radioactive Cobalt). Bjull. Moskow. Ob. Isp. Prorodi, Otd. biol. **1,** 1974, 65-72 (russ., engl. Zsfssg.).
KISCHNICK, P.: Die Nahrung der Waldspitzmaus, *Sorex araneus* (Linné, 1758). Diplomarbeit Bonn 1984.

KISIELEWSKA, K.: Food composition and reproduction of *Sorex araneus* Linnaeus, 1758 in the light of parasitological research. Acta theriol. **7**, 1963, 127–153.
KOWALSKA-DYRCZ, A.: Sexual maturation in young male of the common shrew. Acta theriol. **12**, 1967, 172–173.
KUBIK, J.: Analysis of the Pulawy population of *Sorex a. araneus* L. and *S. m. minutus* L. Ann. Univ. M. Curie-Skłodowska (C) **5**, 1951, 335–372.
KULICKE, H.: Kleinsäuger als Vertilger forstschädlicher Insekten. Z. Säugetierk. **28**, 1963, 175–183.
LAAR, V. VAN: Zur Säugetierfauna der Nordseeinsel Baltrum. Lutra **16**, 1974, 34–39.
LEHMANN, E. VON: Über die Kleinsäuger der La Sila (Kalabrien). Zool. Anz. **167**, 1961, 213–229.
– Anpassung und „Lokalkolorit" bei den Soriciden zweier linksrheinischer Moore. Säugetierk. Mitt. **14**, 1966, 127–133.
– Die Säugetiere der Hochlagen des Monto Caràmolo (Lucanischer Apennin, Nordkalabrien). Suppl. Ric. Biol. Selv. **5**, 1973, 47–70.
– SCHAEFER, H. E.: Untersuchungen von Waldmäusen (*Apodemus sylvaticus*) und Gelbhalsmäusen (*Apodemus flavicollis*) in Kalabrien und Sizilien. Suppl. Ric. Biol. Selv. **5**, 1973, 177–184.
LINN, I.: Some perspectives in mammal ecology. Zool. Africana **1**, 1965, 181–192.
LOCH, R.: A biometrical study of karyotypes A and B of *Sorex araneus* Linnaeus, 1758, in the Netherlands (Mammalia, Insectivora). Lutra **19**, 1977, 21–36.
LÖHRL, H.: Ökologische und physiologische Studien an einheimischen Muriden und Soriciden. Z. Säugetierk. **13**, 1938, 114–160.
– Sammeltrieb bei der Waldspitzmaus, *Sorex araneus* L.. Säugetierk. Mitt. **3**, 1955, 171.
LÓPEZ-FUSTER, M.; GOSÀLBEZ, J.; SANS-COMA, V.: Presencia y distribución de *Sorex coronatus* Millet, 1828 (Insectivora, Mammalia) en el NE ibérico. P. Dept. Zool. Barcelona, **11**, 1985, 93–97.
LOXTON, R. G.; RAFFAELLI, D.; BEGON, M.: Coprophagy and the diurnal cycle of the common shrew, *Sorex araneus*. J. Zool., London **177**, 1975, 449–453.
MAHNERT, V.: Zum Auftreten von Kleinsäuger-Flöhen auf ihren Wirten in Abhängigkeit von Jahreszeit und Höhenstufen. Oecologia **8**, 1972, 400–418.
MALEC, F.; STORCH, G.: Insektenfresser und Nagetiere aus dem Trentino, Italien (Mammalia: Insectivora und Rodentia). Senckenbergiana biol. **49**, 1968, 89–98.
MARKOV, G.: Ökologisch-faunistische Untersuchungen der Insectivora und Rodentia in den Gebieten von Petrič und Goce Delčev (Südwestbulgarien). Izv. zool. Inst. Mus. Sofia **11**, 1962, 5–30 (bulg., deutsche Zsfssg.).
MATTHEY, R.: Les chromosomes et l'évolution chromosomique des mammifères. In: GRASSÉ, P. P.: Traité de Zoologie **16**, 1969, Fasc. 6, 855–909 und 999–1004. Paris, 1969.
MEYLAN, A.: Le polymorphisme chromosomique de *Sorex araneus* L. (Mamm.–Insectivora). Rev. suisse Zool. **71**, 1964, 903–983.
– Répartition géographique des races chromosomiques de *Sorex araneus* L. en Europe (Mamm.–Insectivora). Rev. suisse Zool. **72**, 1965, 636–646.
– HAUSSER, J.: Les chromosomes des *Sorex* du groupe *araneus-arcticus* (Mammalia, Insectivora). Z. Säugetierk. **38**, 1973, 143–158.
MEZHZHERIN, V. A.: On the feeding habits of *Sorex araneus* and *Sorex minutus*. Zool. Ž. (Moskva) **37**, 1958, 948–953 (russ., engl. Zsfssg.).
– Population density of the common shrew (*Sorex araneus* L.) and its changes over 17 years. Zool. Ž. (Moskva) **39**, 1960, 1080–1087 (russ., engl. Zsfg.).
– Dehnel's phenomenon and its possible explanation. Acta theriol. **8**, 1964, 95–114.

MIDDLETON, A. D.: A contribution to the biology of the common shrew *Sorex araneus* Linnaeus. Proc. Zool. Soc. London **79**, 1931, 133–143.

MILHAHN, W.: Zur Lebensweise und Bedeutung der Spitzmäuse, insbesondere der Waldspitzmaus (*Sorex araneus* L.). Forst Jagd **5**, 1955, 348–350.

MURARIU, D.: Contribution à la connaissance du système glandulaire tégumentaire chez *Sorex araneus araneus* L. et *Talpa europaea* L. (Mammalia, Ord. Insectivora). Trav. Mus. Hist. Nat. „Grigore Antipa" Bukarest, **11**, 1970, 429–435.

– Données macro- et microscopiques sur les organes glandulaires latéraux chez *Sorex araneus* L., *Neomys fodiens* Schreb. et *Crocidura leucodon* Herm. de Roumanie. Trav. Mus. Hist. Nat. „Grigore Antipa" **13**, 1973, 445–458.

– L'histologie des glandes plantaires chez les mammifères insectivores de Roumanie. Trav. Mus. Hist. Nat. „Grigore Antipa" **15**, 1974, 381–392.

MYLLYMÄKI, A.; PAASIKALLIO, A.: The detection of seed-eating small mammals by means of P^{32} treatment of spruce seed. Aquilo (Ser. Zool.) **13**, 1972, 21–24.

MYS, B.; ROMPAEY, J. VAN: De mogelijke identificatie van *Sorex araneus* en *Sorex coronatus* aan de hand van „isoelectric focusing". Lutra **26**, 1983, 134–136.

– STRAETEN, E. VAN DER; VERHEYEN, W.: The biometrical and morphological identification and the distribution of *Sorex araneus* L., 1758 and *S. coronatus* Millet, 1828 in Belgium (Insectivora, Soricidae). Lutra **28**, 1985, 55–70.

MYSTKOWSKA, E. T.; SIDOROWICZ, J.: Influence of the weather on captures of micromammalia. II. Insectivora. Acta theriol. **5**, 1961, 263–273.

NAGEL, A.: Sauerstoffverbrauch, Temperaturregulation und Herzfrequenz bei europäischen Spitzmäusen (Soricidae). Z. Säugetierk. **50**, 1985, 249–266.

NIETHAMMER, J.: Insektenfresser und Nager Spaniens. Bonn. zool. Beitr. **7**, 1956a, 249–295.

– Das Gewicht der Waldspitzmaus, *Sorex araneus* Linné, 1758, im Jahreslauf. Säugetierk. Mitt. **4**, 1956b, 160–165.

– Über Kleinsäuger aus Portugal. Bonn. zool. Beitr. **21**, 1970, 89–118.

NORES-QUESADA, C.: Nuevas apportaciones al conocimiento de la subfamilia Soricinae (Mammalia, Insectivora) en los distritos cantabrico y lusitanico. Memoria de Licienciatura, Universidad de Oviedo, 1979.

NOSEK, J.; KOŽUCH, O.; CHMELA, J.: Contribution to the knowledge of home range in common shrew *Sorex araneus* L. Oecologia **9**, 1972, 59–63.

OLERT, J.: Fellzeichnung und Größe rheinischer Waldspitzmäuse (*Sorex araneus*) (Mamm.–Insectivora). Decheniana **122**, 1969, 123–127.

– Cytologisch-morphologische Untersuchungen an der Waldspitzmaus (*Sorex araneus* Linné, 1758) und der Schabrackenspitzmaus (*Sorex gemellus* Ott, 1968). Mammalia, Insectivora. Veröffentl. Univ. Innsbruck **76**, 1973.

ORLOV, V. N.; KOZLOWSKY, A. I.: The chromosome complements of two geografically distant populations and their position in the general system of chromosomal polymorphism in the common shrew, *Sorex araneus* L. (Soricidae, Insectivora, Mammalia). Citologija (Leningrad) **11**, 1969, 1129–1136 (russisch, engl. Zsfss.).

OTT, J.: Nachweis natürlicher reproduktiver Isolation zwischen *Sorex gemellus* sp. n. und *Sorex araneus* Linnaeus, 1758 in der Schweiz (Mammalia, Insectivora). Rev. suisse Zool. **75**, 1968, 53–75.

PANAKOSKI, E.; TAKKA, K. M.: Relation of adrenal weight to sex, maturity and season in five species of small mammals. Ann. Zool. Fennicae **19**, 1982, 225–232.

PASANEN, S.: On the seasonal variation of the weight and of the alkaline phosphatase activity of the brown fat in the common shrew (*Sorex araneus* L.). Aquilo (Zool.) **8**, 1969, 36–45.

– Seasonal variations in interscapular brown fat of small mammals wintering in an active state. Aquilo (Zool.) **11**, 1971, 1–32.

PELIKÁN, J.: Beitrag zur Bionomie der Populationen einiger Kleinsäuger. Rozpr. Čes. Akad. Ved. **65,** 1955, 1–63 (tschech., dtsch. Zsfssg.).
– A burrow constructed by the common shrew *Sorex araneus* L. Zool. Listy **9,** 1960, 269–272.
PERNETTA, J. C.: Diets of the shrews *Sorex araneus* L. and *Sorex minutus* L. in Wytham grassland. J. Anim. Ecol. **45,** 1976a, 899–912.
– The bioenergetics of shrews in Wytham grassland. Acta theriol. **21,** 1976b, 481–497.
– Population ecology of British shrews in grassland. Acta theriol. **22,** 1977, 279–296.
PETROV, B. M.: Incidence of Soricidae in a deciduous community on Fruška Gora in the period 1965–1968. Arh. Biol. Nauka **19,** 137–138.
PIEPER, H.: Zur Kenntnis der Spitzmäuse (Mammalia, Soricidae) in der Hohen Rhön. Beitr. Naturk. Osthessen, Heft **13/14,** 1978, 101–106.
PORKERT, J.; VLASÁK, P.: Zum Einfluß der meteorologischen Bedingungen auf das Eindringen der Kleinsäuger in die Wohnhäuser im Adlergebirge. Lynx **9,** 1968, 61–81 (tschech., dtsch. Zsfssg.).
PROKOPIC, J.: On the helminthofauna of the genus *Sorex* in Czecho-Slovakia. Zool. Ž. (Moskva) **37,** 1958, 174–182 (russ., engl. Zsfssg.).
PRZEŁECKA, A.: Seasonal changes in ultrastructure of brown adipose tissue in the common shrew (*Sorex araneus* L.). Cell Tissue Res. **214,** 1981, 623–632.
PUCEK, M.: Cases of white spotting in shrews. Acta theriol. **9,** 1964, 367–368.
PUCEK, Z.: Some biological aspects of the sex-ratio in the common shrew. Acta theriol. **3,** 1959, 43–73.
– Sexual maturation and variability of the reproductive system in young shrews (*Sorex* L.) in the first calendar year of life. Acta theriol. **3,** 1960, 269–296.
– Seasonal and age changes in shrews as an adaptive process. Symp. zool. Soc. London **26,** 1970, 189–207.
REINWALD, E.: Über Zahnanomalien und die Zahnformel der Gattung *Sorex* Linné. Ark. Zool. **13,** 1961, 533–539.
REUMER, J. W. F.; MEYLAN, A.: New developments in vertebrate cytotaxonomy IX. Chromosome numbers in the order Insectivora (Mammalia). Genetica **70,** 1986, 119–151.
RÖBEN, P.: Die Spitzmäuse (Soricidae) der Heidelberger Umgebung. Säugetierk. Mitt. **17,** 1969, 42–62.
ROPE, G. T.: Semi-aquatic habits of the common shrew. Zoologist London 1873, 3525–3526.
ROZMUS, T.: Les observations sur la conquête de la proie par le *Sorex araneus* L., 1758. Acta theriol. **4,** 1961, 274–276.
RUDGE, M. R.: The food of the common shrew *Sorex araneus* L. (Insectivora: Soricidae) in Britain. J. Anim. Ecol. **37,** 1968, 565–581.
RUŽIĆ, A.: Spitzmäuse (Soricidae) als Räuber der Feldmaus *Microtus arvalis* (Pallas, 1779). Säugetierk. Mitt. **19,** 1971, 366–370.
SAINT GIRONS, M.-C.; VESCO, J.-P.: Notes sur les mammifères de France XIII. Mammalia **38,** 1974, 244–264.
SALES, G. D.: Ultrasound and aggressive behaviour in rats and other small mammals. Anim. Behaviour **20,** 1972, 88–100.
SCHLÜTER, A.: Waldspitzmaus (*Sorex araneus*) und Wasserspitzmaus (*Neomys fodiens*) als Aasfresser im Winter. Säugetierk. Mitt. **28,** 1980, 45–54.
SCHMIDT, E.: Unregelmäßigkeiten an der Zahl der Alveolen an den oberen einspitzigen Zähnen bei der Waldspitzmaus. Acta theriol. **12,** 1967, 665–689.
– Kleinsäugerfaunistische Daten aus Eulengewöllen in Ungarn. Aquilo (Ser. Zool.) **82,** 1976, 119–144.
SCHNAPP, B.: The fauna of micromammals from Valul-lui-Trajan (Dobroudja) in

the years 1958–1962, according to *Asio otus* (L.) pellets. Trav. Mus. Hist. nat. „Grigore Antipa" **8,** 1968, 1046–1063.

SCHOBER, W.: Zur Kenntnis mitteldeutscher Soriciden (Mammalia). Mitt. Zool. Mus. Berlin **35,** 1959, 73–78.

SCHREITMÜLLER, W.: Zerstörung der Blüten des gefleckten Aronstabs durch Waldspitzmäuse. Z. Säugetierk. **13,** 1939, 238.

SCHRÖPFER, R.: Untersuchungen zur Farbvariation der Waldspitzmaus, *Sorex araneus* L. (Insectivora, Soricidae), und der Waldmaus, *Apodemus sylvaticus* L. (Rodentia, Muridae), in Populationen Nordwestdeutschlands. Z. Säugetierk. **37,** 1972a, 327–359.

– Zur Autökologie der Waldspitzmaus *Sorex araneus* L. (Insectivora, Soricidae) im Dümmer-Gebiet/Norddeutsche Tiefebene. Abh. Landesmus. Naturk. Münster i. W. **34,** 1972b, 16–24.

SCHUBARTH, H.: Zur Variabilität von *Sorex araneus araneus* L. Acta theriol. **2,** 1958, 175–202.

SCHWAMMBERGER, K. H.: Nachweis der Schabrackenspitzmaus (*Sorex gemellus* Ott, 1968) in Westfalen. Natur Heimat **36,** 1976, 66–69.

SEARLE, J.: Three new karyotypic races of the common shrew *Sorex araneus* (Mammalia, Insectivora) and a phylogeny. Syst. Zool. **33,** 1984a, 184–194.

– Isoenzyme variation in the common shrew (*Sorex araneus*) in Britain, in relation to karyotype. Heredity **55,** 1984b, 175–180.

– Hybridization between Robertsonian karyotypic races of the common shrew *Sorex araneus*. Experientia **40,** 1984c, 876–878.

– Methods for determining the sex of common shrews (*Sorex araneus*). J. Zool., London (A) **206,** 1985, 279–282.

SERAFIŃSKI, W.: Morphological and ecological investigations on Polish species of the genus *Sorex* L. (Insectivora, Soricidae). Acta theriol. **1,** 1955, 27–86 (polnisch, engl. Zsfssg.).

SERGEEV, V. E.: Nourishing material of shrews (Soricidae) in the flood-plain of the river Ob in the forest zone of the West Siberia. Izv. Sib. Otd. Akad. Nauk SSSR, Ser. biol. **5,** 1973a, 87–93 (russ., engl. Zsfssg.).

– (Eigenarten der Orientierung von Spitzmäusen im Wasser.) Ekologija, Akad. Nauk. SSSR **6,** 1973b, 87–90 (russ.).

SHARMAN, G. B.: Chromosomes of the common shrew. Nature **177,** 1956, 941–942.

SHILLITO, J. F.: The geneal ecology of the common shrew (*Sorex araneus* L.). Ph. D. thesis, Univ. of Exeter, 1960.

– Field observations on the growth, reproduction and activity of a woodland population of the common shrew *Sorex araneus* L. Proc. zool. Soc. London **140,** 1963a, 99–114.

– Observations on the range and movements of a woodland population of the common shrew *Sorex araneus* L. Proc. zool. Soc. London **140,** 1963b, 533–546.

SIEGMUND, R.; KAPISCHKE, H.-J.: Untersuchungen zur Erfassung der motorischen und lokomotorischen Aktivität der Waldspitzmaus (*Sorex araneus* L.). Erste Mitteilung. Zool. Anz. **210,** 1983, 282–288.

SIIVONEN, I.: Über die Größenvariation der Säugetiere und die *Sorex macropygmaeus* Mill.-Frage in Fennoskandien. Ann. Acad. Sci. Fennicae, Helsinki (A IV) **21,** 1954, 1–24.

– Pohjolan Nisäkäät. Helsingissä Kustanuusosakeyhtiö Otava, Helsinki 1967.

SKARÉN, U.: Variation in two shrews, *Sorex unguiculatus* Dobson and *S. a. araneus* L.. Ann. Zool. Fennicae **1,** 1964, 94–124.

– Spring moult and onset of the breeding season of the common shrew (*Sorex araneus* L.) in central Finland. Acta theriol. **18,** 1973a, 443–458.

- Aberrant colour of shrews (*Sorex araneus* L. and *Neomys fodiens* Schreb.) in Finland. Säugetierk. Mitt. **21**, 1973b, 74–75.
SLÁDEK, J.: Werden Spitzmäuse von der Wildkatze gefressen? Säugetierk. Mitt. **18**, 1970, 224–226.
SOLTYS, A.: The helminths of common shrew (*Sorex araneus* L.) of the National Park of Białowieża (Poland). Ann Univ. M. Curie-Skłodowska (C) **6**, 1952, 165–209.
SPITZ, F.; SAINT GIRONS, M.-C.: Étude de la répartition en France de quelques Soricidae et Microtinae par l'analyse des pelotes de réjection de *Tyto alba*. Terre Vie **23**, 1969, 246–268.
SPITZENBERGER, F.: Zur Ökologie und Bionomie der Spitzmäuse (Mammalia, Soricidae) der Donauauen oberhalb und unterhalb Wiens. Dissertation Wien, 1964 (unpubl.).
- Über die makroskopische Ausbildung der Seitendrüsen bei der Waldspitzmaus (*Sorex araneus* L.). Zool. Anz. **177**, 1966, 329–333.
- STEINER, H. M.: Die Ökologie der Insectivora und Rodentia (Mammalia) der Stockerauer Donau-Auen (Niederösterreich). Bonn. zool. Beitr. **18**, 1967, 258–296.
STAMM, R.: Über den Bau und die Entwicklung der Seitendrüsen der Waldspitzmaus (*Sorex vulgaris*). Mindeskrift Japetus Steenstrup, Kopenhavn, art. **28**, 1914, 1–23.
STAMMER, H. J.: Die Parasiten deutscher Kleinsäuger. Zool. Anz. Suppl. **19**, 1956, 368–390.
STEIN, G. H. W.: Materialien zum Haarwechsel deutscher Insectivoren. Mitt. Zool. Mus. Berlin, **30**, 1954, 12–34.
- Die Kleinsäuger ostdeutscher Ackerflächen. Z. Säugetierk. **20**, 1955, 89–113.
- Beziehungen zwischen Bestandsdichte und Vermehrung bei der Waldspitzmaus, *Sorex araneus*, und weiteren Rotzahnspitzmäusen. Z. Säugetierk. **26**, 1961, 13–28.
STEINER, H.: Beiträge zur Nahrungsökologie von Eulen der Wiener Umgebung. Egretta, Wien **4**, 1961, 1–19.
ŠTĚRBA, O.: Prenatal development of Central European insectivores. Folia Zool. **26**, 1977, 27–44.
STRAETEN, E. VAN DER; STRAETEN, B. VAN DER: Biometrisch onderzoek naar het voorkomen van de twee chromosoomtypen A en B van *Sorex araneus* Linnaeus, 1758, in Belgie. Lutra **20**, 1978, 1–7.
TARKOWSKI, A. K.: Studies on reproduction and prenatal mortality of the common shrew (*Sorex araneus* L.). Part II: Reproduction under natural conditions. Ann. Univ. Mariae Curie-Skłodowska (C) **10**, 1957, 177–244.
TUPIKOVA, N. V.: Pitanie i harakter sutocnoj aktivnosti zemleroek sreder polos v SSSR. Zool. Ž. (Moskva) **28**, 1949, 561–572 (russ.).
VAUCHER, C.: Les cestodes parasites des Soricidae d'Europe, étude anatomique, révision taxonomique et biologie. Rev. suisse Zool. **78**, 1971, 1–113.
VLASÁK, P.: Vergleich der postnatalen Entwicklung der Arten *Sorex araneus* L. und *Crocidura suaveolens* (Pall.) mit Bemerkungen zur Methodik der Laborzucht (Insectivora: Soricidae). Vestnik Čs. spol. zool. **3**, 1973, 222–233.
- PORKERT, J.: Immigration von Kleinsäugern in ein Wohngebäude, abhängig von meteorologischen Bedingungen. Lynx **14**, 1973, 70–98.
VOGEL, P.: Vergleichende Untersuchung zum Ontogenesemodus einheimischer Soriciden (*Crocidura russula*, *Sorex araneus* und *Neomys fodiens*). Rev. suisse Zool. **79**, 1972a, 1201–1332.
- Beitrag zur Fortpflanzungsbiologie der Gattungen *Sorex*, *Neomys* und *Crocidura* (Soricidae). Verhandl. Naturf. Ges. Basel **82**, 1972b, 165–192.

- Energy consumption of European and African shrews. Acta theriol. **21**, 1976, 195–206.
- KOEPCHEN, B.: Besondere Haarstrukturen der Soricidae (Mammalia, Insectivora) und ihre taxonomische Bedeutung. Zoomorphologie **89**, 1978, 47–56.
- VOLOBOUEV, V. Z.: Les types de polymorphisme chromosomique et leur rôle évolutif chez les mammifères (Insectivora, Rodentia et Carnivora). Thèse de Doctorat d'Etat, Université Paris 6, 1983.
- CATZEFLIS, F.: Mechanisms of chromosomal evolution in three European species of *Sorex araneus – arcticus* group (Insectivora: Soricidae). Z. zool. Syst. Evolut.-forsch. **27**, 1989, 252–262.
- WAHLSTRÖM, A.: Beiträge zur Biologie von *Sorex vulgaris* L.. Z. Säugetierk. **3**, 1928, 284–295.
- WETZEL, K.: Waldspitzmaus als Blutsauger. Säugetierk. Mitt. **8**, 1960, 65.
- WICHMANN, H.: Kleinsäuger als Feinde des Buchdruckers, *Ips typographus* (Linné 1758), Coleoptera. Säugetierk. Mitt. **2**, 1954, 60–66.
- WILCKE, G.: Freilands- und Gefangenschaftsbeobachtungen an *Sorex araneus* L. Z. Säugetierk. **12**, 1938, 332–335.
- WOJCIK, J. M.; FEDYK, S.: A new chromosome race of *Sorex araneus* L. from Northern Poland. Experientia **41**, 1985, 750–752.
- WOLF, W.: Spitzmäuse in Zwergmausnestern. Säugetierk. Mitt. **2**, 1954, 33–34.
- WOŁK, E.: Body weight and daily food intake in captive shrews. Acta theriol. **14**, 1969, 35–47.
- Seasonal and age changes in leucocytes indices in shrews. Acta theriol. **26**, 1981, 219–229.
- YALDEN, D. W.: Population density in the common shrew, *Sorex araneus*. J. Zool., London **173**, 1974, 262–264.
- MORRIS, A.; HARPER, J.: Studies on the comparative ecology of some French small mammals. Mammalia **37**, 1973, 257–276.
- ZALESKY, K.: Die Waldspitzmaus (*Sorex araneus* L.) in ihrer Beziehung zur Form *tetragonurus* Herm. in Nord- und Mitteleuropa. Sitzungsber. Oesterr. Akad. Wiss., Math.-naturw. Kl. (Abt. I) **157**, 1948, 129–185.
- ZIMA, J.; KRÁL, B.: Karyotypes of European mammals I. Acta Sci. nat. Brno **18**, 1984a, 1–51.
- Karyotype variability in *Sorex araneus* in Central Europe (Soricidae, Insectivora). Folia Zool. **34**, 1984b, 235–243.
- ZIPPELIUS, H.-M.: Zur Jugendentwicklung der Waldspitzmaus, *Sorex araneus*. Bonn. zool. Beitr. **9**, 1958, 120–129.

Sorex coronatus Millet, 1882 – Schabrackenspitzmaus

E: Jersey shrew; F: La musaraigne de Millet

Von J. HAUSSER

Diagnose. Art der *araneus*-Gruppe (s. S. 176). Sehr ähnlich *S. araneus* und *S. granarius*. Im Vergleich zu *S. granarius*, der nur auf der Iberischen Halbinsel vorkommt, ist *S. coronatus* etwas größer, sein I_1 ist massiver, die Corh über 4,2 mm. Zur Unterscheidung von *S. araneus* können vor allem die bei *S. araneus* aufgeführten Merkmale am Unterkiefer dienen. Die von HAUSSER und JAMMOT (1974) entwickelte Trennformel für Meßstrecken am Unterkiefer ergibt bei *S. coronatus* negative Werte (s. S. 237). Eine zuverlässige Bestimmung ermöglicht der Karyotyp.

Karyotyp: 2n (bei ♀) = 22, NF = 44 (unter Einbeziehung des kurzen Arms des 8. Autosomenpaares). Geschlechtschromosomen der ♂ X, Y_1, Y_2 (MEYLAN 1964).

Beschreibung. Äußerlich kaum von *S. araneus* zu unterscheiden. Im sympatrischen Bereich ist *S. coronatus* meist kleiner und kontrastreicher gefärbt.

Der Schwanz ist nach OTT (1968) in der Schweiz kürzer als bei *S. araneus*. Die Zahl der Schwanzringe überschreitet 110 nicht (HAUSSER 1978). Dieser Unterschied gilt aber nicht im Tiefland (OLERT 1973).

Das Fell ist sehr variabel, im allgemeinen aber dreifarbig. Der Rücken trägt eine gewöhnlich deutlich abgesetzte, schwarzbraune Schabrackenzeichnung. Im NE des Verbreitungsgebiets kontrastiert sie besonders mit den vor allem im Winter sehr hellen Flanken, die dann mit der Bauchfärbung übereinstimmen (OLERT 1969, 1973). Im SW ihrer Verbreitung ist die Schabracke nur undeutlich oder gar nicht markiert. Das Fell kann einfarbig dunkelbraun sein (*santonus*-Form, SAINT GIRONS 1973*, HAUSSER 1978).

Schädel: Massiver als bei *S. araneus*. Der Stirnabsatz ist gewöhnlich deutlich ausgeprägt. Nach HANDWERK (1987) ist die Postglenoidbreite bei *S. coronatus* meist kleiner als die Zyg, bei *S. araneus* ist sie meist etwas größer.

Soricidae – Spitzmäuse

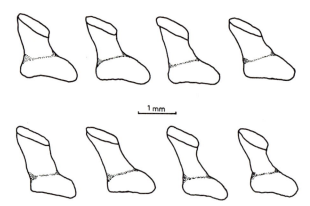

Abb. 94. Rückansicht des Condylus mandibularis bei je 4 Exemplaren von *Sorex araneus* aus Kerzell (obere Reihe) und von *S. coronatus* vom Großen Nallen bei Gersfeld (untere Reihe). Nach PIEPER (1978). Man beachte den schlankeren Umriß bei *S. coronatus*.

Die Mandibel ist robust mit starkem, auf der Lingualseite nur wenig aufgerichtetem Gelenkfortsatz. In Caudalansicht erscheinen die Gelenkflächen gut getrennt. Die untere Gelenkfläche ist kleiner als bei *S. araneus* (PIEPER 1978; Abb. 94). Der Umriß wirkt schlanker und ist im Verhältnis zur Breite höher als bei *S. araneus*: Der Index H:B (Abb. 95) beträgt 1,44–1,83 ($\bar{x}$ = 1,61; n = 85, überwiegend aus dem Rheinland – HANDWERK 1986). Bei *S. araneus* dagegen 1,11–1,45. Der Kronenfortsatz ist leicht nach vorn geneigt, der untere Rand der Fossa temporalis gerundet, mit seinem Vorderrand einen nur wenig deutlichen Winkel bildend. Das Foramen mentale liegt unter der Mitte des M_1. Der I_1 weist gegenüber dem Kiefer leicht aufwärts (HAUSSER und JAMMOT 1974, Abb. 96).

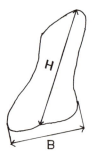

Abb. 95. Rückansicht des Condylus mandibularis von *Sorex coronatus*, Umriß und Meßweise der Höhe (H) und Breite (B). Der Quotient H/B gestattet in den meisten Fällen zumindest im Rheinland eine Trennung von *S. coronatus* und *S. araneus*. Nach HANDWERK (1986).

Sorex coronatus – Schabrackenspitzmaus

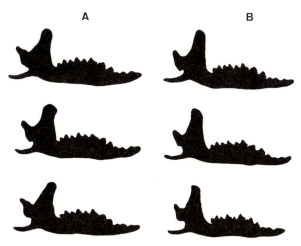

Abb. 96. Silhouetten von je drei Mandibeln von *Sorex coronatus* (A) und *S. araneus* (B). Nach HAUSSER und JAMMOT (1974). Die charakteristischen Unterschiede in der Neigung des Proc. coronoideus, des I_1 und der Dicke des Halses des Proc. articularis sind gut erkennbar.

Verbreitung. W-Europa von der NW-Küste Spaniens bis zur W-Grenze der DDR und zu den n Niederlanden im N, bis N-Spanien im S. Im Gebirge fehlt *S. coronatus* meist oberhalb 1000 m NN (höchster Fundort 1414 m, Schwyz, Schweiz – HAUSSER 1978). Auch an der Küste der Niederlande (LOCH 1977) und auf den atlantischen Inseln (SAINT GIRONS 1973*) mit Ausnahme von Jersey (FORD und HAMERTON 1970) kommt die Schabrackenspitzmaus nicht vor. Ungefähr e Jura, Vogesen und Ardennen ist die Art mit *S. araneus* sympatrisch, im S des spanischen Baskenlandes und wahrscheinlich in Portugal und Galizien mit *S. granarius*.

Aus der DDR gibt es bisher nur Gewöllfunde mit 15 Exemplaren aus den Bezirken Suhl und 6 aus dem Bezirk Erfurt sowie je einem Einzelstück aus den Bezirken Karl-Marx-Stadt, Leipzig und Cottbus (ERFURT 1986). In die Karte wurden nur die Nachweise aus Suhl und Erfurt aufgenommen.

Randpunkte: Niederlande nach LOCH (1977), Schweiz und Frankreich nach HAUSSER (1978). Belgien: 1 Vladslo, Westflandern (E. und B. VAN DER STRAETEN 1978); Niederlande: 2 Hulst, Zeeland (Beleg im zoologischen Museum Amsterdam); BRD: 3 Dülmen, Westfalen (ZFMK), 4 n Lohne, Westfalen (HUTTERER und VIERHAUS 1984). DDR: 5 Kreise Erfurt und Suhl (ERFURT 1986); BRD: 6 Bischofsheim, Unterfranken, Bayern (PIEPER 1978), 7 Altwied (ZFMK), 8 bei Karlsruhe (Museum Karlsruhe; NIETHAMMER det.); Spanien: 9 Peña de Oroel, Jaca, Huesca (HAUSSER et al.

Soricidae – Spitzmäuse

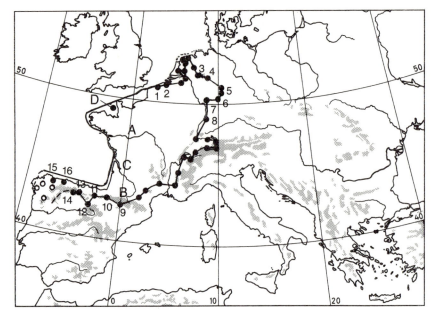

Abb. 97. Areal von *Sorex coronatus*. Bei den weißen Punkten (überwiegend aus Karte von NIETHAMMER 1970) konnte die exakte Artzugehörigkeit nicht kontrolliert werden. Nach LOPEZ-FUSTER et al. (1985) kommt in den spanischen E-Pyrenäen nicht *S. coronatus*, sondern ausschließlich *S. araneus* vor. In Deutschland ist die Grenze sicherlich noch nicht vollständig erfaßt. So haben HUTTERER und VIERHAUS (1984) die Art in ganz Westfalen gefunden, für das angrenzende Niedersachsen fehlen noch Untersuchungen.

1975), 10 Burguete, Navarra, 11 Cuevas de San Barnabé, Viscaya, 12 Barbadillo del Pez, Burgos (Coll. J. NIETHAMMER, Bonn), 13 Fuente Dé, Picos de Europa, Santander (HAUSSER et al. 1975), 14 Riaño, León (Coll. J. NIETHAMMER, Bonn), 15 Boal, Oviedo, 16 Oviedo (NORES-QUESADA 1979).

Terrae typicae:

A *coronatus* Millet, 1828: Blou, Maine et Loire, Frankreich
B *euronotus* Miller, 1901: Montréjeau, Hte. Garonne, Frankreich
C *santonus* Mottaz, 1906: Lignière-Sommeville, Charente, Frankreich
D *fretalis* Miller, 1909: Trinity, Jersey, Kanalinseln

Merkmalsvariation. Die jahreszyklischen Veränderungen im Gew dürften denen bei *S. araneus* entsprechen: In einem zu etwa gleichen Teilen aus *S. araneus* und *S. coronatus* bestehenden Populationsgemisch aus dem Rheinland (HANDWERK 1987) ergab sich nämlich ein einheitlicher durch-

Sorex coronatus – Schabrackenspitzmaus

Tabelle 74. Maße von *S. coronatus*. Population großer Tiere. Bois-de Chêne, Waadt, Schweiz. Coll. Service de Zoologie des Vertébrés, Station fédérale de Recherches agronomiques, Nyon. Mandibelmaße siehe Abb. 86. Der Trennwert gilt für $C = 8$, 1598.

Nr. BC/SN	sex	Mon	Gew	Kr	Schw	Cbl	Skb	SkH⁺	Pgl	oZr	Corh	Condh	I_1	U_1–M_3	M_1–M_3	a	b	c	d	Trennwert
10	♀ juv	8	7,5	71	42	19,8	9,8	5,68	5,30	8,0	4,85	1,89	3,88	5,56	3,92	7,19	1,16	3,40	0,13	−2,69
11	♂ juv	8	6,5	68	43	18,5	9,4	6,00	5,19	7,8	4,41	1,99	3,45	5,17	3,57	6,95	1,27	2,15	0,22	−0,16
13	♂ juv	9	7,5	73	42	19,8	9,7	5,90	5,38	8,8	4,74	1,98	4,18	5,45	3,87	6,89	1,36	2,28	0,16	−1,87
14	♀ juv	9	6,75	68	42	19,3	9,3	5,89	5,41	8,6	4,71	2,08	4,08	5,26	3,79	6,64	1,21	2,10	0,02	−1,37
15	♀ juv	9	7	74	43	19,8	9,9	5,73	5,63	8,7	4,79	2,02	4,07	5,45	3,93	6,95	1,23	2,31	−0,08	−1,47
16	♀ juv	9	7	73	43	19,3	9,7	5,78	5,46	8,6	4,45	1,87	3,97	5,36	3,83	6,60	1,19	2,08	0,07	−1,08
18	♂ juv	9	6,75	71	44	19,4	9,8	5,64	5,37	8,7	4,62	1,92	4,12	5,47	3,97	6,52	1,33	2,10	0,15	−2,42
19	♂ juv	9	6	69	42	19,4	9,6	5,42	5,36	8,6	4,55	1,91	4,17	5,44	3,89	6,55	1,44	1,83	0,10	−2,63
21	♀ ad	9	8	76	37	19,0	9,6	5,25	5,47	8,8	4,45	1,93	3,70	5,33	3,90	6,54	1,33	1,94	0,22	−1,55
22	♀ juv	9	7	71	40	19,7	9,8	5,94	5,50	8,3	4,66	1,93	4,12	5,36	3,80	6,86	1,30	2,35	0,19	−1,54
34	♀ juv	10	7	71	47	19,5	9,8	6,06	5,39	8,8	4,66	2,23	4,21	5,33	3,83	6,65	1,29	2,00	0,03	−1,70
36	♂ ad	11	10	76	41,5	20,0	10,0	5,43	5,62	8,7	4,99	2,06	4,06	5,47	3,88	6,90	1,50	2,23	0,29	−2,95
37	♀ ad	11	10,5	80	41,5	19,6	9,9	5,49	5,48	8,6	4,83	2,05	2,61	5,33	3,85	6,87	1,31	2,31	0,16	−1,58
77	♀ ad	5	11,75*	80	43	19,7	9,9	5,48	5,55	8,4	4,52	2,07	4,32	5,60	4,05	6,66	1,25	2,45	−0,02	−2,96
79	♀ ad	6	11,75	–	40	19,6	10,1	5,49	5,53	8,5	4,74	1,88	3,87	5,38	3,82	6,89	1,23	2,26	0,03	−1,12
80	♀ ad	6	11	75	38	18,6	9,5	5,13	5,31	8,3	4,42	1,72	3,77	5,22	3,75	6,52	1,17	1,89	0,05	−0,64
82	♀ ad	6	7,5	72	46	19,7	10,0	5,77	5,42	8,7	4,67	2,04	4,26	5,42	3,88	6,43	1,42	2,01	0,27	−2,82
84	♂ juv	6	7,5	74	44,5	19,9	10,0	6,04	5,49	8,9	4,81	2,14	4,32	5,49	3,86	6,78	1,36	2,28	0	−2,89
85	♂ juv	6	7	72	43	19,5	9,8	5,34	5,44	8,6	4,68	1,96	3,97	5,28	3,78	6,78	1,43	1,98	0,23	−1,67
86	♂ juv	6	6,75	73	42	19,6	9,8	5,97	5,39	8,8	4,62	2,13	4,10	5,39	3,88	6,72	1,38	1,92	0,26	−1,12

* trächtig

Tabelle 75. Maße von *Sorex coronatus,* Population kleiner Individuen, Niederlande. Coll. Zoölogisch Museum Amsterdam. Trennwert gilt für C = 7,4358.

Nr. ZMA	sex	Mon	Herkunft	Cbl	a	b	c	d	Trennwert
5400	♂	8	Valkenburg	18,4	6,23	1,36	1,93	0,20	−2,30
5401	♂	8	Valkenburg	18,8	6,26	1,29	2,03	0,03	−2,53
10964	♂	8	Valkenburg	18,8	6,40	1,21	1,96	0,11	−0,73
4843	♂	3	Ulestraten	18,3	6,47	1,20	2,36	0,17	−1,46
7481	♀	9	Steenwijk	18,4	6,29	1,36	2,01	0,21	−2,30
16318	♀	8	Lochem	18,3	6,26	1,12	2,13	−0,03	−1,52
15603	♂	7	Hulst	18,3	6,25	1,19	2,04	0,12	−1,33
15604	♀	7	Hulst	18,1	6,06	1,10	2,08	0,06	−1,57
15605		7	Hulst	18,6	6,29	1,22	1,98	0,07	−1,45
15606	♀	7	Hulst	18,5	6,28	1,21	2,12	0,18	−1,43

schnittlicher Gewichtsverlauf (NIETHAMMER 1956). Die Unterschiede zwischen Jugend-, Winter- und Erwachsenenkleid entsprechen denen bei der Waldspitzmaus (S. 247).

Geographische Variation: *S. coronatus* ist im SE, vor allem aber im Gebirge, größer als im übrigen Verbreitungsgebiet. In der Ebene nimmt die Körpergröße ab, je mehr man sich nach N und W dem Meer nähert (HAUSSER et al. 1975; Tab. 74, 75). In größerer Höhe in der Schweiz wird der Condylus am Unterkiefer etwas kürzer. Das Verhältnis Condyluslänge (b) zu Unterkieferlänge (a) nähert sich etwas jenem von *S. araneus*.

Unterarten: Nach MILLER (1912*) ist *euronotus* im Sommer durch graue, wenig kontrastreiche Färbung charakterisiert. Ob ein Unterschied gegenüber *coronatus* tatsächlich besteht, ist nicht ersichtlich und fraglich. *S. c. santonus* ist nach MILLER (1912*) fast einheitlich dunkel rußbraun. Frequenz und Verbreitung dieser Farbvariante bedürfen der Untersuchung. *S. a. fretalis* hat nach MILLER (1912*) ein relativ breiteres Rostrum und kräftigere Incisiven. Zyg 6,0−6,2 (n = 3) gegenüber 5,4−5,8 (n = 7) bei *santonus* und *euronotus* in Frankreich.

Ökologie. Habitat: Ähnlich *S. araneus*, jedoch mit zunehmender Höhe und Feuchtigkeit bei sympatrischem Vorkommen gegenüber *S. araneus* zurücktretend (HAUSSER 1978). Im S, vor allem im Rhône-Saône-Graben wird *S. coronatus* nach und nach durch *Crocidura russula* ersetzt und ist hier am häufigsten noch in Feuchtgebieten (SPITZ und SAINT GIRONS 1969, SAINT GIRONS und VESCO 1974). Im Siedlungsbereich, wo *C. russula* dominiert, ist *coronatus* selten, so am Cap Gris-Nez, wo seine Dichte im Kü-

Tabelle 76. Häufigkeit von *Sorex coronatus* im Verhältnis zu *S. araneus* in verschiedenen Teilen des Rheinlandes. Aus HANDWERK (1986). n: Anzahl *S. araneus* + *S. coronatus*.

Fundort	n	% coronatus
Hohes Venn, ca. 600 m	76	32
Eifel, ca. 600 m	17	47
20 km w Bonn, 250 m	67	54
Bergisches Land 100–300 m	20	65
Siebengebirge 300 m	29	52
Niederrhein n Wesel, 100 m (rechtsrheinisch)	17	77

stenbereich zugunsten von *C. russula* abnimmt (YALDEN et al. 1973). Dieselbe Beziehung wurde auf Jersey gegenüber *C. suaveolens* beobachtet (GODFREY 1978).

Nahrung: KISCHNICK (1984) hat Mageninhalte von 8 *S. coronatus* mit denen von 14 *S. araneus* aus dem Kottenforst bei Bonn aus November bis März verglichen (Tab. 77) und keine wesentlichen Unterschiede in der aufgenommenen Nahrung gefunden. In Gefangenschaft ist der tägliche

Tabelle 77. Mageninhalte von 14 *Sorex araneus* und 8 *S. coronatus* aus einem syntopen Vorkommen im Kottenforst bei Bonn im Winterhalbjahr (November bis März). Die wenigen, vielleicht zufällig verschluckten Collembolen und Milben sind nicht mit aufgeführt. Unter n die Gesamtzahl der betreffenden Beuteobjekte, unter H der Anteil der Mägen in % mit der betreffenden Beutetierart.

Beutetierart	*S. coronatus*		*S. araneus*	
	n	H	n	H
Gastropoda	9	100	10	64
Oligochaeta	2	25	1	7
Opiliones	3	38	5	29
Araneae	7	50	14	64
Chilopoda	0	0	2	14
Diplopoda	1	13	0	0
Isopoda	5	38	10	71
Heteroptera	2	25	3	21
Aphidina	6	50	11	43
Coleoptera: Imagines	5	50	13	57
Larven	13	88	25	86
Diptera: Imagines	1	13	1	7
Larven	21	75	69	86
unbestimmte Insekten	1	13	7	50

Energiebedarf von *S. coronatus* bei 20°C 4,0 Kj/g, was den Angaben von HANSKI (1984) für *S. araneus* entspricht.

Fortpflanzung: 3 gravide ♀ im Rheinland 31. 3.–7. 9. mit 4, 5, 5 Embryonen, 3 ♀ vom 1. 5.–11. 8. in N-Spanien mit 4, 4, 5 Embryonen (NIETHAMMER unpubl.). Westfalen einmal 7 Embryonen (HUTTERER und VIERHAUS 1984).

Feinde sind dieselben wie bei *S. araneus*. Im Gegensatz zu *Sorex araneus* ist *S. coronatus* fast nie vom Bandwurm *Hymenolepis singularis* befallen (VAUCHER 1971).

Populationsdichte: ein Beispiel s. Tab. 73.

Verhalten. HAUSSER (1976) hat den Eindruck, *S. coronatus* sei etwas mehr tagaktiv als *S. araneus*. Ein Vergleich der Ergebnisse von YALDEN et al. (1973) mit jenen von JANSKY und HANÁK (1960) führt zum gleichen Schluß. Das kann aber auch andere Ursachen haben als artspezifische Verhaltensunterschiede. Nach GENOUD (1984) zeigt die Aktivität weder jahreszeitliche Unterschiede noch Differenzen zwischen Tag und Nacht – im Gegensatz zu Angaben über *S. araneus*. Das könnte aber auch methodische Gründe haben: GENOUD verfolgte die Bewegungen radioaktiv markierter Tiere, wogegen die meisten anderen Autoren bei *S. araneus* aus der Fangzeit auf die Aktivitätsverteilung im Tageslauf schlossen.

Literatur s. unter *S. araneus*.

Sorex granarius Miller, 1909 – **Iberische Waldspitzmaus**

E: Iberian shrew; F: La musaraigne d'Espagne

Von J. Hausser

Diagnose. Zur *araneus*-Gruppe gehörig (Merkmale S. 176). Etwas kleiner als *S. coronatus*. Corh nur ausnahmsweise über 4,2 mm (Tab. 78).

Karyotyp: $2n$ (bei ♀) $= 36$, NF $= 40$. Drei Geschlechtschromosomen bei ♂: X, Y_1, Y_2 (Hausser et al. 1975, modifiziert). Der Karyotyp kann innerhalb der *araneus*-Gruppe als ursprünglich angesehen werden (Hausser et al. 1985, Volobouev und Catzeflis 1989).

Beschreibung. Unter den europäischen *Sorex*-Arten der *araneus*-Gruppe am kleinsten. Ähnelt einem dünnschwänzigen *S. minutus*.

Färbung grau- bis haselnußbraun, ziemlich einförmig, mit bräunlichgrauem Bauch. Miller (1912*) schreibt zwar, daß die Farbe mit der von *S. a. araneus* übereinstimme, was eigentlich die Präsenz einer Schabracke bedeuten würde. Doch konnten wir in keinem Fall eine Schabracke erkennen.

Das Schädelprofil ist ziemlich geradlinig. Rostrum kurz und massiv. Obwohl der Schädel kürzer als der von *S. coronatus* ist, stimmen die Breitenmaße am Schädel beider Arten nahezu überein (Hausser et al. 1975). Die Zähne sind kleiner als bei *S. coronatus* in SW-Frankreich.

Der Gelenkfortsatz des Unterkiefers ist im Verhältnis ziemlich groß und bildet mit dem Kronenfortsatz wie bei *S. coronatus* einen offenen Winkel. Im Gegensatz zu *S. coronatus* ist die Fossa temporalis interna klar dreieckig mit einem geraden unteren Rand. Der I_1 ist klein und in der Horizontalachse des Unterkiefers orientiert.

Verbreitung. Wenig bekannt. Kastilisches Scheidegebirge und NW der Iberischen Halbinsel (Cabrera 1914*, Heim de Balsac und Beaufort 1969). Mit Ausnahme von Altkastilien am Atlantik nach S bis zur Höhe von Lissabon (Niethammer 1970).

Tabelle 78. Maße von *Sorex granarius*. Coll. Institut de Zoologie et d'Ecologie animale, Université de Lausanne. Mandibelmaße, siehe Abb. 86. Lokalitäten: 1) Candelario, Salamanca; 2) Rascafria, Madrid; 3) Piedrahita, Avila.

Nr. IZEA	sex	Mon	Ort	Gew	Kr	Schw	Hf	Cbl	Skb	SkH$^+$	Pgl	oZr	Corh	Condh	I_1	U_1–M_3	M_1–M_3	a	b	c	d
201	♂ juv	10	1	6,5	66	39	11,5	17,8	9,4	5,16	5,14	7,1	4,12	1,77	3,05	4,67	3,40	6,08	1,13	1,77	0,12
202	♂ juv	10	1	4,5	62,5	38	11,2	17,7	8,9	5,35	5,12	7,6	4,20	1,75	3,06	4,78	3,49	6,17	1,08	1,93	0,07
203	♀ juv	10	1	5,5	62,5	45	11,5	17,3	8,6	4,96	4,99	7,7	3,97	1,79	3,34	4,92	3,52	6,33	1,20	1,90	0,21
204	♀ juv	10	1	5	66,5	41	11,5	17,7	9,0	–	5,18	7,6	4,02	1,79	3,37	4,96	3,60	6,33	1,13	1,91	0,17
632	♂ juv	9	1	6,5	66	43	12,5	18,1	8,9	5,35	5,08	7,9	3,85	1,99	3,54	4,94	3,66	6,18	1,11	1,84	0,05
633	♀ juv	9	1	5,5	63,5	39	11	17,9	8,6	5,31	5,14	7,8	4,15	1,90	3,38	5,00	3,55	6,61	1,29	1,76	0,12
634	♂ juv	9	2	6	67	43,5	11,5	18,3	9,5	5,19	5,65	7,8	4,39	2,06	3,40	4,89	3,57	6,24	1,14	1,85	0,40
635	♂ juv	9	2	5,75	66	44	11,5	17,6	9,1	5,44	5,29	7,6	4,07	1,92	3,46	4,83	3,50	6,02	1,14	1,79	0,11
636	♀ juv	9	1	6	68	40	12	18,1	9,3	5,06	5,48	7,8	4,12	1,86	3,37	4,95	3,65	6,49	1,28	1,57	0,21
637	♂ juv	9	3	6	67	43	12	18,0	9,1	5,28	5,29	7,8	4,01	1,94	3,46	4,90	3,54	6,29	1,10	1,82	0,20
638	♂ juv	9	3	8	72	44	12,5	18,3	9,3	5,43	5,10	7,9	4,22	2,04	3,60	5,05	3,62	6,38	1,11	1,89	0,02
639	♀ juv	9	2	7	69	42	12,5	17,6	9,0	5,26	5,27	7,7	4,05	1,76	3,30	4,91	3,63	6,32	1,09	1,93	0,16

Sorex granarius – Iberische Waldspitzmaus

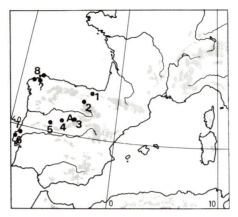

Abb. 98. Areal von *Sorex granarius*.

Fundpunkte (Abb. 14): Spanien: 1 Cuevas de San Barnabé, Viscaya (Coll. J. Niethammer, Bonn), 2 Barbadillo del Pez, Burgos, 3 Rascafria, Sierra de Guadarrama, Madrid, 4 s Piedrahita, Avila, 5 Candelario, Salamanca (eigenes Material); Portugal: 6 Cercal, Estremadura, 7 Rio Maior, Ribatejo (Coll. J. Niethammer, Bonn); Spanien: 8 Verschiedene Orte bei La Coruña und Vigo (Nores-Quesada 1979).

Terra typica:

A *granarius* Miller, 1909: La Granja, Segovia, Spanien

Ökologie. Habitat: In den Gebirgen Zentralspaniens fingen wir *S. granarius* immer in Ufernähe von Bächen oberhalb 1000 m NN. Im atlantischen Bereich ist diese Art bis in die Niederungen zu finden, und ihr Habitat scheint weniger begrenzt.

Literatur s. *S. araneus*.

Sorex samniticus Altobello, 1926 – **Italienische Waldspitzmaus**

E: Italian shrew; F: La musaraigne des Apénnins

Von J. HAUSSER

Diagnose. Ähnlich *S. araneus*. Schädel abgeflacht. Am Unterkiefer ist der Knochenvorsprung, der die obere Gelenkfläche des Proc. articularis umrandet, bis zu deren Ende ausgedehnt. I^1 zierlich, Einbuchtung zwischen den beiden Spitzen weit und gerundet. Hintere Spitze niedriger als die vordere (Abb. 99).

Karyotyp: 2n = 52; NF = 52, mit einem Paar Mikrochromosomen (GRAF et al. 1979).

Beschreibung. Etwas kleiner als *S. araneus*. Färbung haselnußbraun, gegen den Bauch aufgehellt, ohne deutliche Grenze. Schwanz kurz, selten länger als 40 mm.

Schädel stark abgeflacht, SkH^+ unter 5,3 mm. Die Fossa temporalis interna am Unterkiefer ist dreieckig. Die Basis des Gelenkfortsatzes ist mas-

Tabelle 79. Körpermaße von *Sorex samniticus*, Coll. Institut de Zoologie et d'Ecologie animale, Université de Lausanne.
Fundorte: 1) Fivizzano, Toscana; 2) Pescasseroli, Abruzzen; 3) Camigliatello Silano, Kalabrien; 4) Monte Gargano, Apulien.

Nr.	sex	Mon	Ort	Gew	Kr	Schw	Hf
IZEA 866	♀ ad	4	1	9	75	34	11,5
IZEA 876	♀ ad	4	1	9	78	39	12
IZEA 877	♂ ad	4	1	9	73	36	11
IZEA 878	♀ ad	4	1	10	77	39	11,5
IZEA 879	♀ ad	4	1	10	76	36	11,5
IZEA x481	♀ juv	8	1	7	68	42	12
IZEA x506	♂ juv	8	2	6,5	68	39	12
IZEA x507	♀ juv	8	2	6,5	70	39	11
IZEA x508	♂ juv	8	2	7	70	45	12
IZEA x509	♀ juv	8	2	8	71	45	12
IZEA x510	♂ juv	9	2	6,5	72	39	12,5
IZEA x516	♀ juv	9	3	8	71	33	11
IZEA 1015	♀ ad	9	4	7,2	69	40	12

Sorex samniticus – Italienische Waldspitzmaus

Tabelle 80. Schädelmaße von *Sorex samniticus*, Coll. Institut de Zoologie et d'Ecologie animale, Université de Lausanne. Lokalitäten: s. Tabelle 79.

Nr.	Cbl	Skb	SkH$^+$	Pgl	oZr	Corh	Condh	I$_1$	U$_1$–M$_3$	M$_1$–M$_3$	a	b	c	d
IZEA 866	19,0	9,2	4,77	5,60	8,3	4,42	1,59	3,71	5,43	4,11	6,69	1,19	1,90	0,13
IZEA 876	18,9	9,3	4,76	5,51	8,1	4,35	1,62	3,67	5,37	4,00	6,69	1,24	1,87	0,25
IZEA 877	18,7	9,5	5,12	5,48	8,2	4,50	1,65	3,48	5,29	3,99	6,72	1,14	2,00	0,25
IZEA 878	19,2	9,4	5,00	5,71	8,3	4,54	1,63	3,53	5,45	4,10	6,71	1,26	1,73	0,16
IZEA 879	18,5	9,3	4,99	5,87	–	4,61	1,69	3,06	5,35	3,97	6,60	1,29	1,67	0,24
IZEA x481	18,8	9,4	4,86	5,98	8,7	4,58	1,77	3,79	5,51	4,15	6,57	1,25	1,89	0,36
IZEA x506	17,8	9,2	4,89	5,54	8,0	4,51	1,83	3,70	5,13	3,77	6,13	1,14	1,95	0,12
IZEA x507	18,2	9,4	5,17	5,57	7,9	4,46	1,80	3,61	5,02	3,79	6,28	1,15	1,76	0,24
IZEA x508	18,8	9,5	5,35	5,77	8,4	4,46	1,80	3,80	5,34	3,94	6,67	1,26	2,08	0,14
IZEA x509	19,1	9,3	5,26	5,69	8,4	4,63	1,86	3,75	5,31	3,96	6,71	1,33	2,18	0,23
IZEA x510	18,7	9,5	4,92	5,69	8,4	4,61	1,92	3,87	5,31	3,92	6,40	1,21	2,11	0,18
IZEA x516	17,7	9,1	5,06	5,27	7,9	4,20	1,72	3,47	5,08	3,74	6,31	1,08	1,91	0,28
IZEA 1015	18,3	9,5	4,69	5,68	8,2	4,48	1,80	3,42	5,25	3,98	6,45	1,30	2,01	0,25

Soricidae – Spitzmäuse

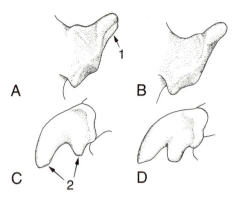

Abb. 99. Gelenkfortsatz (**A, B**) und I^1 (**C, D**) von *Sorex samniticus* (**A, C**) und *S. araneus* (**B, D**) aus Italien. Rechte Unterkiefer von lingual betrachtet. Man beachte den Knochenvorsprung am Gelenkfortsatz bei *S. samniticus* (1) und die weit getrennten und unterschiedlich großen Spitzen am I^1 (2) im Vergleich zu *S. araneus*.

siv, der Knochenvorsprung an der Brücke zwischen den beiden Gelenkflächen ist variabel in der Größe und vermutlich mit zunehmendem Alter stärker ausgebildet (Abb. 99).

Verbreitung. Nur kontinentales Italien. Apennin südwärts bis Kalabrien. Da die Art bisher nicht von *S. araneus* unterschieden wurde, nennen wir hier die Fundorte aller von uns kontrollierten Tiere.

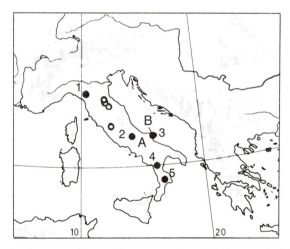

Abb. 100. Verbreitungsgebiet von *Sorex samniticus*. Vollkreise sind die Fundorte von Belegen, die vom Autor bestimmt wurden. Weiße Kreise bezeichnen Fundorte, die für *S. araneus* publiziert wurden (VON LEHMANN 1969, KRAPP 1975, CONTOLI 1976), die sich aber vermutlich ebenfalls auf *S. samniticus* beziehen.

Sorex samniticus – Italienische Waldspitzmaus 293

Fundpunkte (Abb. 100): 1 Fivizzano, Massa-Carrara, Toskana, 2 Pescassèroli, L'Aquila, Abruzzen (GRAF et al. 1979), 3 Monte Gargano, Foggia, Apulien (WITTE 1964), 4 Monte Caramolo, Cosenza, Kalabrien (VON LEHMANN 1973), 5 Lago Cecito, Camigliatello Silano, Cosenza, Kalabrien (GRAF et al. 1979).

Terra typica:

A *samniticus* Altobello, 1926: Campobasso, Molise, 700 m NN, Italien
B *garganicus* Pasa, 1951: Monte Nero, Cagnano Varano, Monte Gargano, Italien

Merkmalsvariation. Alter: Im Mai und Juni wogen Vorjährige am Monte Gargano 9,6–12,1 g (n = 4, darunter 2 gravide ♀), diesjährige 6,6–8,7 g (n = 8; WITTE 1964).

Zähne: Beidseitige Reduktion von U^5 beschreibt ALOISE (1986) für einen von 691 Gewöllschädeln aus den Tolfa-Bergen in Latium.
Von 12 Schädeln zeigten 2 einseitiges Fehlen von U^5 (WITTE 1964).

Unterarten: PASA (1953) trennt *garganicus* aufgrund etwas geringerer Größe von *samniticus* ab. WITTE (1964) findet dies Vorgehen unberechtigt.

Ökologie. Biotop: Anscheinend ersetzt die Art in mittlerer Höhenlage *S. araneus* und geht in günstigen Gebieten weit herab in die Niederungen. Höchster Fundort ist Pescassèroli (1160 m NN), wo *S. samniticus* syntop mit *S. araneus* vorkommt. Tiefster Punkt bisher Fivizzano (300 m). Die Art wurde meist in Bachnähe oder im Sumpf und in Hecken oder Mäuerchen feuchter Gebiete gefangen.

Fortpflanzung: Am Monte Gargano ein säugendes ♀ am 15. 5., am 3. 6. zwei trächtige ♀ mit 3 und 6 Embryonen. Ein selbständiges, diesjähriges Jungtier schon am 14. 5. (WITTE 1964).

Literatur

ALOISE, G.: A case of dental reduction in *Sorex samniticus* Altobello, 1926 (Insectivora, Soricidae). Säugetierk. Mitt. **33,** 1986, 79–82.
CONTOLI, L.: Data on the prey of the barn owl (*Tyto alba* Scop.) among some mammals in the Tolfa Mountains (Rome). Suppl. Ric. Biol. Selv. **8,** 1976, 237–246.
GRAF, J.-D.; HAUSSER, J.; FARINA, A.; VOGEL, P.: Confirmation du statut spécifique de *Sorex samniticus* Altobello, 1926 (Mammalia, Insectivora). Bonn. zool. Beitr. 1979, **30,** 14–21.

Krapp, F.: Säugetiere (Mammalia) aus dem nördlichen und zentralen Apennin im Museo civico di Storia naturale di Verona. Boll. Mus. Civ. Stor. Nat. Verona **2,** 1975, 193–216.

Lehmann, E. von: Eine Kleinsäugeraufsammlung vom Etruskischen Apennin und den Monte Picentini (Kampanischer Apennin). Suppl. Ric. Zool. appl. alla Caccia **5,** 1969, 39–46.

– Die Säugetiere der Hochlagen des Monte Caramolo (Lucanischer Apennin, Nordkalabrien). Suppl. Ric. Biol. Selv. **5,** 1973, 47–70.

Pasa, A.: Alcuni caratteri della Mammalofauna Pugliese. Mem. Biogeogr. Adriatica **2,** 1951, 2–21.

Witte, G.: Zur Systematik der Insektenfresser des Monte-Gargano-Gebietes (Italien). Bonn. zool. Beitr. **15,** 1964, 1–35.

Sorex alpinus Schinz, 1837 – Alpenspitzmaus

E: Alpine shrew; F: La musaraigne alpine

Von F. Spitzenberger

Diagnose. Ober- und unterseits schieferschwarz. Der Schwanz etwa körperlang, oberseits schwarz und unterseits scharf abgesetzt weiß. Füße und Hände weißlich. U oben im Vergleich zu *Sorex araneus* zart. U_1 zweispitzig. Corh unter 4,3 mm, Mand etwa wie bei *S. araneus*.

Karyotyp: $2n = 56$. 2 große Autosomenpaare metazentrisch, 2 Paare submetazentrisch und 23 kleine bis mittelgroße Paare subtelozentrisch oder akrozentrisch. X groß, metazentrisch, Y klein, akrozentrisch ($n = 6$, ČSSR; Zima und Král 1984*). Für die Alpen gibt Meylan (1966) 58 Chromosomen an, Catzeflis et al. (1982*) nennen 54–56 Chromosomen.

Beschreibung. Eine schlanke, grazile Spitzmaus mit langen Körperanhängen. Sie ist etwa so groß wie die Waldspitzmaus, wiegt aber etwas weniger und hat einen deutlich längeren Schwanz, längere Ohren und Hinterfüße. Um die Augen ein etwa 1 mm breiter, nackter Ring (Niethammer 1960). Rüsselende rosa. Mittellappen des seitlichen Lobus klein, spitz, nicht rund wie bei *Sorex araneus* und *S. coronatus* (Hutterer 1982). Ohrmuschel im Verhältnis zur Cbl länger als bei der Zwergspitzmaus (Burda 1980).

Unterseits nur wenig heller und stumpfer grau gefärbt als die Oberseite, keine Andeutung einer Trennlinie. Die dunkle Schwanzoberseitenfärbung umgreift auch die Seiten, so daß die weiße Zone auf der Unterseite relativ schmal ist. In der Regel nimmt sie etwa 90 % der Schwanzlänge ein, gelegentlich weniger. Ein ♂ aus Niederösterreich hatte eine völlig schwarze Schwanzunterseite (Spitzenberger 1978). Füße heben sich weiß vom grauen Fell ab. Vibrissae mystaciales weiß und im Vergleich zu *S. araneus* lang ($\bar{x} = 18,0$ gegenübert 15,7 mm; Niethammer 1960). Penis lang (im Mittel 27 mm bei 2 adulten ♂). Glans säulenförmig verdickt mit 3 kurzen, abgerundeten Lappen (Hutterer 1982).

Schädel: Im Vergleich zur Waldspitzmaus flacher und im hinteren Rostralbereich breiter. In der Interorbitalgegend ist das Schädelprofil eingeknickt und wölbt sich erst dahinter zur Hirnkapsel auf. Dagegen steigt

Tabelle 81. Maße von *Sorex alpinus* aus Kärnten, Coll. NMW.

Nr.	sex	Mon	Kr	Schw	Hf	Gew	Cbl	Zyg	Skb	SkH+	oZr	Mand	Corh
						Diesjährige							
S 76/180	♂	7	63	64	14,2	5,2	18,5	5,4	9,3	5,6	8,3	9,5	4,1
S 76/218	♀	7	66	63	14,8	5,4	18,4	5,2	9,3	–	8,2	9,5	3,85
S 76/226	?	7	66	63	14,3	5,5	18,6	5,3	9,3	–	8,2	9,7	4,0
S 76/238	♀	7	61	63	14,3	7,2	18,5	5,2	9,2	6,0	7,9	9,5	4,1
S 76/249	♂	7	65	62	14,0	6,1	18,4	–	9,2	–	–	9,5	4,2
BS 77/514	♀	7	69	68	15,2	7,2	18,6	5,4	9,2	5,8	8,5	10,1	4,15
BS 77/580	♀	7	66	68	14,5	6,6	18,9	5,0	9,5	–	8,4	9,8	4,05
BS 77/581	♀	7	64	68	15,0	7,7	18,9	5,3	9,3	5,8	8,3	9,8	4,25
BS 77/582	♀	7	67	68	14,5	6,8	18,6	5,0	9,4	5,8	8,2	9,8	4,0
BS 77/583	♀	7	68	73	14,8	6,7	18,8	5,3	9,4	6,0	8,5	9,9	4,15
14769	♂	8	–	–	–	–	18,5	5,4	9,1	5,6	8,4	9,8	4,1
7853	♀	9	68	68	14,0	7,6	18,5	5,3	9,2	5,3	8,2	10,0	4,2
7855	♀	9	71	68	13,9	7,3	18,9	5,3	–	–	8,4	9,9	4,0
7856	♀	9	70	65	15,7	7,6	18,4	5,4	9,4	5,4	8,3	10,0	4,15
7875	♂	9	68	66	14,5	7,2	19,1	5,3	9,4	5,8	8,2	10,0	4,05
11354	?	10	–	–	–	–	18,6	–	9,1	5,5	8,4	10,1	4,1
						Vorjährige							
15429	♀	4E s 6	–	–	–	–	17,9	–	8,9	5,1	7,5	9,7	3,95
17328	♀	5E s 6	75	64	13,7	11,5	18,5	5,0	9,2	5,4	8,2	9,9	4,2
BS 77/513	♂	7	76	70	15,0	8,7	19,3	5,4	9,3	5,3	8,3	10,1	4,15
BS 77/547	♂	7	71	66	14,6	10,8	19,1	5,3	9,3	5,6	8,1	10,0	4,2
BS 77/579	♂	7	80	72	15,2	10,8	19,1	5,2	9,3	5,4	8,0	9,8	4,2
S 76/215	♂	7	72	61	15,3	–	18,7	5,1	9,3	5,3	7,8	9,8	4,0
S 76/237	♂	7	70	–	14,8	10,5	18,5	5,4	9,4	5,5	7,9	9,7	4,2
7854	♀	9	75	64	14,3	8,9	18,7	5,4	9,4	5,4	8,1	9,7	4,25

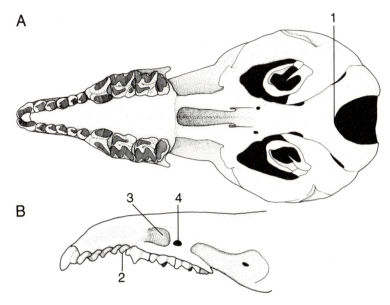

Abb. 101. Schädel von *Sorex alpinus* **A** ventral, **B** Rostrum lateral. **A** Coll. F. KRAPP Nr. 74/70, **B** Nr. 118/68. Die Nummern verweisen auf folgende Merkmale: 1 weit rostrad reichendes Foramen magnum, 2 großer U^5, 3 großes Foramen infraorbitale, 4 großes Foramen lacrimale.

das Profil bei der Waldspitzmaus von der Nasenöffnung bis zur Parietalnaht stetig an, der Umriß wirkt dadurch keilförmig. Bei *S. alpinus* sind Inter- und Infraorbitalregion etwas breiter als bei *S. araneus* (s. auch DOLGOV 1972). Da die Rostrumspitze beider Arten über den I^1 aber etwa gleich breit ist, wirkt der Schädel von *S. alpinus* spitzer.

Wie Abb. 101 zeigt, erstreckt sich das Foramen magnum der Alpenspitzmaus weiter rostrad als das der Waldspitzmaus. Die Proc. zygomatici sind im Vergleich zu denen der Waldspitzmaus länger und an der Basis dünner (STAUDINGER briefl.). Der Canalis infraorbitalis, den der Ramus infraorbitalis des N. trigeminus durchzieht, ist wegen der stärkeren Innervierung der Vibrissen weiter als bei der Waldspitzmaus. Die bei *S. alpinus* kürzere Wand des Infraorbitalkanals bildet einen weiteren gut kenntlichen Unterschied gegenüber *S. araneus*. Auch das Foramen lacrimale ist bei *S. alpinus* größer (MILLER 1912*). Der Hinterrand des Gaumens ist bei *S. alpinus* gerader als bei *S. araneus* (Abb. 101; STAUDINGER briefl.). Die Mandibel der Alpenspitzmaus ist schlanker und zierlicher als die der Waldspitzmaus, der Ramus niedriger, der Proc. coronoideus schmaler. Nach dem Index Mand/Corh lassen sich die beiden Arten fast ausnahmslos

Tabelle 82. Schädelhöhe über den Tympanalringen bei Alpenspitzmäusen aus Tirol, Salzburg, Oberösterreich, Kärnten und Steiermark, mit zunehmendem Alter und zu unterschiedlicher Jahreszeit. Altersklassen nach der Zahnabnutzung, von 1 (juvenil) bis 5 (senil) Alter zunehmend.

Altersklasse	Jahreszeit	x̄	n
1 + 2	Juni – Oktober	5,7	34
3	Juli – August	5,8	2
3	Januar – März	5,0	2
3	Mai – Juni	5,4	5
4	Mai – Juli	5,6	12
5	Juli – September	5,3	6

trennen (RUPRECHT 1971): *S. alpinus* 2,36–2,70 (n = 190) gegenüber *S. araneus* mit 1,95–2,36 (n = 1200). Die beiden Facetten am Gelenkfortsatz des Unterkiefers sind in Ansicht von caudal (Abb. 102) durch eine ziemlich lange Brücke getrennt. Bei *S. araneus* ist diese Brücke kürzer und breiter (Abb. 94). Damit erinnert *S. alpinus* an *Neomys*.

Abb. 102. Gelenkfortsatz des linken Unterkiefers von *Sorex alpinus* von caudal. ZFMK 56. 1009.

Zähne (im wesentlichen nach MILLER 1912*): Relativ klein, schwach. Der kaudale Lobus des I^1 ist kurz, kürzer als U^1, und zugespitzt. Von vorn betrachtet konvergieren die beiden I^1 zunächst stark und weichen mit ihren Spitzen etwas auseinander (Abb. 103). Dagegen ist der Winkel zwischen den I^1 bei der Waldspitzmaus spitzer, und die Enden der Zähne verlaufen parallel. Die Kronen der U sind bei der Alpenspitzmaus deutlich länger als breit, ihre quetschenden Basen sind gegenüber den Spitzen reduziert. Nur U^5 ist größer und hat eine größere Quetschfläche als der entsprechende Zahn der Waldspitzmaus. P^4 und obere M sind schmaler als bei der Waldspitzmaus. I_1 ist relativ niedrig, seine Höcker sind schwach entwickelt. U_1 ist im Gegensatz zu dem anderer europäischer *Sorex*-Arten zweispitzig. Von labial betrachtet bildet er eine irreguläre Ellipse, deren Längsachse

Sorex alpinus – Alpenspitzmaus

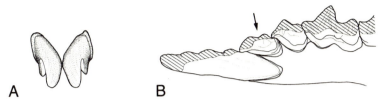

Abb. 103 A. I^1 von *Sorex alpinus* von vorn. ZFMK 56. 1009. **B.** I_1–P_4 von *Sorex alpinus*. Pfeil weist auf zweispitzigen U_1.

parallel zum Mandibelast liegt. Er trägt einen großen vorderen und einen kleinen hinteren Höcker.

Postcraniales Skelett: Unterschenkel gegenüber *S. araneus* im gleichen Verhältnis verlängert wie Fuß (HUTTERER 1982).

Verbreitung. *Sorex alpinus* gehört zu den wenigen, fast ganz auf Mitteleuropa beschränkten Säugetierarten. Die Art gilt als präglaziales, montanes Element, das heute ein reliktäres Areal in europäischen Gebirgen besitzt. An klimatisch günstigen Standorten konnte sie sich auch in tiefen Lagen (200–500 m) halten, doch scheinen solche Vorkommen keinen Zusammenhang mehr mit den montan-alpinen Hauptarealen zu haben.

Den heutigen Verbreitungskern bilden die Alpen. Hier ist die Westgrenze noch ungenügend erforscht. Die westlichsten Punkte sind außer 2 und 3 in Abb. 104 Chamonix (MILLER 1912*) und Argentière (CATZEFLIS briefl.). Im SE schließt ein ausgedehnter, bis zur albanischen Grenze (Punkt 7) reichender Arealteil an, in dem in Slowenien die Art auch in geringer Höhe (200 m – HAINARD 1961*) lebt. Isolierte Kleinareale sind auf der Balkanhalbinsel die Punkte 41 und 42. Die SE- und E-Grenze folgt exakt dem Alpenrand, im N durchzieht sie das Alpenvorland, scheint aber nirgends die Donau zu erreichen. Im Hausruck wurde die Art bisher noch nicht nachgewiesen.

Ein weiteres, möglicherweise geschlossenes großes Areal verläuft von der Oberlausitz (ANSORGE und FRANKE 1981) und den Sudeten bis zum S-Rand der Karpaten. Neben den Punkten 29–40 der Abb. 105 sind hier die Mährischen (KRATOCHVÍL und GRULICH 1950) und Slowakischen Beskiden (DUDICH und ŠTOLLMANN 1979) zu erwähnen sowie Góry Bystrzyckie (HUMIŃSKI 1976). S davon gibt es Alpenspitzmäuse aus folgenden slowakischen Gebirgen (nach HANÁK 1967): Javorniky, Bilé Karpaty (Ort Straní – die Angaben bei HANÁK 1967 über ein Vorkommen in den Kleinen Karpaten sind nach SIGMUND, briefl., falsch), Malá und Velká Fatra, Nizke Tatry (DUDICH 1970), Vtáčnik (KOVAČIK 1980), Krmenicke vrchy, Pol'ana, Mu-

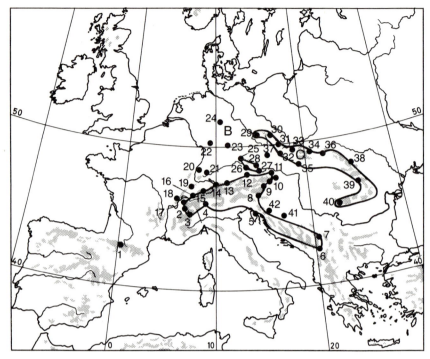

Abb. 104. Areal von *Sorex alpinus*.

rándka planina (SIGMUND briefl.), Čerchov und Vihorlat. Weitere Angaben zur Verbreitung in der Slowakei finden sich bei DUDICH und ŠTOLLMANN (1983) und ŠTOLLMANN und DUDICH (1985). In den Ukrainischen Karpaten weit verbreitet (SENIK 1967). Ob die Rumänischen Karpaten durchgehend besiedelt sind, wie es VASILIU (1961) andeutet, bleibt noch zu klären.

Außerdem sind folgende Vorkommen bekannt: Die zuerst von TRUTAT (1878) aus den Pyrenäen im Maladeta-Massiv gemeldete Existenz wurde später von CABRERA (1914*) und GOURDON (1930*) durch Funde im w angrenzenden Massiv bestätigt. Neuere Funde liegen nicht vor (VERICAD 1970* und briefl. 1978). Nach MILLER (1912*) und BAUMANN (1949*) im Kanton Waadt und im Schweizer Jura. Das Vorkommen auf der französischen Seite ist umstritten (SAINT GIRONS 1973*). In der Schwäbischen Alb (VOGEL 1941; LÖHRL 1969), im Schwarzwald (LÖHRL 1936), in der Rhön (PIEPER 1973, FELTEN 1984), im Harz (SCHULZE 1887; HAENSEL und WALTHER 1969) und im Fichtelgebirge (KAHMANN 1952) liegen vermutlich voneinander isolierte Vorkommen. Ein größeres Areal umfaßt den Böhmerwald, den Bayerischen Wald, das oberösterreichische Mühlviertel, das niederösterreichische Waldviertel (SPITZENBERGER 1978) und die südböhmischen Novohradské hory (VOHRALÍK und ANDĚRA 1972) und reicht im Sauwald bis s der Donau (SPITZENBERGER 1978). Ein kleines lokales Vorkommen wurde in der Českomoravská vysočina (Böhmisch-Mährische Höhe) bekannt (ŠEBEK 1971).

Randpunkte: Spanien 1 Maladeta-Massiv: Puerto de Benasque; Plan dels Estanys (TRUTAT 1878; CABRERA 1914*; GOURDON 1914 – nach VERICAD 1970*); Frankreich 2 Samoëns, Dept. Haute Savoie (ARIAGNO 1976); Italien 3 Nationalpark Gran Paradiso (leg. KRAPP, ZFMK), 4 Porlezza (GHIDINI 1911); Jugoslawien 5 Učka; Planik (ĐULIĆ 1962), Raski Do, w Decani (NNW), 7 Suvo Rudiste, Kopaonik (PETROV 1943); Österreich 8 Vellacher Kotschna, 9 Teichalpe, 10 Glashütten, 11 Jägerwaldsiedlung, Wien 14., 12 Wallern/Traitnach, Oberösterreich (SPITZENBERGER 1978); Deutschland 13 Kochel, 14 Unterjoch (KAHMANN 1952); Schweiz 15 Glärnisch (BAUMANN 1949*), 16 Interlaken (ZFMK), 17 Champéry (MEYLAN 1961), 18 St. Cergues (MILLER 1912*), 19 Doubs (BAUMANN 1949*); Deutschland 20 Ruhestein, Schwarzwald (LÖHRL 1936)*, 21 Wiesensteig, Schwäbische Alb (VOGEL 1941), 22 Großer Nallen bei Gersfeld, Rhön (PIEPER 1973), 23 Schneeberg, Fichtelgebirge (KAHMANN 1952), 24 Brocken, Harz (SCHULZE 1887), 25 Bayerisch Eisenstein (KAHMANN 1952); Österreich 26 Sauwald (SPITZENBERGER 1978), 27 Oed-Teich (SPITZENBERGER 1966); ČSSR 28 Benešov n Černou (VOHRALÍK et al. 1972), 29 Jizerské hory = Góry Izerskie = Isergebirge (VOHRALÍK und ANDĚRA 1972); Polen 30 Ślęża (HAITLINGER und HUMIŃSKI 1964), ČSSR 31 Sobitin na Moravĕ, Hrubý Jeseník (ŠEBEK 1971), 32 Klokozočuvek,, Oderské vrchy (BENEŠ 1970), Polen 33 Beskid Slaski (HAITLINGER und HUMIŃSKI 1964), 34 Beskid Sadecki (CHUDOBA und HUMIŃSKI 1968), ČSSR 35 Pol'ana, 36 Vihorlat (KRATOCHVÍL und ROSICKÝ 1952), 37 Tři Studně, Českomoravská vysočina (VOHRALÍK und ANDĚRA 1972), UdSSR 38 Tschernogora (SENIK 1967), Rumänien 39 Görgeny-Gebirge (WAGNER 1974), 40 Hatszeg (MILLER 1912*); Jugoslawien 41 Nova Gradiska (SMF), 42 Zagrebačka gora (ĐULIĆ 1962); Ungarn: 43 Köszeg (Güns – MESZÁROS und DEMETER 1984).

Terrae typicae:

A *alpinus* Schinz, 1837: St. Gotthard-Paß, Schweiz
B *hercynicus* Miller, 1909: Mäuseklippe, Harz, Deutschland
C *tatricus* Kratochvíl und Rosický, 1952: Vysoké Tatry, ČSSR

Merkmalsvariation. *Geschlechterdimorphismus:* ♂ und ♀ gleicher Altersklassen zeigen in Körper- und Schädelmaßen keine signifikanten Unterschiede. Wie bei *Sorex araneus* haben adulte ♂ im Gegensatz zu den ♀ als Steg aus steifen Haaren im Fell ertastbare Seitendrüsen.

---

* Auch Feldberg-Gebiet (BRÜNNER und HOFFRICHTER 1987).

Soricidae – Spitzmäuse

Tabelle 83. Maße von *Sorex alpinus* aus verschiedenen Gebieten nach eigenen Messungen und Literaturangaben. Soweit unter „Autor" Sammlungen angegeben sind, handelt es sich um Originalmaße ganz überwiegend unpublizierten Materials.

Herkunft		Kr (nur ad)	Schw	Hf	Cbl	Skb	oZr	Mand	Corh	Autor/Sammlung
Schweiz, Liechtenstein	Min	70	64	14	18,6	9,1	8,3	9,5	3,95	ZFMK, NMW, SMF, Coll. F. Krapp
	Max	82	74	16	19,9	9,8	8,9	10,6	4,25	
	x̄	76,2	69,9	15,1	19,3	9,47	8,6	10,1	4,12	
	n	9	25	25	23	21	26	27	27	
Italien	Min	–	75	16	19,2	9,6	8,4	9,9	4,2	ZFMK, SMF
	Max	–	76	16,5	20,0	9,8	8,7	10,7	4,3	
	x̄	75	76	16,3	19,7	9,7	8,6	10,4	4,25	
	n	1	2	2	4	4	4	4	4	
Bayerische Alpen Tirol, Vorarlberg	Min	66	61	13	18,3	8,9	7,7	9,2	3,9	ZFMK, NMW, SMF, Kahmann (1952)
	Max	78	75	15	19,3	9,8	8,8	10,2	4,3	
	x̄	72,8	67,9	14,3	18,9	9,4	8,3	9,8	4,08	
	n	12	57	54	38	36	38	37	39	
Kärnten	Min	67	61	13,7	17,9	8,9	7,4	9,5	3,85	NMW, SMF
	Max	80	74	15,7	19,3	9,5	8,6	10,1	4,25	
	x̄	74,4	65,9	14,6	18,7	9,3	8,2	9,8	4,11	
	n	12	33	35	25	23	33	35	36	
Steiermark	Min	68	60	13,3	18,3	8,9	8,0	9,4	3,8	NMW
	Max	74	71	15,0	19,3	9,5	8,6	10,0	4,1	
	x̄	71,7	65,9	14,2	18,7	9,2	8,2	9,7	3,99	
	n	6	28	27	16	16	26	28	28	
Niederösterreich, Burgenland, Wien	Min	74	58	13,3	18,4	8,9	7,7	9,6	3,9	NMW
	Max	85	74	16,0	19,9	9,9	8,6	10,4	4,4	
	x̄	80,2	63,0	14,3	18,9	9,3	8,2	9,9	4,09	
	n	14	30	31	19	19	29	31	31	

Sorex alpinus – Alpenspitzmaus

	Min	70	15		9,2	9,1	–	–	DULIC (1982)
	Max	78	16	21	10,0	9,2	–	–	
	x̄	72,5	–	20,5	9,7	9,2	–	–	
	n	8	–	6	6	8	–	–	
Kopaonik-Gebirge, Jugoslawien	Min	–	–	19,0	9,4	8,3	–	–	PETROV (1943)
	Max	–	–	19,9	9,7	8,8	–	–	
	x̄	–	–	19,4	9,6	8,6	–	–	
	n	–	–	12	12	13	–	–	
Böhmisch-Bayerischer Wald	Min	60	13,0	18,5	9,0	8,0	–	–	HANÁK und FIGALA 1960, KAHMANN 1952, ZEJDA und KLIMA 1958
	Max	72	15,5	19,3	9,6	8,9	–	–	
	x̄	66,5	14,7	18,8	9,3	8,4	–	–	
	n	35	35	15	14	25	–	–	
Harz	Min	65	14,8	19,0	9,4	8,4	–	–	Hf, Schw aus MILLER 1912*; sonst KAHMANN 1952
	Max	68	15,8	19,6	9,8	8,6	–	–	
	x̄	67	15,1	19,4	9,7	8,5	–	–	
	n	6	6	5	4	5	–	–	
Iser-, Riesen-, Eulengebirge, Großer Schneeberg, Gesenke	Min	56	13,4	18,6	–	7,4	–	–	HAITLINGER und HUMIŃSKI 1964; HANZÁK und ROSICKÝ 1947; KRATOCHVÍL und GRULICH 1950; KRATOCHVÍL und ROSICKÝ 1952; KAHMANN 1952
	Max	74	16	19,9	–	8,6	–	–	
	x̄	65,3	14,8	19,3	–	8,1	–	–	
	n	55	55	26	–	33	–	–	
Ślęża	Min	61	14,8	19,9	9,2	8,2	–	–	HAITLINGER und HUMIŃSKI 1964
	Max	73	16,2	20,3	9,5	9,7	–	–	
	x̄	66,5	15,2	20,1	9,5	8,3	–	–	
	n	4	4	3	3	3	–	–	
Mährische Beskiden, Slowakisches Erzgebirge, Vihorlat, Tatra	Min	58	14	19,0	–	8,1	–	–	KRATOCHVÍL und GRULICH 1950; KRATOCHVÍL und ROSICKÝ 1952
	Max	69	16	19,3	–	–	–	–	
	x̄	63,6	15,1	19,1	–	8,5	–	–	
	n	16	15	3	–	6	–	–	
Ukrainische Karpaten	Min	57	12	18,7	9,0	8,8	–	–	SENIK 1967
	Max	72	16	20,0	9,7	9,0	–	–	
	x̄	64,9	14,4	19,5	9,4	8,7	–	–	
	n	53	51	44	45	45	–	–	

Alter: Nach der Zahnabkauung lassen sich 5 Altersklassen unterscheiden (SPITZENBERGER 1978). Nach der Schwanzbehaarung, die sich im Lauf des Lebens stark abnutzt, können juvenile und adulte Tiere getrennt werden (NIETHAMMER 1960). Bei alten Individuen ist der Schwanz so abgestoßen, daß selbst die Haarwurzeln nicht mehr erkennbar sind (HUTTERER 1982).

Haarwechsel: Im Herbst wie bei anderen *Sorex*-Arten (SPITZENBERGER 1978). Erste Mauseranzeichen zeigt ein ♀ am 24. 9. und ein ♂ am 25. 9. Am 2. 11. ist ein ♀ in den letzten Haarwechselstadien. Der Verlauf des Frühjahrshaarwechsels ist noch unbekannt. Noch Ende Mai fanden sich ♀ mit einem das Ende des Haarwechsels ankündigenden Pigmentfleck auf dem Hinterrücken und ♂, bei denen große Teile der Ober- und sogar der Unterseite pigmentiert waren. Von Ende Mai bis in den August sind einzelne, vor allem ♂, in der sommerlichen Zwischenhärung. Sexuell reifende oder aktive Jungtiere können bereits im ersten Lebenssommer einen Haarwechsel durchmachen.

Farbabweichungen: HUTTERER (1982) fand unter zahlreichen Exemplaren einen echten Albino vom St. Gotthard. An jugendlichen ♀ stellte er gelegentlich die Ausbildung eines weißen Schwanzpinsels fest.

Jahreszeiten: Eine Abflachung des Schädeldaches im Winter (Dehnelsches Phänomen) zeigt auch die Alpenspitzmaus (Tab. 82).

Geographische Variation und Unterarten: Nach bisheriger Kenntnis variieren nur Körper- und Schädelmaße geographisch.

Schädelmaße: Die Cbl variiert nach eigenen Messungen zwischen 18,3 und 20,0 mm. Bei einem trächtigen ♀ der Altersklasse 4 (adult) mit nur 17,9 mm Cbl handelt es sich um ein zwergwüchsiges Tier, wie es gelegentlich bei vielen Soricidenarten besonders bei den ♀ vorkommt. Zu den hohen Werten bei MILLER (1912*) vgl. auch NIETHAMMER (1960).

In den Ostalpen liegen die Cbl recht konstant zwischen 18,3 und 19,3 (Tab. 83), die Mittelwerte schwanken hier zwischen 18,6 und 18,9. Die hierzu marginal gelegenen Populationen haben höhere Cbl: Italien 19,7, Schweiz 19,3, Harz 19,4, Sudeten 19,3, Ślęża 20,1, Beskiden und slowakische Gebirge 19,1, Ukrainische Karpaten 19,5, Kopaonik 19,4 und Istrien 20,5. Entsprechend verhalten sich oZr, Skb und Zyg. Es fällt auf, daß besonders weit vorgeschobene Arealinseln (Ślęża, Istrien) Populationen mit besonders großen Schädeln beherbergen.

Körpermaße: Die Hf variiert ähnlich wie die Cbl. Kleineren Werten in den Ostalpen (mit Ausnahme von Kärnten um 14,2–14,3) stehen größere in den Randgebieten gegenüber. Ganz anders verhält sich die Schw. Ihre Mittelwerte nehmen klinal von W (Italien 75,2) nach E (Alpenostrand 62,9) ab. Im Böhmisch-Bayerischen Wald (66,5), den Sudeten (65,3), Beskiden und slowakischen Gebirgen (63,5) und den Ukrainischen Karpaten (64,9) liegen die Mittelwerte etwas über den ostalpinen. Mit Ausnahme der Beskiden und slowakischen Gebirge übersteigt die obere Variationsgrenze 70 und liegt meist zwischen 73 und 74. Es gibt also in jeder Population langschwänzige Individuen.

Die stark altersabhängige Kr konnte nur bei den wenig zahlreichen Adulten verglichen werden. Danach sind die Alpenspitzmäuse am Alpenostrand, in den Sudeten, Beskiden und slowakischen Gebirgen besonders großwüchsig, nicht aber im Böhmisch-Bayerischen Wald. Vergleichbare Werte für die Ukrainischen Karpaten fehlen leider. Die genannten großwüchsigen Populationen sind kurzschwänzig. Die Kombination großer Körper – kurzer Schwanz war für KRATOCHVÍL und ROSICKÝ (1952) Anlaß der Beschreibung von *S. a. tatricus*. Es muß aber darauf hingewiesen werden, daß diese Kombination in den Ostalpen noch extremer ist.

Unterart-Gliederung: Die vorstehende Analyse hat gezeigt, daß ein großer Schädel nicht allein westalpine Alpenspitzmäuse (Gebiet der Nominatform) kennzeichnet und daß die relative Schwanzlänge die Populationen der Karpaten und Mittelgebirge (*hercynicus, tatricus*) nicht von denen der Ostalpen unterscheidet. Die verschiedenen Populationen überschneiden sich in ihrer Streuung auch dann stark, wenn die Mittelwerte deutlicher differieren. Daher halte ich es für richtiger, hier von einer ternären Benennung abzusehen. Allein die Population von Učka und Planik/Istrien, aus der ĐULIĆ (1962) die Maße von 8 Tieren publizierte, nimmt vielleicht eine Sonderstellung ein.

Paläontologie. Ältester bekannter Vorläufer der Alpenspitzmaus ist *Sorex alpinoides* Kowalski, 1956, von Podlesice und Weże in Polen. Er war kleiner als die rezente Art, hatte ein kürzeres Rostrum und abweichende Gelenkfacetten am Unterkiefer. Seine Zugehörigkeit zur *alpinus*-Gruppe manifestiert sich in dem zweispitzigen U_1, der Gestalt der I_1-Loben, der Lage des Foramen lacrimale und der Form des Mandibel-Condylus. Die ursprünglich dem Altpleistozän zugerechneten Funde von Podlesice hat KOWALSKI (1963) in das Mittelpliozän datiert.

Eine weitere verwandte Art, *Sorex praealpinus* Heller 1930, wurde aus dem Altpleistozän bekannt. Er ist etwas kleiner als rezente *S. alpinus* und unterscheidet sich von diesen wie von *S. alpinoides* in der Ausbildung der mandibulären Gelenkfacetten. Beschrieben wurde er aus der Sackdillinger Höhle in der Oberpfalz. Weitere Funde stammen aus dem Gaisloch/Frankenalb (KOWALSKI 1956), aus Erpfingen/Schwäbische Alb, Schernfeld bei

Eichstätt, Hohensülzen bei Worms, Sudmer-Berg 2 im Harz (MALEC in STORCH et al. 1973) und von Püspükfürdö (= Episcopia/Rumänien – HELLER 1930). Die meisten dieser Funde dürften aus dem Cromerium (STORCH et al. 1973), einige vielleicht auch aus dem Waalium stammen.
Spätere Funde, die bereits zu *S. alpinus* gestellt werden, liegen aus den Monti Lessini vor: Holstein-Warmzeit (*S.* cf. *alpinus* – BARTHOLOMEI und PASA 1969), Eem-Warmzeit (eine kleinwüchsige Form von *S. alpinus*), Ende Würm- und postglaziale Wärmezeit (jeweils eine großwüchsige *alpinus*-Form – BARTOLOMEI 1962). VON KOENIGSWALD und SCHMIDT-KITTLER (1972) führen die Art aus dem Riß/Würm-Interglazial von Erkenbrechtsweiler in der Schwäbischen Alb auf. Nicht genauer datierte „diluviale" Funde liegen aus der ČSSR vor (SKUTIL und STEHLIK nach KRATOCHVÍL und GRULICH 1950). Sicherlich stammen auch sie aus Warmzeiten, in denen weite Teile Europas mit geeigneten Waldgesellschaften bedeckt waren.

Ökologie. Habitat (nach SPITZENBERGER 1978): Die Alpenspitzmaus bevorzugt die submontane, montane und subalpine Höhenstufe, steigt aber vor allem in Schluchtwaldstandorten stellenweise tief in die colline Stufe ab. Höhenverbreitung 200 m (Slowenien – HAINARD 1961*, Ukrainische Karpaten – SENIK 1967) bis 2550 m (Großglocknermassiv/Österreich – FELTEN 1984). Der alte Höhenrekord von CALLONI mit 3335 m (fide BAUMANN 1949*) ist wohl mit Skepsis zu betrachten. Oberhalb der Baumgrenze ist die Bindung an Oberflächenwasser geringer als an tiefer gelegenen Standorten. Hier lebt die Alpenspitzmaus in Almrausch-, Latschen- und Heidelbeergestrüpp, gelegentlich auch in Blockhalden und sogar auf alpinen Kurzrasen unter Steinen. An der oberen Baumgrenze (meist Fichten- und Zirbenwälder) kann sie in Felsspalten, unter Baumwurzeln, gelegentlich auch auf Nadelstreu unter Fichten gefangen werden. Zwischen 600 und 1700 m ist eine Vorliebe für sickerndes, rieselndes, langsam fließendes, seltener stehendes Wasser unverkennbar. Wenn sie auch gelegentlich an feuchten, krautreichen Standorten in wasserlosen Gräben, ja sogar an Hängen vorkommt, besiedelt sie doch am dichtesten Quellaustritte, Gerinne und Bachufer dort, wo sich dicke Moospolster bilden. Nach FELTEN (1984) lebt sie bevorzugt in Pestwurz-(*Petasites*)Fluren an sumpfigen Bachufern. Unter 500 m kommt sie am ehesten in tief eingeschnittenen, schattig-kühlen Bachschluchten in Tannen-, Buchen-, Grau- und Schwarzerlen- und selbst Hainbuchenwäldern vor. Zu den Ansprüchen an ein feuchtkühles Standortklima tritt eine gewisse Petrophilie: Felsspalten, Blockwerk, Stütz- und Legmauern, Quellfassungen und spaltenreiche Grundmauern von Gebäuden sind bevorzugte Verstecke. Öfter wurde die Alpenspitzmaus auch in Höhlen gefunden. Die Fundtermine (NMW und HAJDUK et al. 1969) weisen auf Überwintern in Höhlen hin. Das feuchtkühle Kleinklima in Felsspalten ermöglicht der Alpenspitzmaus sogar das

Ausharren in weit nach S vorgeschobenen Orten wie den Buchenwäldern der istrischen Gebirge Učka und Planik (ĐULIĆ 1962).

Fortpflanzung: ♀ nehmen gelegentlich im Jahr ihrer Geburt an der Fortpflanzung teil. Geschlechtsaktive, junge ♀ wurden vom 12. Mai – 4. Oktober bekannt (BENEŠ 1970; SPITZENBERGER 1978). Auch ♂ zeigen vereinzelt im ersten Lebenssommer vergrößerte Gonaden (21. 7.–6. 9. – SPITZENBERGER 1978). Die Fortpflanzungszeit dauert höchstwahrscheinlich wie bei der Waldspitzmaus von Februar bis November, denn schon Mitte Mai gibt es Jungtiere, deren Gebiß bereits leicht abgenutzt ist, und Jungtiere gleichen Gebißzustandes findet man noch im Dezember. Österreichisches Material läßt auf 3 Würfe pro Jahr schließen (SPITZENBERGER 1978). Da zahlreiche ♀ gleichzeitig trächtig sind und laktieren, kann das Vorkommen von Postpartum-Östrus als gesichert gelten. Der späteste Wurf eines gleichzeitig graviden und säugenden ♀ stammt vom 4. 9. (Coll. F. KRAPP) und beweist lokal intensive Vermehrung. Embryonenzahlen 3–9, im Mittel 5,3 (Tab. 84).

Tabelle 84. Embryonenzahlen von *Sorex alpinus* aus den Alpen und dem Mittelgebirge.

Herkunft	Quelle	Embryonenzahl								n Würfe
		3	4	5	6	7	8	9	x̄	
ČSSR und Polen	BENEŠ 1970	1	–	3	5	1	–	1	5,8	11
Österreich	NMW	2	2	3	3	–	–	–	4,7	10

Populationsdynamik: Abgesehen von den Ukrainischen Karpaten überwiegen die ♂ etwas (Tab. 85). In der Jugend und im Winter ist das Geschlechterverhältnis im Sammlungsmaterial ausgeglichen, in Zeiten sexueller Aktivität kraß zugunsten der ♂ verschoben. Dies wird auf größere Aktivität und Aktionsraum der ♂ zurückgeführt. Dies ist auch bei der Beurteilung der Altersgliederung zu berücksichtigen. NIETHAMMER (1960) hatte darauf hingewiesen, daß im August nur noch 8 % des Gesamtfanges adulte Tiere sind (bei *S. araneus* etwa 20 %), und schloß daraus auf eine geringere Lebenserwartung der Alpenspitzmaus. Umfangreicheres Material (Tab. 86) enthält jedoch noch im September 28 % alte Tiere (Altersgruppen 4 und 5).

Über Dichteschwankungen und Todesursachen ist nichts bekannt. Die Alpenspitzmaus wird einmal als Beute des Rauhfußkauzes angegeben (UTTENDÖRFER 1939*), einmal des Waldkauzes (PIEPER 1973).

Soricidae – Spitzmäuse

Tabelle 85. Geschlechterverhältnis in verschiedenen Populationen von *Sorex alpinus*.

Herkunft	Autor	n ♂	n ♀	% ♂
ČSSR	Vohralík und Anděra 1972	83	69	55
Polen	Haitlinger und Humiński 1964	22	15	59
Ukrainische Karpaten	Senik 1967	11	43	20
Alpen	NMW	105	78	57

Tabelle 86. Gliederung von Serien von *Sorex alpinus* aus den West- und Ostalpen und dem Bayerischen Wald nach Altersgruppen (5 Klassen zunehmender Abnutzung der Zähne) in den verschiedenen Monaten des Jahres. Die Altersgliederung ist in % des betreffenden Zeitabschnitts angegeben.

| Monat | Altersklassen | | | | | n |
	1	2	3	4	5	
3–4	–	–	100	–	–	5
5	–	12	35	53	–	17
6	14	10	17	48	10	29
7	39	19	3	23	16	31
8	35	52	3	10	–	31
9	31	41	–	14	14	29
10	12	83	6	–	–	18
11–1	–	60	40	–	–	5

Tabelle 87. Anteile junger und alter Alpenspitzmäuse in den ukrainischen Karpaten in % zu verschiedenen Jahreszeiten nach Senik (1967).

Monat	% juv	% ad	n
5–7	31	69	13
8	56	44	32
9–10	33	67	9

Nahrung: In 10 Mägen österreichischer *S. alpinus* wurden Gastropoda, Lumbricidae, Araneae, Isopoda, Chilopoda sowie Diptera gefunden (Spitzenberger 1978). In 93 Mägen der Herkunft tschechoslowakische Karpaten fanden sich unabhängig von Geschlecht, Alter und Jahreszeit am häufigsten Lumbricidae, Dipterenlarven, Chilopoda, Collembola und Gastropoda. Araneidae, Opilionidae und Imagines von Coleoptera und Diptera waren wesentlich seltener. Daraus geht hervor, daß sich die Alpenspitzmaus hauptsächlich von unterirdischen Evertebraten mit geringer Beweglichkeit ernährt (KUVIKOVA 1986). In Gefangenschaft gehaltene Individuen verhalten sich beim Nahrungserwerb eher wie Sammler als Jäger (HUTTERER 1982).

Verhalten. Bewegungsweise: Klettert weit besser als *S. araneus*. Schwanz ist Balancier- und Stützorgan, kann aber Äste nicht umgreifen (HUTTERER 1982).

Aktivität: Fallenkontrollen in kurzen Abständen deuten darauf hin, daß *S. alpinus* zwar überwiegend nachtaktiv ist, aber auch tagaktive Phasen hat (A. BAAR mdl. und eigene Befunde). PORKERT (1979) beobachtete ein Individuum am 27. Jan. 1973 um 11 Uhr 45 auf einer Schneeoberfläche.

Signale: Weniger stimmfreudig als andere *Sorex*-Arten. Durch Zusammensetzen mit Waldspitzmäusen ließen sich Abwehr- und Schmerzlaute provozieren (HUTTERER 1982). Diese bestehen hauptsächlich aus tonalen Frequenzbändern, die z. T. gegenläufig sind (diplophon). Ferner wurde als Ausdruck hoher Aggressivität ein langgezogenes Schnarren vernommen.

Die Seitendrüsen sitzen etwas craniad der Mitte zwischen Vorder- und Hinterbeinen. Sie waren bei 10 geschlechtsreifen ♂ aus den Monaten Mai bis Juli 5,0–8,4 mm lang. Ein gleichzeitig laktierendes und gravides ♀ hatte kleine, 4,3 mm lange, graue Seitendrüsen. Der Damm aus steifen Haaren ist nur bei ♂ ausgebildet.

Nester: Im Terrarium oberflächlich ein lockeres Nest aus Moos und Halmen. In Gipskammern wurden nur einige Halme und Laub eingetragen (HUTTERER 1982). GUREJEW (1971*) gibt an, daß im Sommer Nester 10–20 cm über dem Boden errichtet werden können.

Literatur

ANSORGE, H.; FRANKE, R.: Die Alpenspitzmaus, *Sorex alpinus* Schinz 1837, in der Oberlausitz. Abh. Ber. Naturkundemus. Görlitz **55** (7), 1981, 45–48.
ARIAGNO, D.: Essai de synthèse sur les mammifères sauvages de la région Rhône-Alpes. Mammalia **40**, 1976, 125–160.
BARTOLOMEI, G.: Un deposito post-glaciale a *Sorex alpinus alpinus* presso S. Vito di Leguzzano (Vicenza). Mem. Mus. Stor. Nat. Verona **10**, 1962, 233–242.
– PASA, A.: La breccia ossifera di Boscochiesanuova nei Monti Lessini (Verona): I depositi e la fauna. Mem. Mus. Stor. Nat. Verona **17**, 1969, 475–494.
BENEŠ, B.: Beitrag zur Verbreitung und Bionomie der Alpenspitzmaus (*Sorex alpinus* Schinz) in der Tschechoslowakei. Čas. slezsk. Muz. Opava **19**, 1970, 45–49.
BOTHSCHAFTER, E.: Die Alpenspitzmaus (*Sorex alpinus* Schinz, 1837) aus niedriger

Höhenlage im Randgebiet des Bayerischen Waldes. Säugetierk. Mitt. **5**, 1957, 28–30.

BRÜNNER, H.; HOFFRICHTER, O.: Neue Funde der Alpenspitzmaus (*Sorex alpinus* Schinz, 1837) im Südschwarzwald. Mitt. bad. Landesver. Naturk. Naturschutz (N. F.) **14**, 1987, 403–408.

BURDA, H.: Morphologie des äußeren Ohres der einheimischen Arten der Familie Soricidae (Insectivora). Věst. čs. Společ. zool. **44**, 1980, 1–15.

CHUDOBA, S.; HUMIŃSKI, S.: Insectivores and rodents of the Beskid Sadecki Mts. Acta Zool. Cracov. **13**, 1968, 213–230.

DOLGOV, V. A.: Craniometry and regularities in geographical changes of craniometric data in palaearctic shrews (Mammalia, *Sorex*). Sbornik Trud. Zool. Mus. **13**, 1972, 150–186.

DUDICH, A.: Micromammalia Demänovskej doliny. Ochrana fauny **4**, 1970, 10–17.

– ŠTOLLMANN, A.: *Sorex alpinus* Schinz, 1837, *Apodemus microps* Kratochvíl et Rosický, 1952a *Microtus agrestis* (Linnaeus, 1769) v Liptovskej kotline (Západne Karpaty). Biológia (Bratislava) **34**, 1979, 423–428.

– – Drobné zemné cicavce západnej casti Slovenských Beskýd. Vlast. zborník Považia **14**, 1980, 219–243.

– – Rozšírenie piskora vrchovského (*Sorex alpinus* Schinz, 1837; Soricidae, Insectivora) na Slovensku. Biológia (Bratislava) **38**, 1983, 181–190.

ĐULIĆ, B.: New data on the occurrence of Alpine shrew, *Sorex alpinus alpinus* Schinz, 1837, in Yugoslavia. Bull. Scient. Cons. Acad. RPF Yougosl. **7**, 1962, 2–3.

FELTEN, H.: Zur Verbreitung der Alpenspitzmaus in deutschen Mittelgebirgen. Natur Museum **114**, 1984, 50–54.

GHIDINI, A.: Fauna Ticinese. X. *Arvicola nivalis* Mart. e *Sorex alpinus* Schinz sulle rive del Ceresio. Bol. Soc. Tic. Sci. Nat. **7**, 1911, 48–53.

HAENSEL, J.; WALTHER, H.: Neues Fundgebiet der Alpenspitzmaus *Sorex alpinus hercynicus* (Miller, 1909) im Harz. Säugetierk. Mitt. **17**, 1969, 119–120.

HAITLINGER, R.; HUMIŃSKI, S.: *Sorex alpinus* Schinz, 1837 (Mammalia, Soricidae) w Polsce. Acta theriol. **9**, 1964, 111–123.

HAJDUK, Z.; HUMIŃSKI, S.; OGORZALEK, A.: Remarks upon the occurrence of the mountain shrew (*Sorex alpinus* Schinz, 1837) in the Sudety mountains. Przegl. zool. **13**, 1969, 347–348.

HANÁK, V.: Verzeichnis der Säugetiere der Tschechoslowakei. Säugetierk. Mitt. **15**, 1967, 193–221.

– FIGALA, J.: Kleinsäuger des mittleren Böhmerwaldes. Acta Univ. Carolinae – Biol. **1960**, 103–124.

HANZÁK, J.; ROSICKÝ, B.: Rejsek horský (*Sorex alpinus hercynicus* Miller) v Československu. Čas. narodn. mus. Praha **46**, 1947, 20–25.

HELLER, F.: Eine Forest-Bed-Fauna aus der Sackdillinger Höhle (Oberpfalz). N. Jb. Min. **63** (B), 1930, 247–298.

HUMIŃSKI, S.: On the low situated stations of *Sorex alpinus* Schinz, 1837 (Insectivora, Soricidae) in Middle Sudetes. Przegl. zool. **20**, 1976, 365–367.

HUTTERER, R.: Biologische und morphologische Beobachtungen an Alpenspitzmäusen (*Sorex alpinus*). Bonn. zool. Beitr. **33**, 1982, 3–18.

KAHMANN, H.: Beiträge zur Kenntnis der Säugetierfauna in Bayern. Ber. naturf. Ges. Augsburg **5**, 1952, 147–170.

KOENIGSWALD, W. VON; SCHMIDT-KITTLER, N.: Eine Wirbeltierfauna des Riß/ Würm-Interglazials von Erkenbrechtsweiler (Schwäbische Alb, Baden-Württemberg). Mitt. Bayer. Staatssamml. Paläont. hist. Geol. **12**, 1972, 143–147.

KOVÁČIK, J.: *Sorex alpinus* Schinz, 1837 in the Vtáčnik mountains (West Carpathians). Biológia (Bratislava) **35**, 1980, 845–847.

KOWALSKI, K.: Insectivores, bats and rodents from the early Pleistocene bone breccia of Podlesice near Kroczyce (Poland). Acta Pal. Pol. **1**, 1956, 331–393.
– The Pliocene and Pleistocene Gliridae (Mammalia, Rodentia) from Poland. Acta zool. Cracoviensia **8**, 1963, 533–567.
KRATOCHVÍL, J.; GRULICH, I.: Contribution to the knowledge of mammal of Jeseniky-mountains. Sborn. prír. Společ. Morav. Ostravě **11**, 1950, 202–243.
– ROSICKÝ, B.: Nová rasa rejska z ČSR (*Sorex alpinus tatricus* ssp. n.). Věstn. česk. zool. společ. **16**, 1952, 51–65.
KUVIKOVÁ, A.: Nahrung und Nahrungsansprüche der Alpenspitzmaus (*Sorex alpinus*, Mammalia, Soricidae) unter den Bedingungen der tschechoslowakischen Karpaten. Folia zool. **35**, 1986, 117–125.
LÖHRL, H.: Ein neuer Fundort der Alpenspitzmaus (*Sorex alpinus* Schinz) und Bemerkungen über die Systematik der Art. Zool. Anz. (Leipzig) **114**, 1936, 221–223.
– Die Alpenspitzmaus (*Sorex alpinus* Schinz) erneut für die Schwäbische Alb nachgewiesen. Jh. Ver. vaterl. Naturk. Württemberg **124**, 1969, 280–281.
MÉSZÁROS, F.; DEMETER, A.: The alpine shrew (*Sorex alpinus* Schinz, 1837) new to the fauna of Hungary. Vertebrata Hungarica **22**, 1984, 47–49.
MEYLAN, A.: Insectivores et rongeurs dans la region de Bretolet. Rev. suisse Zool. **68**, 1961, 165–166.
– Données nouvelles sur les chromosomes des insectivores européens (Mamm.). Rev. suisse Zool. **73**, 1966, 548–558.
MILLER, G. S.: Twelve new European mammals. Ann. Mag. Nat. Hist. (8) **3**, 1909, 415–422.
NIETHAMMER, J.: Über die Säugetiere der Niederen Tauern. Mitt. Zool. Mus. Berlin **36**, 1960, 408–443.
PETROV, B. M.: Grada za uposnavanja faune sitnih sisara Kopaonićkih planina. Srpske Ak. knj. **34**, 1943, 363–401.
PIEPER, H.: Die Alpenspitzmaus, *Sorex alpinus* Schinz 1837, in der Rhön (Mammalia, Soricidae). Beitr. Naturk. Osthessen **1973**, 157–160.
PORKERT, J.: Zur Aktivität der Spitzmäuse auf dem Schnee. Lynx (Mus. Nat. Praha) (S. N.) **20**, 1979, 99–104.
RUPRECHT, A.: Taxonomic value of mandible measurements in Soricidae (Insectivora). Acta theriol. **16**, 1971, 341–357.
ŠEBEK, Z.: Zur Verbreitung der Alpenspitzmaus (*Sorex alpinus* Schinz 1837, Soricidae, Insectivora) in der Tschechischen Sozialistischen Republik. Zool. listy **20**, 1971, 319–329.
SENIK, A. F.: Burosubka alpinskaja ukrainskich Karpat. Vestnik zool. **4**, 1967, 58–63.
SCHULZE, E.: *Sorex alpinus* am Brocken. Z. Naturwiss. **60**, 1887, 187.
SKUTIL, J.; STEHLIK, A.: Moraviae fauna diluvialis. Sbor. klub. prír. Brno **14**, 1931.
SPITZBERGER, F.: Die Alpenspitzmaus (*Sorex alpinus* Schinz, 1837) in Österreich. Ann. Naturhistor. Mus. Wien **69**, 1966, 313–321.
– Die Alpenspitzmaus (*Sorex alpinus* Schinz) – Mammalia austriaca 1 (Mamm. Insectivora, Soricidae). Mitt. Abt. Zool. Landesmus. Joanneum **7**, 1978, 145–162.
ŠTOLLMANN, A.; DUDICH, A.: Doplnky k rozsíreniu piskora vrchovského (*Sorex alpinus* Schinz, 1837; Soricidae, Insectivora) na Slovensku. Biológia (Bratislava) **40**, 1985, 1041–1043.
STORCH, G.; FRANZEN, J. L.; MALEC, F.: Die altpleistozäne Säugetierfauna (Mammalia) von Hohensülzen bei Worms. Senckenbergiana lethaea **54**, 1973, 311–343.
TRUTAT, E.: Notes sur les mammifères des Pyrénées. Toulouse 1878.

VASILIU, G.: Verzeichnis der Säugetiere Rumäniens. Säugetierk. Mitt. **9,** 1961, 56–58.
VOGEL, R.: Die alluvialen Säugetiere Württembergs. Jh. Ver. vaterl. Naturk. Württemberg **96,** 1941, 89–112.
VOHRALÍK, V.; ANDĚRA, M.: Distribution of the Alpine shrew (*Sorex alpinus* Schinz, 1837) in Bohemia. Lynx (S. N.) **13,** 1972, 56–65.
– HANÁK, V.; ANDĚRA, M.: Die Säugetiere des Berggebietes Novohradské hory (Südböhmen). Lynx (S. N.) **13,** 1972, 66–84.
WAGNER, O.: Biogeographische Untersuchungen an Kleinsäugerpopulationen des Karpatenbeckens. Inaugural-Diss. Univ. Saarbrücken 1974.
ZEJDA, J.; KLIMA, M.: Die Kleinsäuger des Naturschutzgebietes „Kubany Urwald" (Boubin). Zool. listy **7,** 1958, 292–307.

Gattung *Neomys* Kaup, 1829

Von F. Spitzenberger

Diagnose. Mittelgroße rotzähnige Spitzmäuse mit Anpassungen an Fortbewegung und Nahrungserwerb im Wasser: dichtes, wasserabweisendes Fell, große, etwas nach außen gedrehte Hinterfüße mit Schwimmborstensäumen und meist einem ventralen, medianen Borstenkiel am Schwanz. Ohrmuscheln verhältnismäßig kurz (Burda 1980*). Im Vergleich zu *Crocidura* und *Sorex* sind die Seitendrüsen craniad und dorsad verschoben (G. Niethammer 1962). Die mittleren Randloben des Rhinariums sind groß (Hutterer 1980), dem Verschluß der Nasenöffnung beim Tauchen scheinen sie aber nicht zu dienen (D. Köhler briefl.). Vom Rand der Längsrinnen der distalen Teile der Grannenhaare schräge Leisten zu einem Längskamm auf dem Rinnengrund. Im Querschnitt treten diese Leisten als durchschnittlich 6,5 Zähnchen in Erscheinung (Appelt 1973, Dziurzik 1973, Vogel und Köpchen 1978*). Vermutlich halten diese Strukturen während des Schwimmens Luft im Pelz; die abgeflachten Spitzen der Grannenhaare wirken wohl wasserabweisend (Hutterer 1985). Hand- und Fußborsten drehrund mit abgerundeter Spitze (Hutterer und Hürter 1981). Bulbi olfactorii reduziert, das die stark entwickelten Rüssel-Vibrissen innervierende Trigeminussystem gut entwickelt (Stephan und Kuhn 1982).

Glans penis im Gegensatz zu dem von *Sorex* apikal breit und stark ge-

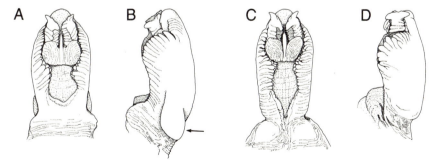

Abb. 105. Glans penis von *Neomys fodiens* **(A, B)** und *N. anomalus* **(C, D)**. **A, C** Aufsicht; **B, D** von lateral. Die beiden Arten unterscheiden sich vor allem durch den nur bei *N. fodiens* vorhandenen seitlichen Lappen (Pfeil). Nach Pucek (1964).

lappt, vergleiche Abb. 74 und 105 (JUDIN 1970 – dort auch Abbildung für alle 3 Arten der Gattung).
Schädel: 1. Hirnkapsel stark aufgewölbt und gegenüber dem Rostrum erhoben. 2. Der Proc. postglenoidalis bildet eine Scheibe mit zentraler Öffnung (EYKMAN 1937, RACZYŃSKI 1961; Abb. 65 A). 3. Der Oberrand der Nasenhöhle (Vorderrand der Nasalia) verläuft leicht konkav oder gerade (BÜHLER 1964; Abb. 66 D). 4. In Seitenansicht zeigt das Rostrum über U^1 einen Knick und ist hier höher als bei *Sorex* (BÜHLER 1964b; Abb. 109 C). 5. In Ansicht von buccal verläuft die Unterkante des Gelenkfortsatzes gerade, nicht eingebuchtet (BÜHLER 1964b; Abb. 109 E). 6. Die die beiden Gelenkflächen am Condylus articularis in Caudalansicht verbindende Knochenbrücke ist schmal (REPENNING 1967*; Abb. 61). 7. Der Vorderhöcker des I^1 ist stark nach vorn und unten gekrümmt (Abb. 109 C). 8. Nur 4 U im Oberkiefer. 9. Caudaler Teil der U in Seitenansicht lang ausgezogen, die Spitzen nach hinten gerichtet (Abb. 109 C), mit 2 Wurzeln. 10. Schneide von I_1 nur mit einem einzigen angedeuteten Höcker (Abb. 109 E).

Verbreitung. Paläarktis mit Hauptvorkommen im W zwischen 35° und 70° N.

Umfang und Gliederung der Gattung. Zur Zeit werden 3 Arten anerkannt (HONACKI et al. 1982*; CORBET und HILL 1986*): *Neomys fodiens, N. anomalus* und der Kaukasus-Endemit *N. schelkovnikovi* Satunin, 1913. *N. schelkovnikovi* ist größer und langhaariger als die beiden übrigen Arten (JUDIN 1970*, GUREEV 1979). Die drei Arten sind morphologisch recht ähnlich. *N. fodiens* und *N. anomalus* sind entgegen GEBCZYŃSKI und JACEK (1980) nach einer auf umfangreichem Material und 31 Loci basierenden Untersuchung durch CATZEFLIS (1984) genetisch so wenig differenziert, daß auf eine Speziation vor relativ kurzer Zeit geschlossen werden muß. Reliktäre Verbreitung, geringere morphologische Differenzierung, generalisiertes ökologisches Verhalten und geringere morphologische Variabilität lassen darauf schließen, daß *anomalus* die ancestrale, *fodiens* die moderne Form ist. *N. fodiens* ist mit Hilfe seiner besseren Schwimmadaptionen in der Lage, bei an Land ungünstigen Nahrungsverhältnissen seine Beute vor allem im Wasser zu suchen.

Unterscheidung von *Neomys fodiens* und *anomalus*. *N. anomalus* ist meist kleiner als *N. fodiens* (Schädel: BUCHALCZYK und RACZYŃSKI 1961, BÜHLER 1963, RUPRECHT 1971; Skelett: BRUNNER 1953*, RICHTER 1954b). Da *N. fodiens* zudem auch einen relativ längeren Schwanz und relativ längere Hinterfüße hat, sind Schwanz- und Hinterfußlänge regional zur Unterscheidung der beiden Arten gut geeignet. Wie Tab. 90 und 94 aber zeigen,

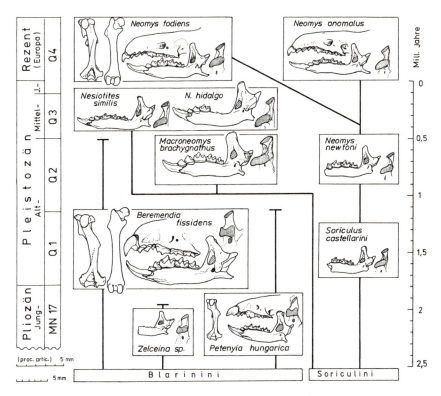

Abb. 106. Fossilgeschichte der Neomyini in Europa. HORÁČEK (Original).

überschneiden sich in der Gesamtvariation die Maße beider Arten stark. So sind skandinavische *N. fodiens* kaum größer als südeuropäische *N. anomalus*. Selbst in manchen sympatrischen Vorkommen sind beide Arten metrisch kaum noch unterscheidbar (z. B. Mazedonien mit Ausnahme der Hf).

Am Schädel ist die Corh zur Unterscheidung der beiden Arten am besten geeignet. Um auch Gewöllmaterial artlich bestimmen zu können, hat BÜHLER (1964b) eine Trennformel entwickelt, in die ausschließlich Unterkiefermaße eingehen. In Jugoslawien kann die relativ größere Höhe des *fodiens*-Schädels zur Unterscheidung herangezogen werden (TRVTKOVIĆ et al. 1980). Die großen regionalen Unterschiede mögen in der bedeutenden altitudinalen Variabilität von *N. fodiens* in orographisch stark gegliederten Gebieten ihre Ursache haben (SPITZENBERGER 1980). Ihnen entsprechen die relativ großen intraspezifischen genetischen Distanzen, die CATZEFLIS (1984) gefunden hat.

Schlüssel zu den Arten.

a) Nach äußeren Merkmalen:

1 In frischen Kleidern erstreckt sich der Schwanzkiel über fast den ganzen Schwanz. Glans penis mit ohrartigen posterolateralen Fortsätzen (PUCEK 1964; Abb. 105). In Mitteleuropa Schw meist über 55 mm, Hf meist über 16,5 mm . . . . *N. fodiens* S. 334
- Auch in frischen Kleidern höchstens apicale Schwanzhälfte mit Borstenkiel. Glans penis ohne ohrartige, posterolaterale Fortsätze (PUCEK 1964, Abb. 105). In Mitteleuropa Schw meist unter 55 mm, Hf meist unter 16,5 mm . . . . *N. anomalus* S. 317

b) Nach dem Schädel:

Mitteleuropäische *Neomys*-Mandibeln lassen sich mit Hilfe einer von BÜHLER (1964b) entwickelten Trennformel artlich bestimmen (PIEPER 1966, MEYLAN 1967*, REMPE und BÜHLER 1969, PIEPER und REICHSTEIN 1980, REMPE 1982). Sie lautet:
Trennwert = − Mand + 2,58 × Corh + 2,78 × uZr

1. Corh kleiner als 4,3 oder
Trennwert kleiner als 18,43 . . . . *N. fodiens* S. 334
2. Corh größer als 4,6 oder
Trennwert größer als 18,43 . . . . *N. anomalus* S. 317

Für andere (nicht-mitteleuropäische) Populationen müssen andere Trennformeln entwickelt werden (Anleitung dazu bei REMPE 1982).

Literatur s. *N. fodiens*.

Neomys anomalus Cabrera, 1907 – Sumpfspitzmaus

E: Mediterranean or southern water shrew; F: La crossope de Miller

Von F. SPITZENBERGER

Diagnose. Schwimmborstenkiel höchstens unter der apikalen Schwanzhälfte. Borstensäume an Händen und Füßen schwächer und Fell in vergleichbaren Kleidern kurzhariger und schütterer als bei *N. fodiens*. Meist kleiner als sympatrische *N. fodiens*. Individuen mit Schw unter 46 oder Hf unter 16 oder Corh unter 4,3 mm gehören zu *N. anomalus*. Zähne im Verhältnis schwächer, Schädel niedriger. Glans penis ohne ohrartige posterolaterale Fortsätze (PUCEK 1964, Abb. 105).

Karyotyp: 2n = 52, sehr ähnlich dem Karyotyp von *N. fodiens*. Untersucht für Tiere aus der Schweiz, Jugoslawien, Österreich und Rumänien (ZIMA und KRÁL 1984*).

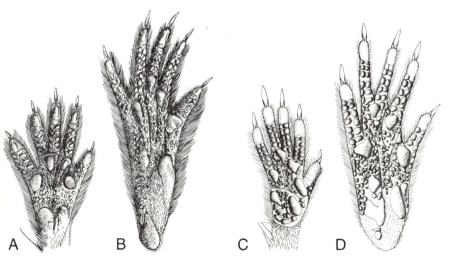

Abb. 107. Vorderfüße (**A, C**) und Hinterfüße (**B, D**) ventral von *Neomys fodiens* (**A, B,** nach STROGANOV 1957) und *N. anomalus* (**C, D**; ZFMK 81. 897). Beide Arten haben an Fuß- und Zehenrändern Borstensäume, die aber bei *N. fodiens* stärker ausgeprägt sind als bei *N. anomalus*.

Soricidae – Spitzmäuse

Tabelle 88. Körper- und Schädelmaße von *Neomys anomalus* aus dem Naturhistorischen Museum Wien (Tullgraben bei Eisenerz, Steiermark, Österreich, K. BAUER leg.)

Nr.	sex	Mon	Kr	Schw	Hf	Ohr	Gew	Cbl	Skb	Zyg	Iob	SkH	Aob	Pgl	M²B	oZr	P¹–M³	Mand	Corh
7924	♀ juv	10	75	54	16,2	5,5	12,3	19,6	9,8	6,0	4,2	6,1	3,2	5,65	5,7	9,6	5,4	10,6	4,25
7925	♀ ad	10	76	47	15,6	5,3	10,9	19,2	9,7	5,75	4,1	–	3,1	5,65	5,5	9,2	4,8	10,2	4,1
7926	♀ juv	10	78	54	15,8	5,6	12,3	19,4	10,0	5,8	4,1	6,2	3,0	5,4	5,7	9,5	5,1	10,2	4,15
7927	♀ juv	10	77	51	15,6	5,0	10,9	–	–	6,1	4,0	–	3,1	5,65	5,6	9,4	5,1	9,9	4,2
7928	♂ juv	10	76	48,5	15,4	5,3	10,2	–	–	5,8	4,1	–	3,1	–	5,6	9,8	5,2	10,2	4,05
7929	♀ juv	10	77	52	15,7	5,4	10,1	19,8	10,1	6,0	4,0	6,2	3,0	5,7	5,7	10,0	5,5	10,6	4,4
7930	♀ juv	10	76	53	15,2	5,5	10,1	19,0	9,9	5,6	–	6,1	3,2	5,5	–	9,9	–	9,9	4,0
8729	♂ juv	9	76	47	15,9	5,2	10,6	–	–	6,0	4,2	–	3,1	5,5	5,7	9,8	5,1	10,1	4,3
8730	♂ juv	10	77	51	15,8	6,0	10,3	19,9	9,9	5,8	3,9	6,05	3,0	5,5	5,5	9,6	5,2	10,5	4,25

Beschreibung. Adaptationen an Fortbewegung im Wasser weniger entwikkelt als bei *N. fodiens*. Fuß- und Zehenränder tragen Kämme aus verlängerten, steifen Haaren, die jedoch weniger dicht sind als bei *N. fodiens* (Abb. 107). Der medioventrale Schwanzborstenkiel fehlt oder ist schwach ausgebildet und auf die Endhälfte des Schwanzes beschränkt. Fell dicht und samtig; die Endabschnitte der Grannenhaare haben mit 280–312 Luftzellen weniger als die von *N. fodiens* (KELLER 1978*). Haarlänge im Sommer bei juv 4,8 mm, bei ad 4,5 mm, im Winter 6,8 mm (BOROWSKI 1973).

Färbung: Oberseits schwärzlich, besonders im Winter mit weißer Sprenkelung (DEHNEL 1950, VON LEHMANN 1963*), bei lebenden und frischtoten Tieren glänzend. Bauchseite meist hell- oder silbergrau. Häufig weiße Flecken hinter den Augen.

Schwarze Inguinalumrandung meist fehlend (NIETHAMMER 1977). Fußsohlen hell fleischfarben (Population Nordrhein-Westfalen, HUTTERER 1982). Zitzenzahl 4–6 Paare. Ein ♀ aus der S-Rhön hatte links 6, rechts 5 Zitzen (NIETHAMMER 1977), eines aus Eisenerz hatte doppelte Milchleisten (BAUER 1960*).

Glans penis 7–8 mm lang und maximal 4–5 mm breit. Die feinen, hornigen Stacheln, die die Glans bedecken, setzen sich ventral über einen Teil des Praeputiums fort. Sowohl ventral als auch dorsal sitzen Fortsätze um das Orificium urethrae externum.

Schädel: Im Vergleich zu *N. fodiens* zarter, gerundeter, niedriger und schlanker (MILLER 1912*, NIETHAMMER 1953). Die Abflachung im Vergleich zu *N. fodiens* kommt in der Hirnkapselhöhe und Höhe am Hinterrand des Rostrums zum Ausdruck (TVRTKOVIĆ et al. 1980) wie auch in der geringeren Corh.

Zähne: Alle Zähne, besonders die I^1, sind kleiner und zarter als bei *N. fodiens* (MILLER 1912*, VON LEHMANN 1963*, VAN LAAR und DAAN 1976).

Tabelle 89. Länge einiger Knochen bei juv und ad *N. anomalus* in mm. Nach Brunner (1953*).

	juv ($\bar{x}$)	ad (1 Tier)
Femur	9,0	10,6
Humerus	7,95	8,8
Tibia	15,65	16,2
Ulna	11,6	11,8
Os coxae	13,4	14,6
Scapula	7,9	9,0

Postcranialskelett: Längen in mm nach Brunner (1953*) für Bayern, Richter (1965) für das Vogtland und Pieper und Reichstein (1980) für Haithabu: Femur 8,7–10,6, $\bar{x}$ = 9,4 (mit Epiphysen; Haithabu); Humerus 7,8–8,8; Tibia 15,5–16,2; 14,8–15,9 (Haithabu mit distaler Epiphyse), 16,4 (mit allen Epiphysen); Ulna 11,5–11,8; 10,9 (Haithabu, mit distaler Epiphyse); Becken 13,2–14,6; 13,3–14,7 (Vogtland, hier 3,0–3,7 breit); Scapula 7,8–9,0.

Verbreitung: Gesichert nur gemäßigter Klimabereich Europas. Hier deutlich reliktär. Die Iberische Halbinsel ist in den Gebirgen mit Ausnahme des SW und der spanischen Pyrenäenseite nahezu geschlossen besiedelt. In Frankreich nur wenige Verbreitungsinseln: E-Hang der Pyrenäen, Massif Central (Cantuel 1949), Massif Pilat (Fayard 1975), am Mont Crest im Diois (Aulagnier und Brunet-Lecomte 1982), den Vogesen (van Laar 1983). In Haute Savoie und den Ardennen hat Frankreich gerade noch Anteil an westlichen Ausläufern größerer Teilareale. Das Hauptareal umfaßt die Alpen, die Mittelgebirge von den Ardennen bis zu den Karpaten, vermutlich die gesamte Apenninenkette in Italien, nahezu die gesamte Balkanhalbinsel. Aus Albanien fehlen Belege. Die große Ebene der Donau und ihrer Nebenflüsse in Rumänien, Bulgarien und Ungarn scheint von *N. anomalus* nicht besiedelt zu sein. E des Karpatenbogens setzt sich das Areal in der Ukraine bis fast 46° e Länge fort (Abelenzev 1967). Zwei Verbreitungsinseln liegen bei Cherson (Dnjepr-Mündung ins Schwarze Meer) und auf der Krim (Abelenzev und Pidoplitschko 1956*). Isolierte Vorkommen im N sind offenbar der Harz und ein Gebiet in Polen zwischen der Bucht von Szcecin (Stettin) und der von Gdansk (Danzig) (Z. und M. Pucek 1981), der Urwald von Białowieża an der polnisch-weißrussischen Grenze, ein Gebiet bei Retschiza in der BSSR und bei Woronesch (39° 13′ E) in der RSFSR (1933 bekannt gemacht, nach Gureev 1979 bis heute existent).

Umstritten ist die Zuordnung außereuropäischer *Neomys*-Funde. Einzelstücke von der Bithynischen Halbinsel und aus dem Vilayet Van in Kleinasien wurden *N. anomalus* zugeordnet (Spitzenberger 1968), ebenso ein Exemplar aus dem Elburs-Gebirge in N-Iran (Lay 1967*), das nach Corbet (1978*) aber wahrscheinlich zu *N. fodiens* gehört. Sichtbeobachtungen von Tristram (1884) aus dem Libanon im 19. Jahrhundert wurden bis heute nicht durch Belege bestätigt (Bodenheimer 1958*).

Randpunkte: Spanien 1 Estany de Montcortés, Prov. Lérida (Mertens 1924), 2 Infiesto, Pilonia (Nores et al. 1982), 3 Malpica (Nores et al. 1982); Portugal 4 Lorigo, Serra da Estrela (Cabrera 1914*, Niethammer 1970); Spanien 5 Sierra de Cabra, Prov. Córdoba (Herrera 1973), 6 Solynieve in der Sierra Nevada, 31 km se Granada (NMW), 7 Sierra de Cazorla

Neomys anomalus – Sumpfspitzmaus

(NIETHAMMER briefl.), 8 Arbucies (SANS COMA und KAHMANN 1976); Frankreich 9 Barèges (MILLER 1912*), 10 Massif du Carlit (SAINT GIRONS und VAN BREE 1965), 11 Crest (AULAGNIER und BRUNET-LECOMTE 1982), 12 Massif du Pilat (FAYARD 1975); Schweiz 13 Trélex, Waadt (MEYLAN 1966),

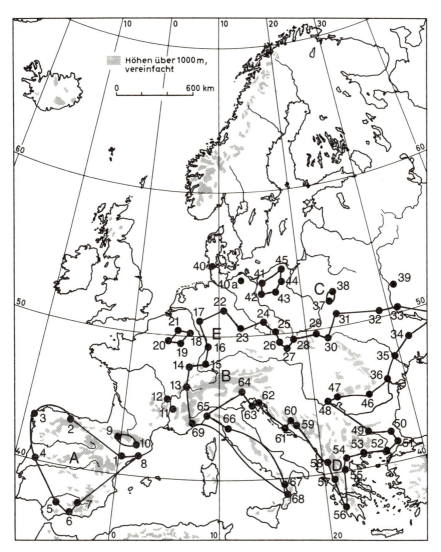

Abb. 108. Verbreitung von *Neomys anomalus* im behandelten Gebiet. Die Punkte 40 (Haithabu) und 40a (Pisede bei Malchin) beziehen sich auf subrezente, heute sicherlich erloschene Vorkommen.

Frankreich 14 bei Servance, Vogesen (VAN LAAR 1983); BRD 15 Schwenningen, Schwarzwald (WOLF 1938), 16 Odenwald (KAHMANN 1952), 17 Gilsbach, Kreis Siegen (HUTTERER 1982), 18 Aremberg/Eifel (NIETHAMMER 1953); Belgien 19 Nothomb (MISONNE und ASSELBERG 1972), 20 s Gespunsart (VAN LAAR und DAAN 1976), 21 Baelen (LIBOIS 1975); BRD 22 Bad Harzburg, Harz (KAHMANN fide SKIBA 1973); DDR 23 Tschirma, Ausläufer des Thüringer Waldes (GÖRNER 1979), 24 Arnsdorf, Kreis Görlitz (SCHAEFER 1962); Polen 25 Paczkow (Z. und M. PUCEK 1981); ČSSR 26 Okres Opava (ZEJDA et al. 1962), 27 Velke Karlovice, Mährische Beskiden (BEJČEK 1973); Polen 28 Kobiernice, 29 Debica, 30 Pralkowce (Z. und M. PUCEK 1981); UdSSR 31 Golowno, 32 Irshansk, 33 Browary, 34 Kirowgrad, 35 Tiraspol, 36 Kagul (ABELENZEV und PIDOPLITSCHKO 1956*); Polen 37 Starzyna (Z. und M. PUCEK 1981); UdSSR 38 Beloveshskaya Pushcha, 39 Wasilewitschi und Retschiza, BSSR (SERSCHANIN 1961); BRD 40 Haithabu, subrezent (PIEPER und REICHSTEIN 1980); DDR 40a Pisede bei Malchin, Mecklenburg, Holozän (HEINRICH 1983); Polen 41 Gryfice, 42 Ciemnik, 43 Kamien Krajinski, 44 Kosciernzyna, 45 Darzlubie (Z. und M. PUCEK 1981); Rumänien 46 Nehoiu, Department Buzau (MURARIU 1976), 47 Monti Retezatului (WAGNER 1974); Jugoslawien 48 Vrsacké Planina (TVRTKOVIĆ briefl.); Bulgarien 49 Kotel (MARKOV 1957*), 50 Maslen-nos (HANÁK 1964); Türkei: 51 Terkos Gölü, Vilayet Istanbul, 52 1 km e Tekirdağ, Vilayet Tekirdağ; Griechenland 53 11 km n Esimi, Nomos Evros (NMW); Jugoslawien 54 Dojran-See (PETROV 1969); Griechenland 55 Olymp (CHAWORTH-MUSTERS 1932), 56 Pinios, Peloponnes (KAHMANN 1964), 57 Pertuli (= Petruli), Pindus (ZFMK), Jugoslawien 58 Ohrid-See (V. und E. MARTINO 1940), 59 Sarajewo (BOLKAY 1926), 60 Travnik (WITTE 1964*), 61 Trilj, 62 Rijeka, 63 Livade, Motovun (TVRTKOVIĆ briefl.); Italien 64 Cadore (DAL PIAZ 1927), 65 Alessandria (TOSCHI und LANZA 1959*), 66 Abetone (Coll. BAUER und NIETHAMMER), 67 w Novacco (VON LEHMANN 1973), 68 Camigliatello, Silano (VON LEHMANN 1961), 69 Alpi Marittimi, Valcasotto (DAL PIAZ 1927).

Terrae typicae (Abb. 108)

A *anomalus* Cabrera, 1907: San Martin de la Vega, Madrid, Spanien
B *milleri* Mottaz, 1907: Chesières, Alpes Vaudoises, 1230 m, Schweiz
C *soricoides* Ognev, 1908: Białowieża, Distr. Grodno, Polen
   mokrzeckii V. et E. Martino, 1917: Beshuiskii, Krim, UdSSR
D *josti* V. et E. Martino, 1940: Ohrid, Mazedonien, Jugoslawien
E *rhenanus* von Lehmann, 1976: Datzeroth, Westerwald, BR Deutschland

Merkmalsvariation. Geschlechterdimorphismus: Bei Sumpfspitzmäusen aus der montanen Stufe Österreichs war in Körper- und Schädelmaßen kein Unterschied zwischen ♂ und ♀ nachweisbar (SPITZENBERGER 1980). Anders das Becken: Bei den ♀ ist es lang, schmal und feingliedrig, bei den ♂ breit und gedrungen. Besonders der absteigende Ast des Sitzbeins und der anschließende Teil des Schambeins sind verbreitert und verdickt (BECKER 1955, RICHTER 1965).

Alter: Ad sind dorsal immer dunkler als juv. Im Winter, im 2. und zum Teil schon im 1. Sommer ist die Oberseite fast schwarz und leicht gesprenkelt. Einige alte Tiere sind im Sommer fast braun, so daß man sie mit Waldspitzmäusen verwechseln kann: Białowieża (BOROWSKI 1973).

Alter, Jahreszeit und Geschlechtsreife beeinflussen die Größe. DEHNEL (1950) unterscheidet nicht geschlechtsreife juv, geschlechtsreife juv und ad nach dem Überwintern. Kr und Cbl nehmen mit fortschreitendem Alter, ablesbar an der zunehmenden Abkauung der Zähne, zu. Größe und Gew steigen mit Erreichen der Geschlechtsreife abrupt an unabhängig davon, ob dies im 1. oder 2. Lebenssommer eintritt. Dagegen scheinen Hf und Schw mit zunehmendem Alter kürzer zu werden (SPITZENBERGER 1980). Die Langknochen wachsen dagegen nach BRUNNER (1953*) zeitlebens (Tab. 89).

Haarwechsel: 1. Jugendmauser: Das stumpfgraue Nestlingskleid wird bei Verlassen des Nestes gegen das straffere, glänzende erste Sommer- oder Jugendkleid vertauscht. Diese Härung verläuft rasch und wurde sowohl in Białowieża als auch Österreich im Juli und August festgestellt (BOROWSKI 1973, SPITZENBERGER 1980).

2. Der Herbsthaarwechsel ins Winterkleid wurde in Białowieża von Ende August bis Ende November, in Österreich von Ende August bis Ende Oktober beobachtet. Er verläuft cephalo-ventral und erfaßt oft große Teile der Haut gleichzeitig.

3. Der Frühjahrshaarwechsel ist aus Materialmangel bisher noch nicht dokumentiert.

4. An 5 österreichischen Sumpfspitzmäusen wurde zwischen dem 14. Juli und 13. August Haarwechsel beobachtet, der als sommerliche Zwischenhärung zu betrachten ist.

5. Unter den 234 untersuchten Sumpfspitzmäusen aus Białowieża zeigten 23 die für die Senexmauser charakteristische, unregelmäßige Pigmentverteilung.

Jahreszeiten: Jahreszeitliche Veränderungen ähnlich denen von *Sorex araneus* (S. 249–250) sind in geringerem Ausmaß auch bei *Neomys* feststellbar. Offenbar bietet das Wasser auch im Winter so viel Nahrung, daß dann Einschränkungen im Energieverbrauch nicht so notwendig werden. Die Schädelkapselhöhe ist nach DEHNEL (1950) im 1. Sommer 6,3–6,7, im Winter 5,6–5,7 und im 2. Sommer 5,8–6,1 mm.

Habitat: Die Umwelt beeinflußt die Größe bei *N. anomalus* weit weniger als bei *N. fodiens*. Nach BAUER (1960*) sind die Sumpfspitzmäuse am Neusiedlersee zwar größer und schwerer als solche montaner Herkunft. BOROWSKI und DEHNEL (1952) hingegen betonen die geringe Plastizität dieser Art bei Białowieża. Hier stimmten im Gegensatz zu den übrigen Spitzmausarten die verschiedenen Jahrgänge in Größe und Gew überein. In Österreich tendiert die Kr zu einer schwachen Abnahme mit steigender Höhe über dem Meer, hingegen bleiben Hf und Schädelmaße konstant oder nehmen mit der Höhe des Fundorts sogar ein wenig zu (SPITZENBERGER 1980). Dagegen scheinen die Populationen in Spanien stark zu variieren. Neben Exemplaren, die in der Größe mitteleuropäischen Sumpfspitzmäusen entsprechen (z. B. der Fund aus der Sierra Nevada mit Corh 4,3), ähneln andere darin eher *N. fodiens* (z. B. solche aus einem reißenden Gebirgsbach in der Sierra de Cazorla mit Corh 4,6–4,8). Vielleicht besiedelt die Sumpfspitzmaus bei Fehlen der Wasserspitzmaus deren Nische und tendiert dann auch zu ihrer Größe.

Individuelle Variation: Nigristische (flächige) und abundistische (von einem Zentrum ausgehende) Schwärzung der Bauchseite kommt bei der Sumpfspitzmaus vor (BAUER 1960*), wenn auch seltener als bei der Wasserspitzmaus. Sporadisches Auftreten stark verdunkelter Exemplare beschrieb auch DEHNEL (1950) für Białowieża, doch erwähnt BOROWSKI (1973) bei Betrachtung von 234 Bälgen dieser Herkunft kein einziges derartiges Tier.

Von 148 von 1979–1981 in Polen gefangenen Sumpfspitzmäusen hatten 57 helle, der Rest dunkle (graue) Bäuche. 19 Exemplare wiesen dunkle Bauchfleckung auf: 11 in Form eines Streifens, eines in Form eines Flecks und 7 in Form von Streifen und Fleck. Die Flecken erstreckten sich im Bereich der Kehle, des Anus und unter den Achseln. Sie waren kleiner als entsprechende Flecken bei *N. fodiens* (MICHALAK 1983b). 1983 in Białowieża gefangene Sumpfspitzmäuse wiesen zu einem weit höheren Prozentsatz (50%) abundistische Verdunkelungen auf als zwischen 1979–1981 hier gefangene (15%). Eines hatte einen v-förmigen Fleck, wie sonst nur von *N. fodiens* beschrieben, die abundistischen Verdunkelungen traten signifikant öfter bei juv als bei ad auf (MICHALAK 1986b).

Von 58 westkarpatischen Sumpfspitzmäusen waren 2 verdunkelt (AMBROS et al. 1980), unter 70 österreichischen Belegen waren 8 nigristisch, davon 1 zusätzlich abundistisch verdunkelt (SPITZENBERGER 1980). 1 Exemplar aus Kalabrien war unterseits sehr dunkel (VON LEHMANN 1961), von 30 Tieren aus Salamanca, Spanien wiesen 10 abundistischen Melanismus auf (NIETHAMMER 1956*). Unter 13 ungarischen Bälgen sind 5 nigristisch, 4 davon zusätzlich abundistisch verdunkelt, von 46 kroatischen sind 7 nigristisch, davon 2 abundistisch und 2 weitere nur abundistisch verdunkelt. Von 13 aus Serbien, Bosnien und der Herzegowina sind 2 abundistisch melanistisch, von 17 aus Mazedonien ist keines ventral verdunkelt. Dagegen sind von 4 griechischen 2 unterseits sehr dunkel, davon 1 zusätzlich mit Bauchstrich.

Analog zur Wasserspitzmaus kann auch die Bauchseite der Sumpfspitzmaus von der Kehle ausgehend in wechselnder Ausdehnung rostrot gefärbt sein. Diese ihrer Natur und Entstehung nach ungeklärte Färbung ist aus Białowieża, Spanien, Jugoslawien, den Ardennen, nicht aber aus Österreich bekannt. In Białowieża waren 41 % der 243 untersuchten Bälge unterseits pinkish cinnamon oder cinnamon (BOROWSKI 1973).

Geographische Variation und Unterarten: Die geographische Variation einiger Körper- und Schädelmaße ist Tab. 90 zu entnehmen.* Sie ist in drei Abschnitte (S-, Zentral- und N-Gürtel) und innerhalb der Abschnitte von W nach E gegliedert.

Für die allgemeine Körpergröße scheint sich abzuzeichnen, daß die kleinwüchsigsten Populationen in den Alpen und den n anschließenden Mittelgebirgen leben. Im S (Spanien, Italien, Balkan) und E (Slowakei, Rumänien und Ukraine) ist die Körperlänge größer. Selbst in Białowieża ist sie (im Gegensatz zu anderen Maßen) so groß wie in Mitteleuropa oder geringfügig größer.

Dagegen nimmt die Schw von S nach N kontinuierlich ab. Extrem lange Schwänze finden sich in Spanien. Von W nach E verändert sich die Schw dagegen offenbar nicht (Salamanca $\bar{x}$ = 56,3; Mazedonien $\bar{x}$ = 56,2). Auch die Hf wird von S nach N kürzer, doch ändert sie sich offenbar stufig, nicht klinal: Białowieża $\bar{x}$ = 14,5; Alpen und Mittelgebirge $\bar{x}$ = 15,3–15,6; S-Europa $\bar{x}$ über 16. Hf von 17–18 und mehr gibt es nur in Jugoslawien und Spanien. Solche für *N. fodiens* typische Werte sind bei *anomalus* vielleicht nur in *fodiens*-freien Gebieten charakteristisch.

Bei den Schädelmaßen zeichnet sich neben einer Größenabnahme von S nach N auch eine von E nach W ab. Am größten ist die Cbl in Jugoslawien (19,4–21,5), in Mittel- und S-Italien und auf der Iberischen Halbinsel fast ebenso groß, doch sind spanische Sumpfspitzmäuse auffallend uneinheitlich. Im osteuropäischen Tiefland (Ukraine, Slowakei) sind die Schädel länger als in den Alpen und den vorgelagerten Mittelgebirgen.

---

* Für die Zusendung von Material danke ich den Besitzern und Verwaltern der angeführten Sammlungen.

Tabelle 90. Maße von *Neomys anomalus* in verschiedenen Teilen seines Verbreitungsgebietes. Bei Serien sind Minimum, Maximum und in ( ) der Mittelwert angegeben.

Herkunft	n	Kr	Schw	Hf	Cbl	Corh	Autor
Iberische Halbinsel							
Picos de Europa	1	77	55	16,5	–	4,25	Niethammer 1964
Silos, Burgos	9	76–88	56–61	17–18	–	–	Miller 1912*
San Martin de la Vega							
(Typus von *N. anomalus*)	1	73	60	17,5	–	–	Cabrera 1907
Linares de Riofrio,	23	72–90	52–64	–	18,9–20,3	4,25–5,65	Coll. ZFMK, NMW, SMF
Salamanca		(81,0)	(56,3)		(19,6)	(4,40)	
Sierra de Guadarrama	1	82	61	16,5	20,1	4,7	Coll. J. Niethammer
Serra da Estrela, Portugal	1	76	55	15,5	19,9	4,3	Niethammer 1970
SE-Spanien	4	75–82	56–70	16–18	19,6–20,9	4,4–4,7	Vericad und Meylan 1973
Sierra de Cazorla	4	80–85	63–68	17,5–18	20,9–21,7	4,6–4,8	Coll. J. Niethammer
Sierra Nevada	1	76	55	15,4	–	4,25	NMW
Italien							
Trentino	2	73	51	15,5	20,2	4,3	SMF
Cadore	1	72	50	16	20	–	Dal Piaz 1927
Abetone, Toskana	3	82–85	55–57	16,0–16,5	20,0	4,4–4,8	Coll. K. Bauer und J. Niethammer
Novacco, N-Kalabrien	1	75	57	16	–	4,6	von Lehmann 1973
La Sila, S-Kalabrien	1	78	48	15,5	20,6	4,8	von Lehmann 1961
Jugoslawien							
Slowenien und Kroatien	37	72–94	46–63	14–17	19,6–21,3	4,15–4,9	Coll. Kryštufek, ZFMK, NMW, SMF, Tvrtković
		(80,5)	(52,5)	(16,3)	(20,4)	(4,5)	
Serbien, Bosnien, Herzegowina	6	72–80	45–65	15,4–18,2	19,5–20,8	4,65–4,8	Coll. NMW, Tvrtković, Petrov
Mazedonien	13	72–93	44–66	15,5–17,1	19,4–21,5	4,3–4,9	Coll. Kryštufek, NMW, Petrov, SMF
		(80,6)	(56,2)	(16,4)	(20,5)	(4,61)	
Ohrid-See, Typus *josti*	1	–	56,5	16,0	20,8	–	V. und E. Martino 1940

Neomys anomalus – Sumpfspitzmaus

	n						
Bulgarien	3	72–78	45–50	15–16	20,0–20,4	–	Markov 1957*
Griechenland und europäische Türkei	11	72–84	45–56 (78,4)	15–16,6 (50,4)	19,6–21,5 (16,0)	4,35–4,8 (19,7)	Coll. ZFMK, NMW, SMF (4,5)
Frankreich							
Hautes Pyrénées und Haute Garonne	4	75–80	47–56	15,4–16,4	20,0–21,0	–	Miller 1912*
Massif du Pilat	1	78	45	15	18,9	4,1	Fayard 1975
Schweiz							
Chesierès, Waadt, Typus *milleri*	1	76	59	16	20,2	–	Miller 1912*
Schweiz	18	71–87 (80,1)	45–59 (54,2)	14–17	19,6–21,0	–	Miller 1912*
Sion	13					(4,41)	Catzefelis 1984
Liechtenstein	7	64–80 (72,9)	43–51 (47,2)	14–17 (15,1)	18,1–19,9 (19,1)	3,9–4,2 (4,14)	Coll. ZFMK
Österreich							
Ebene	4–15	69–82 (76,5)	44–55 (49,4)	14,8–16,8 (15,7)	18,9–19,7 (19,4)	4,1–4,6 (4,34)	Spitzenberger 1980
kolline Höhenstufe	5–64	63–79 (70,6)	44–51 (47,7)	14,3–16,0 (15,1)	19,0–20,0 (19,5)	3,9–4,45 (4,26)	Spitzenberger 1980
submontane Höhenstufe	20–34	64–82 (75,0)	40–52 (47,4)	14–16,5 (15,3)	19,2–20,4 (19,7)	3,9–4,45 (4,23)	Spitzenberger 1980
montane Höhenstufe	37–61	60–80 (72,4)	44–56 (48,7)	14,5–16,7 (15,5)	19,0–20,4 (19,8)	4,0–4,45 (4,26)	Spitzenberger 1980
alpine Höhenstufe	2–4	66–71	49–60	15–16,4	19,9–20,0	4,2–4,5	Spitzenberger 1980
Ungarn	9	–	–	–	19,4–20,2 (19,8)	4,25–4,47 (4,47)	Coll. SMF
Moldau-SSR		66–75	49–61	14,8–16,2	–	–	Lozan 1975

Tabelle 90 (Forts.)

Herkunft	n	Kr	Schw	Hf	Cbl	Corh	Autor
Bundesrepublik Deutschland							
Bayern, Baden-Württemberg Ardennen, Eifel, Westerwald	5–14	63–78 (71,8)	44–49 (46,8)	15–16,4 (15,6)	19,1–20,0 (19,5)	4,0–4,4 (4,19)	Coll. Jeserich, ZFMK, SMF
Datzeroth: Typus von *rhenanus*	1	78	45	15	20	4,5	von Lehmann 1976
ganzes Gebiet	7	56–81 (72,6)	43–50 (44,6)	15–16 (15,3)	19,8–20,3	4,3–4,5	von Lehmann 1976, Fayard 1975
ČSSR und S-Polen							
Gesenke	juv	67–79	40–52	14–15,4	18,9–20,0	–	Kratochvíl und Grulich 1950
	ad	73–87	46–50	14,5–15,0	19,2–19,8	–	Kratochvíl und Grulich 1950
Slowakische Beskiden	4	77–83	40–51	14,5–16,0	–	–	Dudich und Štollmann 1980
Bodva-Tal		74–86	43–55	14,6–16,0	–	–	Kratochvíl 1954
Beskiden	17	–	–	–	19,8–21,3	4,1–4,4 (4,2)	Ruprecht 1971
Ukrainische SSR							
mokrzeckii	–	62–90	41–61	13,8–18	17,9–21	–	Abelenzev 1967
	7	65–79	52–59	16,4–18,0	19,9–21,2	–	Ognev 1928*
Polen: Białowieża	30	63–83 (74,6)	38–52 (44,6)	13–15,3 (14,5)	18,1–19,8 (19,0)	3,8–4,3 (4,03)	Coll. Mammal Institute, Polish Academy of Science
Typus *soricoides*	1	73	47	14,2	19,5	–	Ognev 1928*
Belorussische SSR		62–63	47–49	–	18,5–19,5	–	Seršanin 1961
N-Deutschland: Haithabu, subrezent	3–4	–	–	–	18,2–19,0	4,0–4,1	Pieper und Reichstein 1980

Am kleinsten sind die Schädel in Białowieża. Entsprechend variiert die Corh. Maximalwerte von 4,7–4,9 sind für die Balkanhalbinsel, Italien und Spanien charakteristisch. In den Alpen liegt die Obergrenze bei 4,6, in den n angrenzenden Mittelgebirgen bei 4,4, n davon bei 4,3. Corh aus der UdSSR fehlen.

Zusammenfassend nehmen Schw, Hf und Schädelgröße von N nach S zu, wogegen die Kr von den Alpen und Mittelgebirgen ausgehend nach den Rändern hin zunimmt. Nach CATZEFLIS (1984) besteht zudem ein deutlicher genetischer Abstand zwischen spanischen und Schweizer Sumpfspitzmäusen. Mit einer ternären Nomenklatur wird man diesem Muster der geographischen Variation kaum gerecht. Zwar unterscheiden sich die topotypischen Populationen der beiden zuerst beschriebenen Unterarten *anomalus* und *milleri* deutlich. *N. a. milleri* ist kurzschwänziger, kurzfüßiger und kleiner als *anomalus*. Dagegen läßt sich *N. a. josti* aus Mazedonien kaum von *N. a. anomalus* abgrenzen, und bei Berücksichtigung aller Populationen sind auch *anomalus* und *milleri* kaum mehr zu trennen. Gut definiert ist die Population aus Białowieża (*soricoides*). Zwischen ihr und typischen *N. a. milleri* vermitteln die Sumpfspitzmäuse aus dem Gebiet zwischen Ardennen und Westerwald (*rhenanus*).

Paläontologie. Reste fossiler Mandibeln, die eindeutig von *Neomys* stammen, finden sich im Alt- und Mittelpleistozän Englands (*Neomys newtoni* † Brunner, 1949), Italiens (*N. castellarini* † Pasa, 1949) und Österreichs (*N. anomalus*; RABEDER 1972). Alle diese Formen passen in der Größe zu *N. anomalus,* und die ältesten dieser Funde (Hundsheim) wurden sogar zum rezenten *N. anomalus* gestellt. Die artliche Selbständigkeit der beiden anderen „Arten", die überwiegend mit der Form des Condylus begründet wurde, erscheint unsicher*.

Aus dem Quartär Chinas (Choukoutien) wurde von ZDANSKY (1928) unter dem Gattungsnamen *Neomys* eine Spitzmaus beschrieben und von YOUNG (1934) als *N. bohlini* † benannt, die kleiner als der fossile *N. newtoni* war. REPENNING (1967*) rechnet sie jedoch zu *Chodsigoa*, einer Gattung, die die meisten Autoren (z. B. CORBET und HILL 1986*) zu *Soriculus* stellen. Die Gattung *Soriculus* gehört den Neomyini an, umfaßt mehrere terrestrische Arten und ist heute auf Zentral- und E-Asien beschränkt. Die Belege aus dem Holozän von Pisede bei Malchin in Mecklenburg (HEINRICH 1983), aus dem jüngeren Atlantikum von Schlamersdorf (s Schleswig-Holstein – HEINRICH 1989) und aus dem 9.–11. Jahrhundert nach Christus

---

* *N. castellarini* wird in Abb. 106 zu *Soriculus* gestellt und als Vorläuferart von *N. newtoni*, dieser als Vorfahr von *N. fodiens* und *N. anomalus* aufgefaßt.

aus Haithabu (PIEPER und REICHSTEIN 1980) zeigen, daß die Art nacheiszeitlich in Mitteleuropa bis zur Ostsee und wahrscheinlich auch zur Nordsee verbreitet gewesen ist und dort erst spät wieder verschwand (Abb. 108, Orte 40 und 40a).

Ökologie. Habitat: *Neomys anomalus* ist ein Bewohner der Uferregionen eutropher Gewässer. Seine Habitatwahl wird offenbar durch die Konkurrenz des größeren, spezialisierteren *N. fodiens* mitbestimmt. Bedingt durch die schwächere Ausstattung mit Schwimmhilfen ist *N. anomalus* gewöhnlich kein Bewohner rasch fließender Bäche und Ströme, kann aber in wasserspitzmausfreien Gebieten wie in großen Teilen der Iberischen Halbinsel die ökologische Rolle der anderen Art übernehmen und sich ihr auch morphologisch nähern. In Białowieża, wo *N. fodiens* recht euryök ist und auch in terrestrischen Habitaten lebt, ist *anomalus* die eigentliche „Wasser"spitzmaus, die nur an den nassesten Stellen vorkommt (Pinetum turfosum, Caricetum, Hylaquarium – DEHNEL 1950). In den Mittelgebirgen bevorzugt die Art höhere Lagen, hält sich hier an schmälere und seichtere Gewässer und Sümpfe und überläßt die größeren Bäche und breiteren Bachabschnitte *N. fodiens* (BÜHLER 1964a). Die Alpen bieten offenbar beiden Arten optimale Biotope in großer Zahl. In der submontanen und unteren montanen Stufe sind beide Arten gleich häufig. Ober- und unterhalb dominiert *N. fodiens* (SPITZENBERGER 1980). In der Zone optimaler Lebensbedingungen sind beide Arten häufig syntop an Bächen (MOTTAZ 1907, HEINRICH 1948, NIETHAMMER 1977, 1978, SPITZENBERGER 1980). An gewissen Bachabschnitten wird die Uferregion sogar von einer in der Größe recht einheitlichen *Neomys*-Mischpopulation aus adulten *anomalus* und juvenilen *fodiens* besiedelt (NIETHAMMER 1978). An anderen Uferabschnitten hat *N. fodiens* deutlich Priorität vor *anomalus*. So fand BAUER (1951) am Ufer des Leopoldsteinersees fast ausschließlich *fodiens*. An manchen Bachabschnitten wurden die Fallen zunächst von *fodiens* besetzt, später jedoch von aus mehr terrestrischen Biotopen einwandernden *anomalus* eingenommen, und in Zeiten knapper Nahrung wurde *N. anomalus* in die landwärtigen Biotope abgedrängt (NIETHAMMER 1978). In den Alpen kommt er dann auch in menschlichen Siedlungen vor (BAUER 1951, KAHMANN 1952). Von 64 in Österreich gefundenen *N. anomalus* stammen 38 von Bach-, See- und Teichufern, einer aus einem Graben, 9 aus Wald-, Wiesen- und Schlagbiotopen, 7 von Fangplätzen an oder in Gebäuden, 5 aus Gärten und 4 von Straßen (Totfunde).

In S- und SE-Europa, wo warme, trockene Sommer zum gelegentlichen Versiegen der Gewässer führen, kommt *N. anomalus* seine weniger strenge Bindung ans Wasser zugute. Hier, wo *N. fodiens* allenfalls noch auf die höheren Gebirgslagen beschränkt ist, kann *anomalus* auch in kleinräumigen Feuchtbiotopen des Tieflandes leben und sich durch Trockenheit auftretenden Nahrungsengpässen durch Wanderungen durch völlig artfremde Habitate (trockener Eichenwald – Bulgarien, HANÁK 1964) entziehen.

Die Vertikalverbreitung reicht von knapp Meeresniveau bis 1850 m (Ostalpen; SPITZENBERGER 1980). Die früher häufig vertretene Ansicht, *N. anomalus* sei im W auf höhere Lagen beschränkt, ließ sich nicht halten (BÜHLER 1964a).

Nahrung: Mägen von 27 im Juli dreier aufeinander folgender Jahre an steirischen Bächen gefangener Sumpfspitzmäuse enthielten: Larven von Plecoptera, Ephemeroptera, Simuliidae, Chironomidae, Ptychopteridae, Limoniidae, Trichoptera und Odonata sowie Imagines von Diptera und Trichoptera, Weberknechte (Opiliones) und Regenwürmer (Lumbricidae). In Jahren niederen und hohen Wasserstandes wich *N. anomalus* mehr auf terrestrische Nahrung aus. Im Jahr niedrigen Wasserstandes wich er vermutlich dem Konkurrenzdruck von *N. fodiens*, im Jahr hohen Wassers war möglicherweise die Fließgeschwindigkeit zu groß, denn auch in Jahren normalen Wasserstandes bezieht er seine Beute im Bach aus schwach durchströmten Stellen (NIETHAMMER 1977, 1978). 100 untersuchte Verdauungstrakte slowakischer *N. anomalus* enthielten vor allem Larven landlebender Dipteren, Gastropoden und Lumbricidae, aber auch Dipterenimagines, Larven und Imagines von Coleoptera und Araneidae, sowie Amphipoda und wasserlebende Trichoptera-Larven. Die slowakischen Sumpfspitzmäuse jagten mehr an Land als im Wasser. Die Nahrung der ♂ und ♀ setzte sich etwa gleichartig zusammen (KUVIKOVÁ 1987).

Ob auch *N. anomalus* aus Fraßresten und immobilisierten Beutetieren (siehe *N. fodiens*, S. 361) bestehende Fraßplätze anlegt, ist unbekannt. Derartige Sammelplätze wurden bisher immer der größeren Art zugeschrieben. Injektionen mit homogenisierten Speicheldrüsen in Labormäuse, Erdmäuse und Kaninchen ergaben eine geringere Giftigkeit als die der Wasserspitzmaus mit einer doppelt so hohen Dosis letalis (M. PUCEK 1969).

Die Stoffwechselrate scheint bei der Sumpfspitzmaus zwischen der von Wald- und Wasserspitzmaus zu liegen. Darauf deuten auch die eigenartigen Erythropoese-Verhältnisse hin, die anscheinend mit Besonderheiten des Stoffwechsels in Zusammenhang stehen (PERKOWSKA 1963). Der O_2-Verbrauch ist bei *anomalus* im Herbst (nicht signifikant) höher als bei *fodiens*. Er beträgt bei 10–30° 8,0–5,2 ml/g.h, bei *N. fodiens* dann im Mittel 5,5 ml/g.h., bei 35° ist er bei beiden Arten etwa gleich hoch (GEBCZYŃSKA und GĘBCZYŃSKI 1965). Die Körpertemperatur beträgt im Mittel im Frühjahr 38,9°, im Sommer 38,1°. Sumpfspitzmäuse können nicht bei Kälte und Nahrungsknappheit in reversible Starre verfallen (GĘBCZYŃSKI 1977).

Fortpflanzung: Saisonal polyöstrisch, Jungtiere beteiligen sich schon im Geburtssommer an der Fortpflanzung (Polen – DEHNEL 1950; Österreich – BAUER 1960*). Im Frühjahr geborene Jungtiere werden offenbar schon bald nach der Geburt geschlechtsreif und können vermutlich bis zum Ende der Fortpflanzungsperiode aktiv bleiben (BAUER 1960*, SPITZENBERGER 1980). Die ersten Jungtiere wurden in Österreich Ende Mai gefangen (SPITZENBERGER 1980).

Obwohl mit Postpartum-Östrus zu rechnen ist, war keines der 8 aktiven österreichischen ♀ gleichzeitig gravid und laktierend. Wurfzahl in Österreich 3 (SPITZENBERGER 1980). Wurfgröße 5–13, im Durchschnitt wohl höher als bei *N. fodiens*. 12 Embryonen wurden in Polen (BOROWSKI und DEHNEL 1952) und Österreich (NIETHAMMER 1978) festgestellt, 13 in Italien (KRAPP 1974). Die Fortpflanzungszeit endet offenbar spät im Jahr: BAUER (1960*) fand am Neusiedlersee am 30. Oktober noch säugende ♀, LOZAN (1975) in der Moldau-SSR am 6. November noch frische Uterusnarben.

Populationsdynamik: Geschlechterverhältnis in Białowieża bei Vorjahrstieren von März bis September 24 ♂ : 17 ♀ (im Mai 9 : 4 – DEHNEL 1950), in Österreich bei Vorjahrstieren von April bis Oktober 16 ♂ : 10 ♀ (im Mai 5 : 1), bei Diesjährigen von Mai bis Oktober 33 ♂ : 35 ♀ (SPITZENBERGER 1980). Im Juli in der Steiermark: Vorjährige 14 ♂ : 8 ♀, Diesjährige 11 ♂ : 6 ♀ (NIETHAMMER 1978).

Lebenserwartung: Offenbar nicht länger als bei *Sorex*. Die letzte vorjährige Sumpfspitzmaus fing sich in Österreich im Oktober (SPITZENBERGER 1980).

Dichte: Meist recht gering und lokal auch in Reaktion auf den wechselnden Konkurrenzdruck von *N. fodiens* schwankend. In der Verlandungszone des Neusiedlersees betrug das Verhältnis *anomalus* zu *fodiens* in Jahren normalen Wasserstandes 3 : 10, in Jahren Niedrigwassers konnte *N. anomalus* den aus dem trockenfallenden Schilfgürtel verschwindenden *N. fodiens* ersetzen, das Häufigkeitsverhältnis war dann 4 : 3 und 10 : 1. Dagegen profitiert an montanen Bächen in Jahren hohen Wasserstandes *N. fodiens*, *N. anomalus* nimmt dann ab. In einem solchen Jahr sank die Dichte auf 1,9 Tiere pro 100 Fallennächte gegenüber 6,0/100 Fallen im Vorjahr. Auf 10 m Bachstrecke wurden hier im Juli 1975 4, 1976 6,7 und 1977 2,3 Sumpfspitzmäuse gefangen. Eine derartige Dichte kann als für *N. anomalus* recht hoch gelten (NIETHAMMER 1978).

Feinde: Reste von *N. anomalus* wurden verschiedentlich in Gewöllen der Schleiereule (*Tyto alba*) gefunden, z. B. von KULCZYCKI (1964) und STASTNÝ (1973).

Neomys anomalus – Sumpfspitzmaus

Jugendentwicklung: Geburtsgewicht: zwischen 0,51–0,62 g. 8. PT Rückenhaare beginnen zu sprießen. 18. PT selbständige Rückkehr zum Nest. 21.–22. PT Augenöffnen. 23. PT verlassen erstmals das Nest, 25.–27. PT Beginn der Aufnahme fester Nahrung. 31. PT Ende der Laktationsperiode (MICHALAK 1982).

Verhalten. Aktivität: Nach Laborbefunden ist *N. anomalus* mehr nachtaktiv als *N. fodiens* (A. BUCHALCZYK 1972, GEBCZYŃSKA und GEBCZYŃSKI 1965, MICHALAK 1982).

Sozialverhalten: Nach MICHALAK (1982) ist *N. anomalus* weitaus weniger aggressiv als *N. fodiens*. Die das Nest inspizierende Hand wird vom ♀ nicht attackiert, sondern das ♀ versteckt sich in einem anderen Nest. 2 einander fremde ad Sumpfspitzmäuse (Geschlecht?) wurden nach anfänglichen kurzen Kämpfen nach wenigen Tagen so vertraut, daß sie in einem Nest schliefen.

Nest: Gefangene Sumpfspitzmäuse bauten ähnliche Nester wie *Sorex araneus* und *N. fodiens* (MICHALAK 1982).

Literatur s. *N. fodiens*.

Neomys fodiens (Pennant, 1771) – **Wasserspitzmaus**

E: European oder northern water-shrew; F: La crossope oder musaraigne aquatique

Von F. Spitzenberger

Diagnose. Schwimmborstenkiel am Schwanz erstreckt sich in frischen Kleidern über die gesamte Schwanzlänge. Abgesehen von S-Europa deutlich größer, langschwänziger und langfüßiger als sympatrische *N. anomalus*. *Neomys* mit Schw über 60, Hf über 17 oder Corh über 4,6 mm sind in diesem Gebiet so gut wie immer *N. fodiens*. Glans penis mit ohrartigen, posterolateralen Fortsätzen (Pucek 1964; Abb. 105).

Karyotyp: $2n = 52$, $NF = 94$. 11 Autosomenpaare metazentrisch, 9 Paare submetazentrisch, 2 Paare subtelozentrisch, 3 Paare akrozentrisch. X-Chromosom groß, subtelozentrisch, Y-Chromosom klein, subtelozentrisch. Zwei akrozentrische Autosomenpaare haben Satelliten (nach Tieren in der Schweiz, Jugoslawien, der ČSSR und Schweden; Zusammenfassung bei Zima und Král 1984*).

Beschreibung. Größte europäische Spitzmaus (Maße Tab. 91). Zahlreiche Anpassungen ans Schwimmen: Das hintere Körperdrittel ist relativ vergrößert (Judin 1970*). Die Hinterfüße sind groß und breit. An Hand und Fuß ist nicht der 3., sondern der 4. Fingerstrahl am längsten (Barrett-Hamilton 1910). Die Seiten von Hand und Fuß und jedes einzelnen Zehenstrahls tragen Säume aus verlängerten, steifen Haaren, die beim Schwimmen die Zwischenräume zwischen den Zehen schließen und die Antriebsfläche vergrößern. Der mediane Borstenkiel unter dem Schwanz reicht in frischen Kleidern über fast die gesamte Schwanzlänge, kann aber auch stark abgenutzt sein. Die Schwimmborsten werden zur Schwanzspitze hin länger.

Ein Gefäßnetz im interscapularen Fettgewebe erinnert trotz schwacher Entwicklung an das Rete mirabile anderer tauchender Säugetiere (Ivanova 1967).

Das Haarkleid ist dicht und samtig. Der Apikalteil der Grannenhaare enthält 300–355 eiförmige Luftzellen (Keller 1978*). Haarlänge in der Rückenmitte: bei juv im Sommer 4,5, bei ad 5,3, im Winter 7,9 mm (Bo-

Neomys fodiens – Wasserspitzmaus

Tabelle 91. Körper- und Schädelmaße von *Neomys fodiens* aus dem Naturhistorischen Museum Wien (Schiefling im Lavanttal, Kärnten, Österreich, Spitzenberger leg.).

Nr.	sex	Mon	Kr	Schw	Hf	Gew	Cbl	Skb	Zyg	Iob	SkH	Aob	Pgl	M²B	oZr	P¹-M³	Mand	Corh
23225	♀ ad	7	82	61	18,4	19,2	20,4	10,3	6,6	4,3	6,3	3,2	6,0	6,0	9,7	5,7	11,0	4,8
23226	♂ juv	7	75	61	17,7	10,6	20,2	10,1	6,3	4,4	6,2	3,3	5,9	5,9	10,3	5,5	11,2	4,6
23227	♂ juv	7	75	53	18,0	9,5	–	–	6,2	–	–	3,1	–	5,9	10,2	5,5	11,0	4,6
23228	♀ juv	7	81	63	18,5	11,2	20,9	–	6,6	4,4	–	3,3	6,1	6,0	10,6	5,6	11,4	4,9
23229	♂ juv	7	74	57	18,2	8,5	19,5	10,1	6,0	4,2	–	3,0	5,7	5,9	10,2	5,3	10,9	4,65
23230	♂ juv	7	75	58	18,2	7,5	–	–	–	–	–	–	–	5,7	10,25	–	11,0	4,45
23231	♀ juv	7	78	64	18,6	9,5	20,5	–	–	4,1	–	2,9	5,8	5,9	10,3	5,3	11,3	4,7
23232	♀ juv	7	75	57	18,8	7,0	20,1	10,0	6,0	4,3	6,3	3,2	6,0	5,9	10,3	5,5	11,5	4,55
23233	♂ juv	7	78	57	18,9	7,0	19,7	9,7	6,0	4,1	6,5	3,0	5,7	6,0	9,9	–	11,0	4,5
23234	♂ juv	7	73	58	18,8	6,8	20,4	10,1	6,3	4,3	–	2,9	6,0	5,8	10,4	5,5	11,3	4,7
23235	? juv	7	74	58	18,3	8,2	20,2	10,3	6,4	4,2	6,3	3,1	6,0	6,0	10,3	5,8	11,3	4,7
23236	♂ juv	7	79	64	18,2	10,3	–	10,2	6,4	4,4	–	–	6,0	–	–	–	11,2	4,75
23237	♂ juv	7	76	58	18,0	10,5	–	10,1	–	–	6,5	–	5,8	–	10,3	5,4	10,5	4,6
23238	♂ juv	7	75	63	18,8	12,8	–	10,5	6,5	–	–	3,2	–	6,0	–	5,6	11,5	4,9

335

rowski 1973). Tasthaare am Rüssel lang (bis 16 mm) und zahlreich (Barrett-Hamilton 1910).

Färbung: Oberseite schiefer- bis glänzendschwarz bei ad, bei juv stumpfer. Unterseite meist silbrigweiß bis elfenbeinfarben, oft aber auch zum Teil oder völlig gelblich, rostrot oder schwarz. Der Schwanz kann oberseits schwarz und unterseits weiß oder einfarbig schwarz sein. Seine Spitze ist immer weiß. Hinter den Augen und Ohren können weiße Fleckchen auftreten.

Schwarze Inguinalumrandung häufig ausgebildet (Niethammer 1977). Fußsohlen dunkel (Population Nordrhein-Westfalen, Hutterer 1982). Die Flankendrüsen maßen bei 3 ♂ 2 × 4 bis 4 × 6 mm (G. Niethammer 1962). Länge der Glans penis alkoholfixiert 7,5–8,5 mm, maximale Breite 4,0–4,5 mm. Im Gegensatz zu *N. anomalus* mit posterolateralen Fortsätzen (Pucek 1964; Abb. 105).

Tabelle 92: Zitzenzahl je Bauchseite bei *Neomys fodiens* (nach Michalak 1986a).

Herkunft	Anzahl der ♀ mit den folgenden Zitzenformeln					Autor
	5–5	5–6	6–6	6–7	7–7	
Österreich (Burgenland, Steiermark)	4	–	3	–	–	Bauer 1960*, Niethammer 1977
Polen (Biebrza-Becken)	–	2	3	1	–	Michalak 1986a
(Białowieża)	4	7	66	11	2	Michalak 1986a

Schädel (Abb. 109): Im Vergleich zu *anomalus* massiver, stabiler und klobiger (Niethammer 1953). Fortsätze wie der Proc. articularis am Unterkiefer, der Proc. zygomaticus maxillaris und Proc. postglenoidalis am Oberschädel wirken im Verhältnis kräftiger. In Jugoslawien ist der Pterygoidabstand (absolut) nicht größer als bei *anomalus* und damit relativ kleiner. Der Hirn- und hintere Rostralschädel ist höher (Tvrtković et al. 1980).

Abb. 109. Schädel von *Neomys fodiens* **A** dorsal, **B** ventral, **C** lateral, **D** rechte Mandibel von lingual, **E** linke Mandibel von buccal. **A–C** Coll. ZFMK 76.424, ♂ ad bei Bonn; **D, E** Coll. J. Niethammer, ♀ aus November, Kleinsölk, Steiermark.

Neomys fodiens – Wasserspitzmaus

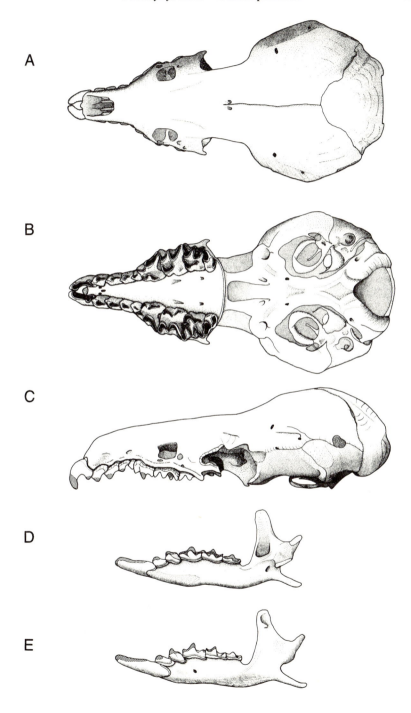

Zähne erheblich robuster als bei *N. anomalus.* So sind die oberen U relativ breiter, ihr Hinterende ist höher und damit nicht so deutlich von dem vorderen Spitzenteil abgesetzt. Dadurch wirkt die Reihe der U in Seitenansicht geschlossener als bei *anomalus.* Die I^1 sind, von ventral betrachtet, weiter getrennt.

Postcraniales Skelett: In allen Teilen auffällig robuster und größer als bei *N. anomalus.* Folgende Maße aus BRUNNER (1953*: Bayern) und RICHTER (1965: Hüftbeine, Vogtland): Femur 8,9–11,7; Humerus 8,5–10,5; Tibia 16,1–19,7; Ulna 11,8–13,8; Os coxae 13,7–16,4 (Vogtland 14,6–17,4) lang und 3,9–4,5 breit; Scapula 7,8–9,8 mm. Die Mittelwerte von 6 französischen Wasserspitzmäusen liegen zumeist im unteren Bereich der angegebenen Variationsbreiten (CHALINE et al. 1974*).

Verbreitung. Paläarktisch. Ein großes, geschlossenes Areal erstreckt sich durch N- und Mitteleuropa von N-Spanien und England (ohne Irland) bis Mittelsibirien. Im W fällt die n Verbreitungsgrenze mit dem n Küstenverlauf zusammen, und noch am Ural und am Pur erreicht *N. fodiens* den Polarkreis. Am Jenissei kommt er nur noch bis 60°, an der Lena bis 55° N vor. Von hier zieht die Grenze etwa bis zum Baikalsee nach SE und erreicht zugleich den östlichsten Punkt dieses geschlossenen Areals (für W-Sibirien nach JUDIN 1971*). Die S-Grenze verläuft von Monfero (NORES et al. 1982) in N-Spanien über die Pyrenäen. In Italien erreicht sie die Abruzzen, auf der Balkan-Halbinsel das jugoslawische Mazedonien. Im S sind nur noch die Gebirge besiedelt. So fehlt *N. fodiens* s des Alpenrandes in N-Italien, der großen Ungarischen Tiefebene und den Donau-Niederungen zwischen Belgrad und der Mündung. Nach LOZAN (1975) fehlen auch Belege aus der Moldau-SSR. In Asien zieht die S-Grenze auf der Breite von Ischin und Karaganda durch Waldsteppe und Steppe und erreicht in Kirgisien, Kasachstan und der Mongolei im S 40° N. Verbreitungsinseln bilden sicherlich einige Vorkommen in S-Europa sowie Kaukasus und Ostpontus (SPITZENBERGER und STEINER 1962; CORBET 1978*). Weit getrennt davon ist ein Vorkommen im Amurgebiet und auf Sachalin (YOSHIKURA 1956; RACHILIN 1965; JUDIN et al. 1976).

Auf den folgenden, Großbritannien vorgelagerten Inseln: Hoy (Orkney), Raasay, Skye, Pabay (Skye), Mull, South Shuna (Argyll), Garvellachs (alle 4 Hauptinseln), Islay, Kerrera, Arran, Bute, Anglesey, Wight, Jersey (CORBET und SOUTHERN 1977*). Von den Friesischen Inseln nur auf Texel, nach Bau des Hindenburgdammes auch auf Sylt. Die Angabe von MOHR (1931*) für Nordstrand und Pellworm hat sich in neuerer Zeit nicht mehr bestätigen lassen (VAN LAAR 1981*). Auf allen größeren Ostsee-Inseln mit Ausnahme von Bornholm (SIIVONEN 1976*), auch auf Rügen (ERFURT und STUBBE 1986*) und Wollin (PUCEK und RACZYŃSKI 1983*).

Neomys fodiens – Wasserspitzmaus

Auf allen kleineren Inseln s von Fünen fehlt sie offenbar (URSIN 1950*).
Nach SIIVONEN (1976*) auch auf den Vesterål-Inseln und den Lofoten.

Randpunkte (Abb. 110): Die Verbreitungsgrenze in Großbritannien wurde nach CORBET und SOUTHERN (1977*), in Skandinavien nach SIIVO-

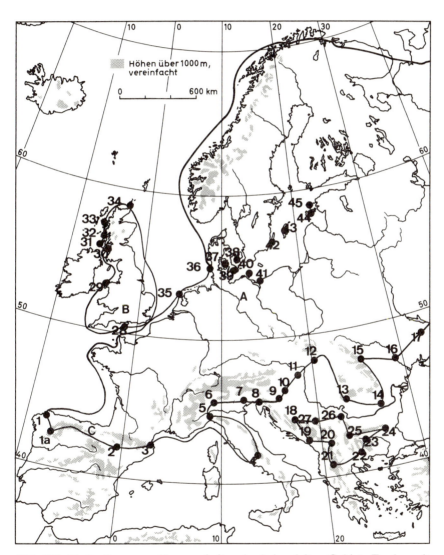

Abb. 110. Verbreitung von *Neomys fodiens* im behandelten Gebiet. Zu den mit 28–45 numerierten Inseln s. S. 338.

NEN (1976*) gezeichnet. Spanien 1 Boxu, Monfero (NORES et al. 1982), 1a Caurel (NORES et al. 1982), 2 Huesca (CABRERA 1914*); Frankreich 3 Lac de la Bouillouse, Massif du Carlit (SAINT GIRONS 1958); Italien 4 Pescassèroli (KRAPP 1975), 5 Busalle (MILLER 1912*), 6 Milano (TOSCHI und LANZA 1959*), 7 Treviso (DAL PIAZ 1927); Jugoslawien 8 Cabar, Gorski Kotar (TVRTKOVIĆ, in litt.), 9 Pescenica (Coll. KRYŠTUFEK und TVRTKOVIĆ), 10 Donji Vidovec (Coll. TVRTKOVIĆ); Ungarn 11 Ocsa (SCHMIDT 1969), 12 Lillafüred, Bükk (VÁSÁRHELY 1960); Rumänien 13 Mt. Retezatului (WAGNER 1974), 14 Bukarest (HAMAR und KOVACS 1964), 15 Valea Putnei, Bez. Suceava (HELLWING 1960); UdSSR 16 e Kyshynev, 17 e Kirovograd (ABELENCEV et al. 1956*); Jugoslawien 18 Donji Vakuf (Coll. ĐULIĆ), 19 Vidrovan, Niksic (BRELIH und PETROV 1978), 20 Popova Šapka, Šar Planina (PETROV 1968*), 21 Prespansko jezero (Coll. KRYŠTUFEK); Bulgarien 22 Gotse Delcev (MARKOV 1962), 23 Bogoridovo, Umgebung von Plovdiv, 24 Kotel, Stara Planina, 25 e Sofia (MARKOV 1957*); Jugoslawien 26 Zlotska Pecina, Zlot, 27 Beli Rzav, Tara-Gebirge (BRELIH und PETROV 1978).

Terrae typicae:

A *fodiens* (Pennant, 1771): Berlin, Deutschland
B *bicolor* (Shaw, 1791): Oxford, England
C *niethammeri* Bühler, 1963: Ramales de la Victoria, s Laredo, Spanien

Merkmalsvariation. Geschlechterdimorphismus: Nach RÖBEN (1969) übertreffen die ♀ in fast allen Maßen die ♂, doch sind diese Unterschiede nicht signifikant. An ökologisch und geographisch einheitlichem Material kommt SPITZENBERGER (1980) zu ähnlichen Ergebnissen. Deutliche Unterschiede zeigt das Becken. Der Ramus symphysicus des Os ischium ist bei den ♂ deutlich verstärkt, bei alten ♂ besitzt der ventrocaudale Teil des Schambeins zusätzliche Muskelansätze (BECKER 1955, RICHTER 1965). DOLGOV (1961) hebt den Aufwärtsknick des caudalen Teils des Os pubis bei den ♂ hervor.

Alter: Im Jugend- und im Sommerkleid ist die Oberseite heller und mehr bräunlich, im Winter und 2. Sommer dunkler (schwärzer). Das Nestlingskleid ist stumpf, mehr wollig, das 1. Sommerkleid glänzender, die Haare sind etwas steifer. Der bedeutende Glanz im Winter wird noch von dem des kurzen, steifhaarigen Sommerkleides der ad übertroffen (BOROWSKI 1973). Gew und Größe werden außer von Alter und Jahreszeit auch von dem unterschiedlichen Zeitpunkt des Erreichens der Geschlechtsreife beeinflußt. DEHNEL (1950) unterscheidet daher noch nicht geschlechtsreife Tiere im 1. Kalenderjahr, geschlechtsreife Tiere im 1. Kalenderjahr und solche im 2. Kalenderjahr („Überwinterlinge"). Das fortschreitende Alter ist an der Zahnabkauung sichtbar. Sie verläuft bei juv schneller, bei ad langsamer, so daß die Zähne erst bei sehr alten Tieren ihre charakteristische Form verlieren (DEHNEL 1950). Mit zunehmender Abnutzung des I^1 wächst seine Wurzel nach vorne und unten, so daß die Beißfunktion des Zahnes erhalten bleibt (DOLGOV 1971).

Im Laufe des Lebens wächst die Kr deutlich, die Schw nur wenig (SPITZENBERGER 1980). Kr und Gew sind im 1. Sommer bei geschlechtsreifen Tieren größer als bei nicht geschlechtsreifen, bleiben aber im Mittel niedriger als im 2. Sommer (DEHNEL 1950, BAZAN 1955). Die Hf bleibt annähernd konstant, manche Schädelmaße, wie die Cbl, nehmen im 2. Sommer etwas zu, andere bleiben auf dem Stand der winterlichen Depression kleiner als im 1. Sommer (z. B. SkH; SPITZENBERGER 1980). Die Skb ist bei vorjährigen Tieren breiter als bei diesjährigen (Folge des Kauens? – DEHNEL 1950).

Das Wachstum der Langknochen geht aus den Maßen bei BRUNNER (1953) hervor. Länge und Gewicht des Beckens sind nach dem Überwintern in beiden Geschlechtern größer als im 1. Sommer (DOLGOV 1961). Glans penis bei juv nur 2,5–4,0 mm lang und 1,5–2,5 mm breit (PUCEK 1964).

Senile Tiere bekamen ein schütteres Fell, das sich leicht benetzte; an Stirn und um Augen traten weiße Haare auf (LUTHER 1936).

Jahreszeiten: Das Gew nimmt im Winter weniger ab als bei der Waldspitzmaus und erreicht in Białowieża 76% des Gew im 1. Sommer (STEIN 1975). Die SkH nimmt in Białowieża in folgender Weise ab: Jungtiere im 1. Sommer im Mittel 6,93 mm, im Dezember 6,40 mm, im Februar unter 6,0 mm und im Juni des 2. Sommers 6,20 mm.

Nach Z. PUCEK (1957) werden bei der Wasserspitzmaus wie bei *Sorex* im Winter Parietalia und Interparietale durch Osteoklasten an der Außenseite abgebaut. Die Schrumpfungsprozesse in Herbst und Winter gehen mit gehemmter Schilddrüsentätigkeit einher (DZIERZYKRAJ-ROGALSKA 1957). Nach MYRCHA (1969) nimmt das Gew vor allem durch Wasserverlust der Gewebe ab, der eine Drosselung des Zellstoffwechsels bewirkt.

Ökologisch bedingte Unterschiede sind bei *N. fodiens* auffällig. So schwanken Kr und Gew in Białowieża von Jahr zu Jahr in Abhängigkeit von den Niederschlägen und damit von den Ernährungsbedingungen. Außerdem gibt es deutliche Unterschiede zwischen feuchten und trockenen Biotopen (BOROWSKI und DEHNEL 1952; Tab. 93).

Tiere aus trockenen Biotopen von Caernarvonshire und Anglesey wogen im Mittel weniger als solche aus feuchten Biotopen (PRICE 1953). Exemplare vom Neusiedlersee in Österreich sind etwa 15% schwerer als solche aus mittleren Höhenlagen in den Niederen Tauern (NIETHAMMER

Tabelle 93. Kr in mm bei vorjährigen *N. fodiens* von einem feuchten und einem trockenen Biotop in Białowieża. Mittelwerte. Nach BOROWSKI und DEHNEL (1952).

Monat	feucht	trocken
Juni	88	84
Juli	90	88
August	87	86

1960). In den österreichischen Alpen nehmen Kr und Cbl mit zunehmender Höhe ab, Hf bleibt konstant, Schw nimmt zu (SPITZENBERGER 1980; Tab. 94).

Da diese Maße auch bei südafrikanischen *Myosorex varius* gleichartig variieren (ROWE-ROWE und MEESTER 1985), darf auch für *N. fodiens* das DEHNELsche Phänomen (kleinere Maße bei ungünstigen Bedingungen) angenommen werden. Über die Körpergröße als Faktor für die Seltenheit des Auftretens siehe S. 353.

Individuelle Variation: Einen beinahe monströsen Fall von Polygnathie beschreiben CANTUEL und DIDIER (1950). Einseitige Verschmelzung von U^2 und U^3 zu einem zweispitzigen Zahn kommt vor (BUCHALCZYK 1961).

Albinismus ist selten, wurde aber mehrfach in Großbritannien nachgewiesen (BARRETT-HAMILTON 1910). Gehäufter partieller Albinismus wurde von Puy-de-Dôme in Frankreich beschrieben: von 12 Exemplaren hatten 3 weißgeränderte Ohren, eines davon hatte zusätzlich einen weißen Fleck am Kopf, ein anderes einen solchen an der Schwanzbasis. Ein mit Ausnahme eines grauen Gürtels im Bereich der Schultern weißes *N. fodiens*-♀ wurde aus den Pyrénées-Orientales beschrieben (FONS et al. 1983). Von 169 westkarpatischen Wasserspitzmäusen waren 2 total melanistisch (AMBROS et al. 1980).

Verdunkelung der Unterseite kommt häufig vor. Nach REINIG (1937) lassen sich flächige (nigristische) und von einem oder mehreren Zentren ausgehende (abundistische) Schwärzungsmuster unterscheiden (BAUER 1960*). Abundistische Schwärzung geht bei *Neomys* von der Kehle, von der Medianen auf der Bauchseite und von den Flanken aus. Diese beiden Verdunkelungsmodi können allein oder gemeinsam auftreten. Verdunkelte Bauchseiten wurden in unterschiedlicher Häufigkeit beschrieben aus Großbritannien (CROWCROFT 1957), Finnland (SKARÉN 1973), den Niederlanden (VAN LAAR und VAN LAAR 1966), der DDR (JACOBI 1927, RICHTER 1953, 1958, SCHOBER 1959), BRD (MOHR 1931*, WOLF 1939, KAHMANN und RÖSSNER 1956, VON LEHMANN 1966, RÖBEN 1969), Liechtenstein (VON

LEHMANN 1963*), Schweiz (GIBAN 1956), Frankreich (GIBAN 1956, VAN LAAR und DAAN 1976), Österreich (BAUER 1960*, SPITZENBERGER 1980), ČSSR (HANÁK 1957, AMBROS et al. 1980), Polen (zuletzt FEDYK und BOROWSKI 1980), UdSSR (OGNEV 1928*) und vom türkischen Ostpontus (SPITZENBERGER und STEINER 1962).

Anscheinend werden melanistische Wasserspitzmäuse von E nach W häufiger (FEDYK und BOROWSKI 1980). In SE-Europa ist ihr Anteil gering: In Slowenien und Kroatien sind es noch 12 von 17 Exemplaren, in Serbien und Mazedonien fand sich nur noch je 1 Tier mit der Andeutung verdunkelter Bauchfärbung (Coll. KRYŠTUFEK, PETROV, TVRTKOVIĆ), 8 aus Montenegro und 3 aus Griechenland hatten völlig helle Bäuche.

In Niedermoor- und Sumpfgebieten tieferer Lagen treten melanistische Wasserspitzmäuse gehäuft auf: Von 17 aus den Sümpfen von Gué-de-Velluire in der Vendée waren nur 5 weißbäuchig (VAN BREE et al. 1963*), von 4 im Elmpter Bruch bei Aachen nur 1 (VON LEHMANN 1966), von 196 aus Österreich waren 65 melanistisch. Von diesen stammen 43 aus dem Neusiedlersee-Gebiet (SPITZENBERGER 1980). Dagegen fehlen in höheren Gebirgslagen melanistische Wasserspitzmäuse (HEINRICH 1948, SPITZENBERGER 1980). Demgegenüber konnten FEDYK und BOROWSKI (1980) an 1484 in 22 Jahren in 10 unterschiedlichen Biotopen gefangenen Wasserspitzmäusen keine Beziehung zwischen Biotop und Melanismus feststellen. Der Anteil abundistischer Verdunklung schwankte in dieser Zeit wenig, der nigristischer Tiere dagegen deutlich. Dies beweist die Unabhängigkeit der Vererbung von Abundismus und Nigrismus. Der Anteil melanistischer Tiere insgesamt schwankte hier zwischen 11 und 64%.

Unabhängig davon können auch Schwanz- und Hinterfußfärbung variieren, ebenso der Anteil von Tieren mit weißen Augenflecken (RICHTER 1958).

Eine auf dem Rücken braunrote Wasserspitzmaus mit normal silbrigweißem Bauch beschreiben VAN BREE et al. (1963*) aus der Vendée.

Was die Rosttönung der Bauchseite verursacht, die in unterschiedlicher Ausdehnung in zahlreichen Populationen von Finnland (SKARÉN 1973) bis Mazedonien (Coll. TVRTKOVIĆ) gefunden wurde, ist umstritten. DEHNEL (1950) konnte sie mit einem feuchten Tuch abwischen. Danach könnte es sich um anhaftende Eisenoxide handeln, wie sie z. B. auch bei manchen Vögeln (Bartgeier) als Haftfarben im Gefieder eine Rolle spielen können. KAHMANN und RÖSSNER (1956) schlossen aus der Tatsache, daß die Rotfärbung im Labor nach dem Haarwechsel verschwand, auf Carotinoide aus der Nahrung (*Gammarus*). Allerdings ist bisher bei Säugetierhaaren (im Gegensatz zur Vogelfeder) eine Carotinoidfärbung noch nicht nachgewiesen worden. FEDYK und BOROWSKI (1980), die keine Beziehung zwischen Rostfärbung und Biotopfeuchtigkeit feststellen konnten, berichten über ein im Labor geborenes Exemplar mit rostroter Bauchseite. Im Laufe von

Soricidae – Spitzmäuse

Tab. 94. Maße von *Neomys fodiens* in verschiedenen Teilen seines Verbreitungsgebietes. Angegeben sind Minimum, Maximum und in ( ) darunter Mittelwerte. Kr, Schw und Hf wurden auf ganze mm, die übrigen Werte auf Zehntelmillimeter abgerundet.

Herkunft	n	Kr	Schw	Hf	Cbl	Corh	Autor oder Quelle
Spanien							
Ramales de la Victoria (Typenserie *niethammeri*)	9	–	–	–	–	5,5–6,1 (5,8)	Bühler 1963: Gewölle
Eusa-Ezcabarate, Navarra	2	–	–	–	22,5	5,6–5,7	Vericad 1970*: Gewölle
Gama, Santander	3	–	–	–	22,8–23,4	–	Heim de Balsac und de Beaufort 1969: Gewölle
Italien							
N-Italien	6	72–96 70–80 (74,3)	47–77 59–69 (62,8)	16–20 17–19 (18,3)	19,5–22,5 20,1–21,9 (20,5)	– (4,7)	Toschi und Lanza 1959* Coll. NMW und SMF
Abetone, Toskana	12	75–90 (79,5)	59–67 (63,8)	18–19 (18,1)	20,3–21,6 (20,8)	4,4–5,1 4,8–5,0	Coll. K. Bauer, J. Niethammer
Abruzzen	16	–	–	–	20,8–22,5 (21,7)	(4,9) –	von Lehmann 1969
Jugoslawien							
Slowenien, Kroatien	14	81–95 (86,7)	50–66 (60,1)	17–20 (18,6)	20,8–22 (21,4)	4,9–5,5 (5,2)	Coll. Kryštufek, Petrov, Tvrtković
Serbien	14	75–87 (80,0)	59–72 (64,7)	18–19 (18,6)	20,6–21,7 (21,1)	4,8–5,3 (5,0)	Coll. B. Petrov
Mazedonien	16	76–88 (82,3)	56–70 (66,1)	17–20 (18,5)	20,0–21,6 (21,0)	4,6–5,0 (4,8)	Coll. Kryštufek, B. Petrov
Griechenland: Pindus	3	71–80 (75,7)	55–71 (64,5)	18–19 (18,3)	20,3–21,2 (20,7)	4,5–4,9 (4,7)	Coll. ZFMK
Bulgarien	9–14	64–94 (75,6)	47–69 (57,7)	17–20 (18,3)	19,5–21,6 (20,5)	–	Markov 1957*
Türkei: Ostpontus	5	82–96	64–70	17–19	20,9–22,2	–	Spitzenberger und Steiner 1962
25 Meilen n Erzerum (Typus von *teres*)	1	88	58	18,5	–	–	Miller 1908

Tabelle 94. Maße von *Neomys fodiens*. Fortsetzung 1

Herkunft	n	Kr	Schw	Hf	Cbl	Corh	Autor oder Quelle
Frankreich							
Basses Pyrénées, Gewölle	68–126	62–95 (82,3)	46–68 (60,0)	16–21 (17,6)	19,3–22,3 (21,0)	–	Saint Girons 1973*
Camargue, Gewölle	5	–	–	–	21,5–22,8	–	Heim de Balsac und de Beaufort 1969, Gewölle
	4–7	–	–	–	20,2–21,6 (20,8)	4,4–4,7 (4,5)	Coll. J. Niethammer
Schweiz							
Kantone Schwyz, Bern, Wallis	9	68–88 (80,1)	59–66 (62,7)	18–19 (18,9)	20,5–21,8 (20,9)	4,6–5,0 (4,8)	Coll. ZFMK, NMW
Kanton Graubünden	7	76–89 (79,7)	58–71 (66,3)	18–19 (18,5)	19,3–21,1 (20,4)	4,4–4,8 (4,6)	Coll. SMF
Liechtenstein	10	76–90 (82)	60–69 (63,9)	18–19 (18,1)	20,5–22 (21,2)	4,5–4,9 (4,7)	Coll. ZFMK
Österreich							
Tiefland	26–68	65–96 (84,2)	50–65 (60,4)	17–20 (18,6)	20,8–22,1 (21,3)	4,7–5,5 (5,0)	Spitzenberger 1980
colline Stufe	5–42	77–86 (81,4)	59–68 (62,3)	17–19 (18,1)	20,8–21,9 (21,2)	4,7–5,3 (4,9)	Spitzenberger 1980
submontane Stufe	10–20	79–89 (83,5)	51–70 (60,9)	17–20 (18,6)	20,5–21,5 (21,1)	4,6–5,2 (4,9)	Spitzenberger 1980
montane Stufe	78–119	63–87 (78,6)	53–76 (62,5)	17–20 (18,5)	18,7–22,4 (20,7)	4,4–5,3 (4,8)	Spitzenberger 1980
subalpine Stufe	13–22	68–82 (78)	54–77 (64,3)	17–20 (18,3)	19,8–21,2 (20,8)	4,4–4,9 (4,7)	Spitzenberger 1980
Bundesrepublik Deutschland							
Bodensee	7	74–85 (79,4)	53–65 (59,3)	16–19 (17,9)	19,8–21,6 (21,1)	4,8–5,1 (4,9)	Coll. ZFMK, J. Niethammer
Bayern	23	74–93 (82,4)	57–68 (61,4)	17–18 (17,6)	20,2–21,9 (21,1)	4,8–5,3 (5,0)	Coll. ZFMK, NMW, SMF

Tabelle 94. Maße von *Neomys fodiens*. Fortsetzung 2

Herkunft	n	Kr	Schw	Hf	Cbl	Corh	Autor oder Quelle
Nordrhein-Westfalen, Rheinland-Pfalz	15	75–95 (84,3)	53–67 (59,0)	16–20 (17,6)	20,3–22 (21,1)	4,7–5,2 (5,0)	Coll. ZFMK, SMF
Hessen	53–94	70–97 (82,0)	49–70 (58,9)	16–20 (18,0)	20,1–22,3 (21,1)	4,7–5,4 (5,0)	Coll. ZFMK, SMF
Schleswig-Holstein	4	71–76 (74)	52–60 (57,6)	17–18 (17,3)	19,8–20,6 (20,2)	4,5–5,0 (4,7)	Coll. ZFMK; Corh Pieper und Reichstein 1980
DDR	7–11	78–85 (80,8)	56–65 (60,2)	18–19 (18)	19,6–21,1 (20,6)	4,7–5,1 (4,9)	Coll. ZFMK, SMF
Mecklenburg	17–22	74–94 (84,9)	48–67 (56,2)	17–19 (17,9)	20,5–22,6 (21,4)	–	Richter 1958
ČSSR und S-Polen Böhmerwald	8	85–97 (89,0)	53–65 (60,0)	18–20 (18,4)	20,5–21,3	–	Zejda und Klima 1958; Hanák und Figala 1960
Schlesien	18	76–93 (83,6)	54–71 (62,2)	18–20 (19,0)	–	–	Zejda et al. 1962
Polnische Beskiden	77	–	–	–	–	4,6–5,3 (5,0)	Ruprecht 1971
Ukrainische SSR		75–103	45–77	16–21	19–23,4	–	Abelenzev und Pidoplitschko 1956*
Belorussische SSR	40	76–96	47–70	18–20	18,5–22	–	Serschanin 1961
N-Polen Białowieża		70–95 (84,3)	49–65 (58,3)	18–20 (18,2)	20,3–22 (21,2)	4,8–5,5 (5,1)	Coll. Polish Academy of Science, Mammals Research Institute
Großbritannien	4	71–83	48–58	17–18	–	–	Miller 1912*
Dänemark und S-Schweden	4–10	72–86 (78,7)	54–66 (60,7)	17–20 (18,4)	20,3–21,1 (20,7)	4,5–5,0 (4,8)	Coll. Zool. Mus. Kopenhagen, SMF, J. Niethammer
Finnland, Schwedisch Lappland, N-Norwegen	9–17	65–84 (74,7)	61–75 (66,4)	16–20 (18,4)	20,1–21,5 (20,7)	4,4–4,9 (4,6)	Coll. ZFMK, SMF
Norwegen: Lofoten	13–39	65–90 (75,6)	54–65 (59,8)	–	20,1–20,9 (20,4)	4,4–4,8 (4,6)	Coll. Zool. Mus. Kopenhagen

22 Generationen schwankte der Anteil von Wasserspitzmäusen mit rostroter Unterseite in Białowieża zwischen 40 und 92%.

Geographische Variation und Unterarten: Die Größe der Wasserspitzmäuse variiert in Europa geographisch wenig (Tab. 94). Kr, Cbl und Corh scheinen von N-Deutschland bis Skandinavien etwas geringer als weiter s, und skandinavische *N. fodiens* gleichen mit Corh 4,35–4,85 nahezu perfekt *N. anomalus* aus Mazedonien (4,3–4,9 mm). Wenn hier und in Teilen Frankreichs (BAUER und FESTETICS 1958*, FELTEN und KÖNIG 1955) *N. fodiens* etwas kleiner ist, könnte das auch mit dem Fehlen der kleineren Zwillingsart in diesen Gebieten zu erklären sein. Eine Ausnahme bilden n-spanische Populationen durch besondere Größe. So übertrifft in Kantabrien die Corh diejenige der größten außerspanischen *N. fodiens* um etwa 10%. Möglicherweise haben Wasserspitzmäuse im Flachland NW- und E-Europas relativ kleinere Hf und Schw, eine Erscheinung, die mit der durchschnittlich geringeren Fließgeschwindigkeit der bewohnten Gewässer in Zusammenhang stehen könnte. Hohe ökologische Variabilität hat für den recht plastischen *N. fodiens* SPITZENBERGER (1980) in Österreich nachgewiesen.

CATZEFLIS (1984) fand zwischen 6 Populationen von den Abruzzen bis zu den Åland-Inseln relativ große genetische Unterschiede. Für das Enzym Pgm-1, das in 4 Allelen auftritt, deutet sich eine größere Distanz zwischen den italienischen und den übrigen Populationen (Schweiz, Frankreich, Åland-Inseln) an.

ELLERMAN und MORRISON-SCOTT (1951*) ließen für *N. fodiens* in Europa nur noch zwei Unterarten gelten: *N. f. fodiens* auf dem gesamten Festland und *N. f. bicolor* in Großbritannien. Letztere sollte sich durch vermeintliche Besonderheiten der Bauchseitenfärbung und geringe Schädelmaße unterscheiden. *N. f. bicolor* wird m. E. zu Recht von HEIM DE BALSAC und DE BEAUFORT (1969*) als nicht valide eingestuft. Diese Autoren bestätigen jedoch aufgrund eigenen Materials das Vorkommen einer stark differenzierten Wasserspitzmaus in N-Spanien und ihren Status als Subspezies: *N. f. niethammeri*. Diese Unterart wurde nach Gewöllmaterial beschrieben. Außer der beachtlichen Schädelgröße (Tab. 94) ist der reduzierte und linguad abgedrängte U^4 charakteristisch (BÜHLER 1963, NIETHAMMER 1964). BÜHLER (1972) hat später ein lebendes Exemplar gefangen, gehalten und abgebildet. NORES et al. (1982) stellen den Unterartrang dieser Form in Frage, weil geographisch intermediäre Populationen morphologisch zu normal großen Wasserspitzmäusen in Frankreich vermitteln.

Paläontologie. *Neomys*-Reste, die in der Größe *N. fodiens* entsprechen, wurden bisher nur aus jungpleistozänen Faunen Europas bekannt: Österreich (WETTSTEIN und MÜHLHOFER 1938), England (HINTON 1911), Deutschland (VON KOENIGSWALD und MÜLLER-BECK 1975, VON KOENIGSWALD und SCHMIDT-KITTLER 1972). Aus den Niederlanden nennt KOLFSCHOTEN (1985) 3 Mandibeln aus dem Weichsel-Glazial mit Corh 4,4, 4,5 und 4,8, von denen die größte zu mitteleuropäischen *N. fodiens* paßt. Danach hätten sich die Zwillingsarten vielleicht erst im letzten Interglazial getrennt, wobei sich vor allem *N. fodiens* stärker spezialisiert und besser an ein kaltes Klima angepaßt hätte.

Ökologie. Habitat: Ufer- und Verlandungsgebiete sowie Auen von Still- und Fließgewässern jeglicher Art außer von Mittel- und Unterläufen großer Flüsse. Weiter im N auch zahlreiche Feststellungen fernab von (Süß-) Gewässern: Steiniger Strand mit verrottendem Tang (Pabay – CORBET et al. 1968), Wälder, Schonungen, Weiden, Wiesen, Getreidefelder, Roßmist auf Straße (Großbritannien – BARRETT-HAMILTON 1910), Felder (Schlesien – ZEJDA et al. 1962), Fichten-, Föhren- und Eichenwälder (Białowieża – BOROWSKI und DEHNEL 1952), Wiesen und andere landwirtschaftlich genutzte Gebiete (Sibirien – MAXIMOV 1978).

Weiter im S zeichnet sich eine engere Bindung an Bäche und Niedermoore im Mittelgebirge (Harz – ZIMMERMANN 1951; Odenwald – RÖBEN 1969; Westerwald – VON LEHMANN 1972; Riesengebirge – ČERNY et al. 1959) und in den Alpen ab. In Übereinstimmung mit den guten Schwimmanpassungen auch an breiten reißenden Bächen und Oberläufen von Flüssen, deren Ufer mit Blockwerk, Geröll und Sand bedeckt und arm an Vegetation sind (HEINRICH 1948, SPITZENBERGER 1980). Das Vorkommen der Wasserspitzmaus an Fließgewässern ist vom Strukturreichtum des Ufers und der Wasserqualität abhängig. Besonders wichtig sind Steilufer, weil sie die erforderliche Tauchtiefe und geschützte Stellen zum Verzehr der Beute und zur Anlage von Bauen ermöglichen. Die Wasserqualität bestimmt das Nahrungsangebot, das den limitierenden Faktor für das Vorkommen der Wasserspitzmaus vor allem im Winter darstellt. Die Wasserspitzmaus kann daher als Biotopgüteanzeiger für Uferhabitate herangezogen werden (SCHRÖPFER 1985). Die unterschiedliche Eignung verschiedener Bachabschnitte für *N. fodiens* wurde durch die unterschiedlich hohen Wiederfangraten markierter Individuen an verschiedenen Bachabschnitten in der Schweiz untermauert (LARDET und VOGEL 1985). Ufer und Auen des Mittel- und Unterlaufs großer Flüsse werden nicht oder nur ausnahmsweise besiedelt (Rhein – RÖBEN 1969; Elbe – BÁRTA 1981; Donau – SPITZENBERGER und STEINER 1967). Die eutrophen Verlandungszonen pannonischer Steppenseen bieten günstige Lebensbedingungen (Neusiedlersee – BAUER 1960*; Kisbalaton – SCHMIDT 1969). Weiter im E scheinen die heißen kontinentalen Sommertemperaturen das Vorkommen der Wasserspitzmaus auszuschließen (z. B. schon Velence-See – SCHMIDT 1969).

Im S ausgesprochenes Gebirgstier. Alle Fundorte der s Balkan-Halbinsel oberhalb 1000 m (PETROV 1969).
In feucht-kühlen Großklimaten dringt *N. fodiens* auch in menschliche Behausungen (Mühlen, Ställe, Keller etc.) ein: Großbritannien (BARRETT-HAMILTON 1919), Deutschland (WIEDEMANN 1883), Alpen (BAUMANN 1949* und zahlreiche eigene Befunde).

Vertikal ist die Wasserspitzmaus vom Meeresniveau (CORBET et al. 1968) bis ca. 2500 m (Schweizer Alpen – FATIO 1896*) verbreitet. In den Ostalpen liegt der höchste bekannte Fundort bei 2050 m (SPITZENBERGER 1980).

Aktionsraum. Freilandbeobachtungen (ILLING et al. 1981) und Fang und Wiederfang markierter Wasserspitzmäuse (SHILLITO 1963, LARDET und VOGEL 1985, VOESENEK und VAN BEMMEL 1984, CHURCHFIELD 1984b, VAN BEMMEL und VOESENEK 1984, WEISSENBERGER et al. 1983) deuten darauf hin, daß adulte Wasserspitzmäuse in optimalen Habitatsausschnitten sich überlappende Heimreviere ständig besiedeln, juvenile Individuen in suboptimalen Habitatsausschnitten weitaus kleinere Heimreviere als Territorien verteidigen und ein großer Prozentsatz der Population nomadisiert bzw. emigriert. Winterbeobachtungen (VON SANDEN-GUJA 1957, SCHLOETH 1980) sprechen dafür, daß Nahrungsquellen von mehreren Individuen gemeinsam ausgebeutet werden.

Die Heimreviere erstrecken sich nach den Freilandbeobachtungen ILLINGS et al. (1981) an einem mittelfränkischen Bach in der Zeit von Mai bis Oktober parallel zum Bachverlauf, können die gesamte Bachbreite und beide Ufer (in Form eines 2 m breiten Streifens) einnehmen. Sie sind 20–24 m lang, haben eine Fläche von 60–80 m^2 mit einem terrestrischen Anteil von 20–30 m^2. VAN BEMMEL und VOESENEK (1984) und VOESENEK und VAN BEMMEL (1984) ermittelten an Entwässerungsgräben im holländischen Gagelpolder in der Zeit von April bis Juli lange, schmale Heimreviere mit einer Durchschnittsfläche von 189,6 m^2 für adulte und nur 79,5 m^2 für juvenile Tiere. Nur die juvenilen Exemplare, die in suboptimalen Habitaten angesiedelt waren, schlossen sich gegenseitig völlig aus. An einem Schweizer Bach entdeckte LARDET (1988a) einen deutlichen Unterschied in der Größe der Heimreviere zur Fortpflanzungszeit ($\bar{x} = 207$ m^2) und im Herbst ($\bar{x} = 106$ m^2).

In Wasserkresse-Beeten in Hampshire (CHURCHFIELD 1984) betrug der mittlere Abstand zwischen Fang- und Wiederfangort 13,7 m (15,8 m im Sommer, 10,4 m im Winter), bei einigen Individuen jedoch zwischen 30 und 60 m, maximal 155 m; an einem Bach (Waadt, WEISSENBERGER et al. 1983) wurde die Hälfte aller Wasserspitzmäuse innerhalb von 20 m wiedergefangen, die anderen legten Distanzen von 30–120 m (im Mittel 155 m), bzw. sogar 1000 m (LARDET und VOGEL 1985) zurück. Zu ganz ähnlichen Ergebnissen (28–162 m) kam bereits SHILLITO (1963).

Für die Existenz einer hohen Emigrationsrate bzw. Nomadismus eines Teils der Population sprechen auch die geringen Wiederfangraten markierter Populationen (WEISSENBERGER et al. 1983, CHURCHFIELD 1984b, s. S. 335f.) und die relativ zahlreichen Beobachtungen wandernder Wasserspitzmäuse. Nach BARRETT-HAMILTON (1910) und SHILLITO (1963) verlassen in Zeiten hoher Populationsdichten und bei sich verschlechternden Umweltbedingungen kleine Gruppen von Wasserspitzmäusen die Ufergebiete und verteilen sich, die Bäche als Leitlinien benutzend (VON LEHMANN 1963*), über das Land. SETON (fide PITT 1945) berichtet von einer großen Zahl von Wasserspitzmäusen, die einen kleinen Fluß in Upper Teesdale (Großbritannien) aufwärts schwammen. Gelegentlich in untypischen Habitaten gefangene junge Wasserspitzmäuse dürften solche Wanderer sein (z. B. SHILLITO 1963).

Interspezifische Konkurrenz: Die Breite der ökologischen Nische der Wasserspitzmaus wird nicht unwesentlich vom sympatrischen Vorkommen anderer Soricinae-Arten bestimmt. So fanden VOESENEK und VAN BEMMEL (1984) den *N. fodiens*-Habitat in Gagelpolder, wo *Sorex araneus/ coronatus* auch vorkommt, weitaus eingeschränkter als auf der Insel Texel, wo *N. fodiens* die einzige Spitzmaus ist. In britischen Wasserkresse-Beeten (CHURCHFIELD 1984a) überschnitten sich die Nahrungsspektren zwischen *N. fodiens* und *Sorex araneus* zu 44% und zu *S. minutus* immerhin noch zu 36%. Nach den Beobachtungen KÖHLERS (1985) stellt *N. fodiens* der Waldspitzmaus nicht nach, sondern die Waldspitzmaus weicht der Wasserspitzmaus aus. An Futter kann *N. fodiens* Waldspitzmäuse vertreiben, aber auch mitfressen lassen.

An einem steirischen Bach stellte NIETHAMMER (1977) *N. fodiens* syntop mit *N. anomalus* fest. Überwiegend ad Sumpfspitzmäuse teilten sich denselben Bachabschnitt mit überwiegend juv Wasserspitzmäusen. Die Sumpfspitzmäuse scheinen erst nach Abgang der Wasserspitzmäuse eingewandert zu sein. In Jahren besonders hohen und besonders niederen Wasserstandes ernährten sich die Wasserspitzmäuse deutlich mehr aquatisch als die Sumpfspitzmäuse (NIETHAMMER 1978). SPITZENBERGER (1980) konnte zeigen, daß syntopes Vorkommen der beiden *Neomys*-Arten an Bächen der Ostalpen weit verbreitet ist. In der Verlandungszone des Neusiedlersees bewohnt *N. fodiens* Stellen mit offenem Wasser, *N. anomalus* feuchte, gelegentlich überschwemmte Teile (BAUER 1960*).

Nahrung. Der Nahrungsbedarf von *Neomys fodiens* ist sehr hoch. Nach TUPIKOVA (1949) beträgt er täglich 116% des Körpergewichts. 80% der aufgenommenen Nahrung hat nach 2 Stunden, der Rest nach 3–4 Stunden den Darmtrakt passiert (KOSTELECKA-MYRCHA 1964). Der Basalstoffwechsel liegt 70% über dem massespezifischen Erwartungswert. Die breite ökologische Valenz der Art ist an der für Spitzmäuse ungewöhnlich breiten thermischen Neutralzone (35–20 °C) abzulesen. Zwischen 2–25 °C Außentemperatur schwankt die Körpertemperatur nur um 2 °C (zwischen 36–38 °C). Sie liegt im Mittel bei 37,3 ± 0,7 °C. Ab 30 °C Außentemperatur steigt die Körpertemperatur auf 40 °C an, weitere Erhöhung führt zum Hitzetod. Bei 15 °C Außentemperatur steigt die Stoffwechselintensität stark an, bei weiterer Temperaturabsenkung ist der weitere Anstieg jedoch nur geringfügig. Bei 2 °C Außentemperatur beträgt der O_2-Verbrauch nur das 2,2fache des Minimalwerts, die Herzfrequenz nur das 1,5fache des Minimalwerts. Mit hoher Ausdehnung der thermischen Neutralzone bis in niedrige Temperaturbereiche ist *N. fodiens* in der Lage, auch sehr tiefe Temperaturbedingungen zu überstehen (NAGEL 1985). *N. fodiens* verhält sich bei der Nahrungswahl opportunistisch. Er verzehrt eine große Zahl verschiedenster Wirbelloser und Wirbeltiere terrestrischer und aquatischer Herkunft in der Größe zwischen winzigen Dipterenlarven und Fischen, die die Körpergröße der Wasserspitzmaus bei weitem übertreffen. Ausnahmsweise wurde auch pflanzliche Nahrung festgestellt (Froschlöffel, *Alisma plantago*, KRAFT und PLEYER 1978; Wasserlinse, *Lemna sp.*, KÖHLER 1984a).

Die Nahrungszusammensetzung wurde mit Hilfe von Analysen von Nahrungsresten an Fraß- und Vorratsplätzen (BUCHALCZYK und PUCEK 1963; WOŁK 1976, KRAFT und PLEYER 1978), Magenanalysen (NIETHAMMER 1977 und 1978, ILLING et al. 1981) und Faecesanalysen (CHURCHFIELD 1979, 1984a und 1985) festgestellt. Tab. 95 zeigt die unterschiedliche Nahrungszusammensetzung nach Fundort, Jahreszeit und Erfassungsmethodik. Beutetierproben rein aquatischer Herkunft (z. B. Białowieża – BUCHALCZYK und PUCEK 1963, WOŁK 1976) steht eine rein terrestrischer Herkunft gegenüber (Laubwald in Cambridgeshire – CHURCHFIELD 1979).

In Wasserkressebeeten in Hampshire schwankte der Anteil aquatischer Nahrung im Verlauf von 2 Untersuchungsjahren zwischen 33 % (Feb./März 1981) und 67 % (Sept./Okt. 1981). Insgesamt betrug der aquatische Anteil 50 %.

Wie flexibel *N. fodiens* auf das Nahrungsangebot reagieren kann, zeigen die Ergebnisse von KRAFT und PLEYER (1978) an fränkischen Fischteichen. An den Teichen, in denen keine oder zu große Fische waren, wurden große Ansammlungen von Molluskenschalen gefunden.

Zufallsbeobachtungen ergaben als weitere Nahrungsobjekte: Frosch- und Fischlaich, junge Vögel (BLASIUS 1857*), Teichmolch (*Triturus vulgaris* – PERNETTA 1976). Wenn bei außergewöhnlicher Kälte alle Zugänge zum Wasser zugefroren sind, klettern *N. fodiens* auch in Schilfhalmen umher und suchen dort nach Nahrung (VON SANDEN-GUJA 1957). Aas scheint im Winter regelmäßig gefressen zu werden (SCHLÜTER 1980). BARRETT-HAMILTON (1910) berichtet von Wasserspitzmäusen, die auf dem Kadaver

Tabelle 95. Prozentuale Häufigkeit von Nahrungsobjekten in der Nahrung von *N. fodiens* in Brunnenkressebeeten in Hampshire/Großbritannien nach Faeces-Analysen (aus CHURCHFIELD 1985)

	Frühling	Sommer	Herbst	Winter
Anzahl der Proben	32	48	40	41
Terrestrische Beute				
Laufkäfer (Carabidae)	11,0	10,2	2,1	3,3
Raubkäfer (Staphylinidae)	13,8	13,5	14,6	2,2
Blattkäfer (Chrysomelidae)	0	8,5	0	0
indet. Käfer-Imagines	10,5	19,1	20,9	18,3
Käferlarven	12,5	0	8,3	2,1
Schnabelkerfe (Hemiptera)	2,6	17,0	0	7,7
Zweiflügler-Imagines (Diptera)	49,2	59,2	56,3	54,0
Schnakenlarven (Tipulidae)	0	2,9	0	7,7
andere Dipterenlarven	1,3	18,6	0	12,9
Schmetterlingsraupen (Lepidoptera)	5,0	1,8	2,1	3,3
Ameisen (Formicoidea)	5,0	18,2	6,3	0
andere Hautflügler (Hymenoptera)	0	0	0	3,3
Ohrwürmer (Dermaptera)	0	1,8	0	0
Springschwänze (Collembola)	0	0	4,2	0
Milben (Acarina)	11,3	16,0	12,5	8,6
Spinnen (Araneae)	12,6	15,4	6,3	15,2
Weberknechte (Opiliones)	0	13,6	2,1	2,2
Asseln (Isopoda)	15,7	15,5	8,3	4,4
Erdläufer (Geophilomorpha)	18,3	5,0	6,3	7,7
Steinläufer (Lithobiomorpha)	1,3	0	2,1	2,1
Doppelfüßer (Diplopoda)	1,3	13,3	4,2	6,3
Schnecken (Gastropoda)	29,3	14,2	25,0	26,1
Regenwürmer (Lumbricidae)	21,0	10,5	27,1	28,3
Aquatische Beute				
Käfer (Coleoptera)	4,0	2,9	2,2	2,2
Käferlarven	0	0	0	2,2
Schnabelkerfe (Hemiptera)	0	4,2	0	0
Köcherfliegen (Trichoptera)	5,0	0	4,2	0
Köcherfliegenlarven (mit Gehäuse)	73,9	22,5	39,6	17,7
freilebende Köcherfliegenlarven	1,3	3,6	6,3	4,2
Steinfliegenlarven (Plecoptera)	18,8	17,1	41,7	3,3
Eintagsfliegenlarven (Ephemeroptera)	4,2	0	0	4,3
Kriebelmückenlarven (Simuliidae)	5,0	10,1	20,8	0
andere Dipterenlarven	10,8	28,6	29,2	20,0
Wasserasseln (*Asellus* sp.)	80,4	70,1	62,5	78,3
Flohkrebse (*Gammarus* sp.)	13,4	33,4	31,3	19,9
Muschelkrebse (Ostracoda)	12,5	10,7	12,5	5,4
Fische (Osteichthyes)	0	0	4,2	0

eines Haushuhns bzw. auf einer in einer Falle gefangenen Ratte gefangen wurden. Kannibalismus kommt auch im Freiland vor: RICHTER (1953) beobachtete im Dezember eine Wasserspitzmaus, die einen toten Artgenossen in ein Versteck schleppte.

Unter Berücksichtigung der im Freiland an nahrungssuchenden Wasserspitzmäusen durchgeführten Beobachtungen (SCHLOETH 1980, ILLING et al. 1981) läßt sich folgende Ernährungsstrategie dieser größten mitteleuropäischen Spitzmaus skizzieren: Das Verhältnis terrestrischer zu aquatischer Beute wird bestimmt 1) von der Verfügbarkeit geeigneter terrestrischer Nahrung und 2) den relativ hohen Energiekosten des Erwerbs aquatischer Nahrung. Die Verfügbarkeit terrestrischer Nahrung wird von a) der Jahreszeit und b) der innerartlichen Nahrungskonkurrenz mit anderen Soricinen (*Neomys anomalus, Sorex alpinus, S. araneus/coronatus, S. minutus*) determiniert.

Die Erbeutung aquatischer Nahrung ist mit hohen Energiekosten verbunden, weil aus Gründen der Ausstattung mit Sinnesorganen jedes Nahrungsobjekt tauchend erbeutet werden muß und das Tauchen infolge des im Pelz gehaltenen Luftpolsters sehr anstrengend ist und weil jeder Fang einer aquatischen Beute einen Tauch- und einen Landgang erforderlich macht (Beute kann nicht im Wasser verzehrt werden). SCHLOETH (1980) hat errechnet, daß eine Wasserspitzmaus zur Befriedigung des täglichen Nahrungsbedarfs 500–1000 Tauchgänge absolvieren und dabei eine Strecke von 500–2000 m zurücklegen müßte. Nur etwa 70% aller Tauchgänge sind erfolgreich, und relativ häufig werden zum Verzehr nicht geeignete Objekte herauftransportiert. Die Durchnässung des Fells bedeutet schließlich einen Wärmeverlust, die erforderliche Felltrocknung einen Zeitverlust. Aus diesen Gründen versucht die Wasserspitzmaus, ihren Nahrungsbedarf primär aus terrestrischen Quellen zu decken, ist jedoch durch ihre Schwimmanpassungen besser als konkurrierende Soricinae in der Lage, sich mit Nahrung aus Süßwasserbiotopen zu versorgen. Diese Fähigkeit kommt ihr bei ungünstigen Bedingungen (Winter, trockene Sommer) und bei Vorhandensein starker Nahrungskonkurrenz zugute. Der Vorteil von Gewässern als Nahrungsbiotop besteht in der Kumulierung der Nahrungsobjekte (so tauchte eine Wasserspitzmaus 11mal an eine bestimmte Stelle des Bachs – ILLING et al. 1981) und somit deren leichterer Auffindbarkeit und ihrer ungeschmälerten Verfügbarkeit im Winter.

Da die Körpergröße von *N. fodiens* offenbar in Zusammenhang mit der aquatischen Fortbewegung nicht unterschritten werden kann und sich aus ihr ein so hoher Nahrungsbedarf ergibt, daß nur optimale Nahrungsgründe das Überleben einer Population sichern, ist die relative Seltenheit und unregelmäßige Verteilung der Art verständlich (STEIN 1975).

Fortpflanzung: Wie bereits STEIN (1975) betont hat, ist die Fortpflanzungsrate der Wasserspitzmaus sehr hoch. In Polen (DEHNEL 1950), Großbritannien (PRICE 1953) und Österreich (BAUER 1960*) werden die Jungtiere dieser saisonal polyöstrischen Art bereits im 1. Lebenssommer geschlechtsreif. Bei Leningrad, in Jakutien (MAXIMOV 1978) und schon in Mecklenburg (RICHTER 1958) gibt es hingegen keinen Hinweis für die Beteiligung von Jungtieren an der Fortpflanzung. Bei den juv der ersten beiden Würfe reifen die Gonaden in E-Polen kurz nach Verlassen des Nestes, wobei die ♀ früher sexuell aktiv werden als die ♂. Bei späteren Würfen unterbleibt die Gonadenreifung bis zum nächsten Frühjahr ganz (♂) oder ist stark eingeschränkt. Im Juli geborene ♀ können noch sexuell aktiv werden. Im Herbst treten an den Gonaden diesjähriger geschlechtsreifer Jungtiere Regressionserscheinungen auf, während vorjährige Tiere bis zu ihrem Tod sexuell aktiv bleiben (BAZAN 1955).

Die Gonadenreifung vorjähriger Tiere setzt nach BAZAN (1955) im März ein, bei den ♀ etwa 2 Wochen vor den ♂ (BOROWSKI und DEHNEL 1952). Lokal kann sie auch schon im Februar beginnen: Schon am 3. März fand VAN LAAR (1980) bei Amersfoort ein ♀ mit noch sehr kleinen Embryonen. Die Hoden sind im April am größten und schwersten (PRICE 1953, BAZAN 1955).

Tragzeit ohne Verlängerung durch Laktation 20 Tage (VOGEL 1972a*). Postpartum-Östrus ist erwiesen. Da die Laktationszeit 38–40 Tage beträgt (MICHALAK 1983a) und nicht 2 Würfe gleichzeitig gesäugt werden können, wird bei Laktation die Geburt des folgenden Wurfs durch verzögerte Im-

Tabelle 96. Wurfgröße (Anzahl der Embryonen oder Jungtiere pro Wurf) in verschiedenen Teilen des Verbreitungsgebietes von *N. fodiens*.

Herkunft	n	Min–Max	$\bar{x}$	Autor
W-Sibirien		4–14		STROGANOV 1957
Wolga-Kamska Kraj	15	4–10	7,7	POPOV 1960
Tomsker Oblast	6	7–11	8,7	MAXIMOV 1978
Barabinsker Waldsteppe	8	3–8	6,6	MAXIMOV 1978
Karelien		2–8	5,5	IVANTER 1975*
Polen	17	3–9	5,8	DEHNEL 1950, BOROWSKI und DEHNEL 1952
DDR	7	6–11	8	STEIN 1975
BRD: Dümmer (Nestlinge)	5	5–9	7,4	AKKERMANN 1975
Österreich	9	3–9	6,7	NIETHAMMER 1978, SPITZENBERGER 1980
Großbritannien	12	5–9	7,3	PRICE 1953
Abruzzen und Molise		5–10		ALTOBELLO 1920*

Tabelle 97. Wurfgröße und Jahreszeit (Monat) bei *N. fodiens* in drei verschiedenen Gebieten Europas. Mittelwerte, darunter in () n.

Gebiet	März	April	Mai	Juni	Juli	August	September	Autor
Großbritannien	–	–	8,3 (4)	7,5 (2)	7,5 (2)	7,0 (1)	5,7 (3)	(1)
Polen	–	–	9,0 (1)	6,7 (3)	7,0 (3)	5,0 (5)	5,2 (5)	(2)
Frankreich bis Österreich und DDR	7,0 (2)	5,7 (3)	8,2 (5)	9,8 (4)	6,7 (6)	5,0 (1)	–	(3)

(1) PRICE 1953 (2) BOROWSKI und DEHNEL 1952 (3) 11 Autoren

plantation hinausgeschoben (VOGEL 1972a*). In Österreich fand sich unter 9 Fällen von Gravidität allerdings nur einer mit gleichzeitiger Laktation (SPITZENBERGER 1980). Die jährliche Wurfzahl beträgt mindestens 2 (in Mecklenburg nach RICHTER 1958 sogar nur 1), in Gefangenschaft maximal 6 (MICHALAK 1983a). Im Freiland durchschnittlich 2–3. Späteste Indizien für sexuelle Aktivität bei ♀ in Białowieża im Oktober (BOROWSKI und DEHNEL 1952), bei Nürnberg ein laktierendes ♀ noch am 8. Oktober und ein kopulierendes Paar am 24. Oktober (GAUCKLER 1962).

Die Wurfgröße ist bedeutend. Sie nimmt im Verlauf der Fortpflanzungsperiode ab (BOROWSKI und DEHNEL 1952, Tab. 97). 10 und 11 sind wohl die normalen Maximalwerte (REICHSTEIN 1969 mit weiteren Quellen; vgl. Tab. 96). Schon WIEDEMANN (1883) berichtete von 11 in einem Nest gefundenen Jungen. Aus Sibirien wurden sogar 14 (STROGANOV 1957), aus Polen 15 Embryonen gemeldet (MICHALAK 1983a). Beziehungen zwischen Fruchtbarkeit und klimatischen Bedingungen haben BOROWSKI und DEHNEL (1952), NIETHAMMER (1978) und MAXIMOV (1978) vermutet.

Populationsdynamik: Geschlechterverhältnis: Im Mai, einer Zeit hoher sexueller Aktivität, werden mehr ♂ als ♀ gefangen. Dagegen überwiegen bei den Jungtieren von April bis Dezember in allen untersuchten Populationen die ♀ (Tab. 98).

Verhältnis der Altersgruppen: In Österreich (n = 218 – SPITZENBERGER 1980) überwiegen ab Juli diesjährige juv über vorjährige ad (siehe auch NIETHAMMER 1978).

Die natürliche Lebenserwartung übersteigt 18 Monate nicht. CHURCHFIELD (1984b) stellte fest, daß in den ersten 2 Lebensmonaten ca.

Tabelle 98. Geschlechterverhältnis bei *N. fodiens* verschiedener Herkunft und in unterschiedlichen Altersgruppen. % ♂, n: ♂ + ♀.

Population	ad Mai		ad Juni – Dezember		juv Juni – Oktober		Autor
	% ♂	n	% ♂	n	% ♂	n	
Freiburg im Breisgau	82	17	–	–	–	–	Vogel 1972
Österreich gesamt	88	8	55	53	41	140	Spitzenberger 1980
Ramsau am Dachstein	–	–	36	14	48	44	Niethammer 1978
England und Wales	70	40	41	59	38	66	Price 1953
Białowieża, Polen	–	–	68	115	–	–	Dehnel 1950

50 % der Wasserspitzmäuse aus der markierten Population verschwanden. Ob durch Mortalität oder Abwanderung, ist ungewiß. In dieser britischen Population wurde ein Exemplar maximal 8 Monate lang, in einer Schweizer Population maximal ein Jahr lang (Weissenberger et al. 1983) registriert. In Gefangenschaft war die maximale Lebensdauer 37 Monate und 10 Tage (Köhler 1987).

Siedlungsdichte: Angaben über stark schwankende Siedlungsdichten (z. B. Richter 1958, Bauer 1960*) stehen Angaben über relativ konstante Siedlungsdichten gegenüber. In der Barabinsker Waldsteppe enthielten 1950 29,3 % der Fallen *N. fodiens*, 1965 jedoch nur 2 % (Maximov fide Stein 1975). In der teilweise überfluteten Verlandungszone des Nesyt-Teiches (Mähren) betrug die *fodiens*-Dichte 1971 20–27 Individuen/ha, 1972 und 1973 hingegen nur noch 1–2 Paare (Pelikán 1975). Hingegen wechselte sie in langjährigen Untersuchungen in Białowieża nur mäßig (Borowski und Dehnel 1952), und an einem 500 m langen steirischen Bachabschnitt betrug sie in 3 aufeinanderfolgenden Jahren mit verschiedener Witterung bezogen auf die Fallennächte jeweils im Juli 4,5; 7,9 und 6,5, war also ziemlich ausgeglichen (Niethammer 1978). Angaben über die Siedlungsdichte der Wasserspitzmaus sind im Lichte des großen Dispersionsvermögens der Art zu sehen, auf die Vergleichbarkeit von Jahreszeit und Lebensraumausschnitt ist daher streng zu achten. Die Wiederfangrate einer markierten Schweizer Bachpopulation (Weissenberger et al. 1983) betrug nur 50 %, und Churchfield (1984a) fing in britischen Wasserkressebeeten in allen Monaten (bis auf einen) 60–100 % unmarkierter Tiere. Die Fangzahlen wiesen starke monatliche Schwankungen auf, dennoch war ein Häufigkeitsmaximum im Sommer und ein Häufigkeitsminimum im Winter deutlich erkennbar. Ganz ähnliche Resultate erzielten Weissenberger et al. (1983), Lardet und Vogel (1985) und Lardet (1988a), deren markierte Schweizer Population im Winter z. T. ganz verschwand. Obwohl die

Seltenheit der Wasserspitzmaus in Lebendfallenfängen im Winter z. T. auf geringere Aktivität der Art zurückgeht (siehe Seite 359), ist es doch sehr wahrscheinlich, daß die verfügbare Nahrungsmenge die Zahl der in einem Gebiet lebenden Wasserspitzmäuse limitiert. CHURCHFIELD (l. c.) stellte einen starken Einbruch der Häufigkeit der Wasserspitzmaus im strengen Winter 1981/82 fest. Aus den kleinen winterlichen Populationsresten kann sich im Frühjahr bis Herbst dank der hohen Fortpflanzungsrate der Art wieder eine hohe Populationsdichte aufbauen.

Jugendentwicklung. Primitiver Nesthocker. Lösung der verwachsenen Lippenränder am 11. oder 12. Postembryonaltag (PT), Trennung von Fingern und Zehen am 19. PT, Öffnung des Gehörganges am 18.–19. PT, der Augen 20.–24. Schon am 4. PT dringen Spitzen der Rückenhaare durch die Haut. Am 18. PT sind die Borstenkämme an den Extremitäten deutlich sichtbar, der Borstenkiel unter dem Schwanz tritt erst am 30. PT, also nach Verlassen des Nestes, in Erscheinung. Er entwickelt sich von der Schwanzspitze her. Unmittelbar vor dem Abschluß des Zahndurchbruchs werden die Jungen mit 28 Tagen selbständig (VOGEL 1972b*). „Kreiselkriechen" mit 6–7 Tagen, erstmals Kontaktlaute am 11. PT. Verlassen des Baus und selbständige Rückkehr ab 21. PT, Tauchen ab 26. PT, Trocknen des Fells ab 33. PT. Ab dem 24. PT lecken die Jungen den Rüssel der Mutter, vermutlich, um Speichel aufzunehmen. Erste feste Nahrung wird zwischen 24. und 27. PT aufgenommen, selbständiges Trinken ab 28. PT, letztes Saugen mit 36 PT. Ab 28. PT Nestbauverhalten, periodisches stereotypes Springen, zunehmende Aggressivität untereinander, aber Schlafgemeinschaft bleibt erhalten. Durchschnittsgewicht neonater Wasserspitzmäuse 0,62 g. Bis zum 10.–11. PT verzehnfacht sich das Gewicht (KÖHLER 1984b, MICHALAK 1987).

Haarwechsel: Entweder noch im Nest (BAUER 1960*) oder unmittelbar nach seinem Verlassen wird das weiche, glanzlose Jugendhaar gegen das glänzende Sommerkleid ausgetauscht (STEIN 1954). Dieser Haarwechsel ist unabhängig davon, ob die juv im gleichen Sommer geschlechtsreif werden, wird aber bei Herbstwürfen unterdrückt. Er verläuft meist vom Schwanz zum Kopf.

Ende August bis Ende November, meist im September und Oktober folgt der dorsal ebenfalls in Kopfrichtung verlaufende Herbsthaarwechsel. Nach STEIN (1954) kann diese Herbstmauser bei Spätwürfen sogar bis in den Dezember andauern, und RICHTER (1953) fand noch am 27. Dezember eine Wasserspitzmaus mit intensiver Haarwechselpigmentierung auf der Hautinnenseite. BUNN (1966) stellte bei gekäfigten Wasserspitzmäusen eine zusätzliche Mauser im Dezember und Januar fest, was das Vorkommen einer winterlichen Zwischenmauser bei *N. fodiens* vermuten läßt.

Der Frühjahrshaarwechsel, der zum Austausch des Winter- gegen das Sommerkleid führt, ist in der Regel Ende April bis Anfang Mai abgeschlossen. Nach BOROWSKI (1973) kann früh im März einsetzender Haarwechsel zu einem langhaarigen „2. Winterkleid" führen.

Eine Zwischenmauser im 2. Lebenssommer als regulären Haarwechselprozeß hat STEIN (1954) entdeckt. SHILLITO (1963) und BUNN (1966) haben ihn bestätigt. In Österreich zeigten ihn 5 ♂ zwischen 29. Mai und 31. Juli (SPITZENBERGER 1980). Vermutlich entspricht dieser Haarwechsel dem „Frühjahrshaarwechsel 2" bei BOROWSKI (1973). Eine unregelmäßige Senexmauser ist nach BOROWSKI (1973) bei ad von Ende Mai bis in den November feststellbar.

Auch die Schwimmborsten an Händen, Füßen und Schwanz nutzen sich ab und werden erneuert. Nach RICHTER (1953) ist der Kiel im Sommer nur 1 mm lang, im Winter distal 5–6 mm.

Verhalten. Fortbewegung: Laufen: Auf Bastunterlage erzielte ein ♀ 3,7 km/h auf einer Länge von 2,75 m (KÖHLER 1984a).

Springen: Größere Geschwindigkeiten als beim Laufen werden vermutlich beim Springen erreicht. Größere Beuteobjekte werden hüpfend transportiert, wobei die Vorderbeine, die die mit dem Maul festgehaltene Beute umklammern, den Körper vom Boden abstemmen, während die Hinterbeine die Vorwärtsbewegung erzeugen (KÖHLER 1984a).

Klettern: Ausgezeichnete Kletterleistungen mit Einsatz von Zähnen, Schwanz und Krallen, Kaminklettern und Klettern mit Kopf nach unten wurden beobachtet (KÖHLER 1984a). Klettern auf dünner Haselrute und an Holunderborke schildert COESTER (1866), in Schilfhalmen und in Ufergehölzen bis zu 4–5 m Höhe (nach Funden in Meisenkästen) – von SANDEN-GUJA (1957). Schwimmen und Tauchen (JOHNSTON 1903; LUTHER 1936; ILLING et al. 1981; KÖHLER 1984a; RUTHARDT und SCHRÖPFER 1985): Gefangene Wasserspitzmäuse suchen das Wasser nur auf, wenn es Nahrung enthält. Das Fell wird beim Tauchen rasch naß und muß getrocknet werden[1]. Beim Schwimmen liegt der stark abgeflachte Körper im Winkel von ca. 45° im Wasser, der Schwanz liegt flach oder ragt nach oben gekrümmt aus dem Wasser. Die Füße paddeln im Kreuzgang seitlich, aber noch unter dem Bauch, die Zehen werden nur beim Vortrieb erzeugenden Rückschlag gespreizt. Beim Ruhen auf der Wasseroberfläche werden die Füße seitlich abgespreizt. Taucht vom festen Substrat aus oder durch Abknicken des Vorderkörpers aus der Schwimmlage. Hinterbeine vollführen kräftigen synchronen Abschlag, um den von im Fell verbleibenden Luftpolstern (vor allem im Bereich der Schwanzwurzel und des Schultergürtels)

---

[1] Nach LARDET (1988a) trifft dies aber bei völlig gesunden Tieren nicht zu.

erzeugten Auftrieb zu überwinden. „Wassertreten" mit den Hinterbeinen kann den Körper bis zu 2 Dritteln aus dem Wasser heben. Am Gewässerboden laufen sie nicht, sondern schwimmen mit horizontal gehaltenen Extremitäten im Kreuzgang und wühlen mit der Schnauze im Substrat. Ein markiertes Exemplar schwamm in einem Kanal in 25 min 100 m flußabwärts (WOŁK 1976). ILLING et al. (1981) beobachteten, daß Wasserspitzmäuse senkrecht zur Bachströmung eine Geschwindigkeit von 1 m/s erreichen und auch gegen die Bachströmung (Fließgeschwindigkeit 0,17–0,36 m/s) schwimmen konnten. In einem 2 m tiefen Bachabschnitt tauchte eine Wasserspitzmaus ohne Pause 22mal zwischen 15 und 20 s am Gewässergrund nach Nahrung, ein anderes Exemplar in einem 1 m tiefen Bachabschnitt in 75 min 69mal (mit 2 min Pause). In seichterem Wasser ist die Zahl der aufeinanderfolgenden Tauchgänge viel größer: 80mal in 24 min, 72mal in 35 min. Als längste Tauchdauer wurden 24 s registriert (Schweizerischer Nationalpark – SCHLOETH 1980). Größte bekannte Tauchtiefe: 8 m (VON SANDEN-GUJA 1957).

Grabende Wasserspitzmäuse verwenden ihre Vorderbeine, tiefer im Boden auch die Hinterbeine; Kieselsteine schieben sie mit der Schnauze zwischen die Vorderbeine und mit diesen dann nach hinten (KÖHLER 1984a).

Aktivität: Nach telemetrischen Untersuchungen von LARDET (1988b) waren Wasserspitzmäuse an einem Schweizer Bach von April bis Dezember durchschnittlich 12 Stunden pro Tag aktiv. Die Unterschiede zwischen der Aktivität bei Tag ($\bar{x}$ = 27 min/h) und Nacht ($\bar{x}$ = 35 min/h) waren nicht signifikant. Die tägliche durchschnittliche Zahl der Aktivitätsperioden war 8,4, sie dauerten 11–511 min ($\bar{x}$ = 98 min). Die Spitzmäuse konzentrierten sich dabei auf wenige Jagdgebiete am Bachufer und auf die Umgebung des Nestes. SCHLOETH (1980) beobachtete bei Lufttemperaturen von −10 °C bis −15 °C 24 bis 85 min dauernde Tauchaktivität. Bei Konkurrenz mit anderen Spitzmausarten kann vor allem zur Zeit hoher Individuendichte im Sommer der Aktivitätsschwerpunkt auf die Tagesstunden verlegt werden (VOESENEK und VAN BEMMEL 1984; CHURCHFIELD 1984b).

Im Labor zeigte sich *N. fodiens* eher nachtaktiv. So betrug die durchschnittliche Aktivität pro Stunde außerhalb des Nestes bei Tag 12,2, bei Nacht 28,4 min (TUPIKOVA 1949). Unter Laborbedingungen ist im Winter die Aktivität am geringsten, bei ♂ geringer als bei ♀; im Frühling laufen und fressen Wasserspitzmäuse am häufigsten zwischen 1 und 5 Uhr, am wenigsten zwischen 14 und 16 Uhr. Gemessen am O_2-Verbrauch gibt es im Herbst 2, im Winter nur einen Aktivitätsgipfel (Herbst: 22 und 6 Uhr, Winter: 6–8 Uhr – GEBCZYŃSKA und GEBCZYŃSKI 1965; Winter: 5 Uhr – BUCHALCZYK 1972, bzw. „Morgendämmerung" – CROWCROFT 1954). Diese Laborbefunde fanden Bestätigung auch im Freiland: CHURCHFIELD

(1984b) fing 70% aller *N. fodiens* im Frühling und Sommer und nur 30% im Winter. Diese geringe Winteraktivität ist z. T. für den Ausfall der Fänge an Schweizer Bächen im Winter verantwortlich (WEISSENBERGER et al. 1983).

Nahrungserwerb: An Land scheinbar ungezieltes Stöbern mit dem Rüssel, unter Wasser wird der Gewässergrund von der tauchenden Wasserspitzmaus mit dem Rüssel aufgewühlt, kleine Steine werden umgedreht. Aquatische Insekten und Süßwasserschnecken werden vom Ufer aus mit unter Wasser oder Schwimmblattvegetation gestecktem Kopf erbeutet (ILLING et al. 1981). Nahrungsobjekte werden sowohl an Land als auch unter Wasser erst erkannt, wenn Vibrissen oder Schnauzenspitze diese zufällig berühren. Die Vergrößerung des taktilen Anteils des Trigeminus (BAUCHOT und STEPHAN 1968) und die kleine Riechfläche mit geringer Rezeptorenzahl in der Nasenhöhle (SÖLLNER und KRAFT 1980) stehen offenbar in Zusammenhang mit dem teilweise aquatischen Nahrungserwerb, bei dem das Riechvermögen naturgemäß keine große Rolle spielt. Der Mangel an Reichweite der anderen Sinnesorgane (nach Versuchen von SHIBKOV 1979 ist der Geruchssinn noch besser entwickelt als Gesicht und Gehör) wird durch rastlose Bewegungsaktivität ausgeglichen. Fliegen werden aus 4 cm optisch erkannt, raschelnde Geräusche aus 25 cm (KÖHLER 1984a). Selbst kurzfristig stillstehende Wasserspitzmäuse suchen mit dem Rüssel beständig die Umgebung nach Nahrung ab (ILLING et al. 1981).

Wasserspitzmäuse greifen Beutetiere an, die um ein Vielfaches größer sind als sie selbst. Sie fressen z. B. großen schwimmenden Fischen, die sich heftig wehren, vom Kopf her Gehirn und Augen aus (AUSTEN 1865; SCHREITMÜLLER 1953; VON SANDEN-GUJA 1957). Im Aquarium werden nur solche Fische erbeutet, die sich bei Gefahr zu Boden drücken. So werden Barsche leichter erbeutet als Plötzen (LUTHER 1936) und Gründlinge leichter als Stichlinge und Moderlieschen (KÖHLER 1984a). KRAFT und PLEYER (1978) fanden auch im Freiland mehr Reste von Bodenfischen wie Schleie und Karausche als von freischwimmenden Arten.

PEARSON (1942) hat vermutet, daß *Neomys fodiens* ähnlich wie die nordamerikanische Kurzschwanzspitzmaus *Blarina brevicauda* einen giftigen Speichel produziert. Cerebral injizierter Extrakt der Unterkieferspeicheldrüsen löste bei geringer Dosierung bei Nagetieren Lähmung, bei höherer Dosierung Krämpfe, Atemstörungen und Tod aus (PUCEK 1957, 1959a und b). Das Gift ist ähnlich zusammengesetzt wie das von *Blarina* und ähnelt Elapiden-Giften (M. PUCEK 1959a). Schon OGNEV (1928*) hat die Giftwirkung des Bisses auf *Rana temporaria* anschaulich beschrieben. Gebissene und nachträglich wieder freigesetzte Karauschen überlebten (KÖHLER 1984a). Während Landbeute an Ort und Stelle verzehrt wird, wird Wasserbeute stets an eine geschützte Stelle am Ufer getragen. An derartigen Fraßplätzen häufen sich ungenießbare Teile der Nahrungstiere wie z. B. Schneckenhäuser, Köcher von Trichopterenlarven, Fischskelette (z. B. KRAFT und PLEYER 1978). Gelegentlich werden auch größere Mengen von überwältigten Beutetieren als Nahrungsvorräte deponiert (BUCHALCZYK und PUCEK 1963, WOLK 1976, KRAFT und PLEYER 1978). Dabei werden ertragreiche Nahrungsquellen in Form eines „Sammeltriebes" zur Gänze ausgebeutet (z. B. Moderlieschen aus einer Restlache am Grund eines abgelassenen Fischteichs – KRAFT und PLEYER 1978).

Köcherfliegenlarven werden mit den Zähnen aus dem Köcher gezogen (ILLING et al. 1981). Gehäuse der Spitzschlammschnecke werden vom Mündungsrand her entlang der Mittellinie der Windungen aufgebrochen. Es entsteht eine spiralförmige Bißspur, die mindestens über einen halben Umgang, meist aber über eineinhalb Umgänge verläuft. Zuerst werden Fuß und Eingeweidesack gefressen, und später wird versucht, den Rest mit den Zähnen aus dem Gehäuse zu ziehen. Die größten Gehäuse, die *N. fodiens* bewältigen kann, haben eine Länge von 5 cm (BUCHALCZYK und PUCEK 1963, KRAFT 1980) und eine Schalendicke bis zu 0,3 mm (KÖHLER 1984a). In Gefangenschaft werden kleinere Fische zuerst in der Maulregion aufgebissen, größere Fische werden vom oben liegenden Auge oder von den Kiemen her angeschnitten. Meist bleiben nur Skelett und Haut übrig. Kadaver werden zuerst vom Ohr her angefressen, wenn der Schädel leergefressen ist, wird der Rumpf von After und Bauchseite her geöffnet, die Eingeweide herausgezogen. Von toten Mäusen wird auch die Wirbelsäule verzehrt, Schwanz und Gliedmaßen bleiben unangetastet (SCHLÜTER 1980). Obwohl BUCHALCZYK und PUCEK (1963) an Vorratsplätzen von *N. fodiens* in Białowieża insgesamt 162 beschädigte Frösche fanden, berichtet KÖHLER (1984a), daß in Gefangenschaft Frösche meist verschmäht und nur abgehäutet gefressen werden. Nach Froschnahrung wurde häufig eine Art von Wiederkäuen beobachtet.

„Enddarmlecken" und damit vermutlich die Aufnahme eines Sekrets der Proctodaealdrüsen wurde bei *N. fodiens* beobachtet (GERAETS 1976).

Wasseraufnahme bei erwachsenen Wasserspitzmäusen durch Ansaugen mit Hilfe von Kapillarwirkung, bei halbwüchsigen durch Auflecken mit der Zunge (KÖHLER 1984a).

Defäkation: Wasserspitzmäuse halten in Gefangenschaft feste Kotplätze ein, die meist in Terrarienecken liegen. Juv benutzen die Kotplätze der Mutter. Kot und Harn werden auch an Beutetieren und unbekannten Gegenständen abgesetzt. Sie werden in einer Spreiz-Hock-Stellung mit nach oben gekrümmtem Schwanz abgegeben.

Ruhe- und Komfortverhalten: Hockende Wasserspitzmäuse atmen 96mal/Min. Die häufigst eingenommene Schlafhaltung ist die „Bilchhaltung" mit stark gekrümmtem Körper und über den Kopf gelegtem Schwanz. Wasser wird nach dem Tauchen aus dem Kopffell geschüttelt oder mit synchronen Armbewegungen abgestreift, vom übrigen Körper durch Laufen in Gängen und Reiben an trockenem Substrat entfernt. Die Analregion und die Zehen werden mit dem Maul, das übrige Fell mit den Hinterbeinen gesäubert (11–14 Putzbewegungen/s). Nach dem Fressen und bei Aufnahme unangenehm riechender Nahrungsobjekte wird das Maul durch Vorwärtsschieben auf der Unterlage gesäubert (KÖHLER 1984a).

Lautäußerungen: KÖHLER und WALLSCHLÄGER (1987) unterscheiden nach Beobachtungen in Gefangenschaft:

1. Positionsruf (leise, 4–7 kHz, 14–52 ms). Beim Umherlaufen.
2. Erkundungsrufe. Serie kurzer Laute von 4–14 kHz.
3. Schreckruf (Quieken bei plötzlicher Störung).
4. Kontaktruf der juv. Leise Pieplaute der juv bei Heimkehr der Mutter ins Nest ab 13. PT.
5. Kontaktruf der ad. 6–15 kHz, 45–240 ms lang bei subdominanten, kurz bei dominanten Wasserspitzmäusen. Dieser Ruf wird vor der Paarung geäußert (OGNEV 1928*, GAUCKLER 1962, HUTTERER 1978). Nach HUTTERER (1978) gleichen die Paarungslaute in ihrer Form den Pfiffen nestjunger Spitzmäuse und hemmen dadurch vielleicht die Aggressivität des umworbenen ♀.
6. Abwehrruf I. Rufserie von Lauten mit ansteigender Intensität bei Annäherung eines Artgenosen (siehe auch BUNN 1966).
7. Abwehrruf II. Lauter Ruf bei Kontakt bis 1,3 s lang.
8. Substratrascheln. Rhythmische Bewegungen im Substrat werden offensichtlich zu akustischer Signalbildung für den Artgenossen eingesetzt.

Orientierungsverhalten: Orientierung in fremder Umgebung vor allem mit Geruchs- und Tast-, doch auch Gesichtssinn. Sprung von Ast auf Aquariumrand aus 14 cm Entfernung und gezieltes Anlaufen eines Objekts aus 14 cm Entfernung lassen Bildsehen vermuten. Unter Wasser sind die Augen zumeist geöffnet (KÖHLER 1984a).

Sozialverhalten: Alter, Geschlecht und Jahreszeit bestimmen das Ausmaß der innerartlichen Verträglichkeit. Einerseits werden im Sommer von solitären Individuen schmale Reviere an Gewässerufern gegenüber Artgenossen verteidigt (ILLING et al. 1981; nach VAN BEMMEL und VOESENEK

1984 nur von juv Exemplaren), und Mütter sind ab Bau des Wurfnestes während Geburt und Laktation sehr aggressiv (MICHALAK 1983a). Löcher zwischen aneinandergrenzenden Nestboxen von ad werden mit Nestbaumaterial verstopft (MICHALAK 1983a, KÖHLER 1984a). Andererseits gibt es zahlreiche Hinweise auf Existenz einer hochentwickelten Sozialorganisation. Die juv eines Wurfes beziehen erst im Alter von 2 Monaten eigene Nester (MICHALAK 1983a). Sie wurden im Freiland miteinander spielend und in Laufgängen einander jagend beobachtet (BARRETT-HAMILTON 1910; im Wasser PITT 1945).

In fremder Umgebung ohne Versteckmöglichkeit schmiegen sie sich aneinander und verharren bewegungslos oder verstecken sich unter dem Bauch der Mutter (MICHALAK 1983a). An der Futterschüssel treten ab dem 34. PT häufig Streitereien auf (Drohen mit aufgerichtetem Körper und aufgerissenem Maul und zum Gegner gedrehten Laufflächen der Vorderpfoten), sowie Treten mit Vorderpfoten und Beißen (in Maul und auf Pfoten, nie in Schwanz) – KÖHLER (1984a). Ab dem 60. PT bildet sich eine soziale Hierarchie in der Geschwistergruppe heraus, die Tiere vermeiden sich beim Futternapf (MICHALAK 1983a). Mütter können ihre fast selbständigen Kinder noch nach 60 Stunden erkennen, aber auch ausgetauschte Würfe werden zum Säugen angenommen (MICHALAK 1983a). In Gefangenschaft konnten Familien bis zu 8 Monaten gemeinsam gehalten werden (KÖHLER 1984a), und Paare können mehrere Tage zusammen gehalten werden (HUTTERER 1978). Mehrere ♂ verfolgen ein paarungsbereites ♀ (GAUCKLER 1962). Auf der Suche nach geeigneten Lebensräumen wandern kleine Trupps (SHILLITO 1963) oder große Gruppen (PITT 1945) gemeinsam. Im Winter sammeln sich an günstigen Nahrungsgründen mehrere Individuen (VON SANDEN-GUJA 1957; WOŁK 1976), die auch gemeinsam jagen (RICHTER 1953; SCHLOETH 1980). Im Mai wurden in Großbritannien Trupps aus 9 und 20–30 Wasserspitzmäusen beobachtet (BARRETT-HAMILTON 1910).

Sexualverhalten: Kopulation: In den Nestbereich eindringende ♂ werden vom ♀ zuerst attackiert, doch unter dem Eindruck der vom ♂ ausgestoßenen Paarungsrufe wird das ♂ entweder toleriert (HUTTERER 1978), oder das ♀ beginnt das ♂ unter Äußerung des Paarungsrufs zu verfolgen (MICHALAK 1983a). Nach ca. einstündigem Paarungsvorspiel wird das ♀ in den Nacken gebissen, und (im beobachteten Fall nach einem fehlgeschlagenen Versuch) kurze Kopulationsbewegungen folgen. Danach legt sich das ♀ mit dem Bauch nach unten, das ♂ mit dem Rücken nach unten, Köpfe weisen in entgegengesetzten Richtungen. Danach Umdrehung und bewegungsloses Verharren ca. 1 min lang. Ob der Penis dabei in der Scheide verankert ist, konnte nicht ermittelt werden (MICHALAK 1983a, dort auch Abb.).

Jungenaufzucht: Die Geburt findet im Terrarium zu allen Tages- und Nachtzeiten statt. Das Wurfnest wird 2–3 Tage vor der Geburt gebaut (MICHALAK 1983a). Ein ♀ brachte innerhalb von 15 min die drei letzten juv eines Sechserwurfs zur Welt. Es biß die Fruchtblase auf und fraß sie (KÖHLER 1984b). In den ersten Tagen der Nestlingszeit verbringt die Mutter die meiste Zeit im Nest, verläßt es nur zur Kotabgabe und Nahrungsaufnahme (MICHALAK 1983a). In dieser Zeit nimmt die Mutter den Kot der juv durch Lecken der Analregion auf, und auch außerhalb des Nestes abgesetzter Nestlingskot wird von der Mutter gefressen. Gesäugt wird zumeist in Seitlage, auf dem Rücken oder bäuchlings über den juv liegend. Gelegentlich wird auch hochgewürgter Nahrungsbrei verfüttert. Aus dem Nest geratene juv werden bis zum Alter von 30 PT am Rüssel ergriffen und ins Nest zurückgeschleppt. Ältere Junge lecken häufig das Maul der Mutter, offenbar, um Flüssigkeit in Form von Speichel aufzunehmen (KÖHLER 1984b).

Baue und Nest: Meist in Wassernähe, oft mit Eingängen unter und über Wasser (JOHNSTON 1903). Baue von Maulwürfen oder Nagern können benutzt (BLASIUS 1857*, FATIO 1869*, KRAFT und PLEYER 1978), aber u. U. auch ausgedehnte eigene Gangsysteme gegraben werden (MILLAIS 1904). Tunnelquerschnitt flach, um das Wasser aus dem Pelz zu drücken (CROWCORFT 1955). Nest relativ groß (OGNEV 1928*), in einer kleinen Kammer am Ende der Laufröhre (AUSTEN 1865), aus Blättern, Moos und trockenem Gras (außen grob, innen fein – KLEINSCHMIDT 1951) mit kleiner Mulde in der Mitte. Andere Neststandorte in 10 cm hohem Gras (KLEINSCHMIDT 1951), in der Höhlung eines Holunderstammes 75 cm über dem Boden (COESTER 1886) oder in einem hohlen zur Hälfte ins Wasser gestürzten Baum (FORMOSOV nach OGNEV 1928*); in sehr nassem Sumpfgebiet auch in Vogelnestern (KOENIG 1947, 1952), z. B. tiefstehenden Nestern von *Porzana*-Arten und Bartmeisen (*Panurus biarmicus*), wobei offene Nester zugebaut werden (BAUER 1960*). Auch in Schwimmnest des Bisams am Dümmer (AKKERMANN 1975). In Gefangenschaft wurden Nester in Moos hineingebaut. Sie bestanden außen aus fest gedrehten Halmen und hatten eine Auspolsterung aus zerkleinerten Laubblättern. Bei Nestern von Einzeltieren war der Innendurchmesser 3–4 cm. Das Nest hatte 2 Ausgänge.

Literatur

ABELENZEV, V. I.: A new find of *Neomys anomalus* Cabrera in the Ukraine. Vest. Zool. **4,** 1967, 65–68.

AKKERMANN, R.: Untersuchungen zur Ökologie und Populationsdynamik des Bisams (*Ondatra zibethicus* L.) an einem nordwestdeutschen Verlandungssee. I. Bauten. Z. Angew. Zool. **62,** 1975, 39–81.

AMBROS, M.; DUDICH, A.; KLEINERT, J.; ŠTOLLMANN, A.: Occurrence of total melanism of small terrestrial mammals in Slovakia. Biologia (Bratislava) **35**, 1980, 127–130.
APPELT, H.: Fellstrukturuntersuchungen an Wasserspitzmäusen. Abh. Ber. Naturk. Mus. Mauritianum Altenburg **8**, 1973, 81–87.
AULAGNIER, ST.; BRUNET-LECOMTE, P.: Presence possible de la musaraigne de Miller (*Neomys anomalus* Cabrera, 1907) dans le Diois (France). Le Bievre **4** (2), 1982, 149–150.
AUSTEN, N. L.: On the habits of the water-shrew (*Crossopus fodiens*). Proc. Zool. Soc. London **1865**, 519–521.
BARRETT-HAMILTON, G.: A history of British mammals. London 1910.
BÁRTA, Z.: Zur Verbreitung und Kraniometrie der *Neomys*- Arten im böhmischen Mittelgebirge. Faun. Abh. Mus. Tierk. Dresden **8**, 1981, 1–7.
BAUCHOT, R.; STEPHAN, H.: Etude des modifications encephaliques observées chez les insectivores adaptés à la recherche de nourriture en milieu aquatique. Mammalia **32**, 1968, 228–275.
BAUER, K.: Zur Verbreitung und Ökologie von Millers Wasserspitzmaus (*Neomys milleri* Mottaz). Zool. Inf. **5**, 1951, 3–4.
BAZAN, I.: Untersuchungen über die Veränderlichkeit des Geschlechtsapparates und des Thymus der Wasserspitzmaus (*Neomys fodiens fodiens* Schreb.). Ann. Univ. Mariae Curie-Skłodowska **9**, 1955, 213–259.
BECKER, K.: Über Art- und Geschlechtsunterschiede am Becken einheimischer Spitzmäuse (Soricidae). Z. Säugetierk. **20**, 1955, 78–88.
BEJČEK, V.: Weitere Funde der Sumpfspitzmaus, *Neomys anomalus milleri* Mottaz, 1907. Lynx (Praha) (n. s.) **14**, 1973, 132.
BEMMEL, A. C. VAN; VOESENEK, L. A. C. J.: The home range of *Neomys fodiens* (Pennant, 1771) in the Netherlands. Lutra **27**, 1984, 148–153.
BOLKAY, S.: Additions to the mammalian fauna of the Balkan Peninsula. Glasn. Zem. muz. Bosn. (Sarajewo) **38**, 1926, 159–179.
BOROWSKI, S.: Variations in coat and colour in representatives of the genera *Sorex* L. and *Neomys* Kaup. Acta theriol. **18**, 1973, 247–279.
– DEHNEL, A.: Angaben zur Biologie der Soricidae. Ann. Univ. Mariae Curie-Skłodowska **7**, 1952, 305–448.
BRELIH, S.; PETROV, B.: Ektoparazitka entomofavna sesalcev (Mammalia) Jugoslavije. I. Insektivori in na njih ugotovljeni sifonapteri. Scopolia **1**, 1978, 1–67.
BRUNNER, G.: Alt-diluviale Faunareste aus dem Brennesselbau bei Pottenstein (Ofr.). Z. Deutsch. Geol. Ges. Stuttgart **99**, 1949, 210–214.
BUCHALCZYK, A.: Seasonal variations in the activity of shrews. Acta theriol. **17**, 1972, 221–243.
BUCHALCZYK, T.: Einseitige Gebißanomalie bei *Neomys fodiens* Pennant 1771. Acta theriol. **4**, 1961, 277–278.
– PUCEK, Z.: Food storage of the European water shrew, *Neomys fodiens* (Pennant, 1771). Acta theriol. **7**, 1963, 376–377.
– RACZYŃSKI, J.: Taxonomischer Wert einiger Schädelmessungen inländischer Vertreter der Gattung *Sorex* Linnaeus 1758 und *Neomys* Kaup 1829. Acta theriol. **5**, 1961, 115–124.
BÜHLER, P.: *Neomys fodiens niethammeri* ssp. n., eine neue Wasserspitzmausform aus Nord-Spanien. Bonn. zool. Beitr. **14**, 1963, 165–170.
– Zur Verbreitung und Ökologie der Sumpfspitzmaus (*Neomys anomalus milleri* Mottaz) in Württemberg. Veröff. Landesst. Natursch. Landschaftspfl. Baden-Württemberg **32**, 1964a, 64–70.
– Zur Gattungs- und Artbestimmung von *Neomys*-Schädeln – Gleichzeitig eine

Einführung in die Methodik der optimalen Trennung zweier systematischer Einheiten mit Hilfe mehrerer Merkmale. Z. Säugetierk. **29,** 1964b, 65-93.
- Die Großkopf-Wasserspitzmaus - *Neomys fodiens niethammeri*. Aquar. Mag. **6,** 1972, 146-147.

BUNN, D. S.: Fighting and moult in shrews. J. Zool., London **148,** 1966, 580-582.

CABRERA, A.: Three new Spanish insectivores. Ann. Mag. Nat. Hist. (7) **20,** 1907, 214.

CANTUEL, P.: Faune des Vertébrés du Massif Central de le France. Paris 1949.

- DIDIER, R.: Un cas de polygnathie chez une crossope. Mammalia **14,** 1950, 37-39.

CATZEFLIS, F.: Différenciation génétique entre populations des espèces *Neomys fodiens* et *N. anomalus* par électrophorèse des protéines (Mammalia, Soricidae). Rev. suisse Zool. **91,** 1984, 835-850.

ČERNÝ, V.; DANIEL, M.; ERHARDOVÁ, B.; HANZÁK, J.; MRCIAK, M.; PROKOPIČ, J.; ROSICKÝ, B.: Die Kleinsäuger des Riesengebirges und deren Parasiten. Sborn. narodn. Mus. Praze **15,** 1959, 127-183.

CHAWORTH-MUSTERS, J.: A contribution to our knowledge of the mammals of Macedonia and Thessaly. Ann. Mag. Nat. Hist. (9) **10,** 1932, 166-171.

CHURCHFIELD, J. S.: A note on the diet of the European water shrew *Neomys fodiens bicolor*. J. Zool., London **188,** 1979, 294-296.

CHURCHFIELD, S.: Dietary separation in three species of shrew inhabiting watercress beds. J. Zool., London **204,** 1984a, 211-228.

- An investigation of the population ecology of syntopic shrews inhabiting watercress beds. J. Zool., London **204,** 1984b, 229-240.
- The feeding ecology of the European water shrew. Mammal Rev. **15,** 1985, 13-21.

COESTER, R.: Über die Fortpflanzung der Wasserspitzmaus und der Hausspitzmaus. Zool. Garten **27,** 1866, 125-126.

CORBET, G.; CAMERON, R.; GREENWOOD, J.: Small mammals and their ectoparasites from the Scottish islands of Handa (Sutherland), Muck, Pabay, Scalpay and Soay (Inner Hebrides). J. Linn. Soc. (Zool.) **47,** 1968, 301-307.

CROWCROFT, P.: The daily cycle of activity in British shrews. Proc. Zool. Soc. London **123,** 1954, 715-729.

- Notes on the behaviour of shrews. Behaviour **8,** 1955, 63-80.
- The life of the shrew. London 1957.

DAL PIAZ, G. B.: I mammiferi fossili i viventi delle tre Venezie. Studi Trentini **8,** 1927, 61-84.

DEHNEL, A.: Studies on the genus *Neomys* Kaup. Ann. Univ. Mariae Curie-Skłodowska **5,** 1950, 1-63.

DOLGOV, V. A.: Variation in some bones of postcranial skeleton of the shrews (Mammalia, Soricidae). Acta theriol. **5,** 1961, 203-227.

- Compensatory growth of incisors in *Neomys fodiens* (Soricidae, Insectivora). Zool. Ž. (Moskva) **50,** 1971, 448-449.

DUDICH, A.; ŠTOLLMANN, A.: Drobné zemné cicavce západnej časti Slovenských Beskýd. Vlastiv. Zbor. Povazia **14,** 1980, 219-244.

DZIERŻYKRAJ-ROGALSKA, I.: Die saisonale Veränderlichkeit der Schilddrüse bei der Wasserspitzmaus (*Neomys fodiens* Schreb.). Ann. Univ. Mariae Curie-Skłodowska **10,** 1957, 295-310.

DZIURZIK, B.: Key to the identification of hairs of mammals from Poland. Acta zool. cracov. **18,** 1973, 73-91.

EYKMAN, C.: De Nederlandsche zoogdieren. Deel 1. Insecteneters en knaagdieren. Rotterdam 1937.

FAYARD, A.: Note sur la crossope de Miller: *Neomys anomalus milleri* Mottaz, 1907. Mammalia **39**, 1975, 505.
FEDYK, S.; BOROWSKI, S.: Colour variation in the Białowieża population of the European water shrew. Acta theriol. **25**, 1980, 3–24.
FELTEN, H.; KÖNIG, C.: Einige Säugetiere aus dem Zentralmassiv, Südfrankreich. Senckenbergiana biol. **36**, 1955, 267–269.
FONS, R.; CATALAN, J.; POITEVIN, F.: Cas d'albinisme chez deux Insectivores Soricidae: *Suncus etruscus* (Savi, 1822) et *Neomys fodiens* (Pennant, 1771). Z. Säugetierk. **48**, 1983, 117–122.
GAUCKLER, A.: Beitrag zur Fortpflanzungsbiologie der Wasserspitzmaus (*Neomys fodiens*). Bonn. zool. Beitr. **13**, 1962, 321–323.
GEBCZYŃSKA, Z.; GEBCZYŃSKI, M.: Oxygen consumption in two species of watershrews. Acta theriol. **10**, 1965, 209–214.
GEBCZYŃSKI, M.: Oxygen consumption in starving shrews. Acta theriol. **16**, 1971, 288–292.
– Body temperature in five species of shrews. Acta theriol. **22**, 1977, 521–530.
– JACEK, L.: Biochemical variation in four species of Insectivora. Acta theriol. **25**, 1980, 385–392.
GERAETS, A.: Wiederkauen und Enddarmlecken bei Spitzmäusen (Insectivora). Säugetierk. Mitt. **26**, 1976, 127–131.
GIBAN, J.: A propos de la capture de deux crossopes aquatiques aux environs de Versailles. Mammalia **20**, 1956, 57–65.
GÖRNER, M.: Zur Verbreitung der Kleinsäuger im Südwesten der DDR auf der Grundlage von Gewöllanalysen der Schleiereule (*Tyto alba* [Scop.]). Zool. Jb. Syst. **106**, 1979, 429–470.
GUREEV, A. A.: Fauna SSSR. Mljekopitajuschtschije. **4**, 2 Mammalia, Insectivora. Leningrad 1979.
HAMAR, M.; KOVACS, A.: Neue Daten über die Gattung *Neomys* Kaup (1829) in der Rumänischen Volksrepublik. Acta theriol. **9**, 1964, 377–380.
HANÁK, V.: Barevné anomalie u drobných ssavcu. Čas. Národ. Mus. **126**, 1957, 144–147.
– Faunistische Bemerkungen zur Säugetierfauna vom südöstlichen Bulgarien. Lynx **3**, 1964, 3–7.
– FIGALA, J.: Kleinsäuger des mittleren Böhmerwaldes. Acta Univ. Car. Biol. 1960, 103–124.
HEIM DE BALSAC, H.; BEAUFORT, F. DE: Contribution à l'étude des micromammifères du nordouest de l'Espagne (Santander, Galice, Leon). Mammalia **33**, 1969, 630–658.
HEINRICH, D.: Ein weiterer Subfossilfund der Sumpfspitzmaus (*Neomys anomalus* Cabrera, 1907) in Norddeutschland. Z. Säugetierk. **54**, 1989, 261–264.
HEINRICH, G.: Zur Ökologie der „Wasser"-Spitzmaus, *Neomys milleri* in den bayrischen Alpen. Zool. Jb. (Syst.) **77**, 1948, 279–281.
HEINRICH, W.-D.: Untersuchungen an Skelettresten von Insectivoren (Insectivora, Mammalia) aus dem fossilen Tierbautensystem von Pisede bei Malchin. Teil 1: Taxonomische und biometrische Kennzeichnung des Fundgutes. Wiss. Z. Humboldt-Univ. Berlin (Math.-Nat. Reihe) **32**, 1983, 681–698.
HELLWING, S.: Beiträge zur Kenntnis einiger Kleinsäuger aus dem Bezirk Suceava, Kreise: Vatra-Dornei, Cîmpulung und Rădăuti. Trav. Mus. Hist. Nat. Gr. Antipa **2**, 1960, 393–399.
HERRERA, C.: *Neomys anomalus* au sud de l'Espagne: nouvelle donnée sur la répartition de cette espèce. Mammalia **37**, 1973, 514–515.
HINTON, M.: The British fossil shrews. Geol. Mag. (N. S.) **8**, 1911, 529–538.

HUTTERER, R.: Paarungsrufe der Wasserspitzmaus (*Neomys fodiens*) und verwandte Laute weiterer Soricidae. Z. Säugetierk. **43**, 1978, 330–336.
– Das Rhinarium von *Nectogale elegans* und anderen Wasserspitzmäusen (Mammalia, Insectivora). Z. Säugetierk. **45**, 1980, 126–127.
– Die Sumpfspitzmaus (*Neomys anomalus*) in Nordrhein-Westfalen. Natur Heimat **42**, 1982, 51–54.
– Anatomical adaptations of shrews. Mammal Rev. **15**, 1985, 43–55.
– HÜRTER, T.: Adaptive Haarstrukturen bei Wasserspitzmäusen (Insectivora, Soricinae). Z. Säugetierk. **46**, 1981, 1–11.
ILLING, K.; ILLING, R.; KRAFT, R.: Freilandbeobachtungen zur Lebensweise und zum Revierverhalten der Europäischen Wasserspitzmaus *Neomys fodiens* (Pennant, 1771). Zool. Beitr. (NF) **27**, 1981, 109–122.
IVANOVA, E. I.: New data on the nature of the rete mirabile and derivative apparatuses in some semi-aquatic mammals. Dokl. akad. Nauk. SSSR **173**, 1967, 1–3. (Russisch.)
JACOBI, A.: Melanismen einheimischer Kleinsäuger (*Neomys fodiens* und *Cricetus cricetus*). Z. Säugetierk. **2**, 1927, 82–87.
JOHNSTON, H.: British mammals. London 1903.
JUDIN, B. S.: Obsor vidov roda *Neomys* Kaup (Soricidae, Insectivora). S. 247–251. In: TSCHERPANOV (ed.): Fauna Sibirii. Novosibirsk 1970.
– KRIWOSCHEJEW, W. G.; BELJAZEW, W. G.: Melkije mljekopitajuschtschije sewera Dalnego Wostoka. Nowosibirsk 1976.
KAHMANN, H.: Beiträge zur Kenntnis der Säugetierfauna in Bayern. Ber. Naturf. Ges. Augsburg **5**, 1952, 147–170.
– Contribution à l'étude des mammifères du Peloponnèse (1). Mammalia **28**, 1964, 109–136.
– RÖSSNER, F.-X.: Die Natur der Färbungsvielgestaltigkeit der Unterseite bei der Wasserspitzmaus (*Neomys*). Naturwissenschaften **43**, 1956, 46–47.
KLEINSCHMIDT, A.: Die Säugetierfauna des engeren und weiteren Braunschweiger Gebiets mit Einschluß des Harzes. Jahrb. Naturwarte Braunschweig 1951, 29–48.
KÖHLER, D.: Zum Verhaltensinventar der Wasserspitzmaus (*Neomys fodiens*). Säugetierk. Inf., Jena **2**, 1984a, 175–199.
– Zum Pflegeverhalten und zur Verhaltensontogenese von *Neomys fodiens* (Insectivora: Soricidae). Zool. Anz. **213**, 1984b, 275–290.
– Zum interspezifischen Verhalten von *Neomys fodiens* und *Sorex araneus*. Säugetierk. Inf. **2**, 1985, 299–300.
– Hohes Gefangenschaftsalter von *Neomys fodiens* (Insectivora: Soricidae). Zool. Garten (N.F.) **57**, 1987, 54.
– WALLSCHLÄGER, D.: Über die Lautäußerungen der Wasserspitzmaus, *Neomys fodiens* (Insectivora: Soridicae). Zool. Jb. Physiol. **91**, 1987, 89–99.
KOENIG, O.: Säugetierleben am Neusiedlersee. Umwelt **1**, 1947, 262–263.
– Ökologie und Verhalten der Vögel des Neusiedlersee-Schilfgürtels. J. Orn. **93**, 1952, 207–289.
KOENIGSWALD, W. VON; MÜLLER-BECK, H.: Das Pleistozän der Weinberghöhlen bei Mauern (Bayern). (Nachtrag 1975.) Quartär **26**, 1975, 107–118.
– SCHMIDT-KITTLER, N.: Eine Wirbeltierfauna des Riß/Würm-Interglazials von Erkenbrechtsweiler (Schwäbische Alb, Baden-Württemberg). Mitt. Bayer. Staatssamml. Paläont. hist. Geol. **12**, 1972, 143–147.
KOLFSCHOTEN, T. VAN: The middle pleistocene (Saalian) and late pleistocene (Weichselian) mammal faunas from Maastricht-Belvédère (southern Limburg, the Netherlands). Meded. rijks geol. dienst **39**, 1985, 45–74.

KOSTELECKA-MYRCHA, A.; MYRCHA, A.: Rate of passage of foodstuffs through the alimentary tract of *Neomys fodiens* (Pennant, 1771) under laboratory conditions. Acta theriol. **9**, 1964, 371–373.
KRAFT, R.: Fraßspuren der Europäischen Wasserspitzmaus, *Neomys fodiens* (Pennant, 1771), und der Waldspitzmaus, *Sorex araneus* Linné, 1758 an Gehäusen der Spitzschlammschnecke, *Lymnaea stagnalis* Linné, 1758. Säugetierk. Mitt. **28**, 1980, 246–248.
– PLEYER, G.: Zur Ernährungsbiologie der Europäischen Wasserspitzmaus *Neomys fodiens* (Pennant, 1771), an Fischteichen. Z. Säugetierk. **43**, 1978, 321–330.
KRAPP, F.: Hohe Embryonenzahl auch bei *Neomys anomalus milleri* (Mottaz, 1907). Z. Säugetierk. **39**, 1974, 201–203.
– Säugetiere (Mammalia) aus dem nördlichen und zentralen Apennin im Museo civico di Storia naturale di Verona. Boll. Mus. civ. stor. nat. Verona **11**, 1975, 193–216.
KRATOCHVÍL, J.: Příspěvek k reseni příslušnosti našich populacni rejsce čerňeho (*Neomys anomalus*). Zool. entomol. listy **3**, 1954, 167–168.
– GRULICH, I.: Přispěvky z poznáni ssavči zvířeny Jeseniků. Přír. sb. Ostravského Kraje **11**, 1950, 202–243.
KULCZYCKI, A.: Study on the make up of the diet of owls from the Niski beskid Mts. Acta zool. Cracov. **9**, 1964, 529–559.
KUVIKOVÁ, A.: Zur Nahrung der Sumpfspitzmaus, *Neomys anomalus* Cabrera, 1907 (Insectivora, Soricidae) in der Slowakei. Lynx (Praha) (n. s.) **23**, 1987, 55–62.
LAAR, V. VAN: Verspreiding en voorkomen van de waterspitsmuis, *Neomys fodiens* (Pennant, 1771) in Eemland en Gelderse Vallei. Velde **19**, 1980, 14–23.
– A record of *Neomys anomalus* Cabrera, 1907 from the Vosges. Mammalia **47**, 1983, 123–125.
– DAAN, N.: *Neomys anomalus* Cabrera, 1907, observé dans les Ardennes françaises. Lutra **18**, 1976, 44–51.
– LAAR, G. M. VAN: Melanisme bij de waterspitsmuis, *Neomys fodiens* (Pennant), op Texel. Levende Nat. **69**, 1966, 86–96.
LARDET, J.-P.: Evolution de la température corporelle de la Musaraigne aquatique (*Neomys fodiens*) dans l'eau. Rev. suisse Zool. **95**, 1988a, 129–135.
– Spatial behaviour and activity patterns of the water shrew *Neomys fodiens* in the field. Acta theriol. **33**, 1988b, 293–303.
– VOGEL, P.: Evolution démographique d'une population de musaraignes aquatiques (*Neomys fodiens*) en Suisse romande. Bull. Soc. Vaud. Sci. Nat. **77**, 1985, 353–360.
LEHMANN, E. VON: Über die Kleinsäuger der La Sila (Kalabrien). Zool. Anz. **167**, 1961, 213–229.
– Über die Färbung der Unterseite einiger Säuger. Zool. Beitr. Berlin (N. F.) **8**, 1963, 1–14.
– Eine Kleinsäugerausbeute vom Aspromonte (Kalabrien). Sitzber. Ges. Naturf. Freunde Berlin (N. F.) **4**, 1964, 31–47.
– Anpassung und „Lokalkolorit" bei den Soriciden zweier linksrheinischer Moore. Säugetierk. Mitt. **14**, 1966, 127–132.
– Eine Kleinsäugeraufsammlung vom Etruskischen Apennin und den Monti Picentini (Kampanischer Apennin). Suppl. Ric. Zool. appl. Caccia **5**, 1969, 39–46.
– Die Kleinsäugetiere des Naturparks „Rhein-Westerwald". Rhein. Heimatpfl. (N. F.) **4**, 1972, 296–315.
– Die Säugetiere der Hochlagen des Monte Carámolo (Lucanischer Apennin, Nordkalabrien). Suppl. Ric. Biol. Selvaggina **5**, 1973, 47–70.

- *Neomys anomalus rhenanus* ssp. nova, die Sumpfspitzmaus des Rheingebietes. Bonn. zool. Beitr. **27,** 1976, 160-163.
LIBOIS, R.: Répartition des micromammifères dans l'Est de la Belgique. Compt. rend. Coll. Univ. Liège (Sect. 3) **8,** 1975, 149-165.
LOZAN, M. N.: Nasekomojadnyje mljekopitajuschtschije Moldavii (Insectivora, Mammalia). Ekologija ptiz i mljekopitajuschtschich Moldavii. Akad. nauk Mold. SSR, Kischinew 1975.
LUTHER, W.: Beobachtungen an einer gefangenen Wasserspitzmaus (*Neomys fodiens* Schreber). Zool. Garten **8,** 1936, 303-307.
MARKOV, G.: Rodentia in den Gebieten von Petric und Goce Delcev (Südwest-Bulgarien). Izv. zool. Inst. Mus. Sofia **11,** 1962, 5-30.
MARTINO, E.; MARTINO, V.: Novyje dannye o mljekopitajuschtschich gornogo Kryma. Zap. Krymsk. obscht. estest. **7,** 1917, 1-2.
MARTINO, V.; MARTINO, E.: Preliminary notes on five new mammals from Yugoslavia. Ann. Mag. Nat. Hist. (5), **11,** 1940, 493-498.
MAXIMOV, A. A.: Soobschtschestva melkich mljekopitajuschtschich Baraby. Novosibirsk 1978.
MERTENS, R.: Säugetiere aus dem nördlichen und östlichen Spanien, gesammelt von Dr. F. Haas. Pallasia **2,** 1924, 82-84.
MEYLAN, A.: Données nouvelles sur les chromosomes des insectivores Européens (Mamm.). Rev. suisse Zool. **73,** 1966, 548-558.
MICHALAK, I.: Reproduction and behaviour of the Mediterranean water shrew under laboratory conditions. Säugetierk. Mitt. **30,** 1982, 307-310.
- Reproduction, maternal and social behaviour of the European Water shrew under laboratory conditions. Acta theriol. **28,** 1983a, 3-24.
- Colour patterns in *Neomys anomalus*. Acta theriol. **28,** 1983b, 25-32.
- Number and distribution of the teats in *Neomys fodiens*. Acta theriol. **31,** 1986a, 119-127.
- Variation in colour patterns of the belly in *Neomys anomalus*. Acta theriol. **31,** 1986b, 167-171.
- Growth and postnatal development of the European water shrew. Acta theriol. **32,** 1987, 261-288.
- Behaviour of young *Neomys fodiens* in captivity. Acta theriol. **33,** 1988, 487-504.
MIKKOLA, H.; SULKAVA, S.: Food of great grey owls in Fennoscandia. Brit. Birds **63,** 1970, 23-27.
MILLAIS, J. G.: The mammals of Great Britain and Ireland. London 1904.
MILLER, G. S.: Two new mammals from Asia Minor. Ann. Mag. Nat. Hist. (8) **1,** 1908, 68-70.
MISONNE, X.; ASSELBERG, R.: *Neomys anomalus* en Belgique. Mammalia **36,** 1972, 166.
MOTTAZ, C.: Préliminaires a nos ›Etudes de Micromammalogie‹. Description du *Neomys milleri,* ssp. nova. Mèm. Soc. zool. France **20,** 1907, 20-32.
MURARIU, D.: Cl. Mammalia. In: Contributions à la connaissance de la faune du département Vrancea. Trav. Mus. Hist. nat. „Grigore Antipa" **17,** 1976, 335-340.
MYRCHA, A.: Seasonal changes in caloric value, body water and fat in some shrews. Acta theriol. **14,** 1969, 211-227.
NAGEL, A.: Sauerstoffverbrauch, Temperaturregulation und Herzfrequenz bei europäischen Spitzmäusen (Soricidae). Z. Säugetierk. **50,** 1985, 249-266.
NIETHAMMER, G.: Die (bisher unbekannte) Schwanzdrüse der Hausspitzmaus, *Crocidura russula* (Hermann, 1780). Z. Säugetierk. **27,** 1962, 228-234.

NIETHAMMER, J.: Die Rundschwänzige Wasserspitzmaus *Neomys anomalus milleri* Mottaz in der Eifel. Natur Heimat **13**, 1953, 36–39.
- Über die Säugetiere der Niederen Tauern. Mitt. Zool. Mus. Berlin **36**, 1960, 408–443.
- Verzeichnis der Säugetiere des mittleren Westdeutschlands. Decheniana **114**, 1961, 75–98.
- Ein Beitrag zur Kenntnis der Kleinsäuger Nordspaniens. Z. Säugetierk. **29**, 1964, 193–220.
- Über Kleinsäuger aus Portugal. Bonn. zool. Beitr. **21**, 1970, 89–118.
- Ein syntopes Vorkommen der Wasserspitzmäuse *Neomys fodiens* und *Neomys anomalus*. Z. Säugetierk. **42**, 1977, 1–6.
- Weitere Beobachtungen über syntope Wasserspitzmäuse der Arten *Neomys fodiens* und *N. anomalus*. Z. Säugetierk. **43**, 1978, 313–321.

NORES, C.; SANCHEZ CANALS, J. L.; CASTRO, A. DE; GONSALEZ, G. R.: Variation du genre *Neomys* Kaup, 1829 (Mammalia, Insectivora) dans le secteur cantabrogalicien de la péninsule ibérique. Mammalia **46**, 1982, 361–373.

OGNEV, S. I.: Contribution à la classification des mammifères insectivores de la Russie. Ann. Mus. zool. Petrograd **1921**, 311–350.

PASA, A.: I mammiferi de alcune antiche brecce Veronesi. Mem. Mus. Stor. nat. Verona **1**, 1949, 1–111.

PEARSON, O.: On the cause and nature of a poisonous action produced by the bite of a shrew (*Blarina brevicauda*). J. Mammal. **23**, 1942, 159–166.

PELIKÁN, J.: Mammals of the Nesyt fish pond, their ecology and production. Acta sci. nat. Brno **9**, 1975, 1–45.

PEMAN, E.: Biometria y sistemática del género *Neomys* Kaup, 1771 (Mammalia, Insectivora) en el Pais Vasco. Munibe **35**, 1983, 115–148.

PERKOWSKA, E.: Investigations on blood tissue of some micromammalia. Acta theriol. **7**, 1963, 60–78.

PERNETTA, J. C.: A note on the predation of smooth newt *Triturus vulgaris* by European water-shrew, *Neomys fodiens bicolor*. J. Zool., London **179**, 1976, 215–216.

PETROV, B.: Neue Daten über die Verbreitung einiger Säugetierarten in Mazedonien. Fragm. balc. Mus. Mac. Sci. nat. **7**, 1969, 1–4.

PIEPER, H.: Über die Artbestimmung von *Neomys*-Mandibeln mit Hilfe der Fischerschen Diskriminanz-Analyse. Z. Säugetierk. **31**, 1966, 402–403.
- Zur Kenntnis der Spitzmäuse (Mammalia, Soricidae) in der Hohen Rhön. Beitr. Naturk. Osthessen **31**, 1978, 402–403.

REICHSTEIN, H.: Zum frühgeschichtlichen Vorkommen der Sumpfspitzmaus (*Neomys anomalus* Cabrera, 1907) in Schleswig-Holstein. Z. Säugetierk. **45**, 1980, 65–73.

PITT, F.: Mass movement of the water shrew, *Neomys fodiens*. Nature London **156**, 1945, 247.

POPOV, V. A.: Mljekopitajuschtschije Wolschsko-Kamskogo Kraja. Kasan 1960.

PORKERT, J.: Menschliche Nahrungsmittel als Ersatznahrung für vorübergehend gekäfigte Spitzmäuse. Lynx **17**, 1975, 88.

PRICE, M.: The reproductive cycle of the water shrew, *Neomys fodiens bicolor* Shaw. Proc. Zool. Soc. London **123**, 1953, 599–621.

PUCEK, M.: Die toxische Wirkung der Glandulae submaxillares bei *Neomys fodiens fodiens* Schreb. Bull. Acad. Polon. Sci. (Sci. nat.) **5**, 1957, 301–306.
- Venomousness in mammals. Przegl. zool. (A7) **3**, 1959a, 106–115.
- The effect of the venom of the European water shrew (*Neomys fodiens fodiens* Pennant) on certain experimental animals. Acta theriol. **3**, 1959b, 93–104.

- *Neomys anomalus* Cabrera, 1907 – a venomous mammal. Bull. Acad. pol. Sci. (Sci. Nat.) **17**, 1969, 569–573.
Pucek, Z.: Histomorphologische Untersuchungen über die Winterdepression des Schädels bei *Sorex* L. und *Neomys* Kaup. Ann. Univ. Mariae Curie-Skłodowska **10**, 1957, 399–428.
- The structure of the glans penis in *Neomys* Kaup, 1929 as a taxonomic character. Acta theriol. **9**, 1964, 374–377.
- Seasonal and age changes in the weight of the internal organs of shrews. Acta theriol. **10**, 1965, 369–438.
- Pucek, M.: *Neomys anomalus* Cabrera, 1907. In: Pucek, Z.; Raczyński, J. (eds.): Atlas of mammal distribution in Poland. Warszawa 1981.
Rabeder, G.: Die Insectivoren und Chiropteren (Mammalia) aus dem Altpleistozän von Hundsheim (Niederösterreich). Ann. Naturhistor. Mus. Wien **76**, 1972, 375–474.
Rachilin, W. K.: On the distribution of some mammals on the Primorys territory (Marine territory). Zool. Ž. (Moskva). **44**, 1965, 1274–1275.
Raczyński, J.: Convenient taxonomic features of certain mammals from owl pellets. Acta theriol. **20**, 1961, 295–297.
Reichstein, H.: Wasserspitzmaus, *Neomys fodiens* (Pennant, 1771) mit hoher Embryonenzahl. Z. Säugetierk. **34**, 1969, 226–228.
Reinig, W.: Melanismus, Albinismus und Rufinismus. Leipzig 1937.
Rempe, U.: Die Trennung von *Neomys*-Mandibeln aus verschiedenen Teilen Mitteleuropas. Säugetierk. Mitt. **30**, 1982, 118–126.
- Bühler, P.: Zum Einfluß der geographischen und altersbedingten Variabilität bei der Bestimmung von *Neomys*-Mandibeln mit Hilfe der Diskriminanzanalyse. Z. Säugetierk. **34**, 1969, 148–164.
Richter, H.: Zur Kenntnis mittelsächsischer Soriciden. Z. Säugetierk. **18**, 1953, 171–181.
- Zur Kenntnis mecklenburgischer Wasserspitzmäuse *Neomys fodiens* (Schreber, 1777). Arch. Nat. Meckl. **4**, 1958, 261–269.
- Die Unterscheidung von *Neomys anomalus milleri* Mottaz, 1907, und *Neomys fodiens fodiens* (Schreber, 1777) nach dem Hüftbein (Os coxae) nebst einer Mitteilung über neue Funde erstgenannter Unterart aus dem Erzgebirge und dem Vogtland und Ostthüringen. Säugetierk. Mitt. **13**, 1965, 1–4.
Röben, P.: Die Spitzmäuse (Soricidae) der Heidelberger Umgebung. Säugetierk. Mitt. **17**, 1969, 42–62.
Rowe-Rowe, D. T.; Meester, J.: Altitudinal variation in external measurements of two small-mammal species in the Natal Drakensberg. Ann. Transvaal Museum **34**, 1985, 49–53.
Ruprecht, A.: Taxonomic value of mandible measurements in Soricidae. Acta theriol. **16**, 1971, 341–357.
Ruthardt, M.; Schröpfer, R.: Zum Verhalten der Wasserspitzmaus *Neomys fodiens* (Pennant, 1771) unter Wasser. Z. Angew. Zool. **72**, 1985, 49–57.
Saint Girons, M.: Les mammifères des Pyrénées orientales. II. Note sur quelques mammifères provenant du Massif du Carlitte. Vie Milieu **9**, 1958, 133–134.
- Bree, P. van: Notes sur les mammifères du departement des Pyrénées-Orientales. IV. Liste préliminaire des mammifères du massif Carlitte. Vie Milieu **15**, 1965, 475–485.
Sanden-Guja, W. von: Wasserspitzmausjahre. Beitr. Naturk. Niedersachsens **10**, 1957, 73–75.
Sans-Coma, V.; Kahmann, H.: Quantitative Untersuchungen über die Ernährung der Schleiereule (*Tyto alba*) in Katalonien (Spanien). Säugetierk. Mitt. **24**, 1976, 5–11.

SCHAEFER, H.: Zur Kenntnis der Kleinsäuger, besonders in der Gegend von Görlitz. Abh. Ber. Naturkundemus. Görlitz **37**, 1962, 195–221.
SCHLOETH, R.: Freilandbeobachtungen an der Wasserspitzmaus, *Neomys fodiens* (Pennant, 1771), im Schweizerischen Nationalpark. Rev. suisse Zool. **87**, 1980, 937–939.
SCHLÜTER, A.: Waldspitzmaus (*Sorex araneus*) und Wasserspitzmaus (*Neomys fodiens*) als Aasfresser im Winter. Säugetierk. Mitt. **28**, 1980, 45–54.
SCHMIDT, E.: Über die Koronoidhöhe als Trennungsmerkmal bei den *Neomys*-Arten in Mitteleuropa sowie über neue *Neomys*-Fundorte in Ungarn. Säugetierk. Mitt. **13**, 1969, 132–136.
SCHOBER, W.: Zur Kenntnis mitteldeutscher Soriciden. Mitt. Zool. Mus. Berlin **35**, 1959, 73–78.
SCHREITMÜLLER, W.: Einiges über die Wasserspitzmaus (*Neomys fodiens* Pall.). Z. Säugetierk. **17**, 1953, 149–151.
SCHRÖPFER, R.: Ufergebundenes Verhalten und Habitatselektion bei der Wasserspitzmaus *Neomys fodiens* (Pennant, 1771). Z. Angew. Zool. **72**, 1985, 37–48.
SERGEEV, V. E.: Nourishing material of shrews (Soricidae) in the floodplain of the river Ob in the forest zone of the West Siberia. Izvest. sib. otdel. Akad. Nauk SSR (Biol. Nauk) **1**, 1973, 87–93.
SERSCHANIN, I. N.: Mljekopitajuschtschije Belorussii. 2. Aufl. Minsk 1961.
SHIBKOV, A.: The role of sensory systems in the proximal orientation of shrews of the genera *Sorex* and *Neomys*. Zool. Ž. (Moskva) **58**, 1979, 76–81.
SHILLITO, J. F.: Field observations on the water shrew (*Neomys fodiens*). Proc. Zool. Soc. London **140**, 1963, 320–322.
SKARÉN, U.: Aberrant colours of shrews (*Sorex araneus* L. and *Neomys fodiens* Schreb.) in Finland. Säugetierk. Mitt. **21**, 1973, 74–75.
SKIBA, R.: Die Harzer Tierwelt. Clausthal 1973.
SÖLLNER, B.; KRAFT, R.: Anatomie und Histologie der Nasenhöhle der Europäischen Wasserspitzmaus, *Neomys fodiens* (Pennant, 1771), und anderer mitteleuropäischer Soriciden. Spixiana **3**, 1980, 251–272.
SOVIŠ, B.: Eine vorläufige Nachricht über das Vorkommen von Kleinsäugern im Kreisgebiet von Nitra. Acta Univ. agr. Nitra **1958**, 193–211.
SPITZENBERGER, F.: Zur Verbreitung und Systematik türkischer Soricinae (Insectivora, Mammalia). Ann. naturhistor. Mus. Wien **72**, 1968, 273–289.
– Sumpf- und Wasserspitzmaus (*Neomys anomalus* Cabrera 1907 und *Neomys fodiens* Pennant 1771) in Österreich. Mitt. Abt. Zool. Landesmus. Joanneum **9**, 1980, 1–39.
– STEINER, H.: Über Insektenfresser (Insectivora) und Wühlmäuse (Microtinae) der nordosttürkischen Feuchtwälder. Bonn. zool. Beitr. **4**, 1962, 284–310.
– Die Ökologie der Insectivora und Rodentia der Stockerauer Donau-Auen (Niederösterreich). Bonn. zool. Beitr. **18**, 1967, 258–296.
STASTNÝ, K.: Les petits mammifères dans les pelotes de la chouette effraye (*Tyto alba guttata* Brehm) de la Moravie septentrionale. Lynx **14**, 1973, 54–69.
STEIN, G. H. W.: Materialien zum Haarwechsel deutscher Insectivoren. Mitt. Zool. Mus. Berlin **30**, 1954, 12–34.
– Über die Bestandsdichte und ihre Zusammenhänge bei der Wasserspitzmaus, *Neomys fodiens* (Pennant). Mitt. Zool. Mus. Berlin **51**, 1975, 187–198.
STEPHAN, H.; KUHN, H.-J.: The brain of *Micropotamogale lamottei* Heim de Balsac, 1954. Z. Säugetierk. **47**, 1982, 129–142.
STROGANOV, S. U.: Zveri Sibiri. Nasekomojadnye. Izd. Akad. Nauk. SSSR. Moskva 1957.

TRISTRAM, H. B.: The survey of Western Palestine. The fauna and flora of Palestine. London 1884.
TUPIKOVA, N. W.: Pitanije i charakter sutocnoi aktivnosti zemlerojek srednej polosy SSSR. Zool. Ž. **28,** 1949, 561–572.
TVRTKOVIĆ, N.; ĐULIĆ, B.; MRAKOVČIĆ, M.: Distribution, species characters, and variability of the southern water shrew, *Neomys anomalus* Cabrera, 1907 (Insectivora, Mammalia) in Croatia. Biosistematika **6,** 1980, 187–201.
VÁSÁRHELYI, I.: Die schneckenverzehrenden Wirbeltiere im Gebirge Bükk. Vertebr. Hung. **2,** 1960, 109–132.
VERICAD, J.; MEYLAN, A.: Resultats de quelques piégages des micromammifères dans le sud-est de l'Espagne. Mammalia **37,** 1973, 333–341.
VOESENEK, L. A. C. J.; BEMMEL, A. C. VAN: Intra- and interspecific competition in the water shrew in the Netherlands. Acta theriol. **29,** 1984, 297–301.
VOGEL, P.: Beitrag zur Fortpflanzungsbiologie der Gattungen *Sorex, Neomys* und *Crocidura* (Soricidae). Verh. Naturf. Ges. Basel **82,** 1972, 165–192.
WAGNER, O. S.: Biogeographische Untersuchungen an Kleinsäugerpopulationen des Karpatenbeckens. Diss. Saarbrücken 1974.
WEISSENBERGER, T.; RIGHETTI, J.-F.; VOGEL, P.: Observations de populations marquées de la musaraigne aquatique *Neomys fodiens* (Insectivora, Mammalia). Bull. Soc. Vaud. Sci. Nat. **76,** 1983, 381–390.
WETTSTEIN, O.; MÜHLHOFER, F.: Die Fauna der Höhle von Merkenstein in N.-Ö.. Arch. Naturgesch. (N. F.) **7,** 1938, 514–558.
WIEDEMANN, A.: Die im Regierungsbezirke Schwaben und Neuburg vorkommenden Säugethiere. Ber. Naturhist. Ver. Augsburg **27,** 1883, 1–110.
WOLF, H.: Ein neuer Fundort von *Neomys milleri* Mottaz. Z. Säugetierk. **12,** 1938, 326–327.
– Zur Rassenfrage von *Neomys fodiens* (Schreber) in Deutschland. Arch. Naturgesch. (N. F.) **7,** 1938a, 46–52.
– Die Insektenfresser des Rheinlandes. Rhein. Naturfreund **3,** 1939, 3–8.
WOŁK, K.: The winter food of the European water-shrew. Acta theriol. **21,** 1976, 117–129.
YOSHIKURA, M.: Insectivores and bats of South Sakhalin. Kumamoto J. Sci. (2B) **2,** 1956, 259–280.
YOUNG, C. C.: On the Insectivora, Chiroptera, Rodentia and Primates other than *Sinanthropus* from locality 1 at Choukoutien. Palaeontologia sinica (C) **8,** 1934, 1–160.
ZDANSKY, O.: Die Säugetiere der Quartärfauna von Chou-K'ou-Tien. Palaeontologia sinica (C) **5,** 1928, 1–146.
ZEJDA, J.; HOLIŠOVÁ, V.; PELIKÁN, J.: On some less common mammals of Silesia. Přir. čas. slezský **23,** 1962, 25–36.
– KLIMA, M.: Die Kleinsäuger des Naturschutzgebietes „Kubany Urwald" (Boubin). Zool. listy **7,** 1958, 292–307.
ZIMMERMANN, K.: Über Harzer Kleinsäuger. Bonn. zool. Beitr. **2,** 1951, 1–8.

Suncus etruscus (Savi, 1822) – Etruskerspitzmaus

E: Pigmy white-toothed shrew; F: La pachyure étrusque

Von FRIEDERIKE SPITZENBERGER

Diagnose. Die Gattung *Suncus* ist durch die Kombination von 4 U im Oberschädel, rein weißen Zähnen und bewimpertem Schwanz charakterisiert. Die Art ist die kleinste weißzähnige Spitzmaus Europas (Kr ca. 45). Foramen mentale liegt unter dem P_4 (CHALINE et al. 1974*, Abb. 111).

Karyotyp: $2n = 42$, $NF = 74$; Identität der X- und Y-Chromosomen noch nicht ganz sicher (MEYLAN 1968: französische Pyrenäen; Korsika: CATALAN 1984, nach REUMER und MEYLAN 1986*).

Beschreibung. Ohrmuscheln im Vergleich zu *Crocidura* groß (BLASIUS 1857*, NIORT 1950; Foto in SAINT GIRONS und DEBOUTTEVILLE 1958); Ohren hell rosa, manchmal transparent, mit feinen weißen Haaren besetzt (FONS 1974b). Rüssel lang und spitz auslaufend (GUREJEW 1963*), Schwanz, seitliche Schwanzwurzel und Rücken stark mit einzelnen verlängerten Haaren besetzt (Foto in SAINT GIRONS und DEBOUTTEVILLE 1958). Haarkleid kurz und fein, aber sehr dicht; mehrere Haarwurzeln zu einem Bündel zusammengefaßt (APPELT 1977). Körper- und Schwanzoberseite mausgrau mit aschgrauem Stich, Unterseite hell aschfarben bis schmutzig weiß, keine deutliche Trennlinie an Flanken und Schwanzseiten. Kurze Haare bilden am Ende des Schwanzes einen Pinsel.

Schädel: Stark abgeflacht; dorsales Profil fast gerade von der Vorderseite der Nasalia bis zum Hinterrand der Parietalia, in der Interorbitalregion etwas konkav. Hirnschädel schmal (MILLER 1912*).

Zähne: I^1 erinnert in der Form mehr an *Sorex* als an *Crocidura*; U^2 etwas größer als U^3, U^4 halb so groß wie U^3, ist von der Außenkante des Maxillare nach innen versetzt, aber von außen durch eine Lücke zwischen den Nachbarzähnen zu sehen (MILLER 1912*). Dieser Zahn kann manchmal fehlen, aber seine Alveole bleibt (GUREJEW 1963*). Die Lage des Protoconus des P^4 ist sehr variabel (VESMANIS et al. 1979).

Soricidae – Spitzmäuse

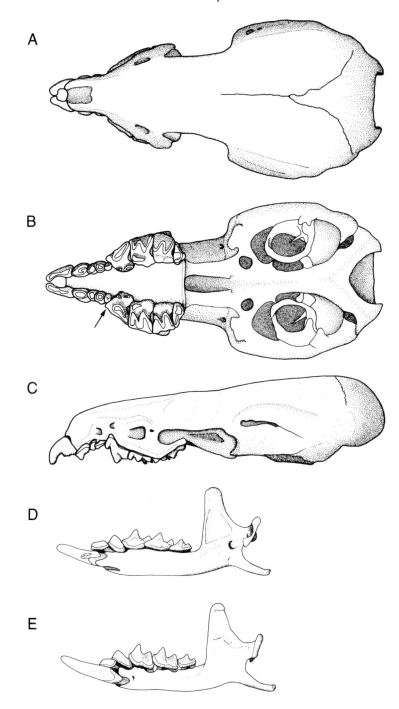

Suncus etruscus – Etruskerspitzmaus

Tabelle 99. Maße von *Suncus etruscus* aus dem Dept. Pyrénées-Orientales, Frankreich; aus FONS und SAINT GIRONS (1975). Condl* = Spitze I_1 bis Processus articularis.

Maß	♂ Min – Max	x̄	n	♀ Min – Max	x̄	n
Kr	36 – 53	44,9	105	37 – 52	45,3	84
Schw	21 – 30	26,4	105	24 – 30	25,6	84
Hf	5,7 – 7,9	7,01	105	6,0 – 7,5	7,0	84
Ohr	4,0 – 6,2	5,12	105	4,4 – 6,0	5,16	84
Gew	1,19 – 2,67	1,81	105	1,35 – 2,37	1,88	84
Cbl	12,0 – 13,1	12,56	60	12,0 – 13,1	12,49	45
Zyg	3,7 – 4,6	3,87	78	3,6 – 4,0	3,83	70
Skb	5,6 – 6,3	5,93	33	5,4 – 6,1	5,77	31
Aob	2,0 – 2,7	2,25	79	2,0 – 2,4	2,19	73
SkH	2,7 – 3,4	3,03	33	2,8 – 3,4	3,08	29
I^1-M^3	5,0 – 5,9	5,39	79	5,1 – 5,7	5,39	68
U^1-M^3	4,1 – 5,3	4,85	79	4,5 – 5,2	4,82	68
Condl*	7,0 – 8,0	7,61	79	6,9 – 7,9	7,58	72
Condl	5,8 – 6,9	6,36	79	5,7 – 7,2	6,38	73
I_1-M_3	4,7 – 6,1	5,18	78	4,8 – 6,1	5,18	73
U_1-M_3	3,2 – 4,2	3,69	78	3,1 – 3,9	3,59	73

Postcraniales Skelett: Im Bau ähnlich *Crocidura,* doch durch bedeutend geringere Maße gekennzeichnet (BRUNNER 1953*). 9 Femora aus Chios (frühholozän) sind 5,3–5,9 (x̄ = 5,5) mm lang (SPITZENBERGER 1972).

Verbreitung. *Suncus etruscus* ist in einem breiten südpaläarktischen Gürtel von Portugal bis nach Yünnan/SW-China (LU et al. 1965) und Marokko bis Ägypten (für Tunesien siehe VESMANIS et al. 1980) verbreitet. Nach N überschreitet er den 46. Breitengrad kaum. Ob diese Art auch in die Orientalische Region reicht, ist umstritten. Ein Exemplar aus Bhutan läßt sich *Suncus etruscus* zuordnen, bei einem Stück aus Madras, S-Indien, muß die Zuordnung offen bleiben (HUTTERER 1979), was für die Richtigkeit der Meinung, der indische Subkontinent würde von einer eigenen Art bewohnt (CORBET 1978*), spricht.

Von Afrika südlich der Sahara liegen Funde, die *Suncus etruscus* zugeordnet werden, aus dem Bereich der Savannenzone und höheren Lagen vor: Guinea (HEIM DE BALSAC 1958), Nigeria (MORRISON-SCOTT 1946, DE-

Abb. 111. Schädel von *Suncus etruscus* **A** dorsal, **B** ventral, **C** lateral, **D** Mandibel rechts von lingual, **E** Mandibel links von buccal. A–C NHMW 12231; D, E aus Gewöllen von *Tyto alba,* Kos 1977, Coll. J. NIETHAMMER ohne Nr. Der Pfeil weist auf den im Vergleich zu *Crocidura* gattungstypischen U^4.

METER 1981) und Äthiopien (CORBET und YALDEN 1972). Stücke aus Kamerun (HUTTERER und JOGER 1982), der Zentralafrikanischen Republik (PETTER und CHIPPAUX 1962), Kenya (HELLER 1912) und Südafrika (MEESTER und LAMBRECHTS 1971) werden eher der sehr ähnlichen Art *Suncus infinitesimus* zugeordnet. Das Vorkommen von *Suncus etruscus* in der Zone zwischen dem äquatorialen Regenwald und der Sahara kann unschwer als Rest eines ehemals großen geschlossenen pluvialen Verbreitungsgebietes, das die heutige Sahara eingeschlossen hat, interpretiert werden.

Die artliche Zuordnung kleiner *Suncus*-Formen von Madagaskar und den Komoren ist nicht geklärt. HEIM DE BALSAC und MEESTER 1977 stellen sie mit Fragezeichen zu *Suncus etruscus*.

Die Verbreitung dieses winzigen Säugetiers ist nicht mit den herkömmlichen Methoden erfaßbar. Es ließ sich jedoch aus Gewöllen und mit Dosenfallen überall dort nachweisen, wo man es vermuten durfte, so daß die westpaläarktische Verbreitung ohne große Lücken sein dürfte. Selbst auf vielen Mittelmeerinseln ist *Suncus etruscus* Bestandteil der oft recht armen Säugetierfauna (z. B. Lampedusa – TOSCHI und LANZA 1959*; Zypern – SPITZENBERGER 1978).

Randpunkte (Abb. 112): Portugal: 1 Rio Major, 17 km se Caldas da Rainha (NIETHAMMER 1970); Spanien: 2 Villa del Prado (CABRERA 1914*), 3 Eusa, n Pamplona (GALLEGO 1970); Frankreich: 4 Conté, Arriège (SAINT GIRONS 1973*; FONS 1975b), 5 Baignes-Sainte-Radegonde, Charente, 6 Beautour, 6 km E La Roche-sur-Yon, Vendée (NIORT 1950), 7 Fontenay-le Comte, Vendée (HEIM DE BALSAC und DE BEAUFORT 1966), 8 Lignieres-Sonneville, Charente (RODE 1938), 9 Les Eyzies, Dordogne (HEIM DE BALSAC und DE BEAUFORT 1966), 10 Chanac, Lozère (LIGONNES 1965), 11 Saint-Cyr-au-Mont-d'Or, n Lyon (MEIN 1974), 12 Saint Appolinard, Loire (SAINT GIRONS und VESCO 1974*), 13 Var (KAHMANN und ALTNER 1956); Italien: 14 Finalborgo (MILLER 1912*), 15 Torino (KAHMANN und ALTNER 1956); Schweiz: 16 Tessin (MEYLAN 1966); Italien: 17 Trieste (DAL PIAZ 1927); Jugoslawien: 18 Senj (MÉHELY 1914), 19 Zadar (Mat. NMW unpubl.); Albanien: 20 Durrës (KAHMANN und ALTNER 1956); Griechenland: 21 Golf von Lamia (MILLER 1912*); Bulgarien: 22 bei Burgas (VOHRALÍK 1987*); Inseln: 23 Mallorca, 24 Korsika, 25 Sardinien, 26 Sizilien (KAHMANN und ALTNER 1956), 27 Korfu (NIETHAMMER 1962*), 28 Kreta (SPITZENBERGER 1970), 29 Chios (SPITZENBERGER 1972), 30 Samos (VAN LAAR und DAAN 1967), 31 Kos (NIETHAMMER 1989*), 32 Rhodos (PIEPER 1966); Nordafrika: 33 Rif-Gebirge (HEIM DE BALSAC 1968), 34 Massiv d'Ouarsenis, 35 Tunis (HEIM DE BALSAC und LAMOTTE 1957); Türkei: 36 Kemalpaşa (SPITZENBERGER 1970).

Terra typicae:

A *etruscus* (Savi, 1822): Pisa, N-Italien
B *pachyurus* (Küster, 1835): Cagliari, Sardinien, Italien

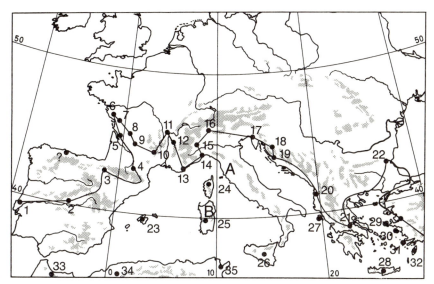

Abb. 112. Areal von *Suncus etruscus* in Europa. Der mit ? bezeichnete Punkt in N-Spanien (Gijon – CABRERA 1914*) liegt so weit außerhalb des geschlossenen Verbreitungsgebiets, daß Zweifel an seiner Richtigkeit bestehen (z. B. NIETHAMMER 1970).

Merkmalsvariation. Geschlechterdimorphismus: Nach FONS und SAINT GIRONS (1975) sind ostpyrenäische *Suncus*-♀ etwas größer als ♂, und der Quotient aus Gewicht: Kopfrumpflänge ist bei den ♀ im Frühjahr, bei den ♂ jedoch im Herbst und Winter am größten (trächtige ♀ nicht miteinbezogen). Eine statistische Auswertung anderer Schädelabmessungen derselben Population ergab jedoch lediglich bei einem Maß (Abstand zwischen den Außenrändern der Foramina basisphenoidalia) einen signifikant höheren Wert bei ♀ (SANS-COMA et al. 1981).

Altersbedingte Veränderungen: Juv haben ein helleres, seidigeres Fell als ad. ♀ nehmen in den ersten 12–15 Tagen der Trächtigkeit nicht an Gewicht zu, dann erfolgt eine stetige Gewichtszunahme, die nach FONS (1973) 3–4 Tage, nach VOGEL (1970) 6 Tage vor dem Werfen bereits ihr Maximum erreicht. – Klebriger Schwanz, feuchte Haare und Gewichtsreduktion von 30–40% des Normalgewichts sind Kennzeichen gekäfigter seniler Tiere kurz vor ihrem Tod (Fons 1979).

Individuelle Variation: Über eine teilalbinotische Wimperspitzmaus aus S-Frankreich berichten Fons et al. (1983).

Geographische Variation und Unterarten: Die durch die Kleinheit des Schädels bedingten Schwierigkeiten beim Messen erschweren die Beurteilung der Maßangaben verschiedener Autoren. Wie Tab. 101 zeigt, scheinen die Schädelabmessungen im untersuchten Areal recht einheitlich zu sein, doch vertreten Sans-Coma et al. (1982) die Auffassung, daß ein Vergleich großer Serien, die mit einheitlich definierten Methoden gemessen wurden, erhebliche geographische Variabilität der Wimperspitzmaus im Mittelmeerraum erkennen ließe. Auf der Iberischen Halbinsel zeigt sie eine vermutlich klinale Größenzunahme von N (Katalonien – López-Fuster et al. 1979) nach S (S-Frankreich – Sans-Coma et al. 1982). Auf eine ternäre Benennung der beiden Populationen wurde jedoch bis zur Untersuchung der dazwischenliegenden Populationen verzichtet. Die Schädel

Tabelle 100. Körpermaße von *Suncus etruscus* verschiedener Herkunft nach der Literatur.

Herkunft	Autor	sex	Kr	Schw	Hf
Villa del Prado, Spanien	Cabrera (1914*)		42,5	27,6	7,0
Marismas und Coto Doñana	Kahmann u. Altner	♂	40	27	7,0
	(1956)	♀	–	26	7,2
		♀	41	26	7,4
			42	27	7,4
			44	27	7,0
			39	26	7,0
			41	26	7,2
			44	26	7,2
			40	26	7,4
Turin	Miller (1912*)	♂	42	28	7,4
		♀	40	27	7,4
Genua	Miller (1912*)	♂	41	26	7,6
		♀	42	28	8,0
Brozzi	Miller (1912*)	♂	51	29	7,4
Florenz	Miller (1912*)	$\bar{x} =$	38,5	27,1	7,7
		$n =$	6	6	6
Sardinien*	Miller (1912*)	♀	41	29	7,8
Samos	van Laar und Daan	♀	42,5	24,5	7,4
	(1967)	♀	42,8	27,9	7,3

* Gew 2,5 g

Suncus etruscus – Etruskerspitzmaus

Tabelle 101. Schädelmaße von Einzeltieren von *Suncus etruscus* aus verschiedenen Teilen seines Verbreitungsgebietes in mm.

Herkunft	Autor	sex	Cbl	Skb	Zyg	Iob	oZr	Mand	Corh	uZr
Spanien: Villa del Prado	Cabrera 1914*	–	12,7	6,0	–	3,0	5,8	–	–	5,4
Italien: Pisa	Miller 1912*	♀	13,2	6,0	4,0	–	5,6	6,4	–	5,2
		♀	12,8	6,0	4,0	–	5,8	6,6	–	5,2
		♀	13,2	6,0	4,0	–	5,8	6,6	–	5,2
		♂	13,0	6,0	4,2	–	5,8	6,6	–	5,2
Florenz	Miller 1912*	–	12,8	6,0	4,3	–	5,8	6,6	–	5,2
Monte Gargano	Witte 1964*	♂	12,4	6,2	4,2	–	5,6	6,6	–	5,2
Sizilien	Miller 1912*	♂	12,4	6,2	4,0	–	5,4	6,2	–	5,0
		♀	12,6	6,0	3,8	–	5,4	6,2	–	5,0
Sardinien	Miller 1912*	♀	12,8	6,2	4,0	–	5,4	6,8	–	5,2
Griechenland: Samos	van Laar und Daan 1967	♀	–	–	–	2,9	–	5,8	2,8	–
		♀	12,6	5,7	–	3,0	–	6,0	2,8	–
Rhodos	Pieper 1966	–	–	–	3,9	2,9	5,5	6,7	3,0	4,9
		–	–	–	4,0	2,8	5,6	6,3	3,0	5,0
		–	–	–	4,1	3,0	5,4	–	–	–

Tabelle 102. Mittelwerte einiger Schädelmaße aus verschiedenen Regionen von *Suncus etruscus* in mm.

Herkunft	Autor	Pglb	n	Zyg	n	oZr	n	Mand	n	Corh	n
Portugal	Niethammer 1970	4,43	11	–	–	–	–	6,34	11	2,91	12
Spanien: Pyrenäen	Vericad 1971*	4,35	18	–	–	5,33	15	6,31	22	2,81	21
S-Frankreich	Sans-Coma et al. 1981	4,48	12	–	–	–	–	6,37	15	2,86	15
Italien: Kalabrien	von Lehmann 1977	–	–	3,9	24	–	–	–	–	–	–
Griechenland: Korfu	Niethammer 1970*	4,39	8	4,00	10	–	–	6,30	10	2,93	10
Chios	Spitzenberger 1972	–	–	–	–	–	–	–	–	3,02	28
Kos	Niethammer unpubl.	4,51	12	4,14	13	5,58	12	6,61	8	3,08	7
Türkei: Mäander-Mündung	Niethammer unpubl.	4,43	7	4,06	11	5,54	10	6,49	9	3,04	9

rezenter sardischer Etruskerspitzmäuse sind signifikant größer als solche vom S-Rand des europäischen Kontinents (SANS-COMA et al. 1985).

Paläontologie. Seiner Verbreitung nach scheint *Suncus etruscus* ein altes (tertiäres) Faunenelement arid-warmer Klimate zu sein. Seine Präsenz auf vielen Inseln des Mittelmeeres spricht auch für diese Einordnung, will man nicht (wie dies vielfach aber geschieht) Verschleppung durch den Menschen für diesen Umstand verantwortlich machen. – Über die Fossilgeschichte von *Suncus etruscus* ist sehr wenig bekannt. VEREŠČAGIN (1959*) gibt ihn für das Pleistozän des Kaukasus, ABELENCEV et al. (1956*) für das Unterpliozän der Krim an, ohne dabei jedoch die Beziehungen ihrer Funde zu dem oberpliozänen *Suncus pannonicus,* den KORMOS (1934) aus dem s-ungarischen Villányer-Gebirge beschrieben hat, zu besprechen. KOWALSKI (1956) hat eine *S. pannonicus* verwandte Form aus dem Mittelpleistozän aus Podlesice in Polen bekannt gemacht (zeitl. Einordnung siehe KOWALSKI 1963). Als Vorläufer von *S. etruscus* scheint *S. pannonicus* wegen seiner Gebißreduktion nicht in Betracht zu kommen. Frühholozäne Etruskerspitzmäuse, die sich durch nichts von rezenten unterscheiden, wurden aus Chios bekannt (SPITZENBERGER 1972).

Ökologie. Habitat: Das Areal der Etruskerspitzmaus deckt sich in Europa weitgehend mit der mediterranen Klimazone, wodurch der Eindruck entstand, *Suncus etruscus* wäre auch in ökologischer Hinsicht als mediterrane Art einzustufen. Schon die ausgedehnte außereuropäische Verbreitung (SPITZENBERGER 1970) zeigt jedoch, daß die das Mediterran bestimmenden Klimafaktoren (milde Winter, heiße trockene Sommer und Niederschlagsmaxima im Frühling und Herbst) keineswegs in ihrer Gesamtheit für das Vorkommen der Art ausschlaggebend sind. Ihr Auftreten in kontinentalen Steppen- und Halbwüstengebieten mit Wintertemperaturen bis zu $-20°$ (PETROV 1965)und in Höhenlagen von über 1000 m in einigen europäischen Gebirgen (Abruzzen – ALTOBELLO 1920*, S-Spanien – SANS-COMA et al. 1982) beweist, daß niedere Wintertemperaturen keinen limitierenden Faktor darstellen. Es ist anzunehmen, daß die Verbreitung von den Temperatur- und Niederschlagsverhältnissen zur Fortpflanzungszeit bestimmt wird. An keinem Punkt scheint sie über das Gebiet hinauszugehen, dessen mittlere Julitemperatur unterhalb von 20°C liegt.

In Europa liegt das Vorzugshabitat in reich strukturierten, nicht intensiv genutzten Kulturlandschaften: mit Legmauern umgebene Terrassen, Olivenhaine, Weingärten. Im W-Teil des Areals (Dept. Pyrénées-Orientales) fing FONS (1975a) in mehr als 155000 Fallennächten 38% aller Etruskerspitzmäuse (n = 234) in verlassenen Terrassenkulturen, je 19% in Olivenhainen und im Maquis und 16% in Weingärten.

Ähnliches gilt für das östliche Mittelmeergebiet (Samos – van Laar und Daan 1967; W-Kleinasien und Zypern – Spitzenberger 1970 und 1978). Die unterwuchsarmen *Quercus-* und *Pinus*-Wälder scheint *S. etruscus* vermutlich aus Nahrungsmangel weitgehend zu meiden. Fons (1975a) fing in einem Korkeichenwald (Dept. Pyr.-Orient.) nur 7,6% des Gesamtergebnisses. Auch andere Fänge und Gewöllfunde deuten an, daß *Suncus* Wald, ganz offenes Gras- und Ackerland und Sumpf- und Dünengebiete weitgehend meidet (Kahmann und Altner 1956, Vogel 1970, Geraets 1972). Die Spalten und Hohlraumsysteme in Legmauern, zu Ruinen zerfallenen Gebäuden und Steinhaufen mit ihrem ausgeglichenen Mikroklima kommen auch den thigmotaktischen Bedürfnissen der Art entgegen. In Sardinien wurden die besten Fangergebnisse (1 Ex. pro 300 Falleneinheiten) in verlassenen Häusern und Ruinen erzielt, ebenso erwies sich ein verlassenes, zerfallenes Landhaus in der Camargue als optimaler Fangplatz (Vogel 1970).

Ein Abwandern der in den Kulturterrassen geborenen Jungtiere in kühlere und damit nahrungsreichere Olivenhaine erscheint möglich. Im Winter und Frühling wurden mehrfach einzelne Etruskerspitzmäuse inmitten oder in unmittelbarer Nähe bewohnter Siedlungen gefangen (Fons 1975a).

Sowohl nach Schleiereulengewöllanalysen als auch nach Fängen (Fons 1975a) ist *Suncus etruscus* seltener als *C. russula*.

Nahrung: Über die natürliche Zusammensetzung der Nahrung liegt nur eine Mitteilung von Kahmann und Altner (1956) vor: 3 Mägen enthielten Überreste von Spinnen und kleinen Käfern. Nach Gefangenschaftsbeobachtungen (über Nahrungswahlversuche: Fons 1974a, Geraets 1972, Koch und Vasserot 1958, Saint Girons 1957) fressen Etruskerspitzmäuse alle tierischen Objekte mit Ausnahme solcher Arten, die chemisch geschützt sind (z. B. die Schildwanze *Graphosoma lineatum,* Ölkäfer *Meloe*), oder zu stark chitinisiert sind (z. B. Blattkäfer wie *Timarcha* und *Clytra,* Schwarzkäfer wie *Blaps*) und die für die Überwältigung durch die kleine Spitzmaus zu groß sind. Da sich *S. etruscus* beim Angriff kaum optisch orientiert, ist die absolute Größe eines Futterobjekts von geringerer Bedeutung als die Heftigkeit seiner Abwehrreaktionen. So werden Eidechsen bis zu 10 cm Länge noch erfolgreich angegriffen, während die nur 4–7 cm große Laubheuschrecke *Decticus albifrons* gar nicht erst attackiert wird (Foto von *S. etruscus* mit Heimchen gleicher Körperlänge in Fons 1970).

Fleisch toter Wirbeltiere wird im allgemeinen nicht angenommen, doch konnte Fons (1974a) tiefgefrorene Rindermilz verfüttern. Vegetabilische Nahrung wird in der Regel verschmäht. Bei Futtermangel tritt Kannibalismus auf. Nach Fons (1974a) wird im Terrarium Wasser getrunken. Geraets (1978) konnte mehrfach beobachten, daß Nahrungsbrei unter

Schlenkerbewegungen des ganzen Körpers hinaufgewürgt, erneut durchgekaut und wieder geschluckt wurde. Ob Enddarmlecken tatsächlich als Koprophagie zu deuten ist, ist stark umstritten (FONS 1974a, GERAETS 1978). Nach GERAETS (1972) werden im Verlauf von 24 Stunden 1,65–2,12 g Nahrung aufgenommen, die Verweildauer im Darmtrakt beträgt 1–2 Stunden.

Stoffwechsel. Als eines der kleinsten Säugetiere hat *S. etruscus* umfassende physiologische Untersuchung erfahren. Innerhalb der Crocidurinae fällt die Art durch eine hohe Stoffwechselrate auf, die durch geringe Körpergröße und/oder das besonders kurze Fell erklärbar scheint (VOGEL 1976). In Ruhe verbraucht *Suncus etruscus* doppelt so viel O_2/g Gew wie die Hausspitzmaus (WEIBEL et al. 1971). Im neutralen Temperaturbereich (ca. 35 °C) beträgt der durchschnittliche O^2-Verbrauch 6 ml/h g Körpergew., der Grundumsatz 0,54 kcal/Tag g Körpergew. (FONS und SICART 1976): Dieser hohen Stoffwechselrate entsprechen hohe Herzschlag- (1000–1300 Schläge/min. in schwach narkotisiertem Zustand) und Atemfrequenz (200–300 Atemzüge/min.), starke Innengliederung der Lunge (Alveolenoberfläche 0,2 m^2/cm^3 Lunge) (WEIBEL et al. 1971), günstige Bluteigenschaften und ein hohes Herzgewicht (BARTELS et al. 1978), sowie ein ungewöhnlich hoher Prozentsatz an Mitochondrien in Muskelzellen (WEIBEL et al. 1980). Die mütterlichen und fetalen Anrainerzellen der Placenta sind durch einen außerordentlichen Reichtum an Zellorganellen gekennzeichnet, was auf hohe Stoffwechselkapazität des Fetus hindeutet (HARTGE et al. 1982).

Die Thermoregulation von *S. etruscus* ist unvollkommen. Bei 20° Umgebungstemperatur ist die Körpertemperatur ruhender *Suncus etruscus* ($\bar{x}$ = 34,7 °C) niedriger als die von *Suncus murinus* und *Crocidura russula*, jedoch höher als bei 5 °C Umgebungstemperatur ($\bar{x}$ = 33,7 °C – FREY 1979). Ferner kann *S. etruscus* in einen Zustand reversibler Hypothermie (Torpor) verfallen (VOGEL 1974). Ein solcher Torpor kann spontan ohne ersichtliche Beziehung zu einem Außenfaktor auftreten, er kann aber auch durch Nahrungsentzug unabhängig von der Außentemperatur (getesteter Bereich 2,5°–28 °C) ausgelöst werden. Spontane Torporzustände traten zwischen 1 und 6 Uhr auf und dauerten 27–600 Minuten, durch Nahrungsentzug ausgelöste Lethargie 22–999 Minuten (FREY und VOGEL 1979). Bei Umgebungstemperaturen von mehr als 12 °C stabilisiert sich die Körpertemperatur (rektal gemessen) auf 1°–4 °C über der Umgebungstemperatur, bei Außentemperaturen von weniger als 12 °C schwankt die Körpertemperatur stärker als zwischen 12 °C und 18 °C. Im Zustand der Hypothermie kann *Suncus etruscus* etwa ein Drittel des Energiebedarfs bei Ruhe im Wachzustand einsparen (NAGEL 1977). Unter 14 °C Außentemperatur sind Energieverbrauch und Außentemperatur linear voneinander abhängig (FREY 1980).

Fortpflanzung. In Gefangenschaft (VOGEL 1970, FONS 1973) trat Geschlechtsreife ausnahmslos erst im 2. Kalenderjahr nach der Überwinterung ein. Die Fortpflanzungsperiode beginnt im März und endet im Oktober, in Europa wird im Winter die Fortpflanzung eingestellt. VOGEL (1974) erzielte im Terrarium jedoch bei Temperaturen von 10–15 °C am 8. 2. und 10. 3. und bei Zimmertemperaturen im November Würfe.
♂ werden etwa 14 Tage vor den ♀ sexuell aktiv. Die Tragzeit beträgt 27–28 Tage. Tragzeitverlängerung im Zusammenhang mit dem Säugen eines großen (4–5 Junge umfassenden) Wurfes um 4–5 Tage kommt vor. Post partum-Oestrus ist erwiesen. Zahl der Würfe pro Saison 1–6, im Durchschnitt 3,44 (Untersuchungsjahr 1971) und 2,8 (1972). Zahl der Jungen in den ersten Würfen eines ♀ geringer (2–3) als bei späteren Würfen (bis zu 5). Im Durchschnitt beträgt die Wurfgröße 3,87 (1971), 3,5 (1972) (FONS 1973), 4 (VOGEL 1970). Ein ♀ lieferte in 6 Würfen 24 Junge. Würfe wurden vom 21. Mai bis 19. Oktober registriert.

Populationsdynamik: Nach FONS (1973) beträgt das Geschlechterverhältnis von in Gefangenschaft geborenen Neonaten 54 ♂ : 47 ♀ (1971), 20 ♂ : 18 ♀ (1972). Nach FONS (1975a) nehmen diesjährige Jungtiere weder in der Natur noch in Gefangenschaft an der Fortpflanzung teil. Es konnte jedoch im Freiland in keinem Fall durch Fang und Wiederfang markierter Tiere ein mehr als einjähriges Lebensalter nachgewiesen werden. Dagegen lebten zwei Individuen, die mit einem Alter von 1–3 Monaten in Gefangenschaft gerieten, 26 Monate und 27 Tage (♀) und 19 Monate und 11 Tage (♂). – Ein in Gefangenschaft geborenes ♀ lebte 32 Monate und 11 Tage (FONS 1979).
Eulen scheinen die wichtigsten Feinde zu sein. *Suncus*reste fanden sich in Gewöllen von Schleiereulen, Steinkauz (UTTENDÖRFER 1952*) und Zwergohreule (CORBET 1966). VALVERDE (nach FONS 1973) erwähnt den Fund einer Etruskerspitzmaus im Magen einer Ginsterkatze *Genetta genetta* aus der Umgebung von Almería; NIETHAMMER (unpubl.) in Fuchslosung.

Jugendentwicklung. Entspricht etwa der der Hausspitzmaus, nur in der Ossifikation an Hand und Fuß ist eine schnellere Entwicklung festzustellen (VOGEL 1970). Nach dem Öffnen des Gehörganges (nach FONS 1973 am 9., nach VOGEL am 10. Tag) bei jeder Störung Karawanenbildung (siehe S. 421 und S. 443). Am 20. Tag ist die Laktationsphase beendet.

Haarwechsel: Nach FONS (1974b) verlieren Jungtiere ihr kurzes helles Jugendkleid erst im Verlauf des craniad fortschreitenden Herbsthaarwechsels (August bis Oktober, mit einem Gipfel im September). ♂ mausern in der Regel vor den ♀. Mit ersten Mauserzeichen in Gefangenschaft gebrachte Tiere benötigten bis zum Abschluß 9–16 Tage, einzelne viel länger (bis 54 Tage). ♂ vollziehen den caudad fortschreitenden Frühjahrshaarwechsel Mitte April bis Ende Juni, ♀ von Mitte Mai bis Mitte Juli. Ein 2 Tage vor Einsetzen des Haarwechsels in Gefangenschaft gebrachtes ♂ beendete ihn in 14 Tagen. Im Juli und August zeigten einige adulte Tiere Anzeichen der Altersmauser.

Verhalten. Aktivität: Unter natürlichen Bedingungen scheint *Suncus etruscus* vorwiegend oder ausschließlich nachtaktiv zu sein (KAHMANN und ALTNER 1956). FONS fing in 7 Jahren 249 Tiere ausschließlich nachts, obwohl die Fallen auch tagsüber kontrolliert wurden; im Labor (SAINT GIRONS und FONS 1976) liegt das Maximum der Aktivität zu allen Jahreszeiten einige Stunden vor Sonnenaufgang (und wandert mit diesem), der Beginn der Aktivität fällt mit dem Sonnenuntergang zusammen. Stoffwechselphysiologische Ergebnisse (O_2-Verbrauch und Gewichtskurve im Verlauf von 24 Stunden) stimmen damit überein (FONS und SICART 1976). Auch das Auftreten spontaner Torporzustände zeigt einen Tag-Nacht-Rhythmus (FREY und VOGEL 1979). – Senile Exemplare zeigen arhythmische und stark gesteigerte Aktivität (SAINT GIRONS und FONS 1978).

Die Aktivität ist polyphasisch. Neben kurzem, nur einige Sekunden dauerndem Verlassen des Nestes (hauptsächlich während des Tages) gibt es langdauernde Exkursionen, die zur Nahrungsaufnahme und Defäkation verwendet werden. Trotz gleichbleibender Temperatur- und Nahrungsbedingungen im Käfig ist die Intensität der Aktivität im Winter maximal, im Sommer minimal (SAINT GIRONS und FONS 1976). Die Dauer der aktiven Phasen (in min/24h) betrug bei Außentemperaturen im Februar 303,5 (im Kontrollversuch 301,4), bei Zimmertemperaturen an zwei Tagen im November (Jungenaufzucht) 299 und 422 bei einem ♂, 373 und 341 bei einem ♀ (VOGEL 1974), hingegen im November in einem Terrarium mit 40–50 °C Bodentemperatur unter einem Wärmestrahler 561 (GERAETS 1972).

Nahrungsaktivität: Die Länge der Ruhepausen (ohne Nahrungsaufnahme) betrug nach SAINT GIRONS und FONS (1976) maximal im:

> September: 5–12 Stunden
> Oktober: weniger als 6 Stunden
> November: bis zu 10 Stunden
> Januar, Februar: nur 7 Stunden
> Juni: 12 Stunden

Im Torpor kann *Suncus etruscus* sogar 25 Stunden ohne Futter überleben (Raumtemperaturen von 10–16 °C) (VOGEL 1974).

Signale: Vom 1. Tag an rufen die Jungen im Nest mit sehr leiser, für den Menschen fast unhörbarer Stimme (VOGEL 1970). Außerhalb des Nestes und bei Störung der Karawane rufen sie anhaltend klagend und ebenfalls sehr leise. Während der Kopulation werden sehr leise Rufe ausgestoßen, die einem Schnurren gleichen. Bei Angriffen auf Beutetiere und im innerartlichen Kampf stoßen sie lautere spitze Schreie aus (FONS 1974a). Während des Torpors äußert *Suncus etruscus* bei Störung einen hohen Tremolo-Schrei (16,4 kHz), der eine Abwandlung des gegenüber Artgenossen verwendeten Verteidigungsrufes darstellt. Im Vergleich zu diesem ist die Zahl der Frequenzspitzen pro Zeiteinheit geringer (24,3 Frequenzspitzen bei Aktivität, 10,1 im Torpor) (HUTTERER et al. 1979).

Mit Erreichen sexueller Reife beginnen die ♂ nach Moschus zu riechen. Dieser Duft nimmt im Verlauf der Fortpflanzungsperiode zu und verschwindet in der Zeit sexueller Ruhe. FONS (1973) nimmt an, daß er mit der Sekretion der Seitendrüsen in Zusammenhang steht. An 3 ♂ (NIETHAMMER 1956, SPITZENBERGER 1970) wurde eine basale Verdickung der Schwanzwurzel konstatiert, bei der es sich um ein der Schwanzdrüse der Hausspitzmaus vergleichbares Organ handeln könnte.

Baue: Nach VOGEL (1970) werden gemeinsame Schlafnester errichtet, nach FONS (1974a) trägt das ♀ wenige Stunden vor der Geburt Nistmaterial ein (bevorzugt trockene Teile des Grases *Brachypodium ramosum*) und baut ein sich den Gegebenheiten anpassendes Nest ohne bestimmte Form und ohne sichtbaren Ausgang.

Bewegung: Klettert sehr gut; als Fluchtreaktion wurde in Gefangenschaft bisher einmal Eingraben beobachtet. Unter normalen Bedingungen versteckt sich *S.etruscus* nur in der oberflächlichen losen Bodenstreu. Schwimmen wurde nie beobachtet (FONS 1974a).

Ruhe, Putzen (nach FONS 1974a): Verschiedene Schlafstellungen, am häufigsten schläft ein Einzeltier eingerollt, den Rüssel zwischen den Hinterpfoten an der Genitalregion. Bei verschiedengeschlechtlichen Paaren legt einer dem anderen den Kopf auf den Kopf. Gleichgeschlechtliche Partner schlafen Seite an Seite, doch Kopf bei Hinterende. Ausgiebige Körperpflege durch Lecken und Kratzen, besonders im Bereich der Genital- und Analregion (jedenfalls nach der Kopulation bei beiden Geschlechtern). Nach SAINT GIRONS (1957) putzt sich *Suncus etruscus* mit eingespeichelten Pfoten den Rüssel. Urin und Faeces werden im Gegensatz zu *Crocidura* nicht an einem bestimmten Platz abgesetzt.

Nahrungserwerb (nach KOCH und VASSEROT 1958, FONS 1974a): Wichtigste Sinnesorgane beim Auffinden und Erkennen der Beute sind Nase und Sinneshaare. Der blitzschnelle Angriff wird meist auf Kopf und Nakken gezielt, selten wird die Beute durch Bisse in die Beine immobilisiert. Der Speichel könnte giftig sein. Das Nahrungsobjekt wird vom Kopf her angefressen. In Gefangenschaft werden alle auffindbaren Beutetiere zuerst getötet, in Sicherheit gebracht und erst später verzehrt.

Sexualverhalten: Promiskuität: ♀ im Anoestrus sind bei den 1–3 min dauernden Aufreitversuchen der ♂ sehr aggressiv. Kopulationen werden nicht durch besondere Verhaltensweise eingeleitet; dauern 8–10 min. Nackenbiß oder nur Auflegen des Rüssels des ♂ auf die entsprechende Fellregion des ♀ (FONS 1974a). Keine kurzfristige Verankerung des Penis in der Vagina (VOGEL 1970).

Aggressionsverhalten (nach FONS 1974a): Zu Aggressionen gegenüber neu in das Terrarium eingesetzten Individuen kommt es bevorzugt in Zeiten sexueller Ruhe und bei Nahrungsknappheit. Die Kämpfe, bei denen sich die Gegner ineinander verbissen herumrollen, dauern 4–7 sec. Der Unterlegene bleibt entweder mit leicht geöffnetem Maul und am Bauch gefalteten Vorderpfoten liegen oder präsentiert unter leisem Rufen dem Gegner die Kehle. Bei akutem Nahrungsmangel kommt es zu Kannibalismus.

Geburt, Aufzucht und Verhalten der Jungen (nach VOGEL 1970, FONS 1974a): Mindestens 12 Stunden vor der Geburt trägt das ♀ Nestmaterial ein (wobei sich das ♂ am Transport über das letzte Wegstück beteiligen kann). Die Geburt dauert 10–15 min; Frühgeburten, nicht aber tot geborene, voll entwickelte Junge werden gefressen. Während der Geburt und mindestens während des folgenden Tages duldet das ♀ das ♂ nicht im Nest. Später bleibt das ♂ bei den Jungen, wenn das ♀ das Nest verläßt und trägt auch aus dem Nest kriechende Jungtiere im Maul zurück. In den ersten Tagen schleppt das ♀ alle Jungen häufig ohne ersichtlichen Grund aus dem Nest. Bis zum Öffnen des Gehörganges werden die Jungen im Maul transportiert; später formieren sie Karawanen, die die Mutter anführt.

Literatur

APPELT, H.: Haaranatomische Untersuchungen von Etruskerspitzmäusen (*Suncus etruscus* Savi, 1822). Abh. Ber. Naturk. Mus. Altenburg **9**, 1977, 313–338.
BARTELS, H.; BARTELS, R.; BAUMANN, R.; FONS, R.; JÜRGENS, K.-D.; WRIGHT, P.: La fonction respiratoire du sang et poids relatif de certains organes chez deux espèces de musaraignes: *Crocidura russula* et *Suncus etruscus* (Mammifères, Soricidae). C. R. Acad. Sci. Paris (D) **286**, 1978, 1195–1198.
CORBET, G. B.: The terrestrial mammals of Western Europe. London 1966.
– YALDEN, D. W.: Recent records of mammals from Ethiopia. Bull. Brit. Mus. nat. Hist. (Zool.) **22**, 1972, 213–252.
DAL PIAZ, G.: I mammiferi fossili e viventi delle Tre Venezie. Parte sistematica Nr. 1. Insectivora. Studi Trent. (II) **8**, 1927, 1–24.

DEMETER, A.: Small mammals and the food of owls (*Tyto* and *Bubo*) in northern Nigeria. Vertebrata hung. **20,** 1981, 127–136.

FONS, R.: Contribution à la connaissance de la musaraigne étrusque *Suncus etruscus* (Savi, 1822) (Mammifères, Soricidae). Vie Milieu (C) **21,** 1970, 209–218.
- Modalités de la reproduction et developpement postnatal en captivité chez *Suncus etruscus* (Savi, 1822). Mammalia **37,** 1973, 288–324.
- Le repertoire comportemental de la pachyure étrusque, *Suncus etruscus* (Savi, 1822). Terre Vie **1,** 1974a, 131–157.
- La mue chez les Crocidurinae. 1. Changement de pelage, dans la nature et en captivité, chez la pachyure étrusque, *Suncus etruscus* (Savi, 1822). Mammalia **38,** 1974b, 265–284.
- Méthodes de capture et d'élevage de la pachyure étrusque *Suncus etruscus* (Savi, 1822) (Insectivora, Soricidae). Z. Säugetierk. **39,** 1974c, 204–210.
- Premières données sur l'écologie de la pachyure étrusque *Suncus etruscus* (Savi, 1822) et comparaison avec deux autres Crocidurinae: *Crocidura russula* (Hermann, 1780) et *Crocidura suaveolens* (Pallas, 1811). Vie Milieu **25,** 1975a, 315–360.
- Contribution à la connaissance de la musaraigne étrusque *Suncus etruscus* (Savi, 1822). Thèse Univ. Paris, 1975b.
- Durée de vie chez la pachyure étrusque (Savi, 1822) en captivité (Insectivora, Soricidae). Z. Säugetierk. **44,** 1979, 241–248.
- CATALAN, J.; POITEVIN, F.: Cas d'albinisme chez deux insectivores Soricidae: *Suncus etruscus* (Savi, 1822) et *Neomys fodiens* (Pennant, 1771). Z. Säugetierk. **48,** 1983, 117–122.
- SABLE, R.; SICART, R.: Quelques aspects des métabolismes glucidique et lipidique chez deux insectivores Crocidurinae: *Suncus etruscus* (Savi, 1822) et *Crocidura russula* (Hermann, 1780) (Mammalia, Soricidae). Vie Milieu (Sér. C) **27,** 1977, 129–144.
- SAINT GIRONS, M. C.: Notes sur les mammifères de France XIV. – Données morphologiques concernant la pachyure étrusque, *Suncus etruscus* (Savi, 1822). Mammalia **39,** 1975, 685–688.
- SICART, R.: Contribution à la connaissance du métabolisme énergétique chez deux Crocidurinae: *Suncus etruscus* (Savi, 1822) et *Crocidura russula* (Hermann, 1780) (Insectivora, Soricidae). Mammalia **40,** 1976, 299–311.

FREY, H.: La température corporelle de *Suncus etruscus* (Soricidae, Insectivora) au cours de l'activité, du repos normothermique et de la torpeur. Rev. suisse Zool. **86,** 1979, 653–662.
- La métabolisme énergétique de *Suncus etruscus* (Soricidae, Insectivora) en torpeur. Rev. suisse Zool. **87,** 1980, 739–748.
- VOGEL, P.: Étude de la torpeur chez *Suncus etruscus* (Savi, 1822) (Soricidae, Insectivora) en captivité. Rev. suisse Zool. **86,** 1979, 23–26.

GALLEGO, L.: Distribución de micromamíferos en Navarra. Pirineos **98,** 1970, 41–52.

GERAETS, A.: Aktivitätsmuster und Nahrungsbedarf bei *Suncus etruscus*. Bonn. zool. Beitr. **23,** 1972, 181–196.
- Wiederkauen und Enddarmlecken bei Spitzmäusen (Insectivora). Säugetierk. Mitt. **26,** 1978, 127–131.

GHIDINI, A.: Fauna Ticinese XI. La *Pachyura etrusca* Savi nel bacino del Ceresio. Bol. Soc. Ticinese Sci. Nat. Bellinzona **7,** 1911, 7–53.

HARTGE, R.; FONS, R.; SCHNEIDER, J.: Über die Feinstruktur der Plazenta des kleinsten Säugetiers der Welt, der Etruskerspitzmaus (*Suncus etruscus*). Verhandlungsber. VII. Vet.-Humanmed. Tagung Gießen 1982, 38–41.

HEIM DE BALSAC, H.: Le réserve naturelle intégrale du Mont Nimba. XIV. Mammifères insectivores. Mém. Inst. Franç. Afrique Noire **53**, 1958, 301–337.
– Les Soricidae dans le milieu desertique saharien. Bonn. zool. Beitr. **19**, 1968, 181–188.
– Insectivores in: R. BATTISTINI und G. RICHARD-VINDARD: Biogeography and ecology in Madagascar. The Hague 1972.
– DE BEAUFORT, H. und F.: Régime alimentaire de l'effraie dans le bas- Dauphiné. Applications à l'étude des vertébrés. Alauda **34**, 1966, 309–324.
– LAMOTTE, M.: Evolution et phylogénie des Soricidés africains. Mammalia **21**, 1957, 15–49.
– MEESTER, J.: Order Insectivora. – In: MEESTER, J.; SETZER H. W. (eds.): The mammals of Africa. An identification manual. **1**, 1977, 1–29.
HELLER, E.: New races of insectivores, bats and lemurs from British East Africa. Washington D. C. Smithson. Misc. Coll. **60**, (12), 1912, 1–13.
HUTTERER, R.: Ergebnisse der Bhutan-Expedition 1972 des Naturhistorischen Museums in Basel. Mammalia: Insectivora, Rodentia. Bonn. zool. Beitr. **30**, 1979, 1–6.
– VOGEL, P.; FREY, P.; GENOUD, M.: Vocalization of the shrews *Suncus etruscus* and *Crocidura russula* during normothermia and torpor. Acta theriol. **24**, 1979, 267–271.
– JOGER, U.: Kleinsäuger aus dem Hochland von Adamaoua, Kamerun. Bonn. zool. Beitr. **33**, 1982, 119–132.
KAHMANN, H.; ALTNER, H.: Die Wimperspitzmaus, *Suncus etruscus* (Savi, 1832) auf der Insel Korsika und ihre circummediterrane Verbreitung. Säugetierk. Mitt. **4**, 1956, 72–81.
KOCH, B.; VASSEROT, J.: Observations concernant un *Suncus etruscus* capturé aux environs de Banyuls. Vie Milieu **8**, 1958, 486–490.
KORMOS, T.: Neue Insektenfresser, Fledermäuse und Nager aus dem Oberpliozän der Villányer Gegend. Földt. Közl., Budapest **64**, 1934, 296–321.
KOWALSKI, K.: Insectivores, bats and rodents from the early Pleistocene bone breccia of Podlesice near Kroczyce (Poland). Acta Palaeontol. Pol. **1**, 1956, 331–394.
– The Pliocene and Pleistocene Gliridae (Mammalia, Rodentia) from Poland. Acta zool. Crac. **8**, 1963, 533–567.
LAAR, V. VAN; DAAN, S.: The etruscan shrew, *Suncus etruscus* (Savi, 1822), found on Samos, Greece. Z. Säugetierk. **32**, 1967, 174–175.
LEHMANN, E. VON: Ergänzende Mitteilungen zur Kleinsäugerfauna Kalabriens. Lab. Zool. appl. Caccia, Suppl. Ric. Biol. Selvaggina **5**, 1977, 195–218.
LIGONNÈS, P.: Captures de pachyures étrusques, *Suncus etruscus* (Savi, 1822) en Lozère. Mammalia **29**, 1965, 620–621.
LÓPEZ-FUSTER, M.; SANS-COMA, V.; VESMANIS, J.; FONS, R.: Sobre el Musgaño enano, *Suncus etruscus* (Savi, 1822) en Catalunya Iberica. (Mammalia, Insectivora). Misc. Zool. Barcelona **5**, 1979, 109–124.
LU, C.-K.; WANG, T.-Y.; QYAN, G.-Q.; GIN, S.-K.; MA, T.-H.: On the mammals from the Lin-Tsang area, West Yunnan. Acta zootax. Sinica **2**, 1965, 279–295.
MEESTER, J.; LAMBRECHTS, A. VON W.: The southern African species of *Suncus* Ehrenberg (Mammalia, Soricidae). Ann. Transvaal Museum **27**, 1971, 1–14.
MÉHELY, L.: A legkisebb emlös állat Magyarországon. All. Közlemények **13**, 1914, 153–161.
MEIN, R.: La pachyure étrusque, *Suncus etruscus* (Savi, 1822), au nord de Lyon. Mammalia **38**, 1974, 560.
MEYLAN, A.: Liste des mammifères de Suisse. Bull. Soc. Vaud Sci. Nat. **69**, 1966, 233–245.

- Note sur les chromosomes de la musaraigne étrusque *Suncus etruscus* (Savi). (Mammalia: Insectivora). Bull. Soc. vaud. Sci. nat. **70** (327), 1968, 85-90.
MORRISON-SCOTT, T. C. S.: *Suncus etruscus* (Savi) in Africa. Mammalia **10**, 1946, 145.
NAGEL, A.: Torpor in the European white-toothed shrews. Experientia **33**, 1977, 1455-1456.
NIETHAMMER, J.: Über Kleinsäuger aus Portugal. Bonn. zool. Beitr. **21**, 1970, 89-118.
NIORT, P.-L.: Une femelle en gestation de *Suncus etruscus*. Mammalia **14**, 1950, 93-102.
PETROV, B. M.: On winter feeding of the owl *Asio otus* and on a new finding of *Suncus etruscus* Savi in premountains of West Tien-Shan. Zool. Ž. (Moskva) **44**, 1965, 1579-1581.
PETTER, F.; CHIPPAUX, A.: Description d'une musaraigne pygmée d'Afrique équatoriale *Suncus infinitesimus ubanguiensis* subsp. nov. Mammalia **26**, 1962, 512-516.
PIEPER, H.: Über einige bemerkenswerte Kleinsäuger-Funde auf den Inseln Rhodos und Kos. Acta biol. Hell. **1**, 1966, 21-28.
RODE, P.: Sur la répartition géographique de la pachyure étrusque. Bull. Soc. Zool. France **63**, 1938, 20-23.
SAINT GIRONS, M. C.: Contribution à la connaissance de la pachyure étrusque en captivité. Mammalia **21**, 1957, 69-76.
- DEBOUTTEVILLE, C. D.: Le plus petit mammifère de France: la pachyure étrusque. Nature, Paris **3283**, 1958, 447-448.
- FONS, R.: Horaire et intensité de l'activité locomotrice spontanée chez un très petit mammifère, la pachyure étrusque *Suncus etruscus* (Savi, 1822) (Insectivora, Soricidae). Bull. Groupe d'Etude des Rhythmes Biologiques **8**, 1976, 95-106.
- Influence de la sénilité sur le rythme circadien de l'insectivore *Suncus etruscus* (Savi, 1822). Mammalia **42**, 1978, 258-260.
SANS-COMA, V.; ALCOVER, J.; LÓPEZ-FUSTER, M.: Morphometrischer Vergleich rezenter und subfossiler Etruskerspitzmäuse *Suncus etruscus* (Savi, 1822) von der Insel Sardinien. Säugetierk. Mitt. **32**, 1985, 151-158.
- FONS, R.; VESMANIS, I.: Eine morphometrische Untersuchung am Schädel der Etruskerspitzmaus, *Suncus etruscus* (Savi, 1822) aus Süd-Frankreich. Zool. Abh. Staatl. Mus. Tierk. Dresden **37**, 1981, 1-31.
- LÓPEZ-FUSTER, M.; VARGAS, J.; ANTÚNEZ, A.: Über die Etruskerspitzmaus, *Suncus etruscus* (Savi, 1822) aus Südspanien: Verbreitung und Schädelskelett-Morphometrie (Mammalia: Insectivora). Säugetierk. Mitt. **30**, 1982, 241-250.
SPITZENBERGER, F.: Erstnachweise der Wimperspitzmaus *Suncus etruscus* für Kreta und Kleinasien und die Verbreitung der Art im südwestasiatischen Raum. Z. Säugetierk. **35**, 1970, 107-113.
- Soricidae in: BESENECKER, H.; SPITZENBERGER, F. und STORCH, G.: Eine holozäne Kleinsäuger-Fauna von der Insel Chios, Ägäis. Senckenbergiana biol. **53**, 1972, 145-177.
- Die Säugetierfauna Zyperns. Teil I. Insectivora und Rodentia. Ann. Naturhistor. Mus. Wien **81**, 1978, 401-441.
VERICAD, J.: *Suncus etruscus* y *Microtus cabrerae* en el Pirineo Oscense. Pirineos, Jaca **101**, 1971, 31-33.
VESMANIS, I.; SANS-COMA, V.; FONS, R.: Bemerkungen über die morphometrische Variation des P^4 bei verschiedenen rezenten *Crocidura*-Arten und *Suncus etruscus* im Mittelmeergebiet. Afr. Small Mammal Newsletter **3**, 1979, 16-18.

- Die Etruskerspitzmaus, *Suncus etruscus* (Savi, 1822) in Tunesien. Afr. Small Mammal Newsletter **3,** 1980, 1–46.
- VOGEL, P.: Biologische Betrachtungen an Etruskerspitzmäusen (*Suncus etruscus* Savi, 1822). Z. Säugetierk. **35,** 1970, 173–185.
- Kälteresistenz und reversible Hypothermie der Etruskerspitzmaus (*Suncus etruscus*, Soricidae, Insectivora). Z. Säugetierk. **39,** 1974, 78–88.
- Energy consumption of European and African shrews. Acta theriol. **21,** 1976, 195–206.
- WEIBEL, E.; BURRI, P.; CLASSEN, H.: The gas exchange apparatus of the smallest mammal *Suncus etruscus*. Experientia **27,** 1971, 724.
- CLAASSEN, H.; GEHR, P.; SEHOVIC, S.; BURRI, P.: The respiratory system of the smallest mammal. In: SCHMIDT-NIELSEN, K. et al. (eds.): Comparative physiology: Primitive mammals. Cambridge 1980. 181–191.

Gattung *Crocidura* Wagler, 1832

Diagnose. Weißzahnspitzmäuse mit oben 3 und unten 1 U. Die einzige andere, in Europa vorkommende Gattung weißzähniger Spitzmäuse, *Suncus*, hat oben 4 U und ist im übrigen *Crocidura* sehr ähnlich. Gebißformel also $\frac{3\ 1\ 1\ 3}{2\ 0\ 1\ 3}$. In Europa immer mit „bewimpertem" Schwanz. Gegenüber *Sorex* und *Neomys* bestehen zahlreiche weitere Unterschiede, die bei der Behandlung der Unterfamilien Soricinae und Crocidurinae erwähnt wurden.

Verbreitung. Gemäßigte und subtropische Klimagebiete der Paläarktis, Äthiopis und Orientalis ohne Madagaskar. Im E bis zu den Philippinen (Nowak und Paradiso 1983*), Celebes und Timor, vielleicht auch bis zu den Molukken und Kei-Inseln (Laurie und Hill 1954*). N-Grenze bis zu 56° N (Umgebung von Moskau, Bobrinskij et al. 1965*: *C. suaveolens*). Mannigfaltigkeitszentrum im tropischen Afrika.

Umfang der Gattung und Artenzahl. Mit ungefähr 150 Arten (Yates 1984*) die bei weitem größte Spitzmausgattung. Die Taxonomie dieser unübersichtlichen Gruppe ist erst zum Teil geklärt. Selbst in Europa haben sich die Vorstellungen über die Verbreitung der Arten *C. russula* und *C. suaveolens* in den vergangenen Jahren stark geändert.

Außerdem zeigte sich, daß Kreta und Sizilien je eine bisher nur von dort bekannte Art besitzt. In Europa gibt es demnach die in Tab. 103 aufgeführten fünf Arten, die sich alle in der Chromosomenzahl unterscheiden.

Tabelle 103. Übersicht über die europäischen Arten der Gattung *Crocidura*.

Artname	Vorkommen	Karyotyp (2n)	P⁴Protoconus buccad verschoben
sicula	Sizilien	36	±
leucodon	Festland Mitte, E	28	+
russula	Festland Mitte, W, Inseln	42	−
suaveolens	Festland, Inseln	40	+
zimmermanni	Kreta, Hochlagen	34	+

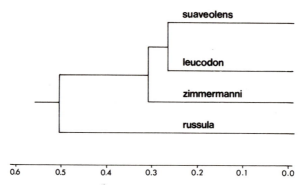

Abb. 113. Dendrogramm für vier europäische Arten der Gattung *Crocidura* nach gelelektrophoretisch ermittelten genetischen Abständen (NEI) aus VOGEL et al. (1986*).

Die Beziehungen zwischen diesen Arten mit Ausnahme von *sicula* haben VOGEL et al. (1986*) aufgrund eines gelelektrophoretischen Vergleichs geschätzt. Danach sind *C. suaveolens* und *C. leucodon* nächstverwandt, gefolgt von *C. zimmermanni*. Am stärksten isoliert ist *C. russula* (Abb. 113).

Die gelelektrophoretischen und zytotaxonomischen Befunde zeigen auch, daß nach morphologischen Merkmalen allein vor allem isolierte Populationen von Inseln oft falsch eingeschätzt wurden, daß zu ein und derselben Art gehörige Serien willkürlich in zwei Größenklassen zerlegt und danach zwei verschiedenen Arten zugeschrieben wurden und daß schließlich eine numerisch-taxonomische Analyse im wesentlichen nur die zuvor vorgenommenen Gruppierungen (JENKINS 1976) reproduziert hat.

Paläontologie. Nach REUMER (1984*) stammt der älteste Fund einer Spitzmaus der Gattung *Crocidura* aus dem mittleren Ruscinium von Rhodos (Pliozän). Im späten Villanyium (Villány 3, Osztramos 3) ist die Gattung mit *Crocidura kornfeldi* für das Karpatenbecken belegt. Die Maße (Tab. 104) entsprechen weitgehend denen rezenter *C. suaveolens*. REUMER (1986) sieht die größte Ähnlichkeit mit rezenten Spitzmäusen bei *C. zimmermanni*, der auf Kreta endemischen Art, die nach ihm unmittelbare Nachfolgeart von *C. kornfeldi* ist. *C. kornfeldi* wird bis ins mittlere Pleistozän angegeben. Neben ihr lebten im Alt- und Mittelpleistozän Arten von *leucodon*-Größe, die aber in den Proportionen der Mandibeln von den rezenten Arten abwichen und als *C. obtusa, C. zorzii* oder *C. robusta* bezeichnet wurden. Priorität hat der Name *C. obtusa* (JÁNOSSY 1969*). Den Namen *C. robusta* bezieht JÁNOSSY später (1986*) auf eine großwüchsige

Crocidura

Tabelle 104. Unterkiefermaße bei fossilen und rezenten *Crocidura*-Arten aus Europa in mm.

t	Herkunft	n	Corh Min–Max	x̄	n	M_1-M_3 Min–Max	x̄	Quelle
rnfeldi	Villány 3	47	3,7–4,7	4,22	45	3,5–3,9	3,74	(1)
aveolens	rezent Deutschland	21	4,1–4,6	4,3				(2)
tusa	Altpleistozän in Ungarn	1		4,5				(3)
tusa	Altpleistozän S-Deutschland	1		5,3				(4)
ssula	Schweiz	26	4,6–5,2		26	3,9–4,3		(5)

(1) REUMER 1984* (2) VESMANIS 1976 (3) JÁNOSSY 1963 (4) VON KOENIGSWALD 1971 (5) Tab. 118.

Art aus dem letzten Interglazial in Ungarn. *C. robusta* nennen auch VON KOENIGSWALD und SCHMIDT-KITTLER (1972) eine Spitzmaus aus dem Riß-Würm-Interglazial von Erkenbrechtsweiler von der Schwäbischen Alb.

Bestimmungsschlüssel

Eine Unterscheidung der Arten allein nach äußeren Merkmalen oder dem Schädel oder den Zähnen ist nicht möglich, und selbst bei Verwendung all dieser Merkmale zugleich ist die Herkunft zu berücksichtigen. Deshalb werden hier alle diese Bestimmungshilfen gemeinsam verwendet.

1 Weißlicher Bauch an den Flanken scharf gegen den dunkleren Rücken abgesetzt, Färbung dadurch kontrastreich 4

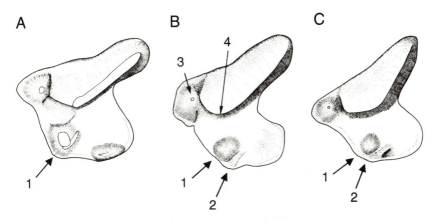

Abb. 114. Aufsicht auf linke P^4 von ventral von **A** *Crocidura russula,* **B** *C. leucodon* und **C** *C. suaveolens.* 1 Protoconus, 2 lingualer Rand neben dem Protoconus (nur bei *C. leucodon* und *C. suaveolens* ausgebildet), 3 Parastyl, 4 Paraconus.

- Die helle Bauchfärbung geht an den Flanken allmählich in die des dunkleren Rückens über 2
2 Protoconus des P^4 buccad verschoben (Abb. 114B, C) 3
- Protoconus des P^4 nicht buccad verschoben (Abb. 114A). Nur W-Europa, nach E bis E-Frankreich, Schweiz, Deutschland . . . . . *C. russula* S. 429
3 Nur Kreta. Cbl meist über 19,0 mm. Foramen mentale unter hinterem Teil von P_4 . . . . *C. zimmermanni* S. 453
- Cbl gewöhnlich unter 19,0 mm; Foramen mentale unter M_1 *C. suaveolens* S. 397
4 Nur Sizilien. Cbl unter 19 mm . . . . *C. sicula* S. 461
- Nicht auf Sizilien, aber auf Festland verbreitet. Cbl meist über 19 mm . . . . *C. leucodon* S. 465

Literatur

JÁNOSSY, D.: Die altpleistozäne Wirbeltierfauna von Kövesvárad bei Répáshuta (Bükk-Gebirge). Ann. Hist.-Nat. Mus. Nat. Hungarici (Mineral. Palaeontol.) **55,** 1963, 109–141.

JENKINS, P. D.: Variation in Eurasian shrews of the genus *Crocidura* (Insectivora: Soricidae). Bull. Brit. Mus. nat. Hist. (Zool.). **30,** 1976, 271–309.

KOENIGSWALD, W. VON: Die altpleistozäne Wirbeltierfauna aus der Spaltenfüllung Weißenburg 7 (Bayern). Mitt. Bayer. Staatssamml. Paläont. hist. Geol. **11,** 1971, 117–122.

- SCHMIDT-KITTLER, N.: Eine Wirbeltierfauna des Riß/Würm-Interglazials von Erkenbrechtsweiler (Schwäbische Alb, Baden-Württemberg). Mitt. Bayer. Staatssamml. Paläont. hist. Geol. **12,** 1972, 143–147.

REUMER, J. W. F.: Notes on the Soricidae (Insectivora, Mammalia) from Crete. I. The Pleistocene species *Crocidura zimmermanni*. Bonn. zool. Beitr. **37,** 1986, 161–171.

VESMANIS, I.: Vergleichende morphometrische Untersuchungen an der Gartenspitzmaus aus Jugoslawien. Acta theriol. **21,** 1976, 513–526.

Crocidura suaveolens (Pallas, 1811) – Gartenspitzmaus

E: Lesser white-toothed shrew; F: La crocidure des jardins, la crocidure pygmée

Von P. VLASÁK und J. NIETHAMMER

Diagnose. Eine kleine, graue, weißzähnige Spitzmaus mit nur 3 einspitzigen Zähnen in jedem Oberkieferast. Fellfärbung ähnlich wie bei *C. russula*, aber dadurch von der kontrastreicheren *C. leucodon* gut unterscheidbar. Kleiner als die übrigen europäischen Arten von *Crocidura*, doch überschneiden sich alle Körpermaße. Protoconus des P^4 buccad verschoben im Unterschied zu *C. russula*. Das Foramen mentale sitzt unter dem M_1 (bei *zimmermanni* unter P_4 – REUMER und PAYNE 1986).

Karyotyp: 2n = 40, NF = 50. 2 Autosomenpaare sind meta- bis submetazentrisch, zwei weitere, darunter das längste, subtelozentrisch. Das mittelgroße X-Chromosom ist meta-, das kleine Y-Chromosom akrozentrisch (CATZEFLIS et al. 1985): Israel, Türkei, Samos, Lesbos, Schweiz, Italien, Jugoslawien, Ungarn, Saloniki in Griechenland, Zypern. REUMER und MEYLAN (1986*) führen in ihrer Zusammenstellung aus der Literatur die folgenden weiteren Herkünfte auf: Frankreich, ČSSR, Korsika, Kaukasus, Tadschikistan in der UdSSR, Mongolei, Japan.

Zur Taxonomie. Erst in den letzten Jahren wurde die Unsicherheit bei der Abgrenzung von *C. suaveolens* weitgehend behoben (CATZEFLIS 1983a, b, CATZEFLIS et al. 1985, VOGEL et al. 1986). So gehören die meisten der früher in Italien, Osteuropa und Vorderasien als *C. russula* oder *C. gueldenstaedti* bezeichneten Spitzmäuse zu *C. suaveolens*. Dieser Fortschritt ist vor allem der Bestimmung des Karyotyps in vielen Populationen, gelelektrophoretischen Vergleichen und Kreuzungsversuchen zu verdanken, die eine bessere Bewertung der morphologischen Unterschiede gestatteten. Teilfragen sind aber immer noch offen wie das Vorkommen in den Atlasländern.

Beschreibung. In Österreich Kr 50–81, Schw 28–40, Hf 9,8–13,5, Gew bei ♂ bis 10,2 (SPITZENBERGER 1985), in S-Europa größer und langschwänziger.

Soricidae – Spitzmäuse

Tabelle 105. Körpermaße europäischer *Crocidura suaveolens*. K = Coll. Museum A. Koenig, Bonn; N = Coll. J. Niethammer, Bonn.

Nr.	Herkunft	Monat	sex	AG	Kr	Schw	Hf	Gew
K 53.79	Tharandt/Sachsen	11	♂	juv	53	38	–	4
K 53.80	Tharandt/Sachsen	11	?	juv	64	31	–	5
K 53.81	Tharandt/Sachsen	9	♀	juv	67	36	–	6
K 53.82	Tharandt/Sachsen	11	♀	juv	62	39	–	5
K 53.83	Tharandt/Sachsen	1	♀	ad	57	37	–	3
K 54.5	Tharandt/Sachsen	11	♀	juv	57	37	–	4
K 65.21	Tharandt/Sachsen	8	♂	juv	64	37	–	5
K 81.1781	Fülöpháza, Ungarn	9	♂	juv	52	31	9,6	3,6
K 81.1782	Fülöpháza, Ungarn	9	♀	juv	58	33	10,4	4,5
N 3719	Rovinj/Istrien	9	♀	ad	62	33	11,0	5,3
N 1496	bei Lucca, Italien	4	?	ad	68	43	11,8	8,2
N 1496	bei Lucca, Italien	4	♂	ad	67	42	11,7	8,8
N 1497	bei Lucca, Italien	4	♂	ad	64	41	11,8	8,5
K 80.970	bei Lucca, Italien	4	♂	ad	65	41	11,5	10,1
K 80.972	bei Lucca, Italien	4	♂	ad	65	41	11,4	7,0
K 80.974	bei Lucca, Italien	4	♀	ad	68	42	12,0	7,7
K 80.978	bei Lucca, Italien	4	♂	ad	68	40	11,0	7,2
K 80.979	bei Lucca, Italien	4	♂	ad	68	42	12,0	8,4
K 80.984	bei Lucca, Italien	4	♂	ad	68	39	12,0	8,5
K 80.985	bei Lucca, Italien	4	♂	ad	64	39	12,0	9,5
K 80.987	bei Lucca, Italien	4	♀	ad	67	38	10,5	8,0
K 80.988	bei Lucca, Italien	4	♂	ad	74	39	11,5	9,0
K 80.989	bei Lucca, Italien	4	♂	ad	62	39	11,0	10,0
N 6132	Monte Gargano/Italien	3	♀	ad	57	35	10,5	6,6
N 6133	Monte Gargano/Italien	3	♂	ad	59	36	11,5	6,0

Tabelle 106. Schädelmaße von *Crocidura suaveolens*. Gleiche Tiere wie in Tab. 105.

Nr.	Cil	Cbl	Zyg	Skb	SkH	U^1-M^3	Rol	Mand	Corh	U_1-M_3	M_1-M_3
K 53.79	17,9	17,1	5,7	8,3	5,0	6,7	2,2	10,6	4,3	5,4	3,8
K 53.80	17,7	16,7	5,4	8,3	4,8	6,3	2,2	10,6	4,1	5,4	3,7
K 53.81	17,9	16,8	5,7	8,3	4,9	6,4	2,1	10,5	4,3	5,5	4,0
K 53.82	18,6	17,6	5,9	8,5	5,0	6,6	2,3	11,2	4,5	5,5	3,8
K 53.83	16,9	16,1	5,7	8,2	4,8	6,2	2,1	9,7	4,2	5,1	3,5
K 54.5	17,0	16,3	5,3	–	4,9	6,2	2,2	10,2	3,9	5,1	3,6
K 65.21	17,3	16,6	5,6	8,1	4,7	6,3	2,2	10,3	4,2	5,4	3,8
K 81.1781	16,5	15,6	5,1	7,6	4,7	6,0	2,1	9,8	3,9	5,0	3,6
K 81.1782	17,0	16,2	5,3	7,7	4,8	6,3	2,2	10,3	4,0	5,0	3,6
N 3719	17,0	16,3	5,7	8,4	5,0	6,1	2,4	10,3	4,5	5,1	3,6
N 1495	18,2	17,6	5,5	–	5,0	6,7	2,3	10,8	4,4	5,4	3,7
N 1496	18,5	18,0	5,8	8,3	5,0	6,7	2,4	11,0	4,6	5,5	3,9
N 1497	18,3	17,6	5,7	8,4	5,1	6,6	2,5	11,1	4,4	5,4	3,7
K 80.970	18,2	17,6	5,8	8,6	5,6	6,5	2,4	11,9	4,4	5,4	3,6
K 80.972	17,9	16,9	5,6	8,4	5,3	6,4	2,4	10,8	4,4	5,3	3,7
K 80.974	17,7	16,9	5,6	8,2	5,0	6,5	2,3	10,9	4,2	5,4	3,7
K 80.978	18,7	17,8	5,8	8,5	5,3	7,0	2,5	11,5	4,4	5,6	3,8
K 80.979	18,4	17,7	5,9	8,6	5,3	6,8	2,5	11,2	4,5	5,5	3,8
K 80.984	19,0	18,3	6,0	8,5	5,5	6,9	2,5	11,8	4,6	5,6	3,9
K 80.985	19,0	18,3	6,2	8,6	5,5	7,0	2,5	11,4	4,5	5,6	3,9
K 80.987	17,2	16,4	5,6	8,1	5,1	6,5	2,2	10,5	4,2	5,3	3,7
K 80.988	18,4	17,7	5,9	8,5	5,4	6,8	2,5	11,2	4,5	5,6	3,9
K 80.989	19,0	18,3	6,1	8,6	5,3	6,9	2,5	11,5	4,7	5,5	3,9
N 6132	17,2	16,7	5,6	8,3	4,8	6,5	2,3	10,2	4,1	5,2	3,6
N 6133	17,8	16,7	5,7	8,4	5,1	6,4	2,4	10,7	4,3	5,3	3,7

Soricidae – Spitzmäuse

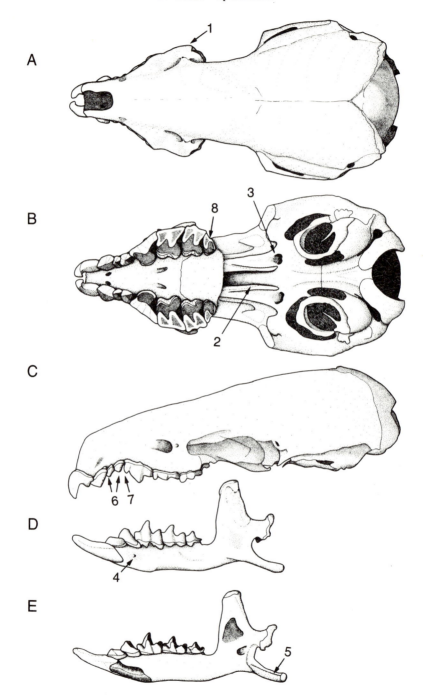

Crocidura suaveolens – Gartenspitzmaus

Rücken braun bis aschgrau, Bauchseite hellgrau ohne scharfe Grenze zum Rücken. Schwanz meist undeutlich zweifarbig, oberseits dunkler als unterseits. Füße weißlich bis gräulich, Hände außen mit schwachem Borstensaum. Die Rückenhaare haben wie bei *C. russula* 1–3 Knicke, aber apical nur 250–285 Luftkammern (20 ad aus der Schweiz – KELLER 1978*). Längste Vibrissen etwa 16 mm, Wimperhaare am Schwanz bis 5 mm lang.

Basale Ohrlänge ist mit 47% der Cbl viel größer als bei *Sorex*-Arten (37–39%; BURDA 1980*).

Schädel: Ähnelt eher dem von *C. leucodon* als dem von *C. russula*. So ist das Rostrum in Seitenansicht ähnlich hoch und kurz, die Knochenleiste an der Innenseite des Proc. angularis verläuft allmählich zum Ende hin nach oben und nicht steil wie bei *russula*. Der Jugalfortsatz des Maxillare ist weniger markant als bei *C. russula*, aber deutlicher als bei *C. leucodon*. Der über die Zähne nach hinten hinausragende Gaumenteil ist nicht besonders abgesetzt. Die Seitenwände der Fossa mesopterygoidea verlaufen parallel. Die Lambda-Naht ist spitzwinkliger als bei *C. leucodon* (SPITZENBERGER 1985). Nach FONS (1984) sind die Basisphenoidfenster bei *suaveolens* klein, bei *russula* groß. Die Foramina in der Basis der Nasenhöhle liegen bei *C. russula* weiter vorn, bei *C. suaveolens* mehr caudal verschoben, so daß sie hier von dorsal kaum mehr sichtbar sind. Allerdings erscheinen diese zuletzt genannten Merkmale nach eigenen Vergleichen wenig zuverlässig.

Zähne: Die Zähne sind allgemein kleiner als bei *C. leucodon*, die beiden hinteren, oberen U meist relativ kleiner als bei *C. russula*. Am P^4 ist der Paraconus im Verhältnis größer als bei *C. russula*, aber weniger deutlich vom Metaconus abgesetzt. Der Protoconus ist wie bei *C. leucodon* und im Gegensatz zu *C. russula* auswärts verschoben. Die Hypoconus-Leiste wölbt sich hinten einwärts vor (Abb. 114C). M^3 im Verhältnis groß (HUTTERER und HARRISON 1988*).

Verbreitung. Südliche Paläarktis zwischen etwa 23° und 56° N von Portugal bis Japan, Korea und E-China. N-Grenze durch Mittelfrankreich, Deutschland, Polen, Gebiet von Moskau in der UdSSR, S-Grenze das europäische Mittelmeer, N-Ägypten, Saudi-Arabien (HUTTERER und HARRI-

Abb. 115. Schädel von *Crocidura suaveolens*, ZFMK 77. 671 von Kalabrien, S-Italien. **A** dorsal, **B** ventral, **C** lateral, **D** Mandibel von labial, **E** von lingual.
1 wenig deutlicher Jugalfortsatz des Maxillare; 2 Wand der Fossa mesopterygoidea, 3 Foramen basisphenoideum, 4 Foramen mentale unter M_1, 5 Leiste am Winkelfortsatz allmählich ansteigend, 6 $U^{2,3}$ klein im Verhältnis zum Parastyl (7) von P^4, 7 Parastyl von P^4 wenig deutlich vom Mesostyl abgesetzt, 8 M^3 verhältnismäßig groß.

SON 1988*), S-Iran und Afghanistan. Vielleicht auch in den Atlasländern, falls *C. whitakeri* zu *C. suaveolens* gehört (HUTTERER 1987*). In Europa beschränkt im W offensichtlich das Vorkommen von *C. russula* das der Gartenspitzmaus. In der Bundesrepublik Deutschland sind beide Arten parapatrisch und schließen sich weitgehend gegenseitig aus (RICHTER 1963*, NIETHAMMER 1979). Auch auf Inseln kommen beide Arten nirgends gemeinsam vor. Feld- und Gartenspitzmaus sind in E- und Mitteleuropa weithin sympatrisch, in Frankreich vikariieren sie aber überwiegend. Die ČSSR besiedelt die Gartenspitzmaus nahezu lückenlos (ANDĚRA und HŮRKA 1984), Österreich bis etwa 500 m, darüber nur noch spärlich. Höchstgelegener Fundort hier in Tirol bei 1100 m (SPITZENBERGER 1985) in der ČSSR 1600 m (ANDĚRA und HŮRKA 1984).

Inselvorkommen: *C. suaveolens* ist die *Crocidura*-Art der meisten Mittelmeer-Inseln: Zypern (CATZEFLIS et al. 1985), Kreta (HUTTERER 1981), Samos, Lesbos (CATZEFLIS et al. 1985), Rhodos, Kos (PIEPER 1965–1966), Thasos (VOHRALÍK und SOFIANIDOU 1987*), Chios (KOCK 1974), Kithira (NIETHAMMER 1971), Euböa (ONDRIAS 1965*), Korfu (MILLER 1912*, NIETHAMMER 1962), Krk, Cres, Lošińj, Brač, Korčula (ĐULIĆ 1976), Korsika, Elba, Capraia (I. und A. VESMANIS 1982a), Menorca (REY und REY 1974, KAHMANN und VESMANIS 1975, VESMANIS und ALCOVER 1980). Französische Atlantik-Inseln Yeu, Sein und Ouessant (SAINT GIRONS 1973*). Kanal-Inseln Jersey und Sark sowie die meisten der Scilly-Inseln (CORBET und SOUTHERN 1977*).

Randpunkte: Portugal 1 Epinera und Rio Maior bei Caldas da Rainha (RICHTER 1970a); Spanien 2 La Algaida, Cádiz (REY und LANDIN 1973), 3 Linares de Riofrio, Salamanca (VESMANIS und KAHMANN 1974), 4 Orense, 5 Cangas de Onis, 6 Monte Landarbaso (REY und LANDIN 1973); Frankreich 7–13 aus der Karte von FONS in FAYARD et al. (1984*); Schweiz 14 bei St. Gallen (BAUMANN 1949*); Bundesrepublik Deutschland 15 Hohenheim bei Stuttgart, 16 Werbach an der Tauber, 17 Wülfershausen in Unterfranken (RICHTER 1963); DDR 18–21 nach Karte bei ERFURT und STUBBE (1986*); 21a Pasewalk (EICHSTÄDT und LEMKE 1988); Polen 22–28 nach Karte bei PUCEK und RACZYŃSKI (1983*); UdSSR nach Karte bei BOBRINSKIJ et al. (1965*).

Terrae typicae:

A *suaveolens* (Pallas, 1811): Khersones (= Chersson), Krim, S-Rußland
C *mimula* Miller, 1901: Züberwangen, St. Gallen, Schweiz
D *antipae* Matschie, 1901: Siulnita und Barza, Rumänien
E *cypria* Bate, 1904: Zypern

F *cyrnensis* Miller, 1907: Korsika. Synonym: *corsicana* Heim de Balsac und Reynaud, 1940 – s. VESMANIS 1976a)
G *balearica* Miller, 1907: San Cristobal, Menorca, Balearen
H *iculisma* Mottaz, 1908: Lignières-Sonneville, Charente, Frankreich
I *cantabra* Cabrera, 1908: Basken-Provinzen, Spanien
K *caneae* Miller, 1909: Kreta. Synonym: *C. ariadne* Pieper, 1979 (s. HUTTERER 1981)

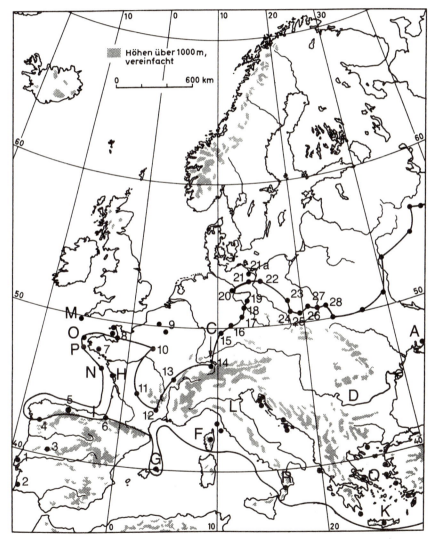

Abb. 116. Verbreitung von *Crocidura suaveolens* in Europa.

L *italica* Cavazza, 1912: Po-Ebene bei Bologna, Italien. (Synonyme vermutlich *mimuloides* Cavazza, 1912: Buggiolo, Tessin und *debeauxi* Dal Piaz, 1925: Frugarolo, Provinz Alessandria, Italien)
M *cassiteridum* Hinton, 1924: Scilly-Inseln vor Cornwall, England
N *oayensis* Heim de Balsac, 1940: Insel Yeu, Vendée, W-Frankreich
O *uxantisi* Heim de Balsac, 1951: Insel Ouessant, W-Frankreich
P *enezsizunensis* Heim de Balsac und Beaufort, 1966: Insel Sein, Finistère-Sud, W-Frankreich
Q *balcanica* Ondrias, 1970: w Kryonerion, Attika, Griechenland
R *bruecheri* von Lehmann 1977: Tiriolo, Provinz Catanzaro, Kalabrien, Italien

Merkmalsvariation. Tab. 107 läßt in Europa einen schwachen und in Vorderasien ausgeprägteren Sexualdimorphismus in der Cbl vermuten. Die ♀ sind im Durchschnitt etwas kleiner als die ♂. Die Flankendrüsen der ad ♂ sind größer als die der ♀: ♂ 3,5 × 5 (3 × 6) – 4 × 8 (5 × 6,5) mm; ♀: 1 × 4 – 4 × 6 mm (G. NIETHAMMER 1962). Subcaudaldrüsen scheinen den ♂ im Gegensatz zu denen von *C. russula* zu fehlen.

Tabelle 107. Sexualdimorphismus in der Cbl (mm) in verschiedenen Teilen des Verbreitungsgebietes von *Crocidura suaveolens*.

Gebiet	Cbl ♂			Cbl ♀			Autor
	n	Min – Max	$\bar{x}$	n	Min – Max	$\bar{x}$	
Salamanca, Spanien	5	17,8–18,7	18,0	8	17,3–18,2	17,9	(1)
Österreich (nur ad)	15	15,7–17,4	16,7	20	15,8–17,3	16,5	(2)
Attika/Griechenland	5	16,6–17,8	17,1	13	16,5–18,0	17,2	(3)
Korsika	23	18,1–19,3	18,7	15	17,7–18,8	18,4	(4)
Kreta	10	17,7–18,8	18,3	8	17,3–18,7	17,8	(5)
Samos	6	18,3–19,3	18,9	4	17,5–18,0	17,8	(6)
W-Anatolien	16	17,0–19,3	18,4	14	16,4–18,7	17,6	(7)

(1) VESMANIS und KAHMANN 1974 (2) SPITZENBERGER 1985 (3) ONDRIAS 1970 (4) VESMANIS 1976 (5) KAHMANN und VESMANIS 1975a (6) SPITZENBERGER 1973* (7) SPITZENBERGER 1973*

Jahreszeiten: Sommerkleid heller, kurzhaariger, stumpfer auf Rücken und Bauch als Winterfell, gleich ob es sich um dies- oder vorjährige Tiere handelt. Wie bei der Hausspitzmaus kann das Winterfell auf dem Rücken von einzelnen, hellen Haaren durchsetzt sein. Frühjahrshaarwechsel in Griechenland, Jugoslawien und Italien im April. Beginnt am Kopf und dehnt sich von da auf Rücken und Bauch caudad aus. Für die Scilly-Inseln beschreibt ROOD (1965) den gleichen Modus für Spitzmäuse aus dem

Januar bis in den August. Der Herbsthaarwechsel im September und Oktober verläuft nach ihm entgegengesetzt.

Individuelle Variation: Über ein geschecktes Exemplar von den Scilly-Inseln berichten VAN BREE et al. (1963*).

Geographische Variation: Die Tab. 107 und 108 ergeben, daß die Mittelwerte der Cbl in Europa von N nach S zunehmen. Noch etwas größer als im europäischen Mittelmeergebiet sind die Gartenspitzmäuse auf Korsika, einigen weiteren Inseln im e Mittelmeer und in Vorderasien. Die Größe scheint sich auf dem Festland klinal und nicht über Stufen zu ändern (ĐULIĆ 1976, VESMANIS 1978). Allerdings ist diese Entscheidung vorerst nicht sicher zu treffen (Abb. 117).

Vermutlich wegen der uneinheitlichen Meßweise sind die geographischen Unterschiede der Kr weniger einheitlich. Ähnliches gilt für die absolute und relative Schw. Bei der relativen Schw zeichnet sich aber ab, daß sie auf dem europäischen Festland meist zwischen 50 und 60% liegt und nur in Griechenland höher ist, auf den Mittelmeerinseln hingegen häufiger oberhalb von 60% (Tab. 109).

Die farblichen Unterschiede zwischen Serien verschiedener Herkunft

Tabelle 108. Mittelwert der Cbl in mm von *Crocidura suaveolens* in verschiedenen Teilen ihres Verbreitungsgebietes.

Gebiet	n	Cbl	Autor
Krim, UdSSR	2	15,4	VESMANIS 1986
N-Schweiz	3	16,3	MILLER 1912*
Polen	47	16,3	TYRNER und BÁRTA 1971
Sachsen	16	16,8	TYRNER und BÁRTA 1971
Bayern	21	16,9	TYRNER und BÁRTA 1971
Böhmen	17	17,0	TYRNER und BÁRTA 1971
E-Österreich	27	16,5	TYRNER und BÁRTA 1971
Ungarn	10	15,9	TYRNER und BÁRTA 1971
Frankreich	9	16,6	SAINT GIRONS 1973*
NE-Rumänien	27	16,2	SIMIONESCU 1977
SE-Rumänien	19	16,6	SIMIONESCU 1977
SW-Bulgarien	10	17,3	SIMIONESCU 1977
europäische Türkei	10	17,6	SIMIONESCU 1977
Olymp/Griechenland	5	17,5	ONDRIAS 1970
N-Jugoslawien	17	16,8	VESMANIS 1976c
Dalmatien	8	17,4	VESMANIS 1976c
Trentino, Italien	3	17,4	MALEC und STORCH 1968
Italien	5	17,3	VESMANIS 1976c
Makedonien, Griechenland	5	17,5	VESMANIS 1976c

sind nicht auffällig mit Ausnahme der Spitzmäuse von Korsika, die wesentlich dunkler sind (KAHMANN und KAHMANN 1954).

Gelelektrophoretisch ermittelte „genetische" Abstände (CATZEFLIS et al. 1985, VOGEL et al. 1986) zwischen verschiedenen Populationen ergaben:

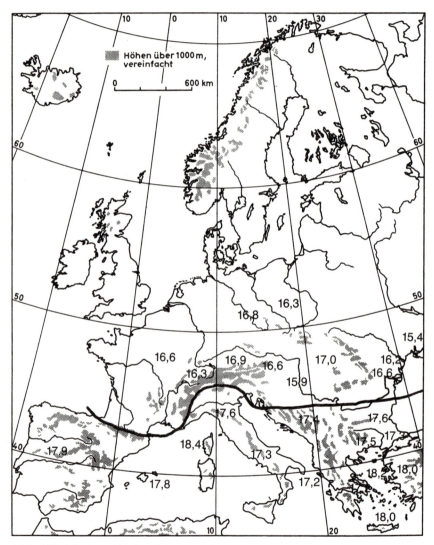

Abb. 117. Mittlere Cbl (mm) in verschiedenen Populationen von *Crocidura suaveolens*. Die meisten Werte stammen aus den Tab. 107 und 108. Die Grenzlinie trennt die großwüchsigeren mediterranen von den kleineren nördlichen Populationen (15,4–17,0 gegen 17,2–18,4 mm).

Crocidura suaveolens – Gartenspitzmaus

Tabelle 109. Kr, relative und absolute Schw von *Crocidura suaveolens* in verschiedenen Teilen ihres Verbreitungsgebietes. Quellen: 1 KAHMANN und KAHMANN 1954, 2 Coll. J. NIETHAMMER, 3 ONDRIAS 1970, 4 REY und REY 1974, 5 RICHTER 1966, 6 SPITZENBERGER 1985, 7 VESMANIS 1976, 8 VESMANIS und KAHMANN 1976c, 9 VESMANIS und KAHMANN 1978, 10 VESMANIS und VESMANIS 1982.

Herkunft	n	Kr	Schw	Schw (%) der Kr	Quelle
Österreich, ad ♂	25	67,9	35,3	52	6
Deutschland	28	63,4	35,8	57	7
N-Jugoslawien	22	62,0	35,1	57	7
Dalmatien	7–8	64,5	36,3	55	7
Italien	7	63,1	37,4	59	7
Makedonien	6	57,7	38,3	64	7
Attika, S-Griechenland	23	63,0	42,5	67	3
Spanien, bei Salamanca	16	70,8	33,9	48	8
Menorca	52	67,5	43,7	65	4
Korsika	71	70,9	46,6	66	1
Elba	2	65,5	36,0	55	10
Capraia	4	67,5	43,5	64	10
Korfu	8	66,8	41,6	61	2
Kreta	21	68,9	43,8	64	9
Kos	3	67,3	40,0	59	2
Samos	13	63,2	42,7	68	5

Gartenspitzmäuse aus der Türkei und von Kreta sind sehr ähnlich, von ihnen unterscheiden sich solche aus der Schweiz, von Saloniki und von Zypern jeweils deutlich. Tiere von Zypern und aus Israel sind nicht wesentlich verschiedener als solche aus der Schweiz, Italien, Istrien und Ungarn, die eine enger geschlossene Gruppe bilden.

Unterarten: Auf dem Festland können sich zwar bestimmte Populationen in der Größe erheblich unterscheiden, doch ist es schwierig, Unterarten abzugrenzen. Zudem lassen die gelelektrophoretischen Vergleiche vermuten, daß eine Gliederung nach der Größe etwa vermutlich nicht der tatsächlichen Verwandtschaft entspricht. Würde man etwa die größeren mediterranen von den Gartenspitzmäusen von Saloniki und aus Italien den kleineren aus Istrien und Ungarn gegenüberstellen, würden gelelektrophoretisch verwandte Populationen getrennt und nicht verwandte zusammengefaßt. Die Inselformen vor allem von Menorca, Korsika, Kreta und Zypern lassen sich besser charakterisieren. Allerdings scheint die Gartenspitzmaus von Kreta mit der der Türkei gut übereinzustimmen.

Paläontologie. S. 394 wurde schon darauf hingewiesen, daß die alt- bis mittelpleistozäne *Crocidura kornfeldi* etwa so groß wie *C. suaveolens* war und sich eigentlich nicht sehr von unserer Art unterschied. In der paläontologischen Literatur stammen jedoch die frühesten, auf *C. suaveolens* bezogenen Reste aus dem Mindel-Riss-Interglazial (KURTÉN 1968*, JÁNOSSY 1986*). Wenige weitere Funde nennt JÁNOSSY (1963*, 1986*) aus der Riss-Würm-Zwischenzeit Ungarns. Nach STUART (1976) ist die Art damals auch in S-England vorgekommen. Ein ursprünglich *C. leucodon* zugeschriebenes Fragment aus dem Würm I (vor etwa 70 000 Jahren) aus der Provinz Granada in S-Spanien identifizieren BUSTOS et al. (1984) als *C. suaveolens*. Es zeigt sich, daß die Art damals offenbar auf der Iberischen Halbinsel weiter verbreitet war als heute und dort nicht erst im Postglazial eingewandert ist. Nach Kreta wurden Gartenspitzmäuse etwa um 1500 vor Christus eingeführt und verdrängten dort in tieferen Lagen die autochthone *C. zimmermanni* (REUMER 1986). Nach Menorca gelangte sie wahrscheinlich erst zur Römerzeit (REUMER und SANDERS 1984*).

Auf den Scilly-Inseln liegen bronzezeitliche Funde vor (PERNETTA und HANDFORD 1970), aus S-Frankreich holozäne Belege seit 9500 Jahren vor der Gegenwart, wogegen *C. russula* dort erst seit etwa 5000 Jahren nachgewiesen ist (POITEVIN et al. 1986).

Ökologie. Habitat: Die Gartenspitzmaus kommt in den verschiedensten Habitaten vor (HANZÁK und ROSICKÝ 1949; ROSICKÝ und KRATOCHVÍL 1955; TYRNER und BÁRTA 1971, 1972, u. a.), und meidet lediglich zusammenhängende Waldkomplexe. In S- und SE-Europa leben vom Menschen unabhängige und synanthrope Populationen nebeneinander an trockenen wie auch an feuchten Orten (Ufer von Wasser-Reservoiren, Flüssen, usw.). Die Tiere bevorzugen warme und trockene Standorte. In S-Frankreich wurde die größte Populationsdichte der Gartenspitzmaus in Macchie mit Mauern festgestellt (FONS 1975).

In der Tschechoslowakei neigt die Gartenspitzmaus zur Synanthropie. Synanthrope Populationen von beträchtlicher Stärke werden selbst in Großstädten gefunden, z. B. in Prag, wo öfter Gartenspitzmäuse auch in höheren Stockwerken älterer Häuser gefangen wurden (VLASÁK, unveröffentlicht). Freilebende Populationen sind am häufigsten in Niederungen, an warmen Stellen des Steppen- oder Waldsteppentypus, und auch in der Kultursteppe (Brachland, Steinhaufen, Steinmauern). Schwächere Populationen bewohnen Wiesen, Bachufer und andere feuchtere Habitate, wenn dort trockene Refugien zur Verfügung stehen (große Steine, Brücken, usw.). Gefährdet ist die Existenz von Populationen im Gebirge Mitteleuropas. Hier gibt es nur eine einzige Angabe über *C. suaveolens* in der Krummholzzone des Riesengebirges (1250 m) weit ab von menschlichen Wohnstätten (HAITLINGER 1967). Alle anderen Angaben aus dem Gebirge in Mitteleuropa weisen auf Synanthropie hin (PELIKÁN 1962; VLASÁK 1969, u. a.).

Gartenspitzmäuse, die an der nordwestlichen Grenze ihres Verbreitungsgebiets vorkommen, sind keineswegs vorwiegend synanthrop. Als

Beispiel seien die starken Populationen genannt, die die Küsten der Scilly-Inseln südwestlich von Großbritannien bewohnen (SPENCER-BOOTH 1956, 1963; PERNETTA 1973). In S-Frankreich ist *C. suaveolens* weniger synanthrop als *C. russula*, und mehr an offene und feuchtere Habitate gebunden (POITEVIN et al. 1987).

Nahrung: Vorwiegend Insekten, unter Bevorzugung von kleiner, ungefähr bis zu 1 cm großer und weicher Beute. Selten werden tote Kleinsäuger und deren Junge (RUŽIĆ 1971; TUPIKOVA 1949, VOLŽENINOV und DAVLET-ŠENA 1972[1]), oder Regenwürmer – Lumbricidae (HAWKINS und JEWELL 1962) verzehrt. Abgelehnt werden harte Käfer, die größer als ca. 1,5 cm sind, von den kleineren z. B. Marienkäfer (Coccinellidae), ferner Weichtiere (Mollusca) und Amphibien (TUPIKOVA 1949; PERNETTA 1973).

In einer feuchteren Steppe mit üppiger Strauchschicht in der UdSSR bildeten kleine Insekten und deren Larven bis zu 97 % der Nahrung, wobei der Anteil von Käfern im Verlaufe von zwei Jahren 36–81 % betrug.

Im Januar und Februar waren neben 36 % Käfern 39 % Ameisen (Formicoidea) enthalten. Wirbeltiere wurden nur im Winter und zeitigen Frühling festgestellt. Hier handelte es sich um tote Nagetiere (VOLOŽENINOV

---

[1] In der Arbeit als *Crocidura leucodon* bezeichnet; laut DOLGOV (1974) handelt es sich jedoch um *C. suaveolens*.

Tabelle 110: Nahrung der Gartenspitzmaus: Inhalte von 15 Mägen slowakischer *C. suaveolens* nach KUVIKOVÁ (1987): %f = Prozentsatz des Auftretens, %v = Volumen in Prozenten, Bedeutungsindex $I = \dfrac{(\%f + \%v)}{2}$.

Komponente	%f	%v	I
Lumbricidae	4,9	11,4	8,2
Gastropoda	8,2	19,4	13,8
Isopoda	4,9	2,9	3,9
Arachnida	8,2	6,2	7,2
Opilionidae	6,6	1,1	3,9
Pseudoscorpiones	3,3	1,1	2,2
Diplopoda	1,6	1,8	1,7
Chilopoda	8,2	8,1	8,2
Coleoptera	14,8	10,3	12,6
Hymenoptera	4,9	2,9	3,9
Diptera	13,1	5,9	9,5
Larven von:			
Diptera	8,2	14,7	11,5
Lepidoptera	3,3	3,7	4,5
Coleoptera	9,8	10,6	10,2

und DAVLETŠENA 1972). Eine Nahrungsliste aus der Slowakei von Frühjahr bis Herbst enthält Tab. 110.

Vollkommen anders war die Zusammensetzung der Nahrung im Verlauf der Vegetationsperiode an der Küste auf den Scilly-Inseln (PERNETTA 1973). Neben Insekten (42–71 %) bildeten dort kleine Krebstiere (44–100 % von ihnen waren Amphipoda) den Großteil der Nahrung.

Die Nahrungsmenge, die von der Gartenspitzmaus pro Tag aufgenommen wird, erreicht annähernd ihr Körpergewicht. Im Durchschnitt entspricht die Nahrungsaufnahme nach HAWKINS und JEWELL (1962) 85 % des Körpergewichts, 92 % nach HUTTERER (1974), und 133 % nach TUPIKOVA (1949). Bei *C. suaveolens* wurde ähnlich wie bei einer Reihe anderer Spitzmausarten auch Koprophagie festgestellt (GERAETS 1978).

Der Anpassung der Art an trockene Habitate entspricht der geringe tägliche Wasserbedarf (Tab. 111). Die Nahrung wird energetisch besser genutzt als z. B. bei den gleich schweren Vertretern der Gattung *Sorex*.

Tabelle 111. Futter- und Wasserbedarf bei *Crocidura suaveolens* und *Sorex araneus*, Mittelwerte. Nach TUPIKOVA (1949).

Art	Trinkwasser g/Tag	Nahrung/Tag g · 100/Gew (%)	Gew-Verlust bei Hungern (% Gew/Stunde)
C. suaveolens	0,2	133	0,87
S. araneus	2,3	142	1,69

Fortpflanzung: Das Gewicht subadulter Gartenspitzmäuse in der Tschechoslowakei bewegt sich zwischen 5 und 6 g, das geschlechtsreifer ♀ (ohne Embryonen) zwischen etwa 6,5 und 8 g, von ad ♂ zwischen 7 und 10 g (VLASÁK 1970).

Geschlechtsreife Individuen im ersten Kalenderjahr ihres Lebens wurden auf den Scilly-Inseln (Großbritannien) festgestellt. Dort beteiligten sich an der Fortpflanzung 24 % juvenile Weibchen, jedoch nur eine sehr geringe Anzahl juveniler Männchen (ROOD 1965). Auch SPITZENBERGER (1985) vermutet, daß ein erheblicher Teil junger ♀ bereits im ersten Sommer in Österreich trächtig wird. Die Tragzeit der Weibchen beträgt meistens 26–27 Tage (26,8 Tage im Durchschnitt), auch wenn die ♀ noch gleichzeitig stillen. Eine längere Tragzeit (28–29 Tage) wurde nur ausnahmsweise bei schwachen, gleichzeitig säugenden ♀, festgestellt (VLASÁK 1970).

Die jährliche Wurfzahl ist nur aus Laborzuchten bekannt, in denen das Licht und teilweise auch die Temperaturen natürlichen Verhältnissen entsprechen (VLASÁK 1970). In diesen Fällen beteiligten sich 33,3% der Weibchen auch nach dem zweiten Winter an der Fortpflanzung. Die durchschnittliche Wurfzahl in der ersten Fortpflanzungsperiode war 2,6 (1–6), in der zweiten 2,0 (1–3) Würfe. Das Reproduktionspotential der Weibchen ist nach dem zweiten Winter deutlich herabgesetzt. 42% der Weibchen zogen in ihrem Leben nur zwei Würfe, 21,4% drei Würfe, 28,6% vier Würfe und 7,1% 6 Würfe auf. Die durchschnittliche Wurfzahl eines Weibchens beträgt 2,87. VÁSÁRHELYI (1929) registrierte bei im Freiland gefangenen ♀ drei Würfe pro Jahr.

Angaben über die Reproduktionsperiode der Gartenspitzmaus im Freiland sind ziemlich lückenhaft. Vollständigere Daten über die Reproduktion (zwei Jahre) stehen nur von den Scilly-Inseln bei Großbritannien (ROOD 1965) zur Verfügung. Dort wurden in einem Jahr die ersten graviden ♀ bereits in der ersten Januarhälfte, im zweiten Jahr erst im April festgestellt. Die Fortpflanzung endete im ersten Jahr im September, im zweiten Jahr war sie im August noch im Gange, als die Untersuchung endete. Über die restlichen Teile des europäischen Verbreitungsareals dieser Art stehen nur vereinzelte Angaben über Fänge trächtiger Weibchen zur Verfügung (Tab. 112). Die Angaben betreffen mittlere und südöstliche Teile Europas. Die Dauer der Fortpflanzungszeit kann nur für die Tschechoslowakei geschätzt werden, wo die ersten trächtigen Weibchen im April, die letzten im September festgestellt wurden. Damit stimmen unsere Laborergebnisse überein (VLASÁK 1970). Hier wurden im Verlauf von drei Jahren die ersten Würfe von Anfang April (1. 4.) bis Ende Mai (8. 9.) vermerkt. In Polen wurde noch ein trächtiges ♀ Anfang Oktober gefunden (Tab. 112). Ein Beginn der Reproduktionsperiode schon im März wurde in der südlichen Ukraine registriert, doch entsprachen die Angaben aus der nördlichen Ukraine den Verhältnissen in der ČSSR: Beginn April bis Mai, Ende September bis Anfang Oktober. Leider fehlen bei ABELENTSEV et al. (1956) konkrete Angaben. Der Anfang der Fortpflanzungszeit hängt höchstwahrscheinlich von lokalen, klimatischen Bedingungen ab, die für das Nahrungsangebot verantwortlich sind.

Bei 30 trächtigen ♀ von den Scilly-Inseln betrug die Embryonenzahl 1–5, im Mittel 3,0 (ROOD 1965). In Laborzuchten war der Durchschnitt 3,9 (VLASÁK 1970). Die durchschnittliche Wurfgröße in der ČSSR (Tab. 113) ist deutlich höher, auf Korsika und den Scilly-Inseln hingegen kleiner. In Ungarn wurden bei einem im Freiland gefangenen ♀ 3 Würfe von 6 Jungen im Verlauf einer Saison vermerkt (VÁSÁRHELYI 1929). Den größten Wurf (9 Embryonen) stellten ABELENTSEV et al. (1956) in der Ukraine fest. Eine zeitliche Variabilität der Wurfgröße wurde in den Laborzuchten nicht festgestellt (VLASÁK 1970).

Tabelle 112. Angaben über trächtige ♀ und Embryonenzahlen bei *Crocidura suaveolens*.

Land	Ort	Datum	Gew ♀ (g)	Embryonen n	Länge (mm)	Quelle
ČSSR	Banská Štiavnica	18. 6.	–	3	–	Národní muzeum, Praha
	Nitra	15. 8.	–	6	–	Národní muzeum, Praha
	Jelšava	29. 8.	–	5	–	Národní muzeum, Praha
	Horní Újezd bei Třebíč	6. 9.	–	5	–	Národní muzeum, Praha
	Silica	24. 8.	7,5	4	–	Národní muzeum, Praha
	Martinová	18. 7.	8,0	5	11	Ústav zoologie obratlovců ČSAV, Brno
	Mohelno	24. 7.	7,0	4	5	Ústav zoologie obratlovců ČSAV, Brno
	Perná	5. 9.	9,0	4	16	Ústav zoologie obratlovců ČSAV, Brno
	Brno	29. 8.	10,0	5	3	Ústav zoologie obratlovců ČSAV, Brno
	Zvolen	26. 4.	6,6	5	4	Ústav exp. biologie a ekologie SAV, Staré Hory
	Plzeň	25. 7.	9,0	6	14	Západočeské muzeum, Plzeň
	Plzeň	16. 8.	11,0	5	8	Západočeské muzeum, Plzeň
	Plzeň	12. 6.	8,0	4	5	Západočeské muzeum, Plzeň
	Plzeň	25. 6.	8,0	7	4	Západočeské muzeum, Plzeň
	Raduň	10. 6.	–	6	–	Zejda et al. (1962)
	Velké Hoštice	21. 6.	–	7	–	Zejda et al. (1962)
DDR	Fürstenwalde	25. 6.	7,8	8	–	Stein (1956)
Polen	Krynica oder Wroclaw	4. 10.	–	2	–	Humiński et al. (1967)
UdSSR	Stalinskaja Kreis (Ukraine)	25. 7.	–	9	–	Abelencev et al. (1956)
	Artemínsk	10. 1.	6,2	3	–	Abelencev et al. (1956)

Tabelle 113. Wurfgrößen von *Crocidura suaveolens* in verschiedenen Teilen ihres Verbreitungsgebietes. Mit Ausnahme der Laboratoriums-Tiere von VLASÁK handelt es sich um Embryonenzahlen.

Gebiet	n	Min – Max	x̄	Quelle
ČSSR	16	3–7	5,1	Tab. 112
Österreich	9	2–8	5,0	SPITZENBERGER 1985
Jugoslawien, Griechenland, Zypern	13	3–6	4,4	NIETHAMMER (unpubl.)
Scilly-Inseln	30	1–5	3,0	ROOD 1965
Korsika	6	2–4	3,0	H. und E. KAHMANN 1954
Laboratorium ČSSR		3–6	3,9	VLASÁK 1970

Populationsdynamik: Das Geschlechterverhältnis war auf den Scilly-Inseln bei 307 gefangenen Spitzmäusen 173 ♂ : 134 ♀ (1,3) (ROOD 1965). Das Verhältnis in einer Laborzucht war dagegen 1,09 (VLASÁK 1970). In Polen betrug es bei vor allem am Sommerende und im Herbst gesammelten Gartenspitzmäusen 1,21 (HUMIŃSKI und WOJCIK-MIGALA 1967).

Auf Änderungen im Geschlechterverhältnis im Jahreslauf kann man aus den Angaben von ROOD (1965) schließen: Von November bis Mai überwogen ♂, im Juni und Juli ♀, von August bis Oktober war das Geschlechterverhältnis 1,0.

Auf Grund der Zahnabnutzung war zu schließen, daß die *C. suaveolens* von den Scilly-Inseln nicht sehr lange lebten. Die Mehrzahl der vorjährigen Individuen verschwand aus der Population zum Sommerende und im Herbst. Schon in der Sommermitte bestand die Population hauptsächlich aus diesjährigen Individuen. Tiere, die einen zweiten Winter überlebt haben, wurden nicht gefunden (ROOD 1965).

Dagegen überlebten im Laboratorium 36–53% der Gartenspitzmäuse einen zweiten Winter. Sollte dies auch für Tiere im Freiland gelten, dann hätte der Anteil der Population im 3. Sommer keinen wesentlichen Einfluß auf die Vermehrung, da nur noch 33% dieser ♀, hingegen 100% der ♂ dieser Altersgruppe fruchtbar sind (VLASÁK 1970). Das Höchstalter in Gefangenschaft war 2 Jahre und 62 Tage (VLASÁK 1970), sowie 2 Jahre und 148 Tage (HANZÁK 1966).

VOHRALÍK (1988) hat in Prag bei 255 Exemplaren das relative Alter nach der zunehmenden Länge des freien Wurzelteils von I^1 geschätzt. Die ersten Jungtiere tauchten im Mai in der Population auf, die letzte vorjährige Spitzmaus wurde im Oktober gefangen und Tiere, die zwei Winter überdauert hätten, gab es nicht. Trächtige ♀ fand er von April bis August. Diesjährige ♀, die bis zum 30. Juni selbständig wurden, beteiligten sich zum großen Teil im gleichen Sommer an der Fortpflanzung. Die jüngeren Diesjährigen erreichten die Geschlechtsreife offenbar erst im folgenden

Jahr und bildeten dann das Gros der Vorjährigen, wogegen von den im Frühjahr geborenen Gartenspitzmäusen nur wenige den Winter überlebten. Das Geschlechterverhältnis war insgesamt ausgeglichen, jedoch überwogen bei den Diesjährigen etwas die ♀, bei den Vorjährigen die ♂. FORMOZOV (1946, 1976) stellte eine erhöhte Mortalität aller Soriciden bei kühlem und feuchtem Wetter in den Herbst- und Frühjahrsmonaten, sowie in schneearmen Wintern fest.

Die Populationsdichte wurde eingehend nur auf den Scilly-Inseln untersucht. Von April bis September schwankte sie zwischen 8/ha (September) bis zu 370/ha (Juni), wenn wir gänzliches Fehlen in einem Monatsfang nicht rechnen (PERNETTA 1973). Bei der zweiten Angabe handelt es sich um Untersuchungen in einem feuchten Landstrich mit Schilfbeständen bei einem Fischteich in Süd-Mähren, Tschechoslowakei, wo eine Populationsdichte von 0,15/ha während der Vegetationszeit festgestellt wurde (PELIKÁN 1975).

Feinde: ABELENCEV et al. (1956) erwähnen den Anteil der Gartenspitzmäuse an der Nahrung von Steppenreptilien. Feinde der Gartenspitzmaus unter den Vögeln sind zahlreiche Eulenarten (*Athene, Strix, Asio, Tyto*), Milane, Bussarde, gelegentlich einige Adler (*Aquila*), Würger (*Lanius*) und Elstern (*Pica*) (ABELENCEV et al. 1956; GÖRNER 1979; RYBÁŘ 1969; SCHMIDT 1972; SLÁDEK 1964; VLČEK 1971). Am häufigsten erbeutet die Schleiereule (*Tyto alba*) Gartenspitzmäuse. So beträgt der Anteil von *C. suaveolens* in der Nahrung der Schleiereule 0,09 % im SW der DDR (GÖRNER 1979), in Böhmen, Tschechoslowakei 1,14–3,4 % (RYBÁŘ 1969; TYRNER und BÁRTA 1971), in Ungarn 2,0–7,5 % (SCHMIDT 1972), und bis zu 11,5 % bei einer hohen Dichte der Gartenspitzmaus in der Ukraine, UdSSR (ABELENCEV et al. 1956) und 29 % auf KOS (NIETHAMMER 1989*). In der Nahrung von Säugetieren fanden sich Gartenspitzmäuse öfters bei Fuchs (*Vulpes*), Iltis (*Putorius*), Marder (*Martes*), Wiesel (*Mustela*) und Marderhund (*Nyctereutes*) (ABELENCEV et al. 1956).

Jugendentwicklung. Das Körpergewicht der Neugeborenen beträgt 0,42– 0,67 g ($\bar{x}$ = 0,53 g). Die Veränderung mit zunehmendem Alter ist in Tab. 114 aufgeführt. Im Alter von 40–60 Tagen erreichen sie 5–6 g (VLASÁK 1970), das Normalgewicht freilebender, noch nicht fortpflanzungsfähiger Tiere im 1. Lebenssommer. Adultmaße erreichen die Schädel ungefähr im Alter von 20–30 Tagen (Tab. 115, S. 416/417).

Ihre Endlänge erreichen die Langknochen und die Vorderfüße im Alter zwischen 10 und 15 Tagen. Die Hf und die Tibia erreichen ihre definitive Länge im Alter von ungefähr 15 Tagen, das Wachstum des Femurs ist im Alter von spätestens 40 Tagen beendet. Weitere Einzelheiten s. VLASÁK (1970).

Tabelle 114. Gewichte ($\bar{x}$ in g) junger *Crocidura suaveolens* in den ersten 40 Lebenstagen. 4 Würfe mit zusammen 15 juv.

Tage	Gew	Tage	Gew	Tage	Gew	Tage	Gew
0	0,6	10	3,6	20	4,6	30	5,3
1	1,0	11	3,4	21	3,7	31	5,2
2	1,3	12	3,9	22	4,0	32	4,7
3	1,6	13	3,6	23	4,2	33	5,2
4	1,9	14	3,6	24	4,9	34	5,1
5	2,5	15	3,9	25	4,5	–	–
6	2,7	16	3,6	26	5,0	36	5,1
7	3,0	17	4,0	27	4,8	37	5,5
8	3,3	18	4,4	28	5,0	38	5,1
9	2,9	19	4,1	29	5,1	39	5,6
						40	5,3

Die Veränderungen im Aussehen der Jungen sind so auffällig, daß sie mit den Maßen eine genaue Bestimmung des Alters der Jungen bis zu 20 Tagen ermöglichen (Tab. 116, S. 418).

Das erste, gleich nach der Geburt funktionierende Sinnesorgan ist das Tastorgan. Die Jungen reagieren vorzüglich auf Berührung und Wärme. Die Funktion des Geruchssinns beginnt höchstwahrscheinlich im Alter von 4 Tagen. Im Alter von 8 Tagen entspricht die Geruchsreaktion im Durchschnitt der von adulten Individuen. Die Augen öffnen sich überwiegend im Alter von 9 Tagen, der Gehörsinn funktioniert normal von 10 Tagen an (VLASÁK 1970).

Entwicklung des Bewegungsvermögens: Die Jungen können sich fast sofort nach der Geburt auf einer groben Unterlage vorwärtsbewegen, ziehen jedoch den Körper mit großer Anstrengung über die Unterlage. Bereits im Alter von 7 Tagen halten sie den Körper vom Boden abgehoben, vom 16. Tag an bewegen sie sich wie die ad.

Im Alter zwischen 5 und 12 (14) Tagen erlangen sie die Fähigkeit zur Karawanenbildung. Eine typische, kettenartige Karawane bilden die Tiere meist im Alter von 8–9 Tagen. Vom 15. Tag an verlassen die meisten Jungen selbständig auf kurze Entfernung das Nest, und vom 17. Tag an versuchen sie, weniger bewegliche Beute zu erjagen. Im Alter zwischen 18 bis 20 Tagen werden die Jungen entwöhnt (VLASÁK 1970).

Soricidae – Spitzmäuse

Tabelle 115. Änderung einiger Maße (mm) während der postnatalen Entwicklungsperiode von *Crocidura suaveolens*. Alter in Tagen (Vlasák 1970). Hl = Humeruslänge, Ul = Ulnarlänge, Fl = Femurlänge, Tl = Tibialänge, Sl = Sternumlänge.

Alter	sex	n	Kr	Hf	Vf	Cbl	Iob	Skb	SkH	Skl	oZr	Mand	Corh	Hl	Ul	Fl	Tl	Sl
0	♀	2	23	4,2	2,5	7,5	3,1	5,5	3,3	4,6	3,0	3,4	1,9	3,2	3,6	3,0	4,0	6,1
	♂	3	24	4,2	2,2	7,7	3,2	5,5	3,7	5,0	2,9	3,6	2,1	3,4	3,9	3,0	4,1	6,5
1	♀	1	27	4,5	2,6	8,3	3,5	5,9	3,5	5,1	3,2	3,8	2,1	3,4	4,5	3,4	4,7	6,9
	♂	2	26	4,5	2,4	8,6	3,4	5,8	3,4	5,5	3,2	3,7	2,3	3,5	4,4	3,0	4,5	7,0
2	♀	1	31	5,4	3,0	9,6	3,7	6,1	4,4	5,7	3,9	4,6	2,4	4,6	4,9	3,9	5,7	8,7
	♂	2	31	5,3	3,1	9,6	3,7	6,4	4,0	6,0	3,7	4,1	2,4	4,1	4,8	3,2	5,5	8,4
3	♀	1	36	6,6	3,4	10,0	3,7	6,4	3,7	6,2	3,8	5,6	2,6	4,7	5,8	4,4	7,1	8,8
	♂	1	31	5,5	3,4	9,4	3,9	6,4	4,0	5,5	3,9	5,3	2,4	4,7	5,7	4,2	6,1	8,5
4	♀	2	36	6,5	3,4	10,9	3,8	6,7	3,7	6,6	4,3	5,7	2,6	4,7	6,1	4,7	7,2	9,3
	♂	1	41	7,4	4,4	10,8	3,9	6,8	3,8	7,6	4,2	5,6	2,5	5,0	6,1	5,0	8,0	9,0
5	♀	2	41	7,0	4,5	11,5	3,9	7,1	3,7	7,1	4,5	6,0	3,1	5,2	5,9	4,8	7,6	10,0
	♂	1	43	6,9	4,6	11,3	3,8	7,0	3,8	7,0	4,3	6,0	3,0	5,2	6,0	5,2	7,8	9,4
6	♀	2	44	7,9	5,7	12,9	3,9	7,4	3,7	8,0	4,9	6,8	3,2	6,4	6,4	5,6	8,4	10,6
8	♀	2	49	9,2	5,5	13,9	3,8	7,6	3,8	8,6	5,3	7,5	3,9	6,3	7,6	6,2	9,8	12,1
9	♀	1	52	10,2	5,5	14,9	3,7	7,8	3,7	8,9	6,0	7,9	4,2	6,5	8,8	7,0	10,6	12,2
	♂	1	53	10,1	5,3	15,4	3,8	8,0	3,9	9,4	6,0	8,3	4,4	6,4	8,6	6,9	11,1	11,9
10	♀	2	54	10,2	6,2	15,0	3,8	8,1	3,9	9,3	5,7	8,0	4,1	6,4	8,1	6,9	10,5	12,8
	♂	1	51	10,5	6,0	14,8	3,6	8,0	3,6	8,5	6,3	7,9	4,0	6,6	8,3	7,0	10,6	12,8
11	♂	2	56	10,8	5,7	15,1	3,9	8,0	3,9	9,1	6,2	8,4	4,2	6,6	8,5	7,1	10,5	12,3
12	♂	2	56	10,7	6,3	15,3	3,9	7,9	4,2	9,1	6,2	8,4	4,3	6,7	8,1	7,0	11,3	12,9
13	♀	1	56	10,7	6,2	15,0	3,8	7,8	4,3	9,0	6,0	8,0	4,4	6,4	7,9	7,2	11,4	13,4
	♂	1	58	11,0	5,6	15,4	3,8	7,9	4,2	9,0	6,0	8,0	4,3	6,2	8,9	7,0	11,0	13,4
14	♂	3	57	11,1	6,0	15,4	3,7	7,8	4,1	9,1	6,0	8,3	4,3	6,8	8,6	7,6	11,8	13,9

Crocidura suaveolens – Gartenspitzmaus

Tabelle 115 (Forts.)

Alter	sex	n	Kr	Hf	Vf	Cbl	Iob	Skb	SkH	Skl	oZr	Mand	Corh	Hl	Ul	Fl	Tl	Sl
15	♂	2	58	10,9	5,8	15,0	3,7	8,0	4,2	9,3	5,9	8,0	4,3	6,9	9,3	7,7	11,8	13,7
16	♀	4	57	10,7	5,8	15,3	3,7	7,9	4,2	9,2	6,1	8,3	4,3	7,0	8,9	7,6	12,5	14,2
17	♀	2	54	10,4	5,6	15,0	3,7	7,9	4,2	9,0	6,1	7,9	4,0	6,9	8,8	7,7	11,6	13,3
17	♂	2	56	10,5	5,6	14,8	3,7	7,9	4,2	9,0	5,9	8,0	4,4	7,0	8,9	7,3	11,7	13,5
18	♀	3	56	10,5	5,6	14,8	3,7	7,9	4,2	9,0	5,9	8,0	4,4	7,0	8,9	7,3	11,7	13,0
18	♂	1	59	11,2	6,5	15,2	3,7	7,8	4,4	9,3	6,0	8,4	4,4	7,2	9,4	7,2	12,0	14,2
20	♀	1	59	11,2	6,5	15,8	4,1	8,1	4,1	9,7	6,2	8,6	4,5	7,3	9,0	8,2	12,6	15,0
20	♂	3	56	10,9	6,0	15,2	3,7	8,0	4,3	9,2	6,1	8,2	4,3	7,2	9,1	8,3	12,5	14,5
21	♀	1	56	10,9	6,0	14,9	3,8	7,9	4,4	9,3	5,9	8,2	4,3	7,2	8,9	8,0	12,2	13,2
22	♂	3	61	11,1	6,4	15,3	3,8	7,9	4,1	9,3	6,1	8,3	4,3	7,0	8,8	8,1	12,4	14,3
25	♂	2	62	10,8	6,2	15,7	3,9	8,0	4,2	9,3	6,3	8,7	4,4	6,9	8,6	7,9	12,4	13,7
26	♂	1	64	10,8	6,3	15,4	3,9	8,3	4,4	9,4	6,2	8,7	4,3	6,8	8,7	7,8	12,0	13,4
28	♂	1	62	10,8	6,0	14,8	3,8	7,9	4,0	9,0	6,2	8,7	4,4	7,2	8,9	8,0	12,5	14,1
30	♀	1	61	10,2	5,7	15,2	3,9	8,3	3,8	9,6	6,2	8,7	4,4	7,5	8,8	7,8	11,4	14,2
32	♂	1	65	10,9	6,1	15,7	4,0	8,1	4,7	9,7	6,2	8,5	4,5	7,3	9,3	8,2	12,0	14,0
34	♀	2	64	11,0	6,1	15,4	3,9	7,9	4,5	9,7	6,0	8,4	4,4	7,2	8,9	8,3	12,2	14,3
36	♀	1	60	11,1	6,0	16,0	3,8	7,8	4,5	9,7	6,3	8,7	4,4	7,2	9,4	8,0	12,8	14,4
40	♀	1	59	11,0	5,3	15,6	3,9	7,8	4,3	9,6	6,2	8,3	4,4	7,0	9,0	9,8	12,2	14,2

Tabelle 116. Aussehen junger *Crocidura suaveolens* im Alter zwischen 0 und 26 Tagen (VLASÁK 1970).

Alter (Tage)	Aussehen
0–0,02	Gesamte Haut aschgrau bis rosagrau, matt, ohne sichtbare Behaarung.
1	Die Dorsalseite von Kopf, Hals und Schultern beginnt sich dunkel zu färben. Zehen vorn zu einem Viertel, hinten zur Hälfte verwachsen.
2	Rückenseite hellgrau, glänzend außer der noch rosafarbenen Lendengegend. Grau auch Schwanzoberseite, Außenseite der Extremitäten und Rand der Ohrmuscheln. Zehen vorn völlig getrennt, hinten noch zur Hälfte verwachsen.
3	Die Farbe der Haut entspricht der künftigen Fellfarbe. Die dunkle Haut auf dem Rücken ist glatt und glänzend, eine spärliche, helle Behaarung ist gut sichtbar. Die hinteren Zehen sind frei.
4	Die Haut der dunkelfarbigen Partien des Körpers ist schwarzgrau und körnig.
5	Mit Ausnahme der Lendengegend ist die Haut auf dem Rücken glanzlos. Hautschuppen (Scalae epidermales) erscheinen auf der Oberseite von Kopf, Hals und Schultern. Die spärliche, helle Behaarung des Bauches ist gut sichtbar.
6	Rückenseite, mit Ausnahme der Lenden mit den Hautschuppen, von samtenem Aussehen (zum Vorschein kommende Behaarung). Große Schuppenmengen auf der Bauchseite.
7	Rückenseite schuppenlos, Behaarung noch nicht gut sichtbar. Bauchseite hellgrau mit Ausnahme der Inguinalregion und der Umgebung des Schwanzansatzes. Dichtes, grauweißes Haar auf der Halsunterseite.
8	Rückenseite völlig mit kurzem, dichtem, dunkelbraunem, schimmerndem Haar bedeckt. Außer der Rektalgegend ist die Bauchseite zu ¾ mit grauweißen, glänzenden Haaren bedeckt.
9	Bauchseite außer der unmittelbaren Rektalgegend und kahlen Zitzenanlagen der ♀ völlig behaart. Augenlider zum Großteil oder völlig frei.
10	Ganzer Körper behaart. Der äußere Gehörgang ganz offen, Ohrmuschel leicht vom Kopf abstehend.
11	Haut verliert ihren Glanz. I_1 durchbrechen Kiefer.
12	Ganze Körperbehaarung matt.

Tabelle 116 (Forts.)

Alter (Tage)	Aussehen
13	Durchbruch der I^1, I^2, I^3. Anlagen der Zitzen der ♀ zum Teil mit Haaren bedeckt.
14	Durchbruch der M^1, M^2, I_2, P_4, M_1, M_2.
15	Alle Zähne durchgebrochen, aber noch nicht völlig herausgewachsen.
16	Zahnwachstum beendet. Haare erreichen ihre Maximallänge in der „pinselartigen" Behaarung am Schwanzansatz.
19	Pinselartige Behaarung am Schwanzansatz undeutlich.
20	Pinselartige Behaarung am Schwanzansatz verschwunden.
24–26	Verlust (durch Abbrechen) langer Haare aus der Körperbehaarung. Die dunkelgraue Behaarung nimmt einen bräunlichen Ton an.

Verhalten. Aktivität: Ähnlich wie bei den übrigen Soricidenarten wechseln häufig kurze Aktivitäts- und Ruheperioden (short-term-activity). Die Ruhephasen sind jedoch bei der Gartenspitzmaus auffallend länger als z. B. bei Arten der Gattungen *Sorex* und *Neomys*. Im Laboratorium verläßt die Gartenspitzmaus in den Tagesstunden des Sommers das Nest durchschnittlich nach 114–115 Minuten, wogegen Arten der Gattungen *Sorex* und *Neomys* das Nest alle 30 bis 40 Minuten verlassen (TUPIKOVA 1949). Ausnahmsweise verweilt *C. suaveolens* im Sommer bis zu 9 Stunden im Nest (TUPIKOVA 1949), im Winter ungefähr 4,5 Stunden (ROOD 1965). Der Unterschied im Aktivitätsverhalten gegenüber der Soricinae ist wahrscheinlich auf Unterschiede in der Stoffwechselintensität zurückzuführen (TUPIKOVA 1949).

Im Labor wurde die Höchstaktivität in den Sommermonaten bei 12 Stunden Helligkeit (von 8.00 bis 20.00 Uhr) zwischen der 4. und 5. und der 18. und 20. Tagesstunde (von Beginn des Lichttages an gerechnet) beobachtet (PERNETTA 1977). Im Winter (Dezember), erreichte die Aktivität bei 8 Stunden Helligkeit ihren Höhepunkt um 4.00 und um 15.00 Uhr (ROOD 1965). Die Laborergebnisse bestätigen die Angaben aus dem Freiland (PERNETTA 1973).

Abweichende Befunde erhielten SIEGMUND und SIGMUND (1983): Ihre Prager Gartenspitzmäuse waren in Gefangenschaft bei normalen Lichtbedingungen (12 Stunden Helligkeit, 12 dunkel) rein nachtaktiv. Bei konstanten Lichtverhältnissen entwickelten sie einen freilaufenden Rhythmus mit einer Periodenlänge von 22 Stunden und 22 Minuten bei Dauerdunkel und 25 Stunden und 51 Minuten bei Dauerlicht. Geblendete Tiere verhielten sich wie solche unter Dauerdunkel. Demnach unterliegen Gartenspitzmäuse einer zirkadianen Aktivitätsperiodik, die durch den täglichen Hell-Dunkel-Wechsel über die Augen auf 24 Stunden synchronisiert wird.

Territoriumsgröße: Eine starke Aggressivität wurde bei entwöhnten Jungen dieser Art nicht festgestellt. In der Gefangenschaft zeigt sich bei subad und ad (mit Ausnahme von trächtigen und säugenden ♀) die Tendenz, soziale Gruppen ohne Rücksicht auf das Geschlecht zu bilden. Eine ähnliche Feststellung machte ROOD (1965) im Labor. Die Geselligkeit dieser Art wird auch durch Beobachtungen im Freiland unterstützt. Es wurde festgestellt, daß sich die von den einzelnen Tieren bewohnten Territorien stark überlagern; darüber hinaus wurden auch gemeinsame Aktivitätszentren zweier Individuen vorgefunden (ROOD 1965).

Nach SHIPANOV et al. (1987) ruhen Gartenspitzmäuse zwar gesellig, sind aber bei der Nahrungssuche aggressiv.

Die Größe der Territorien, ausgedrückt als größte Länge der Aktionsräume, wurde bei der Population der Scilly-Inseln gemessen. Das größte Territorium hatten ad ♂. Die Unterschiede zwischen den Territorien von ad ♀ und juv waren gering (Tab. 117).

Tabelle 117. Territoriumsgröße von *Crocidura suaveolens* auf den Scilly-Inseln.

Mon	Alter	sex	Länge in m Min – Max	$\bar{x}$	Autor
5–6	ad	♂	0–64	20	SPENCER-BOOTH (1963)
	ad	♀	4–26	10	
	juv		8–21	11	
6	ad	♂	–80	50	ROOD (1965)
	ad	♀	–40	27	
	juv	♂	–45	24	
	juv	♀	–64	23	
8	ad	♂	–63	63	
	juv	♂	–45	45	
	juv	♀	–51	32	

Brutpflege: Ungefähr 4–6 Tage vor dem Wurf fängt das ♀ mit dem Nestbau an. Wegen der häufigen Synanthropie dieser Art kann das Nest aus verschiedenartigstem Material gebaut werden. So wurde z. B. beim Forträumen eines Kehrrichthaufens ein Nest in einem alten Lumpen entdeckt, zu dessen Bau zerzupftes Papier und Textilfasern verwendet worden waren. Der äußere Durchmesser des Nestes ist ziemlich variabel, die

Höhlung eines neu erbauten Nestes mißt dagegen stets ungefähr 4,5–5,5 × 2,5 cm. Das Nest hat einen Eingang, den das ♀ vor dem Wurf mit Nestmaterial oder angehäuftem lockerem Material aus der unmittelbaren Umgebung des Nestes verschließt. Dieser Instinkt hält bei dem ♀ bis zum 10.–11. Tag nach dem Wurf an, d. h. bis die Jungen völlig behaart sind, verschließt es weiterhin das Nest. Bis zum 8. Tag nach dem Wurf werden bei Störungen die Jungen von der Mutter im Maul transportiert, später fast ausschließlich mit Hilfe der Karawane (siehe *C. russula*, S. 443). Manchmal provozieren die ♀ ihre Jungen zur Bildung einer Karawane. Vom 14. Tag nach dem Wurf an versucht das ♀ nicht mehr, die Jungen im Nest zu halten. Im Labor ruht das ♀ auch nach Ablauf der Brutpflegeperiode gemeinsam mit den Jungen im Nest. Das ♀ verhält sich gegenüber den ♂ und anderen ♀ kurz vor dem Wurf und während der Brutpflegeperiode der Jungen meist aggressiv, wenn es nicht bereits vorher mit ihnen in einem gemeinsamen Nest gelebt hat.

Zu den interessanten, ethologischen Phänomenen gehört eine regelmäßige Verkleinerung großer Würfe (5–6 Junge). Im Labor wurden dazu ein bis zwei Junge totgebissen (VLASÁK 1970).

Orientierung: Eine Bewertung der einzelnen Sinne bei der Orientierung der Gartenspitzmaus ist schwierig. Fest steht nur, daß der Gesichtssinn bei allen Spitzmäusen unwichtig ist (ADAMS 1912, HAMILTON 1944, TUPIKOVA 1944, MARLOW 1954/55, HERTER 1957, CROWCROFT 1957, ROOD 1958, GRÜNWALD 1969, VLASÁK 1970). Das Auge der Gartenspitzmaus ist wie bei anderen Soriciden zwar klein, aber in allen Teilen wie bei anderen Säugetieren mit einem guten Gesichtssinn aufgebaut. Auf Grund der Reaktionen auf Lichtreize ist anzunehmen, daß das Auge der Spitzmäuse vor allem zur Wahrnehmung der Lichtintensität im Tages- und Jahreszyklus dient (BRANIŠ 1981, SIGMUND et al. 1987). Dressuren auf helle gegen dunkle Röhren gelangen (BRANIŠ 1988). SIGMUND et al. (1987) verglichen die Netzhaut von *Crocidura suaveolens* und *Sorex araneus* in Semi- und Ultradünnschnitten. Danach hat *C. suaveolens* ein stärker melanisiertes Pigmentepithel und weniger Zapfen als *S. araneus*. Die Sehnerven enthalten myelinisierte Axone. Die primären Sehzentren im Gehirn (Corpus geniculatum laterale, Tectum opticum, Area praetectalis im Zwischenhirn) sind gut entwickelt.

Es ist fraglich, ob die Gartenspitzmaus zu Orientierungszwecken eine Echopeilung benutzt, wie sie bei den Gattungen *Sorex* und *Blarina* (GOULD u. a. 1964) festgestellt wurde und bei den Gattungen *Cryptotis* und *Suncus* angenommen wird. Zwar wurden akustische Signale im Ultraschall-Bereich bei *Crocidura russula* und *C. olivieri* festgestellt, doch eine Echopeilung konnte experimentell bei diesen Tieren nicht bewiesen werden (GRÜNWALD 1969).

Eine Nahorientierung erfolgt hauptsächlich mit dem Gehör-, Geruchs- und Tastsinn, doch es ist schwierig, die Bedeutung dieser Sinne zu bestimmen. TUPIKOVA (1944) und GRÜNWALD (1969) betrachten den Tastsinn als das wichtigste Orientierungsorgan der Crociduren, ANSELL (1964) und ROOD (1958) den Tast- und Gehörsinn, NIETHAMMER (1950), MARLOW (1954/55) und VLASÁK (1970) den Geruchs- und Gehörsinn.

GRÜNWALD (1969) weist darauf hin, daß auch der Geruchssinn bei der Nahrungssuche der Crociduren zur Geltung gelangt. Bei *Sorex araneus* war allerdings die Empfindlichkeit gegenüber Buttersäure, Propionsäure und Essigsäure geringer als beim Igel (*Erinaceus*) und beim Menschen (SEDLÁČEK 1980). Bei der Orientierung von *C. suaveolens* könnte auch eine teletaktile Empfänglichkeit – die Aufnahme von Luftdruckänderungen verursacht durch sich bewegende Objekte – eine Rolle spielen. Die Existenz eines solchen Phänomens erwägt PODUSCHKA (1977) auf Grund ANSELLS (1964) Beschreibung des Verhaltens von *Crocidura bicolor*.

Signale: Die Gartenspitzmaus verständigt sich akustisch, taktil und mittels Duftmarkierung. Akustische Signale dienen nicht nur zur Verständigung von im unmittelbaren Kontakt stehenden Individuen. Gut ersichtlich ist auch die Reaktion auf den Angstruf eines entfernten Individuums (unveröffentlicht). Ein unmittelbarer Kontakt von Tieren ist fast immer mit einer akustischen Verständigung verbunden. Diese ist gut erkennbar z. B. bei einem aggressiven Verhalten des ♀ gegen die Jungen (unveröffentlicht).

Höchstwahrscheinlich umfassen akustische Signale der Gartenspitzmaus auch Ultraschall. HUTTERER (1979) beschrieb langgezogene, tonale Laute um 20 kHz in Zusammenhang mit dem Paarungsverhalten. Adulte Gartenspitzmäuse geben einen starken Duft ab, dessen exakte Quelle noch nicht geklärt ist. Dem Markieren könnten Bewegungen dienen, bei denen Gartenspitzmäuse mit seitwärts gestreckten Hinterbeinen Flanken und Analgegend an der Unterlage rieben. Dabei kommt eine Duftmarkierung mit einem Sekret in Betracht, das von Lateral-, Proktodaeal- oder Analdrüsen abgesetzt wird. PERNETTA (1977) beobachtete eine Duftmarkierung freistehender erhöhter Stellen mit dem „Kinn". Zu den Duftsignalen gehört auch eine Kotablagerung an einigen ausgewählten Stellen des Territoriums, was sowohl im Labor als auch im Freiland beobachtet wurde (PERNETTA 1973, VLASÁK unveröffentlicht). Die Bedeutung als Duftmarkierung ist jedoch fraglich, und die Ansichten darüber sind widersprechend (PODUSCHKA 1977).

Die Duftmarkierung des Individuums informiert über die Anwesenheit und den physiologischen Zustand des Artgenossen. Sie kann entweder andere Tiere vertreiben oder den Kontakt mit dem die Duftmarken absetzenden Tier vermitteln. Man kann z. B. in der Gefangenschaft große Unruhe bei der Gartenspitzmaus hervorrufen, indem man einen Gegenstand mit dem Duft eines fremden Individuums „parfümiert" und ihn in ihr Territorium legt (unveröffentlicht). Der Kopulation der Gartenspitzmaus geht ein intensives gegenseitiges Beschnüffeln voraus, in dessen Verlauf sich anfangs das ♀ dem ♂ gegenüber stark aggressiv verhält (VLASÁK 1970). Ob die Aggressivität kurz vor der Kopulation durch eine erhöhte Sekretion der Duftdrüsen vermindert wird, wie dies bei *Suncus murinus* (DRYDEN und CONAWAY 1967) der Fall ist, ist nicht bekannt.

Der unmittelbare Kontakt zwischen den einzelnen Gartenspitzmäusen wird stets von einer taktilen Kommunikation begleitet.

Literatur

ABELENCEV, V. I.; PIDOPLIČKO, I. G.; POPOV, B. M.: Fauna Ukrajini I (1). Akad. Nauk Ukrajinskoi RSR, Kyjiv, 1956.
ADAMS, L. E.: The duration of life of the common and lesser shrew, with some notes on their habits. Mem. Proc. Manchester lit. Phil. Soc. **55**, 1912, 1–10.
ANDĚRA, M.; HŮRKA, L.: Zur Verbreitung der *Crocidura*-Arten in der Tschechoslowakei (Mammalia: Soricidae). Folia Mus. Rer. Natur. Bohem. Occident., Plzeň, Zool. **18**, 1984.
ANSELL, W. F. H.: Captivity behaviour and postnatal development of the shrew *Crocidura bicolor*. Proc. Zool. Soc. London **142**, 1964, 123–127.
BRANIŠ, M.: Morphology of the eye of shrews (Soricidae, Insectivora). Acta Univ. Carolinae Biol., 1981, 409–445.
– Light perception in the white-toothed shrew (*Crocidura suaveolens*) (Mammalia, Insectivora). Věst. čs. Společ. zool. **52**, 1988, 1–6.
BUSTOS, A. R.; VARGAS, J. M.; CAMPRODÓN, J.; SANS-COMA, V.: Die Gartenspitzmaus, *Crocidura suaveolens* (Pallas, 1811) im Jungpleistozän (Würm I) von Südspanien. Säugetierk. Mitt. **31**, 1984, 251–256.
CATZEFLIS, F.: Relations génétiques entre trois espèces du genre *Crocidura* (Soricidae, Mammalia) en Europe. Mammalia **47**, 1983a, 229–236.
– Analyse cytologique et biochimique des Crocidures de l'Ile de Chypre (Mammalia, Insectivora). Rev. suisse Zool. **90**, 1983b, 407–415.
– MADDALENA, T.; HELLWING, S.; VOGEL, P.: Unexpected findings on the taxonomic status of east mediterranean *Crocidura russula* auct. (Mammalia, Insectivora). Z. Säugetierk. **50**, 1985, 185–201.
CROWCROFT, P.: The life of the shrew. London, 1957.
DOLGOV, V. A.: Diagnoses of *Crocidura suaveolens* and *C. leucodon* (Insectivora, Soricidae). Zool. Ž. (Moskva) **53**, 1954, 912–918 (Russisch).
DRYDEN, G. L.; CONAWAY, C. H.: The origin and hormonal control of scent production in *Suncus murinus*. J. Mammal. **48**, 1967, 420–428.
ĐULIĆ, B.: Taxonomic position of *Crocidura suaveolens* (Pallas, 1811) (Mammalia, Insectivora) in the Adriatic islands. Biosistematika **2**, 1976, 143–153. (Serbokroatisch mit englischer Zusammenfassung.)
EICHSTÄDT, W.; LEMKE, H.: Zur Verbreitung der Gartenspitzmaus (*Crocidura suaveolens*). Naturschutzarbeit Mecklenburg **31**, 1988, 44.
FORMOZOV, A. N.: The covering of snow and the life of mammals and birds of USSR. Izd. MOIP, Moskva 1946 (Russisch).

- Mammals and birds and their interrelations with the environment. Nauka, Moskva 1976 (Russisch).
GERAETS, A.: Wiederkauen und Enddarmlecken bei Spitzmäusen (Insectivora). Säugetierk. Mitt. **2**, 1978, 127–131.
GÖRNER, M.: Zur Verbreitung der Kleinsäuger in Südwesten der DDR auf der Grundlage von Gewöllanalysen der Schleiereule (*Tyto alba* Scop.). Zool. Jb. Syst. **106**, 1979, 429–470.
GOULD, E.: Communication in three genera of shrews (Soricidae): *Suncus*, *Blarina* and *Cryptotis*. Commun. behav. Biol., (A) **3**, 1969, 11–31.
- NEGUS, N.; NOVICK, A.: Evidence for echolocation in shrews. J. Exp. Zool. **156**, 1964, 19–38.
GRÜNWALD, A.: Untersuchungen zur Orientierung der Weißzahnspitzmäuse (Soricidae-Crocidurinae). Z. vergl. Physiol. **65**, 1969, 191–217.
HAITLINGER, R.: A new high-mountain station of *Crocidura suaveolens* (Pall.). Przeglad Zool. **11**, 1967, 349–350.
HAMILTON, W. J.: The biology of the little short-tailed shrew, *Cryptotis parva*. J. Mammal. **25**, 1944, 1–7.
HANZÁK, J.; ROSICKÝ, B.: A contribution to our knowledge of some representatives of the orders of the Insectivora and Rodentia in Slovakia. Acta Mus. Nat. Prague **5**, 1949, 1–77 (tschechisch mit englischer Zusammenfassung).
HAWKINS, A. E.; JEWELL, P. A.: Food consumption and energy requirements of captive British shrews and the mole. Proc. Zool. Soc. London **138**, 1962, 137–167.
HEIM DE BALSAC, H.; DE BEAUFORT, F.: La Crocidure de l'Ile de Sein. Sa position parmi les populations françaises de *Crocidura suaveolens*. Mammalia **30**, 1966, 634–636.
HERTER, K.: Das Verhalten der Insektivoren. Handbuch der Zoologie **8**, 1957.
HOLLING, C. S.: Sensory stimuli involved in the location and selection of sawfly cocoons by small mammals. Canad. J. Zool. **36**, 1958, 633–653.
HUMIŃSKI, S.; WOJCIK-MIGALA, T.: Note on *Crocidura suaveolens* Pallas, 1811 from Poland. Acta theriol. **12**, 1967, 168–171.
HUTTERER, R.: Wie „nützlich" sind unsere einheimischen Spitzmäuse? Natur Land **60**, 1974, 42–44.
- Paarungsrufe der Wasserspitzmaus (*Neomys fodiens*) und verwandte Laute weiterer Soricidae. Z. Säugetierk. **43**, 1979, 330–336.
- Der Status von *Crocidura ariadne* Pieper, 1979 (Mammalia: Soricidae). Bonn. zool. Beitr. **32**, 1981, 3–12.
- The species of *Crocidura* (Soricidae) in Morocco. Mammalia **50**, 1986, 521–534.
JENKINS, P. D.: Variation in eurasian shrews of the genus *Crocidura* (Insectivora: Soricidae). Bull. Brit. Mus. nat. Hist. (Zool.) **30**, 1976, 271–309.
KAHMANN, H.; KAHMANN, E.: La musaraigne de Corse. Mammalia **18**, 1954, 129–158.
- VESMANIS, I.: Morphometrische Untersuchungen an Wimperspitzmäusen (*Crocidura*). 2. Zur weiteren Kenntnis von *Crocidura gueldenstaedti* (Pallas 1811) auf der Insel Kreta. Op. Zool. **136**, 1975a, 1–12.
- - Morphometrische Untersuchungen an Wimperspitzmäusen (*Crocidura*) 1. Die Gartenspitzmaus *Crocidura suaveolens* (Pallas, 1811) auf Menorca. Säugetierk. Mitt. **22**, 1975b, 313–324.
KOCK, D.: Zur Säugetierfauna der Insel Chios, Ägäis (Mammalia). Senckenbergiana biol. **55**, 1974, 1–19.
KUVIKOVÁ, A.: Nahrung der zwei Arten der Gattung *Crocidura*, *C. leucodon* und *C. suaveolens* in der Slowakei (Mammalia, Soricidae). Lynx (Praha), **23**, 1987, 51–54.

LEHMANN, E VON: Ergänzende Mitteilungen zur Kleinsäugerfauna Kalabriens. Suppl. Ric. Biol. Selvagg. (Bologna) **5**, 1977, 195-218.
MALEC, F.; STORCH, G.: Insektenfresser und Nagetiere aus dem Trentino, Italien (Mammalia: Insectivora und Rodentia). Senckenbergiana biol. **49**, 1968, 89-98.
MARLOW, B. J.: Observations on the herero musk shrew, *Crocidura flavescens herero* St. Leger, in captivity. Proc. Zool. Soc. London **124**, 1954/55, 803-808.
MEYLAN, A.; HAUSSER, J.: Position cytotaxonomique de quelques musaraignes du genre *Crocidura* au Tessin (Mammalia, Insectivora). Rev. suisse Zool. **81**, 1974, 701-710.
NIETHAMMER, G.: Zur Jugendpflege und Orientierung der Hausspitzmaus (*Crocidura russula* Herm.). Bonn. zool. Beitr. **1**, 1950, 117-125.
- Die (bisher unbekannte) Schwanzdrüse der Hausspitzmaus, *Crocidura russula* (Hermann, 1780). Z. Säugetierk. **27**, 1962, 228-234.
NIETHAMMER, J.: Kleinsäuger von Kithira, Griechenland. Säugetierk. Mitt. **4**, 1971, 363-365.
- Arealveränderungen bei Arten der Spitzmausgattung *Crocidura* in der Bundesrepublik Deutschland. Säugetierk. Mitt. **2**, 1979, 132-144.
ONDRIAS, J. C.: Contribution to the knowledge of *Crocidura suaveolens* (Mammalia, Insectivora) from Greece, with a description of a new subspecies. Z. Säugetierk. **35**, 1970, 371-381.
PELIKÁN, J.: Zur Faunistik der Kleinsäuger in dem Tatra-Nationalpark. Zool. listy **11**, 1962, 190-192 (Tschechisch mit deutscher Zusammenfassung).
- Mammals of Nesyt fishpond, their ecology and production. Acta Sci. Nat. Brno. **9**, 1975, 1-45.
PERNETTA, J. C.: The ecology of *Crocidura suaveolens cassiteridum* (Hinton) in a coastal habitat. Mammalia **37**, 1973, 241-256.
- Activity and behaviour of captive *Crocidura suaveolens cassiteridum* (Hinton, 1924). Acta theriol. **22**, 1977, 387-388.
- HANDFORD, P.: Mammalian and avian remains from possible Bronze age deposits on Nornour, Isles of Scilly. J. Zool., London **162**, 1970, 534-540.
PIEPER, H.: Über einige bemerkenswerte Kleinsäuger-Funde auf den Inseln Rhodos und Kos. Acta Biologica Hellenica **1**, 1965-1966, 21-28.
PODUSCHKA, W.: Insectivore communication. In: SEBEOK, T. A. (ed.): How animals communicate. Indiana Univ. Press, 1977, 600-633.
POITEVIN, F.; CATALAN, J.; FONS, R.; CROSET, H.: Biologie évolutive des populations Ouest-européennes de crocidures. 1. - Critères d'identification et repartition biogéographique de *Crocidura russula* (Hermann, 1780) et *Crocidura suaveolens* (Pallas, 1811). Rev. Ecol. (Terre Vie) **41**, 1986, 299-314.
- Biologie évolutive des populations Ouest-européennes de crocidures. II. - Écologie comparée de *Crocidura russula* Hermann, 1780 et de *Crocidura suaveolens* Pallas, 1811 dans le midi de la France et en Corse: Role probable de la compétition dans le partage des milieux. Rev. Ecol. (Terre Vie) **42**, 1987, 39-58.
REUMER, J. W. F.: Notes on the Soricidae (Insectivora, Mammalia) from Crete. I. The Pleistocene species *Crocidura zimmermanni*. Bonn. zool. Beitr. **3**, 1986, 161-171.
- PAYNE, S.: Notes on the Soricidae (Insectivora, Mammalia) from Crete. II. The shrew remains from Minoan and classical Kommos. Bonn. zool. Beitr. **37**, 1986, 173-182.
REY, J. M.; LANDIN, A.: Sobre la presencia de *Crocidura suaveolens* en el sur de Andalucía (Mammalia, Insectivora). Bol. R. Soc. Española Hist. Nat. (Biol.) **71**, 1973, 9-16.

Rey, J. C.; Rey, J. M.: Nota preliminar sobre las musarañas del genero *Crocidura* Wagler, 1832, en las islas Baleares. Bol. Estación Central Ecol. **3**, 1974, 79–85.
Richter, H.: Eine Serie *Crocidura gueldenstaedti* (Pallas, 1811) (Mammalia, Insectivora) von der griechischen Insel Samos. Beaufortia **157**, 1966, 109–115.
– Neue Funde der Gartenspitzmaus, *Crocidura suaveolens* (Pallas, 1811), in Nordspanien und Portugal. Mitt. Zool. Mus. Berlin **46**, 1970a, 91–95.
– Zum taxonomischen Status der zwei *Crocidura*-Formen von Kreta (Mammalia, Insectivora, Soricidae). Zool. Abh. Mus. Tierk. Dresden **31**, 1970b, 279–291.
– Zur Taxonomie und Verbreitung der palaearktischen Crociduren (Mammalia, Insectivora, Soricidae). Zool. Abh. Mus. Tierk. Dresden **31**, 1970c, 293–304.
Rood, J. P.: Habits of the short-tailed shrew in captivity. J. Mammal. **39**, 1958, 499–507.
– Observations on population structure, reproduction and molt of the Scilly shrew. J. Mammal. **46**, 1965, 426–433.
Rosický, B.; Kratochvíl, J.: Die Kleinsäuger des Tatra-Nationalparks. Ochrana přírody **10**, 1955, 34–46 (Tschechisch mit deutscher Zusammenfassung).
Rybář, P.: Die zweifarbige Fledermaus (*Vespertilio murinus* L.) und andere kleine Wirbeltiere in der Nahrung der Schleiereule (*Tyto alba guttata* Brehm) in Častolovice (Ostböhmen). Zool. listy **18**, 1969, 239–246.
Saint Girons, M.-C.; Fons, R.; Nicolau-Guillaumet, P.: Caractères distinctifs de *Crocidura russula*, *Crocidura leucodon* et *Crocidura suaveolens* en France continentale. Mammalia **43**, 1979, 511–518.
Schmidt, A.: Zur Bestimmung der Gartenspitzmaus (*Crocidura suaveolens* [Pallas]) und Feldspitzmaus (*C. leucodon* [Hermann]) nach Schädelmerkmalen. Abh. Ber. Naturkundl. Mus. „Mauritianum" Altenburg **9**, 1976, 149–152.
Schmidt, E.: Vergleichende und populationsstatistische Untersuchungen an Unterkiefern der Feld- und Gartenspitzmaus, *Crocidura leucodon* (Hermann, 1780) und *Crocidura suaveolens* (Pallas, 1811), in Ungarn. Säugetierk. Mitt. **1**, 1967, 61–67.
– Vergleich zwischen der Säugetiernahrung der Waldohreulen, *Asio otus* (L.) in der ungarischen Tiefebene und der in Nordeuropa. Luonnais – Hämeen Luonto **45**, 1972, 3–10.
Sedláček, F.: Olfactory thresholds in common shrew (*Sorex araneus*) of some fatty acids. Master Diss. Univ. Prag 1980 (Tschechisch).
Shipanov, N. A.; Shilov, A. I.; Bodyak, N. D.: Behavior of *Crocidura suaveolens* observed in confinement. Zool. Ž. (Moskva) **66**, 1987, 1540–1551.
Siegmund, R.; Sigmund, L.: Circadian oscillations of locomotor acitivity in *Crocidura suaveolens* (Soricidae, Insectivora, Mammalia). Z. Säugetierk. **48**, 1983, 185–187.
Sigmund, L.; Siegmund, R.; Claussen, C.-P.: Bau und Funktion der optischen Sinnesorgane bei der Waldspitzmaus *(Sorex araneus)* und der Gartenspitzmaus *(Crocidura suaveolens)* und ihre Beziehung zum lokomotorischen Verhalten. Zool. Jb. Physiol. **91**, 1987, 63–78.
Simionescu, V.: New data concerning the variability of *Crocidura suaveolens* Pallas, 1811, in Romania. Anuarul Muz. nat. Piatra Neamt (Bot.-Zool.) **3**, 1977, 417–426.
Simm, K.: *Crocidura mimula mimula* G. S. Miller (1901) in Poland (Mammalia, Insectivora-Soricidae). Bull. Soc. Amis Sci. Lettres Poznań **12**, 1953, 189–195.
Sládek, J.: Die Funde einiger seltenerer Arten von Kleinsäugern in der Nahrung der Raubvögel und Eulen in der Slowakei. Lynx **3**, 1964, 30–36 (Tschechisch mit deutscher Zusammenfassung).

SPENCER-BOOTH, Y.: Shrews (*Crocidura cassiteridum*) on the Scilly Isles. Proc. Zool. Soc. London **126,** 1956, 167–170.
— A coastal population of shrews (*Crocidura suaveolens cassiteridum*). Proc. Zool. Soc. London **140,** 1963, 322–326.
SPITZENBERGER, F.: Die Weißzahnspitzmäuse (Crocidurinae) Österreichs. Mammalia austriaca 8 (Mammalia, Insectivora). Mitt. Abt. Zool. Landesmus. Joanneum **35,** 1985, 1–40.
STEIN, G. H. W.: Zur Ökologie norddeutscher Gartenspitzmäuse (*Crocidura suaveolens mimula* Miller, 1917). Säugetierk. Mitt. **4,** 1956, 130.
TUPIKOVA, N. V.: Food and character of the daily activity of shrews of the temperate zone in USSR. Zool. Ž. (Moskva) **28,** 1949, 561–572 (Russisch).
TYRNER, P.; BÁRTA, Z.: Zur Verbreitung, Bionomie und Biometrie der Gartenspitzmaus (*Crocidura suaveolens* Pallas, 1811) in Nordwestböhmen. Z. Säugetierk. **36,** 1971, 297–304.
— On the occurence of the lesser white-toothed shrew (*Crocidura suaveolens* Pallas, 1811) in northwestern Bohemia. Lynx **13,** 1972, 51–55 (Tschechisch mit deutscher Zusammenfassung).
VÁSÁRHELYI, S.: Beiträge zur Kenntnis der Lebensweise zweier Kleinsäuger. Allat. Közlem. **26,** 1929, 84–92.
VESMANIS, I.: Zur Identität des Typus-Exemplares von *Crocidura corsicana* Raynaud & Heim de Balsac, 1940 im Vergleich mit *Crocidura cyrnensis* Miller, 1907 (Mammalia: Insectivora). Bonn. zool. Beitr. **27,** 1976a, 164–171.
— Morphometrische Untersuchungen an algerischen Wimperspitzmäusen. 2. Die *Crocidura suaveolens*-Gruppe (Mammalia: Insectivora). Z. Säugetierk. **41,** 1976b, 216–225.
— Vergleichende morphometrische Untersuchungen an der Gartenspitzmaus aus Jugoslawien. Acta theriol. **21,** 1976c, 513–526.
— Morphometrische Darstellung zweier Gartenspitzmäuse, *Crocidura suaveolens suaveolens* (Pallas, 1811), von der Halbinsel Krim (UdSSR) (Mammalia, Insectivora, Soricidae). Zool. Abh. Mus. Tierk. Dresden **41,** 1986, 189–194.
— ALCOVER, J. A.: Über den Typus *Crocidura suaveolens balearica* (Miller, 1907) von der Baleareninsel Menorca (Mammalia: Insectivora). Boll. Soc. Hist. Nat. Balears **24,** 1980, 113–116.
— KAHMANN, H.: Morphometrische Untersuchungen an Wimperspitzmäusen (*Crocidura*). 3. Ein Vorkommen der Gartenspitzmaus, *Crocidura suaveolens* (Pallas, 1811) in der Provinz Salamanca, Spanien. Säugetierk. Mitt. **24,** 1976, 19–25.
— — Morphometrische Untersuchungen an Wimperspitzmäusen (*Crocidura*). 4. Bemerkungen über die Typusreihe der kretaischen *Crocidura russula zimmermanni* Wettstein, 1953 im Vergleich mit *Crocidura gueldenstaedti caneae* (Miller, 1909). Säugetierk. Mitt. **26,** 1978, 214–222.
— SANS-COMA, V.; FONS, R.; VESMANIS, A.; ALCOVER, J. A.: Über die Coronar-Höhe des Unterkiefers als trennendes Merkmal (?) verschiedener Wimperspitzmaus-Taxa im Mittelmeerraum (Mammalia, Insectivora). Miscell. Zool. (Barcelona) **6,** 1980, 135–138.
— VESMANIS, A.: Bemerkungen zur Morphometrie des P^4 bei einigen Wimperspitzmaus-Arten im Mittelmeerraum (Insectivora: *Crocidura*). Zool. Beitr. **26,** 1980, 1–11.
— Über den Typus *Crocidura russula cypria* Bate, 1903 von der Mittelmeerinsel Zypern (Mammalia, Insectivora, Soricidae) Zool. Abh. Mus. Tierk. Dresden **38,** 1982, 133–136.
VLASÁK, P.: Zum Vorkommen der Gartenspitzmaus (*Crocidura suaveolens* Pallas,

1811) im Riesengebirge und Adlergebirge. Opera Corcontica **6,** 1969, 163–174 (Tschechisch mit deutscher Zusammenfassung).
– The biology of reproduction and post-natal development of *Crocidura suaveolens* Pallas, 1811 under laboratory conditions. Acta Univ. Carolinae, Biol. **3,** 1970, 207–292.

VLČEK, M.: Die Ernährung des Steinkauz *Athene noctua* (Scop.) in Kopidlno. Práce a studie (Pardubice) **3,** 1971, 93–96 (Tschechisch mit deutscher Zusammenfassung).

VOGEL, P.; MADDALENA, T.; CATZEFLIS, F.: A contribution to the taxonomy and ecology of shrews (*Crocidura zimmermanni* and *C. suaveolens*) from Crete and Turkey. Acta theriol. **31,** 1986, 537–545.

VOHRALÍK, V.: Age determination and the population structure in *Crocidura suaveolens* (Mammalia; Insectivora) in Prague, Czechoslovakia. Věst. čs. Společ. zool. **52,** 1988, 63–74.

VOLOŽENINOV, N. N.; DAVLETŠENA, A. G.: Some ecological questions of the lesser white-toothed shrew in south Uzbekistan. Ekologija **6,** 1972, 97–98 (Russisch).

Crocidura russula (Hermann, 1780) – Hausspitzmaus

E: Greater white-toothed shrew; F: La musaraigne musette

Von M. Genoud und R. Hutterer

Diagnose. Mittelgroß, ± einfarbig graubraun, Hf bis 13,5, Cbl bis 20,0. Schädel und Rostrum lang; Processus zygomaticus des Maxillare hakenförmig; Processus angularis des Unterkiefers mit endständigem Knochenwulst. Obere und untere Incisiven lang; P^4 mit großem, deutlich abgesetztem Paraconus; in Seitenansicht überragt U^3 den Paraconus des nachfolgenden P^4.

Karyotyp: 2n = 42 (Bovey 1949), NF = 60 (Schmid 1968; Meylan und Hausser 1974; Catzeflis 1983). 5 Chromosomenpaare sind metazentrisch, 3 Paare submeta- bis subtelozentrisch und 12 Paare akrozentrisch. Das X-Chromosom ist das größte metazentrische Element, das Y-Chromosom ist akrozentrisch.

Zur Taxonomie: Die morphologische Unterscheidung aller Populationen von *C. russula*, *C. leucodon* und *C. suaveolens* in Europa ist schwierig. Dies gilt vor allem für die mediterranen Formen.

In der Region sympatrischen Vorkommens mit *C. leucodon* läßt sich *C. russula* leicht an der einheitlich graubraunen Fellfärbung erkennen. An charakteristischen Schädelmerkmalen sind zu nennen: die hohe Schädelkapsel (Miller 1912*), hakenförmig ausgebildete Jochbeinfortsätze und ein langes Rostrum (Richter 1963). Der Knochensteg über dem Canalis infraorbitalis ist deutlich kürzer als bei *C. leucodon* (Herzig und Spitzenberger 1977). Der Winkelfortsatz des Unterkiefers ist mit einem endständigen Knochenwulst versehen, der bei *C. leucodon* fehlt (Richter 1964). Zahnmerkmale sind weniger verläßlich. Im Oberkiefer ist der U^3 meist länger als der Paraconus des nachfolgenden P^4. Der Protoconus des P^4 bildet die linguale Kante des Zahnes (Richter 1963, 1970). Weitere Merkmale bei Vierhaus (1973), Chaline et al. (1974*), Saint Girons et al. (1979) und Spitzenberger (1985).

In Regionen sympatrischen Vorkommens mit *C. suaveolens* unterscheidet sich *C. russula* vor allem durch größere Körpermaße und längeren Hinterfuß. Trennende Schädelmaße sind Cbl (über 18, Saint Girons 1973*),

Coronoidhöhe (Corh über 4,2 nach SAINT GIRONS et al. 1979, doch vgl. auch VESMANIS et al. 1980), Länge der U^{sup}-Reihe (von labial gemessen über 2,0, JENKINS 1976a), die Länge des Rostrums (VESMANIS und VESMANIS 1980a) und die Größe des P^4 (VESMANIS und VESMANIS 1980b). Qualitative Unterscheidungsmerkmale sind u. a. die Lage des Protoconus des P^4, der deutlich größere und abgesetzte Paraconus des P^4, die langen messerförmigen Incisiven, und die hakenförmigen Jochbogenfortsätze (vgl. SPITZENBERGER 1985).

C. russula wurde auch für Israel und die Türkei angegeben (OGNEV 1928*; HARRISON 1964*; ELLERMAN und MORRISON-SCOTT 1966*; SPITZENBERGER 1970, 1973*; KOCK et al. 1972; FELTEN et al. 1973*; JENKINS 1976a; ATALLAH 1977*; SIMSEK 1980), doch haben jüngste Untersuchungen von CATZEFLIS et al. (1985) zur Karyologie und Biochemie von *Crocidura* aus Zypern, Samos, Lesbos, Türkei und Israel in allen Fällen eine Zuordnung zu *C. suaveolens* ergeben, auch bei solchen Tieren, die nach den früher verwendeten morphologischen Kriterien zu *russula* gestellt worden wären. Ein vom westeuropäischen Areal der Art isoliertes Vorkommen in Osteuropa ist danach sehr unwahrscheinlich. Abb. 119 zeigt das belegte Areal von *C. russula* nach Ausschluß der falschen und zweifelhaften Meldungen.

Beschreibung. Mittelgroß; Kr 51–86 mm; Gew 5–15 g; Schw 24–46 mm, Hf 11–13,5 mm.

Fell fein und seidig bei Jungtieren, grober bei Subadulten und ad. Grannenhaare ein- bis dreifach geknickt, ohne Binden. Ihre apikalen Segmente, deren Mark sich aus 280–338 Kammern zusammensetzt (KELLER 1978*), weisen einen etwa viereckigen Querschnitt auf (VOGEL und KÖPCHEN 1978*). Die Fellfärbung ist variabel. Die Oberseite ist aschgrau, dunkelgrau, graubraun oder braun, je nach Alter und Herkunft. Die Unterseite ist normalerweise hellgrau ohne scharfe Trennung zur Oberseite. Dunkelbäuchige Tiere kommen auf Sardinien vor (KAHMANN und EINLECHNER 1959).

Schädel (Abb. 118): Der Gesichtsschädel ist lang. Die Schädelkapsel ist hoch und in dorsaler Ansicht mehr oder weniger hexagonal. Die Interorbitalregion ist lang und weist dorsal kein Foramen vasculare auf. Das Rostrum ist schlank und deutlich länger als bei mitteleuropäischen *C. leucodon*. Der Proc. zygomaticus des Maxillare ist deutlicher abgesetzt als bei *C. leucodon*. Dadurch ist das Rostrum über dem Proc. zygomaticus am breitesten (RICHTER 1963). Die Mandibel ist weniger robust als bei *C. leucodon*. Ihr Condylus weist eine charakteristische seitliche Einbuchtung auf, und der Angularfortsatz ist mit einer schräg verlaufenden Knochenleiste versehen, die oft in einem proximalen Knochenwulst endet.

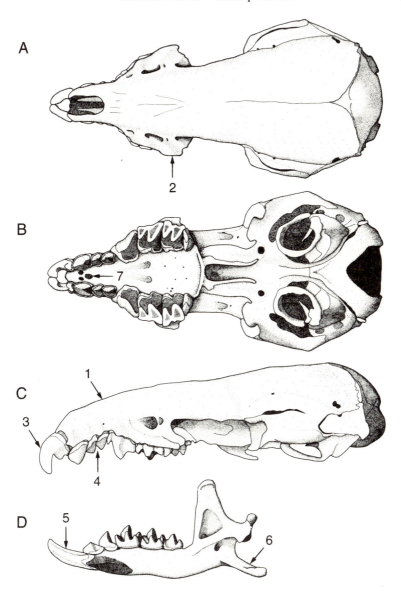

Abb. 118. Schädel von *Crocidura russula* aus Fribourg, Schweiz, **A** dorsal, **B** ventral, **C** lateral, **D** rechter Unterkiefer lingual. Wichtige Merkmale: 1 Rostrum langgestreckt, 2 Jugalfortsatz des Maxillare hakenförmig, 3 I^1 groß und lang, 4 U^{2-3} größer als der Paraconus des P^4, 5 I_1 verhältnismäßig lang, 6 Winkelfortsatz kolbenförmig verdickt, 7 Foramen incisivum in Höhe des Hinterrandes von U^1 gelegen. Merkmale 1–6 sind bei *C. suaveolens* und *C. leucodon* anders ausgebildet und eignen sich zur Artunterscheidung. Zeichnung: STEFANIE LANKHORST.

Tabelle 118. Maße von *Crocidura russula*. Population von Morges, Westschweiz. Sammlung IZEA, Institut de zoologie et d'écologie animale, Universität Lausanne. Körpermaße: F. BESANÇON. Schädelmaße: R. GANDER. gr = gravid; l = laktierend. Schädel- und Unterkiefermaße nach HAUSSER et al., Beitrag *Sorex araneus*.

Nr.	sex	AG	Mon	Gew	Kr	Schw	Hf	Cbl	Skb	SkH	oZr ohne I	Rol	Corh	Condh	I_1	U_1-M_3	M_1-M_3	Mand (α)
401	♂	juv	7	6,9	72	39	13,0	18,9	–	–	7,3	2,63	4,70	1,74	3,64	6,03	4,20	7,50
402	♂	juv	7	5,6	64	38	11,5	18,4	8,8	5,2	7,0	2,57	4,71	1,54	3,54	5,93	4,02	7,52
411	♂	juv	7	8,9	76	43	12,5	19,2	9,3	5,6	7,3	2,65	4,70	1,68	3,58	6,06	4,12	7,46
101	♀	juv	8	8,4	76	33	12,0	19,1	9,1	5,5	7,4	2,61	4,75	1,73	3,67	6,11	4,21	7,78
103	♀	juv	8	7,8	72	42	12,0	19,0	9,3	5,5	7,3	2,50	4,91	1,82	3,61	5,97	4,14	7,50
207	♂	ad	12	10,8	78	44	11,5	19,5	9,6	6,1	7,5	2,83	5,13	1,74	3,66	5,98	4,06	7,82
215	♂	ad	12	9,0	78	–	12,2	19,0	9,2	5,6	7,2	2,69	4,79	1,71	3,55	5,95	4,08	7,53
218	♂	ad	12	12,6	82	42	12,0	20,0	9,7	6,0	7,4	–	4,99	1,77	3,77	6,00	4,18	7,92
210	♀	ad	12	9,9	74	44	11,5	19,8	9,5	6,0	7,5	2,73	4,82	1,75	3,75	6,09	4,29	7,89
211	♀	ad	12	9,0	72	39	11,5	18,9	9,0	5,5	7,4	2,68	4,86	1,67	3,56	6,02	4,10	7,59
214	♀	ad	12	10,5	75	–	12,0	19,2	9,2	5,6	7,3	2,46	4,75	1,85	3,81	6,00	4,22	7,58
364	♂	ad	2	10,2	72	44	12,0	19,9	9,9	6,0	7,4	2,79	4,89	1,73	3,81	6,06	4,19	7,73
279	♂	ad	3	13,8	80	41	13,0	20,2	9,9	6,1	7,7	2,91	5,07	1,79	3,86	6,02	4,19	8,06
280	♂	ad	3	11,1	79	42	11,5	19,5	9,6	6,1	7,4	2,78	5,05	1,78	3,81	6,03	4,14	7,57
281	♂	ad	3	11,5	77	40	12,0	19,3	9,5	5,7	7,3	2,66	4,79	1,64	3,70	5,99	4,10	7,63
282	♂	ad	3	10,6	76	45	12,5	20,1	9,6	6,1	7,7	2,86	5,17	1,78	3,87	6,13	4,19	8,09
284	♂	ad	3	10,9	79	42	12,0	19,4	9,6	5,9	7,3	2,65	4,93	1,75	3,63	5,95	4,13	7,78
398	♂	ad	7	9,6	78	40	12,0	18,8	9,5	5,7	7,0	2,58	4,62	1,57	3,44	5,55	3,91	7,34
404	♂	ad	7	10,6	80	44	13,5	19,9	9,4	5,8	7,4	2,81	5,02	1,68	3,72	5,98	4,10	7,70
405	♂	ad	7	13,6	82	46	13,0	20,1	9,9	6,1	7,4	2,94	5,18	1,79	3,70	5,96	4,06	7,95
406	♂	ad	7	11,6	78	41	12,0	20,0	9,3	5,7	7,2	2,69	4,95	1,74	3,60	5,89	4,06	7,47
407	♀ gr	ad	7	13,6	81	45	12,5	20,1	9,5	5,7	7,5	2,78	5,03	1,86	3,65	6,18	4,25	7,83
394	♀ gr l	ad	7	12,7	85	40	12,5	19,4	9,3	5,6	7,3	2,69	4,90	1,84	3,58	6,03	4,13	7,86
397	♀ gr l	ad	7	10,9	83	46	12,5	19,9	9,3	5,8	7,6	2,69	4,94	1,77	3,76	6,17	4,23	7,82
399	♀ gr l	ad	7	16,1	81	38	12,0	19,2	9,2	5,7	7,1	2,65	4,85	1,68	3,55	5,95	4,13	7,74
400	♀ gr l	ad	7	11,2	80	45	12,5	19,8	9,3	5,8	7,5	2,70	4,81	1,64	3,78	6,18	4,32	7,81

Zähne: I^1 lang und schmal mit deutlich ausgeprägtem Nebenhöcker. I_1 entsprechend lang, seine Schneidekante glatt. Obere U massiv und den Paraconus des P^4 meist deutlich überragend (Abb. 118). Paraconus des P^4 groß und deutlich abgesetzt. In okklusaler Ansicht bildet im typischen Fall der Protoconus die anteriore linguale Kante des P^4 (Abb. 114 A). M_3 nicht reduziert.

Verbreitung. Atlantisches und mediterranes W-Europa ohne Großbritannien. SE-Grenze am n und w Alpenrand. Häufig in SE-Frankreich (SPITZ und SAINT GIRONS 1969*; SAINT GIRONS und VESCO 1974*; ARIAGNO 1976; ANONYMUS 1978) und in der West- und Zentralschweiz (BAUMANN 1949*; MEYLAN 1967*; GENOUD 1982), fehlt die Art im oberen Tal der Rhone (MEYLAN 1967*) und des Rheins (RICHTER 1963*; MÜLLER 1972). Ihr Vorkommen am Südabhang der Alpen wird bezweifelt (MEYLAN und HAUSSER 1974; VON LEHMANN und HUTTERER 1980), und auf der italienischen Halbinsel hat sie sich bisher nicht nachweisen lassen (CONTOLI 1977; SANTINI und FARINA 1978) (Abb. 119).

Zwischen den Alpen und dem Erzgebirge verläuft die Grenze nach RICHTER (1963*) ungefähr über Stuttgart und Würzburg. Nach NIETHAMMER (1979) hat sie sich inzwischen weiter nach Osten verschoben. Von KOCK (1974) genannte Funde bei Starnberg (südöstlich von München) und bei Schottersmühle (Fränkische Schweiz) belegen, daß die Arealgrenze in S-Deutschland noch etwa 100 km weiter östlich verläuft als früher angenommen. Die im Senckenberg-Museum deponierten Belege wurden von R. H. überprüft.

Auf den Inseln bildet die Verbreitung von *C. russula* mit der von *C. suaveolens* ein Mosaik. In der Mittelmeerregion bewohnt die Hausspitzmaus Sardinien (KAHMANN und EINLECHNER 1959; VESMANIS 1976a; CATZEFLIS 1983), Ibiza (VERICAD und BALCELLS 1965; REY und REY 1974; KAHMANN und VESMANIS 1974; ALCOVER 1979*), Meda Grossa (SANS-COMA et al. 1976), Galita (VESMANIS 1972) und wahrscheinlich auch Pantelleria (CONTOLI und AMORI 1986). Sie fehlt auf Korsika, Elba, Capraia, Menorca und den Liparischen Inseln, die alle von *C. suaveolens* bewohnt werden. Den von JENKINS (1976a) und VESMANIS (1976b) angeführten Vorkommen auf der Insel Sizilien liegen Verwechslungen mit *C. sicula* zugrunde. Entlang der französischen Atlantikküste lebt *C. russula* auf den Inseln Groix (HEIM DE BALSAC und DE BEAUFORT 1966), Belle-Ile (HEIM DE BALSAC 1940a), Dumet (PUSTOC'H 1984), Houat (HEIM DE BALSAC 1951) sowie Noirmoutier, Ré und Oléron (HEIM DE BALSAC 1940b; BAVOUX et al. 1982). Andererseits fehlt sie auf Yeu, Sein und Ouessant, wo man *C. suaveolens* findet. Im Ärmelkanal bewohnt *C. russula* Guernsey, Alderney und Herm, aber nicht Sark und Jersey, wo *C. suaveolens* vorkommt (CRANBROOK und CROWCROFT 1958, 1961; DELANY und HEALY 1966). An der Nordseeküste

Soricidae – Spitzmäuse

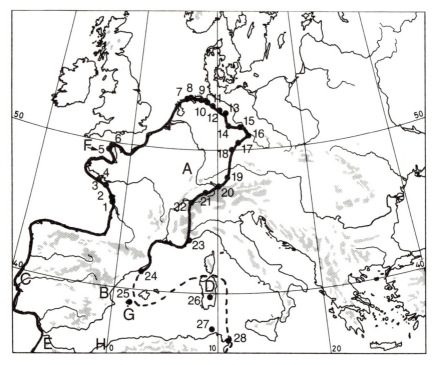

119. Verbreitung von *Crocidura russula* in Europa.

sind Borkum und Schiermonnikoog bisher die einzigen Inseln, von denen die Hausspitzmaus gemeldet wurde (HUTTERER 1981; SCHARF und WEISZ 1983; EGGENHUIZEN et al. 1983).

In Nordafrika lebt *C. russula* in Marokko (VESMANIS und VESMANIS 1980c; HUTTERER 1987) und an den Nordküsten von Algerien und Tunesien einschließlich der Insel Galita (VESMANIS 1972, 1975).

Crocidura russula ist wiederholt aus Osteuropa gemeldet worden. Eine Überprüfung von zwei fraglichen Belegen aus Rumänien durch M. G. zeigte, daß diese nicht zu *C. russula* gehören. Dies dürfte auch für die anderen Meldungen aus Osteuropa zutreffen. Auch die von CONTOLI und AMORI (1986) von Pantelleria gemeldete Spitzmaus ist möglicherweise eine eigene Art (CONTOLI et al. 1989).

Randpunkte: Frankreich: 1 Oléron, 2 Ré, 3 Noirmoutier, 4 Belle-Ile (HEIM DE BALSAC und DE BEAUFORT 1966); Großbritannien: 5 Guernsey, 6 Alderney (CORBET und SOUTHERN 1977*); Niederlande: 7 Schiermonnikoog (SCHARF und WEISZ 1983); Bundesrepublik Deutschland: 8 Borkum (HUTTERER 1981), 9 Wilhelmshaven (FRANK 1984), 10 Bremen (ROSCHEN et al.

1984), 11 Verden, 12 Celle (TENIUS 1953/54); Deutsche Demokratische Republik: 13 Oebisfelde, 14 Quedlinburg (RICHTER 1963*), 15 w Elbufer s Wittenberg (ERFURT und STUBBE 1986*), 16 Dresden (RICHTER 1963*), 17 Plauen (GÖRNER 1979); Bundesrepublik Deutschland: 18 Schottersmühle, 19 Landstetten w Starnberg (KOCK 1974); Österreich: 20 Lauterach bei Bregenz (HERZIG und SPITZENBERGER 1977); Schweiz: 21 Oberarth (Material im ZFMK), 22 Martigny (MEYLAN 1967*); Frankreich: 23 Nizza (ANONYMUS 1978); Spanien: 24 Meda Grossa (SANS-COMA und MAS-COMA 1978), 25 Ibiza (VERICAD und BALCELLS 1965); Italien: 26 Sardinien (KAHMANN und EINLECHNER 1959); Tunesien: 27 Galita (VESMANIS 1972), 28 Cap Bon (Material in Coll. J. NIETHAMMER), 29 Pantelleria (CONTOLI und AMORI 1986, aber s. CONTOLI et al. 1989).

Terrae typicae:

A *russula* (Hermann, 1780): Straßburg, Frankreich
B *pulchra* Cabrera, 1907: Valencia, Spanien
C *cintrae* Miller, 1907: Cintra bei Lissabon, Portugal
D *ichnusae* Festa, 1912: Piscina, Lanusei, Sardinien
E *yebalensis* Cabrera, 1913: Tetuan, Marokko
F *peta* Montagu und Pickford, 1923: Guernsey, Kanalinseln
G *ibicensis* Vericad und Balcells, 1965: Ibiza, Balearen
H *heljanensis* Vesmanis, 1975: Heljani, Algerien.

Paläontologie. Nach Ansicht von REUMER (1984) wurden die früh- bis mittelpleistozänen Arten *C. kornfeldi, C. zorzii* und *C. obtusa* im Verlauf des Spätpleistozäns und Holozäns durch die heutigen Arten *C. russula, C. leucodon* und *C. suaveolens* ersetzt, wobei zwischen beiden Gruppen keine engeren phyletischen Beziehungen bestehen. Eindeutig bestimmbare Fossilbelege für *C. russula* sind selten; viele Funde können gar nicht artlich zugeordnet werden (RZEBIK-KOWALSKA 1982). Vermutlich zu *C. russula* gehörende Reste aus dem Jungpleistozän von Burgtonna in Thüringen (HEINRICH und JÁNOSSY 1978) stellen wohl die bisher ältesten Belege für die Art in Mitteleuropa dar. Von der Insel Sardinien liegen Funde aus der zweiten Hälfte des 4. Jahrtausends v. Chr. vor (ALCOVER und VESMANIS 1985). Subfossile Reste von Pantelleria wurden ebenfalls zu *C. russula* gestellt (FELTEN und STORCH 1970). Bei den von Chios (BESENECKER et al. 1972) und Israel (TCHERNOV 1981) gemeldeten Funden muß die Artbestimmung bezweifelt werden. Ein klares Bild der Fossilgeschichte kann derzeit weder für die Art noch die Gattung gezeichnet werden. Aus dem heutigen Areal und der biochemischen Sonderstellung im Vergleich zu *C. leucodon* und *C. suaveolens* (VOGEL et al. 1986) läßt sich eine Entstehung von *C. russula* in Westeuropa und NW-Afrika ableiten.

Merkmalsvariation. Geschlechtsdimorphismus: Die Geschlechter lassen sich leicht bestimmen (VOGEL 1972a*). Bei den Männchen genügt ein leichter Druck auf das Abdomen, um den Penis hervortreten zu lassen. Geschlechtsreife Männchen verbreiten einen starken Moschusduft; ihre Schwanzwurzel ist verdickt und unterseits oft mit Drüsensekret verklebt (NIETHAMMER 1962). Die Zitzen der Weibchen lassen sich bei leichtem Anblasen des Felles erkennen; während der Laktationszeit sind sie von einer kahlen Zone umgeben. Abgesehen von diesen Merkmalen ist ein Geschlechtsdimorphismus kaum nachweisbar (BECKER 1955; KAHMANN und EINLECHNER 1959; RICHTER 1963; SANS-COMA et al. 1976). Allerdings sind auf der spanischen Insel Meda Grossa die Weibchen signifikant kleiner als die Männchen (SANS-COMA et al. 1976).

Alter: Nach der Entwöhnung stabilisiert sich das Körpergewicht bis zum Ende des Winters und steigt dann erneut an (VOGEL 1972b*; YALDEN et al. 1973*; BESANÇON 1984). Auch bei den sardischen Hausspitzmäusen liegt das Gewicht im Winter bei 8 g und im Frühjahr bei 10 g (KAHMANN und EINLECHNER 1959). In der Schweiz betragen die Gew im Winter etwa 11 g und im Frühjahr um 13 g (BESANÇON 1984).

Das Ausmaß der Zahnabnutzung ist von vielen Autoren verwendet worden, um das Alter abzuschätzen. Nach BISHOP und DELANY (1963a), die Hausspitzmäuse von den Kanalinseln untersuchten, beträgt die Höhe des M_3 etwa 1 mm bei ganz jungen und etwa 0,5 mm bei ganz alten Individuen. SAINT GIRONS (1973) unterscheidet vier Altersklassen (juvenil, subadult, adult, senil) aufgrund des Abschliffes der oberen Inzisiven. YALDEN et al. (1973*), SANS-COMA et al. (1976) sowie BESANÇON (1984) und JEANMAIRE-BESANÇON (1986) haben Abkauungsindices durch Kombination von Maßen an Prämolaren oder Molaren gebildet und damit auch Hinweise auf das Alter der gefangenen Tiere erhalten. VESMANIS und VESMANIS (1979) halten es für günstiger, das gesamte Abkauungsmuster für die Altersgruppierung heranzuziehen, um so Zufälligkeiten zu vermeiden.

Tabelle 119. Geographische Variation der Körpergröße (mm; Mittelwerte; Extreme in Klammern). Angaben nach VESMANIS (1975, 1976a), VESMANIS und VESMANIS (1980c) und eigenen Daten (*).

Region	Kr	n	Schw	n	Hf
Deutschland*	72,7 (63–83)	50	38,8 (32–45)	50	12,4 (11,0–13,5)
Schweiz*	77,2 (64–85)	26	41,7 (33–46)	24	12,7 (11,5–13,5)
S-Frankreich	68,7 (60–76)	3	35,6 (32–41)	4	–
N-Spanien	74,4 (63–79)	26	40,7 (38–46)	26	12,2 (11,5–13,0)
Sardinien	71,2 (63–78)	43	36,1 (30–40)	43	11,9 (11,0–13,0)
Marokko	70,0 (61–79)	24	38,0 (27–45)	24	12,3 (11,0–13,0)

Färbung: Variiert nach Alter und Saison. Nach der Entwöhnung sind die Jungen aschgrau gefärbt. Wintertiere sind dunkelgrau mit braunem Glanz und vereinzelten weißen Haaren, die dem Fell ein unregelmäßiges Aussehen verleihen. Im Frühjahr sind die ad graubraun bis braun gefärbt. Der Verlauf der Mauser ist wenig bekannt. Haarwechselnde Tiere können offenbar das ganze Jahr über beobachtet werden, aber in der Mehrzahl der Fälle wurde eine Häufung mausernder Tiere gegen Ende des Sommers, manchmal auch zu Beginn des Frühlings festgestellt (NIETHAMMER 1956*; KAHMANN und EINLECHNER 1959; SANS-COMA et al. 1976).

Einige Haarwechselstadien bildet HERTER (1958) ab. SCHREITMÜLLER (1940) berichtet über eine in Gefangenschaft gehaltene Hausspitzmaus, die nach der Mauser teilweise in ein weißes Haarkleid umfärbte.

Anomalien: Über Fälle von Albinismus berichten DE SÉLYS-LONG-CHAMPS (1839), VAN BREE et al. (1963*) und FELLENBERG (1980). Eine von MURARIU et al. (1979) auf *C. russula* bezogene albinotische Spitzmaus aus Rumänien gehört zu *C. leucodon* (vgl. Verbreitung). Zahnabweichungen sind relativ zahlreich (NIETHAMMER 1964; VESMANIS und VESMANIS 1980d, 1980e, 1982). HUTTERER und WEBER (1983) beschrieben ein Exemplar mit extrem verkürztem Gesichtsschädel.

Geographische Variation: Allgemein nimmt die Körpergröße nach N zu (Tab. 119). Eine ausgeprägte klinale Variation wurde für Frankreich (BAUER und FESTETICS 1958; SAINT GIRONS 1973*) und Spanien (REY und REY 1974) beschrieben.

Allerdings sind nach CRANBROOK und CROWCROFT (1961) die Tiere der Inseln Guernsey und Herm etwas kleiner als festländische.

Die Färbung variiert ebenfalls regional. Tiere aus Südfrankreich und Südspanien sind etwas heller als Tiere aus Mitteleuropa und Nordspanien.

Einige diagnostische Schädel- und Zahnmerkmale (hakenförmiger Jochbogenfortsatz; verdickter Angularfortsatz; relative Größe der Unicu-

n	Cbl	n
50	19,3 (18,6–19,9)	18
26	19,5 (18,4–20,2)	26
	19,2 (18,9–19,7)	4
26	19,3 (18,4–20,0)	26
43	18,8 (18,0–19,7)	37
24	18,3 (17,7–19,0)	23

spiden) werden im südeuropäischen Teil des Areals variabel. Auch die Lage des Protoconus am P^4 ist z. B. in Sardinien und Tunesien nicht mehr so konstant wie in Mitteleuropa (VESMANIS et al. 1979; VESMANIS und VESMANIS 1980b).

Unterarten: Zahlreiche Unterarten sind beschrieben worden, meist auf der Grundlage von kleinen Abweichungen in Größe und Fellfärbung. Die Validität der meisten Formen bleibt zu überprüfen. Die bisher durchgeführten biochemischen Untersuchungen zeigen eine bemerkenswerte genetische Homogenität der Art in ihrem gesamten Areal (MADDALENA und CATZEFLIS, persönl. Mittl.).

Im Folgenden führen wir die häufiger gebrauchten Unterartnamen an, die mit einiger Sicherheit zu *russula* gehören.

1. *russula*: größte Form Nord- und Mitteleuropas mit typischer Ausbildung der Diagnosemerkmale.
2. *pulchra*: kleiner und heller als *russula*, bewohnt Spanien und Südfrankreich (MILLER 1912*; NIETHAMMER 1956*; BAUER und FESTETICS 1958; SAINT GIRONS 1973*). Nach SANS-COMA et al. (1976) variiert die Art auf der Iberischen Halbinsel klinal, so daß katalonische und südfranzösische Exemplare in Färbung und Größe bereits Populationen von *C. r. russula* gleichen.
3. *cintrae*: in der Größe mit *pulchra* identisch, doch beschreibt MILLER (1907) 11 Exemplare von Cintra (Portugal) als dunkler und kupferfarben schimmernd; dies konnte an neuerem Material nicht bestätigt werden (NIETHAMMER 1956*, 1964, 1970). VESMANIS (1981) beschreibt die Typus-Serie als sehr variabel.
4. *ichnusae*: Die Populationen Sardiniens werden seit langem zu dieser Unterart gerechnet (KAHMANN und EINLECHNER 1959; RICHTER 1970; VESMANIS 1976a). Sie stehen morphologisch *russula* nahe, sind aber durch das Auftreten einer dunklen Farbmorphe gekennzeichnet. Chromosomen wie bei *russula*, doch besteht eine meßbare genetische Differenzierung gegenüber mitteleuropäischen *russula* (CATZEFLIS 1983).
5. *yebalensis*: Nordafrika; im wesentlichen durch kleinere Schädelmaße gekennzeichnet. Zur Synonymie weiterer nordafrikanischer Namen siehe VESMANIS (1975).
6. *peta*: Inselform von Guernsey, nach MONTAGU und PICKFORD (1923) kleiner als *russula*. Nach CRANBROOK und CROWCROFT (1958, 1961) sind die Unterschiede zu gering, um einen subspezifischen Status zu rechtfertigen.

7. *ibicensis*: Die Inselpopulation von Ibiza unterscheidet sich nach REY und REY (1974) und KAHMANN und VESMANIS (1974) wenig von Festlandtieren. Nach ALCOVER (1982*) wurde die rezente Fauna der Balearen erst im Holozän eingeführt.
8. *heljanensis*: aus Algerien als Art beschrieben, jedoch nach JENKINS (1976b) und HUTTERER (1987) Synonym von *yebalensis*.

Ökologie. Habitat: Verschieden je nach Breitengrad und Meereshöhe. Im Mittelmeerraum ist *C. russula* überall häufig. Nach KAHMANN und EINLECHNER (1959) liebt sie dort besonders feuchte Orte und meidet extrem trockene, sonnenexponierte Lokalitäten. Man findet sie auch in Wäldern (Eiche, Edelkastanie, Haselnußsträucher) und in offeneren Lebensräumen (Macchia, Buschwerk, Weinterrassen, Olivenhaine, Ruinen, Umgebung menschlicher Behausungen) (KAHMANN und EINLECHNER 1959; FONS 1972, 1975; SANS-COMA et al. 1976; SANS-COMA und MAS-COMA 1978; RAMALHINHO und MADUREIRA 1979). In Sardinien ist die Art bis mindestens 1200 m häufig (KAHMANN und EINLECHNER 1959). In den östlichen Pyrenäen wird sie bei 1000 m seltener, kommt aber noch bis 1850 m vor (CLARAMUNT et al. 1975; FONS et al. 1980; LIBOIS et al. 1983). In Mitteleuropa ist die Hausspitzmaus in der Ebene häufig. Unter Vermeidung der Wälder besiedelt sie hauptsächlich halboffene bis offene Landschaften wie Brachland, Wiesen und Hecken. Oft trifft man sie in Nachbarschaft des Menschen in Gärten und Parks an (BISHOP und DELANY 1963b; YALDEN et al. 1973*; SAINT GIRONS und VESCO 1974*; SAINT GIRONS 1977; FAYARD und EROME 1977*; GENOUD 1978, 1982). An der Küste besucht sie selbst die Gezeitenzone (HEIM DE BALSAC 1951). Nach einigen Autoren bevorzugt sie trockenes Terrain (ARIAGNO 1976; SAINT GIRONS et al. 1978), andere fingen sie aber auch in sehr feuchten oder sumpfigen Gebieten (BISHOP und DELANY 1963b; GENOUD 1982). In höheren Lagen (Mittelgebirge etc.) ist *C. russula* strikt an die unmittelbare Nähe des Menschen gebunden (BROSSET und HEIM DE BALSAC 1967*; GENOUD und HAUSSER 1979; GENOUD 1982), ebenso am Nordrand des Verbreitungsareals (LÖHRL 1938; RICHTER 1963*; VAN WIJNGAARDEN et al. 1971*; YALDEN et al. 1973*; MULDER 1979).

Überwinterung: In kalten Regionen lösen die Schwierigkeiten der Nahrungsbeschaffung einen herbstlichen Habitatwechsel zu energetisch günstigeren Wohnplätzen aus, an denen ein Teil der Population den Winter überlebt (GENOUD und HAUSSER 1979). Während des Winters halten sich die Tiere größtenteils in der Nähe menschlicher Siedlungen auf (Kompost, Abfallhaufen, Abflußgräben, Häuser, Stallungen, etc.) (RICHTER 1963*; BROSSET und HEIM DE BALSAC 1967*; GENOUD und HAUSSER 1979).

Ernährung: BEVER (1983) untersuchte 73 Magen- und Darminhalte von Hausspitzmäusen aus dem Rheinland. Als Hauptnahrungskomponenten fand er Myriapoden, Isopoden, Larven von Lepidopteren, Gastropoden und Araneen. Andere Gruppen traten zahlenmäßig zurück. Regelmäßig wurden auch Pflanzenteile in den Verdauungstrakten gefunden. In Gefangenschaft kann man die Tiere mit Fleischkost bei guter Kondition halten (VOGEL 1972a*). Über den Bau und die Leistung des Verdauungstraktes siehe GERAETS (1980). Der tägliche Energiebedarf in der Natur wurde indirekt geschätzt durch Kombination von Sauerstoffverbrauchsmessungen im Labor mit Verhaltensbeobachtungen und Klimadaten aus dem Freiland (Schweiz, GENOUD 1981, 1985). Nach diesen Schätzungen beträgt der Energieverbrauch im Sommer ungefähr 30 kJ/Tag bei den Jungen, und 37 kJ/Tag bei den im Vorjahr geborenen Tieren. Im Winter kann der Energieverbrauch auf 50 kJ/Tag ansteigen, jedoch können Torporphasen (VOGEL und GENOUD 1981) und das Aufsuchen gemeinsamer Nester (RICCI und VOGEL 1984) den Verbrauch deutlich reduzieren.

In Gefangenschaft ist der Nahrungsbedarf im Winter deutlich reduziert, was vor allem auf eine Reduktion der täglichen Aktivität zurückzuführen ist (VOGEL et al. 1979, 1981; GENOUD 1981; GENOUD und VOGEL 1981). Wiederkauen und Enddarmlecken wurden regelmäßig beobachtet (GERAETS 1978).

Feinde: In einem großen Teil ihres Areals ist die Hausspitzmaus ein wichtiges Beutetier für Greifvögel, besonders für die Schleiereule (*Tyto alba*). Im Mittelmeerraum stellt sie mehr als 50% ihrer Gesamtbeute (MARTIN und VERICAD 1977; ALCOVER 1979*; LIBOIS et al. 1983), in Mitteleuropa dagegen normalerweise weniger als 10% (RICHTER 1963*; VON LEHMANN und BRÜCHER 1977; NIETHAMMER 1979). Ihre anthropophile Lebensweise macht sie zur leichten Beute der Hauskatzen. In der Kulturlandschaft reichern sich im Körper der Hausspitzmaus chlorierte Kohlenwasserstoffe an, deren Menge im Rheinland aber deutlich niedriger ist als bei Raubtieren und Greifvögeln (DRESCHER-KADEN und HUTTERER 1981).

Konkurrenz mit anderen Spitzmäusen gleicher Körpergröße und ähnlichen Nischen scheint zumindest in einigen Fällen vermieden zu werden, sei es durch ökologische Vikarianz (mit *Sorex coronatus*, GENOUD 1982), sei es durch Allopatrie (mit *C. leucodon* in der Schweiz, MEYLAN 1967*; mit *C. suaveolens* auf Inseln und in Mitteleuropa, RICHTER 1963*; NIETHAMMER 1979).

Fortpflanzung: Die Tragzeit schwankt zwischen 28 und 33 Tagen ($\bar{x} = 30$). Das Vorhandensein eines Postpartumöstrus ermöglicht eine ständige Folge von Trächtigkeiten (VOGEL 1972a*). Die Anzahl der Embryonen pro Wurf liegt normalerweise bei 4 (Tab. 120). BESANÇON (1984) bestimmte

Crocidura russula – Hausspitzmaus   441

die Anzahl der Gelbkörper mit 5,1 ± 1,7 (1–10; n = 112), der Embryonenverlust beträgt nach ihren Beobachtungen 23,8%. Die Hauptgründe dafür sind erhöhte Dichte und ungünstige Klimaverhältnisse während der Entwöhnung des vorherigen Wurfes. In Gefangenschaftszuchten beträgt die durchschnittliche Anzahl der Jungen pro Wurf 3,5 (1–11; n = 86; VOGEL 1972a*). Die Zahl der Würfe liegt bei 3–4 für vorjährige, und bei 2–3 für diesjährige Weibchen (BESANÇON 1984). In Gefangenschaft kommen bis zu 12 Würfen vor (BESANÇON, mündl.).

Geschlechtsreife: Kann schon sehr früh eintreten, und ist offenbar wesentlich von Umweltbedingungen beeinflußt. YALDEN et al. (1973*) und FONS (1975) vermuten eine Beteiligung diesjähriger Junger an der Fortpflanzung. BISHOP und DELANY (1963a) konnten bei Hausspitzmäusen der Kanalinseln und GENOUD (1978) bei einer städtischen Population in der Westschweiz keine noch im selben Jahr geschlechtsreifen Jungen beobachten. Dagegen stellten GENOUD und HAUSSER (1979) bei Hausspitzmäusen in einem Bergdorf eine Beteiligung von Jungen an der Fortpflanzung fest. Von 367 Jungen, die BESANÇON (1984) über einen Zeitraum von 4 Jahren in der Schweiz fing, beteiligten sich 35,5% an der Fortpflanzung (45,8% der Weibchen und 28,6% der Männchen). In einer markierten suburbanen Population wurden etwa 15% der Jungen noch im selben Jahr geschlechtsreif. Die Autorin fand auch, daß die Geschlechtsreife besonders früh bei den im Frühjahr geborenen Jungen eintritt; andererseits verzögert sie sich mit zunehmender Populationsdichte. VOGEL (1972a*) hat geschätzt, daß in Gefangenschaft zwei Drittel der Weibchen und nur ein Achtel der Männchen innerhalb von drei Monaten nach ihrer Geburt geschlechtsreif werden.

Fortpflanzungszeit: Februar bis Oktober (KAHMANN und EINLECHNER 1959; DELOST und DELOST 1960; BISHOP und DELANY 1963a; GENOUD 1978; GENOUD und HAUSSER 1979; BESANÇON 1984). Im Mittelmeerraum dürfte

Tabelle 120. Anzahl der Embryonen pro Wurf bei *Crocidura russula*.

Region	x̄	Min – Max	n	Autoren
Rheinland	4,6	3–6	23	NIETHAMMER (1970)
Kanalinseln	4,1	3–6	9	BISHOP und DELANY (1963a)
Frankreich	3,8	3–5	9	YALDEN et al. (1973*)
Schweiz	4,4	1–8	59	BESANÇON (1984)
Iberische Halbinsel	4,3	3–6	10	NIETHAMMER (1970)
Katalonien	3,6	2–6	58	LÓPEZ-FUSTER et al. (1985)
Insel Meda Grossa	3,3	2–4	9	SANS-COMA und MAS-COMA (1978)
Sardinien	–	2–6	–	KAHMANN und EINLECHNER (1959)

die Fortpflanzungsintensität einen bimodalen (Frühling und Herbst) Verlauf aufweisen (FONS 1975). Winterliche Fortpflanzungsaktivität ist mehrfach belegt (NIETHAMMER 1956*; BESANÇON 1984 und JEANMAIRE-BESANÇON 1985). Die Ovarien zeigen keine winterliche Regression, weshalb die Weibchen bei günstigen Umständen sehr schnell in Östrus kommen (BESANÇON 1984). Zu Beginn des Frühjahrs ist die Fortpflanzung auf vorjährige Tiere beschränkt. Je nach den Umweltbedingungen beteiligen sich einige Jungtiere ab April/Mai. Ab Ende Juli besteht der sexuell aktive Teil der Population fast nur noch aus diesjährigen Tieren (BESANÇON 1984).

Populationsdynamik: Ein Geschlechterverhältnis von 50% ermittelten KAHMANN und EINLECHNER (1959) an 108 sardischen Hausspitzmäusen. In der Schweiz fand BESANÇON (1984) unter 542 Individuen 52,8% Männchen. Sie stellte auch bedeutende Unterschiede zwischen Populationen fest. Die Entwicklung der Populationsstruktur im Jahreslauf kann nach den Beobachtungen von BISHOP und DELANY (1963a), GENOUD (1978), GENOUD und HAUSSER (1979) und BESANÇON (1984) wie folgt umrissen werden: Die ersten Jungen erscheinen in der Regel im April. Bis zum Ende des Sommers wächst dann die Zahl der Jungen auf Kosten der Vorjahrestiere an, und im Herbst setzt sich die Population vollständig aus im gleichen Jahr geborenen Tieren zusammen. Maximale Dichten werden im Sommer und Herbst beobachtet; diese nehmen danach ständig ab bis zu einem Minimum im Frühjahr (GENOUD 1978; GENOUD und HAUSSER 1979; GENOUD 1981; BESANÇON 1984). In einer Population wurde die Winterdichte auf 100 Individuen/ha geschätzt (GENOUD 1978).

Lebensdauer: In Gefangenschaftszuchten von VOGEL (1972a*) lebten 58% aller Tiere länger als ein Jahr, und 20% länger als zwei Jahre; ein Individuum lebte 38 Monate. In der Natur scheint so eine Lebensdauer selten zu sein. GENOUD (1978) kontrollierte ein Männchen über zwei Winter hinweg. JEANMAIRE-BESANÇON (1986) schätzt nach dem Grad der Zahnabkauung das maximale Alter im Freiland auf 24–32 Monate. Aber Tiere dieses Alters bilden nur eine winzige Minderheit; nur 0,5% der Spitzmäuse scheinen einen zweiten Winter zu überleben.

Jugendentwicklung. Der Geburtszustand charakterisiert *C. russula* als einen typischen Nesthocker, der aber im Vergleich zu *Sorex araneus* weiter entwickelt ist. Neonate wiegen 0,67–1,55 g ($\bar{x}$ = 1,08 g; n = 40). Sie sind nackt, verfügen aber bereits über ein weit entwickeltes System von Spürhaaren (Schnurrhaare, Unterlippenhaare, Spürhaare am Kinn, Rückenhaare, ulnares Tasthaar). Der Lippenverschluß löst sich am 5.–7. Tag, der Ohrenverschluß am 7.–11., der Augenverschluß am 7.–14. und die Verwachsung der Zehen am 6.–10. Postembryonaltag. Der Pelz entwickelt

Abb. 120. Hausspitzmaus mit vier Jungen in Karawanenformation. Zeichnung: R. HUTTERER nach einem Foto von ANGELA NADOLSKI.

sich stark vom 6. Tag an. Bezahnung: Die Inzisiven durchbrechen das Zahnfleisch am 13. Tag, die U, P und die ersten M um den 15. Tag. Die anderen Molaren erscheinen am 17. Tag, an dem das Körpergewicht bei 7 g liegt (VOGEL 1972b*; FONS 1972).

Entwicklung des Verhaltens: Nach der Geburt ist das Junge bereits fähig, sich noch etwas unsicher in einer aufgerichteten Position zu halten. Es benutzt die Füße zur Lagestabilisation und zum Kriechen (VOGEL 1972b*; FONS 1972).

Von drei anderen Lauten abgesehen, äußern die Jungen in den ersten Tagen rhythmische Ruffolgen (si-si-si, leises Fiepen), die sehr wahrscheinlich als Ausdruck des Verlassenseins verstanden werden (NIETHAMMER 1950; VOGEL 1969, 1972b*; GRÜNWALD und MÖHRES 1974). In der ersten Lebenswoche lernen die Jungen, offenbar angeleitet von der Mutter, eine „Karawane" zu bilden (Abb. 120). Bei dieser Form der Ortsveränderung, die etwa vom 7.–21. Tag beobachtet wurde, verbeißt sich ein Junges in das Fell an der Schwanzbasis der Mutter, und die anderen Jungen schließen sich in der gleichen Weise im Gänsemarsch an. Diese Karawane wird vor allem bei Gefahr gebildet (NIETHAMMER 1950; VOGEL 1969; FONS 1972; GRÜNWALD und MÖHRES 1974). Die erste Aufnahme fester Nahrung fällt mit dem Durchbruch der hinteren Zähne zusammen (17. Tag). Die Entwöhnung findet um den 20. Tag herum statt, aber die Jungen bleiben auch danach noch im mütterlichen Nest (VOGEL 1972b*; FONS 1972).

Verhalten. Kennzeichen, Spuren: *C. russula* ist zweifellos eine der am leichtesten in der Natur zu beobachtenden Spitzmäuse. Sie verbringt den größten Teil ihrer Aktivitätszeit auf der Erdoberfläche in der Bodenstreu (GENOUD und HAUSSER 1979). Ihre Anthropophilie hat sie zu einer bekannten Art gemacht, weil sie oft im Winter in das Innere der Häuser und Ställe eindringt (Fatio 1869*; Didier und Rode 1935*; Hainard 1961*) und regelmäßig von den Hauskatzen gefangen wird. Im Winter sind ihre Spuren nur gelegentlich im Schnee zu entdecken, da dann der größte Teil der Aktivität unter dem Schnee stattfindet (Genoud und Hausser 1979).

Aktivität: 13 radioaktiv markierte Wildfänge (Genoud und Vogel 1981) zeigten eine polyphasische Aktivität mit einem nächtlichen Maximum und einem morgendlichen Minimum. Pro Tag gibt es 9–17 Aktivitätsperioden von 1–222 min ($\bar{x}$ = 36 min) Dauer, die von Ruheperioden von 4–602 min ($\bar{x}$ = 74 min) unterbrochen werden. Die Ruhezeiten verbringen die Hausspitzmäuse normalerweise im Nest. Die 13 von Genoud und Vogel (1981) markierten Spitzmäuse hatten eine Tagesaktivität von ungefähr 33 % der Gesamtzeit, zwei von Ricci und Vogel (1984) im Februar markierte Tiere aber nur 6 und 16 %. Der Aktionsraum wird in sehr unregelmäßiger Weise genutzt; die Aktivität konzentriert sich oft auf bestimmte bevorzugte Orte, z. B. Komposthaufen. Laborexperimente haben demonstriert, daß die Hausspitzmaus sich bei ihrer Jagd nach futterreichen Orten orientieren kann (Arditi et al. 1983), und daß sie vergrabenes Futter olfaktorisch bis zu einer Tiefe von 5 cm lokalisiert (Schmidt 1979).

Obwohl die Orientierung im Gelände mehr durch ein Ortsgedächtnis geleistet wird als durch direkte Wahrnehmung (Grünwald 1969*), bleibt doch die Exploration ein wichtiges Element bei der Nahrungssuche (Arditi et al. 1983). Die Aktivität im Laboratorium ist normalerweise stark verschieden von der im Freiland. Sie variiert überdies mit den Gefangenschaftsbedingungen (Saint Girons 1959, 1966; Godfrey 1978; Vogel et al. 1979; Genoud und Vogel 1981; Vogel et al. 1981). Die Aktivitätsperioden sind kürzer und häufiger als in der Natur. Bei tiefer Temperatur (Genoud und Vogel 1981) und bei reduzierter Fütterung (Vogel et al. 1979) ist sie auf etwa 10 % der Gesamtzeit reduziert. Dieser Rückgang der Aktivität geht mit einer Verringerung der Exploration und Lokomotion einher (Genoud und Vogel 1981).

Täglicher Torpor: Vogel (1974) hat an gefangengehaltenen Spitzmäusen täglichen Torpor nachgewiesen. Das Phänomen kann durch Reduzierung der Futtermenge induziert werden (Nagel 1977, 1980; Vogel et al. 1979; Genoud 1981). Einige Tiere zeigen in ihrem Tagesrhythmus spontanen Torpor von variabler Häufigkeit (Genoud 1981). Im Winter fallen Hausspitzmäuse auch in der Natur in Lethargie, wie es Vogel und Genoud (1981) mit Hilfe künstlicher Niststätten zeigen konnten. Man nimmt an, daß der Torpor den Energieverbrauch verringert und so in schwierigen Situationen das Überleben erleichtert (Nagel 1977; Genoud 1981).

Aktionsraum: Die Jungen der ersten Würfe im Jahr zeigen eine charakteristische Dispersionsdynamik (GENOUD 1978). Im Frühling und Sommer kommen in den Populationen häufig Ortsveränderungen vor. In einigen Populationen werden die Tiere vom Herbst an und während des Winters seßhaft, in anderen, vor allem in kalten Regionen, kann noch eine beachtliche Herbstmobilität registriert werden (GENOUD 1978; GENOUD und HAUSSER 1979). Die Eigenheiten des Aktionsraumes sind für 13 radioaktiv markierte Tiere beschrieben worden (GENOUD und HAUSSER 1979; GENOUD 1981). Normalerweise werden innerhalb von 24 Stunden ein oder zwei (bis 6) Ruheplätze aufgesucht. Jeden Tag wird eine Strecke von 208–1074 m ($\bar{x}$ = 568 m) innerhalb einer Fläche von 56–215 m^2 ($\bar{x}$ = 102 m^2) zurückgelegt. Zwei von RICCI und VOGEL (1984) markierte Spitzmäuse hatten Aktionsräume von 166 und 189 m^2. Schätzungen des Wohnraumes nach Fallenfängen ergaben 75 bis 395 m^2 (GENOUD 1978).

Signale: Der gut entwickelte Riechsinn (SCHMIDT und NADOLSKI 1979) spielt wahrscheinlich eine bedeutende Rolle in der Beziehung der Artgenossen untereinander und ihrer Raumaufteilung. Die Seitendrüsen sind gut entwickelt, und die Männchen haben eine große Unterschwanzdrüse. Ihre Funktion ist nicht genau bekannt (NIETHAMMER 1962). Kothäufchen markieren möglicherweise den Aktionsraum (GRÜNWALD und MÖHRES 1974). Versuche von HAUSSER und JUHLIN-DANNFELT (1979) haben gezeigt, daß Hausspitzmäuse von Artgenossen markierte Gänge wahrnehmen und bevorzugen; auch Geschlecht und sozialer Status könnten am Duft erkannt werden.

Lautrepertoire: Wenig untersucht. Bei einer Störung oder bei aggressivem Kontakt äußern Adulte modulierte Abwehrschreie von etwa 11,4 kHz (100 msec; ca. 150 peaks/sec) (HUTTERER et al. 1979). Analog rufen Tiere, die in Torpor gestört werden, nur ist die Frequenzmodulation proportional zur erniedrigten Körpertemperatur verlangsamt (HUTTERER et al. 1979). Ultraschall-Laute schwacher Intensität (20–46 kHz; 0,05–2,3 msec) wurden von GRÜNWALD (1969*) registriert. Ihre Funktion ist unbekannt und scheint nicht der Echoortung zu dienen.

Sozialverhalten: Im Winter sind die Tiere relativ gesellig, wenn man die starke Überlappung ihrer Aktionsräume bedenkt (GENOUD 1978, 1981; GENOUD und HAUSSER 1979). Paarbindungen scheinen häufig zu sein, und bevorzugte Orte, wie z. B. Komposthaufen, werden von zahlreichen Individuen aufgesucht. Simultane Registrierungen von zwei radioaktiv markierten Tieren (RICCI und VOGEL 1984) haben gezeigt, daß gleiche Orte von zahlreichen Individuen verschieden frequentiert werden können, wobei räumliches und zeitliches Meideverhalten eine bedeutende Rolle bei der Aufteilung des Raumes spielt. In der Fortpflanzungszeit sind die adulten Weibchen untereinander territorial, in einigen Fällen nehmen die Männchen Anteil an der Aufzucht der Jungen. In der Gefangenschaft sind Hausspitzmäuse normalerweise sehr verträglich, doch können bestimmte Situationen zu stark aggressiven Auseinandersetzungen führen (VOGEL 1969).

Nester und Gänge: Nach Zufallsfunden (NIETHAMMER 1950) und Beobachtungen an radioaktiv markierten Tieren (GENOUD und HAUSSER 1979; GENOUD 1981) werden die meisten Nester unterirdisch oder zumindest geschützt unter Kompost oder Steinhaufen angelegt. Gelegentlich befinden sie sich auch in Wohnhäusern oder in Grasbülten. Sie sind in der Regel klein (8–13 cm Durchmesser) und werden aus Grashalmen und anderen Pflanzenteilen gebaut, die wahrscheinlich aus der unmittelbaren Umgebung des Nestes geholt werden. Gangsysteme anderer Kleinsäuger werden für die Jagd aufgesucht; auch können darin Nester angelegt werden.

Literatur

ALCOVER, J. A.; VESMANIS, I.: Sobre les restes subfóssils de la musaranya de dents blanques *Crocidura russula* (Hermann 1780) de la Grotta su Guanu, Illa de Sardenya (Mammalia, Insectivora). Endins, Ciutat de Mallorca **10–11,** 1985, 63–70.

ANONYMUS: Atlas préliminaire des mammifères de Provence. Bull. Centre rech. ornithol. Provence, vol. spécial **1,** Aix-en-Provence 1978.

ARDITI, R.; GENOUD, M.; KÜFFER, P.: Méthode d'étude de la stratégie de recherche de la nourriture chez les musaraignes. Bull. Soc. vaud. Sci. nat. **76,** 1983, 283–294.

ARIAGNO, D.: Essai de synthèse sur les mammifères sauvages de la région Rhône-Alpes. Mammalia **40,** 1976, 125–160.

BAUER, K.; FESTETICS, A.: Zur Kenntnis der Kleinsäugerfauna der Provence. Bonn. zool. Beitr. **9,** 1958, 103–119.

BAVOUX, C.; BURNELEAU, G.; NICOLAU-GUILLAUMET, M. C.; SAINT GIRONS, M.-C.: Les mammifères de l'île d'Oleron (Charente-Maritime) Ann. Soc. Sci. nat. Charente-Maritime **6,** 1982, 991–1014.

BECKER, K.: Über Art- und Geschlechtsunterschiede am Becken einheimischer Spitzmäuse (Soricidae). Z. Säugetierk. **20,** 1955, 78–88.

BESANÇON, F.: Contribution à l'étude de la biologie et de la stratégie de reproduction de *Crocidura russula* (Insectivora, Soricidae) en zone tempérée. Diss. Lausanne 1984.

BESENECKER, H.; SPITZENBERGER, F.; STORCH, G.: Eine holozäne Kleinsäugerfauna von der Insel Chios, Ägäis (Mammalia: Insectivora, Rodentia). Senckenbergiana biol. **53,** 1972, 145–177.

BEVER, K.: Die Nahrung der Hausspitzmaus *Crocidura russula* (Hermann, 1780). Säugetierk. Mitt. **31,** 1983, 13–26.

BISHOP, I. R.; DELANY, M. J.: Life histories of small mammals in the Channel Islands in 1960–61. Proc. zool. Soc. London **141,** 1963a, 515–526.

– – The ecological distribution of small mammals in the Channel Islands. Mammalia **27**, 1963b, 99–110.
BOVEY, R.: Les chromosomes des chiroptères et des insectivores. Diss. Lausanne 1949.
CABRERA, A.: Micromammiferos nuevos españoles. Bol. R. Soc. Esp. Hist. Nat. Madrid **1907**, 223–228.
– Una musaraña nueva de Marruecos. Bol. real. Soc. esp. Hist. nat. Madrid **13**, 1913, 399–400.
CATZEFLIS, F.: Relations génétiques entre trois espèces du genre *Crocidura* (Soricidae, Mammalia) en Europe. Mammalia **47**, 1983, 229–236.
– MADDALENA, T.; HELLWING, S.; VOGEL, P.: Unexpected findings on the taxonomic status of East Mediterranean *Crocidura russula* auct. (Mammalia, Insectivora). Z. Säugetierk. **50**, 1985, 185–201.
CLARAMUNT, T.; GOSALBEZ, J.; SANS-COMA, V.: Notes sobre la biogeografia dels micromamifers a Catalunya. Butl. Inst. Cat. Hist. Nat. **39**, 1975, 27–40.
CONTOLI, L.: Mammiferi del Tolfetano-Cerite (Lazio). (Rassegna bibliografica e osservazioni originali; situazione e prospettive). Accad. naz. Lincei 374, Quad. **227**, 1977, 191–226.
– AMORI, G.: First record of a live *Crocidura* (Mammalia, Insectivora) from Pantelleria Island, Italy. Acta theriol. **31**, 1986, 343–347.
– BENICASA-STAGNI, B.; MARENZI, A. R.: Morfometria e morfologia di *Crocidura* Wagler 1832 (Mammalia, Soricidae) in Italia, Sardegna e Sicilia, con il metodo dei descrittori di Fourier: primi dati. Hystrix (N. S.) **1**, 1989, 113–129.
CRANBROOK, THE EARL OF; CROWCROFT, P.: The white-toothed shrews of the Channel Islands. Ann. Mag. nat. Hist. (13) **1**, 1958, 359–364.
– – Small mammals from Herm Island. J. Linn. Soc. London (Zool.) **44**, 1961, 365–368.
DELANY, M. J.; HEALY, M. J. R.: Variation in the white-toothed shrew (*Crocidura* spp.) in the British Isles. Proc. R. Soc. (B) **164**, 1966, 63–74.
DELOST, H.; DELOST, P.: Sur les variations saisonnières de l'activité sexuelle des musaraignes. J. Physiol. **52**, 1960, 68–70.
DRESCHER-KADEN, U.; HUTTERER, R.: Rückstände an Organohalogenverbindungen (CKW) in Kleinsäugern verschiedener Lebensweise – Untersuchungen an Wildfängen und Fütterungsversuche. Ökol. Vögel (Ecol. Birds) **3**, Sonderheft, 1981, 127–142.
EGGENHUIZEN, T.; HOFF, C.; DOREL, F.: Vondst van een huisspitsmuis *Crocidura russula* (Hermann, 1780) op Schiermonnikoog. Lutra **26**, 1983, 34.
FELLENBERG, W.: Aus der heimischen Tierwelt (2). Heimatstimmen aus dem Kreise Olpe **51**, 1980, 84–96.
FELTEN, H.; STORCH, G.: Kleinsäuger von den italienischen Mittelmeer-Inseln Pantelleria und Lampedusa (Mammalia). Senckenbergiana biol. **51**, 1970, 159–173.
FESTA, E.: Descrizione di una nuova specie del genere *Crocidura* di Sardegna. Boll. Mus. Zool. Anat. comp. R. Univ. Torino **27**, 1912, 1–2.
FONS, R.: La musaraigne musette *Crocidura russula* (Hermann, 1780). Science Nature **112**, 1972, 23–28.
– Premières données sur l'écologie de la pachyure étrusque *Suncus etruscus* (Savi, 1822) et comparaison avec deux autres Crocidurinae: *Crocidura russula* (Hermann, 1780) et *Crocidura suaveolens* (Pallas, 1811) (Insectivora, Soricidae). Vie Milieu **25**, 1975, 315–360.
– LIBOIS, R.; SAINT GIRONS, M.-C.: Les micromammifères dans le département des Pyrénées-Orientales. Essai de répartition altitudinale en liaison avec les étages de végétation. Vie Milieu **30**, 1980, 285–299.

FRANK, F.: Zur Arealverschiebung zwischen *Crocidura russula* und *C. leucodon* in NW-Deutschland und zum wechselseitigen Verhältnis beider Arten. Z. Säugetierk. **49,** 1984, 65–70.

GENOUD, M.: Étude d'une population urbaine de musaraignes musettes (*Crocidura russula* Hermann, 1780). Bull. Soc. vaud. Sci. nat. **74,** 1978, 25–34.

– Contribution à l'étude de la stratégie énergétique et de la distribution écologique de *Crocidura russula* (Soricidae, Insectivora) en zone tempérée. Lausanne 1981.

– Distribution écologique de *Crocidura russula* et d'autres soricidés (Insectivora, Mammalia) en Suisse romande. Bull. Soc. vaud. Sci. nat. **76,** 1982, 117–132.

– Ecological energetics of two European shrews: *Crocidura russula* and *Sorex coronatus* (Soricidae: Mammalia). J. Zool., London **207,** 1985, 63–85.

– HAUSSER, J.: Écologie d'une population de *Crocidura russula* en milieu rural montagnard (Insectivora, Soricidae). Terre Vie (Rev. écol.) **33,** 1979, 539–554.

– VOGEL, P.: The activity of *Crocidura russula* (Insectivora, Soricidae) in the field and in captivity. Z. Säugetierk. **46,** 1981, 222–232.

GERAETS, A.: Wiederkauen und Enddarmlecken bei Spitzmäusen (Insectivora). Säugetierk. Mitt. **26,** 1978, 127–131.

– Untersuchungen über Bau und Leistung des Verdauungstraktes von Weißzahnspitzmäusen (Mammalia: Soricidae, Crocidurinae) unterschiedlicher Körpergröße. Diss., Univ. Bonn, 1980.

GODFREY, G. K.: The activity pattern in white-toothed shrews studied with radar. Acta theriol. **23,** 1978, 381–390.

GÖRNER, M.: Zur Verbreitung der Kleinsäuger im Südwesten der DDR auf der Grundlage von Gewöllanalysen der Schleiereule (*Tyto alba* [Scop.]). Zool. Jb. Syst. **106,** 1979, 429–470.

GRÜNWALD, A.; MÖHRES, F. P.: Beobachtungen zur Jugendentwicklung und Karawanenbildung bei Weißzahnspitzmäusen (Soricidae – Crocidurinae). Z. Säugetierk. **39,** 1974, 321–337.

HAUSSER, J.; JUHLIN-DANNFELT, B.: Réponses de la musaraigne musette *Crocidura russula*, aux marquages odorants d'individus de son espèce (Insectivora, Soricidae). Terre Vie (Rev. écol.) **33,** 1979, 555–562.

HEIM DE BALSAC, H.: Faune mammalienne des îles littorales atlantiques. C. R. Acad. Sci., Paris **211,** 1940a, 212–214.

– Peuplement mammalien d'îles atlantiques françaises. C. R. Acad. Sci., Paris **211,** 1940b, 296–298.

– Peuplement mammalien des îles atlantiques françaises: Ouessant. C. R. Acad. Sci., Paris **233,** 1951, 1678–1680.

– BEAUFORT, F. DE: Régime alimentaire del'effraie dans le Bas-Dauphiné. Applications à l'étude des vertébrés. Alauda **34,** 1966, 309–324.

HEINRICH, W. D.; JÁNOSSY, D.: Fossile Säugetierreste aus einer jungpleistozänen Deckschichtenfolge über dem interglazialen Travertin von Burgtonna in Thüringen. Quartärpaläontologie **3,** 1978, 231–254.

HERMANN, J.: In: ZIMMERMANN, E. A. W.: Geographische Geschichte des Menschen 2. Leipzig 1780, S. 6.

HERTER, K.: Die säugetierkundlichen Arbeiten aus dem Zoologischen Institut der Universität Berlin. Z. Säugetierk. **23,** 1958, 1–32.

HERZIG, B.; SPITZENBERGER, F.: Die Hausspitzmaus (*Crocidura russula*) in Vorarlberg – ein österreichischer Erstnachweis. Montfort **29,** 1977, 271–275.

HUTTERER, R.: Neue Funde von Spitzmäusen und anderen Kleinsäugern auf Borkum, Norderney, Spiekeroog und Wangerooge. Drosera, **1981,** 1981, 33–36.

– The species of *Crocidura* (Soricidae) in Morocco. Mammalia **50,** 1987, 521–534.

– VOGEL, P.; FREY, H.; GENOUD, M.: Vocalization of the shrews *Suncus etruscus*

and *Crocidura russula* during normothermia and torpor. Acta theriol. **24**, 1979, 267–271.
- WEBER, C.: Eine auffällige Mutation bei der Hausspitzmaus (*Crocidura russula*). Z. Säugetierk. **48**, 1983, 59–61.
JEANMAIRE-BESANÇON, F.: Étude histologique de l'appareil génital de *Crocidura russula* (Insectivora: Soricidae). Rev. suisse Zool. **92**, 1985, 659–673.
- Estimation de l'âge et de la longévité chez *Crocidura russula* (Insectivora: Soricidae). Acta Oecologica/Oecol. Appl. **7**, 1986, 355–366.
JENKINS, P. D.: Variation in Eurasian shrews of the genus *Crocidura* (Insectivora: Soricidae). Bull. Brit. Mus. (Nat. Hist.) London **30**, 1976a, 269–309.
- A note on the type material of *Crocidura heljanensis* Vesmanis, 1975. Mammalia **40**, 1976b, 166–167.
KAHMANN, H.; EINLECHNER, J.: Bionomische Untersuchung an der Spitzmaus (*Crocidura*) der Insel Sardinien. Zool. Anz. **162**, 1959, 63–83.
- VESMANIS, I. E.: Morphometrische Untersuchungen an Wimperspitzmäusen (*Crocidura*). 1. Die Gartenspitzmaus *Crocidura suaveolens* (Pallas, 1811) auf Menorca. Säugetierk. Mitt. **22**, 1974, 313–324.
KOCK, D.: Zur Säugetierfauna der Insel Chios, Ägäis (Mammalia). Senckenbergiana biol. **55**, 1974, 1–19.
- MALEC, F.; STORCH, G.: Rezente und subfossile Kleinsäuger aus dem Vilayet Elazig, Ostanatolien. Z. Säugetierk. **37**, 1972, 204–229.
LEHMANN, E. VON; BRÜCHER, H.: Zum Rückgang der Feld- und Hausspitzmaus (*Crocidura leucodon* und *russula*) in Westeuropa. Bonn. zool. Beitr. **28**, 1977, 13–18.
- HUTTERER, R.: Elenco dei mammiferi (Mammalia) del Ticino. Boll. Soc. Ticinese Sci. Nat. **1979**, 1980, 91–105.
LIBOIS, R. M.; FONS, R.; SAINT GIRONS, M. C.: Le régime alimentaire de la chouette effraie, *Tyto alba*, dans les Pyrénées-Orientales. Étude des variations écogéographiques. Rev. Ecol. (Terre Vie) **37**, 1983, 187–217.
LÖHRL, H.: Ökologische und physiologische Studien an einheimischen Muriden und Soriciden. Z. Säugetierk. **13**, 1938, 114–160.
LÓPEZ-FUSTER, M. I.; GOSÁLBEZ, I.; SANS-COMA, V.: Über die Fortpflanzung der Hausspitzmaus (*Crocidura russula* Hermann, 1780) im Ebro-Delta (Katalonien, Spanien). Z. Säugetierk. **50**, 1985, 1–6.
MARTIN, J.; VERICAD, J. R.: Datos sobre de la alimentacion de la lechuza (*Tyto alba*) en Valencia. Mediterranea **2**, 1977, 35–47.
MEYLAN, A.; HAUSSER, J.: Position cytotaxonomique de quelques musaraignes du genre *Crocidura* au Tessin (Mammalia, Insectivora). Rev. suisse Zool. **81**, 1974, 701–710.
MILLER, G. S.: Some new European Insectivora and Carnivora. Ann. Mag. Nat. Hist. **20**, 1907, 389–398.
MONTAGU, I. G. S.; PICKFORD, G.: On the Guernsey *Crocidura*. Proc. zool. Soc. London **1923**, 1043–1044.
MULDER, J. L.: Verspreiding en habitatkeuze van kleine zoogdieren in Drenthe en Oost-Groningen. Lutra **21**, 1979, 1–24.
MÜLLER, J. P.: Die Verteilung der Kleinsäuger auf die Lebensräume an einem N-Hang im Churer Rheintal. Z. Säugetierk. **37**, 1972, 257–286.
MURARIU, D.; ANDREESCU, I.; TORCEA, S.: Le premier cas d'albinisme total chez *Crocidura russula* (Hermann, 1780). Trav. Mus. Hist. nat. „Grigore Antipa" **20**, 1979, 479–483.
NAGEL, A.: Torpor in the European white-toothed shrews. Experientia **33**, 1977, 1455–1456.

- Sauerstoffverbrauch, Temperaturregulation und Herzfrequenz der europäischen Spitzmäuse (Soricidae, Mammalia). Diss., Univ. Tübingen, 1980.
NIETHAMMER, G.: Zur Jungenpflege und Orientierung der Hausspitzmaus (*Crocidura russula* Herm.). Bonn. zool. Beitr. **1,** 1950, 117–125.
- Die (bisher unbekannte) Schwanzdrüse der Hausspitzmaus, *Crocidura russula* (Hermann, 1780). Z. Säugetierk. **27,** 1962, 228–234.
NIETHAMMER, J.: Ein Beitrag zur Kenntnis der Kleinsäuger Nordspaniens. Z. Säugetierk. **29,** 1964, 193–220.
- Über Kleinsäuger aus Portugal. Bonn. zool. Beitr. **21,** 1970, 89–118.
- Arealveränderungen bei Arten der Spitzmausgattung *Crocidura* in der Bundesrepublik Deutschland. Säugetierk. Mitt. **27,** 1979, 132–144.
PUSTOC'H, F.: Petits mammifères de Bretagne. Penn Bed (Brest) **14,** 1984, 206–212.
RAMALHINHO, M. G.; MADUREIRA, M. L.: About the geographical and ecological distribution of some Portuguese small mammals. Bol. Soc. port. Cienc. nat. **19,** 1979, 147–156.
REUMER, J. W. F.: Ruscinian and early Pleistocene Soricidae (Insectivora, Mammalia) from Tegelen (The Netherlands) and Hungary. Scripta Geol. **73,** 1984, 1–173.
REY, J. C.; REY, J. M.: Nota preliminar sobre las musarañas del género *Crocidura* Wagler, 1832, en las Islas Baleares. Bol. Est. Centr. Ecol., Madrid **6,** 1974, 79–85.
RICCI, J. C.; VOGEL, P.: Nouvelle méthode d'étude en nature des relations spatiales et sociales chez *Crocidura russula* (Mammalia, Soricidae) Mammalia **48,** 1984, 281–286.
RICHTER, H.: Zur Unterscheidung von *Crocidura r. russula* und *Crocidura l. leucodon* nach Schädelmerkmalen, Gebiß und Hüftknochen. Zool. Abh. Ber. staatl. Mus. Tierk. Dresden **26,** 1963, 123–133.
- Bestimmung der Unterkiefer (Mandibulae) von *Crocidura r. russula* (Hermann, 1780) und *Crocidura l. leucodon* (Hermann, 1780). Z. Säugetierk. **29,** 1964, 253.
- Zur Taxonomie und Verbreitung der paläarktischen Crociduren (Mammalia, Insectivora, Soricidae). Zool. Abh. staatl. Mus. Tierk. Dresden **31,** 1970, 293–304.
ROSCHEN, A.; HELLBERND, L.; NETTMANN, H.-K.: Die Verbreitung von *Crocidura russula* und *Crocidura leucodon* in der Bremer Wesermarsch. Z. Säugetierk. **49,** 1984, 70–74.
RZEBIK-KOWALSKA, B.: Insectivora. In: KOZOWSKI, I. K. (ed.): Excavation in the Bacho Kiro Cave (Bulgaria). Final Report. Polish Sci. Publ., Warszawa, 1982, 39–40.
SAINT GIRONS, M.-C.: Les caractéristiques du rythme nycthéméral d'activité chez quelques petits mammifères. Mammalia **23,** 1959, 245–276.
- Le rythme circadien de l'activité chez les mammifères holarctiques. Mém. Mus. nat. Hist. nat., Paris (A) **40,** 1966, 101–187.
- L'âge des micromammifères dans le régime de deux rapaces nocturnes, *Tyto alba* et *Asio otus*. Mammalia **37,** 1973, 439–456.
- Les mammifères. In: DUGUY, R. (ed.): L'île d'Aix, géologie–histoire–climatologie–flore–faune. Ann. Soc. sci. nat. Charente-Maritime. Suppl. janvier **1977,** 1977.
- FAYARD, A.; FONS, R.; LIBOIS, R.; TURFIN, F.: Les micromammifères du versant français des Pyrénées atlantiques. Bull. Soc. Hist. nat. Toulouse **114,** 1978, 247–260.
- FONS, R.; NICOLAU-GUILLAUMET, P.: Caractères distinctifs de *Crocidura russula*, *Crocidura leucodon* et *Crocidura suaveolens* en France continentale. Mammalia **43,** 1979, 511–518.

Sans-Coma, V.; Gomez, I.; Gosalbez, J.: Eine Untersuchung an der Hausspitzmaus (*Crocidura russula*, Hermann, 1780) auf der Insel Meda Grossa (Katalonien, Spanien). Säugetierk. Mitt. **24**, 1976, 279–288.
- Mas-Coma, S.: Über die Kleinsäugetiere, ihre Helminthen und die Schleiereule auf der Insel Meda Grossa (Katalonien, Spanien). Säugetierk. Mitt. **26**, 1978, 139–150.

Santini, L.; Farina, A.: Roditori e insettivori predati da *Tyto alba* nella Toscana settentrionale. Avocetta (N. S.) **1**, 1978, 49–60.

Scharf, H.; Weisz, M.: De huisspitzmuis *Crocidura russula* op Schiermonnikoog en de dwergmuis *Micromys minutus* op Ameland. Lutra **26**, 1983, 31–33.

Schmid, W.: The chromosomes of *Crocidura russula* (Soricidae–Insectivora). Mammalian Chromosome Newsletter **9**, 1968, 69–70.

Schmidt, U.: Die Lokalisation vergrabenen Futters bei der Hausspitzmaus, *Crocidura russula* Hermann. Z. Säugetierk. **44**, 1979, 59–60.

- Nadolski, A.: Die Verteilung von olfaktorischem und respiratorischem Epithel in der Nasenhöhle der Hausspitzmaus, *Crocidura russula* (Soricidae). Z. Säugetierk. **44**, 1979, 18–25.

Sélys-Longchamps, E. de: Études de micromammalogie. Revue des musaraignes, des rats et des campagnols. Paris 1839.

Schreitmüller, W.: Über Umfärbung bei der Hausspitzmaus. Z. Säugetierk. **15**, 1940, 315–317.

Simsek, N.: Turklye *Crocidura suaveolens* (Pallas, 1811) ve *Crocidura russula* (Hermann, 1780) 'larinin (Mammalia: Insectivora) diskriminant analiz yöntemi ile ayirtedilmesi. Tubitak VII. Bilim Kongr. 5–10 Ekim 1980, Kusadasi-Aydin, 1980, 417–432.

Spitzenberger, F.: Zur Verbreitung und Systematik türkischer Crocidurinae (Insectivora, Mammalia). Ann. Naturhist. Museum Wien **74**, 1970, 233–252.
- Die Weißzahnspitzmäuse (Crocidurinae) Österreichs. Mammalia austriaca 8 (Mammalia, Insectivora). Mitt. Abt. Zool. Landesmus. Joanneum **35**, 1985, 1–40.

Tchernov, E.: In: Préhistoire du Levant. Chronologie et organisation de l'espace depuis les origines jusqu'au VIe millénaire. Centre natn. rech. sci. Paris, 1981, 67–97.

Tenius, K.: Bemerkungen zu den Säugetieren Niedersachsens. Beitr. Naturk. Niedersachsen **6**, 1953, 74–80, **7**, 1954, 65–78.

Vericad, J.; Balcells, E.: Fauna mastozoologica de las Pitiusas. Bol. R. Soc. Esp. Hist. Nat., Madrid **63**, 1965, 233–264.

Vesmanis, I. E.: Einige Kleinsäuger vom Galita-Archipel, Tunesien (Mammalia). Senckenbergiana biol. **53**, 1972, 189–195.
- Morphometrische Untersuchungen an algerischen Wimperspitzmäusen. 1. Die *Crocidura russula*-Gruppe (Mammalia: Insectivora). Senckenbergiana biol. **56**, 1975, 1–19.
- Morphometrische Untersuchungen an sardischen Wimperspitzmäusen (Insectivora: *Crocidura*). Zool. Beitr. **22**, 1976a, 459–474.
- Beitrag zur Kenntnis der Crociduren-Fauna Siziliens (Mammalia: Insectivora). Z. Säugetierk. **41**, 1976b, 257–273.
- Über die Typusexemplare *Crocidura russula pulchra* Cabrera, 1907, und *Crocidura russula cintrae* Miller, 1907, von der Iberischen Halbinsel (Mammalia, Insectivora). Misc. Zool. **7**, 1981, 165–170.
- Sans-Coma, V.; Fons, R.: Bemerkungen über die morphologische Variation des P^4 bei verschiedenen rezenten *Crocidura*-Arten und *Suncus etruscus* im Mittelmeergebiet. African Small Mammal Newsletter **3**, 1979, 16–18.
- – Vesmanis, A.; Alcover, J. A.: Über die Coronar-Höhe des Unterkiefers als

trennendes Merkmal (?) verschiedener Wimperspitzmaus-Taxa im Mittelmeerraum (Mammalia, Insectivora). Misc. Zool. (Barcelona) **6,** 1980, 135–139.
- VESMANIS, A.: Ein Vorschlag zur einheitlichen Altersabstufung bei Wimperspitzmäusen (Mammalia: Insectivora: *Crocidura*). Bonn. zool. Beitr. **30,** 1979, 7–13.
- – Bemerkungen zur Rostrum-Länge einiger Wimperspitzmausarten im Mittelmeergebiet (Mammalia, Insectivora, *Crocidura*). Zool. Abh. Mus. Tierk. Dresden **36,** 1980a, 93–100.
- – Bemerkungen zur Morphometrie des P^4 bei einigen Wimperspitzmaus-Arten im Mittelmeerraum (Insectivora: *Crocidura*). Zool. Beitr. **26,** 1980b, 1–11.
- – Beitrag zur Kenntnis der Crociduren-Fauna Marokkos (Mammalia: Insectivora: Soricidae). 1. Die Wimperspitzmäuse aus den Sammlungen des Smithsonian Institution, Washington. Zool. Abh. staatl. Mus. Tierk. Dresden **36,** 1980c, 11–80.
- – Über eine Zahnanomalie des zweiten Incisivus bei einer Hausspitzmaus (*Crocidura russula* Hermann, 1780) aus Süd-Frankreich (Mammalia, Insectivora, Soricidae). Zool. Abh. Mus. Tierk. Dresden **36,** 1980d, 221–223.
- – Über eine interessante Zahnanomalie bei der Hausspitzmaus, *Crocidura russula* (Hermann, 1780) (Mammalia, Insectivora). Zool. Beitr. **26,** 1980e, 241–244.
- – Über eine Zahnanomalie bei einer Hausspitzmaus, *Crocidura russula* (Hermann, 1780), aus Nord-Frankreich (Mammalia, Insectivora, Soricidae). Zool. Abh. Mus. Tierk. Dresden **38,** 1982, 137–139.
- VIERHAUS, H.: Zum Vorkommen der Feldspitzmaus *Crocidura leucodon* (Hermann, 1780), in Westfalen. Natur Heimat (Münster) **33,** 1973, 1–11.
- VOGEL, P.: Beobachtungen zum intraspezifischen Verhalten der Hausspitzmaus (*Crocidura russula* Hermann, 1780). Rev. suisse Zool. **76,** 1969, 1079–1086.
- – Kälteresistenz und reversible Hypothermie der Etruskerspitzmaus (*Suncus etruscus*, Soricidae, Insectivora). Z. Säugetierk. **39,** 1974, 78–88.
- – BURGENER, M.; LARDET, J. P.: GENOUD, M.; FREY, H.: Influence de la température et de la nourriture disponible sur la torpeur chez la musaraigne musette (*Crocidura russula*) en captivité. Bull. Soc. vaud. sci. nat. **74,** 1979, 325–332.
- GENOUD, M.: The construction and use of an artificial nest to study the wild shrew *Crocidura russula* (Mammalia, Soricidae) in its natural environment. J. Zool., London **195,** 1981, 549–553.
- – FREY, H.: Rythme journalier d'activité chez quelques Crocidurinae africains et européens (Soricidae, Insectivora). Rev. Écol. (Terre Vie) **35,** 1981, 97–108.
- MADDALENA, T.; CATZEFLIS, F.: A contribution to the taxonomy and ecology of shrews (*Crocidura zimmermanni* and *C. suaveolens*) from Crete and Turkey. Acta theriol. **31,** 1986, 537–545.

Crocidura zimmermanni Wettstein, 1953 – **Kretaspitzmaus**

E: Zimmermann's white-toothed shrew; F: La crocidure de Zimmermann

Von H. Pieper

Diagnose. Etwas größer als *C. suaveolens* auf Kreta. Kr meist über 65, Cbl meist über 19,0 (Tab. 121, 122). Rostrum lang, RoI um 3,0 mm (Abb. 127). Foramen mentale unter hinterem Abschnitt von P_4 (Abb. 122, 125). M^3 im Verhältnis kleiner als bei *C. suaveolens*, ähnlich wie bei *C. russula* (Abb. 121).

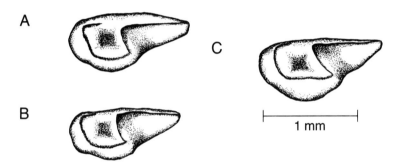

Abb. 121. Linke M^3 von *Crocidura zimmermanni* (**A** Agio Pnevma, **B** Topolia) und *C. suaveolens* (**C** Platania).

Karyotyp: 2n = 34, NF = 44. Ein großes Autosomenpaar ist subtelozentrisch, ebenso ein weiteres, kleines. Außerdem ist je ein Paar meta- und submetazentrisch. Die übrigen 12 Paare sind akrozentrisch. X meta- bis submetazentrisch (Zentromerindex 35–38,5), Y akrozentrisch (Vogel 1986).

Zur Taxonomie: *C. zimmermanni*, ursprünglich als Unterart von *C. russula* aufgefaßt, wird erstmals von Vesmanis und Kahmann (1978) als eigenständige Art betrachtet. Die Richtigkeit dieser Ansicht ergab sich aus der Entdeckung Vogels (1986), daß diese Art einen Karyotyp besitzt, der von dem aller anderen europäischen Arten abweicht, und dem erheblichen, gelelektrophoretisch belegten genetischen Abstand zu den anderen europäischen Arten (Abb. 113). In den modernen Artenlisten von HO-NACKI et al. (1982*) und CORBET und HILL (1986*) wird *zimmermanni* nicht aufgeführt.

Beschreibung. Kr 65–78, Schw 35–42, Hf 12–14. Das Sommerkleid ist auf dem Rücken deutlich heller und grauer als das von *C. suaveolens caneae* (zwischen Drab und Cinnamon Drab gegenüber dunkel Wood Brown nach den Farbtafeln von RIDGWAY 1912 – VON WETTSTEIN 1953*). Bauchseite braungrau. Winterfell unbekannt.

Schädel: Ähnlich dem von *C. suaveolens*, aber Rostrum gestreckt, Rol über 2,9 mm, Cbl 18,8–20,1 (Tab. 122). Auch die Mandibeln sind länger als bei sympatrischen *suaveolens*, sehr schlank und gerader (Abb. 122). Die Gelenkfläche des Proc. articularis ist recht variabel (Abb. 123). Der Proc. coronoideus steigt weniger steil an als bei *C. suaveolens* (Abb. 124).

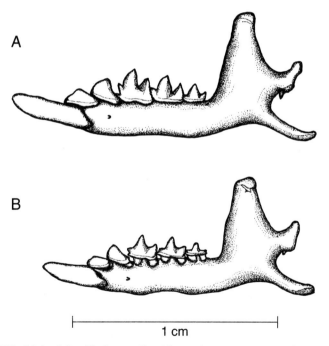

Abb. 122. Linke Mandibel von *Crocidura zimmermanni*, Labialansicht: **A** von Agio Pnevma, **B** von Topolia.

Crocidura zimmermanni – Kretaspitzmaus 455

Tabelle 121. Körpermaße von *Crocidura zimmermanni*. B = Museum Berlin, L = Zoologisches Institut Lausanne, W = Museum Wien. Nach von Wettstein (1953) und Vogel (1986).

Sammlung	Nr.	Ort	Mon	sex	Kr	Schw	Hf	Ohr	Gew	Bem.
W	B 5510	Nida-Hochebene	7	♀	69	37,5	14	11	–	Holotypus
B	92658	Nida-Hochebene	7	♂	67	40	13	9	–	
B	92659	Nida-Hochebene	7	♂	78	40	13	9	–	
B	92660	Nida-Hochebene	7	♀	70	42	13	10,5	–	
B	92661	Nida-Hochebene	7	♀	67	35	12	9	–	
B	92662	Nida-Hochebene	7	♀	72	40	13	13	–	
B	92663	Nida-Hochebene	7	♂	66	40	13	9	–	
L	2053	Nida-Hochebene	8	♂	70	41	13	–	8,2	
L	2058	Omalos-Hochebene	8	♂	74	39	13	–	7,0	
L	2065	Omalos-Hochebene	8	♂	75	41	13	–	8,0	

Tabelle 121a. Einige Schädelmaße von *Crocidura zimmermanni* von verschiedenen Orten auf Kreta.

Herkunft	Zyg			Gal			Corh			Condl		
	n	$\bar{x}$	s	n	$\bar{x}$	s	n	$\bar{x}$	s	n	$\bar{x}$	s
Nida-Hochebene (Tab. 121)	4	5,9	0,18	3	8,7	0,41	5	4,8	0,18	5	10,6	0,34
Kato Metochi	1	6,3		1	9,1		8	5,1	0,05	7	10,9	0,10
Aloni	25	6,4	0,19	27	8,8	0,35	87	5,1	0,15	76	10,9	0,25
Topolia	8	6,2	0,14	8	7,9	0,15	85	4,7	0,15	33	10,3	0,30

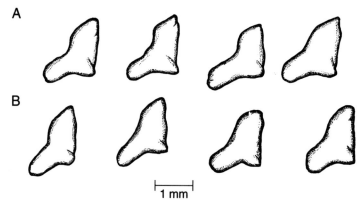

Abb. 123. Gelenkfläche am Condylus articularis, rechter Unterkiefer von *Crocidura zimmermanni*; **A** von Aloni, **B** von Topolia.

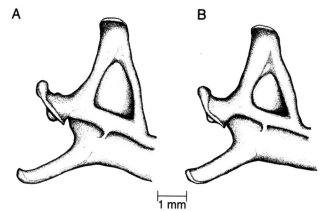

Abb. 124. Labialansicht der hinteren Teile der linken Unterkiefer von *Crocidura zimmermanni* **A** von Agio Pnevma, **B** von Topolia.

Tabelle 122. Einige Schädelmaße von *Crocidura zimmermanni*. Gleiche Exemplare wie in Tab. 121. Für die drei Tiere von Lausanne sind nur die Cbl (20,3, 19,9, 20,2) und die Rol (3,2, 3,3, 3,2) angegeben. Nach von WETTSTEIN (1953), RICHTER (1970) und VESMANIS (Manuskript).

Nr.	Cbl	Skb	Skl	SkH	Zyg	Gal	Rol	Mand	Condl	Corh	U_1-M_3
B 5510	20,1	9,4	11,5	5,0	6,0	8,6	3,3	11,8	11,1	4,8	6,2
92658	19,3	9,3	10,1	4,9	6,0	9,2	3,0	11,3	10,6	5,0	6,0
92659	20,2	9,4	–	–	6,2	8,7	–	–	–	–	–
92660	–	–	–	–	5,8	8,4	3,1	11,0	10,5	4,6	6,2
92661	19,7	9,3	–	–	6,1	8,2	–	11,2	–	–	–
92662	18,8	9,1	–	–	5,8	8,1	3,0	10,5	10,1	4,6	6,0
92663	19,9	9,2	11,5	5,0	6,2	8,4	3,1	11,0	10,8	4,9	6,0

Zähne: I_1 verläuft in der Verlängerung des Unterkiefers (Abb. 122). Die U^3 sind deutlich höher als der Parastyl des P^4 (Abb. 127), auch U^1 und U^2 im Verhältnis erheblich größer als bei *C. suaveolens*. Der Protoconus ist

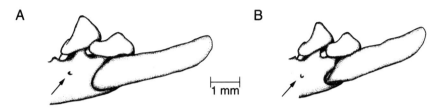

Abb. 125. Vorderer Teil des rechten Unterkiefers von *Crocidura zimmermanni* mit I_1–P_4; **A** von Aloni, **B** von Topolia. Man beachte die Lage des Foramen mentale (Pfeil).

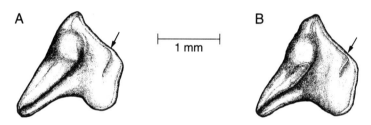

Abb. 126. Rechte P^4 von *Crocidura zimmermanni* **A** von Aloni, **B** von Topolia. Man beachte die Lage des Protoconus (Pfeil).

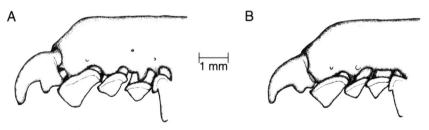

Abb. 127. Rostrum der Kretaspitzmaus, *Crocidura zimmermanni*, von links mit I^1–P^4; **A** Agio Pnevma, **B** Topolia. Man beachte die im Vergleich zur Höhe große Länge und die relativ großen U.

wie bei *leucodon* und *suaveolens* buccad verschoben (Abb. 126), aber nicht so weit und nicht so deutlich von der Protoconus-Leiste abgesetzt (REUMER und PAYNE 1986). M³ ist nicht so gedrungen wie bei *C. suaveolens* und ähnlich dem von *C. russula*.

Verbreitung. Nur von Kreta bekannt (Abb. 128). Die Art wurde 1942 von VON WETTSTEIN und ZIMMERMANN auf der Nida-Hochebene im mittelkretischen Ida-Gebirge entdeckt. Die Typus-Serie umfaßt 3 ♂ und 4 ♀. (Zur Korrektur einer Verwechselung s. RICHTER 1970 und VOGEL et al. 1986.) VOGEL (1986) und VOGEL et al. (1986) untersuchten ein weiteres Exemplar von der Typus-Lokalität und zwei Tiere von der Omalos-Hochebene. Gewölle der Schleiereule (*Tyto alba*) aus den Jahren 1973–77 enthielten Reste von 19049 Kleinsäugern, darunter 2147 *C. suaveolens* und 150 *C. zimmermanni* (Tab. 123). Das sind nur 0,8% aller Kleinsäuger und 6,5% der Spitzmäuse der Gattung *Crocidura*. Die Gewölle mit *C. zimmermanni* stammen von 8 Orten, 9 weitere Gewöllproben enthielten diese Art nicht.

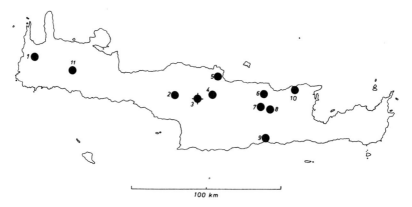

Abb. 128. Bisher bekannte Fundorte von *Crocidura zimmermanni* auf Kreta. 3 Nida-Hochebene (Typus-Fundort), 10 Milatos, 11 Omalos-Hochebene. Übrige Fundorte s. Tab. 123.

Fundpunkte: 3 Nida-Hochebene, Idagebirge, 11 Omalos-Hochebene (VOGEL 1986). Die Fundpunkte 1–2 und 4–9 beziehen sich auf Gewölle und sind in Tab. 123 aufgeführt. 10 Gewölle von *Tyto alba* von Milatos, leg. MAYHEW.

Tabelle 123. Anzahl von *Crocidura zimmermanni* und *C. suaveolens* in Gewöllfunden der Schleiereule auf Kreta. Die Nummern der Orte stimmen mit den Nummern der Verbreitungskarte (Abb. 128) überein.

Nr. Fundort	Crocidura zimmermanni	suaveolens	Kleinsäuger	zimmermanni % von *Cr.*	von Kl.
1 Topolia	73	422	2534	14,8	2,9
2 Platania	2	51	519	3,8	0,4
4 Sarchos	4	169	1181	2,3	0,3
5 Aloni	58	99	542	36,9	10,7
6 Agio Pnevma	1	618	5603	0,2	0,0
7 Kastelli	2	235	1381	0,8	0,1
8 Kato Metochi	7	118	691	5,6	1,0
9 Ano Viannos	3	95	1545	3,1	0,2

Terra typica:

A *zimmermanni* von Wettstein, 1953: Nida-Hochebene im Idagebirge, Kreta, Griechenland.

Merkmalsvariation. Die wenigen bekannten Maße lassen vermuten, daß die ♂ etwas größer als die ♀ sind: Cbl ($\bar{x}$) bei 5 ♂ 19,9, bei 3 ♀ 19,5.

Geographische Unterschiede lassen Schädelmaße vor allem der Serien von Topolia (W) und Aloni (Mitte Kretas) vermuten (Tab. 121a, S. 455).

Paläontologie. Nach eigenen Feststellungen gehören pleistozäne Spitzmäuse der Gattung *Crocidura* von Kreta (leg. KUSS, Freiburg und SONDAAR, Utrecht) zu *C. zimmermanni*. REUMER (1986), der pleistozäne *Crocidura*-Reste von Kreta von 6 Orten aus der *Kritimys-* und der *Mus-*Zone untersuchte, identifizierte sie ebenfalls sämtlich als *C. zimmermanni*. Die zeitliche Einstufung ist ungewiß, die ältesten Kreta-Funde werden der ersten Hälfte des Pleistozäns zugeordnet. REUMER vermutet, daß sich *C. zimmermanni* unmittelbar von der etwas kleineren altpleistozänen *C. kornfeldi* ableiten läßt. Das Foramen mentale liegt bei *C. kornfeldi* etwas weiter hinten als bei *zimmermanni*.

Mit der Einschleppung von *C. suaveolens* in minoischer Zeit verschwand *C. zimmermanni* in den tiefgelegenen Teilen Kretas. In den archäologischen Resten von Kommos in S-Kreta war die Art nur in einer Probe aus etwa 1370–1200 vor Christus vorhanden (REUMER und PAYNE 1986).

Ökologie. Habitat: Auf der Nida-Hochebene lebt *C. zimmermanni* gemeinsam mit *Apodemus sylvaticus* in Berberitzen-Gebüsch (*Berberis cretica*) vor allem dort, wo Moospolster feuchtere Stellen anzeigen (VON WETTSTEIN 1953). Auch VOGEL et al. (1986) fingen dort in dichtem Berberitzen-Gestrüpp 1 *C. zimmermanni* nur 3 m von 1 *C. suaveolens* entfernt. Auf der Omalos-Ebene wurde ein Exemplar nahe einem Gebäude, das andere unter einem Busch an der Grenze zwischen einer Weide und einem Felshang gefangen. Die Fallenfänge stammen aus Höhen zwischen 1050 und 1450 m, die Gewöllfunde hingegen aus 140–830 m über dem Meer und deuten darauf hin, daß *C. zimmermanni* auch heute noch stellenweise in tieferen Lagen vorkommt. *C. suaveolens* und *C. zimmermanni* sind demnach vertikal nicht so deutlich getrennt, wie es früher den Anschein hatte.

Literatur

BATE, D. M. A.: On the mammals of Crete. Proc. Zool. Soc. London **1905**, 315–323.
KAHMANN, H.; VESMANIS, I.: Morphometrische Untersuchungen an Wimperspitzmäusen (*Crocidura*) (Mammalia: Soricidae). 2. Zur weiteren Kenntnis von *Crocidura gueldenstaedti* (Pallas 1811) auf der Insel Kreta. Opusc. Zool. **136**, 1975, 1–12.
REUMER, J. W. F.: Notes on the Soricidae (Insectivora, Mammalia) from Crete. I. The Pleistocene species *Crocidura zimmermanni*. Bonn. zool. Beitr. **37**, 1986, 161–171.
– PAYNE, S.: Notes on the Soricidae (Insectivora, Mammalia) from Crete. II. The shrew remains from Minoan and classical Kommos. Bonn. zool. Beitr. **37**, 1986, 173–182.
RICHTER, H.: Zum taxonomischen Status der zwei Crociduren-Formen von Kreta (Mammalia, Insectivora, Soricidae). Zool. Abh. staatl. Mus. Tierk. Dresden **31**, 1970, 279–291.
VESMANIS, I.; KAHMANN, H.: Morphometrische Untersuchungen an Wimperspitzmäusen (*Crocidura*). 4. Bemerkungen über die Typusreihe der kretaischen *Crocidura russula zimmermanni* Wettstein, 1953 im Vergleich mit *Crocidura gueldenstaedti caneae* (Miller, 1909). Säugetierk. Mitt. **26**, 1978, 214–222.
VOGEL, P.: Der Karyotyp der Kretaspitzmaus, *Crocidura zimmermanni* Wettstein, 1953 (Mammalia, Insectivora). Bonn. zool. Beitr. **37**, 1986, 35–38.
– MADDALENA, T.; CATZEFLIS, F.: A contribution to the taxonomy and ecology of shrews (*Crocidura zimmermanni* and *C. suaveolens*) from Crete and Turkey. Acta theriol. **31**, 1986, 537–545.
WETTSTEIN, O. VON: Die Insectivora von Kreta. In: ZIMMERMANN, K.; WETTSTEIN, O. VON; SIEWERT, H.; POHLE, H.: I. Die Wildsäuger von Kreta. Z. Säugetierk. **17**, 1953, 4–13.

Crocidura sicula Miller, 1901 – **Sizilienspitzmaus**

E: Sicilian shrew, F: La musaraigne de Sicile, I: Toporagno di Sicilia.

Von T. MADDALENA, P. VOGEL und R. HUTTERER

Diagnose. Mittelgroße Spitzmaus, deren Färbung an jene von *C. leucodon* erinnert; Bauch scharf weiß abgesetzt gegen den graubraunen Rücken, Hinterfuß weißlich bis leuchtend weiß gefärbt, Schwanz deutlich zweifarbig. Schädel ähnlich dem von *C. russula*, aber Rostrum schlanker, Spitzen der U^{2-3} in der Regel auf gleicher Höhe wie die Spitze des Parastyl des P^4; Vorderkante des Parastyl des P^4 rechteckig geformt (VOGEL et al. 1989).

Karyotyp: $2n = 36$, $NF = 56$ (VOGEL 1988), bestehend aus 4 Paaren metazentrischer, 5 Paaren submetazentrischer bis subtelozentrischer sowie 8 Paaren akrozentrischer Chromosomen. Das X-Chromosom ist das größte metazentrische Element, das Y-Chromosom ist subtelozentrisch.

Zur Systematik: Der Karyotyp stimmt mit jenem der kürzlich beschriebenen *Crocidura canariensis* Hutterer, Lopez-Jurado und Vogel, 1987 überein, womit sich die Frage der Verwandtschaft bzw. Konspezifität stellt. Auch vorläufige biochemische Ergebnisse (MADDALENA et al. in Vorb.) zeigen eine geringe genetische Distanz beider Taxa. Gegen Konspezifität spricht die andere Färbung von *C. canariensis* (± einfarbig), ihre verschiedene Schädelgestalt und trennende Zahnmerkmale (HUTTERER, in Vorb.). *C. caudata* Miller, 1901 ist ein Synonym von *C. sicula* (VOGEL et al. 1989).

Differentialdiagnose: Äußerlich ist *C. sicula* nur mit *C. leucodon* zu vergleichen, alle anderen europäischen Arten haben keine scharf abgesetzte weiße Unterseite. *C. leucodon* unterscheidet sich von *C. sicula* am Schädel durch eine deutlich breitere Infraorbitalbrücke (VOGEL et al. 1989, Abb. 2) und durch sehr kleine Unicuspiden. Die Ähnlichkeit von *C. sicula* mit *C. russula* ist groß; die für *C. russula* diskriminanten Schädelkriterien, die von POITEVIN et al. (1986, Abb. 1 u. 2) etabliert worden sind, treffen für beide Arten zu. Auch die Morphologie des P^4 ist bei beiden Arten ähnlich (RICHTER 1970, VESMANIS 1976), aber in Seitenansicht ist der Parastyl deutlich verschieden ausgeformt (VOGEL et al. 1989). Bei *C. sicula* ist er „backsteinförmig" eckig geformt wie bei keiner anderen Art, auch nicht bei *C. canariensis*. Südliche Populationen von *C. suaveolens* überschneiden sich in der Größe mit *C. sicula* von Gozo und den Ägadischen Inseln, lassen sich aber unterscheiden durch relativ kleine obere Inzisiven (I^1), durch kleinere Unicuspiden (U^{2-3}), deren Spitze in der Regel von der Spitze des Parastyl des P^4 überragt wird, und durch die verschiedene Gestalt des Parastyl in Seitenansicht. Der Schädel von *C. zimmermanni* ist deutlich größer und weist ungleich massivere Unicuspiden auf (VOGEL et al. 1989).

Beschreibung. Spitzmaus von mittlerer Größe mit graubraunem, eher dunklem Rücken, der stark mit dem relativ hellen, oft weißlichen Bauch kontrastiert. Alle Körperhaare haben eine bleigraue Basis. Die Oberseite der Hände und Füße ist weißlich, bei den Tieren von Gozo rein weiß gefärbt. Der Schwanz ist deutlich zweifarbig. Bei jüngeren Tieren ist die Färbung kontrastreicher als bei adulten. Das mittlere Körpergewicht von sizilianischen Spitzmäusen ist 6,7 ± 2,8 g, n = 9 (DI PALMA und MASSA 1981). VESMANIS (1976) gibt folgende Körpermaße: Kr 50,0–77,0 mm ($\bar{x}$ = 69,0, n = 15); Schw 28,0–42,0 ($\bar{x}$ = 35,7, n = 15; allerdings bei einem der 3 von P. VOGEL gefangenen Tiere sogar 45 mm); Hf 11,5–13,5 mm ($\bar{x}$ = 12,2, n = 14).

Schädel: Für eine ausführliche Beschreibung siehe VESMANIS (1976) und für eine Abbildung VOGEL et al. (1989). Die Cil variiert zwischen 18,4 und 20,35 mm, was in der Regel erlaubt, die Art von der kleineren *C. suaveolens* zu unterscheiden (zum Vergleich *C. suaveolens* vom italienischen Festland: 17,2–18,4 mm, n = 20, MADDALENA unpubl.).

Verbreitung. *C. sicula* ist in ganz Sizilien verbreitet (VESMANIS 1976, Abb. 14, CONTOLI et al. 1978, MASSA und SARA 1982). Für die Ägadischen Inseln liegen Nachweise vor von Favignana, Marettimo, Levanzo (KRAPP 1970) und Ustica (SARA, unpubl.). Rezent kommt die Art auch auf Gozo vor (SCHEMBRI und SCHEMBRI 1979), auch die von STORCH (1970) gemeldeten subfossilen Reste von Malta gehören hierzu; heute ist die Art auf Malta ausgestorben (VOGEL et al. 1989). Die von Pantelleria gemeldeten Spitzmäuse (CONTOLI und AMORI 1986) und andere Inselvorkommen bleiben karyologisch zu überprüfen, was auch für die nordafrikanischen Taxa wünschenswert ist.

Ökologie. Habitat: In Sizilien stellt *C. sicula* offensichtlich keine speziellen Ansprüche. Nach Gewöllanalysen von MASSA und SARA (1982) findet sich diese Art sowohl im suburbanen Milieu, in Landwirtschaftsgebieten, als auch im offenen Wald. Oft wurde *C. sicula* in feuchten Biotopen gefangen (VESMANIS 1976, CONTOLI et al. 1978, VOGEL 1988).

Feinde: Die wichtigsten Prädatoren von *C. sicula* in Sizilien sind die Eulen und Tagraubvögel (CONTOLI et al. 1978, MASSA und SARA 1982, SIRACUSA und CIACCIO 1985, CATALISANO und MASSA 1987). Nach MASSA (1981) entspricht die Sizilienspitzmaus 13,1% der Beute von *Tyto alba,* 11,6% der Beute von *Strix aluco* und 13,7% der Beute von *Milvus migrans* (hier allerdings nur 3 Beobachtungen). Ähnliche Verhältnisse wurden auf Gozo beobachtet (SCHEMBRI und CACHIA ZAMMIT 1979). In Anbetracht der Häufigkeit der Spitzmäuse in Vorstadtgebieten Siziliens dürften Katzen ebenfalls wichtige Prädatoren sein.

Jahreszeitliche Fluktuationen (Populationsdynamik): Nach Gewöllanalysen von *Tyto alba* und *Strix aluco* haben verschiedene Autoren bedeutende jahreszeitliche Populationsschwankungen von *C. sicula* nachgewiesen. Geringe Populationen findet man im Sommer (Mai bis September), Spitzenpopulationen dagegen in den Wintermonaten (SARA und MASSA 1985, SIRACUSA und CIACCIO 1985, CATALISANO und MASSA 1987).

Literatur

CATALISANO, A.; MASSA, B.: Considerations on the structure of the diet of the barn owl (*Tyto alba*) in Sicily (Italy). Boll. Zool. **54**, 1987, 69–73.
CONTOLI, L.; AMORI, G.: First record of a live *Crocidura* (Mammalia, Insectivora) from Pantelleria Island, Italy. Acta theriol. **31**, 1986, 343–347.
– RAGONESE, B.; TIZI, L.: Sul sistema trofico „Micromammiferi – *Tyto alba*" nei Pantani di Vendicari (Noto, Sicilia S-E). Animalia (Catania) **5**, 1978, 79–105.
DI PALMA, M. G.; MASSA, B.: Contributo metodologico per lo studio dell' alimentazione dei Rapaci. Atti Convegno Ital. Ornitol., 1981, 69–76.
HUTTERER, R.; LOPEZ-JURADO, L. F.; VOGEL, P.: The shrews of the eastern Canary Islands: a new species (Mammalia: Soricidae). J. nat. Hist. **21**, 1987, 1347–1357.
KRAPP, F.: Terrestrische Kleinsäugetiere von den Ägadischen Inseln (Mammalia: Insectivora, Rodentia) (Provinz Trapani, Sizilien). Mem. Mus. Civ. Stor. nat. Verona **17**, 1970, 331–347.
MASSA, B.: Le régime alimentaire de quatorze espèces de Rapaces en Sicile. Rapaces Méditerranéens Annales du CROP **1**, 1981, 119–129.
– SARÀ, M.: Dieta comparata del barbagianni (*Tyto alba* Scopoli) in ambiente boschivi, rurali e suburbani della Sicilia. Naturalista sicil., 1982, 3–15.
MILLER, G. S.: Five new shrews from Europe. – Proc. biol. Soc. Wash. **14**, 1901, 41–45.
POITEVIN, F.; CATALAN, J.; FONS, R.; CROSET, H.: Biologie évolutive des populations ouest-européennes de crocidures. 1. – Critères d'identification et répartition biogéographique de *Crocidura russula* (Hermann, 1780) et *Crocidura suaveolens* (Pallas, 1811). Rev. Ecol. (Terre Vie) **41**, 1986, 299–314.
RICHTER, H.: Zur Taxonomie und Verbreitung der palaearktischen Crociduren (Mammalia, Insectivora, Soricidae). Zool. Abh. staatl. Mus. Tierk. Dresden **31**, 1970, 293–304.
SARÀ, M.; MASSA, B.: Considerazioni sulla nicchia trofica dell' allocco (*Stryx aluco*) e del barbagianni (*Tyto alba*). Riv. ital. Ornitol. **55**, 1985, 61–73.

SCHEMBRI, S. P.: CACHIA ZAMMIT, R.: Mammalian contents of barn owl pellets from Gozo. Il-Merill **20,** 1979, 20–21.
SCHEMBRI, P. J.; SCHEMBRI, S. P.: On the occurrence of *Crocidura suaveolens* Pallas (Mammalia, Insectivora) in the Maltese Islands with notes on other Maltese shrews. Central Mediterranean Naturalist **1,** 1979, 81–21.
SIRACUSA, M.; CIACCIO, A.: Dieta comparata del barbagianni, *Tyto alba,* e sue variazioni stagionali in un'area della Sicilia sud-occidentale. Riv. ital. Ornitol. **55,** 1985, 151–160.
STORCH, G.: Holozäne Kleinsäugerfunde aus der Ghar Dalam-Höhle, Malta (Mammalia: Insectivora, Chiroptera, Rodentia). Senckenbergiana biol. **51,** 1970, 135–145.
VESMANIS, I.: Beitrag zur Kenntnis der Crociduren-Fauna Siziliens (Mammalia: Insectivora). Z. Säugetierk. **41,** 1976, 257–273.
– VESMANIS, A.: Zum Vorkommen der Gartenspitzmaus, *Crocidura suaveolens* (PALLAS 1811), auf der Mittelmeerinsel Gozo (Malta). Zool. Abh. staatl. Mus. Tierk. Dresden **38,** 1982, 53–63.
VOGEL, P.: Taxonomical and biogeographical problems in Mediterranean shrews of the genus *Crocidura* (Mammalia, Insectivora) with reference to a new karyotype from Sicily (Italy). Bull. Soc. vaud. Sci. nat. **79,** 1988, 39–48.
VOGEL, P.; HUTTERER, R.; SARÀ, M.: The correct name, species diagnosis, and distribution of the Sicilian shrew. Bonn. zool. Beitr. **40,** 1989, 243–248.

Crocidura leucodon (Hermann, 1780) – **Feldspitzmaus**

E: Bicoloured white-toothed shrew; F: la crocidure leucode; la c. bicolore

Von F. KRAPP

Diagnose. Größe ähnlich der Hausspitzmaus (Gew 7–13,5 g, Kr 60–90, Hf 11–13, Cbl 17,5–21), aber meist geringere Schw (27–43). Färbung kontrastreicher, Rückenseite dunkler, Bauch abstechend von der Oberseite (im Zentrum und im E Europas weiß, scharfe Grenze zwischen weißem Bauch und dunkler Oberseite). Schädel robuster, derber im Gesichtsteil, flacher im Hirnschädel als bei *C. russula*. Außerhalb Italiens Rostrum verkürzt und derb; U^3 oft niedriger als der Parastyl, der vordere Höcker am P^4.

Karyotyp: 2n = 28, NF = 56. Alle Autosomen meta- bis submetazentrisch, lassen sich in einer kontinuierlichen Serie fallender Größe anordnen. X submetazentrisch, mittelgroß; Y akrozentrisch, klein (MEYLAN 1966; MEYLAN und HAUSSER 1974; REUMER und MEYLAN 1986*: Deutschland, Schweiz, Jugoslawien, N-Italien, Griechenland, Kaukasus, Slowakei).

Zur Systematik: Im Zentrum Europas ist die Unterscheidung der „mittelgroßen" *Crocidura*-Arten relativ einfach, da höchstens zwei Arten ähnlicher Größe sympatrisch vorkommen, so im Zentrum *russula* und *leucodon*. Die bei ELLERMAN und MORRISON-SCOTT (1951*) noch als Unterart zu *leucodon* gerechnete *Crocidura sibirica* Dukelski, 1930 ist eine eigenständige Art (JUDIN 1971*, DOLGOV 1974, JUDIN et al. 1979*). Nachweise von "*Crocidura leucodon*" aus Mittelsibirien, eventuell mit Hinweisen auf die Unterarten *sibirica* und *ognevi*, betreffen also *C. sibirica*. In der Sowjetunion liegen diese Nachweise von W nach E vom Issyk-kul-See, Oberlauf des Irty'š mit Saissan-nor-See und Oberlauf des Ob bis zum Baikal-See im Bereiche der Gebirgszüge Tjan'šan, Altai und Sajan (Karten bei STROGANOV 1957*, BOBRINSKIJ et al. 1965*, JUDIN 1971*). Nach SOKOLOV und ORLOV (1980*) kann *C. sibirica* vielleicht noch im N der Mongolischen Volksrepublik (Äußere Mongolei) erwartet werden, ähnlich muß man die gelegentlichen Hinweise auf *sibirica* oder *leucodon* in (Nord-)China bewerten. Grundlage für die Abtrennung als Art war die unterschiedliche Penis-Morphologie (VINOGRADOV 1958), ebenso bei *Crocidura persica*. Die aus dem Elburs-Bergland hierher gezählten Vorkommen, ebenso wie solche aus dem sw Turkmenien in der Sowjetunion, sind auf *C. persica* zu beziehen. Außer diesen in Zentralasien an die Vorkommen von *C. leucodon* s. str. anschließenden Formen treten im Libanon (HARRISON 1964*), Kaukasus (VINOGRADOV 1958, CORBET 1978*) und Kleinasien (SPITZENBERGER in FELTEN et al. 1973*) ähnliche, als *C. lasia* bezeichnete Spitzmäuse auf. Da diese großwüchsige Form teilweise sympatrisch mit *leucodon* vorkommt, aber morphologisch deutlich durch größere Maße und andere Merkmale zu unterscheiden ist, muß sie ebenfalls Artrang erhalten (SPITZENBERGER in FELTEN et al. 1973*). Außer auf dem kleinasiatischen Festland wurde die Form auch auf einigen vorgelagerten griechischen Inseln festgestellt: Lesbos (ONDRIAS 1969b), Chios (BESENECKER et al. 1972) und Karpathos (PIEPER in SPITZENBERGER in FELTEN et al. 1973*). Lebend konnte sie nur noch auf Lesbos festgestellt werden. Wenn diese Form nicht als großwüchsige Form von *C. leucodon* aufgefaßt wurde (so noch von ANDÉRA in HONACKI et al. 1982*), wurde sie irrigerweise auf die fernöstliche Art *lasiura* bezogen (so bei ONDRIAS 1969b, ELLERMAN und MORRISON-SCOTT 1951*, HARRISON 1971*), mit der aber keinerlei Zusammenhang besteht. Bei Scalita an der türkischen Schwarzmeerküste, der Typus-Lokalität von *C. lasia*, leben Spitzmäuse mit *leucodon*-Karyotyp (CATZEFLIS et al. 1985).

Beschreibung. Färbung: Frisches Haarkleid oberseits dunkelbraun mit schwachem metallischem Glanz und silbrigen Reflexen, die gelegentlich einen gesprenkelten Eindruck hervorrufen. Unterseite des Körpers und der Gliedmaßen weißlich oder gelblichweiß, durch die dunkle Unterwolle etwas gedämpft. Kinn- und Halsgegend manchmal gelblich überflogen. Grenze zwischen Ober- und Unterseitenfärbung scharf, zieht von der Schnauzenmitte und direkt unterhalb von Augen und Ohren geradlinig über die Bauchseiten. Füße schmutzigweiß, manchmal bräunlich gewölbt, kurz und straff behaart. Schwanz ebenfalls scharf zweifarbig, unterseits weißlich, oberseits ähnlich der Rückenmitte. Die längeren Schwanzhaare (falls unabgerieben) silbergrau (MILLER 1912*). Diese kontrastreiche Färbung zeigen nur frisch vermauserte Feldspitzmäuse im gemäßigten Klimabereich Europas und in Norditalien (MALEC und STORCH 1968). Über „Fuchsigwerden" (= foxing) bei fortschreitender Jahreszeit, sowie Größe und Färbung ostösterreichischer, sowie mittel- und süditalienischer Tiere s. Kapitel Merkmalsvariation.

Haarkleid dichter und kürzer als bei *Sorex araneus*: Deckhaare aus der Rückenmittellinie im Sommer bis 3,5, im Winter bis 5 mm (also auch kürzer als bei der Hausspitzmaus, s. dort). Grannenhaare mit 1–3 Knickstellen wie bei *C. russula* und *C. suaveolens*, Markzellenzahl im distalen Abschnitt ähnlich: 252–315. Markzellen rechteckig, nicht so lang wie bei den beiden anderen Arten, Enden nicht abgerundet wie bei *C. russula* (KELLER

Tabelle 124. Körpermaße von *Crocidura leucodon*, F 33 Coll. F. KRAPP, sonst Coll. J. NIETHAMMER.

Nr.	Mon	sex	Fundort	Kr	Schw	Hf	Gew
30	3	–	Ersdorf bei Bonn	73	34	11	–
42	5	♀	Bonn	61	35	12,5	10
357	12	♀	Znojmo/Moravia ČSSR	67	32	11	–
358	12	♂	Znojmo/Moravia ČSSR	69	34	11	–
1196	7	♂	Raubling bei Rosenheim	76	42	13,4	11,5
2425	9	♀	Ludwigsburg	72	35	12,8	9,8
2426	8	♂	Ludwigsburg	68	35	11,6	7,9
2427	12	–	Ludwigsburg	78	34	12,2	11
2428	9	♂	Ludwigsburg	67	32	11,5	7
2429	8	♂	Ludwigsburg	73	35	12,8	9
2430	12	♂	Ludwigsburg	72	36	12,2	10,5
2431	9	–	Ludwigsburg	73	35	12,3	9,7
2432	9	–	Ludwigsburg	75	34	12,2	10
2433	12	♀	Ludwigsburg	–	–	–	–
2434	9	♂	Ludwigsburg	73	33	12,3	9,5
2435	12	♀	Ludwigsburg	76	34	11,5	10
2437	9	♂	Ludwigsburg	73	36	12,7	9,3
2438	11	♂	Ludwigsburg	73	37	12,4	9,3
2518	10	♂	Rovinj/Istrien Jugoslawien	78	38	13	13,3
F 33	8	♂	Abruzzen	–	–	–	–

1978*). Augen klein, unauffällig. Ohren relativ und absolut größer als bei Waldspitzmaus, besonders bei lebenden und frischtoten Tieren deutlich aus dem Kopffell herausragend.

Füße relativ derber als bei *Sorex araneus,* oberseits und auf dem Lateralteil der hinteren Sohlenhälfte anliegend behaart. Finger und Zehen ähnlich proportioniert wie bei *Sorex araneus,* aber die Längenabstufung besonders der Zehen weniger ausgeprägt als bei dieser Art. Jeweils 6 Sohlenhöcker auf Händen und Füßen, besonders die an den Händen stark genähert. Zwischen den Sohlentuberkeln ist die Haut fein höckerig. Schwanz viel kräftiger als bei der Gattung *Sorex* oder *Neomys,* fast vierkantig oder zumindest unterseits abgeflacht. Schw immer kürzer als halbe Kr. Haarkleid des Schwanzes kurz und anliegend, ca. 1 mm lang und alle Schwanzringel verdeckend, darüber hinaus ragen nur die etwa 5 mm langen, relativ schütter stehenden Wimperhaare. Schwanzringel undeutlich, in der Schwanzmitte etwa 35 auf einem cm.

Die elliptischen Flankendrüsen (etwa 4,5 × 9 mm) liegen am Ende des Brustkorbes weiter rostral als bei *Sorex araneus.* Sie sind bei ♂ ungefähr 0,5 mm dick. Große Talgdrüsen und weitlumige, sehr zerstreute Schweißdrüsen finden sich in der Schnauzenregion. Auf dem Rücken bilden Talgdrüsen eine geschlossene Lage, Schweißdrüsen sind hier selten und liegen darunter. Die Flankendrüsen enthalten beide Drüsentypen im gleichen Mengenverhältnis wie auf dem Rücken (MURARIU 1973).

Schädel: Robust (Abb. 129), besonders die rostralen Anteile schwerer und klobiger als bei *Sorex,* aber auch innerhalb der Gattung extreme Form. RICHTER (1963a) berichtete erstmals folgende Unterschiede zur etwa gleichgroßen Hausspitzmaus: In Dorsalansicht

a) Lacrimal- und Frontalgegend sind verbreitert (bei *russula* Linie Prämaxillare-Frontale gerade, Rostrum schlank – Abb. 129).

b) Die breiteste Stelle des Gesichtsschädels liegt deutlich vor dem Ende der Jugalfortsätze der Maxillaria (Abb. 129, 1).

c) Die Lambda-Nähte der beiden Arten sollen unterschiedlich sein.

d) In der Lateralansicht sind Hinter- und Außenkante des Maxillare bei *leucodon* gleichmäßig gebogen (Abb. 129), bei *russula* deutlich winkelig.

e) Am deutlichsten unterscheidet sich der die U tragende, rostrale Schnauzenteil in Seitenansicht (Abb. 131): Bei *leucodon* ist das Verhältnis der Strecken Rol und Rh etwa 1,16 (Rostrum subquadratisch), bei *russula* etwa 1,45 (Rostrum schlank rechteckig).

f) Die Knochenkante an der Innenseite des Proc. angularis steigt bei *leucodon* allmählich, bei *russula* steil an (Abb. 130). Das von RICHTER (1964) beschriebene Merkmal hält NIETHAMMER (1979) für nicht immer zuverlässig.

Zähne: Nach RICHTER (1970) sind die U^2 und U^3 gewöhnlich klein und gestaucht wirkend im Vergleich zu *C. russula.* Der Protoconus an P^4 ist im Gegensatz zu *russula* buccad verschoben und lingual von einem Sims begleitet (Abb. 114B).

Postcranialskelett: Nach RICHTER (1963a) sind bei *leucodon* Pubis und Ramus acetabularis des Ischiums am Becken fast parallel (Abb. 132), bei *russula* streben sie deutlich auseinander.

Abb. 129. Schädel der Feldspitzmaus (*Crocidura leucodon*). ZFMK 80.440 (Oldenburg). **A** dorsal, **B** ventral, **C** lateral, **D** rechte Mandibel lingual, **E** linke Mandibel labial. Merkmale: 1 breiteste Stelle des Rostrums etwas vor den Jugalfortsätzen des Maxillare; 2 kurzes Rostrum mit breiten, gedrängt stehenden U; 3 Kante am Innenrand des Processus angularis allmählich ansteigend.

Crocidura leucodon – Feldspitzmaus

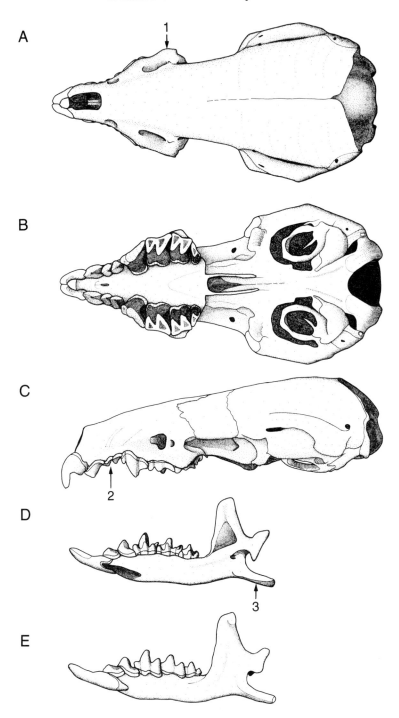

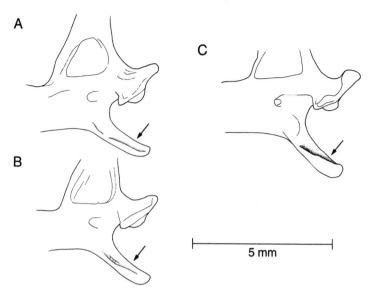

Abb. 130. Caudalteil der rechten Mandibel, von buccal, von **A** *Crocidura leucodon* (Coll. J. Niethammer 2432), **B** *C. suaveolens* (ZFMK 77 671), **C** *C. russula* (Coll. F. Krapp 180/66). Man beachte die unterschiedliche Orientierung der Knochenkante an der Innenseite des Proc. angularis (Pfeile).

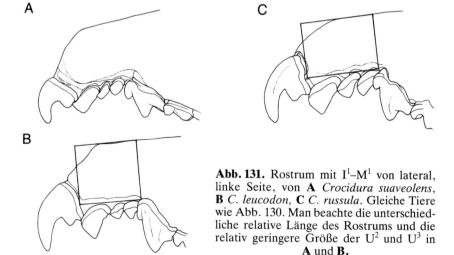

Abb. 131. Rostrum mit I^1–M^1 von lateral, linke Seite, von **A** *Crocidura suaveolens*, **B** *C. leucodon*, **C** *C. russula*. Gleiche Tiere wie Abb. 130. Man beachte die unterschiedliche relative Länge des Rostrums und die relativ geringere Größe der U^2 und U^3 in **A** und **B**.

Crocidura leucodon – Feldspitzmaus

Tabelle 125. Schädelmaße einiger *Crocidura leucodon* aus Mitteleuropa, gleiche Tiere wie in Tab. 124. Unter AG bedeutet: 1 Gebiß wenig abgekaut, 2 Gebiß deutlich abgekaut, 3 Gebiß stark abgekaut.

Nr.	AG	Cil	Cbl	Zyg	Skb	SkH	U^1-M^3	Rol	Mand	Corh	U_1-M_3	M_1-M_3
30	1	–	–	6,4	–	–	6,8	2,5	10,9	5,2	6,2	4,2
42	2	–	–	6,9	–	–	7,8	2,4	10,4	5,0	6,2	4,3
357	1	18,8	17,6	6,3	8,9	4,5	6,8	2,2	9,6	4,6	5,5	4,2
358	1	19,8	18,7	6,4	9,1	4,5	7,2	2,4	9,9	4,9	5,3	4,2
1196	1	20,5	19,6	6,6	9,3	4,7	7,5	2,3	10,5	4,9	6,2	4,3
2425	1	20,2	19,8	6,6	9,3	4,9	7,2	2,3	10,5	5,1	5,8	4,3
2426	1	–	–	6,2	–	–	7,2	2,3	10,3	4,9	6,1	4,2
2427	1	–	–	6,4	–	–	7,2	2,4	10,8	5,0	6,0	4,2
2428	1	19,0	18,4	6,1	8,9	4,6	7,7	2,1	9,8	4,6	–	–
2429	1	20,1	19,2	6,5	9,3	4,6	7,5	2,4	10,9	4,9	6,2	4,5
2430	2	19,2	18,3	6,3	9,0	4,4	7,0	2,3	10,0	4,8	5,5	3,8
2431	1–2	–	–	–	–	–	–	–	10,6	4,9	6,0	4,3
2432	1	20,1	19,2	6,6	9,4	4,6	7,2	2,3	10,4	5,0	6,0	4,3
2433	1	19,4	18,6	6,2	8,9	4,7	7,0	2,3	9,9	4,7	5,8	4,2
2434	2	20,0	18,9	6,4	9,3	4,9	7,3	2,3	10,7	4,9	6,0	4,3
2437	1	–	–	6,7	–	–	7,3	2,4	10,6	5,1	6,0	4,3
2438	2	20,4	19,9	6,7	9,3	5,2	7,3	2,3	10,7	4,9	6,0	4,3
2518	3	–	–	6,8	–	–	7,0	2,7	10,8	5,1	6,3	4,5
F 33	3	20,4	19,8	6,7	9,5	5,0	7,3	2,5	10,5	5,2	6,2	4,2

Soricidae – Spitzmäuse

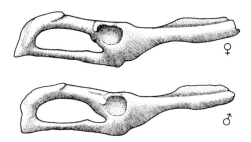

Abb. 132. Os coxae von *Crocidura leucodon*, ♀ und ♂, umgezeichnet und gespiegelt nach BECKER (1955). Man beachte unter anderem den beim ♀ spitzen, beim ♂ rechten Winkel an der Grenze von Ischium und Pubis (links unten).

Verbreitung (Abb. 133). Europa und S-Asien. Von der Bretagne bis zum Schwarzen Meer. Vorkommen in Kleinasien, n Iran, Libanon und Israel bedürfen weiterer Klärung (s. S. 466). In Europa nach S bis S-Italien und Peloponnes, nach N bis Schleswig-Holstein (REICHSTEIN und BOCK 1976). Das Verbreitungsgebiet liegt also etwa zwischen 5° W und 55° E sowie zwischen 35° und 53° N. Die Westgrenze wird offensichtlich vom Vorkommen der gleichgroßen Hausspitzmaus beeinflußt und hat sich anscheinend in den vergangenen Jahrzehnten verlagert. Das Verbreitungsbild ist zur Zeit immer noch nicht völlig klar, einmal, weil die Artbestimmung früher nicht immer zuverlässig war und vor allem Schädelreste aus Eulengewöllen erst seit RICHTER (1963, 1964) zweifelsfrei bestimmt werden konnten, weiter wegen deutlicher Arealveränderungen in den letzten Jahren, schließlich wegen der taxonomisch noch unbefriedigend gelösten Situation in Vorderasien. Einige Unsicherheiten seien hier angedeutet.

Frankreich: Die Rasterkarte von SAINT GIRONS (in FAYARD 1984*) zeigt, daß die Art in der Nordhälfte weit verbreitet ist. Da die Punkte zum großen Teil auf Gewöllanalysen beruhen und nicht ersichtlich ist, wie zuverlässig diese Belege sind, müssen Einzelpunkte aus Südfrankreich mit Skepsis betrachtet werden und wurden hier nicht berücksichtigt.

Niederlande: Belege außerhalb von Südlimburg sind, soweit überhaupt zuverlässig belegt, vor 1950 gesammelt (VAN WIJNGAARDEN et al. 1971*).

Bundesrepublik Deutschland: Aus der Eifel gibt es nur vor 1960 gesammelte Belege. Umfangreiches Gewöllmaterial aus diesem Raum nach 1960 enthielt keine Feldspitzmäuse mehr (NIETHAMMER 1979). Im Raum Oldenburg wurde die Art in der gleichen Zeit durch die Hausspitzmaus ersetzt (FRANK 1984). Unklar ist auch, wie weit eine Verbreitungslücke in Bayern im Anschluß an Österreich besteht (SPITZENBERGER 1985*). Von Raubling bei Rosenheim ein Belegexemplar aus dem Jahr 1959 in Coll. J. NIETHAMMER.

Crocidura leucodon – Feldspitzmaus

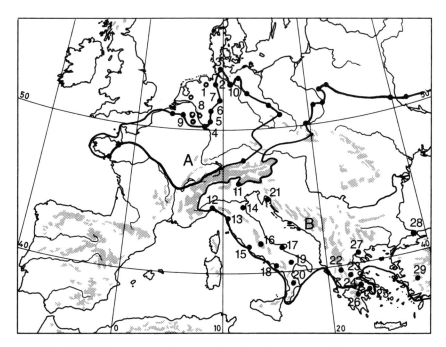

Abb. 133. Verbreitungsgebiet von *Crocidura leucodon* im Kartenbereich.

Italien: Nachweise in der S-Hälfte sind spärlich, und bei ihnen ist eine Trennung von der sizilianischen *C. sicula* bisher nicht gesichert. Die Grenze am Alpenrand ist durch mehrere Funde im Tessin, auch auf der Schweizer Seite und Trient markiert (u. a. von LEHMANN und HUTTERER 1980*; MALEC und STORCH 1968, MEYLAN und HAUSSER 1974).

Türkei: SPITZENBERGER (in FELTEN et al. 1973*) ordnet die Mehrzahl türkischer, *leucodon*-ähnlicher Spitzmäuse zwar bei *C. lasia* ein, andere aber ausdrücklich bei *C. leucodon*.

Detaillierte Punktkarten liegen vor für Polen (PUCEK und RACZYŃSKI 1983*), die DDR (ERFURT und STUBBE 1986*), die ČSSR (ANDĚRA und HŮRKA 1984) und Österreich (SPITZENBERGER 1985*). In den Balkanländern Rumänien, Bulgarien, Jugoslawien, Ungarn und Griechenland dürfte *C. leucodon* in tieferen Lagen überall vorkommen, auch wenn dies bisher nicht durch einheitliche Bearbeitungen mit Ausnahme von Ungarn (SCHMIDT 1973) belegt ist. Eine Reihe neuer Fundorte für Bulgarien enthält VOHRALÍK (1985). Danach zeichnet sich eine Teilung des heutigen Areals ab, mit einem *leucodon*-freien Korridor in W-Polen, Böhmen, dem w Österreich und den Alpen.

Höhenverbreitung: In der ČSSR bis 1100 m (ANDĚRA und HŮRKA 1984). In den österreichischen Alpen nur unter 700 m (SPITZENBERGER 1985), dagegen in den italienischen Alpen bis 1100 m (Velo-Veronese – KRAPP unpubl.) in den Abruzzen ebenfalls bis 1100 m (KRAPP 1975), in den bulgarischen Rhodopen bis 1500 m (VOHRALÍK 1985).

Inselvorkommen: Krk (TVRTKOVIĆ et al. 1985*) einzig bekannter Inselfund in der jugoslawischen Adria. Vielleicht Lesbos (ONDRIAS 1969; SPITZENBERGER 1973), falls die als *C. lasia* bezeichneten Spitzmäuse von dort zu *leucodon* gehören. Im übrigen fällt auf, daß ganz im Gegensatz zu *C. russula* und *C. suaveolens* die Feldspitzmaus auf Inseln offensichtlich fehlt.

Randpunkte: Frankreich aus SAINT GIRONS in FAYARD (1984*); Belgien nach ASSELBERG (1971*) und VAN DER STRAETEN (1972*); Niederlande nach VAN WIJNGAARDEN et al. (1971*) und VERGOOSSEN und VAN DER COELEN (1986*); Bundesrepublik Deutschland 1 Oldenburg (FRANK 1984), 2 Bremer Wesermarsch (ROSCHEN et al. 1984), 3 Ostenfeld und Oheim, Kreis Rendsburg-Eckernförde (REICHSTEIN und BOCK 1976), 4 Wellmich bei St. Goarshausen, 5 Gießen, 6 Neuengeseke e Soest, 7 s Hannover, 8 Hönningen am Rhein, 9 Monreal bei Mayen, 10 Bussau, Kreis Lüchow-Dannenberg (NIETHAMMER 1979, 1980); DDR nach ERFURT und STUBBE (1986*); Polen nach PUCEK und RACZYŃSKI (1983*); ČSSR nach ANDĚRA und HŮRKA (1984); UdSSR nach BOBRINSKIJ et al. (1965*); Italien: 11 Giazza, Prov. Verona, Lessinische Alpen (FRIGO 1978), 12 Genua, 13 Pisa (MILLER 1912*), 14 Ravenna (KRAPP 1975), 15 Rom (MILLER 1912*), 16 Pescasséroli, Nationalpark Abruzzen (KRAPP 1975), 17 Monte Gargano (WITTE 1964), 18 Paestum (BLASIUS 1857*), 19 S. Giovanni in Fiore, 20 Stigliano (Matero) (BEAUCOURNU et al. 1981 det. „*C. russula*", kontrolliert J. NIETHAMMER); Jugoslawien: 21 Insel Krk (TVRTKOVIĆ et al. 1985); Griechenland: 22 Pertouli, Pindus-Gebirge (PEUS 1954), 23 s Farsala, Larissa, 24 bei Lewadia, Böotien, 25 Fili nw Athen, 26 W-Ufer des Stymphalischen Sees (NIETHAMMER 1974*); 27 Chortiatis, Chalkidike (ONDRIAS 1969a); Türkei: 28 Istanbul (SPITZENBERGER 1970), 29 Bodzdağ (Izmir) (SPITZENBERGER in FELTEN et al. 1973*).

Terrae typicae:

A *leucodon* (Hermann, 1780): Umgebung von Straßburg, E-Frankreich
B *narentae* Bolkay, 1925: Zwischen Čapljna und Mogorjelo, Herzegowina, Jugoslawien.

Merkmalsvariation. Sexualdimorphismus: Die ♂ sind in ihren Schädelmaßen geringfügig größer als die ♀ (Tab. 126). Der Unterschied in der Cbl für Miaczyn in Polen ist mit Chi Quadrat = 8,64 signifikant. Am Bekken ist der Unterschied zwischen ♂ und ♀ weniger deutlich als bei der Hausspitzmaus. Bei den ♀ ist das Schambein völlig geradlinig, bei den ♂ leicht konkav gerandet. Scham- und Sitzbein stoßen bei den ♀ in einem spitzen, bei den ♂ in einem rechten oder stumpfen Winkel aufeinander (Abb. 132 – RICHTER 1963a).

Alter: Das Jugendkleid im 1. Sommer ist schütterer, stumpfer und weniger kontrastreich als das Alterskleid (SPITZENBERGER 1985*). Größenunterschiede zwischen selbständigen, diesjährigen und vorjährigen Individuen betragen bei Kr und Cbl etwa 5%, bei anderen Maßen weniger (SPITZENBERGER 1985*).

Jahreszeiten: Herbsthaarwechsel am Neusiedlersee Mitte Oktober bis Ende November, Frühjahrshärung hier vermutlich etwa Mitte März bis Mitte April. Herbstmauser also etwas später, Frühjahrsmauser vier Wochen früher als bei *C. suaveolens* im gleichen Gebiet (BAUER 1960*). Nach der Mauser wird die Färbung etwas fuchsiger. Das frische Winterfell ähnelt dem frischen Sommerfell sehr, ist aber eine Spur brauner (BAUER 1960*).

Im Winter nehmen die Gew in Polen im Mittel von etwa 8 g auf etwa 7 g ab (BUCHALCZYK 1960). Nach OGNEV (1928*) beträgt die Haarlänge in der Rückenmitte in S-Rußland im Sommer etwa 5,5 mm, im Winterkleid 7–8 mm.

Individuelle Variabilität: Die Höhe der U im Vergleich zum vorderen Außenhöcker des P^4 variiert erheblich und ist nicht geeignet, *C. leucodon* von *C. russula* zu unterscheiden (BUCHALCZYK 1958). Unter 157 Schädeln stellte BUCHALCZYK (1958) einmal beidseitiges Fehlen der U^3 fest (Zahnformel wie bei *Diplomesodon*).

Geographische Variabilität: Ostösterreichische, mittel- und süditalienische und jugoslawische Feldspitzmäuse sind auf dem Rücken heller gefärbt als deutsche, solche aus Vorarlberg, Liechtenstein und Norditalien (BAUER 1960*, SPITZENBERGER 1985*, WITTE 1964* und eigene Feststellungen).

MALEC und STORCH (1968) fingen dagegen im Trentino zwei sehr dunkle ♂. In Polen ist die Cbl etwas geringer als in Frankreich und der Schweiz. In Österreich ist sie intermediär (Tab. 128). Die Länge der M_1 nimmt vom N der DDR (Brandenburg) bis Mittelungarn kontinuierlich zu (HEINRICH 1985 – Tab. 129). Im südlicheren Europa scheint die Cbl allerdings über weite Gebiete hin ziemlich invariabel zu sein (Tab. 129).

Soricidae – Spitzmäuse

Tabelle 126. Einige Schädelmaße von *Crocidura leucodon* verschiedenen Alters und Geschlechts von zwei Orten in Polen (aus BUCHALCZYK 1960). ad hier Schädel, bei denen Occipitale und Basisphenoid verwachsen, juv bei denen sie getrennt sind. Extremwerte (obere Zeile), Mittelwerte (untere Zeile).

sex/Alter	n	Cbl	Skb	SkH	Rbr	Zyg	Pall	oZr
				Pulawy				
♀ juv	11	17,3–18,5	8,5–9,5	4,7–5,1	3,3–3,6	5,8–6,4	7,0–7,8	7,9–8,7
		17,34	8,81	4,83	3,46	5,99	7,44	8,35
♂ juv	5	18,1–18,5	9,1–9,3	4,9–5,3	3,4–3,7	6,0–6,4	7,6–8,2	8,5–8,9
		18,37	9,13	5,09	3,56	6,19	7,91	8,65
♀ ad	9	17,5–18,5	9,1–9,3	4,9–5,1	3,4–3,7	6,0–6,4	7,4–8,0	8,3–8,9
		17,94	9,12	4,96	3,56	6,19	7,68	8,47
♂ ad	28	17,3–19,1	8,9–9,6	4,9–5,5	3,5–3,8	6,0–6,6	7,4–8,2	8,1–8,9
		18,18	9,17	5,11	3,64	6,26	7,80	8,47
				Miaczyn				
♀ juv + ad	41	17,9–19,1	9,1–9,7	5,1–5,5	3,5–4,0	6,0–6,8	7,6–8,4	8,5–8,9
		18,44	9,28	5,18	3,74	6,36	7,92	8,64
♂ juv + ad	50	17,9–19,5	8,9–9,9	5,1–5,7	3,5–4,1	6,0–6,8	7,8–8,4	8,3–9,3
		18,77	9,39	5,28	3,81	6,42	8,05	8,72

Crocidura leucodon – Feldspitzmaus

Tabelle 127. Größte Länge der Beckenschaufeln von *Crocidura russula* und *C. leucodon* in mm (BECKER 1955).

	sex	n	Min – Max
russula	♂	16	4,8–5,5
	♀	19	4,4–5,9
leucodon	♂	17	4,3–5,1
	♀	15	4,3–5,0

Tabelle 128. Schädelmaße von *Crocidura leucodon*, Populationen verschiedener Herkunft, in mm.

Herkunft	Autor	n	Cbl Min–Max	x̄	n	Zyg Min–Max	x̄	n	Corh Min–Max	x̄
Frankreich	SAINT GIRONS 1973*	11	18,9–21,0	19,6	15	6,5–7,0	6,8	–	–	–
Apulien	WITTE 1964	3	18,8–19,6	19,2	32	6,2–6,7	6,4	64	4,6–5,2	4,9
BRD: Westfalen	VIERHAUS 1984	13	17,6–19,6	18,7	37	6,2–6,9	6,6	–	–	–
Polen	BUCHALCZYK 1958	16	17,8–19,0	18,5	143	5,7–6,7	6,2	–	–	–
Österreich	SPITZENBERGER 1985	52	18 –20	18,8	527	6,0–6,8	6,4	516	4,5–5,5	4,96
Dalmatien	WITTE 1964a	4	18,1–21,0	19,2	32	6,1–6,7	6,4	64	4,6–5,2	4,9
Türkei: Thrazien + W-Anatolien	SPITZENBERGER 1970	10	18,4–20,0	19,0	9	6,1–6,8	6,4	10	4,7–5,1	4,94
SW-Anatolien	SPITZENBERGER 1973	13	16,4–18,8	17,7	15	5,4–6,1	5,8	16	4,2–5,0	4,56

Tabelle 129. Länge der M_1 in mm in verschiedenen Populationen von *Crocidura leucodon*. Aus HEINRICH (1983a).

Herkunft		Min – Max	x̄	n
	fossil			
Pisede, älteres Holozän		1,45–1,71	1,60	34
Pisede, jüngeres Holozän		1,50–1,85	1,65	58
	rezent			
Berlin, Potsdam		1,55–1,75	1,67	51
Thüringen		1,60–1,90	1,73	50
Leipzig		1,60–1,85	1,73	62
Kisbalaton, W-Ungarn		1,65–1,90	1,79	60
Mittel-Ungarn		1,60–1,90	1,81	90

Unterarten: Die geographisch unterschiedliche Helligkeit des Rückens veranlaßt BAUER (1960*), von der dunklen Nominatform eine hellere Unterart *C. l. narentae* in Italien, Jugoslawien und Ostösterreich abzugrenzen. WITTE (1964) folgt ihm und ordnet Tiere vom Monte Gargano in S-Italien bei *narentae* ein. Allerdings sind bisher erst einige Populationen und Stichproben aus Teilen des Verbreitungsgebietes von *C. leucodon* farblich verglichen worden. Danach zeichnet sich folgendes Bild ab:

A *leucodon:* Rücken dunkelbraun, schieferfarben bis schwärzlich. Frankreich, Schweiz, Deutschland, Liechtenstein, Vorarlberg in Österreich.

B *narentae:* Rücken heller, fahlbraun: Jugoslawien, Ostösterreich, Italien (außer dem N).

Die Unterartgliederung bedarf weiterer Untersuchungen. So muß die Zugehörigkeit der italienischen Feldspitzmäuse zu *narentae* überprüft werden. Zu klären ist außerdem, ob sich die bei ELLERMAN und MORRISON-SCOTT (1951*) bei *C. russula* eingeordneten Namen *thoracicus* (Savi, 1832) und *hydruntina* (Costa, 1839) auf *C. leucodon* oder *C. suaveolens* beziehen.

Paläontologie. Da sich Feld- und Hausspitzmäuse an Fossilmaterial nur schwer unterscheiden lassen, ist auch die Fossilgeschichte der Feldspitzmaus nur vage bekannt. In der DDR sind Spitzmäuse der „*russula-leucodon*-Gruppe" aus oberem und unterem Travertin von Weimar-Ehringsdorf in Thüringen und aus den Deckschichten des Travertin von Burgtonna bekannt, die zwischen vorletztes und letztes Glazial datiert werden. Aus dem Holozän ist ein umfangreiches Fundgut von Pisede bei Malchin in Mecklenburg besonders erwähnenswert, dessen Zugehörigkeit zu *C. leucodon* gut gesichert ist. Es belegt einmal, daß auch in der DDR Feldspitzmäuse weiter nördlich vorkamen als heute, außerdem, daß sich diese Populationen in ihrer Größe in das von SW nach NE zu beobachtende Gefälle bei rezenten Feldspitzmäusen gut einfügen (HEINRICH 1983a, b, 1985). Aus dem slowakischen Karst von Peskö bei Bretka nennen HORÁČEK und LOŽEK (1988) einige Feldspitzmäuse aus Schichten, die unter anderem auch Siebenschläfer, Ziesel, *Microtus gregalis* und *Ochotona* cf. *pusilla* enthielten. Sie lassen vermuten, daß sich Feldspitzmäuse bereits im frühen Holozän unabhängig vom Menschen wieder nach Mitteleuropa hinein ausbreiteten.

Ökologie. Habitat: Wie die anderen *Crocidura*-Arten lebt *C. leucodon* in Mitteleuropa in offenem Gelände, vor allem in Kulturland. Hier erträgt sie noch geringere Deckungsgrade als *C. russula* und *C. suaveolens* und kommt noch auf ungeackerten Feldern und Wiesen vor. BAUER (1960*) fand sie im Neusiedlerseegebiet vorzugsweise auf Trockenrasen und Feldern. Sie besiedelt dort noch Stellen mit so niedriger und schütterer Vegetation, daß Gartenspitzmäuse nicht mehr vorkommen. Während die Feldspitzmaus im Gegensatz zur Hausspitzmaus in Westfalen im Kulturland ohne erkennbare Bindung an Siedlungen oder Häuser lebt (VIERHAUS 1984), fing sie FRANK (1984) in Oldenburg ausschließlich im menschlichen Siedlungsbereich, bevor sie dort durch die Hausspitzmaus ersetzt wurde. In Polen konzentriert sie sich offensichtlich auf Kleinstädte und ihre Vororte und ist in Dörfern seltener (BUCHALCZYK 1958). Im W Frankreichs fand SAINT GIRONS (in FAYARD 1985*) die Art an feuchten, deckungsreichen Orten gemeinsam mit *Sorex minutus, Neomys fodiens* und Amphibien. In S- und E-Anatolien sind Feldspitzmäuse zu Gebirgstieren in Höhen zwischen 1200 und 1950 m geworden und halten sich dort an relativ feuchten Stellen auf, wie Geröllhängen und Böden von Dolinen, der Umgebung von Bachläufen oder Legmauern von Gärten (SPITZENBERGER in FELTEN et al. 1973*).

Tabelle 130. Nahrung der Feldspitzmaus: Inhalte von 37 Mägen slowakischer *C. leucodon* nach KUVIKOVÁ (1987): % f = Prozentsatz des Auftretens, % v = Volumen in Prozenten.

Komponente	% f	% v	Komponente	% f	% v
Lumbricidae	2,1	0,8	Hymenoptera	2,8	1,1
Gastropoda	9,0	13,6	Diptera	6,9	2,0
Isopoda	4,1	1,8			
Araneae	4,8	2,6	Larven von:		
Opiliones	9,0	2,6	Bibionidae	11,7	27,8
Diplopoda	11,0	12,6	anderen Diptera	3,5	5,1
Chilopoda	5,5	3,0	Lepidoptera	2,8	3,4
Coleoptera	16,6	15,9	Coleoptera	8,3	7,4

Nahrung: Mageninhalte sind bisher nur in der Slowakei untersucht worden (Tab. 130). Anders als bei Gartenspitzmäusen aus dem gleichen Gebiet spielten Bibionidenlarven und Diplopoden bei der Feldspitzmaus eine erhebliche Rolle, woraus KUVIKOVÁ (1987) schließt, daß *C. leucodon* im Gegensatz zu *C. suaveolens* neben der Erdoberfläche auch die obere Bodenschicht durchstöbert. Von Schnecken wurden nur Weichteile, nie Schalenreste gefunden. Zwei der 37 untersuchten Mägen enthielten Hautstücke mit Haaren von Spitzmäusen.

Fortpflanzung: Im Frühjahr und Frühsommer geborene Feldspitzmäuse werden im gleichen Jahr geschlechtsreif (FRANK 1954). BAUER (1960*) und SPITZENBERGER (1985) berichten über je ein diesjähriges trächtiges ♀ aus Österreich aus den Monaten August und September. Diesjährige ♂ hatten hier im Oktober gleich große Hoden wie vorjährige.

Tragzeit etwa 30 (ZIPPELIUS 1972) oder 31 Tage (ein Fall, FRANK 1953, 1954). Postpartumöstrus. Embryonenzahlen 1 × 3 (5?) (WITTE 1964), 1 × 5 (bei Viareggio, NIETHAMMER unpubl.), 1 × 6 (SPITZENBERGER 1985). 1 × 7 (Liechtenstein; VON LEHMANN 1962*), 1 × 10 (bei Göppingen; NIETHAMMER unpubl.). In Westfalen wurde zweimal ein Nest mit je 4 juv gefunden (GOETHE 1955). Die spärlichen bisher bekannten Unterlagen deuten darauf hin, daß die Paarungszeit spätestens im April einsetzt, die ersten selbständigen Jungtiere des Jahres gegen Ende Mai angetroffen werden können und Nestjunge bis mindestens September vorkommen (BAUER 1960*, GOETHE 1955, VON LEHMANN 1962*, SPITZENBERGER 1985).

In Gefangenschaft lebte eine im November gefangene Feldspitzmaus 41,5 Monate lang und dürfte damit mindestens 44 Monate alt geworden sein (FRANK 1956).

Feinde: Vor allem zahlreich in Gewöllen der Schleiereule nachgewiesen (z. B. E. SCHMIDT 1973).

Jugendentwicklung. Neugeborene sind blind und bis auf die Spürhaare an der Schnauze nackt. Zwei ♂ wogen am Morgen ihres ersten Lebenstages zusammen 2 g (FRANK 1954). Ihre Haut war glatt und rosig lachsfarben. Am 3. Lebenstag wurde sie faltig und auf dem Hinterrücken und den Schultern schieferfarbig. Am 4. Tag war der ganze Rücken schieferblaugrau (WAHLSTRÖM 1929, FRANK 1954). Am 5. Tag waren auch die Beinaußenseiten dunkel pigmentiert. Der Rücken wurde in den folgenden Tagen noch dunkler, und am 9. Tag brachen auf dem nun fast schieferschwarzen Rücken die ersten spärlichen, noch unpigmentierten Haare durch (FRANK 1954), am 10. Tag folgten dazwischen dunkle Härchen, die nun von den zerstreuten, farblosen Haaren ähnlich wie die dunklen Schwanzhaare von den farblosen „Wimpern" bei *Crocidura* überragt wurden. Die Rückenseite war nun mattschwarz behaart, der Bauch noch nackt. Das letzte Zit-

zenpaar war nun erkennbar. Am 11. Tag behaarten sich die Flanken weiß, am 12. Tag war die Bauchseite weithin behaart, die Umgebung der drei Zitzenpaare aber noch nackt. Am 16. Tag hatte das gesamte Haar seine Endlänge erreicht. Der Rücken wirkt etwas bräunlicher als bei den Erwachsenen (nußfarben) mit schwachem Fettglanz.
Das Gewicht nahm bis zum 6. Tag nur um 0,6 g zu, danach schneller. Am 10. Tag wogen die Jungen im Durchschnitt 3,1 g, am 15. 5 g, am 21. 7 g (Frank 1954). Mit 26 Tagen wurden sie entwöhnt, mit 40 Tagen sind sie ausgewachsen (Zimmermann 1966*). Die Augen öffnen sich nach Wahlström (1929) am 7.–11. Tag (5 Tiere), nach Frank (1954) am 13. Tag (2 Tiere). Die Ohrmuscheln trennen sich am 5. Tag. Am 11. Lebenstag waren erstmals Zähne zu sehen, am 15. Tag die Molaren deutlich erkennbar, die U dagegen weniger (Frank 1954).
Am 4. Tag können sich die Jungen mit den Vorderbeinen abstützen, den Kopf heben und weit zur Seite wenden. Vom 5. Tag an können sie sich mit den Vorderbeinen fortschleppen. Dabei werden Oberarme und Oberschenkel abgespreizt, Unterarme und Unterschenkel senkrecht zum Boden gestellt („Saurierstellung"). Vom 8. Tag an laufen junge Feldspitzmäuse auf allen Vieren, bei schnellem Tempo schleifen dann aber noch die Hinterbeine nach. Vom 9. Tag an arbeiten die Hinterbeine immer mit. Die Jungen wirken dann auffallend hochbeinig. Vom 14. Tag an laufen die Jungen beim Öffnen des Nestes mit der Mutter fort. Wahlström (1929) beobachtete erstmals die Karawanenbildung bei *Crocidura*, die Zippelius (1957) zwischen 8. und 18. Lebenstag der Jungen auslösen konnte. Bis zum 7. Tage trägt die Mutter die Jungen bei Störungen im Maul fort. Milchtritt wird verstärkt, wenn die Mutter sich bewegt. Vom 7. Tag an suchen die Jungen gern Spalten auf und bohren sich hinein.
Vom 10. Tag an versuchen die Jungen, mit den Hinterbeinen die Flanken zu kratzen, erreichen am 10. Tag damit schon die Schultern und am 13. Lebenstag den Schwanz. Winden und Bodenspuren am 10. Tag mit erhobenem Kopf und kreisendem Rüssel. Nach Wahlström (1929) und Frank (1954) nehmen die Jungen vom 18. Tag an auch tierische Kost auf.

Verhalten. Die Literatur enthält fast nur Angaben über Paarung und Betreuung der Jungen (Frank 1953, Zippelius 1957, 1972, 1981). Die Aktivität konzentriert sich auf die Dunkelzeit. Bei Tage fraßen nur hochtragende ♀ regelmäßig (Frank 1953).

Frank (1954) schildert 8 verschiedene Lauttypen: 1. Zirpen kleiner Nestlinge, 2. Begrüßungszwitschern von ad., 3. scharfe Warnrufe bei juv. und ad., 4 Drohruf bei ad., 5 „Schnärpsen", 6. Schnalzen bei Nestlingen, 7. Tuckern bei isolierten ♂ und älteren juv., 8. Brunstsingen des ♀.
Ein brünstiges ♀ machte durch „Singen", ein ununterbrochenes, feines Piepen, an die Stimmen frischgeschlüpfter Singvögel erinnernd, auf sich

aufmerksam. ♂ und ♀ bedrohten sich in diesem Stadium mit aufgerissenem Maul und bissen sich auch, ohne sich aber zu verletzen. Dabei schrille, einsilbige oder auch gereihte Warn- und Drohlaute. Dann gegenseitiges Beschnüffeln vor allem in der Analgegend, Beruhigung und feines, schnelles Zwitschern oder Trillern. Später verfolgt das ♂ das ♀, das mit auffallend hochbeinigem Brunstgang die Analgegend exponiert. Häufige Kopulationsversuche unter „freundschaftlichem Zwitschern" der Partner, wobei das ♂ „zärtlich" ins Nackenfell des ♀ beißt. Während der Kopula ein neuer, hölzern klingender Schnärpslaut des ♀ (Paarungsruf).

Singen und Brunstgang des ♀ hielten etwa einen halben Tag lang an und klangen dann ab. Bei späteren Begegnungen der miteinander bekannten Tiere übernahm in zwei von drei Fällen das ♂ die aktive Rolle, Singen und Brunstgang des ♀ wurden dann nicht mehr beobachtet (FRANK 1953).

Jungenfürsorge: Während Feldspitzmäuse gewöhnlich nur auf einem primitiven Lager unter Heu ruhten, baute ein ♀ zwei Tage vor dem Werfen ein richtiges Nest, eine abgeflachte Hohlkugel aus Heu mit zwei Zugängen (FRANK 1953). Mit der eigenartigen Karawanenbildung hat sich vor allem ZIPPELIUS (1957, 1972, 1981) beschäftigt: Ein Jungtier beißt sich neben der Schwanzwurzel im Fell der Mutter fest, ein weiteres gleichartig am Hinterende seines Geschwisters und so fort. Die Jungen können auch mit je einem Tier rechts und links von der mütterlichen Schwanzwurzel beginnen. Auch Dreierreihen können vorkommen. Die Mutter läuft mit ihren Jungen dann zum neuen Nest und fordert das an ihr hängende Junge durch einen kurzen Flankenbiß zum Loslassen auf, wonach auch die anderen sich bald lösen. Zur Karawanenbildung ermuntert die Mutter die Jungen, indem sie sie mit der Schnauze anstupst oder über ein Junges hinwegläuft und dann, das Hinterteil ihm zukehrend, vor dem Jungen sitzenbleibt. Reagiert das Junge immer noch nicht, beißt die Mutter es leicht ins Fell. Von 14 Tagen bis zu 4 Wochen etwa folgen die Jungen der Mutter dichtauf, ohne sich aber noch festzubeißen: Die Beißkarawane ist nun durch eine Tastkarawane ersetzt (ZIPPELIUS 1981). Anfangs, im Alter von 6–8 Tagen, können die Jungen durch Anstupsen, Kneifen und Präsentieren einer Attrappe, etwa eines Lappens, dazu gebracht werden, damit eine Karawane zu bilden, was zeigt, daß dies Verhalten angeboren ist. Wie Versuche mit artfremden Ammen ergeben haben, werden die Jungtiere in dieser Zeit offensichtlich auf die Mutter geprägt und bilden später nur noch mit dieser eine Karawane (ZIPPELIUS 1972).

Literatur

ANDĚRA, M.; HŮRKA, L.: Zur Verbreitung der *Crocidura*-Arten in der Tschechoslowakei (Mammalia: Soricidae). Folia Mus. rer. nat. Bohemiae occ., Plzeň, Zool. **18,** 1984, 5–38.

BEAUCOURNU, J. C.; VALLE, M.; LAUNAY, H.: Siphonaptères d'Italie meridionale; description de cinq nouveaux taxa. Riv. Parassitol. **42**, 1981, 483–505.
BECKER, K.: Über Art- und Geschlechtsunterschiede am Becken einheimischer Spitzmäuse (Soricidae). Z. Säugetierk. **20**, 1955, 78–88.
BESENECKER, H.; SPITZENBERGER, F.; STORCH, G.: Eine holozäne Kleinsäuger-Fauna von der Insel Chios, Ägäis (Mammalia, Insectivora, Rodentia). Senckenbergiana biol. **53**, 1972, 145–177.
BUCHALCZYK, T.: Die Feldspitzmaus – *Crocidura leucodon* (Hermann) in den nordöstlichen Gebieten Polens. Acta theriol. **2**, 1958, 55–70.
– Variabilität der Feldspitzmaus, *Crocidura leucodon* (Hermann, 1780) in Ostpolen. Acta theriol. **4**, 1960, 159–174.
CATZEFLIS, F.; MADDALENA, T.; HELLWING, S.; VOGEL, P.: Unexpected findings on the taxonomic status of East Mediterranean *Crocidura russula* auct. (Mammalia, Insectivora). Z. Säugetierk. **50**, 1985, 185–201.
DOLGOV, V. A.: Diagnoses of *Crocidura suaveolens* and *C. leucodon* (Insectivora, Soricidae). Zool. Ž. (Moskva) **53**, 1974, 912–918.
FRANK, F.: Beitrag zur Biologie, insbesondere Paarungsbiologie der Feldspitzmaus (*Crocidura leucodon*). Bonn. zool. Beitr. **4**, 1953, 187–194.
– Zur Jugendentwicklung der Feldspitzmaus (*Crocidura leucodon* Herm.). Bonn. zool. Beitr. **5**, 1954, 173–178.
– Hohes Alter bei der europäischen Feldspitzmaus, *Crocidura l. leucodon* (Hermann, 1780). Säugetierk. Mitt. **4**, 1956, 31.
– Zur Arealverschiebung zwischen *Crocidura russula* und *C. leucodon* in NW-Deutschland und zum wechselseitigen Verhältnis beider Arten. Z. Säugetierk. **49**, 1984, 65–70.
FRIGO, G.: I piccoli mammiferi forestali dell'alta Valle d'Illasi. La Lessinia – ieri oggi domani Quad. cult. **1978**, 1978, 53–56.
HEINRICH, W.-D.: Untersuchungen an Skelettresten von Insectivoren (Insectivora, Mammalia) aus dem fossilen Tierbautensystem von Pisede bei Malchin. Teil 1: Taxonomische und biometrische Kennzeichnung des Fundgutes. Wiss. Z. Humboldt-Univ. Berlin (Math.-nat. R.) **32**, 1983a, 681–698.
– Idem. Teil 2: Paläoökologische und faunengeschichtliche Auswertung des Fundgutes. Wiss. Z. Humboldt-Univ. Berlin (Math.-nat. R.) **32**, 1983b, 698–706.
– Zur Erforschung von fossilen Kleinsäugerfaunen aus dem Eiszeitalter im Gebiet der DDR – Stand und Probleme. Säugetierk. Inf. (Jena) **2**, 1985, 203–226.
HORÁČEK, I.; LOŽEK, V.: Palaeozoology and the Mid-European Quaternary past: scope of the approach and selected results. Rozpravy Československé Akademie věd, Řada Mat. Přírod. věd **98** (4), 1988, 1–102.
KRAPP, F.: Säugetiere (Mammalia) aus dem nördlichen und zentralen Apennin im Museo Civico di Storia naturale di Verona. Boll. Mus. Civ. Stor. nat. Verona **2**, 1975, 193–216.
KUVIKOVÁ, A.: Nahrung der zwei Arten der Gattung *Crocidura*, *C. leucodon* und *C. suaveolens* in der Slowakei (Mammalia, Soricidae). Lynx (N. S.) **23**, 1987, 51–54.
LEHMANN, E. VON: Zur Kleinsäuger-Fauna des Fürstentums Liechtenstein. Bonn. zool. Beitr. **5**, 1954, 17–31.
MALEC, F.; STORCH, G.: Insektenfresser und Nagetiere aus dem Trentino, Italien, Senckenbergiana biol. **49**, 1968, 89–98.
MEYLAN, A.: Données nouvelles sur les chromosomes des insectivores Européens (Mamm.). Rev. suisse Zool. **73**, 1966, 548–558.
– HAUSSER, J.: Position cytotaxonomique de quelques musaraignes du genre *Crocidura* au Tessin (Mammalia, Insectivora). Rev. suisse Zool. **81**, 1974, 701–710.

MURARIU, D.: Données macro- et microscopiques sur les organes glandulaires latéraux chez *Sorex araneus* L., *Neomys fodiens* Schreb. et *Crocidura leucodon* Herm. de Roumanie. Trav. Mus. Hist. nat. „Grigore Antipa" **13**, 1973, 445–458.

NIETHAMMER, J.: Arealveränderungen bei Arten der Spitzmausgattung *Crocidura* in der Bundesrepublik Deutschland. Säugetierk. Mitt. **27**, 1979, 132–134.

– Zur gegenwärtigen Nordgrenze von *Crocidura leucodon* in Niedersachsen. Z. Säugetierk. **45**, 1980, 192.

ONDRIAS, J. C.: Some observations on *Crocidura leucodon* Hermann, 1780 (Insectivora, Mammalia) from the mainland of Greece. Biol. Gallo-Hellenica **2**, 1969a, 45–48.

– Die Ussuri-Groß-Spitzmaus, *Crocidura lasiura* Dobson, 1890, der Ägäischen Insel Lesbos. Z. Säugetierk. **34**, 1969b, 353–358.

PEUS, F.: Zur Kenntnis der Flöhe Griechenlands. (Insecta, Siphonaptera). Bonn. zool. Beitr. Sonderband 1954, 111–147.

REICHSTEIN, H.; BOCK, W. F.: Die Feldspitzmaus (*Crocidura leucodon*) – eine für Schleswig-Holstein neue Säugetierart. Heimat (Neumünster) **83**, 1976, 1–4.

RICHTER, H.: Zur Unterscheidung von *Crocidura r. russula* und *Crocidura l. leucodon* nach Schädelmerkmalen, Gebiß und Hüftknochen. Zool. Abh., Ber. staatl. Mus. Tierkunde Dresden **26**, 1963a, 123–133.

– Bestimmung der Unterkiefer (Mandibulae) von *Crocidura r. russula* (Hermann, 1780) und *Crocidura l. leucodon* (Hermann, 1780). Z. Säugetierk. **29**, 1964, 253.

ROSCHEN, A.; HELLBERND, L.; NETTMANN, H.-K.: Die Verbreitung von *Crocidura russula* und *Crocidura leucodon* in der Bremer Wesermarsch. Z. Säugetierk. **49**, 1984, 70–74.

SCHMIDT, E.: Über die mengenmäßige Verteilung einiger Spitzmausarten in Ungarn. Acta theriol. **18**, 1973, 281–288.

SPITZENBERGER, F.: Zur Verbreitung und Systematik türkischer Crocidurinae (Insectivora, Mammalia). Ann. Naturhistor. Mus. Wien **74**, 1970, 1–20.

TRVTKOVIĆ, N.; DULIĆ, B.; MRAKOVČIĆ, M.: Distribution of Insectivora and Rodentia on the north-east Adriatic coast (Yugoslavia). Acta. zool. Fennica **170**, 1985, 201–203.

VIERHAUS, H.: Feldspitzmaus – *Crocidura leucodon* (Hermann, 1780). In: SCHRÖPFER, R.; FELDMANN, R.; VIERHAUS, H. (eds.): Die Säugetiere Westfalens. Münster 1984, 74–80.

VINOGRADOV, B. S.: O stroenij naružnych genitalij u semleroek–belosubok (rod *Crocidura*, Insectivora, Mammalia) kak diagnostičeskom priznake. Zool. Ž. (Moskva) **38**, 1958, 1236–1243.

VOHRALÍK, V.: Notes on the distribution and the biology of small mammals in Bulgaria (Insectivora, Rodentia). I. Acta Univ. Carolinae-Biol. **1981**, 1985, 445–461.

WAHLSTRÖM, A.: Beiträge zur Biologie von *Crocidura leucodon* (Herm.). Z. Säugetierk. **4**, 1929, 157–185.

WITTE, G. R.: Zur Systematik der Insektenfresser des Monte-Gargano-Gebietes (Italien). Bonn. zool. Beitr. **15**, 1964, 1–35.

ZIPPELIUS, H. M.: Zur Karawanenbildung bei der Feldspitzmaus (*Crocidura leucodon*). Bonn. zool. Beitr. **8**, 1957, 81–84.

– Die Karawanenbildung bei Feld- und Hausspitzmaus. Z. Tierpsychol. **30**, 1972, 305–320.

– *Crocidura leucodon* (Soricidae) – Jungentransport (Karawanenbildung). Film E 1904 des IWF, Göttingen 1981. Publikation von W. MOELLER, Publ. Wiss. Film, Sekt. Biol. (14), Nr. 15/E 1904.

Ordnung **Primates – Herrentiere**

Von D. STARCK

Die Ordnung Primates umfaßt ein breites Spektrum von Formen, die sich nach Körpergröße, Spezialisationstyp und Evolutionshöhe (Neencephalisationsgrad) erheblich voneinander unterscheiden*. Rezent 17 Familien, 47 Gattungen und etwa 170 Arten. Primaten sind arborikole oder sekundär terrestrische Placentalia mit Greifhänden und Greiffüßen. Gewöhnlich mit fünf langen, frei beweglichen Fingern (Daumenreduktion kommt bei Atelinae und Colobinae vor). Daumen und Großzehe sind mehr oder weniger opponierbar. Die Ernährung ist primär insektivor (Prosimii) bis omnivor, bei Affen vegetabilisch bis omnivor. Gelegentlich kommt fakultative Karnivorie vor. M bunodont, in verschiedenen Stammeslinien mit Ansätzen zu weitergehenden Spezialisierungen. Eine zuverlässige Kennzeichnung der Ordnung ist wegen der abgestuften Merkmalsausprägung schwierig. Dazu ist es nötig, die gesamte Merkmalskombination zu beachten und zu berücksichtigen, daß in bestimmten Gruppen sonst typische Merkmale sekundär verändert sein können. Die Daumenreduktion wurde schon erwähnt; die Schnauze ist häufig verkürzt, bei Pavianen aber sekundär verlängert; die Finger tragen meist Nägel, doch kommen bei Halbaffen und Callitrichidae Krallen vor.

Keins der allgemein angegebenen Merkmale ist auf die Primaten beschränkt, wie die folgende Zusammenstellung (MIVART 1873) zeigt: Primaten sind unguikulat, plantigrad und besitzen Claviculae. Die Orbita ist gegen die Schläfengrube knöchern abgegrenzt. Unter den Sinnen dominiert das Auge. Es besteht die Tendenz, die Augen in die Frontalebene zu verlagern (binokulares, räumliches Sehen). Die Nase ist bei den evolvierten Formen mäßig entwickelt. Die sekundäre Schnauzenverlängerung bei den Pavianen dient nicht der Steigerung des Riechsinns, sondern der Verankerung der großen Eckzähne. Am Gehirn besteht eine Tendenz zur Entfaltung des Endhirnes (Neencephalisation) und hier besonders der Occipitalregion (optische Region). Meist ist eine Fissura calcarina vorhanden. Das Organon vomeronasale ist bei Halbaffen und einigen Cebiden noch ausgebildet, bei den Altweltaffen und Pongiden aber rückgebildet. Die

---

* Das Gew schwankt allein bei Altweltaffen zwischen 1500 g *(Cercopithecus talapoin)* und 200000 g *(Gorilla gorilla).*

Hoden liegen im Scrotum, der Penis ist frei herabhängend. Meist sind zwei pektorale Mammae ausgebildet (bei *Daubentonia* inguinal). In der Regel wird nur ein Junges geboren (regelmäßig Zwillinge bei Callitrichidae), das behaart und mit offenen Augen zur Welt kommt, aber hilflos ist. Dem entspricht eine lange Jugendzeit (Lernphase).

Insgesamt lassen sich die Primaten weniger durch die Aufzählung einzelner Merkmale als durch ihren Anpassungstyp definieren (FIEDLER 1956, LE GROS CLARK 1965, STARCK 1974): Sie sind primär arborikol und neigen zur Entfaltung des Neopalliums wie des peripheren und zentralen, optischen Systems. Die Hand eignet sich zum Nahrungsgreifen unter Kontrolle des stereoskopischen Sehens und spezialisiert sich mit zunehmender Befreiung der Vorderextremität von der Lokomotion zu vielseitigen Manipulationen. Hiermit im Zusammenhang ist die Neigung zur Bipedie zu sehen. Schließlich sind die Tendenz zum Ausbau der Plazenta und die Verlängerung der postnatalen Reifungsperiode hervorzuheben.

Primaten sind nicht wie Nager, Raubtiere oder Huftiere einseitig spezialisiert, sondern vielseitig anpassungsfähig. Diese Vielseitigkeit wird allerdings durch die Entfaltung des Neuhirns in der Ordnung Primates ermöglicht. In ihr ist das Schlüsselmerkmal der Gruppe zu sehen.

In Europa nur eine Familie, die Cercopithecidae.

Literatur

s. *Macaca sylvanus*, S. 506.

Familie Cercopithecidae Gray, 1821 – Meerkatzenartige

Von D. Starck

Diagnose. Meist etwa katzengroß (*Cercopithecus talapoin* Kr 350, Gew 1500, *Mandrillus sphinx* Kr 850 und Gew über 50000 als Extremgrößen). Zahnformel $\frac{2\ 1\ 2\ 3}{2\ 1\ 2\ 3}$, M bunodont mit Übergang zu Bilophodontie (Abb. 138). Diastem vor und hinter C. P_1 mit Spitze und langer Schneidekante, gegen C^1 gerichtet. Augen von mittlerer Größe, nach frontal gerichtet. Hautdrüsen wenig differenziert. Extremitäten nahezu gleich lang. Hände und Füße groß, plantigrad mit nackter Sohle (Leistenhaut). Die relativ langen Finger tragen Plattnägel.

Hirnschädel kugelig. Die Orbita ist knöchern umrandet und wird gegen die Temporalgrube durch eine von den Ossa zygomatica, frontalia und alisphenoidea gebildete Knochenplatte abgeschlossen. In der Pteriongegend besteht meist ein Kontakt zwischen Squama temporalis und Frontale, so daß das Parietale im Gegensatz zu den Cebidae nicht mit dem Zygomaticum oder Alisphenoid in Verbindung tritt. Der äußere Gehörgang wird in seiner tympanalen Hälfte vom deckknöchernen Os tympanicum röhrenförmig umschlossen, das postnatal aus dem Tympanalring auswächst.

Verbreitung. Afrika und das südlichere Asien unter Ausschluß der Trockengebiete in Nordafrika und Vorderasien.

Gliederung. Zwei Unterfamilien, die Colobinae (Blätteraffen) mit 6 Gattungen und etwa 25 Arten, und die Cercopithecinae (Meerkatzenartige) mit 6 Gattungen und etwa 45 Arten. Die Cercopithecinae unterscheiden sich von den Colobinae durch den Besitz von Backentaschen, einen einfachen Magen, einen medianen Kehlsack, ausgeprägtere Gesäßschwielen, nicht reduzierten, opponierbaren Pollex und Hallux, Supraorbitalwülste und Temporalleisten.

Macaca sylvanus (Linnaeus, 1758) – Berberaffe, Magot

E: Barbary ape; F Le magot, le singe de Berbérie

Von D. STARCK

Diagnose. Mittelgroße, stämmige, terrestrisch-arborikole Affen. Extremitäten kräftig, Skelet der Hinterbeine um 25 % länger als das der Arme. Fell rauh und langhaarig. Rücken und Flanken graugelblich, Einzelhaare hier gelb mit schwarzer Spitze. Scheitel und Stirn braun bis rötlich getönt. Unterseite lichtgrau. Schwanzlos. Gesicht fast nackt, dunkel fleischfarbig. Schnauze vorspringend. Mediane Längsfurche im Internarialbereich (sogenanntes Nasenseptum, s. S. 490). Sohle nackt, unpigmentiert, mit Leistenhaut. Rundliche Gesäßschwielen. Zirkumgenitale Schwellung der ♀ im Östrus blauviolett.

Karyotyp: 2n = 42, alle Autosomen und das X-Chromosom meta- bis submetazentrisch. Y winzig, daher Zentromerlage nicht zu beurteilen. Dieser Karyotyp findet sich auch bei den übrigen bisher untersuchten *Macaca*-Arten *(M. assamensis, cyclopis, fuscata, irus, mulatta, nemestrina, sylvanus)*. Ein Autosomenpaar mit sekundärer Konstriktion (CHU und BENDER 1961, 1962, CHIARELLI 1962, 1966a und b, HILL 1974, NAPIER und NAPIER 1970, TAPPEN 1961).

Zur Taxonomie: Innerhalb der Cercopithecinen scheinen sich die Gattungen *Macaca*, *Papio* und *Cercocebus* mit einheitlich 42 Chromosomen näherzustehen, wogegen die Meerkatzen *(Cercopithecus)* mit 54 bis 72 Chromosomen stärker abweichen. Im Gegensatz zu den übrigen Gattungen liegt der Verbreitungsschwerpunkt von *Macaca* in S-Asien: Eine Art, *M. sylvanus*, ist auf den w Maghreb (Marokko, Algier) und auf Gibraltar beschränkt, 12 weitere bewohnen ein riesiges Areal in S-Asien von Afghanistan im W bis Japan, zu den Philippinen und Timor.

Die Bündelung mehrerer Arten zu Subgenera blieb bisher wenig befriedigend, da sie meist aufgrund weniger Merkmale durchgeführt wurde, ohne daß dabei adaptive, geographische oder phylogenetische Zusammenhänge immer verständlich geworden wären. Als brauchbar hat sich die Gliederung in vier Untergruppen aufgrund der Struktur des Penis durch FOODEN (1980) erwiesen:

Macaca sylvanus – Berberaffe, Magot

1. Sylvanus-silenus-Gruppe (dazu *M. nemestrina* und die Sulawesi-Makaken).
2. Sinica-Gruppe mit *M. sinica, radiata, assamensis, thibetana.*
3. Fascicularis-Gruppe mit *M. fascicularis, cyclopis, mulatta, fuscata.*
4. Arctoides-Gruppe mit *M. arctoides.*

Beschreibung. Einige Körpermaße ergeben sich aus Tab. 1. Gew dort bei den ♂ 12,2–15,1 kg, bei den ♀ 8,4–12,3 kg. Erwachsene Magots haben am Rumpf einen dichten, rauhen und langhaarigen Pelz, der die Tiere kräftiger erscheinen läßt, als sie sind. Neben 30–50 mm langen, steifen Deckhaaren sind kürzere, wellige Unterhaare vorhanden. An Stirn und Scheitel sind die Haare kürzer und können senkrecht stehen. Das Gesicht ist dunkel fleischfarben und mit verstreut stehenden, gelblichen Haaren bedeckt, um die Augen herum ist es nackt. In der Wangengegend tragen ältere Magots eine deutliche Bartkrause, die am Kinn in einen Kinnbart übergehen kann. Vibrissen stehen medial an der Glabella, auf dem Nasenrücken und um den Mund.

Tabelle 131. *Macaca sylvanus*, adulte ♂. Körpergewicht (kg) und Maße (mm) an lebenden, narkotisierten Tieren der Affenkolonie Salem (G. Schneck, 1978). VRumpf = Vordere Rumpflänge: Incisura jugularis sterni – Oberrand der Schambein-Symphyse. Ohrh = Ohrhöhe. Sch-St = Scheitel-Steißlänge.

Nr.	Gewicht	Kr	Sch-St	VRumpf	Hf	Ohrh
2	15,1	595	561	401	190	58
24	14,8	605	582	397	185	54
60	14,5	615	597	406	190	60
10	14,4	591	554	391	180	55
67	14,2	580	544	395	187	56
45	14,0	615	570	400	180	55
30	13,9	575	505	383	182	56
8	13,7	620	595	410	184	55
11	13,3	550	530	380	180	50
7	12,8	557	524	385	184	57
3	12,2	585	558	383	174	54
x̄	13,9					

Körpergewicht von 8 ♀: 12,3, 11,6, 11,3, 10,5, 10,3, 10,0, 9,3, 8,4. Durchschnitt: x̄ 10,4.

Der Pelz ist dorsal und lateral gelblichbraun mit Übergang zu rötlicholivbraunen Tönen, besonders an Stirn und Scheitel. Das einzelne Deckhaar ist basal braun, über 10–15 mm der Mitte gelbbraun und an der Spitze schwarz. Die Wollhaare sind einheitlich grau. Die Ventralseite ist bis zur Kehle aufgehellt grau.

Die äußere Nase springt wenig vor. Der Nasenrücken ist zwischen den Augen zu einem Kiel verschmälert. Die schlitzförmigen Nasenöffnungen sind nach lateral und abwärts gerichtet. Sie bilden miteinander einen Winkel von etwa 90°. Der Internarialbereich, meist fälschlich als Nasenseptum* bezeichnet, ist schmal und zeigt eine deutliche Längsfurche, die anderen *Macaca*-Arten fehlt und als artspezifisch für *M. sylvanus* angesehen werden kann (W. C. O. HILL 1974 und eigene Beobachtung). Die Ohrmuschel hat nahezu quadratischen Umriß und ist mit spärlichen, zarten, gelben Haaren bedeckt. Bei alten Magots ist sie meist dunkel pigmentiert. Die hintere, obere Ecke ist zugespitzt (Tuberculum, Darwins Höcker), die hintere, untere Ecke abgerundet. Das Relief zeigt die typischen Höcker und Gruben des Makakenohres, die nur geringfügig in der Gattung variieren.

Ohrhöhe 37–68 ($\bar{x}$ = 50) mm (DIDIER und RODE 1936, HILL 1974); bei 1 alten ♂ von Algier 50 mm (CABRERA 1932*); bei den 11 ♂ der Tab. 1 im Mittel 55,5 mm.

Handfläche s. Abb. 134. Der Daumen ist kurz, etwa von halber Länge des 5. Fingers. Der Mittelfinger ist am längsten, IV kommt ihm sehr nahe. Finger II und V sind deutlich kürzer als III und IV und etwa gleich lang. Am Fuß ist der erste Strahl (Hallux) kräftiger als der der Hand (Pollex). Die Zehenlänge nimmt in der Reihenfolge III – IV – V – II ab. Anders als an der Hand ist am Fuß Strahl I erheblich kürzer als V.

Das für Säugetiere ursprüngliche Muster der Tastballen (5 Terminalballen, 4 Phalangeometacarpalballen = Interdigitalballen, je ein Ballen für Thenar und Hypothenar) wird embryonal angelegt. Der erste Interdigitalballen wird in den Thenarballen aufgenommen. Auch Interdigitalballen III und IV verschmelzen miteinander. Der Hypothenarballen springt stärker vor und reicht weiter nach proximal als der Thenar. Handfläche und Fußsohle werden von Leistenhaut überzogen. Die Tastballen können auch bei ad abgegrenzt werden, da die Beugefurchen den Grenzen entsprechen. Tastballen und Grenzfurchen sind am Fuß weniger deutlich als an der Hand zu erkennen. Eine tiefe Beugefurche zieht in der Längsrichtung durch das Zentrum der Sohle und setzt sich nach proximal in die Grenzfurche des Großzehenballens fort. Handfläche und Fußsohle sind nackt und unpigmentiert. Das Leistenrelief (Dermatoglyphen), an der Hand deutlicher als am Fuß, besteht im wesentlichen aus konzentrischen Ring-

---

* Das echte Septum nasi ist ein Teil des Chondrocraniums, der bei Alt- und Neuweltaffen bereits in der Tiefe unter den Weichteilen endet. Die bei den Neuweltaffen große und bei den Altweltaffen geringe Breite des Oberflächenfeldes zwischen den Nasenlöchern ist nicht durch unterschiedliche Septumbreite bedingt, sondern beruht auf der Gestalt der vorderen Nasenknorpel (Cupulae anteriores). Sind diese weit zur Seite gerichtet, ergibt sich ein breites Internarialfeld.

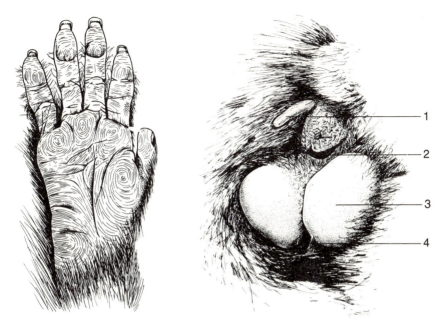

Abb. 134. *Macaca sylvanus* ♀ subadult. Rechte Hand, Palmarfläche.

Abb. 135. *Macaca sylvanus* ♀ subadult. Caudalregion, Ansicht von caudal und schräg rechts. 1 Schwanzrudiment, 2 Anus, 3 Sitzschwielen, 4 Vulva.

mustern, die um ein Höckerchen oder eine leistenartige Erhabenheit angeordnet sind. An Thenar und Hypothenar finden sich Bogenmuster. Die flachen Nägel sind grau.

Angaben über das Vorkommen eines Schwanzrudiments bei *M. sylvanus* sind widersprüchlich. Die Tendenz zur Schwanzreduktion ist in der Gattung *Macaca* verbreitet *(M. mulatta, nemestrina, arctoides, fuscata, maurus)* und erreicht bei *M. sylvanus* ihr Extrem. Nach dem älteren Schrifttum (GERVAIS 1855, GRAY 1879, FORBES 1894, POCOCK 1936) fehlt der äußere Schwanz völlig. A. H. SCHULTZ (1926) gibt an, daß alle Individuen ein winziges Schwanzrudiment ohne Wirbel (Caudalfilament) besitzen. HILL (1974) schließt sich dieser Meinung an. Nach eigenen Beobachtungen kommen erhebliche Individualunterschiede vor. Bei 19 *M. sylvanus* (11 ♂, 8 ♀)* fehlte ein äußeres Schwanzrudiment bis auf ein winziges Tuberculum 6mal (1 ♂, 5 ♀). Die übrigen Tiere (10 ♂, 3 ♀) besaßen einen äußeren, nur aus Weichteilen bestehenden, etwa 15 mm langen Schwanz-

---

* Tiere des Affenfelsens Salem (Dr. KAUMANNS), die zu Messungen narkotisiert waren. Für die Untersuchungen in Salem danke ich Herrn Dipl. biol. G. SCHNECK.

fortsatz. Offenbar ist ein deutliches Caudalfilament bei den ♂ häufiger als bei den ♀. Es ist haarlos und von blaßrosa Färbung (Abb. 135).

Die Gesäßschwielen sind mäßig groß, oval (30:17 mm Durchmesser) und blaß gefärbt. Ihre langen Achsen bilden einen nach dorsal offenen Winkel von etwa 100° miteinander. Bei juv kommen sich die Kallositäten beider Seiten sehr nahe, verschmelzen aber nicht miteinander (Abb. 135). Mit zunehmendem Alter verbreitert und vertieft sich die Rinne zwischen beiden Schwielen (Breite an der engsten Stelle 27 mm).

Genitalschwellungen während des Östrus sind mäßig ausgedehnt, nicht gelappt und von blauvioletter Farbe.

Penis frei herabhängend, Länge von der Symphyse bis zur Spitze 40 mm. Glans asymmetrisch, links größer als rechts und dorsomedian nach proximal vorspringend. Urethralöffnung lang, nur auf der perinealen Seite.

Das Baculum endet distal in den vergrößerten linken Abschnitt der Glans. Länge 11,2–11,5 mm, Höhe 3,2–3,5 mm, Breite 2–2,2 mm (HILL 1974). Die leicht verdickte Spitze ist abwärts und nach links gerichtet (Abb. 136).

Abb. 136. *Macaca sylvanus,* Baculum von links (nach W. C. O. HILL 1974).

Schädel (Abb. 137): Hirnschädel massiv, ovoid. Supraorbitalwülste kräftig, springen aber kaum über die Ebene der Frontalschuppe dorsalwärts vor. Calvarium im Vergleich mit anderen *Macaca*-Arten flach. Der Gesichtsteil des Schädels zeigt mittleren Grad der Prognathie.

In Seitenansicht ist die Stirn-Nasenrückenkontur bei *Macaca* im Gegensatz zu *Cercopithecus* deutlich konkav. Diese Einsenkung ist bei *M. sylvanus* noch ausgeprägter als bei den übrigen Arten. Temporalleisten ziehen vom Hinterrand der Supraorbitalwülste in nach lateral offenem Bogen nach medial und gehen noch vor der Coronalnaht in eine parasagittale Verlaufsrichtung über und verstreichen in der Crista lambdoidea. Zwischen den Leisten beider Seiten bleibt ein je nach Alter verschieden breiter Bezirk der Frontalia und Parietalia frei (Abb. 137 b, c). Eine Crista sagittalis konnte auch bei alten Tieren nicht beobachtet werden. Das Planum nuchale steht schräg und bildet mit der Ohr-Augenebene einen Winkel von etwa 50°.

Das Interparietale verschmilzt bereits pränatal mit dem Supraoccipitale und ist später am Schädel nicht mehr abgrenzbar. Sehr früh verwachsen auch die Nasalia beider Seiten. Sie begrenzen gemeinsam mit den Praema-

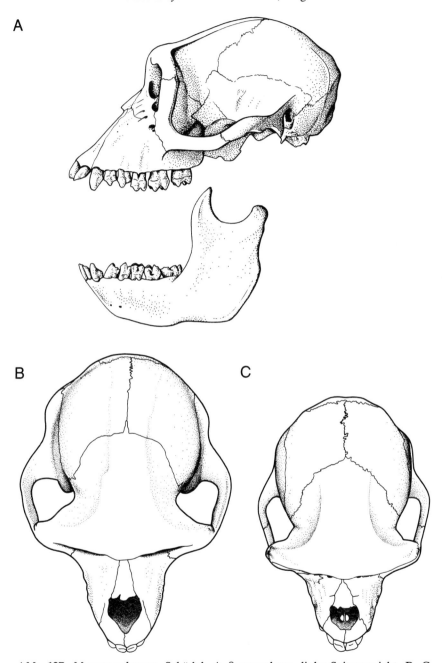

Abb. 137. *Macaca sylvanus,* Schädel. A ♀ erwachsen, linke Seitenansicht, B, C Scheitelansicht (B altes ♂, C erwachsenes ♀).

xillaria die relativ breite, gaumenwärts verengte, äußere Nasenöffnung. Die Orbitalöffnungen sind viereckig, ihre untere mediale Ecke ist abgerundet. Eine deutliche Postorbitaleinschnürung ist vorhanden. Am oberen Orbitalrand ist ein Tuberculum supraorbitale ausgebildet, ein Foramen fehlt. An Stelle eines Infraorbital-Foramens finden sich stets mehrere enge Öffnungen (Tier der Abb. 137 rechts 4, links 3).

Das Foramen occipitale magnum blickt nach hinten unten und liegt im Grenzbereich zwischen Planum nuchale und Basis. Die rostrale Hälfte wird durch die Condyli occipitales von den Seiten her eingeengt, so daß die Form einem Fünfeck ähnelt, dessen Spitze abgerundet ist. Die Condyli sind walzenförmig und hinten breiter als vorne. Von medial her schneidet etwa in der Mitte eine Grube in die Gelenkfläche ein.

Unter allen Schädelteilen kommt dem Unterkiefer besondere diagnostische Bedeutung zu. Der Unterrand ist konvex gebogen. Die stärkste Krümmung liegt unter M_{1-2}. Das Angulusgebiet des Unterkiefers bildet einen Bogen, der nicht als Winkelfortsatz vorspringt und unmittelbar in den Hinterrand des Ramus mandibulae übergeht. Der Kronenfortsatz ist wesentlich länger als der Gelenkfortsatz.

Tabelle 132. *Macaca sylvanus*, Schädelmaße in mm.
S. F. = Senckenberg-Museum, Frankfurt am Main; D = Landesmuseum Darmstadt; St = Coll. STARCK.
Itb = Intertemporalbreite; iGbr = innere Gaumenbreite zwischen den M^1; äGbr = äußere Gaumenbreite über den M^1; Gal = Gaumenlänge; Rbr = Rostrumbreite über den C; Mandl = Mandibellänge bis zum Angulus.

	S. F. 1551 ♂ alt	D ♀ ad	St. 366 ♀ ad	S. F. ♀ juv
Gtl	139	124	121	112
Cbl	118	95	97	84
Basl	104	89	91	76
Zyg	75	83	87	76
Mast	84	64	66	65
Iob	10,4	9	8	10,3
Itb	48	45	47	48
iGbr	31	24	24	22
äGbr	41	40	38	34
Gal	62	40	58	40
P^3-M^3	39	38	38	–
P_3-M_3	49	42	41	–
C-M_3	–	47	45	–
Rbr	29	18	19,5	–
Mandl	90	73	79	53
Corh	63	52	52	43

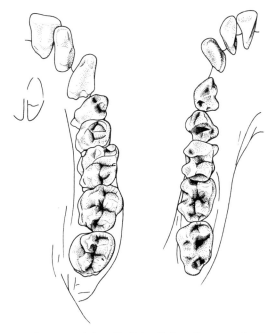

Abb. 138. *Macaca sylvanus*, adultes ♀, linke Zahnreihen von der Kaufläche. Links obere, rechts untere Reihe.

Zähne (Abb. 138): Die I^1 sind etwa doppelt so groß wie die I^2 und besitzen eine deutliche Schneidekante. Auf ihrer palatalen Seite zeigen sie eine Längsfurche, die basal in ein Tuberculum übergeht. Die I_{inf} sind schmal.

Die C^1 sind bei den ♂ erheblich größer als bei den ♀. Ihre Spitzen reichen bei den ♂ in Occlusionsstellung über den Rand der Mandibel, bei den ♀ ragen sie nur wenig über die Kaufläche der P nach unten. Diastem zwischen I^2 und C. Die C_{inf} sind schwächer als die C^{sup} und hakenförmig gebogen. Sie schließen sich eng an die I_2 an. Ein schmales Diastem ist zwischen C_1 und P_3 ausgebildet.

Die P^{sup} besitzen zwei Höcker und drei Wurzeln. Die buccalen Höcker sind höher als die palatalen. Der 1. untere P (P_3) ist zweiwurzelig und besitzt einen spitzen Höcker mit mesialer Schneidekante, wie bei den Hundsaffen üblich. P_4 hat zwei Wurzeln und zwei Höcker und dazu ein deutliches Talonid.

Die M sind mit Ausnahme von M_3 vierhöckrig und dreiwurzelig. Gelegentlich können Wurzeln verschmelzen. Die Größe nimmt von M1 nach M3 zu. Die stumpfen, etwa gleichhohen Höcker sind paarweise in mesiodistaler Richtung angeordnet. Sie werden durch zwei Kreuzfurchen voneinander getrennt. Zwischen den beiden mesialen und den beiden distalen Höckern sind transversale Leisten angedeutet (Bilophodontie). M_3 ist fünfhöckrig, da ein deutliches Hypoconulid ausgebildet ist. Die Sagittalfurche zwischen buccalen und lingualen Höckern geht vor dem Hypoconulid in eine Grube über, die das Hypoconulid von den übrigen Höckern scheidet.

Postcraniales Skelet: 7 Cervikal-, 12 Thorakal-, 7 Lumbal-, 3 Sakral- und 2 Coccygeal-Wirbel. Bei *Macaca mulatta* fand SCHULTZ (1933) bei 13% 13 Thorakalwirbel und bei 12% 6 Lumbalwirbel, so daß hier trotz etwas variabler Wirbelzahlen in den beiden Abschnitten die Wirbelsumme fast immer 19 blieb.

Von den 12 Rippen erreichen 8 das Sternum, 2 schließen sich den cranial folgenden Rippenknorpeln an, und 2 enden frei. Das Sternum enthält 7 Sternebrae und endet caudal mit einem knorpligen Processus xiphoideus.

Hirngewicht (frisch, ohne Angabe von Herkunft und Geschlecht) 87,7 g (WARNCKE 1908) und 79,6 g (NAPIER 1967). Schädelkapazität eines alten ♀ 75 cm^3 (HILL 1974). Zum Vergleich: Hirngewichte bei *M. mulatta* 78,4–100,8 g (bei Gew 1420–3845 g; HILL 1974), bei *M. sinica* ♂ 60 g.

Tabelle 133: *Macaca sylvanus*, Skelettmaße in mm.
S. F. = Senckenberg-Museum, Frankfurt am Main; D = Landesmuseum Darmstadt. Wirbelsäulenlänge vom Apex dentis bis Caudalende.

	1551 S. F. ♂	1552 S. F. ♀	D ♀
Wirbelsäulenlänge	522	380	370
Humerus	171	130	143
Radius	173	125	147
Ulna	197	138	153
Hand	121	98	–
Femur	218	152	172
Tibia	194	151	149
Fibula	180	143	146
Fuß	182	142	141

Verbreitung. W Nordafrika (Marokko, Algier. Bis ins 19. Jahrhundert e bis Tunis); Europa: Felsen von Gibraltar, heute nur importierte Tiere.

Nach LYDEKKER soll noch bis in die 90er Jahre des 19. Jahrhunderts eine freilebende Population in S-Spanien vorgekommen sein. Belege und zuverlässige Berichte fehlen allerdings. Die folgende Zusammenstellung

Macaca sylvanus – Berberaffe, Magot

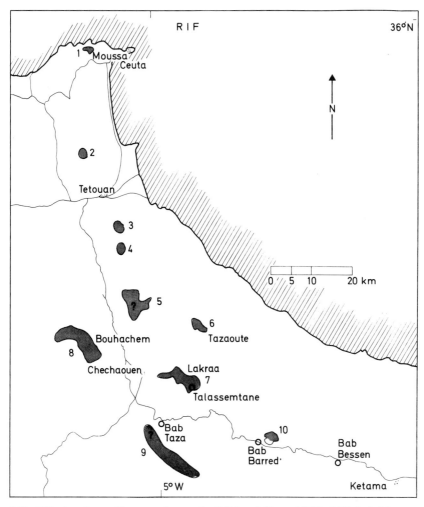

Abb. 139. Areal von *Macaca sylvanus* im Rif (nach TAUB 1977). 1 Djebel, Moussa, 10 km w Ceuta, 2–5 Djebala Region (5 erloschen?), 6 Tazaoute, 7 Djebel Lakraa, 8 Wald von Bouhachem (15 km nw Chechauen), 9 Bab Taza (erloschen?), 10 Djebel Tisirene bei Bab Barred.

stützt sich auf die sorgfältige, zweijährige Studie von D. M. TAUB (1977) im Maghreb 1973–1975.

Das heutige Verbreitungsgebiet wird durch eine Lücke zwischen 4° W und 4° E in zwei Teile (Marokko und Algier) zerlegt. Beide sind wiederum in zahlreiche, meist gegeneinander isolierte Vorkommen aufgelöst (Abb. 139–141).

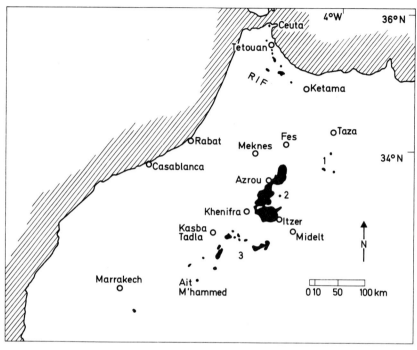

Abb. 140. Vorkommen von *Macaca sylvanus* in Marokko (nach TAUB 1977): Vorkommen im Rif, zwischen Ceuta und Ketama, s. Abb. 139. Vorkommen im mittleren Atlas zwischen Fes, Taza, Azrou, Itzer und Ait Mohamed: 1 e Bezirk, 2 Zentralbezirk, 3 s Bezirk. Vorkommen im hohen Atlas se Marrakech, Wadi Ourika.

Marokko: Drei Teilareale (Abb. 140): 1. Rif, 2. Mittlerer, 3. Hoher Atlas. Die Rifpopulation umfaßt etwa 400 Individuen, die auf 8–9 isolierte Waldreste im NW zwischen Ceuta und Bab Barred verteilt sind (WHITTEN und RUMSEY 1973, TAUB 1977; Abb. 139). Im Mittleren Atlas unterscheidet TAUB (1977) ein e, ein zentrales und ein s Teilareal. Das e Teilgebiet s der Linie Fez–Taza (Abb. 140, 1) umfaßt drei kleine Waldinseln mit insgesamt 100 Tieren. Die zentrale Zone (Abb. 140, 2) beherbergt im gut bewaldeten Gebirge zwischen Itzer, Khenifra und Immouzer du Kandar (n Azrou) in Zedernwald zwischen 1500 und 2200 m über NN den heute weitaus größten Magotbestand von 15000–20000 Tieren. Hier kommen bei Ain Kahla bis zu 40 Tiere/km^2 vor. Im übrigen verteilen sich auch hier die Affen mit Trupps von 25–30 Individuen über viele Verbreitungsinseln und Taschen. Die s Zentralzone (Abb. 140, 3) zwischen Kaaba Tadla und Ait Mohamed enthält eine Reihe kleinerer, disjunkter Teilareale, die an Misch- oder Eichenwald gebunden sind und heute etwa 2000 Individuen beherbergen.

Macaca sylvanus – Berberaffe, Magot

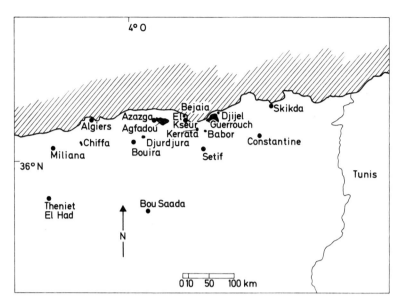

Abb. 141. Vorkommen von *Macaca sylvanus* in Algerien (nach TAUB 1977). Zwischen Chiffa (s Algier) und Guerrouch im E.

Nach CABRERA (1932*), JOLEAUD (1931) und HEIM DE BALSAC (1936) waren im Hohen Atlas im ersten Drittel des 20. Jahrhunderts Berberaffen noch weit verbreitet. DEAG und CROOK (1971) fanden hier 1968 nur noch eine kleine Gruppe im Ourika-Tal 50 km sse von Marrakech. Forstbeamte bestätigten das Verschwinden der Tiere im Hohen Atlas bis auf diese Restgruppe, die zugleich heute die Randgruppe im W des Artareals ist.

In Algerien (Abb. 141) kamen Magots s Algier in der Großen und der Kleinen Kabylei vor (TAUB 1977). In der Chiffa-Schlucht 60 km s Algier (1630 m ü. NN) existiert ein Bestand von etwa 300 Individuen. Die Affen sind an Besucher – in der Schlucht besteht ein Touristenhotel – angepaßt. Einige weiter w gelegene Vorkommen (Miliana, Oran) sind gegen 1960 erloschen. In der Großen Kabylei gibt es neben zwei kleinen Vorkommen (Nationalpark Pic des singes bei Bejaja mit 50 und Djebel Djurduura mit unter 500 Tieren) einen größeren Bestand von 1000–2000 Tieren bei Agfadou. Die kleine Kabylei beherbergt bei Kerrata und Babor insgesamt 500 und in der Gegend von Guerrouch etwa 1000–1500 Magots. Ehemalige e gelegene Areale bis Philippeville und Constantine sind nach 1920 der Forstvernichtung zum Opfer gefallen.

Angaben über das Vorkommen von *Macaca sylvanus* in anderen Teilen Afrikas in historischer Zeit gehen auf kurze Bemerkungen von E. RUEPPELL (1835/40) über das Vorkommen von Affen in Kordofan und von

H. Barth (1857, Reisewerk I p. 397, 398) über Affen im Hochland von Air zurück. Da jeweils nur von „Affen" gesprochen wird, dürfte es sich um Paviane oder Husarenaffen gehandelt haben.

In Europa kommen Magots heute freilebend nur auf dem Felsen von Gibraltar vor und sind ausschließlich nordafrikanische Importtiere oder ihre Nachkommen. Fraglich ist, ob die ursprüngliche Gibraltarpopulation, die bereits zur Zeit der arabischen Invasion auf der Iberischen Halbinsel um 711 nach Christus existierte, Rest einer ursprünglichen zirkummediterranen Besiedlung ist oder ob es sich schon damals um ausgesetzte Tiere gehandelt hat. Jedenfalls erwähnten klassische Autoren mehrfach, daß Handelsfahrer in Mauretanien Affen aufkauften und nach Rom und Athen brachten (Keller 1887). Mosaike und Wandmalereien zeigen, daß Affen, vorwiegend aber *Cercopithecus* und langschwänzige Makaken, vielfach in den römischen Metropolen aus Liebhaberei gehalten wurden. Die Geschichte der Gibraltaraffen seit der Besetzung durch Großbritannien 1704 ist wiederholt geschrieben worden (Fiedler 1967, Hill 1974, Morris 1966 und in feuilletonistischer Form von P. Gallico 1966). Mehrfach war der Bestand durch Krankheit oder Verfolgung reduziert oder nahezu erloschen, wurde aber stets wieder durch Neuimporte ergänzt, so bereits 1740 und dann mehrfach im 20. Jahrhundert: 30er Jahre, 1943, 1944 und 1945. 1946 lebten 18 Affen auf Gibraltar. Von diesen stammt der heutige Bestand ab. Die Magots leben auf Gibraltar unter halb artifiziellen Bedingungen (Registration, Zufütterung, künstliche Regulation der Bestandsgröße) in zwei Gruppen mit etwa 40 Individuen. Versuche, Berberaffen in Europa an anderen Stellen anzusiedeln, sind mehrfach unternommen worden. Bekannt ist die Freilassung einer Gruppe durch Graf Schlieffen in der Nähe von Kassel 1763. Der Bestand vermehrte sich gut, mußte aber wegen Einschleppung von Tollwut 1784 abgeschossen werden. Zur Zeit bestehen florierende Kolonien von Berberaffen in großräumigen Freianlagen in Kintzheim im Elsaß (Merz 1976). Eingesetzt wurden 164 Tiere. Da die Kolonie sehr schnell heranwuchs, wurde der Bestand geteilt. Eine Gruppe von 80 Tieren kam 1974 nach Rocamadour in S-Frankreich, eine weitere von 120 Individuen war die Gründergruppe der Kolonie auf dem Affenfelsen bei Salem am Bodensee (Kaumanns 1978).

Terra typica:
sylvanus (Linnaeus, 1758): Küste der Berberei.

Merkmalsvariation. Sexualdimorphismus ist in allen Altersstufen in Gew und Körpermaßen deutlich (Tab. 131–133). Die ♂ sind erheblich größer als die ♀. Außerdem besitzen erwachsene ♂ viel stärkere C als die ♀.

Geographische Variation und Unterarten: Gesicherte geographische Unterschiede sind nicht bekannt. Zwar sollen nach BÉDÉ (1926) marokkanische Berberaffen durch einen rötlicheren Farbton von algerischen abweichen, doch beruht diese Feststellung nach CABRERA (1932*) auf dem Vergleich von Einzeltieren und kann deshalb doch nicht für beide Herkunftsgebiete verallgemeinert werden. Vergleiche an größeren Individuenzahlen fehlen. Die Art ist monotypisch, Unterarten wurden bisher nicht beschrieben.

Paläontologie. (DELSON 1975, HILL 1974, KURTÉN 1968, SZALAY und DELSON 1979). Funde fossiler Makaken sind in Europa relativ häufig, bestehen aber meist nur aus einzelnen Zähnen und Kieferbruchstücken. Teile des Oberschädels sind selten, postcraniale Skeletteile außerordentlich rar.

Cercopithecinen erscheinen fossil später als Colobinen. Die Funde erstrecken sich vom späten Pliozän bis ins Pleistozän über einen Zeitraum von 5 Millionen Jahren. Etwa ein Dutzend Arten wurden beschrieben, doch sind diese untereinander sehr ähnlich, oft kaum unterscheidbar und stehen *Macaca sylvanus* nahe. Sie dürften alle als Glieder eines wenig differenzierten Formenkreises aufzufassen sein (DELSON 1975).

Bereits der älteste Fund, *Macaca libyca* (STROMER 1920) aus dem späten Miozän (Wadi Natrun, Ägypten, 6 Millionen Jahre), ein Kieferrest und Einzelzähne, fällt in die Variationsbreite von *M. sylvanus*.

M. flandrini Arambourg, 1959, aus dem Turolium von Morceau im Dept. Oran, Algerien beschrieben, basiert auf einem 7 Millionen Jahre alten Oberkieferfragment mit M^1 und M^2. Nach DELSON (1975, 1980) ist dies Stück jedoch bei den Colobinen einzuordnen. Unter den am gleichen Ort gefundenen und zunächst der gleichen Art zugeordneten 42 Einzelzähnen finden sich aber auch solche der Gattung *Macaca* (2 Arten?).

Der älteste Fund aus Europa, *Macaca sylvana prisca* Gervais, 1859 von Montpellier (Villafranchium, etwa 4 Millionen Jahre) ist etwas kleiner als *M. libyca*. Reste aus Spanien, Italien, Frankreich, Deutschland und Ungarn, von KORMOS (1914) als *M. praeinuus* beschrieben, gehören wahrscheinlich der gleichen Art an.

Eine artliche Sonderstellung kommt wahrscheinlich *M. majori* Azzaroli, 1946 vom Capo Figari in Sardinien zu. Über 100 Einzelstücke liegen vor, darunter einige Schädelfragmente, zahlreiche Zähne und wenige Extremitätenknochen. Die ursprünglich als spätpleistozän eingeordneten Funde weist DELSON (1975) dem Villafranchium zu. Die Zahnmaße sind überwiegend 5–10% kleiner als die von *M. prisca*. Der Unterschied ist aber nicht so ausgeprägt, daß von Inselzwergen gesprochen werden dürfte. Viele Einzelstücke (mehrere Mandibeln, Zähne, Teile einer Ulna) liegen von der Plio-Pleistozängrenze des Val d'Arno von Montevarchi vor. Sie wurden als *M. florentina* (Cocchi, 1872) beschrieben. Bald zeigte sich, daß diese Art in W- und Zentraleuropa (Spanien, Frankreich, Italien, Niederlande, Jugoslawien) weit verbreitet war. *M. florentina* war etwas größer als *M. prisca* und kommt *M. sylvanus* sehr nahe.

Aus dem frühen Pleistozän (1,6–1,25 Millionen Jahre) sind in Europa keine Makaken bekannt. Weit zerstreut kommen dagegen Makakenfunde im Mittelpleistozän (1–1,25 Millionen Jahre) vor. Über 12 Fundorte, zumeist in Höhlen, sind aus Frankreich, Deutschland, England (East Anglia), Italien, der Tschechoslowakei, dem Kaukasus und aus Israel beschrieben worden. Sie gelten als Indikatoren für ein gemäßigt warmes Klima. DELSON (1975) vereinigt sie alle mit *M. pliocena* (Owen, 1845) und faßt diesen als Unterart von *M. sylvanus* auf: *M. sylvanus pliocena*. Synonyme: *M. suevica* (Hedinger, 1891, Heppenloch in Schwaben), *M. tolosana* (HARLÉ, 1892, Haute Garonne). Morphologisch sind sie kaum gegen *M. florentina* abzugrenzen und stehen *M. sylvanus* sehr nahe. Mit dem Ausgang des Pleistozäns sind Makaken aus Europa verschwunden. Ob die ursprüngliche Gibraltarkolonie eine Restpopulation darstellt, ist nicht geklärt. *Macaca sylvanus sylvanus* kommt im Plio-Pleistozän N-Afrikas vor. Funde aus dem Maghreb sind jünger als 20000 Jahre. Das Vorkommen in NW-Afrika dürfte kontinuierlich gewesen sein. Fossilfunde von Makaken aus Asien sind im Vergleich zu Europa und N-Afrika selten. LYDEKKER (1884) beschrieb zwei Mandibeln aus dem Spätpliozän aus N-Indien (etwa 3 Millionen Jahre alt) als *Macaca paleindica*. Weitere Funde aus Asien sind pleistozän und stehen der *Macaca arctoides-thibetana*-Gruppe nahe: *M. andersoni* Schlosser, 1924: Honan in China; *M. robusta* Young, 1934 aus der Höhle von Choukoutien in N-China. Beide Formen sind wahrscheinlich identisch.

Zur Stammes- und Verbreitungsgeschichte der Makaken entwickelte DELSON (1980) die folgende Hypothese: Die Cercopitheciden stammen aus Afrika und haben sich im Miozän in die Cercopithecinen und die Colobinen aufgespalten. Die Cercopithecinen gliederten sich weiterhin in drei Linien: die frugi-folivoren, arborikolen Cercopithecini, die terrestrischen, omnivoren Papionini und die omnivoren Macacini.

Diese Radiation dürfte in N-Afrika erfolgt sein. Die *Macaca*-Gruppe entfaltete sich weiter n der Sahara und drang von hier im Pliozän über Vorderasien nach Eurasien, insbesondere nach S-Europa vor (Differenzierung in *M. libyca, majori, sylvanus*). *M. sylvanus* war in Europa offensichtlich an Warmphasen gebunden und ist hier im Pleistozän erloschen. *M. silenus* dürfte aus einer frühen Abspaltung in Asien stammen und steht *M. sylvanus* offenbar nicht ganz so nahe, wie FOODEN (1976) annahm (DELSON 1980; spezielle Übereinstimmung zwischen beiden nur in ursprünglichen Merkmalen).

Ökologie. Biotop: Die heutigen Vorkommen von *Macaca sylvanus* sind zwar weitgehend verändert, doch lassen sich unter Berücksichtigung älterer Schrifttumsangaben die typischen Biotopansprüche gut klären (TAUB 1977). Allgemein bevorzugen Berberaffen steiniges Gelände in mittleren Höhenlagen zwischen 600 und 2000 m, sofern in Einschnitten und Schluchten Waldreste mit geeignetem Baumbestand *(Cedrus, Quercus, Juglans, Olea)* vorhanden und Wasserläufe in unmittelbarer Nähe sind. Dem entsprechen alle nordafrikanischen Vorkommen. Der Lebensraum auf dem Felsen von Gibraltar erfüllt diese Anforderungen nicht, doch wird der Mangel durch menschliche Hilfe ausgeglichen. Neue Untersuchungen (DEAG und CROOK 1971, TAUB 1977, dort weitere Literaturangaben) zeigen für die Teilareale folgendes Bild: Unterhalb von 1000 m relativ trockener *Quercus*-Wald, darüber Mischwald aus *Quercus ilex, Qu. suber, Qu. faginea, Juniperus* und vereinzelten *Cedrus atlantica*. Reine Zedernbestände in etwas feuchteren Höhenlagen meist in kleinen Inseln. Die Waldbestände sind oft durch Wiesenstücke unterbrochen. In tieferen und ariden Gebieten kommt Strauchvegetation vor. Magots meiden wüstenartige Gebiete. Ihr bevorzugter Aufenthalt ist der Eichen-Zedern-Mischwald, nur im Herbst zur Zeit der Eichelreife der reine Eichenwald. Zedern spielen im Winter eine wichtige Rolle als Nahrungslieferanten (Nadeln, Kambium unter der Rinde) und sind wichtig als Flucht- und Ruhebäume (TAUB 1977), da die hochwüchsigen Bäume besser Schutz gegen Raubfeinde, vormals Leopard, Serval, heute Berberhunde, bieten als die niedrigeren Eichen.

Nahrung: Früchte, Nüsse, junge Blätter, Eicheln, Kastanien, Koniferenzapfen, Pistazien, Gras und Knollen, Zedernnadeln und Kambium. Auf offenen Wiesenstreifen suchen Magots ähnlich wie Paviane junges Gras, Wurzeln und Zwiebeln. Insekten, Spinnen und Skorpione werden als Zusatznahrung aufgenommen. Im Winter sind die Berberaffen auf Zedern als Nahrungsspender angewiesen, da sie die ledrigen Blätter immergrüner Eichen nicht fressen. In Randgebieten dringen sie gelegentlich in Pflanzungen ein und richten Schaden an Melonen, Feigen oder Pistazien an. In den mittleren Höhenlagen des Mittleren Atlas spielen die Fruchtstände der Zwergpalme *(Chamaerops humilis)* eine gewisse Rolle. S. auch FA (1984).

Makaken nutzen also ein vielgestaltiges Nahrungsangebot. Dadurch und durch Anpassung an Frost und Schnee (dichter Pelz, Schwanzreduktion) können sie den erheblichen jahreszeitlichen Temperaturunterschieden in ihrer natürlichen Heimat widerstehen und in europäischen Freigehegen ohne Schwierigkeiten gedeihen.

Fortpflanzung: Im Gegensatz zu der verbreiteten Ansicht, daß das ♂ die aktive Rolle bei der Wahl des Sexualpartners spielt, kommt bei Magots den ♀ die aktive Rolle bei der Auswahl des Partners zu. Die Bindung dauert höchstens einen Tag. Während der folgenden 3–4 Tage kommt es zu Kopulationen mit wechselnden Partnern, so daß in einer Gruppe (15–30 Tiere) ein brünstiges ♀ von der Mehrzahl der erwachsenen ♂ gedeckt wird. Die Hauptperiode der Fortpflanzung fällt in die Herbstmonate. Die Geburten finden im Frühjahr statt. Die Zyklusdauer beträgt 27–33 Tage, die Menstruationsdauer 3–4 Tage. Die Östrusschwellung ist von mäßigem Ausmaß und hält 9–11 Tage an (ASDELL 1946*, HAFEZ 1971). Die Schwangerschaftsdauer wird mit 210 Tagen angegeben (ASDELL 1946*, HENDRICKX und HOUSTON 1946). Diese auf Schätzungen beruhende Zahl dürfte etwas zu hoch sein. Beginn der Geschlechtsreife im Alter von 3–4 Jahren bei ♀, im Alter von 4,5 Jahren bei ♂.

Jugendentwicklung. Wie bei anderen Makaken und Pavianarten ist das Haarkleid der Neugeborenen dunkelbraun-schwarz. Die nackten Teile sind hell fleischfarben. Der Übergang zum Adultkleid ist bereits im Alter von 4 Monaten deutlich und mit etwa 6 Monaten abgeschlossen.

Die Gebißentwicklung wurde bisher für *M. sylvanus* nie ausreichend untersucht, ist dagegen für *M. mulatta* und *M. irus* zuverlässig bekannt (ECKSTEIN 1949, SCHULTZ 1933, SPIEGEL 1934, 1952, SWINDLER 1961, 1968, SWINDLER und GAVAN 1962, WELSCH 1967, zusammenfassende Darstellung bei HILL 1974). Da offensichtlich innerhalb der Gattung *Macaca* einheitliche Verhältnisse bestehen, sei die Reihenfolge des Milchzahndurchbruchs und des Zahnwechsels hier nach SCHULTZ (1933) und SWINDLER (1961, 1968) angegeben. Die Milchzähne erscheinen in der Reihenfolge $di_1 - di^1 - di_2 - di^2 - cd^1 - dp_3 - cd_1 - dp^3 - dp_4 - dp^4$. Im Alter von ungefähr 3 Monaten ist das Milchgebiß vollständig.

Reihenfolge des Durchbruchs der Dauerzähne: $M_1 - M^1 - I^1 - I_1 - I_2 - I_2 - I^2 - M_2 - M^2 - C_1 - P_3 - P^4 - C^1 - P^3 - P_4 - M_3 - M^3$.

Verhalten. Magots sind tagaktiv. Kurz nach Sonnenaufgang verlassen sie ihre hohen Schlafbäume und ziehen in mehr oder weniger geschlossener Gruppe zu ihren Futterplätzen. Sie halten sich vorwiegend am Boden auf und verbringen die Zeit bis Mittag mit Fressen und sozialen Handlungen. Nach einer kurzen Ruhepause folgt am frühen Nachmittag erneut eine kurze Phase der Nahrungsaufnahme. Die Mehrzahl der Tiere tritt gegen 16 Uhr den Rückmarsch zu den Ruheplätzen an.

Die Lokomotion ist vorwiegend quadruped, terrestrisch. Bipedie spielt nur eine sehr geringe Rolle und dauert stets nur Augenblicke (Sichern in unübersichtlichem Terrain, Erreichen von Nahrung).

Mimik und Lautäußerungen: Unterschiede in Lautäußerungen und Mimik zwischen Magots und anderen *Macaca*-Arten werden gelegentlich angegeben (HILL 1974), doch fehlen zur Zeit ausreichende Vergleichsuntersuchungen an allen Arten. So wird das echte Lippenschmatzen bei allen Arten außer *M. sylvanus* und *M. nemestrina* festgestellt (VAN HOOFF 1967). Lippenschmatzen in Kombination mit klonischen Unterkieferbewegungen kommt bei *M. sylvanus* (ähnlich bei *M. fuscata* und *M. arctoides*) vor. Kieferschnappen, von lautem Kreischen und Schreien begleitet, ist Ausdruck ärgerlicher Erregung. Als Drohgebärde werden Mundwinkel und Ohren zurückgezogen, die Zähne entblößt. Gleichzeitig werden Augenbrauen und Lider herabgezogen. Das Tier duckt den Vorderkörper durch Beugung im Ellenbogengelenk und stößt hohe, schrille Kreischtöne aus.

Sozialverhalten: Die Gruppe besteht im Zedernwald des Mittleren Atlas aus 12–30 Individuen aller Altersklassen, darunter 2–4 adulte ♂ und 4–6 adulte ♀. Das Geschlechterverhältnis beträgt 1:1. Magots sind durch eine Reihe von Besonderheiten im Sozialverhalten gegenüber anderen *Macaca*-Arten ausgezeichnet. Territorien benachbarter Gruppen sind nicht scharf abgegrenzt, und es kommt häufig zu Überschneidungen und Kontakten zwischen verschiedenen Gruppen, besonders an Wasserstellen. Diese Begegnungen verlaufen im allgemeinen außerordentlich friedlich. Hervorzuheben ist, daß es Mütter bereits in der ersten Woche nach der Geburt zulassen, daß ihre Babies von anderen Gruppenmitgliedern berührt und ausgeliehen werden. Das Interesse aller Gruppenmitglieder an den Jungtieren ist groß und trägt zweifellos zum Zusammenhalt der Gruppe bei. Artkennzeichnend ist ferner, daß sich die ♂ regelmäßig an der Pflege und Aufzucht der Jungen beteiligen, eine bei einer polygamen Art ungewöhnliche Verhaltensweise. Zuerst 1964 von LAHIRI und SOUTHWICK (1966) an Zootieren beobachtet, wurde die Teilnahme der ♂ an der Jungenaufzucht auch an freilebenden Magots in Marokko festgestellt (DEAG und CROOK 1971, TAUB 1977, 1980). Muttertiere erlauben, daß ♂ Jungtiere etwa nach der ersten Lebenswoche vorübergehend übernehmen. Die ♂ tragen die Jungtiere durchschnittlich etwa 20 Minuten lang mit sich herum. Die Jungen verbringen in der ersten Zeit etwa 8% des Tages mit dominierenden ♂, 82% mit der Mutter. Im 3. Monat nimmt der Aufenthalt bei der Mutter 52% der Zeit ein (LAHIRI und SOUTHWICK 1966). ♂ tragen junge Babies an der Bauchseite, ältere Junge auf dem Rücken und übernehmen wie die Muttertiere Pflegefunktionen (grooming etc.). Höchst bemerkenswert ist, daß die ♂-Kind-Beziehungen zur Ausbildung einer weiteren Verhaltensweise geführt haben. Jungadulte ♂ bedienen sich der Jungtiere, um sich mit ihnen dominierenden ♂ oder einer Gruppe von Adulttieren nähern zu können. Die Jungtiere werden dabei regelrecht bei Annäherung an ♂ höherer Rangstufe präsentiert und hemmen Aggressionstendenzen. Wahrscheinlich erleichtert das „Baby-Präsentieren" auch das Kontaktfinden und den Zusammenhalt in der Gruppe für die Jungtiere. DEAG und CROOK (1971) bezeichnen dies spezielle Verhalten als „agonistic buffering". Ansätze zu ähnlichen Verhaltensweisen sind gelegentlich und vereinzelt bei *Macaca fuscata* (ITANI 1959) und *Papio hamadryas* (KUMMER 1967) beschrieben worden.

Literatur

ARAMBOURG, C.: Vertébrés continentaux du Miocène supérieur de l'Afrique du Nord. Publ. serv. carte. géol. Algérien. ser. Paléont. **4,** 1959, 1–159.
AZZAROLI, A.: La scimmia fossile della Sardegna. Riv. sci. preistor. **1,** 1946, 168–176.
BARTH, H.: Reisen und Entdeckungen in Nord- und Centralafrika in den Jahren 1849–1855. Gotha **1,** 1857, 397–398.
BAUCHOT, R.; STEPHAN, H.: Encephalisation et niveau évolutif chez les Simiens. Mammalia **33,** 1969, 225–275.
BÉDÉ, P.: Notes sur l'ornithologie du Maroc. Mém. soc. sci. nat. Maroc **16,** 1932, 25–150.
CHIARELLI, B.: Comparative morphometric analysis of Primate chromosomes II. The chromosomes of the genera *Macaca, Papio, Theropithecus* and *Cercocebus*. Caryologia **15,** 1962, 401–420.
– Marked chromosomes in Catarrhine monkeys. Folia Primat. **4,** 1966, 74–80.
– Caryologie and taxonomy of the catarrhine monkeys. Am. J. phys. anthropol. **24,** 1966, 155–170.
CHU, E. H. Y.; BENDER, M. A.: Chromosome cytology and evolution in Primates. Science N. Y. **133,** 1961, 1399–1405.
– – Cytogenetics and evolution in Primates. Ann. N. Y. Acad. sci. **162,** 1962, 253–266.
COCCHI, I.: Su di due scimmie fossili italiane. Bull. comit. geol. Italia **3,** 1859, 59–71.
DANDELOT, P.: Order Primates. In: MEESTER, J.-H.; SETZER, W. (eds.): The mammals of Africa, an identification manual. Washington 1971.
DEAG, J. M.: The status of the Barbary Macaque, *Macaca sylvanus* in captivity and factors influencing its distribution in the wild. In: PRINCE RAINIER III; BOURNE, G. H. (eds.): Primate conservation. New York 1977, 268–285.
– Feeding habits of *Macaca sylvanus* (Primates: Cercopithecidae) in a commercial Maroccan cedar forest. J. Zool. (London) **201,** 1983, 570–574.
– CROOK, J. H.: Social behavior and "agonistic buffering" in the wild Barbary macaque, *Macaca sylvana* L. Folia Primat. **15,** 1971, 183–200.
DELSON, E.: Evolutionary history of the Cercopithecidae. Contrib. Primatol. **5,** 1975, 167–217.
– Fossil Macaques, phyletic relationships and a scenario of deployment. In: LINDENBURG, D. (ed.): The Macaques, studies in ecology, behavior and evolution. New York, London 1980, 10–30.
DIDIER, R.; RODE, P.: Mammifères, étude systématique par espèces. II. *Macaca sylvanus*. Paris 1936.
FA, J. E. (ed.): The Barbary macaque, a case study in conservation. New York, London 1984.

FIEDLER, W.: Übersicht über das System der Primaten. In: HOFER, H.; SCHULTZ, A. H.; STARCK, D. (eds.): Primatologia I. Basel, New York 1956.
– Die Meerkatzen und ihre Verwandten. GRZIMEKS Tierleben, Enzyklopaedie d. Tierreiches 10. Zürich 1967, 420–482.
FOODEN, J.: Provisional classification and key to living species of Macaques (Primates: *Macaca*). Folia Primat. **25**, 1976, 225–236.
– Classification and distribution of living Macaques (*Macaca* Lacépède, 1799). In: LINDENBURG, D. (Ed.): The Macaques, studies in ecology, behavior and evolution. New York, London 1980, 1–9.
GALLICO, P.: Die Affen von Gibraltar. Hamburg 1966.
GERVAIS, F. L. P.: Zoologie et paléontologie françaises. 2. ed. Paris 1859.
HAFEZ, E. S. E.: Comparative reproduction of nonhuman Primates. Springfield Ill., 1971.
HEIM DE BALSAC, H.: Biogéographie des Mammifères et des oiseaux de l'Afrique du Nord. Bull. biol. France. Belg. Suppl. **21**, 1936.
HENDRICKX, A. G.; HOUSTON, M. L.: Gestation. In: HAFEZ, E. S. E. (ed.): Comparative reproduction of nonhuman Primates. Springfield Ill., 1971, 269–301.
HILL, W. C. O.: Primates VII. Cynopithecinae: *Cercocebus, Macaca, Cynopithecus*. Edinburgh 1974.
HOOFF, J. A. R. A. M. VAN: The facial displays of the Catarhine monkeys and apes. In: MORRIS, D. (ed.): Primate Ethology. London 1967, 7–68.
ITANI, J.: Parental care in the wild Japanese monkey, *Macaca fuscata fuscata*. Primates **2**, 1959, 61–93.
JOLEAUD, L.: Étude de zoologie géographique sur la Berbérie. Les Primates. Le magot. Congr.Internat. Géograph. Sect. III. Paris 1931.
KAUMANNS, W.: Berberaffen *(Macaca sylvana)* im Freigehege Salem. Z. Kölner Zoos **21**, 2., 1978, 57–66.
KELLER, O.: Thiere des classischen Alterthums in culturgeschichtlicher Beziehung. Innsbruck 1887.
KORMÓS, TH.: Die phylogenetische und zoogeographische Bedeutung praeglazialer Faunen. Verh. k. k. zool.-botan. Ges. Wien **64**, 1914, 218–238.
KUMMER, H.: Tripartite relations in hamadryas baboons. In: ALTMANN (ed.): Social communications among Primates. Chicago 1967, 63–72.
KURTÉN, B.: Pleistocene mammals of Europe. London 1968.
LAHIRI, R. K.; SOUTHWICK, C. H.: Parental care in *Macaca sylvana*. Folia Primat. **4**, 1966, 257–264.
LE GROS CLARK, W. E.: History of the Primates. 9. London 1965.
LINDBURG, D. (ed.): The Macaques, studies in ecology, behavior and evolution. New York, London 1980.
LYDEKKER, R.: The Royal natural History I. London 1894.
MAGLIO, V. J.; COOKE, H. B. S. (eds.): Evolution of African Mammals. Cambridge Mass.-London 1978.
MERZ, E.: Beziehungen zwischen Gruppen von Berberaffen *(Macaca sylvana)* auf Le montagne des singes. Z. Kölner Zoos **19**, 1976, 59–67.
– HESS, J.; ANGST, W.; HOSCH, W.: Berberaffen, Kinder als soziale Vermittler zwischen Männchen. 16 mm-Farbfilm, Magnetton 23 Min.
MIVART, ST. G.: Article „Ape" in Encyclopaedia Britannica ed. 9. 1873, 148–169.
MORRIS, R.; MORRIS, D.: Man and apes. London 1967. Deutsche Ausgabe: Der Mensch schuf sich den Affen. München, Basel, Wien 1968.
NAPIER, J. R.; NAPIER, P. H.: A Handbook of living Primates. London, New York 1967.

– – (eds.): Old world monkeys, evolution, systematics and behavior. New York, London 1970.
NAPIER, P. H.: Catalogue of Primates in the British Museum and elsewhere in the British Isles. part II. Fam. Cercopithecidae subf. Cercopithecini. London 1981.
OWEN, R.: Notice sur la découverte, faite en Angleterre de restes fossiles d'un quadrumane de genre Macaque, dans une formation d'eau douce appartenant au nouveau Pliocène. Cpt. rend. Acad. sci. Paris **21**, 1845, 573–575.
PANOUSE, J.: Les Mammifères du Maroc. Primates, Carnivores, Pinnipèdes, Artiodactyles. Trav. Inst. sci. chèrifien Sér. zool. **5**, 1957.
RÜPPELL, E.: Neue Wirbelthiere zu der Fauna von Abyssinien gehörig. Frankfurt/M. 1835, 40.
SCHULTZ, A. H.: Growth and development. In: HARTMANN, C. G.; STRAUS, W. L. jr. (eds.): The anatomy of the Rhesus monkey. Baltimore 1933, 10–28.
SIMONS, E. L.; DELSON, E.: Cercopithecidae and Parapithecidae. In: MAGLIO, V. J.; CROOK, H. B. S. (eds.): Evolution of African mammals. Cambridge Mass., London 1978, 100–119.
SPIEGEL, A.: Der zeitliche Ablauf der Bezahnung und des Zahnwechsels bei Javamakaken *Macaca irus mordax* Th. u. WR. Z. wiss. Zool. **145**, 1934, 711–732.
STARCK, D.: Die Stellung der Hominiden im Rahmen der Säugetiere. In: HEBERER, G. (ed.): Die Evolution der Organismen. Stuttgart 3. Aufl. **3**, 1974, 1–131.
STROMER, E.: Mitteilungen über Wirbeltierreste aus dem Mittelpliozaen des Natrontales (Aegypten). 5. Nachtrag zu I, Affen. Sitzgsber. Bayer. Akad. Wiss. Math. phys. Kl. **1920**, 345–370.
SZALAY, F. S.; DELSON, E.: Evolutionary history of the Primates. New York, London 1979.
TAPPEN, N. C.: Genetics and systematics in the study of Primate evolution. Symp. zool. soc. London **10**, 1963, 267–276.
TAUB, D. M.: Geographic distribution and habitat diversity of the Barbary Macaque, *Macaca sylvanus*. Folia Primat. **27**, 1977, 108–132.
– Female choice and mating strategies among wild Barbary Macaques (*Macaca sylvanus* L.). In: LINDBURG, D. (ed.): The Macaques, studies in ecology, behavior and evolution. New York, London 1980, 287–344.
WARNCKE, P.: Mitteilung neuer Gehirn- und Körpergewichtsbestimmungen bei Säugern. J. Psychol. Neurol. **13**, 1908, 355–403.
WHITTEN, A.; RUMSEY, T. J.: "Agonisting buffering" in the wild Barbary Macaque, *Macaca sylvanus* L. Primates **14**, 1973, 421–435.

Allgemeines Literaturverzeichnis

ABE, H.: Classification and biology of Japanese Insectivora I. Studies on variation and classification. J. Fac. Agric. Hokkaido Univ. **55**, 1967, 429–458.
ABELENCEV, V. I.; PIDOPLIČKO, I. G.; POPOV, B. M.: Fauna Ukrajini I, Ssavci I. Kijiv 1956.
ALCOVER, J. A.: Els mamifers de les Balears. Palma de Mallorca 1979.
ALTOBELLO, G.: Fauna dell'Abruzzo e del Molise. Vertebrati, Mammiferi. Insectivora. Campobasso 1920.
ALVAREZ, J.; BEA, A.; FAUS, J. M.; CARSTIEN, E.; MENDIOLA, I.: Atlas de los vertebrados continentales de Alava, Vizcaya y Guipúzcoa (excepto chiroptera). Bilbao 1985.
ANDERSON, S.; JONES, J. K. (eds.): Recent mammals of the world: a synopsis of families. New York 1967.
– – Orders and families of recent mammals of the world. New York 1984.
ANGERMANN, R.: Säugetiere – Mammalia. In: STRESEMANN, E. (ed.): Exkursionsfauna für die Gebiete der DDR und BRD. 3./2. Aufl., 1974, 279–355.
ASDELL, S. A.: Patterns of mammalian reproduction. London. 1. Aufl. 1946, 2. Aufl. 1964.
ASSELBERG, R. H.: De verspreiding van de kleine zoogdieren in Belgie an de hand van braakballenanalyse. Bull. k. belg. Inst. nat. wet. **47**, 1971, 1–60.
ATALLAH, S. I.: Mammals of the eastern mediterranean region; their ecology, systematics and zoogeographical relationships. Säugetierk. Mitt. **25**. 1977, 241–320.
ATANASSOV, N.; PESCHEV, Z.: Die Säugetiere Bulgariens. Säugetierk. Mitt. **11**, 1963, 101–112.
BANG, P.; DAHLSTRÖM, P.: Tierspuren. BLV Bestimmungsbuch, München–Bern–Wien 1973.
BARRETT–HAMILTON, G. E. H.; HINTON, M. A. C.: A history of British mammals. London 1910–1921.
BAUER, K.: Die Säugetiere des Neusiedlerseegebietes (Österreich). Bonn. zool. Beitr. **11**, 1960, 141–344.
– FESTETICS, A.: Zur Kenntnis der Kleinsäugerfauna der Provence. Bonn. zool. Beitr. **9**, 1958, 103–119.
BAUMANN, F.: Die freilebenden Säugetiere der Schweiz. Bern 1949.
BLASIUS, J. H.: Fauna der Wirbelthiere Deutschlands und der angrenzenden Länder von Mitteleuropa. I. Naturgeschichte der Säugethiere. Braunscheig 1857.
BOBRINSKIJ, N. A.; KUZNECOV, B. A.; KUZJAKIN, A. P.: Die Säugetiere der UdSSR. 2. Aufl. Moskau 1965. (Russisch).
BODENHEIMER, F.: The present taxonomic status of the terrestrial mammals of Palestine. Bull. Res. Council Israel. Zool. (B) **7**, 1958, 165–190.
BOESSNECK, J.; DRIESCH, A. VON DEN: Eketorp. Befestigung und Siedlung auf Öland/Schweden. Die Fauna. Stockholm 1979.
BREE, P. J. H. VAN; CHANUDET, F.; SAINT GIRONS, M.-C.: Notes sur des colorations anormales chez les musaraignes (Insectivora, Soricidae). Mammalia **27**, 1963, 300–305.

BRINK, F. H. VAN DEN: Die Säugetiere Europas. Hamburg, Berlin 1957, 2. Aufl. 1972, 3. Aufl. 1975.
BROSSET, A.; HEIM DE BALSAC, H.: Les micromammifères du Vercors. Mammalia **31**, 1967, 325–346.
BRUNNER, G.: Zur Osteologie der Spitzmäuse. 1.: Crocidurinae. Ein Beitrag zur Artbestimmung des Skeletts. Z. Säugetierk. **16**, 1941, 256–263.
– Zur Osteologie der Spitzmäuse 2: *Neomys, Beremendia, Pachyura*. Z. Säugetierk. **17**, 1953, 93–101.
BURDA, H.: Morphologie des äußeren Ohres der einheimischen Arten der Familie Soricidae (Insectivora). Věst. čs. Společ. zool. **44**, 1980, 1–15.
CABRERA, A.: Fauna ibérica. Mamíferos. Madrid 1914.
– Los mamíferos de Marruecos. Trab. Museo Nac. cienc. naturales (Zool.) **57**, Madrid 1932, 1–363.
CATZEFLIS, F.; GRAF, J.-D.; HAUSSER, J.; VOGEL, P.: Comparaison biochimique des musaraignes du genre *Sorex* en Europe occidentale (Soricidae, Mammalia). Z. zool. Syst. Evolut.-forsch. **20**, 1982, 223–233.
CHALINE, J.; BAUDVIN, H.; JAMMOT, D.; SAINT GIRONS, M.-C.: Les proies des rapaces (petits mammifères et leur environnement). Paris 1974.
CLARAMUNT, T.; GOSÁLBEZ, J.; SANS-COMA, V.: Notes sobre la biogeografia dels micromamíferos a Catalunya. But. Inst. Catal. Hist. Nat. (Zool. 1) **39**, 1975, 27–40.
CORBET, G. B.: Provisional distribution maps of British mammals. Mammal Rev. **1**, 1971, 95–142.
– The mammals of the Palaearctic region; a taxonomic review. London, Ithaca 1978.
– HILL, J. E.: A world list of mammalian species. 2. Aufl. New York, London 1986.
– SOUTHERN, H. N.: The handbook of British mammals. 2. Aufl. Oxford, London, Edinburgh, Melbourne 1977.
CURRY-LINDAHL, K.: Däggdjur i färg. 3. Aufl. Uppsala 1982.
DEBROT, S.: Atlas des poils de mammifères d'Europe. Neuchâtel 1982.
DIDIER, R.; RODE, P.: Les mammifères de France. Arch. Hist. nat. (Paris) **10**, 1935, 1–398.
DOLGOV, V. A.: Spitzmäuse der Alten Welt. Moskva 1985 (Russisch).
ĐULIĆ, B.; TORTIĆ, M.; Verzeichnis der Säugetiere Jugoslawiens. Säugetierk. Mitt. **8**, 1960, 1–12.
– VIDINIĆ, Z.: On the ecology and taxonomy of small mammals occuring in the woods of Istria (Southwestern Yugoslavia). Krš Jugoslavije Zagreb **4**, 1964, 113–170. (Serbokroatisch mit englischer Zusammenfassung).
ELLERMAN, J. R.; MORRISON-SCOTT, T. C. S.: Checklist of Palaearctic and Indian mammals. London 1951, 2. Aufl. 1966.
ENGESSER, B.: Insectivoren und Chiropteren (Mammalia) aus dem Neogen der Türkei. Schweiz. Paläontol. Abh. **102**, 1980, 47–144.
ERFURT, J.; STUBBE, M.: Die Areale ausgewählter Kleinsäugerarten in der DDR. Hercynia (N. F.) **23**, 1986, 257–304.
FATIO, V.: Faune des vertebres de la Suisse. I. Mammifères, Genève, Bâle 1869.
FAYARD, A.; EROME, G.: Les micro-mammifères de la bordure orientale du Massif Central. Mammalia **41**, 1977, 301–319.
– SAINT GIRONS, M.-C.; MAURIN, H. (eds.): Atlas des mammifères sauvages de France. Paris 1984.
FELTEN, H.; SPITZENBERGER, F.; STORCH, G.: Zur Kleinsäugerfauna West-Anatoliens. Teil II. Senckenbergiana biol. **54**, 1973, 227–290.

FILIPPUCCI, M. G.; NASCETTI, G.; CAPANNA, E.; BULLINI, L.: Allozyme variation and systematics of European moles of the genus *Talpa* (Mammalia, Insectivora). J. Mammal. **68**, 1987, 487–499.
FLOWER, W. H.: An introduction to the osteology of the mammalia. London 1885 (reprint Amsterdam 1966).
GARZON–HEYDT, J.; CASTROVIEJO, S.; CASTROVIEJO, J.: Notas preliminares sobre la distribution de algunos micromamiferos en el norte de España. Säugetierk. Mitt. **19**, 1971, 217–222.
GLUTZ VON BLOTZHEIM, U. N.; BAUER, K. M.; BEZZEL, E.: Handbuch der Vögel Mitteleuropas **4** Falconiformes. Frankfurt 1971.
GÖRNER, M.; HACKETHAL, H.: Säugetiere Europas. Stuttgart 1988.
GOETHE, F.: Die Säugetiere des Teutoburger Waldes und des Lipperlandes. Abh. Landesmus. Naturk. Münster i. W. **17**, 1955, 1–195.
GONZALES, J.; ROMAN, J.: Atlas de micromamíferos de la Provincia de Burgos. Burgos 1988.
GROMOV, I.; GUREEV, A. A.; NOVIKOV, G. A.; SOKOLOV, I. I.; STRELKOV, P. P.; CAPSKIJ, K. K.: Die Säugetiere der Fauna der UdSSR. Moskau, Leningrad 1–2, 1963 (Russisch).
GROMOVA, V. I.: Fundamentals of paleontology. Vol. XIII. Mammals. Moskva 1962, englische Übersetzung Jerusalem 1968.
GRÜNWALD, A.: Untersuchungen zur Orientierung der Weißzahnspitzmäuse (Soricidae-Crocidurinae). Z. vergl. Physiol. **65**, 1969, 191–217.
GUREEV, A. A.: Zemlerojki (Soricidae) fauny mira. Leningrad 1971.
– Nasekomojadnye. In: Mlekopitajuščie fauny SSSR **1**, 52–122. Moskva, Leningrad 1963.
HAINARD, R.: Mammifères sauvages d'Europe. I. Insectivores, Chéiroptères, Carnivores. Neuchâtel 1961.
HARRISON, D. L.: The mammals of Arabia. Vol. 1. Insectivora, Chiroptera, Primates. London 1964.
HEIM DE BALSAC, H.; BEAUFORT, F. DE: Contribution à l'étude des micromammifères de nord-ouest de l'Espagne. Mammalia **33**, 1868, 630–658.
HEINRICH, W. D.: Untersuchungen an Skelettresten von Insectivoren (Insectivora, Mammalia) aus dem fossilen Tierbautensystem von Pisede bei Malchin. Teil 1: Taxonomische und biometrische Kennzeichnung des Fundgutes. Wiss. Z. Humboldt-Univ. Berlin (Math.-nat. R.) **32**, 1983, 681–698.
– Zur Erforschung von fossilen Kleinsäugerfaunen aus dem Eiszeitalter im Gebiet der DDR – Stand und Probleme. Säugetierk. Inf. **2**, 1985, 203–226.
HOFMANN, H.: GU Naturführer Säugetiere. München 1988.
HONACKI, J. H.; KINMAN, E.; KOEPPL, J. W.: Mammal species of the world. Lawrence, Kansas 1982.
HORÁČEK, I.; LOŽEK, V.: Palaeozoology and the Mid-European Quaternary past: scope of the approach and selected results. Rozpravy ČSAV (MPV) **98**, 1988, 1–102.
HSU, T. C.; BENIRSCHKE, K.: An Atlas of mammalian chromosomes. 10 Bände, Berlin, Heidelberg, New York 1967–1977.
HUTCHISON, J. H.: Notes on type specimens of European miocene Talpidae and a tentative classification of World tertiary Talpidae (Insectivora: Mammalia). Geobios **7**, 1974, 211–256.
HUTTERER, R.: The species of *Crocidura* (Soricidae) in Morocco. Mammalia **50**, 1986, 521–534.
– HARRISON, D. L.: A new look at the shrews (Soricidae) of Arabia. Bonn. zool. Beitr. **39**, 1988, 59–72.

IVANTER, E.: Population ecology of small mammals in the north-western taiga of the USSR. Leningrad 1975.
- IVANTER, T.; LOBKOVA, M.: Die Nahrung der Spitzmäuse *(Sorex L.)* Kareliens. Trudy gosudarstv. zapovednika »Kivac«. **2**, 1973, 148–163. (Russisch).
JÁNOSSY, D.: Letztinterglaziale Vertebraten-Fauna aus der Kálmán–Lambrecht-Höhle (Bükk-Gebirge, Nordost-Ungarn) I. Acta Zool. Acad. Sci. Hungaricae **9**, 1963, 293–329.
- Stratigraphische Auswertung der europäischen und mittelpleistozänen Wirbeltierfauna. Ber. deutsch. Ges. geol. Wiss. A. Geol. Paläont. **14**, 1969, 367–438, 573–643.
- Pleistocene vertebrate faunas of Hungary. Amsterdam–Oxford–New York–Tokyo 1986.
JUDIN, B. S.: Obsor vidov roda Neomys Kaup (Soricidae, Insectivora). The Fauna from Siberia, Novosibirsk, 1970, 247–252.
- Nasekomojadnye mlekopitajuščie Sibiri-Opredeliltel. Novosibirsk, 1971.
- Ecology of the shrews (genus *Sorex*) of Western Siberia. Tr. Biol. Inst. Sibirsk. Otd. Akad. Nauk SSSR, **8**, 33–134. N. N. Biol. Abstr. **45**, No. 22270.
- GALINKA, L. I.; POTAPKINA, A. F.: Mlekopitajuščie Altae-Sajanskoj gornoj strany. Novosibirsk 1979.
KELLER, A.: Détermination des mammifères de la Suisse par leur pelage: I. Talpidae et Soricidae. Rev. suisse Zool. **85**, 1978, 758–761.
KINDAHL, M. E.: Some comparative aspects of the reduction of the premolars in the insectivora. J. Dental Res. **5** (suppl.), 1967, 805–808.
KOCK, D.; MALEC, F.; STORCH, G.: Rezente und subfossile Kleinsäuger aus dem Vilayet Elazig, Ostanatolien. Z. Säugetierk. **37**, 1972, 204–229.
KRYŠTUFEK, B.: The distribution of shrews in Slovenia (Soricidae, Insectivora, Mammalia). Biološki Vestnik **31**, 1983, 53–72.
KURTÉN, B.: Pleistocene mammals of Europe. London 1968.
LAAR, VAN, V.: Terrestrial and freshwater fauna of the Wadden Sea area. In: WOLFF, W. J. (ed.): Report 10 terrestrial and freshwater fauna of the Wadden Sea area. Leiden 1981, 230–266.
LAURIE, E. M. O.; HILL, J. E.: List of land mammals of New Guinea, Celebes and adjacent islands 1758–1952. London 1954.
LAY, D. M.: A study of the mammals of Iran resulting from the Street expedition of 1962–63. Fieldiana, Zool. **54**, 1967, 1–282.
LEHMANN, E. VON: Die Säugetiere des Fürstentums Liechtenstein. Jb. Hist. Ver. Fürstentum Liechtenstein **62**, 1963, 159–362.
MADUREIRA, M. L. DE; MAGALHAES, C. M. P. DE: Small mammals of Portugal. Arqu. Mus. Bocage (2. Ser.) **7** (13), 1980, 179–214.
MARKOV, G.: Die Insektenfressenden Säugetiere in Bulgarien. Sofia 1957. (Bulgarisch mit deutscher Zusammenfassung).
MEYLAN, A.: Les petits mammifères terrestres du Valais central (Suisse). Mammalia **31**, 1967, 225–245.
MILLAIS, J. G.: The mammals of Great Britain and Ireland. London 1904.
MILLER, G. S.: Catalogue of the mammals of western Europe. London 1912.
MOHR, E.: Die Säugetiere Schleswig-Holsteins. Altona 1931.
- Die freilebenden Nagetiere Deutschlands und der Nachbarländer. 3. Aufl. Jena 1954.
NIETHAMMER, G.: Die Einbürgerung von Säugetieren und Vögeln in Europa. Hamburg und Berlin 1963.
- (ed.): Handbuch der Vögel Mitteleuropas, Band 1. Frankfurt am Main 1966.
NIETHAMMER, J.: Insektenfresser und Nager Spaniens. Bonn. zool. Beitr. **7**, 1956, 249–295.

- Die Säugetiere von Korfu. Bonn. zool. Beitr. **13**, 1962, 1–49.
- Ein Beitrag zur Kenntnis der Kleinsäuger Nordspaniens. Z. Säugetierk. **29**, 1964, 193–220.
- Über Kleinsäuger aus Portugal. Bonn. zool. Beitr. **21**, 1970, 89–118.
- Zur Verbreitung und Taxonomie griechischer Säugetiere. Bonn. zool. Beitr. **25**, 1974, 28–55.
- Gewöllinhalte der Schleiereule *(Tyto alba)* von Kos und aus Südwestanatolien. Bonn. zool. Beitr. **40**, 1989, 1–9.

NI'LAMHNA, E.· Provisional distibution atlas of amphibians, reptiles and mammals in Ireland. Irish Biological Records Centre, Dublin 1979, 76.

NOTINI, G.; HAGLUND, B.: Svenska djur, däggdjur. Stockholm 1953.

NOVIKOV, G.: The mammals of Leningrad region. Leningrad 1970. (Russisch mit englischer Zusammenfassung).

NOWAK, R. M.; PARADISO, J. L.: Walker's mammals of the world. 2 Bände. Baltimore und London, 4. Aufl. 1983.

OGNEV, S. I.: Mammals of eastern Europe and northern Asia **1**. Insectivora and Chiroptera. Moskva – Leningrad 1928. Englische Übersetzung IPST Jerusalem 1966.

- Säugetiere und ihre Welt. Deutsche Übersetzung Berlin 1959.

ONDRIAS, J. C.: Die Säugetiere Griechenlands. Säugetierk. Mitt. **13**, 1965, 109–127.

PETROV, B.: Korrekturen und Bemerkungen zu den Verbreitungskarten im van den Brink'schen Buch »Die Säugetiere Europas« für das Territorium Jugoslawiens. Säugetierk. Mitt. **16**, 1968, 39–52.

- Some questions on the zoogeographical division of the western Palaearctic in the light of the distribution of mammals in Yugoslavia. Folia Zool. **28**, 1979, 13–24.

PUCEK, Z.; RACZYŃSKI, I.: Atlas of Polish mammals. Warszawa 1983.

PUČKOVSKII, S.: Migrations and structure of shrews population in the taiga of the Onega pensinsula. Zool. Ž. (Moskva) **48**, 1969, 1544–1551. (Russisch mit englischer Zusammenfassung).

REPENNING, CH.: Subfamilies and genera of the Soricidae. Geol. Survey Prof. Papers **565**. Washington 1967.

REUMER, J. W. F.: Ruscinian and early Pleistocene Soricidae (Insectivora, Mammalia) from Tegelen (The Netherlands) and Hungary. Scripta Geol. (Leiden) **73**, 1984, 1–173.

- MEYLAN, A.: New developments in vertebrate cytotaxonomy IX. Chromosome numbers in the order Insectivora (Mammalia). Genetica **70**, 1986, 119–151.
- SANDERS, E. A. C.: Changes in the vertebrate fauna of Menorca in prehistoric and classical times. Z. Säugetierk. **49**, 321–325.

RICHTER, H.: Zur Verbreitung der Wimperspitzmäuse (*Crocidura* Wagler, 1832) in Mitteleuropa. Zool. Abh. Ber. staatl. Mus. Tierk. Dresden **26**, 1963, 219–242.

RZEBIK–KOWALSKA, B.: The pliocene insectivores (Mammalia) of Poland. I. Erinaceidae and Desmaninae. Acta Zool. Cracoviensia **16**, 1971, 435–461.

SAINT GIRONS, M.-C.: Les mammifères de France et du Benelux (faune marine exceptée). Paris 1973.

- VESCO, J. P.: Notes sur les mammifères de France. XIII. Répartition et densité de petits mammifères dans le couloir Séquano–Rhodanien. Mammalia **38**, 1974, 244–264.

SCHAFFER, J.: Die Hautdrüsenorgane der Säugetiere. Berlin und Wien 1940.

SCHNAPP, B.: The mammals of the Roumanian people's republic. Trav. Mus. Hist. nat. »Grigore Antipa« **4**, 1963, 473–496.

SCHNURRE, O.; MÄRZ, R.: Ein Beitrag zur Wirbeltierfauna der Insel Rügen im

Lichte ernährungsbiologischer Forschung am Waldkauz. Beitr. Vogelk. **16,** 1970, 355–371.
SERŽANIN, J.: Die Säugetiere der Weissrussischen SSR. Minsk 1955.
SIIVONEN, L.: Suuri Nisäkäskirja. (Das große Säugetierbuch). Helsinki 1956. (Finnisch).
– Die Säugetiere Finnlands I. Keuruu 1972.
– Die Säugetiere Nordeuropas. 2. Aufl. Keuruu 1974. (Finnisch).
– Nordeuropas Däggdjur. Stockholm 1976.
– Pohjolan Nisäkäät. Helsinki, 4. Aufl. 1977.
SKARÉN, U.; KAIKUSALO, A.: Die Kleinsäuger Finnlands. Helsinki 1966.
SOUTHERN, H. N.: The handbook of British mammals. Oxford 1964.
SPITZ, F.; SAINT GIRONS, M.-C.: Étude de la répartition en France de quelques Soricidae et Microtinae par l'analyse des pelotes de réjection de *Tyto alba*. Terre Vie **116,** 1969, 246–268.
SPITZENBERGER, F.: Teil II. In: FELTEN, H.; SPITZENBERGER, F.; STORCH, G.: Zur Kleinsäugerfauna West-Anatolien. Senckenbergiana biol. **54,** 1973, 227–290.
– Die Weißzahnspitzmäuse (Crocidurinae) Österreichs. Mammalia austriaca 8 (Mammalia, Insectivora). Mitt. Abt. Zool. Landesmus. Joanneum **35,** 1985, 1–40.
STEPHAN, H.: Vergleichend-anatomische Untersuchungen am Insektivorengehirn. V. Die quantitative Zusammensetzung der Oberflächen des Allocortex. Acta anat. **44,** 1961, 12–59.
STORCH, G.; LISTER, A. M.: *Leptictidium nasutum*, ein Pseudorhyncocyonide aus dem Eozän der »Grube Messel« bei Darmstadt (Mammalia, Proteutheria). Senckenbergiana lethaea **66,** 1985, 1–37.
STRAETEN, E. VAN DER: De verspreiding van micromammalia in de provincie Antwerpen, Belgie, op grond van braakballen-analysen. Lutra **14,** 1972, 15–22.
STROGANOV, S. U.: Die Säugetiere Sibiriens, Insectivora. Moskau 1957. (Russisch).
THENIUS, E.: Stammesgeschichte der Säugetiere. Handbuch der Zoologie **8,** Berlin 1969.
– Die Evolution der Säugetiere. Stuttgart, New York 1979.
– Grundzüge der Faunen- und Verbreitungsgeschichte der Säugetiere. Stuttgart– New York, 2. Aufl. 1980.
– Zähne und Gebiß der Säugetiere. Handbuch der Zoologie **8,** Teilband 56. Berlin, New York 1989.
TOLDT, K.: Aufbau und natürliche Färbung des Haarkleides der Wildsäugetiere. Leipzig 1975.
TOSCHI, A.; LANZA, B.: Mammalia. Fauna d'Italia. Bologna. 1959.
TVAROVSKIJ, V.: Die Säugetiere Jakutiens. Moskau 1971.
URSIN, E.: Zoogeographical remarks on the mammals occuring on the islands south of Funen (Denmark). Vidensk. Medd. Dansk naturh. Foren. **112,** 1950, 35–62.
UTTENDÖRFER, O.: Die Ernährung der deutschen Raubvögel und Eulen. Neudamm 1939.
– Neue Ergebnisse über die Ernährung der Greifvögel und Eulen. Stuttgart 1952.
VASILIU, G. D.: Verzeichnis der Säugetiere Rumäniens. Säugetierk. Mitt. **9,** 1961, 56–68.
VEREŠČAGIN (1959) s. VERESHCHAGIN (1959).
VERESHCHAGIN, N. K.: The mammals of the Caucasus. A history of the evolution of the fauna. Moskva, Leningrad 1959. Englische Übersetzung Jerusalem 1967.
VERICAD, J.: Estudio faunistico y biológico de los mamíferos del Pirineo. Publ. Cent. pir. Biol. exp. (Jaca) **4,** 1970, 7–229.

VOGEL, P.: Beitrag zur Fortpflanzungsbiologie der Gattungen *Sorex, Neomys* und *Crocidura* (Soricidae). Verh. naturforsch. Ges. Basel **82,** 1972a, 165–192.
– Vergleichende Untersuchungen zum Ontogenesemodus einheimischer Soriciden (*Crocidura russula, Sorex araneus* und *Neomys fodiens*). Rev. suisse Zool. **79,** 1972b, 1201–1332.
– KÖPCHEN, B.: Besondere Haarstrukturen der Soricidae (Mammalia, Insectivora) und ihre taxonomische Deutung. Zoomorphologie **88,** 1978, 47–56.
– MADDALENA, T.; CATZEFLIS, F.: A contribution to the taxonomy and ecology of shrews (*Crocidura zimmermanni* and *C. suaveolens*) from Crete and Turkey. Acta theriol. **31,** 1986, 537–545.
VOHRALÍK, V.: Notes on the distribution and the biology of small mammals in Bulgaria (Insectivora, Rodentia). Acta Univ. Carolinae – Biol. **1981,** 1985, 445–461.
– SOFIANIDOU, T.: Small mammals (Insectivora, Rodentia) of Macedonia, Greece. Acta Univ. Carolinae-Biol. **1985,** 1987, 319–354.
WEBER, M.: Die Säugetiere. Band 2. Jena 1928. Nachdruck Amsterdam 1967.
WETTSTEIN, O.: Beiträge zur Säugetierkunde Europas I. Archiv Naturgesch. (A) **1,** 1925, 139–163.
WIJNGAARDEN, A. VAN; LAAR, V. VAN; TROMMEL, M. D. M.: De verspreiding van de Nederlandse zoogdieren. Lutra **13,** 1971, 1–41.
WITTE, G.: Zur Systematik der Insektenfresser des Monte-Gargano-Gebietes (Italien). Bonn. zool. Beitr. **15,** 1964, 1–35.
WÖHRMANN–REPENNING, A.: Zur vergleichenden makro- und mikroskopischen Anatomie der Nasenhöhle europäischer Insektivoren. Gegenbaurs morph. Jahrb. (Leipzig) **121,** 1975, 698–756.
YALDEN, D. W.: When did the mammal fauna of the British Isles arrive? Mammal Review **12,** 1982, 1–57.
– MORRIS, A.; HARPER, J.: Studies on the comparative ecology of some French small mammals. Mammalia **37,** 1973, 257–276.
YATES, T. L.: Insectivores, elephant shrews, tree shrews, and dermopterans. in: Orders and families of recent mammals of the world. In: ANDERSON, S.; JONES, J. K. (eds.): Orders and families of recent mammals of the world. New York, Chichester, Brisbane, Toronto, Singapore 1984, 117–144.
YUDIN 1971 – s. JUDIN 1971
ZIMA, J.; KRÁL, B.: Karyotypes of European mammals I. Acta Sci. Nat. Brno **18,** 1984, 1–51.
ZIMMERMANN, K.: Taschenbuch unserer wildlebenden Säugetiere. Leipzig, Jena, Berlin 1966.
ZYLL DE JONG, C. G. VAN: Handbook of Canadian mammals. 1. Marsupials and insectivores. Ottawa 1983.

Korrektur zu Band 2/II (Paarhufer)

In **Abb. 83,** S. 299 sind die Bezeichnungen A_2 und B_2 sowie A_3 und B_3 zu vertauschen. *Bison b. caucasicus* hat den kleineren Schwanz und Fuß.

Namenregister

Aufgeführt sind wissenschaftliche und Trivialnamen. Fossilformen sind durch + gekennzeichnet. Nur Namen der Taxa von Insektenfressern und Primaten wurden aufgenommen. Textverweise nennen gewöhnlich nur die Seite des ersten oder wichtigsten Auftretens. Halbfette Ziffern beziehen sich auf Abbildungen. Diese sind hier vollständig erfaßt.

adamoi (Talpa romana) 137, 139
aenigmatica (Talpa romana) 137, 139
Algerie *(hérisson d')* 65
algirus (Atelerix) **17, 21, 24, 25,** 65, **65–69**
– *(Atelerix algirus)* 71, 72
Alpenspitzmaus 295
Alpine shrew 295
alpinoides + *(Sorex)* 305
alpinus (Sorex) **175–177, 179,** 295, **297–300**
– *(Sorex alpinus)* 301, 305
altaica (Talpa) 94, 99, 106, 117
alticola (Sorex araneus) 246
amurensis (Erinaceus) 22
andersoni + *(Macaca)* 502
anomalus (Neomys) **313, 315,** 316, **317, 321**
– *(Neomys anomalus)* 322, 329
antinorii (Sorex araneus) 245
antipae (Crocidura suaveolens) 402
araneoides + *(Sorex)* 177
araneus (Sorex) **16, 17, 162–164, 166,** 172, **175–177, 179, 180,** 225, **232,** 237, **240, 241, 245,** 247, **249,** 250, **254, 266, 280, 281, 292,** 410
– *(Sorex araneus)* 245, 256
arcticus (Sorex) 239
asper (Sorex) 239
assamensis (Macaca) 488, 489
Atelerix algirus **17, 21, 23, 25,** 65, **65–69**
Atelerix algirus algirus 71, 72
– – *fallax* 71, 72
– – *girbaensis* 71, 72
– – *vagans* 71, 72
augustana (Talpa caeca) 150, 152

balcanica (Crocidura suaveolens) 404
balearica (Crocidura suaveolens) 403
Balkan-Maulwurf 141
Barbary ape 488
beaucournui (Talpa caeca) 150, 152
becki ((Sorex minutus) 191, 195
Berberaffe 488
Beremendia fissidens + **315**
bergensis (Sorex araneus) 246, 256
bicolor (Neomys fodiens) 340, 347
bicolore, crocidure 465
bicoloured white-toothed shrew 465
Blindmaulwurf 145
Blind mole 145
bohemicus (Sorex araneus) 246
bolkayi (Erinaceus concolor) 54, 57
– *(Sorex araneus)* 246
brachycrania (Talpa romana) 137, 139, 140
brachygnathus (Macroneomys) + **315**
Braunbrustigel 26
brauneri (Talpa europaea) 108, 115
bruecheri (Crocidura suaveolens) 404

canaliculatus (Sorex minutus) 191, 195
caneae (Crocidura suaveolens) 403
caeca (Talpa) **97,** 145, **149**
– *(Talpa caeca)* 150, 152
caecutiens (Sorex) **176, 177, 179, 180, 187,** 215, **218, 225, 232**
– *(Sorex caecutiens)* 218, 220
cantabra (Crocidura suaveolens) 403
carpetanus (Sorex minutus) 191, 195
carrelet (musaraigne) 237
cassiteridum (Crocidura suaveolens) 404
castaneus (Sorex araneus) 246, 256

caucasica (Talpa) 94, 99, 106, 145
caucasicus (Sorex) 239
centralis (Sorex) 219, 225
centralrossicus (Erinaceus europaeus) 39
Cercocebus 488
Cercopithecidae 487
Cercopithecus 488
– talapoin 487
Chimarrogale 164
Chodsigoa bohlini + 329
Chrysochloridae 13
cinerea (Talpa europaea) 108, 115
cinereus (Sorex) 263
cintrae (Crocidura russula) 435, 438
common shrew 237
commune (taupe) 99
concolor (Erinaceus) **21, 23, 24, 26,** 50, **51, 53, 56**
– *(Erinaceus concolor)* 54, 57
consolei (Erinaceus europaeus) 39
coronatus (Sorex) **163, 165,** 168, **169,** 175, 176, 179, 279, **280–282**
– *(Sorex coronatus)* 282, 284
Crocidura **165, 167,** 393
– *kornfeldi* + 394, 407, 459
– *lasia* 466, 473
– *lasiura* 466
– *leucodon* **394, 395,** 396, **469, 470, 472, 473**
– – ? *hydruntina* 478
– – *leucodon* 474, 478
– – *narentae* 474, 478
– – ? *thoracica* 478
– *obtusa* + 394
– *ognevi* 465
– *persica* 465
– *robusta* + 394
– *russula* **15, 164, 165,** 168, **169–171, 394, 395,** 429, **431, 434, 443,** 470
– – *cintrae* 435, 438
– – *heljanensis* 435, 439
– – *ibicensis* 435, 439
– – *ichnusae* 435, 438
– – *peta* 435, 438
– – *pulchra* 435, 438
– – *russula* 435, 438
– – *yebalensis* 435, 438
– *sibirica* 465
– *sicula* 461
Crocidura suaveolens **394, 395,** 396, **400, 403, 406**

– – *antipae* 402
– – *balcanica* 404
– – *balearica* 403
– – *bruecheri* 404
– – *caneae* 403
– – *cantabra* 403
– – *cassiteridum* 404
– – *cyrnensis* 404
– – *enezsinunensis* 404
– – *iculisma* 403
– – *italica* 404
– – *mimula* 402
– – *oayensis* 404
– – *suaveolens* 402
– – *uxantisi* 404
– *zimmermanni* 453, **453,** 454, **456–458**
– *zorzii* + 394
crocidure bicolor 465
– des jardins 397
– de Zimmermann 453
– leucode 465
– pygmée 397
Crocidurinae 166
crossope 334

daphaenodon (Sorex) 239
Desmana 88, 128
– *kormosi* + 88
– *moschata* 79, 89
– *nehringi* + 88, 89
– *thermalis* + 89
desman (Pyrenean) 79
– des Pyrénées 79
Desmaninae 75, 79, 88
Dinosorex + 164
dissimilis (Erinaceus concolor) 54, 57
dobyi (Talpa caeca) 150, 152
Domnina + 164
Drepanosorex + **177,** 178
drozdovskii (Erinaceus concolor) 54, 57
dusky shrew 225

Eastern hedgehog 50
Echinosoricinae **14,** 20
eleonorae (Sorex araneus) 246
enezsizunensis (Crocidura suaveolens) 404
episcopalis + *(Talpa)* 116
Erinaceinae 14
Erinaceidae **14, 15,** 20
Erinaceomorpha 13, **14**

Erinaceus 22
erinaceus (Erinaceus europaeus) 41
Erinaceus amurensis 22
- *concolor* **21, 23, 24, 26,** 50, **51, 53, 56**
- - *bolkayi* 54, 57
- - *concolor* 54, 57
- - *drozdovskii* 54, 57
- - *nesiotes* 54, 57
- - *rhodius* 54, 57
- - *roumanicus* 54, 57
- - *transcaucasicus* 54, 57
Erinaceus europaeus **15, 16, 21, 23-29,** 26, **32-37, 56, 66**
- - *centralrossicus* 39
- - *consolei* 39
- - *erinaceus* 41
- - *europaeus* 38
- - *hispanicus* 38
- - *italicus* 38
- - *meridionalis* 39, 40
- - *occidentalis* 38
- *lechei* + 41
- *praeglacialis* + 41
- *roumanicus* 22
- *samsonowiczi* + 41
etruscus (Suncus) **165, 168,** 375, **376, 379**
Etruskerspitzmaus 375
euronotus (Sorex coronatus) 282, 284
europaea (Talpa) **15, 17,** 76-78, **93,** 95-97, 99, **100, 102, 103, 107, 119, 126, 135, 143**
- *(Talpa europaea)* 108, 115
europaeus (Erinaceus) **15, 16, 21, 23-25,** 26, **26-29, 32-37, 56, 66**
- *(Erinaceus europaeus)* 38
European water-shrew 334
Europe de l'Ouest (hérisson de l') 26
exiguus (Sorex minutus) 191, 195

fallax (Atelerix algirus) 71, 72
fascicularis (Macaca) 489
fejfari + *(Sorex)* **177**
Feldspitzmaus 465
fissidens (Beremendia) + **315**
fodiens (Neomys) **165, 168-171,** 313, **315, 317,** 334, **337, 339**
- *(Neomys fodiens)* 340, 347
foncée (musaraigne) 225
fossilis + *(Talpa)* **97,** 115, 116, 154
fretalis (Sorex coronatus) 282, 284
frisius (Talpa europaea) 108, 115

Galemys pyrenaicus **76-78,** 79, **80-85, 93**
- - *pyrenaicus* 87, 88
- - *rufulus* 87, 88
Galericinae 20
garganicus (Sorex samniticus) 293
Gartenspitzmaus 397
girbaensis (Atelerix algirus) 71, 72
Goldmulle 13
gracilidens + *(Sorex)* 178
gracilis + *(Talpa)* 116, 154
granarius (Sorex) **175, 176, 179,** 287, **289**
grandis (Talpa) 94
grantii (Sorex araneus) 246
gravesi (Sorex) 246
- *(Sorex isodon)* 229, 232
greater white toothed shrew 429
gymnurus (Sorex minutus) 191, 195

Haarigel 20
Hausspitzmaus 429
hawkeri (Sorex minutissimus) 210
hedgehog (Eastern) 50
- (vagrant) 65
- (West European) 26
heljanensis (Crocidura russula) 435, 439
helleri + *(Sorex)* 177
Hemiechinus 22, 41
hercegovinensis (Talpa caeca) 150, 152
hercynicus (Sorex alpinus) 301, 305
hérisson d'Algerie 65
- d'Europe de l'Est 50
- d'Europe de l'Ouest 26
hibernicus (Sorex minutus) 191, 195
hidalgo + *(Nesiotites)* **315**
hispanicus (Erinaceus europaeus) 38
Homalurus 176, **177**
huelleri (Sorex araneus) 246
hundsheimensis + *(Sorex)* 177
hungarica + *(Petenyia)* 315
hydruntina (Crocidura leucodon vel *suaveolens)* 478

Iberian shrew 287
Iberische Waldspitzmaus 287
ibicensis (Crocidura russula) 435, 439
ichnusae (Crocidura suaveolens) 403
Igel 20
Insectivora 13, **14**
Insektenfresser 13

insulaebellae (Sorex minutus) 191, 195
irus (Macaca) 488
isodon (Sorex) **179, 180,** 225, **225, 228,**
230, 232
– *(Sorex isodon)* 229, 232
Italian shrew 290
italica (Crocidura suaveolens) 404
italicus (Erinaceus europaeus) 38
Italie (taupe d') 134
Italienische Waldspitzmaus 290

josti (Neomys anomalus) 322, 329

karelicus (Sorex minutissimus) 209,
210
karpinskii (Sorex caecutiens) 218, 220
kennardi (Sorex) 177
klossi (Talpa) 177
Knirpsspitzmaus 207
kormosi + (Desmana) 88
kornfeldi + (Crocidura) 394, 407, 435,
459
kratochvili (Talpa europaea) 108
Kretaspitzmaus 453

lapponicus (Sorex) 219
lapponicus (Sorex caecutiens) 218, 220
lasia (Crocidura) 466, 473
lasiura (Crocidura) 466
latouchei (Mogera) 94
least shrew 207
lechei + (Erinaceus) 41
Leptictida + 13, **14,** 20
lesser pygmy shrew 207
lesser shrew 183
lesser white toothed shrew 397
leucode (crocidure) 465
leucodon (Crocidura) **394, 395,** 465,
469, 470, 472, 473
– *(Crocidura leucodon)* 474, 478
leucura (Parascaptor) 94
levantis (Talpa caeca) 145
Lipotyphla **14**
longirostris (Talpa) 94
lucanius (Sorex minutus) 191, 195

Macaca 488
– *andersoni +* 502
– *arctoides* 489
– *assamensis* 488, 489
– *cyclopis* 488, 489
– *fascicularis* 489

– *flandrini +* 501
– *florentina +* 501
– *fuscata* 488, 489
– *irus* 488
– *libyca +* 501
– *majori +* 501
– *mulatta* 488, 489
– *nemestrina* 488, 489
– *paleindica +* 502
– *pliocena +* 502
– *praeinuus +* 501
– *prisca +* 501
– *radiata* 489
– *robusta +* 502
– *silenus* 502
– *sinica* 489, 496
– *suevica +* 502
– *sylvana prisca +* 501
– *sylvanus* 488, **491–493, 495, 497–**
500
– – *sylvanus +* 502
Macaca thibetana 489
– *tolosana +* 502
Macroneomys brachygnathus + **315**
magna + (Talpa) **97,** 117
magot 488
Magot 488
major (Talpa europaea) 137
– *(Talpa romana)* 137
Mandrillus sphinx 487
marchicus (Sorex isodon) 226
margaritodon + (Sorex) **177**
masked shrew 215
Maskenspitzmaus 215
masquée (musaraigne) 215
Maulwürfe 75
Maulwurf (99)
– (Römischer) 134
– (Spanischer) 157
mediterranean water-shrew 317
Meerkatzenartige 487
meridionalis (Erinaceus europaeus) 39,
40
Microsorex 175, 176
micrura (Talpa) 44
milleri (Neomys anomalus) 322, 329
mimula (Crocidura suaveolens) 402
minor + (Talpa) **97,** 154
minuta + (Talpa) 94
minutissimus (Sorex) **176, 179, 180,**
189, 207, **209, 225**
– *(Sorex minutissimus)* 209, 210

minutus (Sorex) **175–177, 179, 180,**
   183, **185, 189, 192, 225**
– *(Sorex minutus)* 191, 195
mirabilis (Sorex) 176
mizura (Talpa) 94
Mogera 102, 106
– *latouchei* 94
Mogera robusta 94
– *wogura* 94
mokrzeckii (Neomys anomalus) 322
mole 99
– (blind) 145
– (Roman) 134
montana (Talpa romana) 137, 139
moschata (Desmana) 79, 89
– *(Scaptochirus)* 94
mulatta (Macaca) 488, 489
musaraigne alpine 295
– aquatique 334
– carrelet 237
– des Apénnins 290
– de Sicile 461
– d'Espagne 287
– foncée 225
– masquée 215
– musette 429
– naine 207
– pygmée 183
musette (musaraigne) 429
Mygalea + 88
Mygatalpa + 88

naine (musaraigne) 207
narentae (Crocidura leucodon) 474,
   478
Nectogale 164
neglectus (Sorex minutissimus) 209,
   210
nehringi + (Desmana) 88, 89
nemestrina (Macaca) 488
Neomys **165, 167,** 313
– *anomalus* 313, **315,** 316, **317, 321**
– – *anomalus* 322, 329
– – *josti* 322, 329
– – *milleri* 322, 329
– – *mokrzeckii* 322
– – *rhenanus* 322
– – *soricoides* 322
– *bohlini +* 329
– *castellarini +* **315,** 329
– fodiens **165, 168–171,** 313, **315,** 317,
   334, **337, 339**

– – *bicolor* 340, 347
– – *fodiens* 340, 347
– – *niethammeri* 340, 347
– *newtoni +* **315,** 329
– *schelkovnikovi* 314
nesiotites (Erinaceus concolor) 54, 57
Nesiotites hidalgo + **315**
– *similis +* **315**
niethammeri (Neomys fodiens) 340,
   347
northern water-shrew 334

oayensis (Crocidura suaveolens) 404
obtusa + (Crocidura) 394, 435
occidentalis (Erinaceus europaeus) 38
– *(Talpa)* **97,** 157, **159**
ognevi (Crocidura) 465
olympica (Talpa caeca) 150, 152
orientalis (Talpa) **145**
Ostigel 50
Otisorex 50
Otterspitzmäuse 13

pachyure étrusque 373
pachyurus (Suncus) 379
pancici ((Talpa europaea) 108, 115
pannonicus + (Suncus) 382
Papio 488
Paraechinus 22
Parascalops 105
Parascaptor leucura 94
parvidens (Talpa) 94
perminutus (Sorex) 210
persica (Crocidura) 465
peta (Crocidura russula) 435, 438
Petenyia hungarica + **315**
petrovi (Sorex araneus) 246
peucinius (Sorex araneus) 246
pleskei (Sorex caecutiens) 218, 220
Potamogalidae 13
praealpinus + (Sorex) **177,** 305
praearaneus + (Sorex) **177**
praeglacialis + (Erinaceus) 41
– *(Talpa)* 115
princeps (Sorex isodon) 229, 232
Proteutheria + 14
pulcher (Sorex araneus) 246
pulchra (Crocidura russula) 435, 438
pumilio (Sorex minutus) 191, 195
pygmée (musaraigne) 183
pygmy shrew 183
– white-toothed shrew 375

Namenregister 521

Pyrenäen-Desman 79
pyrenaicus (Galemys) **76–78,** 79, **80–85, 93**
– *(Galemys pyrenaicus)* 87, 88
– *(Sorex araneus)* 237, 246
Pyrenean desman 79
Pyrénées (desman des) 79

Quercysorex + 164

radiata (Macaca) 489
rhenanus (Neomys anomalus) 322, 329
rhodius (Erinaceus concolor) 54, 57
robusta + *(Crocidura)* 394
– *(Mogera)* 94
Römischer Maulwurf 134
Roman mole 134
romana (Talpa) **95, 97,** 134, **135, 138**
– *(Talpa romana)* 137, 139
roumanicus (Erinaceus) 22
rufulus (Galemys pyrenaicus) 87, 88
runtonensis + *(Sorex)* **177,** 256
russula (Crocidura) **15, 164, 165, 168–171, 394, 395,** 429, **431, 434, 443, 470**
– *(Crocidura russula)* 435, 438
rusticus (Sorex minutus) 191, 195
ruthenus (Sorex isodon) 229, 232

samniticus (Sorex) **175, 176, 179,** 290, **292**
– *(Sorex samniticus)* 293
samsonowiczi + *(Erinaceus)* 41
santonus (Sorex coronatus) 282, 284
savini + *(Sorex)* **177**
Scaptochirus **97**
– *moschata* 94
Scaptonyx **97**
schelkovnikovi (Neomys) 314
Schlitzrüßler 13
sibirica (Crocidura) 465
Sicilian shrew 461
sicula (Crocidura) 461
silanus (Sorex araneus) 246
similis + *Nesiotites)* 315
sinalis (Sorex) **176,** 226
singe de Berbérie 488
sinica (Macaca) 489, 496
Sizilienspitzmaus 461
shrew (alpine) 295
– (bicoloured white-toothed) 465
– (common) 237

– (dusky) 225
– (greater white-toothed) 429
– (Iberian) 287
– (Italian) 290
– (least) 207
– (lesser) 183
– (lesser white-toothed) 397
– (masked) 215
– (pygmy) 183
– (pygmy white-toothed) 375
– (Sicilian) 461
– (Zimmermann's white-toothed) 453
Solenodontidae 13
Sorex **165, 167, 175, 177**
Sorex alpinoides + 305
– *alpinus* **175–177, 179,** 295, **297–300**
– – *alpinus* 301, 305
– – *hercynicus* 301, 305
– – *tatricus* 301, 305
– *araneoides* + 177
– *araneus* **16, 17, 162–164, 166, 172, 175–177, 179, 180, 225, 232,** 237, **240, 241, 245, 247, 249, 250, 254, 266, 280, 281, 292**
– – *alticola* 246
– – *antinorii* 245
– – *araneus* 245, 256
– – *bergensis* 246, 256
– – *bohemicus* 246
– – *bolkayi* 246
– – *castaneus* 246, 256
– – *csikii* 246
– – *eleonorae* 246
– – *grantii* 246
– – *huelleri* 246
– – *petrovi* 246
– – *peucinius* 246
– – *pulcher* 246
– – *pyrenaicus* 237, 246
– – *silanus* 246
– – *tetragonurus* 245, 256
– – *tomensis isodon* 226
– – *wettsteini* 246
– *arcticus* 239
– *asper* 239
– *caecutiens* **176, 177, 179,** 180, **187, 215, 218, 225, 232**
– – *caecutiens* 218, 220
– – *karpinskii* 218, 220
– – *lapponicus* 218, 220
– – *pleskei* 218, 220
– *caucasicus* 239

- *centralis* 219, 225
- *cinereus* 263
- *coronatus* **163, 165, 168, 169, 175,** 176, 179, 279, **280–282**
- – *coronatus* 282, 284
- – *euronotus* 282, 284
- – *fretalis* 282, 284
- – *santonus* 282, 284
- *daphaenodon* 239
- *fejfari* + **177**
- *gracilidens* + 178
- *granarius* **175, 176, 179,** 287, **289**
- *gravesi* 226
- *helleri* + 177
- *hundsheimensis* + 177
- *isodon* **179, 180,** 225, **225, 228, 230,** **232**
- – *gravesi* 229, 232
- – *isodon* 229, 232
- – *marchicus* 226
- – *princeps* 229, 232
- – *ruthenus* 230, 232
- *kennardi* + 177
- *lapponicus* 219
- *margaritodon* + **177**
- *minutissimus* **176, 179, 180, 186,** 207, **209, 225**
- – *hawkeri* 210
- – *karelicus* 209, 210
- – *minutissimus* 209, 210
- – *neglectus* 209, 210
- *minutus* **175–177, 179, 180,** 183, **185, 189, 192, 225**
- – *becki* 191, 195
- – *canaliculatus* 191, 195
- – *carpetanus* 191, 195
- – *exiguus* 191, 195
- – *gymnurus* 191, 195
- – *hibernicus* 191, 195
- – *insulaebellae* 191, 195
- – *lucanius* 191, 195
- – *minutus* 191, 195
- – *pumilio* 191, 195
- – *rusticus* 191, 195
- *mirabilis* 176
- *perminutus* 210
- *praealpinus* + **177,** 305
- *praearaneus* + **177**
- *runtonensis* + **177,** 256
- *samniticus* **175, 176, 179,** 290, **292**
- *savini* + **177**
- *sinalis* **176,** 226

- *subaraneus* + 177, 256
- *unguiculatus* 226
- *tundrensis* 239

Soricidae **15,** 162
Soricinae 166
Soricoidae 13
soricoides (Neomys anomalus) 322
Soricomorpha **14**
Soriculus 329
– *bohlini* + 329
Southern water-shrew 317
Spanischer Maulwurf 157
sphinx (Mandrillus) 487
Spitzmäuse 162
Stacheligel 20, 22
stankovici (Talpa) **96, 97,** 141, **143**
steini (Talpa caeca) 150, 152
streeti (Talpa) 94
suaveolens (Crocidura) **394, 395,** 397, **400, 403, 406, 453**
– *(Crocidura suaveolens)* 402
subaraneus (Sorex) 177, 256
Sumpfspitzmaus 317
Suncus **165, 167,** 375, **376, 379**
– *etruscus* **165, 168,** 375, **376, 379**
– *pannonicus* + 382
sylvanus (Macaca) 488, **491–493, 495, 497–499**

Taigaspitzmaus 225
talapoin (Cercopithecus) 487
Talpa 93, **97**
– *altaica* 94, 99, 106, 117
– *caeca* **97,** 145, **149**
– – *augustana* 150, 154
– – *beaucournui* 150, 154
– – *caeca* 150, 152
– – *dobyi* 150, 152
– – *hercegovinensis* 150, 152
– – *levantis* 145
Talpa caeca olympica 150, 152
– – *steini* 150, 152
– *caucasica* 94, 99, 106, 145
– *episcopalis* + 116
– *europaea* **15, 17, 76–78, 93, 95–97,** 99, **100, 102, 103, 107, 119, 126, 135, 143**
– – *brauneri* 108, 115
– – *cinerea* 108, 115
– – *europaea* 108, 115
– – *frisius* 108, 115
– – *kratochvili* 108

– – *major* 137
– – *pancici* 108, 115
– – *uralensis* 108, 115
– – *velessiensis* 108, 115
– *fossilis* + **97,** 115, 116, 154
– *gracilis* + 116, 154
– *grandis* 94
– *klossi* 94
– *longirostris* 94
– *magna* + **97,** 117
– *micrura* 94
– *minima* 94, 145
– *minor* + **97,** 154
– *minuta* + 94
– *mizura* 94
– *occidentalis* **97,** 157, **159**
– *orientalis* 145
– – *talyschensis* 145
– *parvidens* 94
– *praeglacialis* + 115
Talpa romana **95, 97,** 134, **135, 138**
– – *adamoi* 137, 139
– – *aenigmatica* 137, 139
– – *brachycrania* 137, 139, 140
– – *major* 137
– – *montana* 137, 139
– – *romana* 137, 139
– – *wittei* 137, 139
– *stankovici* **96, 97,** 141, **143**
– *streeti* 94
– *tyrrhenica* + 140
Talpidae **15,** 75
Talpinae 75
talyschensis (Talpa orientalis) 145
Tanreks 13
tatricus (Sorex alpinus) 301, 305
taupe 99
– aveugle 145
– commune 99
– d'Italie 134
Tenrecidae 13
tetragonurus (Sorex araneus) 245, 256

thermalis + *(Desmana)* 89
thibetana (Macaca) 489
thoracica (Crocidura leucodon vel suaveolens) 478
toporagno di Sicilia 461
tomensis isodon (Sorex araneus) 226
transcaucasicus (Erinaceus concolor) 54, 57
tundrensis (Sorex) 239
tyrrhenica + *(Talpa)* 140
unguiculatus (Sorex) 226
uralensis (Talpa europaea) 108, 115
uxantisi (Crocidura suaveolens) 404

vagans (Atelerix algirus) 71, 72
vagrant hedgehog 65
velessiensis (Talpa europaea) 108, 115

Wanderigel 65
Waldspitzmaus 237
Wasserspitzmaus 334
water-shrew, European 334
– Mediterranean 317
– northern 334
– southern 317
Weißbrustigel 50
West European hedgehog 26
Westigel 26
wettsteini (Sorex araneus) 246
wittei (Talpa romana) 137, 139
wogura (Mogera) 94

yebalensis (Crocidura russula) 435, 438

Zelceina + 315
zimmermanni (Crocidura) **394,** 453, **453, 454, 456–458**
– *(Crocidura russula)* 453
Zimmermann's white-toothed shrew 453
zorzii + *(Crocidura)* 394, 435
Zwergspitzmaus 183

Anschriften der Mitarbeiter

DR. MICHEL GENOUD – Université de Lausanne, Faculté des Sciences, Institut de zoologie et d'écologie animale, Bâtiment de Biologie, CH-1015 Lausanne/Schweiz

DR. JAQUES HAUSSER – Université de Lausanne, Faculté des Sciences, Institut de zoologie et d'écologie animale, Bâtiment de Biologie, CH-1015 Lausanne/Schweiz

DR. HERMANN HOLZ – Uhlandstr. 10, D-2400 Lübeck

DR. RAINER HUTTERER – Zoologisches Museum und Forschungsinstitut Alexander Koenig, Adenauerallee 150–164, D-5300 Bonn

ERNST-ADOLF JUCKWER – Tieloserfeld 32, D-4952 Porta Westfalica

DR. TIZIANO MADDALENA – Université de Lausanne, Faculté des Sciences, Institut de zoologie et d'écologie animale, Bâtiment de Biologie, CH-1015 Lausanne/Schweiz

DR. HARALD PIEPER – Zoologisches Museum, Hegewischstraße 3, D-2300 Kiel

DR. FRIEDERIKE SPITZENBERGER – Naturhistorisches Museum, zoologische Abteilung, Burgring 7, A-1014 Wien/Österreich

PROF. DR. DR. DIETRICH STARCK – Balduinstraße 88, D-6000 Frankfurt 70

PROF. DR. SEPPO SULKAVA – Zoologisches Institut der Universität Oulu, Oulun Yliopisto, Linnanmaa SF-90570 Oulu/Finnland

DR. PETR VLASÁK – Katedra zoologie UK, Viničná 7, CS-Praha 2/Tschechoslowakei (CSFR)

PROF. DR. PETER VOGEL – Université de Lausanne, Faculté des Sciences, Institut de zoologie et d'écologie animale, Bâtiment de Biologie, CH-1015 Lausanne/Schweiz